无悔青春之完美性格养成丛书

谦　卑：
他山之石，可以攻玉

蔡晓峰　主编

红旗出版社

图书在版编目（CIP）数据

谦卑：他山之石，可以攻玉 / 蔡晓峰主编. — 北京：红旗出版社，2019. 11
（无悔青春之完美性格养成丛书）
ISBN 978-7-5051-4998-4

Ⅰ. ①谦… Ⅱ. ①蔡… Ⅲ. ①故事—作品集—中国—当代 Ⅳ. ①I247.81

中国版本图书馆CIP数据核字（2019）第242271号

书　名　谦卑：他山之石，可以攻玉
主　编　蔡晓峰

出品人　唐中祥　　总监制　褚定华
选题策划　华语蓝图　　责任编辑　王馥嘉　朱小玲

出版发行　红旗出版社　　地　址　北京市丰台区中核路1号
编辑部　010-57274497　　邮政编码　100727
发行部　010-57270296
印　刷　永清县晔盛亚胶印有限公司
开　本　880毫米×1168毫米　1/32
印　张　40
字　数　960千字
版　次　2019年11月北京第1版
印　次　2020年5月北京第1次印刷

ISBN 978-7-5051-4998-4　　定　价　256.00元（全8册）

写给你们

每个人的生命里，都有最艰难的那一年，将人生变得美好而辽阔。

第一次听《天冷就回来》时，便突然地被这首歌打动。

其实它的结构简单极了。平铺直叙的三段式几近白描，反复吟唱的 Hook（即兴重复）句波澜不惊。但那一字一句配上陈洁仪老师的声音，却莫名地和生活中的许多场景完美地契合。

比如，小时候对着卡带机唱过的那些好老好老的歌，曾经问过爸爸妈妈的奇怪的至今仍然不知道答案的问题，在某一天许下又不知在什么时候被悄悄替换了的梦想。

还有那些说着出去走一走后就再也没遇见过的人，等了许久也等不到结果的故事，以及再也回不来的冬天。总觉得小时候的冬天更冷些。每次出门时，外婆总会帮我戴好厚厚的棉帽，围上一条围巾，包裹得严严实实的。然而那漫天遍野的洁白里外婆牵着我的手走回家的画面，我总是还记得。

不记得在哪里读到过这句：每个人都在自己的生命中孤独地过冬。

如今想来，冬天从来都不是孤独的。它有热汤，有棉衣，有灯火，有历经风寒之后的温暖与爱。

我只知道生活其实没有那么困难，你做好这几件事就够了。

起风了就添衣服，夜深了就睡觉，天冷了就回来。

一个人的深夜里，有时会睡不着。躺在床上翻来覆去的时候，脑海里总会充斥着这样或那样的故事。有人说，没有在深夜痛哭过的人，不足以谈人生。而我想，没有在空无一人的房间被某一首歌戳中内心中某个柔软的角落，那你的人生也少了一种值得珍惜的体验。无论你听完那首歌后，是嘴角带着笑，还是眼中含着泪。

有些故事无疾而终，有些故事被写成了圆满，有些故事留下了遗憾，有些故事未完待续。而那些故事，总是在深夜里他们的歌声中，被无端唤醒。

愿你在优雅的歌声中入眠，在文字的梦魇中沉睡，然后做一个关于诗和远方的梦。说不定当下一个黎明到来时，你便做出决定，要开始下一场征程。

你要相信，你生命里遇到的每个人每件事，都有它的价值和意义，有些人教会你爱，有些事教会你成长，哪怕只是浅浅地在你的路途中留下印记，也是一笔难能可贵的财富。至少在曾经某个时刻，你明白了生活，懂得了自己。

目　录

第一章
夜空中最亮的星

一定要真诚地认真地度过人生每一天。不要再轻易抱怨人生苦短，其实所有美丽的风景都在自己的心里和手上，与其抱怨明天不是那么如意，不如把今天的手头事做好。而美好的人生不需要多富足多成功，所谓美好人生，只是最简单淳朴的小幸福。

——晓雪

向生命敬礼

烈日下，海风散发着咸咸的味道，海浪有节奏地拍打着海岸。

一个小男孩跪着用塑料铲子将沙子铲起来，装到一个鲜亮的蓝色桶里。接着，他把桶倒扣在地上，再拎起桶。怀着小建筑师的快乐，整个下午，他都要工作。挖出护城河，建起城墙，瓶子的顶部将成为岗哨，冰棍棒将是桥梁，一座沙城将要造成。

大城市里，街道是繁忙的，交通是嘈杂的。一个男人坐在他的办公室里，他把文件理成一堆堆放在桌上，分配着任务。他把电话架在肩上，用手指敲打着键盘，修改着数字。签署着合同。男人很高兴，获得了利润。

他将会一生工作，明确地阐述计划，对未来做出预测。养老金就是岗哨，资产所得就是桥梁，一个王国将被建成。

两个城堡的两个建造者，他们有很多共同之处。他们将细微的颗粒建成辉煌的建筑，他们看不到什么，只知道建些什么。他们都是怀着勤勉而坚定的决心的。而对他们两个都一样的是：潮水将会涨起，而最终的结果终将到来。但从此时开始，他们的相似之处就结束了，因为男孩早看到了结局，而男人却忽略了它。观察那个男孩，当黄昏来临，波浪临近，智慧的男孩跳着，开始拍手。没有悲伤，没有恐惧，没有遗憾，他并不惊奇。当伟大的破坏者撞向他的城堡，当他的杰作被大海淹没时，他微笑着拾起他的工具，牵着父亲的手，回家了。

而这个成人却不是如此智慧。当岁月的波涛冲毁他的城堡时他是恐惧的。他徘徊在沙制的纪念碑前，保护着它。他用他建造的城墙阻挡着波浪，海水浸湿了城墙，他颤抖着怒骂涌入的潮水。

“这是我的城。”他反抗着。

海水不需要回答。海与人都知道沙属于谁。

我对沙城所知不多，但孩子们却知道。看看他们，学习他们，向前走，去建造城堡，要以孩子的心去建造。当太阳下山，潮水涌来时——拍手喝彩，向生命的过程敬礼，然后回家。

勇敢活出你自己

所有的发生都是为了成就后面的我，有什么对和错之分呢？

有一次和16岁的女儿聊天，她告诉我，她都跟同学说长大以后要像妈妈一样。我问："什么样？"她说："独立、坚强，总是知道自己要什么。"我很开心自己以身作则给女儿做了好榜样，可是我扪心自问："这是天生的个性，还是后天学习来的？"答案是："两者皆有。"

是的，我好像始终知道自己要什么，虽然有时候我想要的未必是对我最好的（至少在别人眼中看起来很傻），不过话又说回来，所有的发生都是为了成就后面的我，有什么对和错之分呢？

一、勇敢地去追寻时，你就能活出真正的自己

当你知道自己想要什么，又能够勇敢地去追寻时，你就能活出真正的自己。有一次，媒体采访时问我："如果有人问你'张德芬是个什么样的人'，你会如何向别人描述自己？"我的答案是："一个勇敢活出自己的人！"

我回顾自己五十年来的生涯，觉得恐惧是阻挡我们活出自己的最主要因素。有一段话说得很好：当炮弹朝你飞来的时候，如果你转身就跑，你会被炸到；如果飞速地朝着炮弹的来处奔去，你会发现炮弹从你的头顶掠过，远远地落在了后方。

这也是我使用的方法。每次碰到让我因恐惧而裹足不前或是能量受阻的情况时，我就想："最坏会发生什么？"用理性的头脑去分析最坏的情况，然后问自己："这又怎么样？你能接受吗？"于是我勇敢地接受最坏的状况，然后带着勇气继续前进，不缩手缩脚地担心后面会发生的事。这跟吸引力法则并不相悖，因为我不是用恐惧在吸引这些东西，我是看清楚它们，不在意它们，甚至愿意接纳它们，反而形成了一层保护膜，让我不会受到"最坏情况"的侵犯。

所以，我一次又一次地在人生中放下、舍离一些别人眼中宝贵的东西，做一些别人没有勇气做的事，我的人生因而精彩万分。曾经有一位我分别多年后才见面的高中同学，听了我

的经历之后，摇头叹息说：“别人三辈子的生活让你一辈子就过完了。”其实这没有什么了不起，只是我敢而已，我敢去追随我的心，勇敢地活出真正的自己。

二、永远不要对自己说谎

还有一个勇敢活出自己的要素就是：“永远不要对自己说谎。”你可以对别人撒一些小谎，但原则是——说谎的目的不是为了自己的利益，而是为了别人好。比方说，老人家常常会担心这、担心那的，你能不说的就不说，免得让他们操多余的心。

有一次在国外上课，一个学员住在我隔壁。白天我礼貌地问她：“我因为时差半夜起来，有没有吵到你？”她说：“没有”。然后她问我：“你有没有听到我这里有什么声音呢？”其实我半夜被她的鼾声吵醒（她比较胖），可是话到嘴边，我学乖了，换了一种方式说：“知道有人在附近是很好的一件事。”既不说谎，也不伤人。我真希望我年轻的时候就有这种智慧。

但是你永远不要欺骗自己。如果一直活在自己编织的谎言中，你永远看不见自己的真相，就更不可能活出真实的自己了。

举一个自欺欺人的例子：有一个朋友，她和老公结婚多年没有孩子，两人日渐疏远，她老公还是很爱她，但是她却对老公越来越没有感觉了。后来她有了外遇，因此面临抉择。她说，她不愿意告诉老公，因为怕他承受不住，觉得他会很可怜。可是我在旁边听得一清二楚，真相是：她老公会赚钱，能给她优裕的生活，而她外遇的男人根本就是个艺术家，还要靠她养，这是现实的考量。

另外一个考量就是，她其实不想面对自己内心的愧疚，无颜跟自己的老公启齿："你对我这么好，可是我不爱你，我有外遇了。"这才是重点。可是她拿"怕老公伤心"为理由，一直脚踏两条船。欺骗别人没关系，最严重的是她欺骗了自己，永远活不出真实的自己。

三、勇于打破自己从小被父母建构的牢笼

最后一个能够做真实自己的要素就是：勇于打破自己从小被父母（后来是自己）建构的牢笼。我们每个人心中都有一个理想的自己——男人要成功、要有钱、要高大、要英俊、要强壮等。而女人则要有好的婚姻，做个好妻子、好妈妈、好媳妇、好女儿等。

或许我们的牢笼是对父母唯命是从，即使已经成年了，终身大事还要看父母的脸色。或许年轻的时候为了生计，从事一项自己不喜欢的枯燥无味的工作，后来因循成习，早就忘了自己少年时的喜好和梦想，不再去想如何实现。

我们每个人一定都有这样阻碍我们去发展自己真正的天赋或最向往的生活状态的牢笼，而且还不止一个。你的牢笼是

什么？如果你只有一个月的寿命，你会做什么？为什么现在不做？有一部电影叫作《遗愿清单》，是说两个在医院临终病床上的病人感慨自己有很多想做却没做的事情，于是两人说好，利用自己仅有的寿命去完成自己的遗愿清单。

我也在想，我的遗愿清单是什么？不太多。因为我是如此追随自己的心，勇敢地活出了自己。不过后来找到一项：当演员。我从小一直很想演戏，觉得自己是个天生的演员，可惜一直没有机会。所以我决定将来要写一个电影剧本，然后自己在里面扮演一个角色，实现自己的这个梦想。

四、勇敢活出自己，全宇宙都会来帮你

亲爱的朋友，你有多少梦想没有实现？哪些是你在现实状况下其实可以去做，但是因为心理因素（内在牢笼）而无法如愿的？希望你看了本书之后，能够更多地了解到“勇敢做自己”是多么重要。就在我决定勇敢地做自己之后，我的各种关系反而变得更好了，并没有因为我的中年叛逆弄得众叛亲离。

当你带着无比的决心，勇敢地去尝试、去踏出那一步的时候，全宇宙都会来帮助你。到了最后，甚至当初不谅解你的人都会过来支持你，因为如果他们真的爱你，就会看到你活出自己之后那份光彩夺目的快乐自在，会不由自主地对你表示赞赏！

读懂自己的内心

19岁那年，我在休斯敦太空总署的太空梭实验室工作，同时也在总署旁边的休斯敦大学主修计算机专业。我整天处在学习、睡眠和工作之中，这些几乎占据了我每天的全部时间，但是，只要有一分钟的闲暇时间，我都会把精力放在自己的音乐创作上。

我知道，写歌词不是我的专长，所以在最近的一段日子里，我时时刻刻都在寻找一位擅长写歌词的搭档，与我一起创作。我认识了一位朋友，她叫凡内芮（Valerie Johnson）。自从我20多年前离开得州后，就再也没听到过她的消息，但是她却在我事业刚刚起步时，给了我极大的鼓励。

年仅19岁的凡内芮在得州的诗词比赛中不知获得过多少奖牌。她的作品总是让我爱不释手，当时，我们的确合写了许多不错的作品，直到今天，我仍然认为那些作品充满了特色和创意。

一个周末，凡内芮热情地邀请我到她家的牧场吃烤肉。她的祖辈是得州有名的石油大亨，拥有规模庞大的牧场。虽然她的家庭极为富有，但她的穿着、她的车和谦卑诚恳的待人态度，更让我从心底佩服。凡内芮深知我对音乐的执着，然而，面对那遥不可及的音乐圈子及陌生的美国唱片市场，我们一点儿渠道都没有。当时，我们两个人安静地待在得州的牧场里，根本不知道下一步该如何走。

突然，她冒出了一句话："想象一下，你5年后在做什么？"我愣了一下。她转过身来，指着我问道："嘿！告诉我，在你心目中，最希望5年以后做什么，那时候，你的生活会是什么样子？"我还来不及回答，她又抢着说："别急，你先仔细想想，完全想清楚，确定后再说出来。"我沉思了几分钟，开始告诉她："第一，5年后，我希望能有一张自己的唱片在市场上，而这张唱片很受欢迎，可以得到许多人的肯定；第二，我住在一个音乐气氛浓厚的地方，每天都能够与世界上一流的乐师一起工作。"

凡内芮说："你确定了吗？"

我从容地回答，而且拉了一个很长的Yes（是）！

凡内芮接着说："好，既然你确定了，我们就把这个目标倒算回来。如果第五年，你有一张唱片在市场上，那么你在第4年一定是要跟一家唱片公司签约。

“你在第三年一定要有一部完整的作品，可以拿给许多唱片公司听，对不对？”

“你在第二年一定要有很棒的作品开始录音了。”

“你在第一年一定要把准备录音的所有作品全部编曲，把排练准备好。”

“你在第六个月一定要把那些没有完成的作品修饰好，然后自己可以逐一筛选。”

“你在第一个月就要把目前这几首曲子完成。”

“你在第一个星期就要先列出一个完整的清单，排出哪些曲子需要修改，哪些需要完成。”

“好了，我们现在不就已经知道你下个星期一要做什么了吗？”凡内芮笑着说。

“哦！对了。你还说五年后要生活在一个音乐气氛浓厚的地方，然后与许多一流乐师一起工作，对吗？”她急忙补充说，“如果你在第五年已经与这些人一起工作了，那么你在第四年就应该有一个自己的工作室或录音室。在第三年，你可能会先跟这个圈子里的人一起工作。在第二年，你不应该住在得州，而应该搬到纽约或洛杉矶了。”

第二年，我辞掉了令许多人羡慕不已的太空总署的工作，离开了休斯敦，搬到了洛杉矶。说来也奇怪，不敢说是恰好在第五年，但大约是第六年，我的唱片开始在亚洲畅销了，我几乎每天都忙碌着与一些顶尖的音乐高手从日出到日落地一起工作。

别忘了！在生命中，上帝已经把所有“选择”的权利交到我们手上了。如果你经常询问自己：“为什么会这样？”“为什么会那样？”则不妨试着问自己：“我是否很‘清楚’地知道自己要做的是什么？”

如果连自己要的是什么都不知道，那么爱你的上帝又如何帮你安排呢？不是吗？你旁边的人，再怎么热心地为你敲锣打鼓，爱你的上帝也顶多给你一些慈悲的安慰。因为连你自己都还没有清楚地告诉他自己要做的是什么？那么，你又怎能无辜地责怪他没有为你开路呢？

让自己拥有别人拿不走的东西

每次面试应届毕业生的时候，我都会先让这些应聘者做个自我介绍。这时候，我总会听到这样的声音：

“我是××学校的，我在××实习过，我是××社团社长、学生会主席，我的GPA是3.8。”

“我是××学校的，在××实习过，还在××实习过，现在去了××。”

“我正在××实习，我还投了A、B、C、D公司，我的理想是找一个月薪超过7000元的工作。”

这样的结果并不难解释：上大学前，所有的家人，上至爷爷奶奶、爸爸妈妈，下到弟弟妹妹，都认为我们应该继续小时候乖巧玲珑的行事风格，在大学里，学习上争当第一名，课余时间争做学生会主席和入党积极分子，紧密团结在好学生、好干部身份的周围，以期毕业之后顺利进入国企或者成为国家公务员。在达到这个目标之后，我们应该迅速地找个条件相当的男友或者女友，男生家买房，女生家买车，结婚生子，共同背负着房子、车子、孩子的重任，从此步入一成不变的稳定生活。而在此过程中，我们应该默默无闻地跟随着同龄人的统一步伐，在每个时间段做自己该做的事，凡事要低调，不要搞特殊。

于是好多人不服啊，抗争啊，叛逆啊，每天叫嚣着、哭喊着自己与别人的不同，可最后还是殊途同归了。因为在这个过程中，我们每个人都在试图用社会的统一标准来要求自己，并努力在这个标尺上寻找自己的位置，不敢落下一步，不敢走错一步。我们都忘记了自己想要什么，忘记了自己的优势，忘记了自己有着独一无二的DNA。

23岁的C是我的师妹，她常跟我说，她的工资很低。她经常会想，这样的日子是否值得，比如每天斤斤计较地盘算地铁和公交车哪个更加划算，为买不买一辆200块钱的自行车犹豫了好几个月。她害怕回到家乡，害怕和别的同学不同，害怕起步工资太低而让日后的生活不堪设想。其实我理解，在上海这样的大城市里，每当看到很多学历背景不佳的人，因为不断跳槽，薪水四五倍于自己的时候；每当听到一些女孩子因为家庭背景或者某个男人的背景，找到某种捷径的时候；或者看到那些前辈炫耀名牌包包、出入高级餐馆的时候，换作谁，心里都难免会有一些怨念。

每次C跟我抱怨这些的时候，我总是很想送给她台湾女作家李欣频说过的一段话：

“有很多人设立的目标是几年之内要升到主任，几年之后要当上主管，然后是老板……这些都是可以随时被取代的身份。只要别人比你强，关系比你好，或是公司结构调整，位子就会瞬间消失。”

所以，要建立自己的风格，把自己当成个人品牌来经营，创造自己名字的价值，帮自己建一个别人拿不走的身份，而不是社会价值下的职位。至于将来你是哪个公司的主管、哪家企业的老板其实都不重要，因为别人看重的是你的专业、你的风格。这就是拿不走的身份。

每个人都有毕业入职的那一刻，都有信心百倍的青春年华。刚刚步入社会的时候，大多数人总是能够发现自己的不足，拼命学习来提高自己。但是第二年、第三年呢？有人开始看到职场的阴暗面，有人渐渐学会明争暗斗，有人发现投机取巧能赚钱，于是慢慢走上了这条路——在这个过程中，他们从未回头看看自己还有什么不足，身姿是否不够挺拔，奔跑速度是否不够迅捷，技能掌握是否不够全面。

于是，他们从一个健壮的青年，慢慢走进了一条死胡同，越来越窄，越来越饥饿，竞争却越来越激烈。

我的一位师兄，大学的专业是计算机，研究生读的是计算机智能，毕业前在著名跨国公司实习了半年，却在即将入职的时候发现了自己的知识漏洞。于是他放弃了18万元的底薪和即将到手的各种优厚福利，回到学校，申请延期一年毕业。这一年，他转战于商学院、金融系，并经常跑到哲学、中文这种看似毫不相干的专业蹭课。一年之后他毕业时，正赶上2009年金融危机，底薪比之前要低很多，但是几个月后他便3倍跳转，拿到几十万元的年薪，凌空一跃，光荣跳槽，让所有人措手不及。

师兄手里有一张关于他自己的“资产负债表”，他看到了自己的“负债”，了解自己的不足。他不看外界所能给予的一切荣光，只专心打造自己独有的东西。然后，他成功了。

其实我们可以思考一个最简单的问题：“如果没有了眼前的工作，我们还能做什么？”兼职写专栏？你文字功底和思想深度如何？开淘宝店？你想卖点什么？有没有进货渠道？给中学生当家教？当年的那些知识点你还记得多少？

在物欲横流的社会里，平心静气似乎很难；但也只有这样，才能不断深入地认清自己，了解自己内在的潜能，抓住那些能够永恒不变的、真正属于自己的东西。

我们需要时刻警醒，知道什么事能做，什么事不能做；知道自己是谁，知道自己不能是谁；知道什么是自己永远拥有的，什么是别人给的、暂时的。

保持谦卑而感恩的心态，拥有不断重新归零的勇气与信念，让自己真正拥有别人拿不走的东西。

千万别气馁

嘉禾从医学院毕业后，开始为找工作犯愁。他将一份份精心制作的简历递出去，却都石沉大海。他又参加了专门针对医学毕业生的专场招聘会，本以为不会像综合招聘会那样有很多人，没想到在招聘现场，他发现自己变成了人海中的“一滴水”。看到竞争如此残酷，他逐渐放低了就业目标，决定哪怕县医院也可以先考虑。然而只招两名毕业生的某县医院，已有不少研究生在排队等待面试。嘉禾又想回老家工作，但老家的乡镇医院也不好进，虽然动用了亲戚朋友的力量，至今仍无结果。为此他非常苦恼，找到我诉苦：“哥，我真的是走投无路了。”

我知道仅仅安慰他是没有用的。思忖片刻之后，我说：给你讲个故事吧。

有个女演员，从上海戏剧学院毕业后，也面临着找工作的压力。由于没有家世背景，没有熟人举荐，结果四处碰壁，没有任何单位肯接收她。这天，当教师的父亲陪着她在北京的街头转悠，又去应聘了几家艺术单位，均遭拒绝。一种悲凉的情绪同时萦绕在父女俩的心头，他们真的感觉到什么叫走投无路了。

这时候，父女俩恰好转悠到了“北京人艺”的大门口。她一眼望见“北京人艺”的招牌，就想，这里我还没试过，何不进去试试看呢？稍微有点顾虑的人都会想，北京人艺是什么地方啊！那可是国家级的艺术殿堂，几十年来凭其严谨精湛的舞台艺术和情醇意浓的演出风格，在中国话剧史上创造了许许多多的辉煌，堪称“中国话剧的典范”，在国内外享有盛誉。你不想想，一个连二三流艺术院校都不被录用的人，也敢幻想踏进北京人艺的门槛吗？但她偏没有顾忌这些，径直大大咧咧地闯进了人艺的院长办公室，先将自己的简历和学校老师的评语交到院长手上，然后就滔滔不绝地向院长介绍自己。这种初生牛犊不怕虎的愣劲儿，使院长一下就对她刮目相看了。两天后，他们为她一个人安排了由几位人艺领导及著名艺术家任考官的面试。起初无论她唱歌或是跳舞，各位评委老师都热烈鼓掌，以示嘉许。但在最后一关，在五分钟内现场表演一个小品，她觉得自己没有发挥好，起码不如自己想象中的好。表演完了，评委老师让她回去等通知。她暗想：完了，这回肯定又没戏了。就沮丧地说：“老师，我就不请你们吃饭了，因为要请也只请得起面条。”评委老师们说：“不用不用，你走吧。”

回到租住的小旅馆里，看到父亲满怀渴望的眼神，她像虚脱了似的摇着头说：不行，可能还是不行。父亲当时没说什么，却看得出他眼底的失望。父女俩连吃饭的心情都没有了。哪知下午五点钟左右，她突然接到了一个电话，是北京人艺的老师打来的：来吧，你被录取了。父女二人当时竟不敢相信这是真的，激动得一起落了泪。她，就是凭借电视连续剧《当家的女人》中的出色表演，荣获第24届全国电视剧“飞天奖”的王茜华！当初，曾为找一份工作四处碰壁的她，最后竟误打误撞地进了北京人艺！

我问嘉禾：你说，她为什么能应聘成功呢？嘉禾若有所悟地说：她是个有胆量有气魄的人，敢于独闯人艺推销自己，所以才在艺术的最高殿堂赢得了一席之地。我赞许地点点头：她先前积累的多次应聘经验，在北京人艺这一关全部用上了，所以她当时的表现是最好的状态。另外，当别人走投无路时，是越来越向下走；而她却选择了向上，结果她成功了！

嘉禾激动得一把握住了我的手：“哥，我知道该怎么做了。”

果然不久，就传来了好消息：嘉禾有幸被省会一家最知名的医院录取了！在他发来的感谢短信里，有这样一句话：当你走投无路的时候，千万别气馁，因为你还有一条出路——向上走！

活着就有希望

1942年，陈忠实出生在陕西西安灞桥西蒋村。父亲一直想让儿子离开乡村，到西安或别处去谋一份体面的职业。为了供陈忠实和他哥哥读书，父亲常常变卖粮食和树木，过得很是艰难。

高中毕业之前，陈忠实也谨慎地为自己谋划着未来，他的打算是：上上策是上大学深造，其次是当兵，最次是回乡村。遗憾的是当年大学招生名额锐减，他落榜了，军营也对他关了门。于是他便只得归去，时间是1962年。他感到了命运对自己的捉弄。

完完全全当一个农民，他难以接受。好在对文学怀有强烈兴趣，在乡村当教师、当公社干部之余，他埋头于文学创作之中。缘于此，陈忠实变得沉静起来。水深了才能沉静，而且沉静之中潜藏着波澜大惊。

“单凭已出版的那几本中短篇小说集用作垫棺的枕头，我会留下巨大的遗憾和愧疚。我现在的心结聚集到一点，凝重却也单纯，就是为自己造一本死时可以垫棺做枕的书，才可能让这双从十四五岁就凝眸着文学的眼睛闭得踏实。”

实现了“文学梦”，四十五六岁的关中汉子豁出去了，他和妻子约定，先写书，如不成，便去养鸡。在长安、蓝田查阅县志整整两年，他又告别妻儿，回到乡下，在自家祖屋里蹲了整整四年。

其间，只用了十年就攀上文学高峰的路遥，也刺激着他，“慢慢地，我开始对这个比我年轻好几岁的作家刮目相看，我多次对别人公开表示，我很敬佩这个青年人。当他的作品获得文学最高奖项时，我再也坐不住了。心想，这位和我朝夕相处的、活脱脱的年轻人，怎么一下子达到了这样的高度！我感到了一种巨大的无形的压力。我下定决心要奋斗，要超越，于是才有了《白鹿原》。”

陈忠实还清楚地记得，1992年1月《白鹿原》正式稿完成的那个傍晚，独自在家的他忽然觉得“缓不过气儿来”。他似乎已经在一个山洞里住了好些年，好不容易走到洞口，但“那种光明让人受不了”。他出门蹲在河边抽烟，还放了一把火，听着夜风中毕剥作响的荒草，才终于感到一种压抑过后释放的痛快。

《白鹿原》一问世，读者争相购阅，一时“洛阳纸贵”。如同一位智慧的老农在讲述岁月的变迁，彰显出大气和浓烈的地域风采。这部作品被评论家称为是一部渭河平原近现代五十年变迁的雄奇史诗，一轴中国农村斑斓多彩、触目惊心的长幅画卷。

学者赞称，由作品的深度和小说的技巧来看，比那些获得诺贝尔文学奖的小说并不逊色。1997年《白鹿原》获第四届茅盾文学奖，此后《白鹿原》被教育部列入“大学生必读”系列，据不完全统计已发行逾二百万册。

功名利禄非他所想，《白鹿原》获奖后，陈忠实又回到乡下，避开了热闹和喧哗。“我现在又回到原先祖居的老屋了……我站在村与邻村之间空旷的台地上，看‘三九’的雨淋湿了的原坡和河川，绿莹莹的麦苗和褐黑色柔软的荒草，从我身旁匆匆驰过的农用拖拉机和放学的娃娃。粘连在这条路上倚靠着原坡的我，获得的是宁静。”

早上泡馍加稀饭，或馒头玉米粥。中午米饭，一素一荤加一汤。晚上面条或与中午雷同，但必须喝酒，得加点花生米、酥胡豆之类的下酒菜。打扮朴素而整洁，起居有常。写作顺畅时，奖励自己，要么听秦腔，要么找知己聊天，要么找人“杀”盘棋。他生活简单，一门心思都扑在了创作上。

一口地道陕西土话，不会客套，说话几乎不用形容词，偶尔一两句玩笑话，逗乐在场所有人。他语言简朴，却总能一语中的。

他说：好好活着！活着就要记住，人生最痛苦最绝望的那一刻是最难熬的一刻，但不是生命结束的最后一刻；熬过去就会开始一个重要的转折，开始一个新的辉煌历程；心软一下熬不过去就死了，死了一切就都完了。好好活着，活着就有希望。

善待自己，宽容别人

著名书法家启功成名之后，经常有人模仿他的笔墨在市面上出售。有一次他和几个朋友走在大街上，路过一个专营名人字画的铺子，有人对启功说不妨到里面看看有没有他的作品。

启功好奇，就一起走进了铺子，果然发现了好几幅“自己的字”。但是，这几幅字模仿得很到家，连他的朋友都难以辨认。

朋友问道：“启老，这是你写的吗？”

启功微微一笑赞道：“比我写得好，比我写得好！”众人一听，全都大笑起来。

谁知说话之间，又有一人来铺里问：“我有启功的真迹，有要的吗？”

启功说：“拿来我看看。”那人把字幅递给他，这时，随启功一起来的人问卖字幅的人：“你认识启功吗？”

那人很自信地说："认识，是我的老师。"

问者转问启功："启老，你有这个学生吗？"

作伪者一听，知道撞到枪口上了，刹那间陷于尴尬恐慌无地自容之境，哀求道："实在是因为生活困难才出此下策，还望老先生高抬贵手。"

启功宽厚地笑道："既然是为生计所迫，仿就仿吧，可不能模仿我的笔迹写反动标语啊！"

那人低着头说："不敢！不敢！"说罢，一溜烟地跑走了。

同来的人说："启老，你怎么让他走了？"

启功幽默地说："不让他走，还准备送人家上公安局啊？人家用我的名字，是看得起我，再者，他一定是生活困难。他要是找我借，我不是也会借给他吗？当年的文徵明、唐寅等人，听说有人仿造他们的书画，不但不加辩驳，甚至还在赝品上题字，帮穷朋友多卖几个钱。人家古人都那么大度，我又何必那么小家子气呢？"

"爱的极致是宽容，能唤醒迷途的灵魂。"这是一句至理名言，它彰显了一个人的襟怀、气度及宽容之心。

宽容，首先要对自己宽容。只有对自己宽容的人，才能宽容他人。人的烦恼一半源于自己，即所谓的画地为牢、作茧自缚。宽容地对待自己，就是心平气和地工作、生活。而这种心境可以使自己保持良好的状态。

作为人，善待自己的同时，要宽容别人。

我们来到这个世界上有两大重要使命：一是丰富这个世界；二是完善这个世界。然而，用宽容这个武器，可以化解世界上的一切矛盾。宽容能折射出一个人为人处世的经验、待人的艺术、良好的涵养。学会宽容不仅有益于身心健康，且能赢得友谊，赢得成功。

拥有了宽阔的胸襟和气度，即使面对敌人也会不吝赞美之词，并且在行动上予以帮助。

做一个谦虚的人

2008年，美国总统大选如火如荼地进行着，两党派针锋相对，奥巴马和麦凯恩成了最后的角逐者。

为了竞选获胜，两位候选人争论得热火朝天。这时，麦凯恩的支持者却处心积虑地想找到让奥巴马颜面扫地的事，想让他败在自己过去的不良行为上。

可遗憾的是，奥巴马生活中谦虚谨慎，工作中公正称职，身边的人都喜欢他，他已经赢得了大量精英支持者，没有什么事能够成为他人攻击的把柄。于是，麦凯恩的支持者就在奥巴马的一次违章停车上做起了文章，指责他不是个奉公守法的好市民，难担一国之重托。

此时，让人意外的事发生了，获诺贝尔奖的贝克教授站出来说："多数情形，人们犯规甚至犯法，并不是因为当事人很坏，是个坏蛋。相反，那完全是理性选择的结果。"

贝克教授用自己的权威为奥巴马解了围，让奥巴马很意外，因为他完全不认识贝克教授。面对媒体的追问，贝克教授讲了个故事：一天，奥巴马去纽约市主持一个会议，因为塞车眼看就要迟到了，和他一起到达停车场的是个老人，他们几乎同时看到了这个唯一的车位。

老人说："年轻人，你的工作更重要，你先停吧。"奥巴马将车退了出来，做了个手势让老人停了进去："我没有什么重要的事情，还是你先停吧。"这样，为了开会不迟到，奥巴马就只有将车停在了外面并接受罚单。要说明的是，这个老人就是贝克教授。

如果奥巴马毫不谦虚地认为自己在做的事才是最重要的，去争夺这个车位，那他就永远也得不到贝克教授的声援。也许，在不经意中，点滴作为就已经成为成功的基石。

谦让是一种修养，是一种美德，更是一种做人的境界。谦让会赢来他人赞许的目光，会赢得他人的信赖。很多时候，你的一份谦让，会为自己换来莫大的回报。

"满招损，谦受益"，意思是说如果你有自满的心理，就会有一定的损失；如果你一直都很谦虚，那就一定有益处。

做一个谦虚的人，就要保持一颗平常心，无论是身居高位还是地位卑微，无论是名家硕儒还是初学少年，闻道有先后、术业有专攻，尺有所短、寸有所长，没有任何一个人能在每一个方面都超过别人。

做一个谦虚的人，就要保持一颗坦荡的心。既不因自身的长处而骄傲、不因自身的短处而气馁，也不因别人的优点而妒忌、不因别人的不足而嘲笑，十全十美的人在世间从来不曾出现过。

忍耐是一种艺术

一次，在公共汽车上一个男青年往地上吐了一口痰，被售票员看到了，对他说：“同志，为了保持车内的清洁卫生，请不要随地吐痰。”没想到那男青年听后不仅没有道歉，反而破口大骂，说出一些不堪入耳的脏话，然后又狠狠地向地上连吐三口痰。

那位售票员是个年轻的姑娘，此时气得脸庞涨红，眼泪在眼圈里直转。车上的乘客议论纷纷，有为售票员抱不平的，有帮着那个男青年起哄的，也有挤过来看热闹的。大家都关心事态如何发展，有人悄悄说快告诉司机把车开到公安局去，免得一会儿在车上打起来。没想到那位女售票员定了定神，平静地看了看那位男青年，对大伙说：“没什么事，请大家回座位坐好，以免摔倒。”一面说，一面从衣袋里拿出手纸，弯腰将地上的痰渍擦掉，扔到了垃圾箱里，然后若无其事地继续卖票。

看到这个举动，大家愣住了。车上鸦雀无声，那位男青年的舌头突然短了半截，脸上也不自然起来，车到站还没停稳，就急忙跳下车，刚走了两步，又跑了回来，对售票员喊了一声：“大姐！我服你了。”车上的人都笑了，七嘴八舌地夸奖这位售票员不简单，真能忍，虽然骂不还口，却将那个浑小子制服了。

这位女售票员面对辱骂，如果忍不住与那位男青年争辩，只能扩大事态；与之对骂，又损害了自己的形象；默不作声，又显得太亏了。她请大家回座位坐好，既对大伙儿表示了关心，又淡化了眼前这件事，缓解了紧张的气氛；她弯腰若无其事地将痰渍擦掉，此时无声胜有声，比任何语言表达的道理都有说服力，不仅感动了那位男青年，也教育了大家。

在生活中，我们也难免会碰到一些蛮不讲理的人，甚至是心存恶意的人，有时还会无缘无故地遭到这种人的欺侮和辱骂。每当遇到这样的事，常让人觉得忍无可忍。可是，不忍就正好成了对方的出气筒，也给自己带来不必要的麻烦。

在一定意义上，可以说，忍耐是一种美德。它既能体现一个人的宽容大度，也能表现一个人的识时务。我国古代有一首《六忍歌》就是歌颂忍耐精神的：“富者能忍保家，贫者能忍免辱，父子能忍慈孝，兄弟能忍意笃，朋友能忍情长，夫妇能忍和睦。”朋友们，为了事业，为了家庭，为了美好的人生，我们需要忍耐，应该学会忍耐。

生活中，不能爆竹脾气一点就着，不能针尖儿对麦芒，你倔他更犟。如果这时候我们能有意识地让自己冷静下来，该受点委屈就受点委屈，该忍让时就忍让，我们的人生也会由此进入一个全新的境界。

忍耐是一种处世的策略，更是一种艺术。忍耐，实际上是让时间、让事实来表白自己，这样做可以摆脱相互之间无原则的纠缠或者不必要的争吵。忍耐因此成为坚持的一个代名词。坚持和忍耐，两者也许就是分不开的。如果两者具备，我们的生活因此多了一笔财富。

在现实生活之中，有多少的口角、争斗与矛盾是出于失忍而造成呢？诸如我踩你一脚，你回我一眼，而且出言不逊，接着双方就怒目相对，仿佛是不共戴天的仇敌；或是在排队时争相推抢，一有得失，便恶言恶语，甚至于当众出手……诸如此类的生活琐事，不胜枚举。其实这些小事，只要稍稍忍耐一下，便会烟消云散，天地清明。这道理甚为简单。

不过，忍是一种妥协，是一种策略，但并不是屈服和投降，它其实是一种非常务实、通权达变的智慧。

心怀大志的人，不会被一时的屈辱所打垮，也不会计较一时的荣辱，不会意气用事，硬打硬拼，而是理智地控制自己，以机智战胜对手。

恰当地表现自己

有一个年轻人，在单位一直不被重用，他借单位集体到西湖春游之机，拜访了高僧慧明。他对慧明说：“我是一个名牌大学的本科生，已在单位办公室兢兢业业干了八年，比我学历低、年龄小、进单位晚的都得到了提拔重用，可我一直是办公室一般的文员，请高僧指点迷津。”

听了年轻人的话，慧明双手合掌道：“你在工作上对自己如何定位？”

年轻人说：“我老爸告诉我，做人不能太露锋芒，出头的椽子先烂。我认为很有道理。”

慧明站起身对年轻人说：“请随我到对面的景点看看吧。”

年轻人跟着慧明走出寺院，在湖边找到寺里的快艇，然后发动油门慢慢前行。

与他们同时起航的一艘快艇加大马力，似流星划过天空，在碧绿的湖面犁出一道白线；晚于他们起航的大游船“嘭嘭”欢叫着推浪前行，也很快甩掉了他们；就连随后而行的双人小扁舟也走在了他们前面……

迎面驶了过来一艘风驰电掣的快艇。艇主见慧明的快艇一直走得很慢，便在他们旁边大声问：“和尚，跑得这么慢是不是没油了？我这里有。”慧明合掌回答道：“多谢，老衲是怕跑得快了有危险。”

一艘大游船迎面踏浪驶回来了。船主看着慧明慢慢爬行的快艇高声喊道：“和尚，你的快艇笨得像蜗牛，该淘汰了。”

一只双人小舟迎面驶回来了。舟主对慧明说：“和尚，你的快艇连个小木舟都不如，养它干什么，报废了吧。”慧明没有吭声，他回头看看年轻人说：“我们返回吧。”

慧明掉转方向，加大油门，快艇风驰电掣般向前飞驰，不一会就回到了清莲寺。慧明走下快艇笑着问年轻人：“你说我的快艇究竟如何？”

年轻人说：“因为他们不知道你没加足马力，所以才说你的快艇没能量。”

禅师道：“是啊，其实做人又何尝不是如此呢。你学历再高，再有才华，但你不表现出来，别人当然不知道，怎么能看重你呢？即便你的能量有人知晓，但见你畏畏缩缩，宁愿空耗生命也不敢开拓前进，人家又怎会承认、重用你呢？你又怎能快速到达理想的彼岸呢？在人才竞争激烈的今天更是如此啊。”

听了这番话，年轻人这才顿然醒悟，明白了许多。

当然，表现自己并没有错。当今社会，充分发挥自己的潜能，表现出自己的才能和优势，是适应挑战的必然选择。但是，表现自己要分场合、分方式，如果表现得使人看上去矫揉造作、很别扭，好像是做样子给别人看似的，那就不好了。

威廉·温特尔说："自我表现是人类天性中最主要的因素。"人类喜欢表现自己就像孔雀喜欢炫耀美丽的羽毛一样正常，但刻意地自我表现就会使热忱变得虚伪、自然变得做作，最终的效果还不如不表现。

一个潜质优厚的人，犹如一个丰富的宝藏，别人顾不上或是不懂开发时，就需要你恰当地表现自己。

善于自我表现的人常常既"表现"了自己，又未露声色，他们与同事进行交谈时多用"我们"而很少用"我"，因为后者给人以距离感，而前者则使人觉得较亲切。要知道"我们"代表着"他也参加的意味"，往往使人产生一种"参与感"，还会在不知不觉中把意见相异的人划为同一立场，并按照自己的意向影响他人。

真正展示教养与才华的自我表现绝对无可厚非，只有刻意地自我表现才是最愚蠢的。卡耐基曾指出：如果我们只是要在别人面前表现自己，使别人对我们感兴趣的话，我们将永远不会有许多真实而诚挚的朋友。

宽容是一种风度

从社会生活的角度看，宽容大度是人在生活中不可或缺的风度。一个人以敌视的眼光看人，对周围的人戒备森严，心胸狭小，处处设防，不能以宽大释怀，必然会因孤独而陷于忧郁和痛苦之中。

毕加索可能是有史以来最富有的画家。他的画不像传统的风景画那么直观，而是充满了神奇的力量，人们逐渐发现了这种价值，在1967年的时候，毕加索的一幅画竟卖出五十多万美元的高价，还从未有一位画家生前的画卖这么高的价钱。

直到1973年，毕加索去世时，他的一千幅画至少值两千五百万美元，真可谓“富有”。他数十年来一直是欧洲画坛的领袖人物，他打破了传统的绘画法则，首创立体派，用自己的想象来绘画，他所画出的并不是看到的表象，而是灵魂。

而且毕加索更让人佩服的是他的气度，一般的画家都非常介意别人对自己画作的评价，但是毕加索就不会如此，他认为，立体派能表现最完整的意念。

他的画能够重新建构物质世界，他将变天下所有为天下所无，构造人们所没有见过的新事物，于是画作出来后，有人批评他的画看不懂。大家都以为毕加索一定会非常愤怒，但他不无幽默地说："我不懂英文，英文对我就像白纸，但这并不表示世界上没有英文。因此对自己不懂的事，只好怪自己了。"

还有人不理解他，说他画出了一些别人根本看不懂的东西，根本就没有传统画作那么优美有意境，还嘲笑他的作品像小孩涂鸦。面对这样严重的指责，毕加索依然没有任何怒气，他只是诙谐地说："我十五岁时，已经能画出拉斐尔那样的画。然而学了一辈子，才能画得像小孩子一样。"

还有一次，毕加索给一位著名女作家画了一幅画像，一位朋友看了说："画像画得很美，可是一点儿也不像本人。"

毕加索幽默地回答："没关系，她会慢慢地像这幅画像的。"

还没有一个画家像毕加索那样，对待那些仿照他画作的人，几乎从不追究，顶多把签名涂掉就算了。朋友为此愤愤不平的时候，毕加索说："那些画假画的人，不是穷画家就是老朋友。我怎能为难老朋友呢？再说那些鉴定真迹的专家也要吃饭呀！假画如果绝迹，他们的饭碗不也就不保了吗？"

毕加索是世界上最伟大的画家之一，他的伟大之处不仅仅在于他的画作，还在于他伟大的人格魅力和博大的胸怀。对于别人对自己画作的指责，他总能以幽默的方式化解，而且巧妙地维护了自己的尊严。

一颗博大的心，远比一技之长更重要。一颗博大的心可以让你赢得更多人的尊重，可以让你拥有更广泛的人际关系，而这才能让你真正地成功。

坚守的同时也要懂得变通

我们每天都会面对各种层出不穷的人际矛盾与环境变化，你是要以刻舟求剑的方式来以不变应万变，还是要选择灵活机动的变通方式来应对万变的世界，这是个人需要明确确立的做人、做事的心态。

若你的前面有一堵墙，千万不要硬着头向前冲，不然，你肯定会被撞得头破血流，其实，只要你懂得变通做事，你便可以寻找到更好地解决问题的方法。这些是在哈佛情绪课上备受欢迎的一些变通处世的小技巧，试着去做一下，也许你会发现自己被越来越多的人接纳、认可了。

美国著名人际关系大师卡耐基曾在纽约市中心居住过，从他家步行一个小时，便可以到达对面的森林公园。卡耐基养了一只非常友善的小斗牛犬，平日里他经常带着爱犬到公园里散步。由于森林公园极少有行人，所以，他并没有给小狗系上狗链或是戴口罩。

一天，卡耐基正与爱犬在公园中散步时遇到了一位警察，当这位警察发现小狗没有系狗链时，立即表现出了想要炫耀自我权威的欲望："为什么你不给你的狗戴上口罩或者系上狗链子，还让它这样跑来跑去，难道你不知道，这是法律不允许的吗？"

面对这样的申斥，卡耐基老实地回答："是的，我知道，可这里的行人这么少，我并不认为它会咬人。"

"你不认为？先生，法律可不会管你是怎么认为的！万一它在这里咬伤了动物，或者无辜的孩子，你要怎么办！这次我就不追究了，如果下次你再让我看到你没有为它准备安全防护措施，你就必须去向法官解释你的'不认为'了！"

卡耐基客气地答应照办。

可是，卡耐基的小狗并不喜欢戴口罩，而卡耐基也并不准备勉强它，所以，他决定再碰碰运气。起初一切都很顺利，但是有一天下午，他们又碰到了那位警察。

当时，卡耐基立即决定先向警察认错，所以，还没有等警察开口说话，卡耐基就抢先说道："警察先生，对不起，这次你当场逮到了我，上次你就已警告了我，若我再不给小狗做安全防护措施，你就惩罚我，现在，我接受你所有的惩罚！"

这一次，这位警察却表现得格外的温和："在没有人的情况下，谁都会忍不住想要与自己的宠物一起玩会儿。"

“的确是有些忍不住，”卡耐基依旧谦卑地回答道，“可我这样做却违法了。”

“不要把事情看得太严重了，”警察笑着对卡耐基说，“这样吧，你赶快带它跑过小山，不要再让我看到！”

在进行哈佛精神的总结时，哈佛第27届校长萨默斯如是说：“每一个哈佛学子，都应坚守自我人生的原则，但与此同时，懂得变通也是极为必要的处世之道。”身处于纯粹的光明中，就如同身处于纯粹的黑暗中一样，什么东西都看不到，那些只知道坚守却不懂变通的人往往容易走向人生的另一种极端。在坚持基本立身原则的基础上，以改变自己为途径，让自己更轻松地与他人交流，是成功者最基本的处世要求。

真正的大师

德国青年卜劳恩，又一次失业了。满大街地转了一天，依然没有找到工作。情绪极度低落的卜劳恩去酒吧坐了半天，直到将身上最后一块钱换了酒喝下肚后，才拖着疲惫的身躯回到家。可是，家里也不是天堂，他寄予厚望的儿子克里斯蒂安并没有给他争气，他的成绩单居然比上学期还退步了。他狠狠地瞪了克里斯蒂安一眼，再也不想跟他说话，便回到自己的房间呼呼大睡起来。

当卜劳恩醒来的时候，已是第二天早上。他习惯性地拿起笔补写昨天的日记：5月6日，星期一，真是个倒霉的日子，工作没找到，钱也花光了，更可气的是儿子又考砸了，这样的日子还有什么盼头？

卜劳恩来到小房间，打算叫儿子起床，但克里斯蒂安早已经自己上学去了。就在此时，卜劳恩突然发现，克里斯蒂安的小日记本忘记锁进抽屉了，于是便忍不住好奇地看了起来：5月6日，星期一，这次考试不太理想，但当我晚上将这个消息告诉爸爸的时候，他却没有责备我，而是深情地盯着我看了一会儿，使我深受鼓舞。我决定努力学习，争取下次考好，不辜负爸爸的期望。

怎么会是这样呢，自己明明是恶狠狠地瞪了儿子一眼，怎么就变成深情地盯着他看了呢？卜劳恩好奇地翻开了克里斯蒂安以前的日记：5月5日，星期天，山姆大叔的小提琴拉得越来越好了，我想，有机会我一定要去请教他，让他教我拉小提琴。

卜劳恩又是一惊，赶紧拿起自己的日记本来看：5月5日，星期天，这个该死的山姆，又在拉他的破小提琴，好不容易有个休息日，又被他吵得不得安生。如果他再这样下去，我非报警没收了他的小提琴不可。

卜劳恩跌坐在椅子上，半天无语。他不知道自己从什么时候起，竟然变得如此悲观厌世、烦躁不堪，难道自己对生活的承受力还不如一个小孩子吗？

从此，卜劳恩变得积极和开朗了起来。他日记里的内容也完全变了：5月7日，星期二，今天又找了一天工作，虽然还是没有哪家单位肯聘用我，但我从应聘的过程中学到了不少东西。我想，只要总结经验，明天我一定能找到一份满意的工作。5月8日，星期三，我今天终于应聘成功了，虽然是一份钳工的工作，但我想，我一定能成为世界上最出色的钳工。

他就是德国漫画巨匠埃·奥·卜劳恩。卜劳恩1903年3月18日生于德国福格兰特山区翁特盖滕格林村，曾经在工厂当过钳工，给报刊画过漫画，为书籍画过插图。而最广为人知的是他的连环漫画《父与子》。《父与子》的素材，大多源于他和儿子克里斯蒂安在一起的日子。卜劳恩所塑造的善良、正直、宽容的艺术形象，深深打动了全世界读者的心。《父与子》被人们誉为德国幽默的象征。

后来有人采访卜劳恩时问他："听说是一本日记造就了您今天的成就，这是真的吗？"

卜劳恩说："是的，确实是因为一本日记，但需要申明的是，那个大师不是我，真正的大师是我的儿子——克里斯蒂安。"

尊重要出自真心实意

尊重别人要真心实意，希望别人生活得好，能够比自己更健康、更快乐、更幸福，这样纯粹质朴的“尊重”必定会赢得极大的爱与回报。

一家生意很好的糕点店门口来了一个乞丐。他衣着破烂，浑身散发着一种难闻的气味，当他畏缩着走进店里时，所有的客人都皱眉掩鼻，露出厌恶的神色来。

店里的伙计急忙呵斥乞丐滚出去。然而乞丐从口袋里掏出几张脏兮兮的钞票，说：“我不是来乞讨的，我知道你们这里的蛋糕好吃，我也想尝尝。我攒了好久才凑到这些钱。”

糕点店的老板目睹这一幕，于是他从橱柜里拿出一个精美的蛋糕包装好，走到乞丐跟前，恭敬地将它递给了乞丐，并深深地向乞丐鞠了一躬，说：“多谢关照，欢迎您再次光临！”乞丐把钱给了老板，点点头走了。这位老板一直目送乞丐到门口。

大家万分吃惊，因为在这之前，无论谁来店里买糕点，老板都是交给伙计们招呼，从来没有亲自出马过。可是今天他却亲自招呼这位乞丐，而且对他毕恭毕敬！

看到伙计们惊讶的表情，这位老板解释说："那些经常来我们店的顾客，当然应受到欢迎，但他们都是有钱人，买点蛋糕对他们来说很容易也很平常。今天来的这位乞丐，却与众不同，他是真心为了品尝我们的蛋糕，不惜花很长的时间攒得足够的钱，来到我们店里。这实在难能可贵，我不亲自为他服务怎么对得起他的这份厚爱？"

"既然如此，你为什么要收他的钱呢？"旁边的小孙子不解地问。

老板笑着说："他虽然是个乞丐，但他更是一位尊贵的客人。他今天不是来讨饭的，所以我们应当尊重他。如果不收他的钱，岂不是对他的侮辱？一定要记住，尊重我们的每一位顾客，哪怕他是一个乞丐，因为我们的一切都是顾客给予的。"

这位老板就是两次被《福布斯》评为世界首富的日本大企业家堤义明的爷爷，他对那位乞丐的尊重之举深深地刻在了堤义明的脑海里。后来堤义明多次在员工培训大会上讲这个故事，要求所有的员工像他爷爷那样，尊重每一位顾客。

尊重是人内心深处对另一个生命真切的理解、关爱、体谅与敬重，它不含任何功利色彩，也不受任何身份地位的影响。唯有这样的尊重，才最真实、最纯粹，才最令人感动。它如一朵小花开在人的心间；似一条小路，通往美好的天地；又似一缕阳光，一股甘泉，温暖你我，滋润心田。

维护他人的尊严

尊重他人不仅仅是一种态度，也是一种能力和美德，它需要设身处地地为他人着想，给他人面子，维护他人的尊严。正如萨特宁所说，尊重人的尊严，是一件很干净、很美好的事！

在哈佛大学的校庆活动上，一位名叫艾克的学生给大家进行了一次关于尊严的演讲，在他的演讲中提到了约翰·亚当斯。他希望所有的同学都能够像约翰那样用勇气去捍卫自己的尊严。美国第二任总统约翰·亚当斯曾经是哈佛大学的一名学生，他在各个方面的表现都让教授们引以为豪。约翰曾说过："告诉一个人他很勇敢，就是帮助他变得勇敢。"在他的一生中，勇气一直是支撑他奋斗的动力。他认为，只有拥有足够的勇气才能赢得自己的尊严。

此外，艾克还讲了几则关于尊严的故事，其中一则是这样的。

许多年以前，在一个富饶而辽阔的国家里住着一位迷人而骄傲的公主。国王为了给心爱的女儿找到一个满意的丈夫，便在城中贴出了征婚告示，一夜之间吸引了许多青年才俊。看到这种情况，公主便说道："假如有人可以站在我的窗前等候一百个夜晚，我便嫁给他。"

人们听到公主的话后非常高兴，蜂拥而至地跑到公主的窗前。十几个夜晚过去了，许多人都坚持不住离开了。当所有人都以为不会有人再继续等待在公主窗前时，一位青年却依然静静地站在那里。人们纷纷用鄙夷的眼光看着他，嘲笑他的自不量力。虽然受到了别人尖锐的讽刺，但是青年依然没有放弃，他还是坚持站在那里。

转眼之间便过去了整整一个月，那位青年依然静静地守候在公主的窗前，无论天气多么恶劣，他都没有放弃。人们开始使用卑劣的手段打击他，但是青年无动于衷，还是像往常一样等待着。渐渐地一个月又过去了，一天晚上，天空中突然刮起了猛烈的风，地上的碎石被大风卷了起来，打在青年的脸上。过了一会儿，竟然下起了冰雹，冰雹打在青年的身上发出清脆的声响，青年咬紧牙关，举起手摸了摸被冰雹打肿的脸，依然坚持住了。

八十天过去了，公主的窗户还未曾打开。但是人们却被这位真诚的年轻人打动了，那些之前欺负和嘲笑他的人不再瞧不起他，都对青年感到由衷地敬佩。转眼便过去了九十九天，公主终于来到了窗前，她从窗帘的缝隙里观察着青年，默默地想着：继续坚持吧！只要熬过最后一天，我就会嫁给你。人们纷纷向青年表示祝贺，但是这时青年却头也不回地往出城的方向走去。对此人们感到十分不解，有人上前问他："你已经坚持了九十九天，为何要在最后一天的时候放弃呢？"青年淡淡地看了看天空，然后说道："之前等待的九十九天属于我的爱情。但是这最后一天却属于我的尊严！"

听了青年的话后，人们都震惊了，他们用鄙夷和愤怒的眼光看着那位高傲的公主。公主看着青年远去的背影，竟然流下了伤心的泪水。原本公主可以拥有一个真心爱自己的丈夫，最后却被她的自私和冷漠扼杀了。每个人都有自尊，青年愿意等待公主九十九天是因为爱情，为自己心爱的人做任何事情都是值得的。但是他无法忍受的是公主的冷漠和自私，当所有人都被他感动时，只有公主依然无动于衷，甚至连一句关心的话、一个鼓励的眼神都未曾表示过，这对青年来说无疑是莫大的耻辱。所以，青年最后放弃了公主，因为她不值得自己再傻傻地付出。

其实，青年最后的举动是一种捍卫尊严的做法，是勇气让他赢得了自己的尊严。在现实生活中，那些外表朴实无华的人往往具有独特的个人魅力，在面对别人的欺凌和嘲笑时，他们总是表现出惊人的勇气，并且敢于捍卫自己的尊严。

第二章
他山之石，可以攻玉

微笑着，去唱生活的歌谣。不要抱怨生活给予了太多的磨难，不必抱怨生命中有太多的曲折。大海如果失去了巨浪的翻滚，就会失去雄浑，沙漠如果失去了飞沙的狂舞，就会失去壮观，人生如果仅去求得两点一线的一帆风顺，生命也就失去了存在的魅力。

——史铁生

多一句赞美

赞美别人是一门艺术，一句话能把人说笑，也能把人说跳，学会赞美别人，是我们为人处世必须要知道的一个道理。

几天前，我和一位朋友在纽约搭计程车，下车时，朋友对司机说："谢谢，搭你的车十分舒适。"这司机听了愣了一愣，然后说："你是混黑道的吗？"

"不，我不是在寻你开心，我很佩服你在交通混乱时还能沉住气。""是呀！"司机说完，便驾车离开了。

"你为什么会这么说？"我不解地问。"我想让纽约多点人情味。"他答道，"唯有这样，这个城市才有救。"

"靠你一个人的力量怎能办得到？""我只是起带头作用。我相信一句小小的赞美能让那位司机整日心情愉快，如果他今天载了二十位乘客，他就会对这二十位乘客态度和善，而这些乘客受了司机的感染，也会对周遭的人和颜悦色。这样算来，我的好意可间接传达给一千人，不错吧？”

“但你怎知计程车司机会照你的想法做呢？”我问。“我并没有希望他那样做，”朋友回答，“我知道这种做法是可遇不可求，所以我尽量多对人和气，多赞美他人，即使一天的成功率只有30%，但仍可连带影响到三千人之多。”

“我承认这套理论很中听，但能有几分实际效果呢？”“就算没效果我也毫无损失呀！开口称赞那司机花不了我几秒钟，他也不会少收几块小费。如果那人无动于衷，那也无妨，明天我还可以去称赞另一个计程车司机呀！”

“我看你脑袋有点‘天真病’了。”“这就可看出你越来越冷漠了。我曾调查过邮局的员工，他们最感沮丧的除了薪水微薄外，就是感受不到别人对他们工作的肯定。”

“但他们的服务真的很差劲呀！”我说。“那是因为他们觉得没人在意他们的服务质量。我们为何不多给他们一些鼓励呢？”

我们边走边聊，途经一个建筑工地，有几个工人正在一旁吃午餐。我朋友停下了脚步：“这栋大楼盖得真好，你们的工作一定很危险很辛苦吧？”那群工人带着狐疑的眼光望着我朋友。

离开工地后，我对他说：“你这种人也可以列入濒临绝种的动物了。”“这些人也许会因我这一句话而更起劲地工作，这对所有的人何尝不是一件好事呢？”

“但光靠你一人有什么用呢？”“我常告诉自己千万不能泄气，让社会更有情原本就非易事，我能影响一个是一个。”

“刚才走过的女子姿色平庸，你还对她微笑？”我插嘴问道。“是呀！如果她是个老师，我想今天听她课的人一定如沐春风。”

一句由衷的赞美、一个善意的微笑，不仅会带给人一天的好心情，还能让他人拥有行动的勇气和力量。不要吝惜你的语言，真诚地去赞美他人，让好心情一直伴随在你我身边。

不要与人争辩

辩论产生的结果只能是失败，即使表面上你取得了胜利，实际上却与失败没有区别。因为就算你在辩论会上赢了对方，把对方驳斥得体无完肤、毫无招架之力，可是结果又会怎样呢？你逞一时口舌之快，心理上觉得十分过瘾，但是对方却因此而产生自卑感。你伤了对方的自尊心，他会对你心生不满。

“永远不要和他人发生正面冲突。”虽然说这句话的人现在已经不在这个世界上了，但是我将永远不会忘记这句话。这个教训也给了我极大的震动。

我原来是一个固执己见的人，从小就喜欢跟人争辩。读大学时，我对逻辑和辩论十分感兴趣，经常参加各种辩论比赛。后来，我还在纽约给学生们讲辩论课，甚至还想写一本有关辩论的书。然而现在，只要一想起这些事，我就会感到十分羞愧。从那以后，我又聆听了数千场辩论，并且会留心观察每次辩论会之后产生的影响。我得出这样一个结论：天下只有一种方法能得到辩论的最大利益——那就是像避开毒蛇和地震一样，尽量去避免辩论。

我还发现，在面红耳赤的辩论之后，绝大多数人还是会继续坚持自己的观点，坚信自己是绝对正确的。事实上，你赢不了辩论！要是输了，当然你也就输了；但是就算你赢了，你还是失败的。因为如果你赢了对方，把他驳斥得千疮百孔，证明他一无是处，那又能怎样呢？你也许会得意忘形，但是他会因为蒙羞而怨恨你。

多年以前，有一位争强好胜的爱尔兰人参加了我的辅导班，他叫哈里。哈里先生受教育不多，却非常喜欢与人辩论！他曾当过汽车司机。后来，他改行做载重汽车的推销员，但是并不怎么成功，于是来我这里寻求帮助。我试探着询问了他几句，就看出他总是与他的顾客争辩，并冒犯他们。比如，某位买主对他推销的汽车稍微有所挑剔，他就会怒火中烧，大声与对方争论，直到把对方驳得哑口无言为止。

那时他的确经常赢得辩论。但是后来他对我说："每当我走出顾客的办公室时，心里想的是'我总算把那家伙教训了一顿'。事实上我也的确教训了他，可结果是我什么也没有推销出去。"

因此，我的首要难题不是要教哈里先生如何与人沟通，而是要训练他如何克制自己不要讲话，从而避免与人发生争执。现在，哈里先生已经是纽约怀特汽车公司的明星推销员了。那么他是如何取得成功的呢？下面是他自己讲述的经过。

“假设我现在走进了一个顾客的办公室，他却说：‘什么？怀特汽车？我可听说它不怎么样！就算你白送给我，我都不要！我只买某某牌的汽车。’那时我会说：‘请听我讲，伙计，那个牌子的汽车的确不错，汽车质量可靠，就连推销员也很优秀，所以你买它绝对错不了。’

“我说完后他就无话可说了，因为他没有和我争辩的余地了。如果他说某某牌子的汽车最好，我说的确不错，那么他就只好就此打住。既然我赞同他的看法，他当然也就不能整个下午喋喋不休地说‘某某牌子的汽车最好’了。于是，我们就不再谈论某某牌子的汽车，我开始向他介绍怀特汽车的优点。

“当年的我要是听到他说那样的话，一定会大发雷霆，怒不可遏。我会立刻和他吵起来，指责某某牌子的汽车哪里不好。而我越是挑剔贬低它，我的顾客就越会起劲儿地辩护，他越是这样辩护，就会越喜欢我竞争对手的产品。现在回想起来，我觉得把自己的许多时间都浪费在与人争辩上了。现在的我缄口克己，非常有效。”

正如睿智的本杰明·富兰克林常说的那句话：“如果你争强好胜，喜欢与人争执，以反驳他人为乐趣，或许能赢得一时的胜利，但这种胜利毫无意义和价值，因为你永远得不到对方的好感。”所以，你必须想清楚：你是宁愿要一个毫无实质意义的、表面上的胜利，还是希望赢得别人的好感？要知道，你不可能两者兼得。

幽默是人际交往的润滑剂

幽默轻松，体现了人类征服忧愁的能力。布笑施欢，令人如沐春风，神清气爽，困顿全消。在人际关系中，幽默感实在是一种丰富的养料。

在一次南部非洲首脑会议上，曼德拉出席并领取了“卡马勋章”。

在接受勋章的时候，曼德拉发表了精彩的讲演。在开场白中，他幽默地说：“这个讲台是为总统设立的，我这位退休老人今天上台讲话，抢了总统的镜头。我们的总统姆贝基一定不高兴。”话音刚落，笑声四起。

在笑声过后，曼德拉开始正式发言。讲到一半，他把讲稿的页次弄乱了，不得不翻过来看。

这本来是一件有些尴尬的事情，但他却不以为然，一边翻一边脱口而出：“我把讲稿的次序弄乱了，你们要原谅一个老人。不过，我知道在座的一位总统，在一次发言中也把讲稿页次弄乱了，而他却不知道，照样往下念。”这时，整个会场哄堂大笑。

结束讲话前，他又说：“感谢你们把用一位博茨瓦纳老人的名字（指博茨瓦纳开国总统卡马）命名的勋章授予我，我现在退休在家，如果哪一天没有钱花了，我就把这个勋章拿到大街上去卖。我肯定在座的某个人会出高价收购的，他就是我们的总统姆贝基。”

这时，姆贝基情不自禁地笑出声来，连连拍手鼓掌。会场里掌声一片。

这就是幽默的魅力，它拉近了演讲者和倾听者之间的心理距离，消除了一位伟人的神秘感，显示出曼德拉高超的智慧和人际沟通能力。

为什么九十岁高龄的曼德拉能够保持身体健康、精神矍铄、爱情长在？离开总统职位后，他依然以和平大使的身份活跃在国际舞台上。

世间没有青春的甘泉，也没有不老的秘诀。曼德拉之所以拥有永远的青春，是因为他在丰富的人生阅历中，提炼出了大智慧，在苦难的折磨中，咀嚼出了大幽默。

曼德拉有着一颗八岁孩子的童心。在会见拳王刘易斯的时候，他表示自己年轻时候也是拳击爱好者。于是，刘易斯故意指着自己的下巴让他打，他笑着做出拳击的姿势。

于是旁边的人问他："假如您年轻时与刘易斯在场上交锋，您能取胜吗？"他说："我可不想年纪轻轻地就去送死。"

正是在这一连串毫不做作的幽默之中，曼德拉展现出了他耀眼的人格魅力。他周围总是围绕着许多同事和战友，包括他的亲人。

二十多年的牢狱之苦，风刀霜剑的严酷相逼，曼德拉都用幽默来应对。

1975年，狱中的曼德拉首次被允许与女儿津姬见面。曼德拉入狱的时候，女儿只有三岁，如今女儿已经是十五岁的大姑娘了。

曼德拉特意穿上一件漂亮的新衬衣，他不想让女儿感到自己是一个衰弱的老人。他知道，对于女儿来说，自己是一个她并不真正了解的父亲。他知道，女儿见到他一定会感到手足无措。

当女儿走进探视室的时候，他的第一句话是："你看到我的卫兵了吗？"然后指了指寸步不离的看守。女儿微笑了，气氛顿时轻松起来。

曼德拉告诉女儿，他经常回忆起以前的情景，他甚至提起，有一个星期天，他让女儿坐在腿上，给女儿讲故事。

透过探视室的小玻璃窗户，曼德拉发现女儿眼中噙着泪花。津姬后来描述了这一次见面，特意强调了曼德拉性格中风趣幽默的一面："正是父亲的这种幽默，让我这个以前并不了解他的女儿，和他一下子贴近了许多。”

幽默是人际交往的润滑剂，是一个人高情商的表现，它可以使人笑着面对矛盾，轻松释放尴尬。幽默是一种机智地处理复杂问题的应变能力，它往往比单纯的说教、训斥或嘲弄使人开窍得多。

善于发现幽默的机会是心胸豁达的表现。当人们宽容的时候，就会忽略恶意和偏执，让自己轻松，同时也给别人宽容。真正的优越感，不是因为争执时占了上风，而是因为对别人的宽容。有了这种轻松的豁达，幽默感自会产生。

幽默是一种优美健康的品质，幽默对心理上的影响很大，它使生活充满情趣。哪里有幽默，哪里就有活跃的气氛。谁都喜欢与谈吐不俗、机智风趣者交往，而不喜欢跟郁郁寡欢、孤僻离群的人接近。

幽默能缓解矛盾，使人们融洽和谐。生活中，人与人之间常会发生一些摩擦，有时甚至剑拔弩张，弄得不可收拾。而一个得体的幽默，往往能使双方摆脱尴尬的境地。

学会低调做人

低调做人才能平和做事，这是人生的智慧，我们在做学生的时候就要学会低调做人，做一只在人生路上独行的蜗牛，胜不骄，败不馁。

东晋的谢安，出身名门望族，他的祖父谢衡以儒学而名满天下，官至国子监祭酒。父亲谢裒，官至太常卿。谢安少年时就很有名气，东晋初年的不少名士如王导、桓彝等人都很器重他。谢安思想敏锐深刻，风度优雅，举止沉着镇定，而且能写一手漂亮的行书。谢安从不想凭借出身和名望获得高官厚禄。朝廷先征召他入司徒府，接着又任命他为佐著作郎，都被他以患病为由给推辞掉了。后来，谢安干脆隐居到了会稽的东山，与王羲之、支道林、许询等人游玩于山水之间，不愿当官。当时的扬州刺史庾冰仰慕谢安，好几次命郡县官吏催逼，谢安不得已勉强应召。只过了一个多月。他又辞职回到了会稽。后来，朝廷又曾多次征召，他仍一一回绝。这引起了很多大臣的不满，纷纷上疏要求永远不让谢安做官，朝廷考虑了各方面的利害关系后，没有答应。

谢万是谢安的弟弟，也很有才气，仕途通达，颇有名气，只是气度不如谢安，经常自我炫耀。升平三年（公元358年），谢安的哥哥谢奕去世，谢万被任命为西中郎将，监司、豫、冀、并四州军事，并兼任豫州刺史。然而，谢万却不善统兵作战，受命北征时仍然只知自命清高，不知抚慰部将。谢安对弟弟的做法很是忧虑，对他说："你身为元帅，应该经常和各个将领交交心，以获得他们的拥护。像你这样傲慢，怎么能够做大事呢？"谢万听了哥哥的话，便召集了诸将。可是，平时滔滔不绝的谢万竟连一句话都讲不出，最后干脆用手中的铁如意指着在座的将领说："诸将都是厉害的兵。"这样傲慢的话不仅没有起到抚慰将领的作用，反而使他们更加怨恨。谢安没有办法，只好代替谢万，亲自拜访诸位将领，加以抚慰，请他们尽力协助谢万，但这并未能挽救谢万失败的命运，损兵折将的谢万不久就被贬为庶人。

谢奕病死，谢万被废，使谢氏家族受到了很大威胁，终于迫使谢安进入仕途。生平四年（公元360年），征西大将军桓温邀请谢安担任自己帐下的司马，他接受了。这件事引起了朝野轰动，还有人嘲讽他此前不愿做官的意愿，而谢安毫不介意。桓温却十分兴奋，一次谢安去他家做客，告辞后，桓温竟然自豪地对手下人说："你们以前见过我有这样的客人吗？"

咸安二年（公元372年），简文帝即位不到一年就死去，太子司马曜即位，是为孝武帝。桓温原以为简文帝会把皇位传给自己，大失所望，便以进京祭奠简文帝为由，率军来到建康城外，准备杀大臣以立威。他在新亭预先埋伏了兵士，下令召见谢安和王坦之。王坦之非常害怕，便问谢安怎么办。谢安却神情坦然地说："晋朝的存亡，就在此次一行了。"王坦之只好硬着头皮与谢安一起去。他们出城来到桓温营帐，王坦之十分紧张，汗流浃背，把衣衫都沾湿了，手中的笏板也拿倒了。谢安却从容不迫，就座后神色自若地对桓温说："我听说有道的诸侯只是设守卫在四方，您又何必在幕后埋伏士兵呢？"桓温听后很尴尬，只好下令撤除了埋伏。由于谢安的机智和镇定，桓温始终没对两人下手，不久就退回了姑孰，这场迫在眉睫的危机被谢安从容化解了。

太元八年（公元383年），前秦苻坚率军南下，想要吞灭东晋，一统天下。建康城里一片恐慌，但谢安依然镇定自若，以征讨大都督的身份负责军事。桓冲担心建康的安危，派三千精锐兵马前来协助保卫京师，被谢安拒绝了。谢玄也心中忐忑，临行前向谢安询问对策，谢安只答了一句："我已经安排好了。"便绝口不谈军事。

淝水之战后，当晋军大败前秦的捷报送到谢安手中时，他正与客人下棋。他看完捷报后，便随手放在座位旁，不动声色地继续下棋。客人忍不住问他，而他只是淡淡地说："没什么，已经打败敌人了。"直到下完了棋，客人告辞后，谢安才抑不住心中的喜悦，进入内室，手舞足蹈起来。

谢安的低调，并不是说没有自己的追求，而是为达到长远目标的有效手段。低调为他赢得了世人的尊敬和拥护，并对他登上高位也很有帮助。其实，在现实生活中也是如此，采取高调张扬的态度，只能得到眼前的好处；而低调的长远经营，才能到达成功的彼岸。

弯腰，无疑会使人们在走向自己目标的路上，减去很多不必要的麻烦。弓越弯射得越远，当真正成功的人保持平淡时，也肯定不同于一般庸碌之人的平庸，而由此到达那些高调张扬的人所不能达到的巅峰位置。

在许多人看来，低调意味着一种安于平淡，没有什么追求的生活态度，而这样的生活态度是绝对不会取得成功的。其实，低调绝对不是意味着没有理想，没有追求。事实上，采取低调处世的人往往才最明白自己要的是什么。他们对自己的目标已经深思熟虑，并要用最快捷的手段达到这一目的。

换位思考

中国儒家代表孔子曾言：“己所不欲，勿施于人。”说的便是自己不想要的东西，不可强加于人。然而，在现实生活中，我们依然可以看到这样的场景：某些人一味地以个人为中心，只顾及自己的感受，忽略了他人的想法，在这种情况下，“换位思考”便显得尤为重要了。

圣诞节的时候，母亲带着自己年仅四岁的儿子一起去街上买礼物。

街上四处回响着美妙的圣诞赞歌，橱窗里面装饰着各式各样的彩灯。被乔装打扮过的小精灵们也在载歌载舞，一切都是那么祥和而美好。

看到这些，母亲有些兴奋：我的儿子该以多么兴奋的心情来观赏这个绚丽的世界啊！没有想到的是，儿子却一直紧绷着脸，死死地拽着她的衣角。在街上行走了一会儿之后，儿子竟然呜呜地哭了起来。

“亲爱的，你怎么了？如果你总是这么不高兴的话，圣诞老人可不会送礼物给你了！”

儿子强忍住眼泪：“我……我的鞋带开了。”

母亲微微一笑，拉着儿子走到人行道边上，蹲下身来，为他系起了鞋带。无意间，这位母亲抬起头来，却惊讶地发现：从这个角度什么都看不到！没有漂亮的橱窗，没有迷人的彩灯，没有美丽的圣诞礼物，没有可爱的小精灵……原来，那些东西摆放的位置远远超过了儿子的身高，孩子什么也看不到，他能看到的，只有一双双匆匆走过的脚与妇人低低的裙摆在那里互相碰撞。

母亲被自己的发现震惊了：“这真是可怕的情景！”她第一次从四岁儿子的高度去观察这个世界，却没有想到只有失望。她立即将儿子抱了起来，让他可以与自己一样，看到更美丽的街景。

在这个世界上，有太多的人都不习惯或者不曾想过要让自己站在他人的角度看待问题。哈佛情绪管理课上有这样一句名言：大部分时间里，人与人之间那些面红耳赤的争吵，完全是可以避免的，其万能的法宝就是学会换位思考，让自己经常站在他人的角度想一想。

做事要留有余地

《增广贤文》上有句名言："饶人不是痴汉，痴汉不会饶人。"在日常生活中，总会与人发生争执和纠纷，宽容大度的人凡事不斤斤计较，只要不是原则性或故意而为的大事情，总能退一步，忍一言，让争执和纠纷化解于无形。这样，既能显示自己良好的修养，又能获得良好的人脉。

从前，有一家叫"醉霄楼"的酒店，醉霄楼的老板看到有的酒店挂起当地一位著名书法家亲自题写的牌匾后生意火爆，于是也找人仿这位书法家的字写了一幅赝品。招牌挂出去不久，恰好这个书法家的弟子到这家醉霄楼吃饭，当即发现这里牌匾的题字是赝品。这位弟子立即气冲冲地回去报告给师父"老师，今天我去一家酒店吃饭的时候，竟然在那里看到了一幅以您的名义题写的招牌。光天化日之下，这些商人竟敢明目张胆地用赝品愚弄大众，您说这事儿可气不可气？"正在练习书法的师父听了弟子的话，非常惊讶，就问："那块招牌上的字写得怎么样？"弟子撇着嘴说："别提了，不知道是出自谁的手笔，写得太差劲了！简直是败坏你的名声。我们应该去砸他的店，让他知道弄虚作假的害处。"这位书法家一听，忙说："这可不行！要是因为几个字就砸人家店，太偏激了。不过我也不能因为这幅赝品让人耻笑我，我得给他换一换。"于是他接着问弟子，"那家酒店名字叫什么？"弟子说："叫醉霄楼，那里的酒确实不错，一开酒坛，芳香四溢。"书法家听了，立刻挥毫泼墨，在一张大大的宣纸上写下龙飞凤舞的三个大字——"醉霄楼"，并题名盖章。然后，吩咐那个弟子给醉霄楼的老板送过去。醉霄楼的老板得到著名书法家的真迹，激动不已，连忙换下原来的招牌，并让那位弟子转告自己对书法家的歉意，还给书法家送上一瓶店里的名酒"透瓶香"。

人们知道这件事以后，都称赞书法家高风亮节、善良厚道。后来，老板和书法家还成了朋友。

醉霄楼老板假借书法家之名招揽顾客，有损书法家名声，书法家找他讨说法这是无可厚非的。但是，书法家没有这样做，而是送一幅真迹，以防赝品毁了自己声誉，这样一来，既解决了问题，又赢得了赞誉，还获得了朋友，这岂不是一举数得的好事！

"忍一时风平浪静，退一步海阔天空。"无论在外交场合，还是生意场上，在个人之间、集团之间和国家之间，有时都需要做出让步。而有理还让三分的做法，不仅体现美好的德行，还反映出高超的智慧。

郑艳是一家酒店的大堂经理，有一天，郑艳在帮一位服务员整理桌椅，突然听到一阵叫嚷："服务员！服务员！马上来一下！"郑艳顺着声音一看，发现一位顾客正气冲冲地喊叫。那位顾客一边指着面前的杯子，说："你们怎么用变质的牛奶，你看看，把红茶都糟蹋了！"郑艳走过去看了一下，笑着说："真对不起！我马上让人给您换一下。"新的红茶很快就送上来了，和先前的红茶一模一样。碟子里放着新鲜的柠檬，杯子里盛着牛奶。等服务员把杯碟轻轻地放在那名顾客面前后，郑艳轻声地对他说："先生，您如果放柠檬就不要放牛奶，因为有时柠檬酸会造成牛奶结块。"那位顾客一听，脸一下子就红了，他很快喝完了茶，匆匆地离开了餐厅。旁边有人看到这一幕，笑着问郑艳："明明是他不懂，你为什么不直接说他呢？他那样不礼貌地喊叫，你为什么不还以颜色？"郑艳轻轻一笑，说："正是因为他不礼貌，所以我才要用婉转的方式去对待；正因为道理一说就明白，所以我不用大声。"听了她的话，餐厅的人都点头笑了，对郑艳的好感大增，同时也对郑艳印象深刻。而那位原本粗鲁的客人，后来也常常来这个餐厅，但是他从此再也没有粗暴无礼过。

讲理是做事的前提，讲理看似是天经地义的事情，但是讲理的目的并不是吵架、闹矛盾，也不是争强斗胜，而是赢得支持。一个人要赢得支持，很显然不能以理压人，而应该以理服人，这样就需要学会忍让。

其实如果能够学会在这些小事上，适当地让人三分，用宽容之心待人，那么许多冲突和矛盾是完全可以化解的。有理也让三分，不仅可以化解矛盾，还能够让彼此加深理解，增进友谊，对于建立融洽和谐的人际关系起到促进作用。做事要留有余地，不把事情做绝，于情不偏激，于理不过头，得理之时，不妨让人三分。

理不直的人，才常会用气势去压人；理直的人，则应该用和气来交朋友。只要不是原则问题，不妨让着点，妥协一下，这样才能更容易达到目的，获得双赢。

换一种方式追求梦想

2012年2月，微博上面的一条消息引起了人们的追捧，腾讯公司一名保安经过多轮面试，最终成为腾讯研究院的一名工程师。这条微博在很短的时间内被转发两万多条，很快这条微博被腾讯CEO（首席执行官）马化腾予以证实并转发，而这名保安就是段小磊。

段小磊二十四岁，2011年毕业于洛阳师范学院，拥有计算机和工商管理双学位。毕业后，段小磊带着成为一个IT（互联网技术）工程师的梦想来到了北京。可是让段小磊没有想到的是在北京找一份合适的工作却并不容易，段小磊几经碰壁后，生活陷入了困境。最后段小磊决定找一份上手快的工作先在北京立足，正好腾讯北京研究院在招保安，于是段小磊就到腾讯北京研究院成了一名保安。

虽然生活算是暂时安定下来了，可是段小磊并没有放弃自己的理想。在工作之余，段小磊都会拿出有关计算机方面的书坚持学习，他知道自己的理想是成为一名IT工程师。可是在努力学习的时候，他并没有忘记自己的本职工作，而是积极用心做好自己的本职工作，在腾讯北京研究院的门口公告栏里时常可以看到段小磊做的一些温馨提醒，比如，“明天会变天，注意加衣服”“今天加班这么晚，回去好好休息”……

很快，腾讯北京研究院的员工就都知道了在研究院的保安里有一个特别的人，而他们也很喜欢和这个保安聊聊天。段小磊并不因为自己是保安而自卑，相反，他主动和同事们聊一些有关计算机方面的话题，很快段小磊就熟悉了腾讯研究院的大部分员工。

2012年1月，海蒂负责的一个项目急需一批外聘员工，她早就知道段小磊在看计算机的书，就半开玩笑地问他：“你要不要来帮我们做数据标注的外包工作？”这是一份基础性的工作，主要要求熟练操作电脑，并对数据敏感。令海蒂意外的是，几天后的一个下午，段小磊找到她说已经正式辞职，可以来帮她做数据标注工作了。

经过面试，段小磊顺利成为腾讯的外聘员工，负责一些数据整理和数据运营工作。因为工作涉及对腾讯产品进行外部测试，段小磊便利用休息时间四处找朋友和同学体验产品，还一直活跃在他所组织的测试QQ群上。海蒂对他的工作非常满意，开始有意识将一些产品方面的工作交给他，以便他能通过接触产品设计为自己将来的职业规划铺好路，同时找机会让他参加一些内部培训。

段小磊成功完成了海蒂交给他的工作，让海蒂很满意。于是，她建议段小磊去研究院应聘。而段小磊最终经过几轮面试，成为腾讯研究院的一名工程师。

现在段小磊已经是团队里的风云人物，虽然知道他故事的人越来越多，可是他仍然对自己保持着清醒的认识，知道自己还有很多东西没有学会，还容易犯一些眼高手低的毛病。在段小磊的工位上贴着各种写着工作任务和励志内容的便笺条，“多和同事交流，多向前辈请教”“每天浏览行业信息不少于三十分钟”“每天发一条有创新性的微博”“每个月发一篇有深度的博文”等。

在他的微博有很多网友向他提问，是什么让他坚持对梦想的追求？段小磊说：因为有梦吧，也许很多人觉得这是个虚无缥缈的词，但是在我心里它却异常清晰，我也有想过放弃，但是放弃的不是梦想，而是放弃现在努力的方式，用另一种方式去追求梦想。

人人都有梦想，可是并不是每一个梦想都能实现。有的时候当梦想不能实现想放弃的时候，我们应该想想我们放弃的不应该是梦想，而是努力的方式。

活在当下

一天晚上，她在机场候机。为了打发几个小时的等候时间，她买了一盒饼干和一本书。她找到一个位子，坐了下来，专心致志地读起了书。突然间，她发现坐在身旁的一个青年男子伸出手，毫无顾忌地抓起放在两人中间的那个盒子里的饼干吃了起来。她不想惹事，便视而不见。

这位心怀不悦的女士也开始从那个盒子里拿饼干吃。她看了看表，同时用眼角的余光看到那个“偷”饼干的人居然也在做同样的动作。她更生气了，暗自思忖：“如果我不是这么好心、这么有教养的话，早就把这个无礼的家伙的眼睛打肿了。”

她每吃一块饼干，他也跟着吃一块。当剩下最后一块饼干时，他不太自然地笑了笑，伸手拿起那块饼干，掰成两半，给了她一半，自己吃了另一半。她接过那半块饼干，想道：“这个人真是太没教养了！甚至连声谢谢都不说！我从没见过这么厚颜无耻的人。”

听到登机通知，她长出了一口气。她急忙把书塞进包里，拿起行李，直奔登机口，看都没看那个“贼”一眼。

上飞机坐好后，她又开始找那本没看完的书。突然她愣在那里，她看见，自己的那盒饼干还原封不动地放在包里！现在要请求那个人原谅已经太晚了。她心里非常难过，因为她自己才是那个傲慢无理、没有教养的“贼”。

曾几何时，我们在脑海中以为事情应该是某种样子的，而后来却发现，事实并不像我们所想象的那样子。曾几何时，我们因为缺乏信任而凭借主观臆断来不公正地评价别人，结果往往偏离了事实真相。

由此可见，我们在对别人进行评判之前应该三思而后行，要先想到别人好的一面，而不要急于做出负面的判断。多想想自己的错，就会慢慢忘记别人的过，本没有对错，只是立场不同，在谁的场就要捧谁的场。请你不要贸然评价我，你只知道我的名字，却不知道我的故事。你只听闻我做了什么，却不知道我经历过什么。

一个真正强大的人，不会把太多心思花在取悦和亲附别人上面。所谓圈子、资源，都只是衍生品。最重要的是提高自己的内功。只有自己修炼好了，才会有别人来亲附。

自己是梧桐，凤凰才会来栖；自己是大海，百川才来汇聚；花香自有蝶飞来。你只有到了那个层次，才会有相应的圈子，而不是倒过来。

没有人会陪你走一辈子，所以你要乐在其中；没有人会帮你一辈子，所以你要建立强大的自我。人生本就是一种感受。当爱你的人弃你而去，任你呼天抢地亦无济于事，生活本是聚散无常；当背后有人飞短流长，任你舌灿莲花亦百口莫辩。世道本是起伏跌宕，得志时，好事如潮涨；失意后，皆似花落去。

不要把自己看得太重，委屈、无奈、想哭，这些都是你生命中不可或缺的一部分。一个人总在仰望和羡慕着别人的幸福，一回头，却发现自己正被别人仰望和羡慕着。其实，每个人都是幸福的。只是，你的幸福，常常在别人眼里。幸福这座山，原本就没有顶、没有头。你要学会走走停停，看看山岚、赏赏霓虹、吹吹清风，让心灵放松，得到生活的满足。

幸福不会遗漏任何人，迟早有一天它会找到你。

人生就是这样充满了大起大落，你永远不知道下一刻会发生什么，也不会明白命运为何这样待你。只有在你经历了人生的种种变故之后，你才会褪尽最初的铅华，以一种谦卑的姿态看待这个世界。

无论你今天怎么用力，明天的落叶还是会飘下来，世上有很多事是无法预知的，活在当下，正向提升。

学会从容

宽容和博爱能够使人的心胸宽阔坦荡，而仇恨会使人永远陷于愤怒和狂暴的阴影里。如果一个人不能彻底改变自己常常仇视他人的弊病，就好像是戴着枷锁和脚镣攀登山峰，不仅不会取得成功，还会有掉入万丈深渊之虞。

耶稣的话“爱你的敌人”，这种境界，我们也许很难达到。但是，莎士比亚所谓“仇恨的怒火，将烧伤你自己”，却是我们完全可以领会的。

瑞典的罗纳先生，一直在维也纳从事律师工作，因为思乡心切，他回到了故乡。他认为，以他在国外多年的律师生涯，回到祖国找份工作是件轻松的事。他把从业简历投给了国内的几家法律咨询机构和律师事务所，希望谋取一份律师或者法律顾问的工作。

大多数单位都例行公事地回信说他们的单位已经满员，

并不缺少他这样的法律人士。正在他十分失望的时候，他又接到了一封回信，信写得很长，一张公文纸都写满了。他很高兴，相信这一定是一份录用他的通知书。他满心欢喜地阅读起来："罗纳先生，你对目前国内法律界的认识完全是错误的，尤其是我们公司，最讨厌的就是像你这样在国外待了几年，就以为自己可以从容应对国内事务的人。你实在很愚蠢，你并不了解我们就邮寄来了个人简历。可以告诉你，我们不会录用像你这样自以为是的人，即使准备录用国外归国人员，我们也不会雇用你，因为你连起码的瑞典文都写不好，你的来信中充满了文法的错误，实在可笑！"

罗纳看完信，气得暴跳如雷。这个回信的瑞典人竟然说他的瑞典文写得不好，他应该可以从他的简历中了解到，他是毕业于瑞典学院的学生，瑞典文怎么会写不好？罗纳坚信，这是一个非常愚蠢无知的家伙，这个人才真正不懂瑞典文！他的回信才满是文法不通的低级错误。

罗纳立刻拿起笔回信，他决定要加倍地羞辱这个狂妄的人。不录用也就算了，他不能够容忍这种对他人格的侮辱。很快他就将回信写好了，他相信以他的犀利文笔，这个人看了信以后会气死。可是，当准备将信投进邮筒的时候，他又犹豫了。他开始想，自己怎么判断人家说得不对呢？自己与人家素昧平生，人家仅仅是依据那封简历判断自己的，人家一定有自己的原则，或者说，那封信根本就不是一个人擅自回复的，是一个单位的意见。想到这里，他不禁为自己的冲动和愤怒捏了一把汗。幸亏没有把信邮寄走，不然，这个单位的人该怎么看自己。

回到家里，他静下心来，再次铺开稿纸。他这样写道："尊敬的先生，你们公司不需要我这样的人，还不厌其烦地回信给我，并细心指出我瑞典文方面的弱点，真是太感谢了，这将非常有利于我提高自己的瑞典文水平。我对于贵公司的了解不够，实在很抱歉和惭愧。我今后会接受教训，努力提高瑞典文水平，并加深对贵公司的了解和关注。最后，我万分感谢贵公司对我的帮助，并祝愿贵公司事业发达兴旺。"

把信投进邮筒以后，罗纳像做了一件非常重大的事情一样高兴。他感觉从来没有这样轻松过，面对一次侮辱，他却从中得到了收获和教益。

几天以后，一辆轿车停在了他的家门口，那家公司的董事长专程来接他到公司，他被公司正式聘用。原来，那封回信正是这个公司的录用试题。他们的理由是，如果一个人能够以宽容和博大的胸怀面对无端的侮辱，能够把仇恨化解为友谊，这个人面对一切都能从容应对。

与其抱怨，不如努力工作

在我们周围，好像总是充斥着一大片抱怨声。抱怨工作太辛苦，薪水却低得可怜；明明是自己迟到了，却抱怨闹钟不准时，堵车太严重；工作完不成，抱怨老板太苛刻；自己没能力，就抱怨上司没眼力，不提拔自己。实在没什么理由，还要抱怨命苦，上帝没赐给自己一个好爸爸。似乎老天爷就是对他不公，似乎他就是这个世界上最倒霉的人。

可是，抱怨能解决问题吗？抱怨能使你摆脱困境吗？抱怨能使你的工作、学业、生意越来越好吗？难道你抱怨得多，一切就会柳暗花明？当然不是。大家可以仔细想想，抱怨送给了你们什么礼物？第一，大把被浪费的时间，直接耽误了你解决问题的时间，情况会变得更糟。第二，给你自己造成了恶劣的影响，打击自己的士气，弄糟自己的心情，混淆思路，一次抱怨、两次抱怨，越抱怨就越感觉自己的处境糟糕，变得消极被动。第三，给周围的人、给上司带来坏印象。对同事和朋友来说，谁愿意整天和一个满口抱怨、天天愁眉不展的人共事？不仅事情做不好，还影响心情。对上司来讲，花钱是雇人还是买抱怨？怎么能放心把事交给一个狭隘悲观的人？

著名的成功大师奥里森·马尔登告诉我们："不要老是抱怨。过多的抱怨只是一个人衰老的象征，真正的强者是从不抱怨的。命运把他扔向天空，他就做鹰；把他置身山林，他就做虎；把他放到草原，他就做狼；把他投到大海，他就做鲨。"

不断地抱怨，就是在抗拒梦想的成功。

你一直都在说你不想要的东西，你所有的重心都放在不想要的东西上面，而真正想要的却没有时间去想。久而久之，想要的没了，不想要的却循环往复地来了。

小A是一个初入职场的女孩，她非常想在公司高层面前表现自己。她有一个缺点，就是非常爱抱怨，公司每个季度都有一个欢迎新人的Party（派对），小A的毛病又犯了。她抱怨自己没钱买漂亮的晚礼服，等成功租到一套完美的晚礼服后她又开始抱怨自己身材差。节食减肥了一个星期后，小A还是抱怨自己没参加过这种Party（派对），怕会出糗，于是恶补了一些相关的礼仪。她战战兢兢地去参加这次晚会，临出门的时候还在抱怨裙子这么贵，弄坏了赔都赔不起。

结果，本该轻松享受的舞会被她弄成了参加高考般紧张，她甚至连可乐都不敢喝。就在舞会快结束的时候，意外出现了。董事长经过她身边的时候脚底一滑，将一杯红酒洒在她裙子上，她在擦裙子的时候因为心情太沮丧，还把裙子上的蕾丝弄掉了。结果，原价赔偿了店老板一条昂贵的裙子。

其实，人是有奇怪的吸引力的。你会吸引那些符合自己思维模式的事物，同时排斥不协调的事物。你说的话都在表明和巩固你自己的想法，你无时无刻不在告诉自己，这件倒霉的事一定会发生。而那些幸运的事，你从来都没有提到过，也就变相地排斥了自己想要的东西。

有这样一个有趣的小故事。

一个心理咨询室先后来了两位顾客，他们来自同一家公司，一个是高管，一个是老总。高管情绪激动地嚷嚷："我说我不想来这个破公司，这家老板非把我拉来，虽然工资高了点，职位高了点，但这家公司的问题这么多，战略不清晰、管理混乱、保险不健全、老板经常变换思路，而且老板还不听意见，根本就是个一意孤行的暴君！我准备跳槽。"

而后来到咨询室的老板也是满腹牢骚："我这儿哪里是雇人？我是花钱请了个挑毛病的大爷！对企业这也看不惯，那也看不惯，想请他走人吧，一笔猎头费血本无归；有心留下吧，又担心他整天抱怨，成为公司的不安定因素。"

心理咨询师给这位"空降兵"开的药方是：闭紧嘴巴，

少说多做，少点抱怨，埋头实干。谁都喜欢有能力的人，最初的摩擦根源也不是什么“私仇”，而是“公怨”——老板怀疑这个员工只会抱怨，员工怀疑老板不能虚心纳谏。员工现在最重要的就是先打一些“小胜仗”，干出样子来，再选择合适的时机提出建设性的意见。给这位老板的建议同样是：忍耐一下，看看往后的情况如何。

老板忍耐了几个月，抱着业绩表就乐开怀了：这位高管给公司节约了近百万的成本。而这位公司的高管也看到了企业的潜力，看到了自己的施展空间，这对“欢喜冤家”终于对上眼了。

抱怨没有任何用处，身在职场，你就要紧紧闭上嘴，不要抱怨，把所有的热情和心思都投到工作上。世界上没有十全十美的工作，与其抱怨，不如改变心态。命运不会因为抱怨而改变，要想改变自己的命运，首先要努力工作，不要抱怨。只有不抱怨工作的人，才是最快乐的人；只有不抱怨工作的员工，才是最优秀的员工。

做那条逆流而上的鱼

对于大多数人而言，从学校毕业是令人兴奋的一天——多年的寒窗苦读终于结束了。可对于我来说却不是这样。

还记得两年前的那个周末，我的家人和朋友们从全国各地来到了我们学校，看着我们全班同学从毕业典礼台前依次走过。和班里其他人一样，在大学最后一年里，我的经济状况从糟糕变成了更糟糕。我们毕业时拿到了学位证书，前景却非常渺茫。不计其数的求职申请都如泥牛入海，我知道，明天的我将不再有一个称作“家”的地方。

接下来的是难熬的几个星期，我把不能随身携带的东西都收拾好，找地方存放起来，因为我知道这座小小的大学城不会有任何机会，只好开车去了加利福尼亚南部地区去找工作。我以为在那里不出一个星期就可以得到求职回复，可求职申请填好后，一拖就是两个星期，直至四个星期后，我发现自已又像往常一样陷入了无尽的等待之中。而在这时，我需要偿还助学贷款的日期一天天地临近了。

你体会过在早上醒来，心里因为恐惧而茫然无措的感觉吗？恐惧那些你无法把握的事情——你对一件事情满怀希望，而又害怕所得到的不过是一场噩梦时，心中有挥之不去的恐惧感。在那段时间，这种感觉占据了我生活的全部。

几天感觉就像是几个星期，几个星期感觉就像是几个月，那几个月给我的感觉就像是一个没有尽头的深渊一样。而对我打击最深的是无论我怎样努力，好像都无法让生活有丝毫的改变。

怎样才能让自己不至于被逼疯呢？我决定用笔把自己的一些想法记在一页纸上，这让每一件事看起来更清晰一点儿，也更光明一点儿。这样的书写好像也给了我希望，当你已经走到了穷途末路时，心里有一点点儿希望本身就是你所需要的全部！

后来，我干脆把自己受挫的经历写成了一本童话书，书名叫《逆流而上》，书中的主人公是一条无论遇到什么困难都不会放弃自己梦想的小鱼。

有一天，我收到了我第一本书的出版合同！从那以后，我的境遇渐渐有了一点起色。不久后，我又收到了第二本书的出版合同。几个月后，我应约去迪士尼公司进行面试，公司不久就聘用了我。

我讲自己的故事就是要告诉你——永远不要放弃，也许逆境正是你成就自己的一个好机会。即使事情暂时看起来暗无天日，也不要放弃。两年前的今天，我蜷缩在自己的车里，打开一桶罐头，喝着里面的凉汤，现在都已成了过去。

如果你觉得工作辛苦，那么你就付出时间，但不要放弃，要相信事情一定会好起来。我以前没有任何的文学学历，也从没接触过写作，如果没有那段时间所受的磨难，今天我也成不了作家。有时候梦想只是在上游不远处等着你，我们所要做的就是鼓足勇气，逆流而上，迎接你的就会是成功。

今天也要去摘星

小时候我用来画画的本子，是从中间裁开的剧本，以前的剧本是用劣质油墨印的，两页连在一起，我的画上都是背面文字透过来的黑点点。我用空的胶片盒装玩具，很早学会的短语是“日/内/村主任家”“夜/外/小院”。周末下午，我常常和小朋友去爬放在篮球场上的道具飞机。

一开始，我的梦想是成为一名文学家，除了学校组织看的《黄飞鸿》和《小兵张嘎》，我没看过什么片子。直到初中的某一天，舅舅放了一张碟给我看，叫《碧海蓝天》。电影画面粗糙，字幕也不太对得上。但是看完之后，我觉得心里突然空了一块。大概就从那个时候起，我慢慢决定要做一名导演。

我是一个偏科非常严重的学生，高二选了文科之后，数学和地理常年徘徊在及格线的边缘。那一年北大开设影视编导专业，我报名参加艺术加试，如果通过了，有五十分加分，就能走上电影之路。

加试在一个好像是由水房改造的教室里进行，里面有大镜子，也有水龙头。冬天的北京很冷，我和另外一个一起考试的同学在北大校园兜了一圈。在湖边看到两只喜鹊，同学说："一只是你的，一只是我的，我们都能考上。"

加试的分数拿到了，班主任看了看我的成绩，说："你考北大，有了加分也够呛。"

我果然没有考上。

哭了一个暑假之后，我下定决心：电影什么的，放弃不就好了。那时候，我是一个非常软弱的年轻人。后来我在吉林大学读了中文系，又被保送到复旦大学读比较文学研究生。在复旦读了拉丁文和梵文，以后的生活轨迹，不出意外，应该是申请古典语法比较方向的博士，然后做大学老师。

研二那年，我由于无聊便报名去做上海电影节志愿者，被分配到"电影人接待"小组。我站在武东路上，一边排队等手抓饼，一边给负责与我对接的工作人员打电话："请问我被分配接待谁了？"

"吕克·贝松。"她说。

我突然想起初中那个看完《碧海蓝天》心里空荡荡的下午。我想起那天的天气，姥姥家客厅黑色的皮沙发，盖着毛巾、沉默的缝纫机。

那年上海正举办世博会。我坐在车里，陪吕克·贝松去机场接他太太。

我终于有机会对他说："我非常喜欢《碧海蓝天》。我看这部电影的时候年纪很小，但是我看懂了，看完之后，我感觉很寂寞。"

他说："它是我最喜欢的电影。我在剪辑的时候哭了，那部电影里有我的回忆。我觉得每个人都应该讲自己的故事。"

2010年9月，我坐在复旦北区宿舍里，在搜索引擎里敲下"美国电影留学"，我也有想讲的故事。

天气开始变冷，我缩在被子里，支着从书报亭买的、画着海绵宝宝的小炕桌，第一次写剧本。我上网查了英文剧本格式。原来"Int. Livingroom. Day"，就是我从小就知道的"日/内/村主任家"。时间已经过去二十多年了。

在申请哥伦比亚大学的个人陈述中，我写道：我想做一个讲故事的人。

大家都在忙着找工作、考博士、考公务员。我什么都没有准备，孤注一掷，一心要去美国学电影。"如果你没被录取怎么办？你连一条后路也没有。"爸爸妈妈很担心我。我说："我也不知道，但是不试一次，我肯定会后悔的。"

哥伦比亚大学的面试是在深夜，室友去外地实习，我一个人坐在宿舍里，听着耳机里毕毕剥剥的电流声。

"你觉得你可以适应纽约的生活吗？"远在美国的老师问我。

"我觉得我可以。我看过好几遍《欲望都市》。"我说。

老师笑了："生活和电视剧不一样呀。"

那个时候我什么也不懂。

四月的一个晚上，我和朋友在外面吃饭。突然一个奇怪的号码打来电话。

"祝贺你，你被哥伦比亚大学录取了！"电话那头说。

我对着听筒尖叫了半分钟。那一年我已经二十六岁了。二十六岁，要完全重新开始。我很紧张，但是我要先高兴一会儿。

我一直知道我可以写东西，但是我从来没见过真实的摄影机。哥伦比亚大学的教育方式是，把你直接踢下水。我还记得第一次拍的导演课作业，惨不忍睹。其他同学拍的作业都很好，把我的作业衬托得更傻了。下课后老师把我留在教室里，一个镜头一个镜头地看我的作业，告诉我哪里出了问题。回到宿舍，我大哭一场。但很快我就习惯了：每周导演课结束后，我都要大哭一场。

老师们夸奖我："你是一名很好的编剧，年级里很好的编剧之一。"

每次我都会笑着说"谢谢"，同时心里在呐喊："那我不能做导演吗？我拍的片子不好看吗？"

不好看。

身为一个A型血、处女座的人，我暗下决心，我要让你们夸我是一名很好的导演。

在哥伦比亚大学修学分的两年，我过得比高三累三十万倍：看片、写剧本、拍片、上课，除了学校、宿舍和片场，我几乎什么地方也没有去过。

第一年结束，回国之前，朋友带我去时代广场吃川菜。在纽约一整年，那是我第一次去时代广场。

“啊，你在纽约，那你去波士顿玩了吗？”每当有人这么问，我都在心里流着泪说：“没有。”

2015年5月，我在布拉格电影学院做交换生，我的毕业作品在纽约林肯中心放映。放映结束，制片人打来越洋电话，告诉我，大家都很喜欢我的片子。

老师们终于觉得，我是一名好导演了。

后来，我的片子被一些电影节拒绝，也被一些电影节青睐；我的长片项目被一些创投单元拒绝，也被一些创投单元接纳。

在磕磕绊绊中，我毕业了。回到上海，一边写剧本，一边教学生。

做一个电影人，永远悲喜交加。简历上有多少好看的条目，就收过多少拒绝信；有多少志得意满的时刻，就有多少夜不能寐、自我怀疑的时刻。

可是，这不正是电影的魅力所在吗？

做一个电影人，永远战战兢兢，永远眼含热泪，永远充满希望。

就像《梦幻骑士》里说的："即使满身伤痕，也要踮起脚尖，去摘那颗摘不到的星星。"

现在最让我高兴的，是我的学生们都被自己理想的学校录取。他们也踏上了这条荆棘丛生但风景无限的道路。

很多学生在一开始都问我："老师，我可以学电影吗？"

"我有天赋吗？"

"我是中途转专业的，什么都不会，怎么办？"

我会说："没关系，可以的，我开始时也是一样的。慢慢来，一点一点来。"

要做一个讲故事的人，记录下你人生中每一次感动的时刻，以及你所遇到的每一个有趣的人，这些事和人是你人生最宝贵的财富。

在余生的每一天，你都会经历悲喜，都会自我推翻，都会收获新的灵感。这就是艺术的奇异恩典。

准备好度过战战兢兢的人生了吗？准备好永远含着热泪、抱着希望追寻下去了吗？今天也要去摘星。

不要把别人的成功归于潜规则

在单位里有个前辈，对别人的成功总是怀有偏见。如果同事做成了事，她就会说，肯定是靠潜规则吧。她在这个单位的同一个部门坚守了十几年，依然没有什么成绩，她对行业乃至全世界的判断只有一点：成功无一例外，都是用潜规则换来的。她不相信别人通过努力能获得成功，更不相信自己通过努力也能获得成功。她从来没有尝试过，经常迟到，还直言不讳“来得早也没事做”；她喜欢追剧，每天中午都要追两小时剧；下午，开始犯困，她要么趴在桌上打盹儿，要么盯着手机发笑；下班时间还没到，她已收好包，随时准备回家。

前段时间，部门最年轻的小李姑娘被列入外派学习名单。大家赞不绝口，纷纷向小李伸出大拇指，只有这位前辈坐在一边，一脸不屑。等小李不在时，前辈终于说话了：“小李可是有背景的，听说她爸与我们领导关系好，这不就是潜规则嘛。”

事实上，小李跟那个前辈完全不一样。小李知道所有的成功都不会从天而降，在工作上尽心竭力，一丝不苟。她每天第一个到办公室，全身心地投入工作；中午即便大家都在午休，她依然会坐在电脑前工作；下午三四点，实在太困，冲杯咖啡，继续处理各种文件；下班时间到了，她总要把手头的工作处理完，才离开办公室。她懂得高效地工作，更懂得投资学习。下班时间，别人打麻将、逛街、K歌，而她在家看专业书；周末，同事们游山玩水，而她在图书馆默默学习。

时间永远是最好的见证，你把精力花在哪儿，就会在哪儿得到回报。小李的成功，不是潜规则换来的，而是一点一滴的努力换来的。

前段时间，马姐参加市里的演讲比赛，得了一等奖。我们都为她高兴，又逢周末，几个朋友就约了到马姐家小聚。可是，平日里最爱号召聚会的元元没来。元元和马姐一起参加了这个比赛，没得奖，可能是碍于面子吧。但是当晚，元元在微信群里是这样说的：这种比赛，看似公平，其实都是内部人员说了算。靠潜规则得了一等奖，没什么了不起……

其实，我们都知道，马姐是个“书迷”，无论多忙，她每天都要看书，家里有十多个写得密密麻麻的本子，全是她的读书笔记。比赛前半个月，马姐每晚都在家练习，还让她老公或邻居当评委。马姐专心训练的时候，元元在干什么呢？用她老公的话说，小区的麻将馆是她的第二个家。

不愿努力的人，很难品尝到成功的滋味。他们把“潜规则”挂在嘴上，表面上是在鄙视“潜规则”，实际上是在嫉妒他人的成就，也在为自己的懒惰和失败找借口。尝到过成功滋味的人最明白，成功的规则并不是那些小动作，而是勇往直前的决心和风雨兼程的行动。

一个小伙子向一家大公司投递了简历，被邀去参加面试。经过一轮轮淘汰，最终留下三个人。可是岗位只要一个人，面试官认为三个人实力相当，有点为难，灵机一动，出了一道题。面试官问：“你认为什么是职场潜规则？”

第一位面试者是一名应届生。他说，职场上的潜规则是，会说话，会办事，讨领导喜欢。第二位面试者是一名有多年从业经验的中年。他说，所谓潜规则，就是要认清形势，不得罪人，也不让别人中伤自己。轮到小伙子了，他想了想，为难地说，我认为，职场没有潜规则，努力把自己的本职工作做好，再小的事，也要做到极致。面试官最终录取了小伙子。

是啊，职场哪有那么多潜规则！世上根本就没有轻轻松松的成功，只有从不怠慢的用功。

与其浪费时间研究那些所谓的人情世故，不如多读书，多实践，修炼出一身不可代替的本领。有了过硬的本领，自然不用在乎那些乱流。别再揪着“潜规则”的辫子，否定他人的努力，玷污他人的成功。也别打着“潜规则”的幌子，纵容自己的懒惰，荒废珍贵的时光。

第三章
心之所向，素履以往

谦卑的心是宛如野草小花的心，不取笑外面的世界，也不在意世界的嘲讽。

——林清玄

失败，从来都不是一件可耻的事

在北大的毕业晚会上，一位因“失败”而出名的学生，作为代表上台演讲。他叫曹直，是北大中文系男子足球队队长。初听是一个很厉害的人物，实际上他说，自己完全是因为踢球踢得最差才被叫来分享的。

2014年，曹直考上北大，作为自己高中十九年来第一个考上北大的人，很长一段时间，他都处于自信心爆棚的状态，觉得没有什么事是干不成的，只要努力。对曹直来说，最拿手的事就是踢足球。腿脚短、步频快、爆发力强，再加上从小踢到大，他进入中文系男足后，底气十足。直到与其他系踢了第一场正式的足球赛。

开场整整七分钟，曹直没有碰到过一次球，第八分钟，对方进球了。按照这样的节奏，一场比赛八十分钟，对方一共进了十个球。这场球赛的失败，算是曹直整个大学时光失败的开始。

不光是足球再也没有赢过，就连学习、恋爱、就业，每一件事情都不顺利，甚至可以说，都很失败。但正因为这些失败，他突然意识到，人生并不是一帆风顺的，很多事情都是不能得偿所愿的。就像对于大多数人来说，失败原本就远多于成功。所以即使失败了，那又怎么样，它的存在，并不可耻啊。

虽然在北大的足球生涯毫无亮点，过程也尴尬无聊，但他依然热爱足球，因为他享受每一次在球场上奔跑的感觉，并为此感到快乐。

人生本就是个不断认识自己、接受自己、与自己和解的过程。优秀的人只是少数中的少数，何必活在他人的阴影下和评价中，而让自己闷闷不乐呢！

别说你没有机会改变命运

1980年，他出生在吉林省洮南市一个普通农民家庭。直到上小学时，他家还一贫如洗，买不起一辆自行车，甚至缴不起学费。从家到学校的十几里路，他每天都是走着来回。那时他在班里很自卑，没有像样的衣服穿，一到缴学费时，他就愁得吃不下饭。看着母亲四处借钱，他心里特别难受，为此他刻苦学习，想通过学习来改变自己的命运。

没有条件买辅导资料，更没有参加任何一个补习班，他把所有的精力都花在了教科书和学校里发的几本练习册上。他的学习目标很明确，就是把书翻烂把内容吃透，把书本上的知识全装在自己脑子里，然后去考试。1996年的中考，七门功课他有五门考了满分，被市里的重点高中录取。

高二时，他因理科成绩突出被选拔参加奥林匹克竞赛，获得了全国第二名的好成绩。为此吉林大学物理系向他提前下达了破格录取的通知书。高二就怀揣大学录取通知书，没有压力的学习，让他成了同学们羡慕的对象。而好运却没有眷顾他，这一年，春天先是大旱，庄稼几乎绝收，到了夏天又是阴雨连绵，暴发了特大洪水，冲垮了家里的田地和仅有的两间房屋。此时，他内心很煎熬，看到妹妹还要上学，看到父母每天为生计发愁，他放弃了那张破格录取通知书，瞒着父母去了内蒙古一家木材厂打工。那段时间，他每天工作十二个小时，每月拿六百元的工资。半年后，他把三千元钱通过同学捎回家里，说是学校发的奖学金。这时他的父母还蒙在鼓里，一直认为争气的儿子在读高三。

1999年3月，家里的情况好些时，他挣够了自己的学费和生活费，就又回到学校参加高三的学习。这时离高考也只有三个月的时间，他每天只睡六个小时，恶补落下的课程。那年的高考，他以优异的成绩被南京一所本科院校录取，而录取书上标注的学费是一万元，他又犯愁了。

好在学校得知了他的情况，可以暂缓缴学费，还安排他在学校食堂勤工俭学。一到下课，别的同学都去玩了，他则在食堂里打工，每天有八元的收入，他算了一下，照这样的速度离还清学费还差很远。祸不单行，大二时，妹妹来信告诉他，家里有人要债，父母都病了，她不能上学了。他立即就做出了辍学的决定，于是他给妹妹回信：别为钱的事发愁，我已找到了兼职，每月两千元收入，能让你上学和帮父母治病。接着他很快办理了退学手续，在“南京硅谷”的一家电脑公司做了一份短时工。大部分时间，他是在南京街头举牌做家教。在家教中，他把自己的奋斗历程讲给学生，收到了很好的效果。

2002年1月，他用打工和做家教挣来的钱，不仅支付了妹妹的学费，还帮助家里还清了数万元债务。这时他又萌生了去学校读书的念头。正好家乡一所高中听说了他的经历，决定免费收他入学。经过五个月的艰苦学习，在当年的高考中，他又顺利地考取了大连理工大学。

在大学里，他仍然靠做家教赚取学费和生活费。只不过，此时的他把家教做出了名堂，“老师只研究怎么教，而我研究的是怎么学”。他从培养学生的学习习惯入手，形成了自己独特的家教方法。在北京举办的一次家教业务能力比赛中，他出色地讲解了整场比赛中最高难度的题目，成功地挑战了每小时四千元的价格标准。渐渐地，他有了“家教皇帝”这个称号。

大二时，他形成了自己“培养学生良好学习习惯”的家教理论，在新理论的推动下，他的家教业务应接不暇，于是，他决定开办一家家教公司。随后，公司规模越来越大，他也获得了不菲的收入。

到大三时，大部分大学生经济上还在靠父母，他已经花十万元为父母盖起了新房。而他的年收入更是达到三十万元，被称为“中国最富的‘非富二代’大学生”。好事接踵而来，大学毕业时，他被免试推荐到结构工程专业硕博连读，还被评为“大连市年度十大人物”。

他叫佟洪江，靠着百折不挠的勇气成就了今天的小成功。

站在离梦想最近的地方

三年前，一个尚未毕业的女孩，某次不经意的涂鸦，创作出的兔子形象，风靡网络。之后发生的故事，连她自己都没想到。

2006年底，王卯卯考入中国传媒大学。同宿舍的女孩每天出去谈恋爱、泡夜店，她没钱，只好窝在宿舍里画画。某天，她随手画出一只兔子，做成动漫表情，在QQ上传给同学。过了一周，一个校外的朋友在网络上和她说："最近有一只兔子，表情特别逗，我传给你。"王卯卯一看：这不就是我设计的兔子吗？

那只兔子50％代表王卯卯自己：眯着两条眼，有些茫然，有些孤独。慢慢地，她开始用兔子记录生活，并赐予兔子一个有趣的名字：兔斯基。

2007年，网络表情成为互联网的关键词，兔斯基也在这股浪潮中逐渐广为人知。陆续有杂志通过王卯卯的博客联系她，约她做采访。很多人为了赚钱劝她卖掉版权，她不答应就不断地骚扰她。

2007年，是兔斯基大红大紫的一年，这只慵懒的兔子相继成为惠普、摩托罗拉的动漫形象代言人。王卯卯开始在各种活动中露面，举着奖杯发表感想。2007年，也是王卯卯最痛苦的一年，她形容自己像一个小孩，拿着一沓钞票站在马路上，谁看见了都想抢。

“当年，我感觉像坐过山车。许多不可能的事情都发生了，用四个字形容：大开眼界。”王卯卯说，“亲情、友情、爱情全在变化，我真的想仰天问一句：你们都玩完了没有？”

最无助时，王卯卯曾坐在宿舍里，望着窗户，一直问自己一个问题：要不要跳下去？

那扇窗，就那么开着。她最终没有跳下去，她想到了自己的母亲。

王卯卯至今不知道自己的父亲是谁。在她出生之前，父母离异，家人不愿意谈她的父亲。在很长的时间里，王卯卯和母亲住在天津一间只有十几平方米的平房里。

小时候，别人穿旅游鞋，她穿花布鞋。四岁时，王卯卯被母亲带到天津市少年宫学画画。小学初中高中一路下来，她的专业课一直是班上第一，但用的颜料却是全班最差。她喜欢中午蹲在学校门口等一个老婆婆，她那里有全天津最便宜的颜料，因为“是变质的，但即使上面长了绿毛，去掉后也照样能用”。

在王卯卯的新书《卯个人》中，曾记录了这样一个故事：考中国传媒大学动画系面试时，队伍排得很长。面试老师从早上问到晚上，轮到王卯卯时，老师说，现在挺晚了，不多说了，请用三四个词形容你的家庭。王卯卯答：“两根筷子、三条腿的凳子和股票走势板。”老师立刻问：“能解释是什么意思吗？”

“我是单亲家庭，跟我妈相依为命，缺一不可，就好像两根筷子一样。平常的凳子都是四条腿的，我的家庭少一条腿，但三角形是稳定结构，可能比四条腿的更加稳固。我跟我妈很多地方相反，一天一小吵，三天一大吵，就好像股票走势板，忽上忽下，但总会有一方包容另一方，即使吵，我们相处得也很融洽，有个比较平稳的走势。”后来，她以全班第二的成绩考进了传媒大学动画系。

大一那年，为了赚外快，王卯卯去动画公司实习。初涉社会，她觉得“公司比学校还单纯”。那年，她刚接触电脑，一个打斗动作经常做一下午都做不出来，旁边的男孩会偷偷做好放进她的电脑。在她的回忆中，成名前的生活“贫穷，但最干净、最纯粹”。

2008年，从中国传媒大学动画系毕业后，王卯卯已经靠“兔斯基”在北京买上了房子。如今，她和母亲同住。她曾问过母亲："你最喜欢哪个城市？"母亲说："无所谓，你在哪个城市，我就喜欢哪个城市。"

她说，自己的童年很孤独，一直没有安全感。这种感觉一直到她2008年买房后才消失。当她把母亲接来同住时，她忽然意识到"自己从一个到处追求安全感的人，变成了可以给别人安全感的人，这种感觉其实特别好"。

故事回到2007年，坐在窗边的王卯卯为什么没有自杀？她说："其实很简单，单纯到个人，很想死。但一想到我妈妈，从小把我抚养大，把全部的青春献给我。这个时候，我自杀了，我妈一定会疯。生活对她太不公平。"

二十五岁的年龄，她已经可以替母亲着想："经历了很多事情后，我变得越来越不在乎外界。我只在乎我在乎的人。相较之钱，我更在乎感情。"

早在2008年，时代华纳就提出和王卯卯合作。对方给出的理由是：作为内地知名的动漫形象，兔斯基至今没有签约任何一家公司。

时代华纳和王卯卯合作的方式很特别，邀请她到位于中国香港的公司学习，成为其"亚洲年轻艺术家培训计划"支持的第一位艺术家。

就这样，王卯卯飞到中国香港，过上了朝九晚五的生活。在香港的两年，王卯卯思索得最多的是："为什么内地有才华的人很多，大家画出的形象也不错，但之后就不行了呢？"

“内地的团队注重利益，我经常听到某个老板说，这个形象要在几个月内出多少周边，赚多少钱。这就好像我每天在北京坐地铁，看到那么多人抢座，心里想：‘你多站一会儿会死啊。’慢一点，少赚一点钱会死啊。”王卯卯说。

在时代华纳，王卯卯得到最多的建议是：你的想法可不可以再疯狂点。进入公司两年，老板一直没有和她过多谈商业合作，而是帮助她实现形象的良性发展。

两年后，王卯卯终于放心地把兔斯基交给时代华纳打理。回到北京，她成为一名自由漫画家。每天忙忙碌碌，为杂志写专栏拍照，创作新的动漫形象，拥有数量不少的粉丝，衣食无忧，快乐自得。

她的照片被高高地挂在中国传媒大学动画系的橱窗里，作为优秀毕业生，和她一起展示在那里的，还有开发出“三国杀”游戏的两个男孩。

很少有人知道，王卯卯并不是她的本名，她笑言自己的真名“太俗，打死也不能说”。“‘王卯卯’听上去像是‘王某某’，我只是一个姓王的人而已。”

在她的新书《卯个人》中，她最喜欢开头和结尾的两个故事。开头的故事是：有一颗石头站在最高点，每天风吹雨淋，很快斑痕累累，其他一些石头不解地说：“你多傻啊，站在最高点。”这个石头说：“至少我有勇气站在离梦想最近的地方。”

结尾的故事是：一块冰想寻找一个家。它遇见各种类型的瓶口发现都进不去。后来它摔在地上开始融化。融化后，它能进任何一个瓶子。于是，它不再难过流泪，因为它变成了像泪一样的物质，和眼泪化成一团。

讲这两个故事时，王卯卯很忧伤。

高薪打工的得失

昨夜11点到今天午后，儿子的手机一直联系不上。那是他在香港起飞和到达多哥的时间，晚点了或是安检上发生什么，应当告诉我才是！唯一的可能是手机不能用了，但临走前它是充满电的，莫非遭人绑架或扒窃？我越发不安，凤凰卫视没有飞机失事的新闻，电脑上也没有他的邮件！

又过了一夜，我的忐忑加剧，网上找到他单位的总机急急报案，接电话的小姐答应帮我查找。又过了一天，终于收到他的E-mail（电子邮件），说是登机后不许开手机，在巴黎停留时接到紧急调往加纳的通知，到加纳后原有的银行卡不能用了，无法联系。

我吁了口气。从儿子出国工作那天起，我的惦念就没停止过。两年前求职，某国企拿出非洲的岗位，要他立即表态，他二话没说就签下合同。儿子说："机会难得，稍一犹豫岗位就给了别人！”

我心目中的非洲，蛮荒落后，但他一下子就认可了，像去旅游那样简单，他的心理素质让我惊讶。

后来细想，白领的海外职位，高薪而稀缺，多少人想去还去不了！机会总是与风险同在，时代已发展到全球经济一体化，年轻人出去闯一闯，总是好事。

但他毕竟是远赴贫穷的异国。首先想到患病，为他配备了很多中西成药，注明肠炎吃啥，中暑吃啥，发热和疟疾该如何处理。其他安全问题，只有靠他自己小心注意了。

事实比我预想的要好得多，他的办公、住宿、伙食和出行，单位都有妥善安排，外出工作也有专车。一个偶然的机会，他国内的好友向我透露，他转往某国边检时，被扣了老半天。我疑虑顿生，不是说到坦桑尼亚吗？怎么还有别的国家？老板骗了他？显然，儿子对我是报喜不报忧。发邮件询问，他说那里的海关很腐败，扣他是为了敲诈小费，“我手续齐全，没必要花冤枉钱。”儿子有自己的原则，又说他的客户除了“坦桑”，还有埃塞俄比亚、肯尼亚和刚果（布）等，“我还想多跑一些地方呢！这样才开眼界，长见识。”我不知说什么好，只能表示理解和支持——没必要让他平添一份“慰父”的负累。

独自在外，对父母的心理承受能力有了更多的了解，儿子跟我们的对话也慢慢多了起来。

我这才知道，他的工作其实真不容易。老板看重的是业绩，不大理会工作过程的困难和艰辛，他和同事们每天工作十几小时，有人高烧验血三个“+”，才不得不住院休息。在“埃塞”，内乱的状况很骇人，他们半夜关了灯睡觉，子弹不时在窗外飞，幸好道路破烂通不了车，叛军才打不到他们的驻地。路况好一点的国度，交通秩序有时也很糟糕，身边的同事因行车意外已死掉几个。“看着昨天还活蹦乱跳的同事一下子没了，真是悲哀透顶。”

我极吃惊，儿子开车可是个新手，技术不精。好在其公司已聘用当地司机，不再让员工自己驾车外出。

合同上说好有探亲年假的，但一年满了，儿子说正做着项目，很难获得年假。但这项目做完后就要调往科特迪瓦。

我怕影响他的情绪，不敢多说什么。稍感放心的是科特迪瓦属于西非，西方国家对西非投入较多，历史较长，经济发展明显优于“埃塞”等东非国家。果然，没多久他就有机会出差法国，对地中海的美丽赞叹不已。

然而世事多巧，恰有一个法国大型航班失事坠毁，凤凰卫视说机上有他们公司的员工，亲友们因此纷纷来电问询。

儿子也懂事了，主动报告说已回到科特迪瓦，叹息那名遇难的员工运气太差，到欧洲工作还不到一年。

虚惊一场，想想还真的后怕。

他并没意识到，把他调往西非并非领导关照，而是“临危授命”：金融危机到了，要强化重点区域。业绩难做，有的员工被炒，有的挨不住辞职，所留下的空缺全由在职者填补，他和同事们忙得每天只睡四五个小时。

科特迪瓦的业务刚刚稳住，他就被调往几内亚，然后是贝宁、多哥，像一头开荒牛。邮件也越来越简短、沉闷——“躺在床上我总是问自己，撤退还是坚守？”“公司每日考验着我的耐力，也许明天……得失进退总是人生不可避免的选择。”“现实不会让人活得轻松，人生没有遗憾也就不完美，应当追求生命的深度和厚度……”

幸好半年后，工作有了起色。

两年下来，他跑了十个国家，终于获准回国休假。

他说担心非洲的食水卫生有问题，我忙安排他体检。总胆红素偏高让医生怀疑是黄疸肝炎，最后虽然排除了，还是把他吓了一跳，表示“干满三年回来算了”。

我想，海外的历练会让他回国后，更容易选择和应对新的工作。

然而情形并非如此，回非洲后不久他就“变卦”了，说海外的收入其实不算高，三年下来要买房子也只够交个首付而已，但国内的月薪七八千元就了不起了，更难以接受，“回来嘛，真怕到时说服不了自己”！

这想法也许没错，收入反差如此巨大，何不在海外多干几年？可是，就怕待得越久，就越难与国内员工同甘共苦，患上“低薪恐惧症”。我应当及早开导他，金钱不是幸福的唯一，超强的付出，枯燥的生活，牺牲亲情、延误婚姻的损失，无时不在冲击高薪的收益。

可是，这些道理他难道不懂？我不由忧心难释：他要真为那份薪金在非洲迷而忘归，这趟洋打工的得失，就真说不清了！

第一道灿烂的曙光

放眼当下，但凡能惊动BBC、登上《时代周刊》的，都是些政界名流，或者是对社会国家做出卓越贡献的大人物，因为这类人影响巨大、值得表彰。可话又说回来，能为人民、为国家做出特殊贡献的，一定得是响当当的行业领袖吗？我看未必。无论是居庙堂之高，还是处江湖之远，只要是心系百姓、福泽四方的人，都堪称“先锋楷模”。六十七岁的中国台湾卖菜老妪陈树菊，便是一例。

她在美国《时代周刊》2010年世界百大影响力人物排名第八，奥巴马、克林顿、乔布斯、李彦宏排在她后边；她还是《福布斯》杂志2010年四十八位亚洲慈善英雄之一，《读者文摘》更称其为亚洲英雄……

几十年里，她靠点滴善行，赢得了这些赞誉。

过去你去问一个台湾人，他们最引以为豪的是什么？

或许是风景如画的阿里山，或许是烟雾袅袅的知本温泉，或许是淳朴的高山族文化，或许又是身材火辣、性格软糯的台妹。但现在，台湾人民更愿意说：我们有一位令人骄傲的女士，她靠自己的品格与善行，让宝岛台湾广受称赞——她就是陈树菊。

西方“四大通讯社”的路透社也评论：在《福布斯》获奖的四十八人中，陈树菊的故事最能打动人心。台湾前“海峡基金会”董事长、现任红十字会董事长陈长文形容，“陈树菊是台湾最灿烂的第一道曙光。”

陈树菊，实际上只是一个默默无闻的卖菜阿姨，却靠几十年如一日的公益慈善，广受国际追捧，令台湾人引以为傲。她只有小学学历，身高仅一点三九米，却做出了光芒万丈、高大伟岸的事情。十三岁开始在台东卖菜，靠着“五十台币三把菜”的小生意，资助孤儿、给学校盖图书馆……五十多年，累积捐款达一千万新台币（约二百二十五万人民币）。

她自己出身穷苦，到现在生活都极其简朴。一千万新台币对不少台湾人来说，是个天文数字——因为许多人终其一生都挣不到那么多钱，而这些钱的源头，竟来源于一个默默无闻的卖菜阿婆！

2010年5月4日晚，纽约的“林肯中心爵士厅”，个子只有一点三九米的陈树菊穿着一件藕荷色旧外套，一条简单的牛仔裤和球鞋走上了红地毯。走红毯时，她因为脊椎侧弯、静脉曲张、蜂窝性组织炎等毛病，一瘸一拐。那天与她同行的都是名流，有巨星Lady Gaga、美国前总统奥巴马……这是陈树菊参加《时代周刊》的表彰晚宴的情景，年过半百的她在此之前只离开过两次台东县。

因为李安的推荐，陈树菊登上《时代周刊》；面对人们的夸赞，阿婆谦虚地说："我不是什么英雄，我就是一个卖菜的。"谈及广做慈善、播撒爱心的原因，得从陈树菊辛酸的人生经历说起。

陈树菊自幼家境贫困，父母是卖菜小贩，且还养育着六个孩子。十三岁时，妈妈又怀上一个孩子，但由于胎儿太大必须剖腹产。在20世纪60年代，医院规定必须缴纳五千元保证金才能开刀。家里一贫如洗，爸爸含泪跪在医院，大夫无动于衷。爸爸只好四处借钱，勉强凑齐五千元赶到医院时，妈妈却因难产致死，一同西去的还有未曾面世的弟弟。每每想起这件事，她心中就一阵抽搐。"妈妈一个人在寂静、冷清、没人管没人照顾没人理会的情况下过世了。"

妈妈过世后，家里经济更紧张，陈树菊退学帮衬家里。她开始卖菜，以十三岁的羸弱肩膀扛起养家重任，成为台东菜市最年轻的摊贩。

十九岁时，厄运再次降落在这个一贫如洗的家庭。陈树菊的小弟仅十一岁，得了一种怪病：身体瘦得像皮包骨，肚子却鼓胀得像气球一样。医生建议他们去城里治疗。

爸爸为了凑钱，热脸贴着冷屁股向亲戚借钱。结果经济宽裕的亲戚为了躲避他，戏耍爸爸一番——跑到他们家里，家人说："人在山上。"爸爸又跑到山上，又说："下山去了！"

连番的嘲笑与看低，让陈树菊感受到了刻骨的人情冷暖。后来，是一位教师帮了他们。可当筹够钱把小弟送去大医院时，小弟已错过最佳治疗时间，命归西天……

再后来，三弟因患流行性感冒病故，二弟因车祸死亡。回首家族往事，她满腹心酸，亦心如刀割，她发誓：要赚很多很多钱，维护好家人和这个家！

起初，陈树菊痛恨现实的社会与炎凉的世态。但也正因为吃过苦、流过泪，她皈依佛门，借着信仰的力量放下怨恨，决心用一己之力帮助像她一样困顿的人。"我不想求助无门的情况再次发生。"她更身体力行。"五十元三把青菜"的生意，日复一日，年复一年，吃着酱油拌饭，积累了无数铜板，捐出了大多数普通人望尘莫及的善款。

卖菜的劳累，并不是为了让自己生活变好，而是让更多有需要的人生活变好。尽管靠积蓄买了房，但她本人的生活依旧艰苦，每日伙食费不超一百元。

卖菜五十几年，她帮过很多孩子。当年一次偶然的机会，陈树菊接触到一家儿童福利院，那里有许多缺少关怀、遭受家庭变故的身心障碍儿童。

之后，她开始帮助这些孩子。她算过，如果每天捐一百元新台币，能照顾到三个小朋友。她按自己的能力领养了几个孩子，不久，又给这家福利院捐助了一百万新台币。

2000年，她拿出一百万新台币，在母校仁爱小学成立了“急难救助金”，以帮助需要紧急救助的孩子与家庭。

2001年，她又捐四百五十万新台币的巨资，在仁爱小学建图书馆，那是台东地区小学里唯一一栋三层图书馆。落成当天，她看见这栋以她名字命名的图书馆，嘴巴在笑，但眼泪差点掉下来。

人们评价道：“她最令人感动的地方，就是一元、五角、一角、两角，一点一点慢慢累积，再捐出来。”她却谦卑地说：“我就是个卖菜的，吃饱穿暖就行，一个人存那么多钱也用不着。将钱给需要的人用，才是该做的。那种高兴我不会形容，我只知道很舒服，很快乐，帮了人，那一天就很好睡。”

这股无私的精神，这般朴实的言辞，映衬得她的品格更为高风亮节。她无意感动世界，却让人们看到最明媚耀眼的“台湾之光”。

李安为她在《时代周刊》里的撰文写道：“陈树菊最令人津津乐道之处，是她的单纯与慷慨。单纯，使她的慷慨令人惊艳；慷慨，使她的单纯发人深省。”

陈树菊的每一个善举，都由无数次的失望和痛苦凝练而成，简单纯粹，令人动容。世界待之以痛，她仍报之以歌——正因如此，她的每一次捐款显得弥足珍贵。她以矮小的身躯、低微的工作，数十年如一日成就了伟大的善举。更重要的是，上善若水，静水流深，世界也因她这样人的存在，变得更炽烈、温情。

人生是一场马拉松

农村出身的小陈，一步步从十八线乡镇熬出头，考进了省会985、211名校，在校期间，他成绩优异，考了一大堆证，还当过学生会会长。这样的履历放在现在的人才市场上，是要被各大企业追捧的，可他一毕业却选择进入一家小公司。只因为那家公司给出的条件是，包吃包住，工资可以提前结。这在很多人看来，或许不是什么好条件，但对小陈来说，不必再为租房的押一付三而烦恼，便足以吸引他进入这家公司了。

究竟是什么原因，让这些出身不那么好的大学生，与城里的孩子拉开差距呢？

一个人的思维方式，深受其成长环境和家庭教育的影响。经济条件稍好的家庭，能在孩子的幼年时期，给予更多人生的引导。这些影响在分数上，或许能靠着勤奋弥补，但在进入社会以后，格局的差距便会显露无遗。从小弹钢琴，从小被父母带着四处去旅游的孩子，长大后，相比起那些读书的时间都是挤出来的农村孩子，有着更宽广的视野。

在这个故事中，有一个农村女孩陪着领导参加一次峰会，在高档酒店的宴席上，有一道红薯叶的汤菜。领导见女孩迟迟不动筷子，就上前询问。女孩的回答出乎人的意料，她说：红薯叶在我们家是用来喂猪的。说出这句话，不是故意要让领导丢脸，而是在她的认知里，红薯叶就是喂猪的菜。

可如今的世界这么残酷，没有人会去考虑你的出身背景。一句不恰当的话，也许就斩断了你晋升的道路。社会不同于学校，在职场上，不只是你的学历，你的视野和格局同样也被摆在了谈判桌上。一定程度上，这两样东西决定了你未来发展的高度。

同样是两个决定考研的学生，在收集资料上，家庭环境比较优渥的同学往往占尽了优势。因为没有后顾之忧，想报名上一门网课，想买哪本教材，他只需动动手指，便能轻松获得他想要的资料。

但对于农村出身的大学生，要考虑的问题就要多得多。报名一门网课也许需要花费几百块钱，那是他一个月的生活费；一本全新的教材，是他兼职一整天的工钱。读大学的学费，可能就已经掏空了他的家庭，他不可能再向家里伸手要钱。如何解决这个问题，只能把时间抽出来，去赚钱、做兼职。别的同学在图书馆看书，他得到学校的饭堂里勤工俭学。别的同学钻研他的专业，他必须考虑就业。现实限制了他向上攀登的阶梯。

有的时候，我们不得不承认，摆在农村孩子前方的道路，是荆棘一片。

一个留守儿童，在初二的时候被父母送到县城里读书。那是他从未见到过的繁华，一碗八块钱的炒面，能让他感动到落泪。繁华也代表了差距，和同学相比，他衣着破旧。父母给的钱，全用在吃饭上，没办法装扮自己，也没办法跟同学出去消遣。

那时候正流行打篮球，整个班的男生唯独他没有一双正经的篮球鞋。第一次和同学来到篮球场上，被大家嘲笑的场景历历在目，他知道自己再也不会去打篮球了。

贫穷给人带来最大的影响，不只是没有资源，更多的是由于窘迫带来的自卑。在讲究人脉的社会，自卑的后果往往决定了他们落后的交际圈。

条条大路通罗马，但有的人生在罗马。不可否认，差距是有的，但这不是我们放弃的理由。

我很喜欢这句话：人生不是百米冲刺，而是一场马拉松。那些条件好的人领先你八百米，不一定决定胜负。在人生的这场旅途中，谁能坚持到最后，谁才是最后的赢家。

你不应该被眼前的困难吓退，而是要转变思维，起点低意味着你进步的空间大，资源少说明你可以选择的道路宽广。

与其埋怨社会、埋怨父母，不如勇敢地放手一搏。你所有的经历，终有一天会汇集成一股有力的力量，冲刷干净你面前的困难。只要熬过去了，你就能获得比别人更高的成就。

改变命运靠的不是痛骂生活，而是朝着你的目标，每天都向前进步一点点。

让苦难涅槃

我爸是1972年出生的，1990年落榜。我爸说，复读一年肯定能考上不错的大学，但家里没有条件，兄弟姐妹六个，差不多都到了结婚生子的时候。被我爷爷一句“榜上无名，脚下有路”打发去东北投奔大爷爷，大爷爷是行伍出身，当时地位算很高的。

我爸背上蛇皮口袋，揣着奶奶烙的糟面饼，登上了北去的火车。当时是他第一次坐火车，淮安没有直通沈阳的火车，要到徐州转车。在徐州转车时，因为在月台上乱窜，被巡警发现，检查背包，发现只有几块糟面饼，就挥手，去吧去吧。

到了大爷爷家，以为凭大爷爷的身份怎么也能安排个差事。但是大爷爷革命出身，从来没有为家里人谋过一点福利。儿女也都平凡地生活着，最好的也不过是在银行工作。当时，大姑和二婶在家里糊火柴盒，挣点钱，我爸也就跟着她们一起糊。大爷爷看这也不是事儿啊，跟爷爷不好交代，大婶做生意挺赚钱，就说给点本钱去跟大婶学做生意。我爸就像是《人生》中高加林那样的人，放不下作为知识分子的脆弱的自尊，不愿意去吆喝，也确实没有经商天赋。摆了个杂货小摊，他却在一旁捧着本书看得津津有味，来人了也不知道招呼一下，他也不是做生意的人。在东北蹉跎了半年左右，连来回路费都没挣着。

后来，又去了河北沧州，我姑奶的女婿，应该叫表姑父了，在粮食站做站长，我爸去投奔他。这下该有个好事做了吧。我爸就去了面粉厂，面粉厂当时的机器很老旧，一开机满天都是粉尘，眼睛都睁不开。现在也好不到哪里去，硅肺，面粉厂工人的职业病。在那做了一两个月，实在做不下来，又踏上归途，这回总算挣着路费了。

20世纪90年代初，正是民工流开始的时候，村里不少人都去上海、广东挣大钱了。爷爷一看，说你去上海吧。当时我二姑也在上海，正好有个照应。

二姑托人在上海城郊肠衣厂给他找了一份工作。肠衣就是猪小肠，用来灌香肠的肠衣。当时还没开工，要先建场地，在地上铺上砖头，我爸要去很远的建筑工地上拖运砖头。每天累得半死。终于，厂子建好了，开始工作。工作就是把猪小肠里的秽物刮出来。大家知道，肠子里都是些什么东西，那味道臭不可闻，工作完那地方还是他们睡觉的地方。我爸只能在报平安的电话中说工作还不错，跟二姑也只能这么说。

老板后来叫他去专门拖运小肠，屠宰场在四十里外，用人力三轮车。屠宰场总在半夜杀猪，我爸就得在晚上八九点钟的时候，骑着空车赶往屠宰场，屠宰场是流水线，猪肚子划开，猪心、猪肺搁这边；猪肝、猪腰子搁那边；大肠抛这边，小肠抛那边。我爸就得上去抢小肠，把它盘好，装车，装了上百斤。踏上归途，总得在别人工作前把它拖到地方。遇到爬坡时，死命踩脚蹬，轱辘也不转，我爸总羡慕从身边飞驰而过的自行车：要是我骑三轮车也能像骑自行车一样轻巧就好了。

老板看大家工作辛苦，就买了条鱼，要犒劳大家。请旁边的老奶奶代为烧一下，大家都满含期待，结果端上来尝第一口就吐了，太咸了，不知道搁了多少盐。“我知道你们都是卖苦力的人，要是不咸，这鱼是不够你们吃的。”就是这么咸也得吃啊。

“我一定不会一辈子做这种事的，我和他们不一样。”我爸当时就是怀着这样的心态在苦难中磨砺。也就是这样，半年后回家身上也揣了二百元钱。

我爸回家就张罗着结婚，毕竟岁数也不小了。后来，我爸在附近的小学里开始做代课教师，高中在当时也算是不低的学历，至少教小学是足够了。当时教高中的也不过是淮阴师专毕业，现在的淮阴师范学院，那时候还是个中专。我爸做什么都比别人要强，就是代课也比正规师专毕业的正职老师好。当时广播操比赛，别的班排队都乱糟糟的：你你你，快到自己位子上站好。而我爸的班级，喊着口号出列，随着音乐排好队。比赛结果自不必说。

我大一些的时候，老爸又重回上海，在一个小型的百货商店当售货员兼收银员。我在六岁前后去过几次上海，在上海“挣大钱”的亲戚确实不少。前后有二姑、小姑、我爸、姨父、舅父。我爸在那个时候开始重拾课本，在别人打牌、喝酒、聊天的时候，背政治、看医书。参加自学考试，稍微了解一下就能知道，自考和成人高考不同，要难得多，二十多门课程门门过，都要及格还要花好几年才考得完。我爸愣是一天补习班没上，只是利用别人玩乐的时间学习，考进了南京中医药大学，大专学历。

而后，一切似乎开始变好了。

我爸在上海当时每个月拿一千三百元，回到淮安当医生只有四百五十元，我从乡下转到城里念书花了他两个月工资。我想这巨大的落差也肯定困扰了他良久，但选择做医生这条路肯定比在百货商店更有前途。

有个情节我记得很清楚，我爸对我妈说：“要是我能在淮阴拿到一千五百元，就不用你工作了。”当时我妈从乡下刚来城里没找着工作，还在带一些以前在足球厂的活儿过来，手工制作足球，我也不知该怎样描述这样的工作。总之对颈椎、对手臂都有损伤，而且还有苯，会致癌。十年过去，早就不止一个、两个、三个、四个一千五百元了，当时的诺言现在看起来像是笑话，但未尝不是那个时间，对幸福的考量。

我爸也绝对如一开始所说是个学霸，至少本校毕业没有问题。执业医师考试全市第一，主治全市第三。然而就是因为走了很多弯路，耽搁了许久。

我爸规劝我不要像他一样走那么多弯路，可以说每一次听他说起："你爸当年就是在这样的条件下，还在不停学习……"

"我当时就想，我和他们不一样，我绝不会一辈子做这种事的……"

"你知道那个小肠又脏又臭，看着都想吐……"

"老爸当年走过的路，不希望你重走，太难了……"

"还好我坚持下来了……"

我都不禁泪流满面，说不得又要哭了。

想到现在自己的堕落，却不由得在深夜中辗转反侧。每句话在耳畔萦绕，让我挣扎于彻夜书写的文字间。

我爸有句话，我常能在他的笔记本扉页，在微信的签名上看到："追求是信念，飘逸即人生。"执着信念的人，终将成功。我早就想以此为创作的源泉，在电脑中留下《飘逸人生》的文件夹，但迟迟没有动笔，惶恐于幼稚的笔触，肤浅的思虑，还有待锤炼。

我的父亲，苦尽甘来。而我也相信，家里的生活会越来越好，至少我现在就享受着不错的物质条件。

我相信所有的苦难都是暂时的，而所有的结果都是辉煌的，人生无论经历多少苦难，都终将完美涅槃。

自信的力量

在德国，有一名叫安格拉的小姑娘，从小身体协调性就很差，学走路、跑步都比同龄的孩子晚得多。五岁的时候，她下坡还会经常摔倒，甚至一度对下楼梯都有恐惧心理，根本没有生活的自信。

上小学后，安格拉最怕上体育课，她总担心自己笨拙的动作会被同学讥笑，于是经常逃课。老师发现后，对她说："你这样长期逃避，只会让你更差啊！"

安格拉没办法，只好硬着头皮练习，可是她总是拖延到快下课的时候再练。因为她认为，这个时间来练，同学们就很少有机会看她的笑话了。

十二岁那年，体育老师教跳水。老师讲完跳水的动作要领后，同学们都急不可耐地冲上跳板，往泳池里跳。安格拉磨蹭地跟在最后，眼看着同学们一个个完美入池，心里越发惶恐。身旁不断有同学擦肩而过，他们已往返跳板数次。有同学嘲讽她："你怎么还不跳？准是被跳板吓破了胆吧！"安格拉故作平静地回答："我正在努力领悟。"她足足站了四十五分钟，大家都以为她要放弃时，她径直冲上跳板，果敢地跃起，纵身跳入泳池深处。她的动作虽然算不上十分优美，但她的压轴一跳，还是吸引了众人，赢得了喝彩。

这一跳，让安格拉找回了自信。她这才明白，拖延到最后，其实能给自己留下足够的时间来平缓心情，并从他人身上汲取经验。

谁也想不到的是，安格拉大学毕业后，选择了从政，后来竟然成了德国历史上第一位女总理，也就是现在的安格拉·默克尔总理。

默克尔接受媒体采访，回忆起这个童年小插曲时说："我就在那一刻有了勇气，后来遇到什么事都没有畏缩过。"她说自己是那种"需要很多准备时间、尽量想得多一些的人，而不是天生勇敢的人"。

默克尔成为德国总理后，仍告诫自己，办事要沉稳。即使面对国内外的各种危机，默克尔也一次次地选择了慢半拍再决策，多次力挽狂澜。她曾坦言，自己并非无所不能的女强人，所以需要更多的时间思考，在慢中取胜。

现在的默克尔身材有些微胖，她称自己是"一个行动迟缓的笨瓜"，甚至有人批评她胆小和不够鼓舞人。但是默克尔已经从一个普通物理学家，变身为令人生畏的“政治黑豹”，成为深受德国民众爱戴的“德国人的妈咪”。

默克尔的经历表明，内心的胆怯是每个人都有的障碍，鼓足勇气，突破自我，你的人生就会大放异彩。还有就是：慢，并不是一种缺陷。相反，如果你能理智冷静地对待“慢”，你将会从“慢”中收获很多。

梦想与面包之间的抉择

“吴小姐，不是我无理取闹，但我的不幸，唉，都是你造成的。”

演讲会后，一位少妇走过来，对我这么说。一时之间，我有些恍惚……不会吧，我跟她的不幸有什么关系呢？愣怔了几秒钟后，我开始怀疑眼前这个模样端庄的少妇精神上有问题。但是，除了眉宇之间的淡淡愁容之外，怎么看都觉得她的眼神与常人无异。

“你的不幸与我有什么关系呢？”我决定问到底。

“是这样的，我先生是你的读者，他……本来是上班族，忽然有一天，他辞了职，说他要追求自己的梦想，要跟你一样，去做自己想做的事，追求自己的人生。”

“结果呢？”

她说：“到现在为止，他已经失业两年了，本来还积极寻找自己的兴趣，会去上摄影、素描课程等，后来也没看他上出什么心得，培养出什么专长来，也看不出他的梦想到底在哪里。现在，我只看见他每天上网和网友聊天，约喝下午茶，唱歌，动不动混到三更半夜……家里的开销只靠我支撑。我也是个明理的人，怕一说他，伤了他大男人的自尊心，或者成为阻碍他梦想的杀手。我想，他这样下去，只能跟社会与家人脱节得更严重，我该怎么办？”说完，她又重重地叹了一口气。

她的困境还真棘手，在她叹气的一刹那，沉重的罪恶感压在我身上。我想，我不是完全没错。

我常在签名时写上“有梦就追”四个字。对我来说，有梦就追，及时去追，是我的生活态度。我总希望，在人生有限的时光中，我们的缺憾可以少一点，成就感和幸福感可以多一点。错只错在我对“有梦就追”这几个字，解释得不够多。“有梦就追”，在施行上有它的复杂性，特别是在梦想与面包冲突的时候。

当我们看到一个人真心追求自己的梦想，愿意少赚点钱，多折点腰，我们也都有佩服之情。我认识几个很会画画的朋友，本来在待遇不错的报社、广告公司工作，后来都决定离开上班族的轨道，回去当画家。这时，我绝不会用“画画是不能当饭吃的”来泼他们冷水，而是祝福他们：“有梦就追。”事实证明，他们都能用自己的天分画出一番天地来。

我不认为梦想与面包一定相违背，本来只想追求梦想，但后来以梦想赢得面包的人，大有人在。

当然，有时候我们是在和现实赌博，总还得靠点运气。运气不好的，可能像凡·高，生前连一张画都卖不掉，忧郁而终。

其实，凡·高不算是运气不好的。他好歹还有身后名，而且是响响亮亮的身后名，这可不是每个艺术创作者都能享有的好牌位。还有数不清的画家，一样用了一辈子力气来画画，生前潦倒，死后也没在艺术史上占个小位子，甚至连名字都被彻底地遗忘。

追梦本身是个赌博，但也不是单纯的赌博。你的才华越高、想法越周全、技术越无懈可击、经验越丰富、付出的努力越多，或者人缘越好，赢的概率就越大。

值不值得，就只有自己能判断了。赢了，通常还得感激许多懂得赏识自己的人；输了，则没有任何理由怨天尤人。无论如何，我肯定人们追求梦想的决心，因为我们这一辈子，总该做些自己觉得值得的事，尽管旁人也许会发出一些名为“关心”的杂音来阻碍追梦者的脚步，但自己的人生总得自己负责。问题在于，到底你追寻的是梦想，是理想，还是白日梦？

我不是没有泼过别人冷水，因为每个人的情况不同。

“你认为我应该辞职做个专业作家吗？”曾有位银行职员这么问我，“我想在家里写写稿子就好，印书就好像在印钞票，比我现在在银行当过路财神好。”

“你立志从事写作多少年？开始写了吗？”我问。

“我现在太忙了，我打算辞职后再开始写。”他说，

“我以前作文写得还不错，被老师称赞过。”

“我想，你最好考虑考虑。”我忍不住说了，“因为，现实不像你想象得这么简单。”我钦佩那些“肯定自己的梦想后决定辞职”的追梦人，却很怕那些“辞了职才想尝试自己梦想”的妄想者。后者因为想得太简单、做事太草率，实现梦想的可能性实在太小了。

其实，那位转任摄影师还算成功的电子新贵，在他每年领巨额红利时，摄影作品早有独特风格。变成画家的朋友，在当上班族时，本来就画得一手好画。

成功开设咖啡厅或餐厅的转业者，也都不是在开店前才学经营须知、才上烹饪班恶补的。他们早已花了经年累月的时间去考察和尝试，像神农氏尝百草一样兢兢业业。没有任何成功追求梦想的人，是在“一念之间”成功的。

一念之间以前，不知已经累积了多少智慧与能力。多数人一下班回家，在看电视、睡觉、打电话聊天的时候，这些真正的追梦人为了日后有源头活水喝，还在花力气为自己掘井呢！我们只算计到他成功后可以得到多少面包，却粗心地忽略了他们流下的汗水。

追梦是一个过程，也是一个必须逐渐建立的生活习惯。谁说你要放弃一切才能追梦？也别再怨梦想与面包两相碍，其实，阻碍你追求梦想的，不是你手头食之无味、弃之可惜的面包，而是自己的惰性。

心有多宽，世界就有多大

如果没有双臂，你会做什么？如果失去了一条腿，你能走多远？如果只有一只眼睛，你的世界又会怎样……这些不幸的人生假设，中国台湾传奇画家谢坤山都遇到了。十六岁那年，他因触高压电而失去了双臂和一条腿，后来又在一次意外中失去了一只眼睛。然而，就是这样一个看似极端不幸的人，却成了全台湾家喻户晓的快乐明星。他的故事被拍成了电视剧，美国《读者文摘》杂志也用十几种语言向全世界的人们介绍他的事迹和经历。

谢坤山在医院苏醒时，看见妈妈强忍着眼泪。妈妈明白，儿子受损四肢的感染正在迅速蔓延，性命也可能不保。周围所有人都好心地劝妈妈："别救了，让他'走'算了。"

"无论如何都要保住他的命，"妈妈对医生说，"只要坤山能再喊我一声妈，也就够了。"

医生动了一连串手术，将谢坤山的左臂从肩关节处截去，右臂从肩膀以下二十厘米处截去，右腿从膝盖以下截去。谢坤山终于顽强地活下来了，妈妈给了他第二次生命。他答应妈妈："我无权轻生，也不会放弃。"

出院后，谢坤山再次成为妈妈的"新生婴儿"。很多个夜晚，妈妈为了给他喂饭，自己的饭菜都凉了；无数个清晨，妈妈连早饭也顾不上吃，就忙着帮他洗澡、穿衣。为了减少妈妈的担忧，谢坤山决心自食其力。经过苦苦思索，他发明了一套能够自己进食的用具。在一个螺旋状的中空铁环尾端缠上活动的套子，套在残存的右臂上，再将汤匙柄焊成L形，插进铁环套子里，谢坤山终于能够自己吃饭了。在校园演讲的时候，他经常风趣地将这套自制用具命名为"坤山"牌自助餐具。

接下来，谢坤山刷牙也渐渐不再需要妈妈或妹妹的帮忙了。他先用嘴巴拧开牙膏盖，用短臂把牙刷紧紧摁在脸盆上固定住，放在嘴里，通过来回摇头的方式完成刷牙。

谢坤山又自制了用脚控制的水龙头，自己洗澡。他发明了许多这类用具，解决自己吃喝拉撒的问题。到最后，几乎所有的日常生活他都能完全自理，还经常用残存的短臂夹住笤帚帮家里打扫卫生。

谢坤山出事后，邻居们劝他妈妈："坤山只要到夜市一蹲或到庙前一躺，就能挣到不少钱。"穷人家的重度残疾人，似乎只有乞讨为生一条路可走。谢坤山却根本不愿听这些话，他说："四肢我已经失去其三，不想连做人的尊严也失去了。"

谢坤山开始认真思考自己的人生之路，他决定继续发展自己与生俱来的兴趣——绘画。然而，对于穷苦人家的孩子来说，绘画实在是一个过于奢侈的爱好。不识字的父母自然不能理解，何况家里早已经因为给他治病欠下了一屁股债。谢坤山只得把在外做工的哥哥偶尔给他买汽水的零用钱积攒下来，买来铅笔和白纸，准备认真学画。

没有手，拿笔成为最大的问题。谢坤山看妹妹做功课，觉得自己应该可以用嘴咬住笔写字绘画。起初，含在牙齿与舌头之间的笔好像是松了螺丝的老虎钳，嘴怎么也钳不稳笔，弄得口水直流；牙齿习惯后，由于练习时间过长，嘴又被铅笔戳出一个个血泡，口腔溃疡不断。然而，谢坤山从来不言放弃，他只管埋着头，一笔一笔地认真学画。他把嘴变成了自己最得力的手，而嘴里的笔，成了他最亲密的知己。

铅笔断了怎么办？谢坤山又想到了办法：他找来一把小钢刀，将刀柄含在大臼齿处用力咬住。为了咬稳，他把刀柄都咬得变形了。接着，他把铅笔推到桌边，再用残存的一点右臂按住，用嘴里的刀片，一刀一刀地削出了笔尖。他在心里呐喊："这一刀一片的笔屑，片片都是信心。谢坤山，今天你不仅把铅笔削了出来，更是把自己未来的路也削了出来！"

谢坤山听说台湾著名画家吴炫三先生在美术学院开课，

就千方百计找到他，要求跟着学画。吴先生被他的诚心所打动，同意他来听课。从此，谢坤山每天拖着残缺的身体，转几趟公车，花两个多小时赶往学校，风雨无阻。最困难的，是难以启齿的小便问题无法解决。他不好麻烦老师、同学帮忙，便一天到晚不喝水，在校八小时内有尿也忍着，直到后来憋得尿血。

二十四岁那年，谢坤山主动搬离父母贫困的家，尝试着自己出去独立生活。为了补上文化课，他白天练习用嘴绘画，晚上则去夜校补习中学阶段的课程。

正在如饥似渴学习绘画和知识的时候，他的右眼在一次碰撞中失明了。然而，这没有阻挡谢坤山前进的脚步。他十分珍惜能重返课堂学习的机会，砥砺自己终日埋首在书桌、画架前。他每天最多睡四五个小时，开玩笑说“少睡就是多活”。

三年一晃而过，谢坤山被台北最好的中学——建中补校录取。他的绘画也有了长足进步，开始在国际上连连获奖，得到了人们的认可。1994年，他创作的《金池塘》以八万元新台币卖出；他的作品先后六次入选大型画展，1997年荣获国际特殊才艺协会视觉艺术奖。

人生如棋，车、马、炮被纷纷拿掉后，又该怎样去做？谢坤山说：“就算战到一兵一卒，我都还要坚持下去。”

谢坤山的脸上每天都挂着灿烂的笑容，因为他每天都为自己寻找快乐的理由。由于没有佩戴义肢，孩子们在路上看到他时，都会对着妈妈惊呼："妈妈快看，他没有手。"年轻的妈妈们常常会一把搂住孩子说："不要这样讲，否则人家听到会很难过。"这时，谢坤山都会转身对孩子们微笑："小朋友，对不起啊！叔叔今天出来的时候，忘记把手带出来了。"

谢坤山从不忌讳谈论自己的身体，也绝不躲在房间里无所事事。他怀着一颗感恩的心，尽可能地去帮助别人。不管多忙，他每月一定至少抽出一天时间去慈济医院做义工，照顾那些最绝望的人。一位女病人在一场突如其来的瓦斯爆炸中失去了丈夫，她本人也重度烧伤，原本美丽的面孔变得狰狞恐怖。更让她感到痛苦的是，以往经常在自己身边撒娇的八岁女儿，现在见了她就惊吓得哇哇大哭，再也不愿靠近。

听完了她的讲述，谢坤山说："您没有好好爱自己。"看见女人不解的样子，他接着说，"假如这场意外不是发生在您身上，而是发生在您女儿身上，您愿不愿意代替她承受这个痛苦？"女病人使劲点头："我愿意！我绝对愿意！"

谢坤山说："我绝对相信您愿意！请回头看看，此刻就站在您身后的妈妈。"女病人的身后，正在给她梳头的老妈妈泪水夺眶而出。"您的妈妈又何尝不愿意代替您承受这个痛苦呢？可是她能吗？"母女两人再也忍不住了，泪水像决堤般喷涌而出，哭成一团。

谢坤山再见到那位女病人时，她已经像换了一个人，脸上有了笑容和神采，还愿意和他一起，用她依然甜美的歌声去激励其他病友。谢坤山知道，她已经放下“包袱”，也明白一个道理：不管遭遇到什么，其实我们拥有的永远比失去的多!

谢坤山的坚韧、乐观和热情打动了一位年轻貌美的姑娘，她叫林也真。1987年，他们两人步入了婚姻殿堂。如今，他们的两个女儿都已经十几岁了，有人问谢坤山：“假如你有一双健全的手，你最想用它做什么？”他笑着说：“我会左手牵着太太，右手牵着两个女儿，一起走好人生的路。”

现在，谢坤山除了作画，还不时应邀到学校、社区甚至监狱义务演讲，激励更多的人扬起生命的风帆。他说：“残疾从来没有妨碍我成为一个自在的人。我的衣袖或许空空如也，但我依然能够掌握幸福的生活！”

跑出未来

他出生在一个贫寒的家庭里，面朝黄土背朝天的父母，无法为他提供优越的学习和生活条件。但是他非常懂事，从步入校门的那天起，从来没有跟父母主动要过一分钱。几年之后，成绩优异的他，考上了市里的一所高中，因为学校离家里较远，他只能选择住校。

从学校回家那天，他带着对父母的思念花九块钱买了一张车票，第一次坐上了返乡的客车。回到家，村里的电工正在收电费，他凑过去瞟了一眼，只见收据上的数字栏里写着一个小小的“五”。他赶紧从口袋里掏出五块钱，边递给对方，边嗔怪父母的节省。一个月就五块钱的电费，爸妈平时肯定连电视都舍不得看啊！就在这时，电工又递回给他几张零钱。他接过来一数，四元五角钱。顿时，他明白了。原来，父母每月的电费只有五毛钱！他半张着嘴，呆呆地站在那里，一句话都说不出来。他在心里暗暗地算了一笔账，自己坐车花掉的九块钱，足足可以支付家里十八个月的电费！他一个劲儿地在心里责骂自己，真是个不懂事的败家子！他暗暗发誓，父母的血汗钱只允许挥霍这一次！

回到学校后，他更加节省了。然而，屋漏偏逢连阴雨，母亲因为劳累导致腰椎压迫神经，只能整日躺在床上。一边是卧病在床令他惦念的母亲，一边是来回十八块钱的车费，他站在中间，孤立无援，左右为难。终于，他想到了一个两全其美的办法——跑步回家！

学校离家六十多里路，他需要跑三个多小时才能到达。每次回家，他都不敢急于进家门，而是躲在村口的大树下，做几十次深呼吸，以免让父母看出他是跑回家来的。对于这样的生活，他一直保持乐观的态度，甚至还跟同学们分享了自己的心得：慢跑，但不能停，更不能坐下休息，要坚持一口气跑完全程。另外，要少喝水。他的自强，影响着身边的同学和朋友。大家不再攀比，而是比学习、比节俭、比上进。曾经有段时间，班里一位家庭条件较好的学生干部，动员自己的父母资助他，打算每月给他二百块生活费。要强的他对这种资助虽然感激，却总觉得受之有愧，害怕负了太多的人情债，无法偿还。最后，他坚决不再接受这种捐助。在他的坚持下，那位好心的同学只好放弃了资助。

看到贫寒和瘦弱的父母，他也萌生过辍学的念头。然而，打工期间看到的一幕，让他彻底打消了这个念头。那天收工，已经晚上10点了。他拖着疲惫的身子回到工棚，发现好几个人的床头上都放着书，而他们不论回去多晚都要看上几眼，甚至还有两个人在坚持自学考试。在一次闲聊中，一位工友告诉他："没有知识，永远无法改变命运。光靠打工，挣的永远是辛苦钱。"从此，他坚定了继续完成学业的决心。他勉励自己，不管有多少困难，都要坚强地走下去，不，跑下去！

对，要想冲破眼前的艰难困苦，自己就一定要"跑"起来！晚自习后，当舍友进入了甜美的梦乡，他在知识的海洋里奔跑；周末，当同学沉浸在归家的甜蜜中，他在嘈杂的餐馆里奔跑；节假日，当朋友游历于风光秀美的景区，他在满是灰土的工地上奔跑……

他叫闫明强，河南禹州西部山区的一个农家孩子。从家到学校，再从学校到家，两年下来，他一共跑了四千多里。这就是一个农村高中生创造的奇迹。

我们有足够的理由相信，闫明强的成功，绝对不会迟到，因为他怀揣着一颗自立、自强、自律的心，在艰难的求学和人生路上执着进取，一路奔跑！

只要开始，永远不晚

1958年，一个叫渡边淳一的日本青年从札幌医科大学毕业了，他在一家矿工医院做了外科医生。在世人的眼中，这是一份收入稳定而又体面的工作，可渡边淳一的内心却十分纠结。

渡边淳一出生于北海道，他在札幌一中读初一时，遇到了一位国语教师，他在每周三都会教学生们阅读日本古典文学作品。这仿佛为渡边淳一打开了一扇神奇的窗户，他一下子被这个迷人的世界所吸引。在初中和高中的六年时间里，他读了不少日本小说，从川端康成、太宰治、三岛由纪夫，直到“战后第三拨新人”的作品，那时他最大的理想就是当个文学家。然而他当文学家的梦想却遭到了母亲的极力反对，她是当地一位大商人的女儿，在渡边淳一的印象中，母亲是“一个强悍、喋喋不休、永远把他当成小孩的女人”。没办法，他只能听从母亲的安排，成为北海道大学理学院的一名新生。

在大学里，他十分羡慕文学院的“文学青年”，经常为自己无缘坐在研究室中全力读文学，只能啃一些枯燥的理化教材而愤愤不平。为了安慰不安的心灵，他一头扎进了图书馆，阅读了大量外国文学作品，包括海明威、哈地歌耶、加缪等人的作品，其中加缪的《异乡人》令他大为倾倒，一连读了三次。

成为一名医生后，渡边淳一的工作有时十分繁忙，可这样的忙碌越来越让他疲惫不堪，因为在他的内心深处，那个始终牵动他的文学梦似乎离他渐行渐远，这让他越来越感到寝食难安。有一天，他无意中看到了一个叫摩西奶奶的美国老太太的故事，便以春水上行的笔名，提笔给她写了一封信，述说了自己的困惑，问她：“一个人在二十八岁的年龄，才开始一条文学之路，会不会太晚呢？”

让他想不到的是，不久他就收到了一封回信，在信中，摩西奶奶讲述了自己的故事。她是美国纽约州一个农村的普通村妇，以刺绣为业。七十六岁那年，她因为严重的关节炎，不得不放弃刺绣，但她却拿起了画笔，从头开始学起了绘画。几年后，一个收藏家在村里的小卖部里注意到了她的绘画，把她的作品带到了纽约。1940年，八十岁的她在纽约举办了首次画展，引起了轰动，她质朴的艺术风格受到世人的追捧。在二十多年的绘画生涯中，创作了一千六百余幅作品。后来，摩西奶奶又在写给他的明信片上写道：做你喜欢做的事，上帝会高兴地帮你打开成功之门，哪怕你现在已经八十岁了。

摩西奶奶的话让渡边淳一豁然开朗，他毅然辞去了医生这份安稳的工作。母亲得知他打算去东京专职写小说时，愣在那里，随后几近哭着说："求你了，别去干那种卖笑的事。"可现在，谁也不能左右他了。

然而比起拿起手术刀做手术来，靠写小说来生存十分艰难。渡边淳一后来描述自己的生活："晌午起床，傍晚开始上班，深更半夜不睡，收入极不稳定，银行也不肯贷款，我甚至觉得还不如卖笑。"

不过渡边淳一已经没有退路，虽然他一度穷困潦倒，但他不肯让自己的梦想之火熄灭。就这样，一路写来，他成为日本文坛"情爱小说第一人"。从1970年《光和影》获"直木文学奖"，至今他已出版一百五十多部作品，深受读者拥戴，粉丝遍布世界各地。

在成功实现了自己的文学梦想后，渡边淳一最感激的人，就是摩西奶奶。如今年过古稀，他依然保持着旺盛的创作激情。

2001年，在美国华盛顿博物馆举办了一场"摩西奶奶在21世纪"展览，在展览的私人收藏品中，就展出了当年摩西奶奶写给渡边淳一的明信片。讲解员在讲完这个故事后，都会告诉人们这样一段话：你心里想做什么，就大胆地去做吧！不要管自己的年龄有多大和现在的生活状况如何，因为，你想做什么和你能否取得成功，与这些没有什么关系。

是的，在这个世界上，从来没有"太晚"这件事。就像摩西奶奶所说，只要开始，永远不晚，哪怕你现在已经八十岁了。

尊重他人所尊重的

在一次巡回表演的过程中，卓别林通过朋友的介绍，认识了一个对他仰慕已久的观众。卓别林和对方很谈得来，很快就成了关系不错的朋友。

在表演结束之后，这个新朋友请卓别林到家里做客。在用餐前，这个身为棒球迷的朋友带着卓别林观看了自己收藏的各种各样和棒球有关的收藏片，并且和卓别林兴致勃勃地谈起了心爱的棒球比赛。

朋友对棒球爱到了痴迷的境界，一旦打开话匣子之后就收不住了，滔滔不绝地和卓别林谈起了棒球运动。从对方谈起棒球开始，卓别林的话就少了很多，大多数都是朋友在讲，他则微笑注视着对方并认真地听着。

朋友说到高兴的地方，两只手兴奋异常地比画了起来，他说起自己亲自体验到的一场精彩比赛时，仿佛已经置身于万人瞩目、激动人心的棒球场上了，完全沉浸在对那场比赛的回味之中。卓别林仍旧微笑着看着对方，偶尔插上几句，让朋友更详细地介绍当时的场景。朋友越说越兴奋，只是对一直没能得到那场比赛中明星人物的签名有些沮丧。不过，这种沮丧的情绪很快就被他对那场比赛的兴奋冲淡了。

那天中午，沉浸在兴奋之中的朋友说得兴起，差点把午饭都忘记了，直到他夫人嗔怪着让他快点带客人来吃饭的时候，他才不好意思地笑着拉起卓别林来到了餐桌前。那天的午餐，大家的兴致都非常高，尤其是卓别林和这位新认识不久的朋友，彼此之间相谈甚欢。

在当地的演出结束之后，这位新朋友非常舍不得卓别林，一直将他送出了很远，才恋恋不舍地道别。

不久之后，这次巡回演出也告一段落。回到家里，卓别林通过各种关系费尽周折找到了朋友说起的那个棒球明星，请他在一个棒球帽上签了名之后，卓别林亲自把这个棒球帽寄给了远方那个对棒球极度痴迷的朋友。

卓别林的举动让他身边的人非常不解，因为大家都知道，喜欢安静的卓别林对棒球从来就没什么兴趣，他们简直就无法想象一个对棒球丝毫不感兴趣的人只是为了朋友的一句话，就费了这么大的周折去要一个签名。尤其是当知道了对棒球一无所知的卓别林居然和朋友聊了大半天的棒球比赛，大家更加想不明白了——要知道，在那么长的时间里听朋友讲一个自己完全不感兴趣的事情，那种滋味儿可是非常难受的。

卓别林倒是很洒脱，他告诉身边的人：“我是对棒球不感兴趣，可我的朋友对棒球感兴趣，只有尊重他人所尊重的事物，别人才能感受到自己被理解被尊敬，这是一切友谊的基础。”

后来，当朋友听到了卓别林这段话之后，拿着他送来的棒球帽，感慨良久。两个人的友谊整整延续了一生。很多年之后，已经白发苍苍的他说起这段往事仍旧慨叹不已：“我今生能够成为卓别林的朋友，是我最大的荣幸。是他让我明白了什么叫作真正的尊重和真正的友谊。他的人格光芒，照亮了我的一生。”

这世界上有千千万万的人，每个人的兴趣爱好各有不同。我们只有尊重他人所尊重的一切，尊重别人的爱好和兴趣，才能和他们产生共鸣成为朋友。世上的悲剧，往往是由于不懂得尊重别人的兴趣、不懂得欣赏别人的行为方式和不懂得包容别人的生活方式而产生的。一个真正拥有智慧的人，必定是一个懂得尊重和包容他人一切的人。尊重他人所尊重的一切，也就是在为自己广交朋友，从而为人生的辉煌打下良好的基础。

谨以此书，献给那些单枪匹马、跌跌撞撞、勇敢面对生活挑战的追梦人。

愿你被这个世界温柔以待，愿你目之所及、心之所向，满满都是爱。

无悔青春之完美性格养成丛书

完　美：
你是那人间的四月天

蔡晓峰　主编

红旗出版社

图书在版编目（CIP）数据

完美：你是那人间的四月天 / 蔡晓峰主编. — 北京：红旗出版社，2019. 11

（无悔青春之完美性格养成丛书）

ISBN 978-7-5051-4998-4

Ⅰ. ①完… Ⅱ. ①蔡… Ⅲ. ①故事—作品集—中国—当代 Ⅳ. ①I247.81

中国版本图书馆CIP数据核字（2019）第242276号

书　名　完美：你是那人间的四月天
主　编　蔡晓峰

出品人　唐中祥　　总监制　褚定华
选题策划　华语蓝图　　责任编辑　王馥嘉　朱小玲

出版发行　红旗出版社　　地　址　北京市丰台区中核路1号
编辑部　010-57274497　　邮政编码　100727
发行部　010-57270296
印　刷　永清县晔盛亚胶印有限公司
开　本　880毫米×1168毫米　1/32
印　张　40
字　数　960千字
版　次　2019年11月北京第1版
印　次　2020年5月北京第1次印刷

ISBN 978-7-5051-4998-4　　定　价　256.00元（全8册）

写给你们

我们这一生，走过漫长而孤独的路，看过漆黑的夜，走过最寒冷的冬，才可以慢慢接近那万丈光芒的通途。

世间所有的等待，都是一场久别重逢。等待，是献给即将毕业的大学生的最真挚的祝福，愿他们都有个远大前程，不负此生；是献给自己的孩子成长的礼物，愿他们在成长的过程中健康快乐；是用漫画的方式记录下每一个等待的珍贵瞬间。等待也是一场修行。人生的意义在于因为希望，所以等待，更在于因为选择了等待，所以看到了希望。

把自己交付给人生长河，不去过问奔涌的河水将带着我们流向何方。这并不是听天由命，而是明智之选。我们并没有因而逃避责任，也不是就此不管不顾，只是停止再去控制那些本就不在我们掌控之中的事情。我们停止了与苦难的对抗，也不再对片刻欢愉抓住不放。都说安全感只有自己才能给自己，但这里面应该包括三个意思：第一，自己可以养活自己；第二，自己可以面对自己的孤独；第三，自己可以给自己带来快乐。

如果你现在问我什么是成功，我会说，今天比昨天更慈悲、更智慧、更懂爱与宽容，就是一种成功。如果每天都成功，连在一起就是一个成功的人生。不管你从哪里来，要到哪里去，人生不过就是这样，追求成为一个更好的自己。

生命需要保持一种激情，激情让人感到你不可阻挡的时候，他们就会为你的成功让路！一个人内心不可屈服的气质是可以感动人，并能够改变很多东西的。

你路过万家灯火，感叹世间尘事之多；而我，还在为自己的那盏灯奔波。

对于我们每个人来说，那些走过的路，就像慷慨的光，无止境地拉着自己成长。在这个有趣的世界里，还有那么多事要去做，还有那么多场要去闯。

长大之后的我们，都是与生活作战的人。单枪匹马，跌跌撞撞，再苦再累也要咬紧牙关。这个世界上有多少人从来没有被生活善待过，却依然温柔地对待生活。遇见最美的人生，遇见最好的自己。生活的冒险是学习，生活的目的是成长，生活的本质是变化。

目　录

第一章　追求完美人生

第二章　愿你所到之处，遍地阳光

第三章　憧憬美好未来

第一章
追求完美人生

开朗的性格不仅可以使自己经常保持心情的愉快，而且可以感染你周围的人，使他们也觉得人生充满了快乐与光明。

——罗曼·罗兰

过分追求完美，会失去自我

每个人都有自己的长处和短处，不要再去羡慕别人如何如何，好好数数上天给你的恩典，你会发现你所拥有的绝对比没有的要多出许多，而缺失的那一部分，虽不可爱，却也是你生命中的一部分，接受并且善待它，你的人生会快乐豁达许多。

有个同事是个完美主义者。常挂嘴边的人生格言是：凡事都要做到最好，不能被别人比下去。的确，从毕业之后进入公司，她只用了不到五年的时间，就从最底层的销售部小职员，做到中层管理人员，收入更是翻了几番。前几年，女儿出生，无论是一开始的高级婴儿用品、早教机构，还是近两年的兴趣班、五万块一次的高端夏令营，只要觉得好的，她都不让自己的孩子错过。一直以来，大家都很羡慕她的生活。直到前几天加班时，她突发胃绞痛。

陪她去医院的路上，被称作“钢铁女侠”的她，突然哭了。握着我的手，一脸疲倦地说：“活着真累啊！”那天晚上，她告诉我，这么多年，为了维持家庭和工作的平衡，每天都像一个陀螺，不停旋转。害怕工作做得不够好，被其他人比下去；担心陪家人陪得不够，被孩子和丈夫埋怨；害怕自己身材走形，被大家嘲笑，还要挤出时间去健身、做护理……所有的压力堆在一起，她的神经紧绷到了极致。以致很久没有体会到真正的快乐，更别提去感受幸福是什么样子的。

还有这样一个故事，一个未婚的男人来到一家婚姻介绍所。进了大门后，看见两扇小门：一扇写着“美丽的”，另一扇写着“不太美丽的”。男人毫不犹豫地推开了第一扇。进去之后，又看见两扇门：一扇写着“年轻的”，另一扇写着“不太年轻的”。他还是选择了第一扇。进入里面，依旧还是两扇门：“有钱的”和“不太有钱的”。就这样，男人依次选择了“温柔聪慧的”“忠诚的”“勤劳的”“幽默的”等九扇门。等到他推开最后一扇门时，只见门上写着一行字：你追求得过于完美了，这里已经没有再完美的了，请你到大街上找吧。原来他已经走到了婚姻介绍所的出口。

在现实生活中，不如意事十有八九，我们很多人都过分追求完美的人、追求完美的事。其实世上本来就没有完美无缺的人和事。金无足赤，人无完人。如果我们陷入完美的误区，将会错失良机，失去友情、爱情，失去快乐、幸福，失去自我。

“完美本是毒。”事事追求完美是一件很痛苦的事，就如毒害心灵的药饵。我们要知足常乐，学会自我安慰，自我解脱：一天结束时的疲劳和肌肉酸痛，那表示我有拼命工作的能力；有一堆衣服要洗，那表示我有衣服穿；老爸老妈在耳边不停地唠叨，说明他们喜欢我；爱人和你据理力争，说明他（她）在乎你；孩子成绩有不如意的时候，表明这是正常现象；购房要还贷款，说明我有属于自己的房子；想睡懒觉但得上班，说明我没有失业……

生活中不存在完美，任何美都是相对的。维纳斯是美的，她的断臂使她的美成为残缺的美，可谁又能说她不美呢？上帝总是公平的，在为你关上一扇门的同时，又为你打开另一扇窗。因此，我们应该接受生活中的缺憾，不要自寻痛苦和烦恼。

要明白，在这个世上没有完美的人和事，追求完美只是我们努力的方向，不是我们的终极追求，不必苛求完美。我们要正确地协调自我，完全地掌握自我，不去苛求自己，也不去苛求别人，做一个拥有快乐和幸福的人。

接受真正的自己才能完成逆袭

十八岁时，贾伟经历了很多人生第一次。第一次去北京，第一次坐火车，第一次喝可乐，第一次吃汉堡……这个从未走出家门的小伙子，为了考清华美院，敢于不远千里地折腾，说实话，除了乡邻，就连他自己，也一度觉得这很了不起。直到考试之前，贾伟报名参加了一个三百多人的考前辅导班。上课的时候，老师突然把他叫上台，让他在黑板上画出六个手电筒。犹豫片刻后，他特别认真地画了一个老式的铁皮手电筒，就再也画不出来了。老师让他再画五个，他说没有办法，因为十八年来，自己只用过也只见过这一种手电筒。

得知他是从宁夏来的考生，老师直接对他说："你是骑着骆驼来的吧。回去吧，像你这样的我见多了，你一辈子都考不上，我见过乡里来的、村里来的，第一次见到从沙漠里来的。”

听完这话，贾伟整个人都是蒙的。所有的骄傲都化为虚无，只记得当时两眼都是泪。

在那之后，贾伟才真正知道，自己的见识原来那么少，与其他人的差距远不止一个沙漠的距离。想清楚后，他没有再去辅导班，为了弥补当下的短板，他跑遍了北京所有的商场，画了十五天手电筒。

安布罗斯·雷德沐说，所谓勇气指的并不是无所畏惧，而是明白除了畏惧以外更重要的事。当你真正撕开那层遮掩不足和缺陷的窗户纸，并为之填补，那一刻就是逆袭的开始。

谁能想到，等到考专业课时，贾伟拿起试卷一看，考题竟然就是“画六个手电筒”。贾伟当时就愣了，唰唰唰不到五分钟就画了六个；接着说老师你再给张纸，唰唰唰又画了六个；最后他一共画了三十六个手电筒。以至监考老师把所有考场的老师都叫来说：“这是天才！”

最终，贾伟考了全国前四十名，是他们那里第一个专业课成绩过清华美院分数线的人。

如今的他已经是洛可可设计公司创始人兼设计总监，被誉为兼具商业头脑和设计才华的商业设计师，也是唯一一个获得了全球所有的设计界奥斯卡金奖的人。那个风靡一时的五十五度杯，就是他为自己的女儿设计的。

人生是不公平的，不是每个人都有与生俱来的天赋、有良好的成长环境、有高高的起跑线。人生也是公平的，了解了最真实的自己，接受了最平凡的自己，梦想之路也就更加清晰，走得更稳，也更容易完成逆袭。

活着，不是为了证明给别人看

一位非常优秀的短跑运动员，在年轻时就已取得优秀的成绩。人们对他满是赞许和期待，都说他一定能成为最小的世界冠军。不幸的是，在大赛前夕，他训练过度，跟腱完全断裂，即使得到及时治疗，也无法再恢复到之前的速度。从那之后，这位运动员就变得颓废，无法接受现实，觉得人生彻底玩儿完了，甚至得了严重的抑郁症。

这种认知偏差的产生，其实就是一种极端思维。

因为太看重他人评价，导致他对自己的定位就是“需要不断地跑，不断地刷新成绩”，认为自己的生命中，再没有其他东西。

心理学上有这样一种说法：一个人的期望值越大，心理承受力就会越小，就越无法接受失败的打击，最终也就越容易失败。而这一切都是因为，我们太在乎别人的目光，而忽视了真正的自我。

生活实苦，我们必须掌握人生幸福的主动权。这就意味着，面对成功，我们的内心满足感不能完全来自外界，不能让他人对你进行角色化塑造。不论是好是坏，评价自己，我们要有自己的标准，接受自己，肯定自己，然后做好自己。面对失败，最好的办法其实就是自我谅解。

《自控力》一书中有这样一段话："失败的时候，你要告诉自己，每个人都会失控，每个人都想偷懒，每个人都有管不住自己的时候，你的弱点，不仅仅是你的，也是大家的。不要苛求自己，请谅解自己，谅解自己的不完美，谅解自己的能力不足，谅解自己的脆弱。"

生活是属于每个人自己的，既然别人没有感同身受，那我们就无须在意他人的目光。失败也好，成功也罢，记住一句话：但行好事，莫问前程。

一根树枝改变命运

一年春天，一个中国农民到韩国旅游，受朋友之托，在韩国一家超市买了三十斤左右的泡菜。回旅馆的路上，身材魁梧的他，渐渐感到手中的塑料袋越来越重，勒得手生疼。他想把袋子扛在肩上，又怕弄脏新买的西装。正当他左右为难之际，忽然看到街道两边茂盛的绿化树，顿时计上心来。

他放下袋子，在路边的绿化树上折了一根树枝，准备当作提手来拎沉重的泡菜袋子。不料，正当他暗自高兴时，便被迎面走来的韩国警察逮了个正着。他因损坏树木、破坏环境，被韩国警察毫不客气地罚了五十美元。

五十美元相当于三百多元人民币啊，这在国内，能买大半车的泡菜啊！他心疼得直跺脚。几欲争辩，无奈交流困难，只能认罚作罢。

他缴完罚款，肚子里憋了不少气，除了舍不得那五十美元，更觉得自己让韩国警察罚了款，是给中国人丢了脸。越想越窝囊，他干脆放下袋子，坐在了路边。

他看着眼前来来往往的人流，发现路人中也有不少人和他一样，气喘吁吁地拎着大大小小的袋子，手掌被勒得发紫了，有的人坚持不住，还停下来揉手或搓手。他们吃力的样子竟让他觉得有点好笑。

为什么不想办法搞个既方便又不勒手的提手来拎东西呢？对啊，发明个方便提手，专门卖给韩国人，一定有销路！想到这，他的精神为之一振，暗下决心，将来一定要找机会挽回这五十美元罚款的面子。

回国之后，他不断想起在韩国被罚五十美元的事情和那些提着沉重袋子的路人，发明一种方便提手的念头越来越强烈。于是，他干脆放下手头的活计，一头扎进了方便提手的研制中。根据人的手形，他反复设计了好几种款式的提手；为了试验它们的抗拉力，又分别采用了铁质、木质、塑料等几种材料。然而，总是达不到预期的效果，他几乎丧失信心了。但一想到在韩国那令人汗颜的五十美元罚款，他又充满了斗志。

几经周折，产品做出来了，他请左邻右舍试用，这不起眼的小东西竟一下子得到邻居们的青睐。有了它，买米买菜多提几个袋子，也不觉得勒手了。后来，他又把提手拿到当地的集市上推销，但看的人多，买的人少。

这怎么成呢？他急得直挠头。这时候妻子提醒他，把提手免费赠给那些拎着重物的人使用。别说，这招还真奏效，所谓眼见为实，小提手的优点一下子就体现出来了。一时间，大街小巷到处有人打听提手的出处。

小提手出名了，增加了他将这种产品推向市场的信心。但是，他没有忘记自己发明的最终目标市场是韩国。他很快申请了发明专利。接着，为了能让方便提手顺利打进韩国市场，他决定先了解韩国消费者对日常用品的消费心理。

经过反复的调查了解，他发现，韩国人对色彩及形式十分挑剔，处处讲究包装，只要包装精美，做工精良，价格是其次。于是他决定投其所好，针对提手的颜色进行多样改造，增强视觉效果，又不惜重金聘请了专业包装设计师，对提手按国际化标准进行细致的包装。对于他如此大规模的投资，有不少人投以怀疑的眼光，不相信这个小玩意儿能搞出什么大名堂。可他坚信一个最通俗的道理，“舍不得孩子，套不着狼”。

功夫不负有心人，经过前期大量市场调研和商业运作，一周后，他接到了韩国一家大型超市的订单，以每只0.25美元的价格，一次性订购了120万只方便提手！那一刻他欣喜若狂。

这个靠简单的方便提手吸引韩国消费者的人叫韩振远，凭一个不起眼的灵感，一下子从一个普通农民变成了百万富翁。而这个变化，他用了不到一年的时间，而且这仅仅是个开始。

有人问他是如何成功的，他说是用五十美元买一根树枝换来的。

一根树枝，不仅搅动了他的财富，而且改变了他的人生。机遇就像一根树枝，你在它身上开动脑筋，它就能帮你改变人生。

一种青春，两种命运

她和我，是发小，在同一所小学、中学读书，又双双高考落榜。落榜后，我去姐姐开的花店打工；她呢，去药店当了学徒，是她父亲托人给她找的工作。

我不甘心做卖花女，想去上海闯闯。她也不想做药店学徒，却更怕“麻烦”：没一技之长，除了这份现成的工作，还能找到什么事做呢？更别说去那么大的城市，连落脚处都没有，在这里万一遇到什么事，起码有很多人可以帮忙。

她说的也有道理，但我还是要走。我来到上海，挑了一家顺眼的饭店做了第一份工作。

每天上午10点，我就要站在一堆小山似的碗盘后面，不见天日地刷啊刷，一直刷到晚上12点。几天下来，手被劣质洗洁精浸泡得发痒、溃烂……

春节回家，放下行李，第一件事就是去找她。我把在上海的吃喝拉撒细枝末节全说完了，她才意犹未尽地感叹："真累啊！幸好我没去，要是我，真难以承受。"

她在药店上班，很安稳，家里已经在张罗着给她找对象了。

过完春节回上海不久，我跳槽做了一名库管。当库管整天坐在那里实在无聊，我就报了中文专业的自学考试，我每天早上5点就起来背书，晚上看书看到11点才去睡。第一次参加考试，我就一口气过了六门。

她给我打电话来，说要结婚了，对方是镇上税务所所长的儿子。我问她：你爱他吗？她想了想：差不多就行了呗，我不懂啥叫爱，可他算是镇上比较风光的男人，和他结婚，也算有脸面。

我顺利拿到大专文凭，恋情却亮起了红灯，男友父母竭力反对我们在一起。他不愿意伤父母的心，只能伤我的心。

我被失恋的痛苦折磨得要死要活，回小镇疗伤。她来看我时，已经是一个孩子的妈妈了。我给她讲自己的故事，说一会儿哭一会儿。她叹气，说：你这是何苦，踏踏实实找个人嫁了吧。我擦擦眼泪，说：不，我倒想看看，我能不能找到爱情。

我辞了职，应聘去了一家外贸公司做销售。公司代理一种法国生产的、给鲜花保鲜的保鲜柜，客户是花店。我原来就帮姐姐打理过花店，所以对业务比较熟悉。我一个季度拿到的提成，比其他业务员的年薪还多。我的出色引起了一个人的注意，他叫赛奥，公司的法方技术人员。

一次，他对我说："我早注意你了，你对人很好，对打扫卫生的阿姨也好。他们都不这样，不过我们是一样的。"他用了"我们"这个词，倒让我仔细看了看他——法国男人，理工科出身，衣着质朴，性情温和。他也用他的蓝眼睛看着我，脸红红的。瞬间，我脑海中灵光一现，音乐响起，我捕捉到了爱神从耳畔掠过的羽翼声。

一年后，我和赛奥要去法国举行婚礼前，我们回了趟老家办签证。我照例去看她，家庭和孩子的琐事已经让她的头上有了一小撮触目惊心的白发。她又替我担忧，说：去法国？这人靠不靠得住啊？你真胆大！接着，她又叹气说，出去看看也好，不像我，都发霉了。

赛奥的家在法国南部波尔多，以酿葡萄酒闻名。我突发奇想，对赛奥说：可以把这个带到上海去！

没什么能阻挡我对未来的向往，我们的葡萄酒迅速在上海打开局面。两年后，我们在浦东国金中心租下一间店面。

再回老家，我送她从法国买的香水，她讷讷地说：这么贵，我哪用得着。她早不上班了，在家照顾儿子老公，她说儿子不喜欢她，因为他爸成天不着家，都是她做坏人管儿子。

她看看我，又说：如果我和你一起走，不知会是什么样？又摇头叹气，唉，那时就是怕，现在想想真傻，天下哪有让你一眼看到底的路呢，走着走着，才会看见自己能遇见些什么。这样过一辈子，才有意思！

是的，当初我上路时，并没预见会遇到这么多危险、挫折、伤害、痛苦，也没预见会遇到这么多机遇、收获、幸福和快乐。一切都是未知，未知才是开启青春的最美的旅途，它让你心中永远有期待，期待下一步命运会揭开怎样的谜底。无论灾难或惊喜，都没关系，因为生命的意义在于体验，体验得投入而尽兴，在其中品尝到生活的万般滋味。

重要的是，你要勇敢地踏上这条旅途，就像曾经的我一样。

再难也要坚持，不要放弃

一位八十岁高龄的老奶奶说：“年轻时你不去旅行，不去冒险，不去拼一份奖学金，不过没试过的生活，整天刷着微博、逛着淘宝、玩着网游，干着我八十岁都能做的事，你要青春干吗？”说得真好。如果年轻时就追求安逸舒适，不去突破极限挑战自己，年纪大的时候我们又有什么资格享受生活呢？

刘叶带的高三班，这次高考满堂红，全班无一例外都考上了本科，还有好几个拿到了名校通知书。刘叶因此得到了学校奖励的一笔丰厚奖金，职务也提升了。很多人都去祝贺她，夸她能干。刘叶低调地说：“哪有那么厉害，就是死撑着，再难也没想过放弃。”刘叶带的班，从高一开始就是全年级基础最差的混合班，学校里最调皮难搞的学生都在她班上。刘叶除了要管学习，还得操心纪律，对付那几个早恋和沉迷于电子游戏的学生。教学之外，同时要忙于培训、写科研论文，熬夜备课、改试卷是家常便饭。尤其是高三这一年下来，刘叶瘦了有七八斤。因为一心忙于工作，每天早出晚归，家里顾不上太多，周末只能休息一天，还常常得去做家访。刘叶的婆婆对此颇有微词，抱怨刘叶只想着工作忘了家，“就是个死脑筋，这个工作能挣多少钱啊！值得你那么拼命！”

刘叶说：“世上哪一份工作都不是容易的，在自己最能拼的时候不投入不付出，以后只会留下遗憾，对不起自己，也对不住学生。”刘叶的辛苦付出，除了得不到家人的理解，有个别学生家长有时也会由于不理解而不配合她的工作，让刘叶颇为头痛。但这些，刘叶都一个人默默承受下来了，面对不理解和委屈，刘叶选择的是不顾他人眼光，坚持到底。

泼冷水是旁人的自由，坚持下去则是你的自由。那些成功的人，不一定是最初就最优秀的人，但一定都是坚持走到了最远的人。人生很多时候没有那么多道理可言，挺住，就意味着成功。

沙粒进入蚌体内，蚌觉得不舒服，但又无法把沙粒排出，只有用体内营养把沙包围起来，慢慢地，这沙粒就变成了美丽的珍珠。人生不如意事常八九。如果我们能像蚌那样，设法适应，以“蚌”的肚量去包容一切不如意的境遇，那么，困境也可以成为转机。

有一年在年关将至时，一个曾做过销售的朋友丢了一个大单子。跟了大半年的大客户，被竞争对手撬了墙脚。而他下半年的主要业绩就靠这个单子了。况且当时，他背负着房贷，母亲有慢性病，常年需要服用进口药物，到处都要用钱。一下子失去了一大笔经济来源，他心灰意冷，不知道该怎么渡过眼下的难关了。他的妻子却没有一句责备，反而安慰他：“多大点事儿呀，大不了以后阳春面一人一碗呗！”他咬咬牙，重拾信心，过年到外地跑客户找资源；生活上，两个人省吃俭用；找朋友借钱周转了几个月的房贷，渡过了最寒酸的一个春节，算是熬过了寒冬期。开春后，他继续重整旗鼓，主动申请到另一个城市去开辟新市场，将异地当成了大半个家，忙得昏天暗地。最后努力没有白费，他的新业务蒸蒸日上，不仅打通了客户关系，自己也慢慢积累了业内资源，开始创业。如今他的企业发展势头很好，但他还是很踏实地工作，也常常以自己的亲身经历告诫自己的员工：“人生就是苦熬。你以为过不去的坎，再坚持一下，就会看到另一片风景。”

没有谁的人生是一帆风顺的，更没有谁天生就是上帝的宠儿，没有谁永远都能过着不劳而获的生活。有时候，我们距离成功，只需要一个转角的距离。但是，很多人却在那个转角之前，选择了放弃。电影《中国合伙人》里有一句台词说：“成功路上最心酸的是要耐得住寂寞、熬得住孤独，总有那么一段路是你一个人在走。也许这个过程要持续很久，但如果你挺过去了，最后的成功就属于你。”

人生难免挫折，也不可能没有挫折。挫折只会吓退软弱的人，真正的强者只会越挫越勇，将苦难的岁月一点点熬成甘甜。有时候经历越多，才越明白在这个世界上，总有几样东西，是别人拿不走的，比如，你读过的书，看过的风景，还有那些曾经被嘲笑的梦想。只要你力气用对了地方，它们终会融入你的血液与身体，变成谁也夺不走的力量。

你以为的不完美，正是完美

我经常在课上讲述我的抑郁史。别人会诧异：“啊，你也会自卑、会抑郁啊！”有人问我：“你是一个心理咨询师，也会发火吗？”我说：“一般不会发火，但是我发起火来很不一般。”

好像我是个心理咨询师就应该像一尊神。学心理学的目的不是让人成为神，而是让想成为神的人愿意成为人。学了心理学，我的人格没有太大的改变，想愤怒时还是会愤怒，该抑郁时还是会抑郁，不同的是，态度变了。

我可以大大方方地骂人、抑郁，我不再排斥它们，不再跟自己对抗了。我还挺喜欢这样的自己，可以大胆表现。现在我的生活更轻松、快乐，也更单纯了。

你以为的不完美，正是你完美的体现。我们身上所有存在的特质，都恰好构成了自己的独一无二。

比如说愤怒。适度的愤怒是与人连接的有效途径。我又跟一个朋友吵架了。她说：“你以前说‘对不起’时，我觉得很疏远。现在你骂我时，我反而觉得很开心。”我跟她讨论：说“对不起”是一种客气，潜意识里是想跟你划清界限；而发火是我对你有期待，是我想走近你。

比如说抑郁。我喜欢自己的抑郁。抑郁让人对感受更加敏感，更能倾听自己，更能安抚自己。如果我不抑郁了，我就很容易离开自己，去忙碌外在的事情。抑郁会说：“来吧，看看你自己。”

比如说内向。我喜欢自己的内向。外向的人多在忙着交际和销售，内向的人都忙着思考和写作。我如果是个交际达人，能安静地坐下来写作吗？如果内向却不喜欢写作，你还可以搞科研，玩艺术……何愁无用武之地？

比如说自理能力差。我以前特别羡慕一个同学，他整天把生活收拾得井井有条，但直到他说：“我现在有点密集恐惧。”我就释然了。他的密集恐惧是压力过大导致的。一个非要把生活过得精致干净的人，得费多大的心力啊。

比如说哭。感到压抑，男生也会哭啊！没有能力哭的男人不可怕吗？一个压抑着委屈、脆弱的男人，要么会自闭抽离，要么会反向形成控制欲和强势。当然这里要有个度。健康的人格是灵活的，让你能够通过判断现实情境来适度地发挥自己，而不是不顾情景地无限纵容或者发泄。比如说我不建议你在别人奄奄一息时还要愤怒，在自己就要绝望放弃时还要抑郁……我们所有的存在，都是一种资源，也都是一种伤害。你愿意关注哪一面，你就会使用哪一面。

你看，所有你身上存在的特质，都有积极的一面，它们都是你最宝贵的资源。为你的不完美庆祝吧！

做自己的镜子

当我们懂得站在别人的位置来审视自己，用别人的眼光来看清自己时，才知道自己有哪些地方需要改进。一个不懂得从他人的角度来审视自己的人，只会顽固地以自己为中心。

小时候的爱因斯坦是个十分顽皮的孩子，经常和几个伙伴到处乱跑，几乎荒废了学业。他的母亲为此忧心忡忡，常常叮嘱他不要贪玩，可母亲的再三告诫最终还是成为他的耳边风。直到十六岁的那年秋天，一天上午，爱因斯坦正要去河边钓鱼，父亲将他拦住，并给他讲了一个故事，正是这个故事改变了爱因斯坦的一生。

故事是这样的。

爱因斯坦的父亲说："昨天我和咱们的邻居——你杰克大叔到南边的一个工厂去清扫那儿的一个大烟囱。只有踩着里边的钢筋踏梯才能爬上那个烟囱。你杰克大叔在前面，我在后面。我们小心翼翼地抓着扶手，一级一级地终于爬到了顶端。下来的时候，你杰克大叔依旧走在前面，我还是跟在他的后面。钻出烟囱后，我们发现了一件奇怪的事情：你杰克大叔的后背、脸上黑乎乎的，全部沾满了烟囱里的烟灰，而我身上竟连一点儿烟灰也没蹭着。"

爱因斯坦的父亲继续微笑着说："我看见你杰克大叔的模样，心想我肯定和他一样，脸上也一定很脏，或许就像个马戏团的小丑，于是我就打了盆水洗了好几遍。而你杰克大叔呢，他看见我钻出烟囱时干干净净的，就以为他也和我一样干净呢。于是洗了洗手就大摇大摆地上街了。结果，街上的人看到你杰克大叔的模样，还以为他是个疯子呢，大家都笑得肚子疼。"

爱因斯坦听罢，忍不住和父亲一起大笑起来。父亲笑完后，郑重其事地对他说："其实，别人谁也不能做你的镜子，只有自己才是自己的镜子。拿别人做镜子，天才或许会把自己照成白痴；而白痴也许会把自己照成天才。"

爱因斯坦听后，顿时满脸通红，感觉羞愧难当。

从此，爱因斯坦远离了那群顽皮的伙伴。他谨记父亲的教诲，时时用自己的行为做镜子来审视和映照自己，终于映照出了他生命的熠熠光辉。

是的，当一个人把别人当成自己的镜子时，可能会受对方各种因素的影响。因此，有可能把天才照成白痴，也有可能把白痴照成天才。但无论如何，都不是对自己客观真实的反映。无数优秀的人就是自己做自己的镜子，时时审视和映照自己，做到了真正地了解自己。

你只是还没发光的金子

世界上没有什么事情是不能办成的，没有什么结果是不能改变的，只要我们对自己有信心，就成功了一半。在我们人生的道路上，有时差的就是那自信的一步，迈出这一步便造就了不一样的人生。世界上的每个人都是最优秀的，关键在于如何认识自己，如何发掘和重视自己。若是自己都看不起自己，别人也不会看得起你。所以我们不要为难自己，与其把自己看低，不如把自己看高。

古希腊的大哲学家苏格拉底晚年时，知道自己时日不多了，就想考验一下他那位平时看起来很不错的助手。

他把助手叫到床前，说：“我的蜡所剩不多了，得找另一根蜡接着点下去，你明白我的意思吗？”

“明白，”那位助手赶忙说，“您的思想是得有人很好地传承下去。”

“可是，”苏格拉底慢悠悠地说，“我需要一位最优秀的传承者，他不但要有相当的智慧，还必须有充分的信心和非凡的勇气，你帮我寻找一位，好吗？”

“我一定竭尽全力。”

苏格拉底笑了笑。

那位忠诚而勤奋的助手不辞辛劳地通过各种渠道四处寻找传承者。可他领来一位又一位“传承者”都被苏格拉底婉言拒绝了。一次，当那位助手再一次无功而返时，病入膏肓的苏格拉底硬撑着坐起来，说：“真是辛苦你了！不过，你找来的那些人，其实都不如……”

“我一定加倍努力，”助手连忙恳切地说，“即使找遍五湖四海，也要把最优秀的人选挖掘出来。”

苏格拉底笑了笑，不再说话。

半年之后，苏格拉底眼看就要告别人世了，最优秀的人选还是没有眉目。助手非常惭愧地说：“我真对不起您，令您失望了！”

“失望的是我，对不起的却是你自己。”苏格拉底失意地闭上眼睛，良久，才不无哀怨地说。

一代哲人就这样永远地离开了他曾经深切关注着的世界。那位助手为此非常后悔，甚至自责了整个后半生。

为了避免自己像那位助手一样留下遗憾，我们不妨把自己看高一点。这个世界上没有什么位置是我们没有资格去占据的，没有什么东西是我们不配享有的，只要我们信心十足地为之努力。这样，我们的人生道路就会变得豁然开朗。

对于现代人来说，我们应该充分地运用自己的智慧，付出辛勤的劳动，去尽情地享受人生精神和物质方面的美妙。我们只有把自己看得高一点，保持对生活更多更高的追求，才有激情和动力去挖掘出我们自身的“金矿”，把自己身上最优秀的品质开发出来。

是金子总会发光的。不受世俗观念的影响，相信自己不是一个凡夫俗子，使自己心中的“自我”伟大一些，自己也会随之变得伟大。而当我们感觉到自己的情绪低落需要勇气时，要有自己事先定好的“自我激励”计划，时刻激励自己，成功的心理暗示会对我们产生巨大的影响。

用独特来武装自己

2014年5月23日，彼特·丁拉基参与演出的超级电影《X战警：逆转未来》在全球举行规模巨大的首映活动，深受观众欢迎。

出生的时候，彼特就患有软骨发育不全症，这种病属于侏儒症，是基因突变造成的。疾病导致他失去长高的机会，也让他的骨骼变得畸形。

五岁时，彼特必须接受双腿骨的拉直手术，在做手术的过程中，他疼得不停地叫喊，真想干脆趁机离开人世，免得活着受苦。

进入初中，彼特的身材依然矮小。开学那天，他便遭到同学的残酷嘲笑，这让他感到痛苦而愤怒，只想把自己封闭起来，不愿意和任何人交流。

在父母的劝说下，彼特逐渐开朗起来，开始喜欢表演，经常和哥哥在家里练习表演。发育不全症对智商没有影响，患者可以从事任何与身高无关的工作，但选择做演员的，还是凤毛麟角。

由于身高只有一米三五，彼特有着很强的自尊心和戒备心，觉得娱乐界只看见他的身高，没有发现他的才华。

即使在已经没有钱缴纳房租的时候，彼特依然拒绝邀请他出演小矮人角色的片约。

看见自己没有接受的《指环王》系列影片后来成为经典，彼特突然意识到："我的自大是可怕的自卑，只出演那些与身高没有任何关系的角色，已经严重限制自己事业的发展。"

汤姆·麦卡锡编剧导演的电影《心灵驿站》，不仅是以彼特的形象为灵感创作的，而且邀请他担任主演。电影上映后得到广泛好评，他终于打开事业局面，开始了职业演员的生涯。

随着心态逐步成熟，彼特不再担心别人让他出演脸谱化的小矮人角色，而是利索地放下执拗，尽力利用自己的身高条件，而不是被人利用。

电视剧《权力的游戏》，由作家乔治·马丁的长篇奇幻小说《冰与火之歌》改编而来。故事发生在虚构的世界里，维斯特洛大陆上的各大家族，为了王位不断展开血腥争夺。尤其糟糕的是，来自北方极寒之地和东部大陆的威胁，也在逐渐逼近他们。

在筹备剧集时，乔治寻找到彼特："我想请你扮演小恶魔提利昂·兰尼斯特。"

"我曾经看过你的小说《冰与火之歌》，可惜觉得实在看不懂，也就没有继续看下去。"面对乔治的邀请，彼特既喜悦又担忧，"倘若我扮演小恶魔，不知道能否取得成功？"

"你的矮小身材，是提利昂的最佳候选人，如果不是这个原因，我也不会请你扮演这个角色。"乔治热情地指出，"我不会考虑他人出演小恶魔，不管你能否看懂原著，我都把希望寄托在你的身上。"

听完乔治的解释，彼特果断答应："既然你真诚邀请，我尽力而为。"

彼特扮演的提利昂，来自维斯特洛大陆权力最大的家族。这个家族血统优良，几乎每个成员都很健康，女孩漂亮，男孩英武，提利昂却是另类，让大家觉得意外。

提利昂出生的时候，母亲难产而死，他长得又矮又丑，始终生活在家人的憎恨和别人嘲笑的眼光里，最终被人们称为小恶魔。

其实，提利昂是家族里最有智慧的人，自知没有其他成员的战斗力，他就博览群书，用知识武装自己，并多次依靠灵活的头脑，面临厄运却化险为夷。

彼特无比谨慎，生怕别人再次利用自己的身高开玩笑，他表演得非常认真，迅速成为这部电视剧的核心主演，他的片酬随即水涨船高。

彼特扮演的小恶魔是剧中最受观众欢迎的角色之一，业界给予他高度赞誉，当年艾美奖、金球奖剧情类的两个最佳男配角奖都颁发给他，让他成为全世界的偶像。

从排斥到利用一米三五的身高，彼特觉得："如果将自己的缺陷变成动力，缺陷就不会成为你的弱点。用独特之处来武装自己，不但没有人能够伤害你，而且可以创造奇迹。"

你只是个孩子

在电影《心灵捕手》里，威尔是一个天才，可以解出全世界只有两个人会解的数学题，记忆力强大得惊人；同时他也是个问题少年，打架坐牢，从来不做有利于人生的事情。心理学教授尚恩和他坐在湖边的长椅上谈心，谈及他的迷失，尚恩说："你只是个孩子，你根本不知道你在说什么，不过没关系。"

我们都像看过书却没有人生经历的威尔，说的都是从书上看来的理论，却从来无法深切地体会个中滋味。

"你不了解真正的失去，唯有爱别人胜于自己才能体会。"在走入社会之前，我们都只是说大话的傻孩子。

我在和父母相处的过程中，总会记得那些产生矛盾的对话。

或许是因为经历过贫穷，父母总是十分节俭，不肯扔掉过时且不常用的东西；也总是在每顿饭开始的时候，吃完上一顿甚至上两顿剩下来的饭菜才去夹新菜。我总会来一句“扔了吧”或者“倒了吧”，这个时候老妈总会回一句：“你没经历过，就知道说大话。等到什么都没有的时候你就明白了，你还是太年轻。”

越长大，和父母之间的代沟越大，他们再也不是我心里无所不能的超级英雄，越长大就越能看见他们的脆弱和无助。当自己经历了一些事情后，才发现自己有多无知，连世界都没有观过，又哪里来的世界观呢?

在某些事情面前，不要轻易用自己的想法去评判别人。

韩剧《请回答1988》里面，有一集德善的奶奶去世，她和姐姐回到乡下参加葬礼，哭得稀里哗啦的时候，却看见爸爸等长辈在那里开玩笑，仿佛这只是一次愉快的聚会。

她很疑惑，同时又有些嫌弃爸爸的样子。直到爸爸的大哥赶回来，几位长辈却抱在一起，哭得像无助的孩子，此时他们都是孩子，失去母亲的孩子，被无助、恐惧和难过包围。

大人们只是在忍，只是在忙着大人们的事，只是在故作坚强地承担人生的重担，但大人们也会疼。

我们看到的东西由于人情世故等原因，并没有呈现真实的样子。

小时候被老师逼着写作文，一直平平淡淡的生活并没有什么能打动人的地方，因此我总会编故事，做到了“少年不识愁滋味”，“为赋新词强说愁”。如今，很多难过流泪的时候却再也不愿写出来告诉别人了。

知道一个创业者的心声，他说，他睡得像个婴儿，每两个小时就大哭一次。他经常头一天还觉得拥有整个世界，但是第二天就会觉得世界正在离他而去。

这个世界上从来就没有所谓的感同身受，疼痛是别人无法代替的。

以前在爸爸说生活辛苦的时候，我和弟弟总会异口同声地说：“多多休息，身体最重要，不要那么拼命。”现如今，电话里我只能让他早睡、多吃点好的，回到家除了帮他做家务，不再说一些无用的大话。

就好像我们在安慰别人的时候头头是道，当事情发生在自己身上时却崩溃不已。

第二章
愿你所到之处，遍地阳光

人的一生，总是难免有浮沉。不会永远如旭日东升，也不会永远痛苦潦倒。反复地一浮一沉，对于一个人来说，正是磨炼。因此，浮在上面的，不必骄傲；沉在底下的，更用不着悲观。必须以率直、谦虚的态度，乐观进取、向前迈进。

——松下幸之助

十八岁那年

还记得那是一个下着倾盆大雨的夜晚。

就因为同班女同学问我："你想不想和我一起搭档唱歌？反正你也喜欢音乐，就当去打工赚点零用钱花一花。"于是，我就带着一颗充满好奇的心、一股初生牛犊不怕虎的傻劲儿，意外地开启了我人生的第一段音乐旅程。

十八岁，是荷尔蒙最为沸腾、为情所困的第一段巅峰时期，而音乐是我抒发情感的唯一出口。

我在小舞台演唱的第一首歌曲，是红蚂蚁乐团的《爱情酿的酒》，唱这首歌的那一天也是我心碎的日子。当天工作结束后，我领到人生的第一份薪水，决定去买一瓶不知道名字该怎么念的红酒，叫上我最好的闺密，用这种方式来正式告别我的第一次恋爱。

两个人完全喝不懂酒的滋味，一路乱喝乱唱，当时感觉，苦苦的爱情应该就是这个样子吧。我们一直聊到凌晨，突然很想做一件疯狂的事——我决定拉着她一起去海边看日出。

我们搭着最早的一班巴士前往福隆海水浴场，坐在海边听着海浪声，被海风静静地吹着。就这样，看着太阳慢慢从东方升起，我的眼泪再也无法控制。我的情绪随着狂流不止的眼泪宣泄之后，慢慢归于平静。

十八岁的疯狂和为爱的奋不顾身，现在回想起来我都还能感受到那份心跳与悸动。

当然，我也有在升学包袱里打转的迷惘时期。

小时候，有很长一段时间，我对于妈妈每天逼我练琴这件事感到很不开心。但后来，在面临升学考试的那个阶段，我第一次认真地看着天空，心中对宇宙的众神深深地感恩，感谢我的父母，感谢他们让我从小掌握弹琴这个技能，让我免于被困在理工科的圈圈里，而有机会踏上通往音乐殿堂的道路。

那是一个炎热的下午。

早上的学科笔试算是顺利过关，其实我也就是把我该会的、该念的、该背的和该懂的都尽力填完了而已。下午的专业考试人山人海，每个人都战战兢兢地准备着将要考试的科目。气氛不能再紧张了。

我主修声乐，选择的考试曲目是莫扎特的歌剧《费加罗的婚礼》中的一首咏叹调——《知否爱情为何物》，这部歌剧是一部爱情喜剧。可以说声乐老师非常了解我的性格和声音特质，才会选这样的曲目给我。

反复不停地练习，终于到了上场这一刻。

之前几次嗓子不舒服的时候，曾经有老师传授给我们一个偏方：用沙士、海盐和生蛋黄混在一起，然后一口气喝下去，对于缓解嗓音沙哑、失声特别有效。若嗓子只是有一点点不舒服，喝下去很快就会好。

在这么重要的一天，这么重量级的饮料怎么能不出场呢？即便我没有不舒服的感觉，总觉得喝下去之后，声音便会更加饱满，图个心安。紧张加上求好心切，我在那天喝下整整三杯的生蛋黄海盐沙士，期待下午能有最精彩的表现。

过于急功近利，往往会导致得不偿失的后果。

不知道是喝了太多的生蛋黄的缘故，还是因为天气太热导致生蛋黄有些变质，到了中午，我便开始一刻不停地跑卫生间。肚子一阵阵地绞痛，让我原本的“蓄势待发”彻底变了模样。这时，我除了用尽最后一点力气向宇宙祈祷身体安康，其他的只能顺其自然了。

幸运的是，我抽到的号码比较靠后，至少还可以让身体休息一下，最终顺利地完成了曲目的演唱。虽然结局大打折扣，但我竟然意外地在拟录取名单中，只是录取的顺序排在名单的第二梯次。可是像这样的热门音乐学府，往往早在排名的第一梯次，录取名额就已经完全满额，连补位的名额都没了。

当时我沮丧了好久，哭了好多天，心里一直责怪自己因求胜心切造成了无法弥补的遗憾。

如今回头看这一切，或许可以说是上天冥冥中的安排。当然有时候也会好奇，如果当时的我真的被梦想中的学校录取，今时今日的我，是否还会继续这段音乐的旅程？

每一个十八年，都是经历了那个阶段及生命的淬炼洗礼后，最美好的状态。

如同我们激情狂放的十八岁，期待着所有新奇事物的到来，尽情开怀地大笑大哭。当然也会有迷惘的时候，所以别忘记随时停下脚步来听听自己内心的声音，选择做自己最喜欢的事情，不要害怕吃苦，要勇敢地迈步向前。或许我们不一定遵循世俗传统价值的方向，但要记得随时充实自己，唯有不断地充实自己，才有机会让自己喜欢的事情变得更有价值。

接受成长的邀请

任何发生在你身边的事情，都是成长的邀请。

有一个小孩，他的母亲是喜剧演员。有一天，母亲嗓子哑了，在台上说不出话来，台下的观众发出一片嘘声。小孩在幕后看着母亲被一群人起哄，想到自己平时经常听母亲唱歌，耳濡目染久了，也会哼一些，于是他就壮起胆子跑到台上，替母亲表演。

虽然是第一次登台，但他毫不怯场，唱起了家喻户晓的歌曲《杰克·琼斯》。没想到，一曲歌罢，他竟把全场的观众镇住了，观众发出叫好声，纷纷往舞台上丢钱。于是他又连唱了几首名曲，成了当晚最耀眼的小明星。

后来，他用肥裤子、破礼帽、小胡子、大头鞋，再加上一根从来都不舍得离手的拐杖，创造出一种独特而又戏剧化的表演方式。他就是天才的电影喜剧大师卓别林。

七十岁生日当天，这位年届古稀的艺术家，在历经沧桑之后，内心无比宁静平和，写下了这首家喻户晓的诗《当我真正开始爱自己》："当我开始爱自己，我不再渴求不同的人生，我知道任何发生在我身边的事情，都是对我成长的邀请。如今，我称之为'成熟'。"

尼采曾说："在生活的价值体系里，财富和权势都是末，心灵的舒展才是本。"当你开始发现生活的激情时，你才能充分认识自己，才能找到适合自己的一切，如兴趣爱好、职业方向、事业梦想、人生伴侣等，并领悟到人生真谛和活着的意义。

二十五岁时，我离开一家世界五百强的外企，成为一家媒体的主编。我主动跟老板申请开发大型活动这部分的业务。至今还记得第一次去向投资人讲解活动策划的场面，面对满满一屋子的人，我紧张得声音发抖，那时候不会想到，三年后，我会站在清华大学EMBA班的讲台上，为各商业领域的大咖学员讲国学课程。三十岁之前的我，已然过得精彩纷呈。

我经常会被问道："凭什么你可以有这样的成绩？"

每次我都坦然作答："因为我活得够世俗。"

我的成长比别人更艰险，我经历了比别人更刺骨的尴尬与摔打，所以，今天我才有底气告诉你，哪些弯路可以绕开。

三十岁前，我曾经告诉自己：情调、品位，这些灵魂的工程，留待四十岁后去慢慢享用。在此之前，我会用好世俗的规则。

我了解世俗的规则，也懂得世俗外的享受，深切地明白，如果没有足够的力量赢得生活，那一切优雅的享用都将转瞬即逝。美是一种力量，我不欣赏任何软绵绵的优雅，因为我知道，我能驾驭的，才是我拥有的。

我们都需要修炼，在尘世的烟火中，修炼出一颗通透的心。我一直梦想成为这样一种人：可以很世俗，却又似在世俗之外。

希望你也可以，活成自己梦想的样子。虽然在此之前，我们要像俗人一样，活得足够努力。

机会总是垂青有准备的人

莱斯·布朗和他的双胞胎兄弟出生在迈阿密一个非常贫困的社区，他们出生后不久就被帮厨女工玛米·布朗收养了。

由于莱斯生性好动，说话含混不清，所以他被学校安排到一个专门为学习有障碍的学生开设的特教班。他一直在这个特教班待到高中毕业。毕业后，他成了迈阿密的一名城市环卫工人。但他却一直梦想着成为一名电台的音乐节目主持人。

每天晚上，他都要把收音机放在床头，听本地电台的音乐节目主持人谈论摇滚乐坛的事情。就在那一刻，他把自己那间狭小的、铺着破旧地板革的房间假想成了一个自创的电台。他用一把梳子当麦克风，开始喋喋不休地向他的“观众”们介绍唱片。

透过薄薄的墙壁，莱斯的母亲和弟弟总会听到他不停地说话。于是，他们便对他大吼大叫，让他别再耍嘴皮子，赶快上床睡觉。但是莱斯根本不在乎他们说什么。他已经完全沉浸在自己的世界之中，当一名音乐台的主持人已经成了他的理想。

一天，莱斯利用在市区割草的午休时间，鼓足勇气来到当地电台。他走进台长办公室，对台长说，他很想成为一名流行音乐节目的主持人。

台长打量着眼前这位头戴草帽、衣衫褴褛的年轻人，漫不经心地问道："你有广播方面的经验吗？"

莱斯答道："没有，先生。"

"那么，小伙子，恐怕我们这儿没有适合你的工作。"

莱斯非常有礼貌地向他道了谢，然后就离开了。台长以为他再也不会见到这位年轻人了。然而，他低估了莱斯·布朗对其理想所下的赌注。莱斯有着比一名真正的音乐节目主持人更高的目标——他要为自己深爱着的养母买一幢更好的房子。电台音乐节目主持人的工作只不过是他迈向这个目标的一块垫脚石而已。

玛米·布朗曾教过莱斯，一定要不懈地追寻自己的梦想。因此，无论台长怎么说，他都已经下定决心要在这家电台找到一份工作。

基于自身的信念，莱斯一连几周天天都到这家电台来，询问是否有职位空缺。最后，台长终于让了步，决定让他每日跑跑腿，但是却没有薪水。刚开始的时候，莱斯的工作是为那些无法离开播音室的主持人取些咖啡或是买些午餐、晚餐。莱斯凭着自己对工作的积极态度，最终赢得了唱片灌制人的信任，他们总会让莱斯开着公司的车去接一些电台邀请来的名人，像诱惑合唱团、黛安娜·罗斯、至高无上乐队等。他们没人知道年轻的莱斯竟然没有汽车执照。

在电台里，无论别人让莱斯做什么，他都会照做——有时，他甚至会做得更多。由于他整日都和主持人相处，所以学习如何操作演播室的控制面板的机会就相对多了起来。为此他总是尽量留在控制室里，潜心学习，直到有人叫他离开。晚上回到自己的卧室时，他就认真地进行练习，为机遇的到来做好一切准备。

一个周六的下午，莱斯仍旧待在电台，有一位名叫罗克的主持人一边播音，一边喝酒。此刻，整个演播室里就只剩莱斯和他两个人了。莱斯意识到，罗克再这样下去一定会出问题的。莱斯密切地注意着罗克的一举一动。他边来回走着，边自语道："喝吧，罗克，喝啊！"

莱斯已经跃跃欲试了，而且他早就为此做好了准备！如果此刻罗克让他去买酒的话，他一定会冲到街上为他买更多的酒。正在他胡思乱想的时候，电话铃响了，莱斯立即冲上前去，拿起了听筒。果然，电话正是台长打来的。

“莱斯，我是克莱恩先生。”

“嗯，我知道。”莱斯答道。

“莱斯，我看罗克是不能把他的节目坚持到底了。”

“是的，先生。”

“你能打电话通知其他主持人，让他们中的一位过来接替罗克吗？”

“好的，先生，我一定会办好的。”

但是，莱斯一挂断电话，就自言自语道：“马上，他就会以为我一定是疯了！”

莱斯确实打了电话，但却并没有打给其他主持人。他先打电话给他的妈妈，然后是他的女朋友。“你们快到外面的前廊去，打开收音机，因为，我就要开始播音了！”他兴奋地说道。

大约十五分钟后，他给台长打了个电话。“克莱恩先生，我一个主持人也找不到。”他说道。

“小伙子，你会操作演播室里的控制键吗？”克莱恩先生问道。

“我会，先生。”他答道。

莱斯像离弦的箭一样冲进演播室，他轻轻地把罗克扶到一边，然后坐在了录音转播台前。他已经准备好了！而且他早就盼着这一天呢！他轻轻打开麦克风的开关，自信地说道：“请注意，我是莱斯·布朗，人称唱片播放伯伯。像我这样的人可是前无古人后无来者，因此，我是举世无双的。年轻的、单身的，以及想加入我们节目当中的朋友，我的能力可是通过了重重考验的，这绝对真实可靠，我一定会为你们带来一档丰富多彩的音乐节目，并让大家满意。注意了，宝贝，我就是你们最最喜爱的人！”

因为有了精心准备，此刻的莱斯才能如此从容。他赢得了听众和台长的心！从那个改变了他一生的机遇起，莱斯便开始了他在广播、政治、演讲，以及电视等各方面的职业生涯，并获得了巨大成功。

这个故事再次告诉我们：机会总是垂青于那些有准备的人。当然，这种“准备”不是虚妄的幻想，而是结合自己的实际情况并付出切实的行动，另外还需要不急不躁的等待以及始终如一的坚持。

绝不能轻言放弃

在筑路的工地上，我们经常听到炮声隆隆，见识到炸药炸开山体和岩石的巨大威力。而炸药的发明者就是诺贝尔。

1864年9月3日，这一天，诺贝尔一大早便外出办事。等到晚上回来的时候，一下子惊呆了，他的实验室变成了平地，到处是碎砖破瓦，空气中还弥漫着浓浓的硝烟。空荡荡的地面上，到处沾满了鲜血。更让诺贝尔痛心的是，他亲爱的弟弟和同甘共苦的五名工作人员因爆炸身亡，父亲也因此成了终生残疾。

诺贝尔陷入无限的悲痛之中，脑海里进行着强烈的斗争，怎么办？是放弃试验，还是继续？诺贝尔明白，科学实验不可能是一帆风顺的，如若放弃试验，弟弟和同事的鲜血不是白流了吗？

于是，在朋友的帮助下，诺贝尔租了一条大船在瑞典首都附近的马拉伦湖上做实验。

经过四年的努力工作，诺贝尔终于研究出了能够安全运输的固体炸药。

诺贝尔的研究并没有止步，他又着手发明更有威力的炸药，投入更加危险的试验。

在进行试验的那天，他把工作人员统统赶出实验室，自己一人留在那里，亲自点燃导火线，大家不放心他的安全，多次劝说不让他点燃导火线，但诺贝尔执意不肯，他一定要让危险远离他人。

在实验室里，诺贝尔安装好炸药，又仔细地检查了一遍，然后上前点燃了导火线。火星滋滋地冒着，导火线越来越短，诺贝尔为了仔细观察炸药的爆炸情况，一动不动地站在跟前，双眼盯着燃烧的导火线。

“轰”的一声，炸药爆炸了，浓烟从实验室飞速地向外拥出。附近的人们睁大眼睛看着，始终不见诺贝尔的身影。他们顾不得危险，纷纷向实验室奔去。刚跑到门口，就见一个满身鲜血的中年人从实验室里跑了出来，边跑边叫道：“我成功了！我成功了！”大家看到诺贝尔还活着，激动地跑上前去，一边替他检查伤势，一边热烈地向他表示祝贺。诺贝尔终于成功发明了威力强大的胶质炸药。

在艰苦而危险的科学实验中，诺贝尔坚强的意志和无畏的精神，为世人所称颂。他对待科学的执着和热情，鼓舞着无数人去探索科学和追求真理。

诺贝尔强烈的事业心、高度的责任感和对科学锲而不舍的研究精神值得大家学习。诺贝尔在科学的道路上坚持不懈、艰苦奋斗的精神给我们启示：我们不仅需要具备渊博的知识，还要有充分的好奇心、创造力以及坚持不懈、持之以恒的奋斗精神，大家要热爱并相信真理，树立坚定的目标，并为自己的目标奋斗终生。即使前面有困难险阻，我们也不要气馁，更不能轻言放弃。无论发生什么事情都要坚持自己的信念，不要停下前进的脚步，只有这样才能达到成功的顶峰。

把你的梦想交给自己

梦想是要靠自己实现的，在实现梦想时，想靠别人的帮助或“赏赐”，只能是一时闹剧而非一世奇迹。要想真正让自己的梦想成真，唯有靠持之以恒的努力。

19世纪初，在美国一座偏远的小镇里住着一位远近闻名的富商，富商有个十九岁的儿子叫伯杰。

一天晚餐后，伯杰正在欣赏着深秋美妙的月色。突然，他看见窗外的街灯下站着一个和他年龄相仿的青年，那青年身着一件破旧的外套，清瘦的身材显得很羸弱。

他走下楼去，问那青年为何长时间地站在这里。

青年满怀忧郁地对伯杰说：“我有一个梦想，就是自己能拥有一座宁静的公寓，晚饭后能站在窗前欣赏美妙的月色。可是这些对我来说简直太遥远了。”

伯杰说："那么请你告诉我，离你最近的梦想是什么？"

"我现在的梦想，就是能够躺在一张宽敞的床上舒服地睡上一觉。"

伯杰拍了拍他的肩膀说："朋友，今天晚上我可以帮你梦想成真。"

于是，伯杰领着他走进了富丽堂皇的寓所。然后把他带到自己的房间，指着那张豪华的软床说："这是我的卧室，睡在这儿，保证像天堂一样舒适。"

第二天清晨，伯杰早早就起床了。他轻轻推开自己卧室的门，却发现床上的一切都整整齐齐，分明没有人睡过。伯杰疑惑地走到花园里，却发现那个青年正躺在花园的一条长椅上甜甜地睡着。

伯杰叫醒了他，不解地问："你为什么睡在这里？"

青年笑笑说："你给我这些已经足够了，谢谢！"说完，青年头也不回地走了。

三十年后的一天，伯杰突然收到一封精美的请柬，一位自称是他"三十年前的朋友"的男士邀请他参加一个湖边度假村的落成庆典。

在这里，他不仅领略了眼前典雅的建筑，也见到了众多社会名流。接着，他看到了即兴发言的庄园主。

"今天，我首先感谢的就是在我成功的路上，第一个帮助我的人。他就是我三十年前的朋友——伯杰……”说着，他在众多人的掌声中，径直走到伯杰面前，并紧紧地拥抱他。

此时，伯杰才依稀想起：眼前这位名声显赫的大亨特纳，原来就是三十年前那位贫困的青年。

酒会上，那位名叫特纳的“青年”对伯杰说：“当你把我带进寝室的时候，我真不敢相信梦想就在眼前。那一瞬间，我突然明白，那张床不属于我，这样得来的梦想是短暂的。我应该远离它，我要把自己的梦想交给自己，去寻找真正属于我的那张床！现在我终于找到了。”

数学是他眼中最美的诗篇

丘成桐的人生道路显得那么不同。22岁，他获得了美国加州伯克利分校的博士学位；26岁，他成为了斯坦福大学的终身教授；27岁，他一举破解世界级的数学难题“卡拉比”猜想；任教哈佛后，有人评价说：“丘成桐一个人就是哈佛的一个数学系。”

数学皇帝、一代宗师……丘成桐的身上，有太多光环加身，菲尔兹奖、克拉福德奖、沃尔夫数学奖、马塞尔·格罗斯曼奖，丘成桐一个人几乎囊括了数学界所有让人梦寐以求的荣誉和奖杯。

他本人和他学生始终都是华尔街邀约的对象，华尔街公司甚至用超过大学薪资10倍的薪水挖他，但是他却说：“这不是我的生活，我一辈子不是为了钱来向前走的，我有我的理想。大房子、漂亮汽车对我来讲，都不重要。”

当董卿问：“在您心里什么是最重要的？”

他说：“第一个是我的学问，对数学能够有贡献，使人类向前进步；第二个是家庭，我要对得起我的妻子，我的小孩；第三个是国家，我虽然现在不是中国公民，但我还是将中国看成是我的国家。我希望中国能够有很大的进展，能够成为世界的领导的国家！”

他是这样说的，也是这样做的！

为了培养数学人才，2009年，在丘成桐的倡导下，清华大学成立数学科学中心。同年，清华推出了“清华学堂人才培养计划”，丘成桐成为清华学堂数学班首席教授。这个班到底有多牛？看看近年升学去向就知道了！

据统计，在清华学堂数学班2017、2018届43名本科生中，有42名同学进入清华、北大、哈佛、MIT、斯坦福和普林斯顿等中外知名大学攻读硕士或博士学位。

丘成桐给这些孩子的祝福寄语是：“好的研究是需要30年、40年才能完成的一个长远计划，期望学堂班毕业生继续努力、持之以恒，同时也希望出国的学堂班学生在未来回国效力。”

一

站在山巅太久的人，会让人们生出一种错觉，似乎他注定和自己不同，是原本就出生在群山之巅的，我们忘记了他在攀爬高峰时，曾遇到的艰辛和付出的努力。我们看到的，是一个无时无刻不优雅淡定，随时都能解出数学难题的丘成桐，我们看不到的，是在追求数学大道上，他数十年如一日"苦行僧"一般的付出。

我们印象中，数学家总是严谨而不苟言笑，看上去有些"坚硬"的，丘成桐又一次"刷新"了人们的印象，在解出了"卡拉比猜想"后，他用过一个浪漫至极的诗句形容自己的心境："落花人独立，微雨燕双飞。"

这位数学家，让人窥见了他内心的柔软与诗意。今天，让我们随着他一起，重读山水田园诗人陶渊明的《归去来兮》，感受数学无与伦比的美，走近这位"数学皇帝"的别样人生。

1954年，意大利著名几何学家卡拉比在国际数学家大会上提出了一个惊人的猜想：在封闭的空间内，有无可能存在没有物质分布的引力场。

"卡拉比猜想"一经抛出，就在数学界的深海中掀起了一波惊涛骇浪，无数数学家宛如冲浪者一般，被危险的海浪吸引，他们希望能证明这一难题，成为数学界的弄潮儿。然而，所有人都折戟而归，除了一名青年。

20岁那一年，丘成桐在图书馆遇见了“卡拉比猜想”。该怎样去形容这一场“命中注定”的邂逅呢？第一眼看到“卡拉比猜想”时，丘成桐说，他像是遇见了一个美丽的姑娘，让人忍不住想离“她”近些，更近一些。丘成桐的老师，著名数学家陈省身曾告诉他，怎样去分辨一个数学家的能力？就是看他起床的第一件事，在想什么东西。

彼时的丘成桐，就如一个陷入热恋的青年，每天睁开眼的第一件事，就是思索如何去印证“卡拉比猜想”。最初，丘成桐和其他数学家的想法一致，认为这个猜想太完美，以至于不可能真实存在，他用三年的时间，每天超过12个小时的工作量，找到了“卡拉比猜想”的“反例”。

1973年8月，在斯坦福大学召开的一个顶级几何学家研讨会上，丘成桐将自己的想法告诉了卡拉比。在场的所有人都认为，困扰大家近20年的问题解决了，这位年轻的“数学新星”一举成名，连卡拉比本人，也对他提出了褒奖。登上群山之巅的那一刻，近在咫尺。

二

然而，不久后，丘成桐接到了卡拉比教授的亲笔信，卡拉比希望丘成桐完整展示出自己的证明过程。丘成桐为此不眠不休两个星期，找了大量的例证，试图证明卡拉比猜想是错的。但一次次证明，一次次失败，有好多次似乎逼近终点，最后却在很小的地方推不过去。群山之巅，一步之遥。隐藏在迷雾中的美人，在即将取下面纱的时候，突然改变了主意，“她”转身，给丘成桐留下一个欲说还休的背影。

丘成桐不得不承认，整整三年时间，他找错了通往山顶的道路。发现错误后，丘成桐立即提笔给卡拉比回信，承认是自己错了。

在登顶的瞬间从高峰跌落，丘成桐没有给自己失望的时间，他开始融合学习数学与几何，选择一条更艰难、更危险的道路攀爬高峰。

没有假日，没有休息，他的世界里，简化到只剩下这么一位高冷的“卡拉比女神”。

又过了三年时间，当他觉得自己快和“卡拉比猜想”中的空间融合在一起时，“女神”终于款款摘下面纱，把独一无二的面庞给了他。

在求证大道的道路上，他独自面对，“人独立”，孤军奋战；但当他真正进入数学的美妙世界，和整个猜想融为一体时，又有了“燕双飞”的快乐与满足。

三年又三年，一代数学宗师正是在不断的攀爬与跌落中，在不断的试错中，最终开创了新的数学流派，因为他的孜孜以求，微分几何敞开了一扇新的大门，更多宝藏露出了金光，欢迎数学冒险家们去一探究竟。

三

数之不尽的荣誉接踵而至，许多华尔街的公司向他抛出橄榄枝，他拒绝了比学校薪资高出10倍的高薪诱惑，这位“数学宗师”依旧选择留在学校，教书育人。

丘成桐说，最高兴的是，太太和自己一样，有一种朴素的观念，“我们的整个家庭都是比较清高的，我们也不要求钱，也不要求名利，我太太不喜欢我去出名，也不喜欢我去赚大钱，只要我能做学问，能够为人类有所贡献，她就觉得很高兴了。”

遇见一份喜欢的事业并为之奋斗终生，是幸运；遇见一个懂自己，时刻为自己鼓劲喝彩的人，更是缘分。丘成桐在追求数学大道的路上，结识了相伴终身的爱人，他曾说，这一生，有两个人对他影响最大：一个是他的父亲，另一个就是他的妻子。

年少时，身为哲学教授的父亲带领他看到中国传统文化之美，汪洋恣意的文学世界，成为他一生想象力的起源和精神上的秘密花园。

成年后，身为物理学家的妻子给了他无数的启发和灵感，让他在一次次登峰问鼎时，有了不竭的动力和爱的支撑。

熟悉丘成桐的人都知道，他爱用文学的方式表达对数学的喜爱，因为在他眼里，数学和文学一样，充满了韵律之美，在他笔下，“赋”和几何是绝配：

穹苍广而善美兮，何天理之悠悠。
先哲思而念远兮，奚术算之不休。
形与美之交接兮，心与物之融流。
临新纪而展望兮，翼四方以真酬。
……

这是一个数学家关于几何的浪漫表达。

丘成桐的朗读，要归功于父亲，年幼时，父亲曾带着他，一遍又一遍诵读陶渊明的《归去来兮辞》，少年不识愁滋味，彼时懵懂的丘成桐，并不明白父亲吟诵时，一字一句中透露出的向往与坚持，直到父亲永远离开，曾经的少年，也到了两鬓斑驳的年纪。他渐渐读懂了父亲，读懂了父亲教给他的《归去来兮辞》……

1600多年前，当田园诗人的鼻祖陶渊明提笔写下这首《归去来兮辞》的时候，恐怕没有想到，他留下的文字，将穿越千年的时空，和另外一位在数学领域和他成就相等的老者相遇："归去来兮，田园将芜胡不归？既自以心为形役，奚惆怅而独悲？悟已往之不谏，知来者之可追。实迷途其未远，觉今是而昨非……"

千年的时空交错，文学与数学的交汇，理性与感性融合的最高境界在此处呈现，我们惊讶地发现，那一块块字，一个个图形交融在一起，竟如此和谐美丽，在丘成桐的朗读中，我们觉得，数学成了诗篇，诗篇也成为了最美的图形。

请息怒

前两天，我开车在一个十字路口向右拐弯时速度慢了一点，这对于后面那辆车的司机来说可能是耽误的时间太过漫长，令他无法忍受。于是，这位“路怒症”司机狂按喇叭，向我挥拳示威，接着就是甩过来一连串的谩骂，仿佛我是个杀人犯一样。

作为一名研究愤怒情绪管理的心理学专家，我一直对现在的人们为何如此爱发脾气感到好奇。每个人都有不高兴的时候，此乃人之常情。特蕾莎修女面对人们的贫穷拍案而起，甘地为到处发生的饥荒而热血沸腾，马丁·路德金为社会的不公而怒发冲冠。但是现在，让很多人发火的好像是一些微不足道的事情：时装连锁店卖的都是小号衣服、领导决策失误等，虽然不是什么重大失误，却如此这般。

这些事情真的值得他们火冒三丈吗？或者说，除了这些烦恼，再也没有什么别的更值得让我们发火的事情了吗？

和所有的情绪一样，愤怒在人类历史上扮演过颇为重要的角色。愤怒让我们的祖先得以生存下来。如果在偷窃食物之人或者抢夺者面前畏缩退让，他们就会任人劫掠，毫无保护自己的能力。

真的，有研究显示，我们的愤怒反应的发展是我们进步的一部分。举个实验例子来说，如果我们面对几张愤怒面孔的照片，我们就会更积极地选择做一些有意义的事情。所以我们有理由说，别人的愤怒可以激励我们达到真正重要的目标。

愤怒还可以帮我们在社交群体中维持情绪平衡，我们不再满面春风，这表明我们对他人的做法不满，别人的一些行为需要改变，这样我们就不会将不良情绪转移到第三方身上。

但是在当今社会，那些直接威胁到生命的不公或危险不像荒蛮时代那样如同家常便饭，而愤怒反应在我们的脑子里却仍然根深蒂固，结果为了让愤怒的火种不熄，我们就逐渐习惯了为那些微不足道的事情发火。

我们可能没有一个月不会听到一些小争执升级、最后远远超出应有规模的事情。比如不久前我就在媒体上看到，两位男士各骑一辆电动车，一不留神在一家超市前撞在了一起，结果这两位“路怒症”拳脚相加，竟至一人丧命。还有调查显示，呼叫中心百分之九十的话务员火气都很大，其中百分之五十的人会拿眼前的电脑撒气，会动手打砸电脑。

所有此类会引发愤怒的不良情绪对我们来说都是有害身心健康的，但是“给你点脸色看看”好像不知不觉间已成了我们的一种交往策略。

问题的部分原因是我们的关注重点从以前的屋顶是否漏水，转移到了现在的餐馆饭菜是否够热，或者公司的哪个领导拿了奖金。换言之，随着生活水平的提高，我们对生活的期望值也在提升。甚至可以说，我们是让安逸生活给宠坏了，和刚学会走路的小孩子一样，想让每一件事都顺自己的心意。不同的是，遇到不如意的事情时，我们不像小孩子那样气得跺脚，而是选择另外一些发泄方式。

好消息是，只要我们能意识到自己的愤怒是小题大做，我们就能更理性地控制自己的情绪。为了不让脑子里的一个火星发展成一团愤怒的火焰，我们可以问自己这样一个简单的问题，以此来作为自己衡量是否应该大发脾气的标准：这件意外事情能威胁到我的生存吗？如果答案是否定的，我们就能勒住愤怒之马的缰绳，不再为一点小事而大动肝火。

等太阳的人

前段时间，一个朋友失恋了，整个人感觉失去了以往的活力和能量。我挺想安慰他，但是我没失恋五六年了，实在不知道从何说起。我想很多时候，某个你特别在意的人，某件你特别在意的事，一旦失去，就像你的天空失去了太阳一样，昏黑一片。但是我相信真正会让你高兴的，是雨后的彩虹，让你长大的是那些背叛的诺言；还相信，如果你不放弃等待，生活总会升起一轮红日照亮你。

一

前段时间去看日出，我以前从来没见过日出，只在小时候翻看照片的时候，发现一张父母年轻的时候在黄山看日出的照片，他们穿着那个年代感觉很潮的衣服，微笑的脸后是一个巨大的红色朝阳。从此我对日出一直比较好奇和向往。

那天夜里我和几个朋友就开着车出发了，整车人就我一个有驾照，长时间的驾驶让我渐渐失去了出发时的热情。看着导航，发现越来越靠近大海的时候，我打开车窗，想感受一下大海的气息，但是却飘进来了一股浓烈的咸鱼味。这让我想起高中时的宿舍，在你所能见到的每一个角落都躺着一只发黄的袜子，散发出绝望的气息，类似咸鱼。

终于到海滨公园的时候，在门口遇见一群骑车而来的大学生，也在等日出，搭着帐篷，有的聊天，有的睡觉。问他们怎么不进去等，他们说夜里这公园不开放。听完我就特别想跳海。

我曾以为，在等日出的过程中，应该是一群人聊着天，肩并肩，吹着海风一起怀揣憧憬等待一轮从天空升起的红日。

但那天，我们只是彼此传递着风油精，然后细数那些从身边、耳畔飞过的蚊子。我在心里默默发誓，在余生里，不会再做这种事了。

二

夏天的夜晚让人想睡又睡不着。在这种折磨中，我想起了一个故事。

有两个奇怪的人，一生昼伏夜出，所以以为月亮是世界上唯一能带来光明的东西。终于有一天夜里，月亮被密云遮盖，其中一个感到非常恐慌，以为从此再无光明，将会一生笼罩在黑暗里，于是接受了这个宿命，回到住处，自我沉沦；另一个则执着地等啊等、等啊等，最后他没等来月亮，却等来了太阳。

其实我们很多时候，都会成为第一个人。

初中的时候，有个好兄弟，现在去当空军地勤兵了，就是每天挥挥旗子、站站岗、擦擦飞机，没事兼职一下炊事兵，却一辈子没有机会翱翔蓝天的那种。

他初中时，为了一个女生死去活来，每次失恋都抱着我哭，我整个肩膀都是他的鼻涕和眼泪，抽烟抽到吐胆汁。直至今日，我想起这幕仍然觉得非常恶心。

他本是个活泼有趣的人，但是一段失败的恋情就让他失去了所有的光彩。

还有一个邻居，高考失败，把自己关在房间里，不吃不喝不说话，他的父母每天都特别担忧，愁容满面。

我们年轻的时候，就是这样用生活给我们的挫折持续惩罚自己，再顺便把这种痛苦传递给身边亲近的人。

只是那时初中，对那位兄弟的痛苦，并不能感同身受，因为那时候我还没失恋过，也不知道为什么一个人考试没考好会这么伤心。

我和空军地勤兵最后一次见面，是十六岁，那天我要去机场了，即将离开重庆。在楼下我们相拥而泣，他又哭得我一肩膀都是鼻涕眼泪。不过那天，我特别想对他说，我终于知道你以前为什么能那么伤心了。因为那时我也必须和初恋女友分开了，这种感觉就是一种无法和生活抗衡的无奈。

后来那几年，在非常专注地为一件事努力过后却没得到好结果时，我明白了那位邻居。

也渐渐明白了时间是世上最伟大的存在，它给你带来了恩赐，也带走了你珍惜的，并且循环往复，却没有人能逆着时间前行，所以才有那么多关于穿越的幻想，期待另一个时空有自己想要的一切。

三

若干年后的今天，再给空军地勤兵打电话，他依然活泼有趣、没心没肺、生机勃勃，我跟他说起当初他失恋的情形，他自己都觉得不好意思。也许那个女生长什么样他都难以想起了。

而那位邻居，后来大学毕业以后，有了一份满意稳定的工作和自己的家庭，QQ签名写着：这是我想要的生活。

而我在某年回重庆参加一个兄弟的婚礼，看到初恋女友，也仅仅觉得是见到了一个熟人而已。

那些我们曾经以为无法释怀的事件，都随着时间被冲刷得一干二净。

回到那个故事的话，我们曾经都做过第一个人。但是这些经历会让我们成长；我们渐渐会学着努力成为第二个人；也许心底还会傻傻地在没见过太阳之前，以为月亮很亮；依然满心期待月亮再出现；但是不会再自我沉沦、放弃等待。

我想也许这是生活筛选我们的方式：它会在某个时候给你带来一片黑暗，再从黑暗里去甄别我们。那些已经放弃的人，便永远不会知道默默等待的下一秒会出现什么；而那些执着等待的人，生活总会为他升起一轮红日。

看日出那天，在漫长的等待后，东方开始微亮，朝霞悄悄挂上天空一角，一轮红色的朝阳优哉游哉地从海平面升起，它的壮观和美丽瞬间打消了我所有的抱怨、不满和疲惫，甚至都不记得在那之前的短短几十分钟里，黎明前的天空有多黑暗！我激动得想大喊一句："太阳出来了！"但是觉得不妥，就忍住了。

我本来以为这是一次失落的旅程，不过太阳升起的时候，才发现之前的种种早已经烟消云散了。

其实很多事情、很多时候都是这样，太阳升起时，一切就都烟消云散了，但前提是你必须是那个等太阳的人。

我们终会遇见想要的未来

有很长一段时间，我虽然并不知道这个“未来”是什么状态，无法把它具象化，但只要梦想不抛弃我，我就不会先背弃它。

只是，在与梦想同行的途中，总会遇见这样一段时光，逼仄黑暗，孤独无依，你停下来想要靠一靠、歇一歇，释放心中的疲惫。这一刻，你会无助，你会茫然，像个走入迷宫的孩子，完全不知道下一个出口在哪里，可你还要提着一口气站起来、走下去。你明白，如果这一刻放弃了，也许就再也遇不到那个想象中的未来了。

2012年，大三暑假，我一个人住在北京的地下室里，窄小的房间仅仅容得下一张床。一个趔趄，就能栽倒在床上。刚入住的时候，各种不适应，却还是自我打趣：看，多好，进门就可以睡觉了。闷热的夏天，空气却是湿漉漉的，要滴出水来，洗过的衣服无处晾晒，只能搁在阴凉的空气里。

为了能够挣到下一季度的生活费，我在南锣鼓巷的一家冷饮店里打工。二十岁出头的女孩子，有着五彩斑斓的愿景，即便日日都要站立十几个小时，时常加班到零点，也不觉得累，一味地沉浸在京城的新鲜气儿里。有老外来买东西，我会积极地用不太熟练的口语跟他们打招呼，还喜滋滋地想，学了这么多年的哑巴英语，终于可以发声了。

这一切都令我欣喜。然而，这欣喜太过短暂，仅仅持续了一个星期。高强度的工作让我变成了霜打的茄子，日复一日地重复着机械而琐碎的动作，令我心生烦躁。正赶上北京的雨季，我就站在柜台后面，看着雨丝打过老槐树的叶子，扑簌簌地落一地，很文艺地想起古诗里的句子“落花人独立，微雨燕双飞”。想起日间那些摇着蒲扇在胡同里行走的人，他们悠闲的姿态中，没有旅人的匆忙和新奇，有的只是对这个城市的熟悉和释然。我看着他们，试图窥到一丝丝的归属感。

可是，归属感是他们的。我有的，只是做不完的工作。我感到浓浓的倦意，在日记本上写下归家的日期，一天天掰着指头数日子。就在那样的境况下，我遇到了L姐姐，她比我晚两周应聘到这家冷饮店，做的是兼职。她工作上手很快，而且动作迅速麻利，只是整个人经常显出精气神不足的样子，偶尔有个小间隙，都会闭上眼睛歇息。后来我才知道，她每天要做三份工作，凌晨4点钟起来送报纸，上午在超市收银，下午在冷饮店站岗，每一份工作都收入微薄，但每一份工作都做得极其认真。

用她的话说，这是赖以生存的命脉，怎能不认真对待呢？

我问她：“为啥要这么辛苦？”

她微微地笑了，“趁年轻，多挣点钱，给孩子攒点上学的费用，以后干不动了，就回老家。”提起孩子的时候，她的眼睛里满是柔情，那是一个母亲特有的情愫。

那一晚，恰逢大雨，L姐姐下早班，骑电动车回去，没有带雨具，我把雨伞借给她。她笑着推过，说拿着不方便，说罢起身从仓库里找了两个黑色的大塑料袋，包裹在身上，整个人像个黑色的大粽子，只露出一双忽闪忽闪的眼睛，冲着我笑。

我也笑了，却在她的背影没入雨中的那一刻，心底尘土飞扬。偌大的北京，承载了无数人的梦想，L姐姐是其中一个，他们在底层挣扎，在通往梦想的路上栉风沐雨，却从未放弃过快乐。

那天下晚班的时候，路过地铁口，我站在那个弹吉他的少年旁边，默默地听完了那首《把悲伤留给自己》，而后对着少年微笑，看着他扬起的脸。

他有他的音乐梦，我也有我的梦。这些年来，我一直做着文字梦，在别人眼里，仿佛是异想天开，甚至连亲人也不理解，用苛责的话语给我施压，不要做白日梦了，又没有什么阅历，能写出什么来？周遭也有人用或嘲讽或奇特的眼光看着我，嚯，看不出来，还是个小才女呢！

我一个人默默地泡在图书馆里，躲在角落里看书，阳光打在书页上的景致最美，白纸黑字的气味最好闻，阅读使我感到快乐。我慢慢地感受到自己存在的价值，把那些凌乱的思绪记录下来。看着文字在本上跳动的节奏，那么轻盈灵动，好像一刹那就能繁花开遍。后来，这些文字散落在网络的各个区域，它们有了读者，有了归途——我也在它们的归途里感到快乐。

承受的磨难那么多，经受的失败那么惨烈，当它们一点点地铺展在面前的时候，你会看到行程的颠沛、前途的渺茫。可还是要一步一个脚印地走下去，哪怕你等不到破茧成蝶的那一天，因为你如果不去努力做一个茧，就注定没有成为蝶的机会。

没有谁生来就是十全十美的，更没有谁生来就能掌控自己的人生，使其顺遂无忧。我们只能做人生的行客，慢慢地摸索，给自己找到坐标，然后坚持走下去。

引用林徽因的话说就是：温柔要有，但不是妥协，我们要在安静中，不慌不忙地坚强。

梦想在你心里，在你背上，在你脚下，但总有一天会和你融为一体，任你成为它的主宰，而你要做的，只是用心带着它。

说不定哪一天，你的路途中就会亮起灯光，照亮你奔跑的路，而你也会遇见想要的未来。

与理想“同行”

理想是所有成就的出发点，很多人之所以失败，就在于他们从来都没能，并且也从来没有踏出他们的第一步。其实，人生是一个旅程，而非目的地。旅程的快乐和到达目的地的快乐一样，其中的关键是，透过现实的伟大的目标，按照希望和理想的方向努力前进。所以，梦想指的是伟大和令人鼓舞的目标。

人一旦有梦想有目标，自然就会为了实现它而发挥更大的能力，人生的光辉由此粲然可见。为什么呢？因为在为实现理想而奋斗的过程中，人生的乐趣清清楚楚，而生活就会更加精力充沛。

想大才能做大，只有想不到，没有做不到。大思想带来大成就，小思想带来小成就。纵观古今中外，大成就、大影响力的历史人物都是拥有大思想、大格局的人。小思想是大成就的障碍，是大成就的真正破坏者。

志存高远，执着追求，是一切成功者的共同特征。

一个人要到远方去旅行，在车上，他翻开随身所带的交通图册，细数列车要经过的小站，那些小站的名字密密麻麻，竟有六百多个。六百多个小站，要走到什么时候哇？旅人再也不能平平静静地坐下去了，车行一会儿，他便焦急地扒着车窗向外探视，看某个小站到了没有；或者焦急地问列车员："这么长时间了，某某小站过去了没有？"列车上的宁静就这样被他频频打破，那些刚刚闭上眼睛想歇息一下的同车厢旅客，那些正静静相偎而坐的情侣，都被这个焦急的旅客弄得十分不满。大家纷纷对列车员说："能不能给那个人另找一节车厢呢？瞧他老是那么焦急，那么大声嚷嚷，把我们都烦透了。"

列车员是个慈祥的老人，听到满车厢人对那位旅客的抱怨后，笑眯眯地走到那位焦躁的旅客面前，轻轻地拍了拍他的肩膀说："能到我的工作间里聊一聊吗？"

到了列车员那仅仅能容下两个人的狭小工作间里，那位年轻旅客禁不住叫了起来："怎么就这么一点点的地方啊？"列车员平静地笑笑说："就这么一点点地方，我已经坐了三十年了。"

"三十年了？"年轻旅客更惊讶了。

列车员不置可否地笑笑又说："我守在这里三十年，并且三十年都泡在这一条铁路线上。""天哪，三十年，一条线！"年轻旅客更吃惊了。年轻旅客问："这么多的小站，你每天就这么经过，不着急吗？"

"着急？"列车员笑了笑说，"没什么可急的，我从来不在乎这些数不清的中途小站，我只记住始发站和终点站，然后忙碌我的工作就行，有什么可急的呢？"列车员顿了顿又说，"就像一个人，只要他出生长大成人，他只需记住自己生命的目标，只需知道自己在不停地忙碌着就行，不必去担心自己的每一天要怎么过，每一件事要怎么做，就像一棵大树不必担心一片微小的树叶，一条大河不必担心一滴微小的水，这样生命和人生才会变得坦然而从容。"

人生的路途虽然漫长而遥远，虽然有着许多或苦或甜的人生小站，但我们不必去一一留意那些岁月的小站，只要记住我们人生的最终目标，而且时刻都在为这个人生目标奋斗着就行了。放眼古今中外，无数杰出人士都具有远大的人生理想。

尴尬的晚餐

年轻时，我从乡下来到曼哈顿工作，我的薪水并不高，但我很节俭，所以我每个月都能剩下一些钱，而那些工资比我高的人反而经常向我借钱。

我从来不好意思拒绝他们，不过这也让我过得更加寒酸。那次，我的口袋里就被人借得只剩下了三十美元，更可怕的是那天傍晚，我在公司门口遇见了老板，他对我说：“马克，你能请我吃饭吗？”我迟疑了一下，我的口袋里只有三十美元，我能请他吃什么呢？但我难道要拒绝老板吗？我无法拒绝，于是我只能装作开心地笑着说：“万分荣幸。”“那你就请我吃比萨吧！”老板说。

我们来到了一家比萨店，老板很快点了几份牛排和一块比萨以及饮料，我知道我口袋里的钱远远不够支付这一餐饭，但我没有办法，只能跟着老板一起坐下来用餐。老板似乎非常饿了，他大口地吃着，吃完了还不够，又让我去帮他叫了一份炒面和一份沙拉。终于到了结账的时候，侍应生拿着账单走了过来说："谢谢，八十美元。"

我红着脸，装作掏钱把手伸进口袋，我知道我的口袋里只有三十美元，但我总不能呆呆地站着什么也不做吧？我一边假装掏钱一边想办法，我打算先支付三十美元给他，另外五十美元等我发了薪水再支付给他。我正这样想着，老板不紧不慢地掏出钱来，把八十美元递给了那个侍应生。我呆呆地看着老板，羞愧万分，老板笑笑说："马克，我知道你的钱不够了，但我想知道，你明明已经没有钱了，为什么不拒绝我呢？只要你能勇敢地拒绝我，你就能避免陷入这样的困境。"

"我……我不好意思拒绝。"我说。

老板再次笑笑说："是的，所以你每个月的工资都被别人借光了，所以在你几乎身无分文的前提下依旧愿意请我吃饭，我想告诉你，马克，你必须学会拒绝别人一些不合理的或者你无力承担的要求，那不是伤害别人，而是保护自己。我这次让你请我吃饭，就是想要让你知道这个道理。"

老板的这番话给了我很大的力量，从那以后，我就开始学会了拒绝，结果做人做事反而更加主动和顺利了。真的，拒绝别人也许是一件不愉快的事情，但在生活中，遇到力所不能及的事情时必须勇敢地拒绝，否则只会使你自己陷入更加为难的境地。

挫折是人生必经的坎

在成长的过程中，既会有愉快的成功，也会遇到各种令人烦恼和痛苦的挫折，我们不可能一辈子生活在温室里。我们应该明白，风雨后的彩虹最艳丽，挫折后的成功更精彩。

有一天，一个小男孩在花园里玩，突然，他发现了一只蛹。小男孩非常兴奋，他把蛹带回了家。

过了几天，小男孩发现蛹上出现了一些细小的裂缝，里面似乎有一个东西在动。

又过了几天，裂缝更大了，小男孩仔细地观察这个蛹，发现里面竟然有一只蝴蝶！这只小蝴蝶在里面不断地挣扎。

整整几个小时，小蝴蝶一直在努力挣扎，但是，它的身体似乎被什么东西卡住了，看上去非常痛苦。

小男孩有点着急了，他不忍心蝴蝶被卡在里面。于是，他拿来一把剪刀，轻轻地把蛹壳剪开，蝴蝶脱壳而出了。看着躯体臃肿的蝴蝶，小男孩轻轻地松了口气。

但是，蝴蝶却躺在地上无法动弹。原来，它的翅膀需要经过不断挣扎才会强健。小男孩的帮助尽管让蝴蝶过早地从蛹中出来了，但是，由于蝴蝶的翅膀还没有成熟，不久蝴蝶就死了。

一个人的成长必须经历各种磨难和挫折，直到他的翅膀足够强壮。如果缺少必要的磨难和挫折，他就无法坚强地面对生活，必然走向毁灭。

有一句话叫“痛并幸福着”，意思就是痛过以后，幸福感往往更强。因此，过程的艰辛，往往可以让人得到更大的成长，获得更多的幸福感。

人的极致成就感往往会用高峰体验来形容。高峰体验指的就是人站在高山上的那种飘飘然的感觉，可是，这种感觉是怎么来的呢？需要的就是不断地攀登，不断地在攀登的过程中去克服困难。没有攀登的过程就没有最终的高峰体验。

正如毕淑敏老师所说：“真正幸福的人，不仅仅指的是他生活中的每一个时刻都快乐，而是指他的生命整个状态，即使有经历痛苦的时刻，但他明白这些痛苦的真实意义，他知道这些痛苦过后，依然指向幸福。甚至可以说，这些痛苦也是幸福的一部分，他在总体上仍然是幸福的。”

做自己命运的舵手

人生中总有风雨和坎坷，但这并不能动摇我们追求成功的信心。因为命运都掌握在自己手中。很多时候，我们都会遗憾地发现，自己距离期望中的成功越来越远。

一大早，格尔就开着小型运货汽车来了，车后扬起一股尘土。他卸下工具后就干起活来。格尔会刷油漆，也会修修补补，能干木匠活，也能干电工活，以及修理管道、管理花园。他会铺路，还会修理电视机。他是个心灵手巧的人。

格尔上了年纪，走起路来步子缓慢、沉重，头发理得短短的，裤腿挽得很高，以便于给别人干活。

他的主人有几间草舍，其中有一间格尔在夏天租用。每年春天格尔把自来水打开，到了冬天再关上。他把洗碗机安置好，把床架安置好，还整修了路边的牲口棚。

格尔摆弄起东西来就像雕刻家那样有权威——那种用自己的双手工作的人才有的权威，木料就是他的大理石，他的手指在上边摸来摸去，搜索着什么别人不大清楚。一位朋友认为，这是他自己的问候方式，他接近木头就像射手接近马一样，安抚它，使它平静下来。而且，他的手能“看到”眼睛看不到的东西。

有一天，格尔在路那头为邻居们盖了一个小垃圾棚。垃圾棚被隔成三间，每间放一个垃圾桶，棚子可以从上边打开，把垃圾袋放进去；也可以从前边打开，把垃圾桶挪出来。小棚子的每个盖子都很好使，门上的合页也安得严丝合缝。

格尔把垃圾棚漆成绿色，晾干。一位邻居走过去看一看，为这竟是一个人手工做的而不是在什么地方买的而感到惊异。邻居用手抚摩着光滑的油漆，心想，完工了。不料第二天，格尔带着一台机器又回来了。他把油漆磨毛了，不时地用手摸一摸。他说，他要再涂一层油漆。尽管照别人看来这已经够好了，但这不是格尔干活的方式。经他的手做出来的东西，看上去不像是手工做的。

在格尔的天地中，没有什么神秘的东西，因为那都是他在某个时候制作的、修理的，或者拆卸过的。保险盒、牲口棚、村舍全都出自格尔的手。

格尔的主人们从事着复杂的商业性工作。他们发行债券，签订合同。格尔不懂如何买卖证券，也不懂怎样办一家公司。但是当做这些事时，他们就去找格尔，或找像格尔这样的人。他们明白格尔所做的是实实在在的很有价值的工作。

当一天结束的时候，格尔收拾好工具。放进小卡车，然后把车开走了。他留下的是一股尘土，以及至少还有一个想不通的小伙伴。这个人纳闷儿：为什么格尔做得这样多，可得到的报酬却这样少？然而，格尔又回来干活了，默默无语，独自一人，没有会议，也没有备忘录，只有自己的想法。他认为该干什么活就干什么活，自己的活自己干，也许这就是给自由下的一个很好的定义。

世界上没有任何一样东西做得完美无缺，人同样如此，人世间没有十全十美的人。我们可能不会成为世界上最优秀的人，但我们都能做最好的自己，只要做好了自己，将自我个性与潜能完全发挥出来，就能获得自己想要的一切，那时，成功也不再遥远。

命运不是不可驾驭的，它就掌握在每个人的手中。历史上的成功者谁没有经历过风雨和坎坷，但他们都把自己当作命运的舵手，都坚信，只要自己继续努力，就会成就另一番天地。

我不和浮云搏斗

在世界足坛享有盛誉的传奇教练穆里尼奥，怎么也没想到自己会在接手皇家马德里队之后不久就遭遇到了人生的滑铁卢。在2010年11月底的一场比赛中，皇家马德里队以0：5的悬殊比分输给了死敌巴塞罗那队。整场比赛无论是场上的表现还是最后的比分，都让皇马俱乐部上下感受到了巨大的耻辱。一时间，作为主教练的穆里尼奥成了众矢之的，嘲弄和指责的声音像潮水一样从四面八方向他涌了过来。

几天之后，刚刚接受完采访的穆里尼奥才走出门不久，立刻被一群疯狂的球迷团团围住了。这些忠实的球迷无法接受自己心爱的球队遭遇到这样难堪的惨败，将所有怒火都发泄到了穆里尼奥身上。他们恶狠狠地摔着手中的东西，疯狂地冲撞着负责维持秩序的保安人员，狂怒地大喊着让穆里尼奥立刻离开他们心爱的球队。

愤怒的球迷越来越多，举动也越来越过火，穆里尼奥和他的助手们被围在人群之中，根本没办法继续向前走。这时候球迷的情绪已经失控，言语上也越来越不客气，球队的工作人员担心脾气火暴的穆里尼奥被激怒，与球迷发生冲突，连忙把穆里尼奥保护起来。

时间一分一秒地流逝着，球队的工作人员都吓出了一身冷汗，大口大口地喘着粗气。可是穆里尼奥仍旧气定神闲地慢慢向前挪步，不管对方怎样挑衅恐吓，他始终保持着淡定的情绪，继续做着自己该做的事情。

就这样，经过一段时间的僵持之后，愤怒的球迷们渐渐平静了下来，现场又恢复了秩序，穆里尼奥也安全地离开了。

在随后的很长时间里，各种媒体的足球评论员指责嘲讽的声音仍旧没有减少，而且穆里尼奥只要一出现在公共场合，就经常会被暴怒的皇马球迷们围困质问。面对如此巨大的压力和一次次突发的危机，穆里尼奥始终冷眼旁观，很少辩驳什么，只是选择用沉默进行回击。

与此同时，穆里尼奥反复分析研究上一次惨败的原因，没日没夜地加班工作，尽力为自己的球队制定出更好的战术。外界闹哄哄的一切丝毫没有扰乱穆里尼奥的内心，他仍旧一如既往地保持着平静的心态和清醒的头脑。

经过几个月的磨合和调整，穆里尼奥指挥的皇家马德里队迅速走出了惨败的阴影，渐渐找到了最适合自己的打法，比赛成绩也越来越好。

恢复了士气的皇家马德里队连克强敌，取得了一系列骄人的战绩，后来更是在西班牙国王杯比赛中以1：0战胜了曾经给自己带来巨大耻辱的上届冠军巴塞罗那队。

那一夜，梅斯塔利亚球场成为皇马球迷们欢乐的海洋。兴奋异常的队员们将穆里尼奥高高地抛上了天空，用这样的方式庆祝胜利和感谢穆里尼奥。《马卡报》更是毫不吝惜赞誉之词：今夜他就是神！

赛后，有人问穆里尼奥是如何熬过去年惨败时那段时光的，穆里尼奥耸耸肩，露出了孩子般的微笑："我不和浮云搏斗！当你失败和不走运时，别人的质疑和指责肯定少不了，这些声音和行为就像浮云一样，你要是把精力都浪费在驱赶浮云上，哪儿还有心思做真正需要做的事情？干好自己该干的事情，浮云总会散去的。"

感谢生活中遇到的困难

现在，烤薯片已遍布世界的各大超市中，以其独有的口味引来了大量的购买者，深受各种年龄段的人喜欢。然而，你可知道，这种薄薄的烤薯片，其实是一个叫乔治的厨师无意间制作出来的，而且其制作的过程还颇具戏剧性。

乔治在纽约郊外著名的卡瑞月湖度假村工作。经常有许多有钱人到那边度假，缓解城市的紧张生活。

一个周末，乔治正忙碌不堪时，服务生端着一个盘子走进厨房对他说，有位客人点了这道“油炸马铃薯”，抱怨切得太厚了。乔治看了一下盘子，跟以往的油炸马铃薯并没有什么不同啊！从来也没有客人抱怨过切得太厚，但他还是重新将马铃薯切薄些，重做了一份请服务生送去。

几分钟后，服务生端着盘子气呼呼走回厨房，他对乔治说："我想那位挑剔的客人一定是生意上遭遇困难，然后将气借着马铃薯发泄在我身上，他对我发了顿牢骚，还是嫌切得太厚了。"

乔治在忙碌的厨房中也很生气，从没见过这样的客人！但他还是忍住脾气，静下心来，耐着性子将马铃薯切成更薄的片状，之后放入油锅中炸成诱人的金黄色，捞起放入盘子后，又在上面撒了些盐巴，然后第三次请服务生再送过去。

没多久后，服务生仍是端着盘子走进厨房找乔治，但这回盘子里空无一物。服务生对乔治说："客人满意极了，连连夸说这辈子从没吃过这么好吃的炸马铃薯，同桌的其他客人也都赞不绝口，他们还要再来一份。"

这道薄薄的炸马铃薯从此以后成了乔治的招牌菜，吸引许多人慕名前去品尝，慢慢传开后成了烤薯片，并发展成各种口味，今天已经是地球上不分地域人种都喜爱的休闲零食。

如果我们能在遇到批评和困难的时候，保持冷静，静下心来仔细想一想，尝试着做一做，也许就能在那些看似不合理的要求中，找到类似于乔治的成功机会。

成长需要挫折，挫折有助于我们发现自己的缺点、自己的不足。在成长过程中遭遇挫折未必是坏事，它能挫减我们骄傲、嚣张的气焰，使我们更加清楚地认识自己、改善自己、完善自己。我们的成长应有挫折。有多少名人面对挫折无所畏惧。曹雪芹和蒲松龄在贫困交加中为世人留下了《红楼梦》和《聊斋志异》这两部不朽之作；大家熟悉的奥斯特洛夫斯基，瘫痪在床，双目失明，口述了鼓舞人心的《钢铁是怎样炼成的》这部杰作；美国的林肯经过多次挫折，更加奋进，终于当上了美国第十六届总统。此外，还有身残志坚的张海迪、承受病残不幸而卓有成就的高士其、吴运铎等老一辈科学家、革命家，他们与困难、挫折、失败抗争，坚定信念，自强不息，不屈不挠，从而改变了自己的命运。因此，我们也要战胜挫折，踏出一条光明的人生之路来。

顺境和逆境都是一个生命历程，最重要的是人是否勤奋、是否对学习有兴趣。成长的历程中有晴天，也有雨天；顺境使我们更好地成长、成功，而逆境也可以将我们塑造得更加强大。

第三章
憧憬美好未来

不完美正是一种完美。我们老了，锈了，千疮百孔，隔一阵子就需要去看医生，来修补我们残破的身躯，我们又何必要求自己拥有的人、事、物都完美无瑕，没有缺点呢？看得惯残破，也是历练，是豁达，是成熟，是一种人生的境界。

—— 刘墉

大海里没有一帆风顺的船

没有风平浪静的大海，也没有不受伤的船只。法国作家罗曼·罗兰说过：“累累创伤，就是生命给你的最好的东西，因为每个创伤上面都标志着前进的一步。”人们一旦认知了挫折，就不会因为一个手指受伤而放弃整只手，因为受伤一时而丧失一生的奋斗。

有着悠久造船历史的西班牙港口城市巴塞罗那，有一家著名的造船厂，它已经有一千多年的历史。这家造船厂从建厂的那天起就立下一个规矩：所有从造船厂出去的船舶都要造一个小模型留在厂里，并由专人将这艘船出厂后的命运刻在模型上。厂里有房间专门用来陈列船舶模型。因为历史悠久，所以船舶的数量不断增加，陈列室也逐步扩大。从最初的一间小房子变成了现在造船厂里最宏伟的建筑，里面陈列着将近十万只船舶模型。

所有走进这个陈列室的人都会被那些船舶上面雕刻的文字所震撼。

有一艘名字叫“西班牙公主”的船舶模型上雕刻的文字是这样的：本船共计航海五十年，其中十一次遭遇冰川，有六次遭海盗抢掠，有九次与船舶相撞，有二十一次发生故障抛锚搁浅。

每一个模型上都是这样的文字，详细记录着该船经历的风风雨雨。在陈列馆最里面的一面墙上，是对上千年来造船厂所有出厂船舶的概述：

造船厂出厂的近十万艘船舶当中，有六千艘在大海中沉没，有九千艘因为受伤严重不能再进行修复航行，有六万艘船舶遭遇过二十次以上大灾难，没有一艘船舶没有过受伤的经历……

人生之旅如同在大海上的航行，大海里没有不受伤的船，有竞争就会有输赢，谁都不可能永远是赢家，也不可能一直输。如果我们因为一时的输赢而选择逃避竞争、躲避风雨，就会被竞争甩掉，被风雨淹没。

感激生活给予的挫折

生活给予我挫折的同时，也赐予了我坚强。对于热爱生活的人，它从来不吝啬。酸甜苦辣不是生活的追求，但一定是生活的全部。

不要抱怨生活给予了太多磨难，不要抱怨生命中有太多曲折。把每一次的失败都归结为一次尝试而不去自卑，把每一次成功都想象成一种幸运而不去自傲。微笑着去面对挫折，去接受幸福，去品味孤独，去战胜忧伤，去面对生活带给我们的一切！听我说说心里话，做一个别人都瞧得起的人！

约翰尼·卡许早有一个梦想——当一名歌手。参军后，他买到了自己有生以来第一把吉他。他开始自学弹吉他，并练习唱歌，甚至还自己创作了一些歌曲。服役期满后，他开始努力工作，以实现当一名歌手的夙愿，可他没能马上成功。没人请他唱歌，就连电台唱片音乐节目广播员的职位他也没能得到。他只得靠挨家挨户推销各种生活用品维持生计，不过他还是坚持练唱。他组织了一个小型的歌唱小组在各个教堂、小镇上巡回演出，为歌迷们演唱。最后，他灌制的一张唱片奠定了他音乐工作的基础。他吸引了两万名以上的歌迷，金钱、荣誉、在全国电视屏幕上露面——所有这一切都属于他了。他对自己坚信不疑，这使他获得了成功。

然而，卡许又接着经受了第二次考验。经过几年的巡回演出，他被那些狂热的歌迷拖垮了，晚上须服安眠药才能入睡，而且第二天还要吃些兴奋剂来维持精神状态。他开始沾染上一些恶习——酗酒、服用催眠镇静药和刺激兴奋性药物。他的恶习日渐严重，以致对自己失去了控制能力。他不是出现在舞台上，而是更多地出现在监狱里了。到了1967年，他每天须吃一百多片药片。

一天早晨，当他从佐治亚州的一所监狱刑满出狱时，一位行政司法长官对他说："约翰尼·卡许，我今天要把你的钱和麻醉药都还给你，因为你比别人更明白你能充分自由地选择自己想干的事。看，这就是你的钱和药片，你现在就把这些药片扔掉吧，否则，你就去麻醉自己、毁灭自己，你选择吧！"

卡许选择了生活，他又一次对自己的能力进行了肯定，深信自己能再次成功。他回到纳什维利，并找到他的私人医生。医生不太相信他，认为他很难改掉吃麻醉药的坏毛病。医生告诉他："戒毒瘾比找上帝还难。"

卡许并没有被医生的话所吓倒，他知道"上帝"就在他心中，他决心"找到上帝"，尽管这在别人看来几乎不可能。他开始了他的第二次奋斗。他把自己锁在卧室闭门不出，一心一意就是要根绝毒瘾，为此他忍受了巨大的痛苦，经常做噩梦。后来在回忆这段往事时，他说，他总是昏昏沉沉，好像身体里有许多玻璃球在膨胀，突然一声爆响，只觉得全身布满了玻璃碎片。当时摆在他面前的，一边是麻醉药的引诱，另一边是他奋斗目标的召唤，最终他的信念占了上风。九个星期以后，他又恢复到原来的样子了，睡觉不再做噩梦。他努力实现自己的计划。几个月后，他重返舞台，再次引吭高歌。他不停息地奋斗，终于又一次成为超级歌星。

在你跌入人生谷底的时候，你身旁所有的人都告诉你：要坚强，而且要快乐。坚强是绝对需要的，但是要快乐，在这种情形下，恐怕是太为难你了。毕竟，谁能在跌得头破血流的时候还觉得高兴！但是至少可以做到平静。平静地看待这件事，平静地把其他该处理的事处理好。

在逆境中奋斗不停

一个农家出身的中等职业学校毕业生，白手起家，在短短十二三年内，就拥有了亿万身家。靠的是什么？不是靠贵人相助，不是靠投机钻营，靠的是意志，靠的是胆识，靠的是在市场经济中顽强拼搏，也就是“打拼”！

江建平1998年毕业于湖北省钟祥市职业高中，在附近的荆门市干了一年半，同时打三份工，还清了家里因他读书而欠下的债务，给父母留下一些积蓄，然后只身南下广州闯荡。当时举目无亲，找不到合适的工作，除了交房租外，他身上只剩下六十元钱了，每天只能花两元钱买四个馒头吃。一个大小伙子，每个夜晚饿得头晕眼花，靠喝自来水填肚子，就这么硬撑着。熬到第二十八天，江建平终于凭快速打字的一技之长，在一家电子公司应聘做了文员。

一个有志青年，当然不会甘于平庸，他干了很多拉客户、拓市场的“分外事”，被提拔为业务总监，老板还给了他一些“干股”。可他并没有就此安分，而是“在游泳中学会游泳”，摸清了行业规律，看清了市场商机，决定自己开公司，自己当老板。

干什么呢？生产手机部件，给名牌产品当“配角”。2005年8月，以他为董事长的深圳市永富达电子科技有限公司正式挂牌成立。创业之初，连续几个月亏损，很多员工打起了退堂鼓。他凭借积累的经验和人脉，订单的问题很快就得到了解决，但是在资金上却遇到了困难。尤其是一家客户拖欠了近五十万元货款，差不多是他们公司的半个家当，收账的业务员急得要跳楼。江建平和业务员一道，采用“一磨二挤”的办法讨回了欠款，加快公司的运转，实现了良性循环。

2008年，全球金融危机爆发，严重影响到我国南方劳动密集型产业，同行们要么倒闭、要么转卖。江建平却作出让人意外的决定：继续扩张！他说：“危机危机，有危险就有机会。在危难之时，只要抓住机遇，就能绝处逢生！”江建平果断出击，实现了低成本扩张，使企业飞速发展。到2010年2月，公司年销售额增加到三亿元以上，为他赢得了亿万身家。

很多人问江建平："你怎么能把事业做得这么大？"他说："苦难中打拼不止，逆境中奋斗不停，挫折中坚韧不拔，任何事情都能做好！"

这也终将过去

他叫西凯尔·米尔斯，生活在南非的约翰内斯堡，是一位英俊帅气的男人，曾拥有一份令人羡慕的工作，然而，十年前的那个秋天，他独自驾驶一辆汽车去郊外，在一个转弯处，车子突然失控，以极快的速度撞向了路边的一棵大树，一声巨响过后，车子停了下来，他的命运也从此改变了。

人们把他送到医院进行抢救，当时的他已经昏迷不醒了，经过紧急救治，他活了下来，六天后，他从昏迷中醒来，看到了自己的家人，他想和他们说话，却发现自己无法发音；他想坐起来，却发现自己已经不能动弹了……他处于“闭锁综合征”状态，大脑意识清醒，但无法说话和行动。

他很痛苦，感觉这样活着生不如死。然而，他却连自杀的能力都没有。过了些天，他渐渐接受了这个残酷的现实，心情平稳下来了。家人每天在病床前鼓励他，给了他重新生活的勇气，他决心配合治疗，战胜疾病。经过二十二个月的理疗，他的左手拇指能动了，这给了他极大的信心。2004年，经过两次干细胞移植手术，加上艰苦的理疗训练，他能够抬头、转头、运动左手和左臂，双腿也可以在小范围内活动了。为了坚定自己的意志，他决定挑战自己，2009年春天，他驾驶一辆经过改装的四轮摩托车从约翰内斯堡出发，开始环游全国。他的事迹受到了沿途数十万人的热情关注，每到一处，迎接他的都是鲜花和掌声。经过几个月的努力，他终于实现了环游全国的愿望，像一个凯旋的将军那样回到约翰内斯堡。约翰内斯堡市市长亲自为他颁发了“勇敢市民证书”，以表彰他的坚强意志和拼搏精神。2010年，他开始学习潜水，并成功地下潜到水下，完成了常人都难以完成的超难动作。他的事迹鼓舞了很多人，他成了大家的偶像，南非前总统曼德拉都亲自接见了他。

他把自己的经历写成了一本书，书名叫《这也终将过去》，书一经出版便引起轰动，成为畅销书。在书的扉页上，他这样写道：“只要信念不倒下，只要自己不放弃自己，那么所有的挫折都不算什么，因为一切都终将过去，这也终将过去！”

认识自我

人生有顺境也有逆境，不可能处处是逆境；人生有巅峰也有谷底，不可能处处是谷底。因为顺境或巅峰而趾高气昂，因为逆境或低谷而垂头丧气，都是浅薄的人生。面对挫折，如果只是一味地抱怨、生气，那么你注定永远是个弱者。快乐是一种心态，无关贪欲。心怀豁达、宽容与感恩，生命永远阳光明媚。人生有得有失，聪明的人懂得放弃与选择，幸福的人懂得牺牲与超越。能安于真实拥有，超脱得失苦乐，也是一种至高的人生境界。

其实，人生像一趟公交车。有人一直挤得很难受，有人中途等到了一个位子，有人却一直很从容，还能欣赏窗外的景色。我想做那个很从容的人，所以我还能在柴米油盐中不时地抬起头来，品味一下自己的人生。

宋徽宗喜欢书画，并且有很深的造诣。一天，他问随从：“天下何人画驴最好？”随从四处打听，匆忙中得知一位叫朱子明的画家有“驴画家”之称，即召他进宫画驴。得知被召进宫是为皇上画驴时，朱子明吓出一身冷汗。他原本是很有功底的山水画家，可同行们嫉妒他，四处造谣贬低他，说他是“驴画家”。然而，圣命难违，他只好硬着头皮开始画驴。他苦练画驴术，先后画了数百幅有关驴的画，最后终于得到皇上的赏识，真正成了“天下第一画驴人”。朱子明晚年感慨道：“嫉妒是坏事，也是好事。感谢嫉妒者，你们的辱骂、贬责和造谣成就了我！”

那么，如何做到生气不如争气呢？个人认为应把握四个环节：

一是愚蠢的人只会生气。哲学家康德说：“生气，是拿别人的错误惩罚自己。”世界上没有翻不过去的火焰山。也许生活给了我们太多的磨难，家庭、工作、爱情，但谁又能说他一辈子不会遇到这些呢？与其用痛苦一遍一遍地折磨自己，何不试着绕开它，去做个聪明的人，做一个善待自己的人呢？生气是拿别人的错误惩罚自己，谁又想做这样愚蠢的人呢？

人生中，处处皆有“气”，事事都有“气”。没有“气”的人生，那不是生活，那是幻想。人生不如意事十有八九，学着莫生气，就是人生的另一种境界。人生没有永远的顺境，也没有永远的逆境，世界上没有人能打倒你，只有你才会真正打倒自己。如果只是一味地抱怨、生气，那么你注定永远是个弱者。有一味去生气的时间和精力，还不如放在自己的工作、学习和事业上，拓宽拓广自己的知识领域，这样才会让自己的实力增强。一个人最重要的是要学会让自己强大起来。

二是聪明的人懂得去争取。在追求成功的过程当中，十有八九不会一帆风顺，一定会遇到困难，一定会遇到瓶颈，也一定有“头碰南墙”的时候。

山不过来，“我”过去。要有一种傲气，把逆境看作成功的一所最好的学校。在逆境中微笑，就愈显得笑的不易、笑的可贵。就像有些人说的：流泪，不代表我伤心；微笑，不代表我开心……所以在挑战逆境的道路中，不乏失败相陪，但要谨记失败不失志。要学会的是，在顺境中感恩，在逆境中依然乐观，专心致志，一路向前。常言道，经受了火的洗礼，泥巴也会有坚强的体魄。

要想事情改变，首先得改变自己。只有改变自己，才会最终改变别人。只有先改变自己，才会最终改变属于自己的那个世界。毋庸置疑，任何人遇上灾难和不幸，情绪都会受到影响，这时一定要控制好情绪。当做任何尝试都无法再改变什么的时候，不要生气，我们不妨学着适应。有时，一种来自适应后的融入，反而更能激发出生命的潜能。等到你具备了一定的条件与能力时，该适应你的，自然就会臣服了。若想取得任何事业的成功，都必须依靠自己的不懈努力。如果把自己的成功寄托在别人身上，你也许永远也体味不到成功的甘甜。

在人生的历程中，人们的幸福生活在很大程度上要依靠自身的努力——依靠自己的勤奋、自我修养、自我磨炼和自律自制。决定成败的不是尺寸的大小，而在于做一个最好的你。要做最好就意味着改变，许多事情我们无法改变，但我们能够控制自己的心态，改变自己的情绪。生命是自己的画板，需要自己着色，不要用一种色彩把所有的画面遮挡；学会改变，才能绘出灿烂。山不过来，“我”就过去。

三是明智的人不会怨天尤人。怨天尤人就是“怨恨天命，责怪别人”，以此形容遇到不称心的事情时，一味地归咎客观、埋怨别人。此语出自孔子《论语·宪问》：“不怨天，不尤人，下学而上达。”这句话的意思是说，做人或做事不要怨天，也不要怪人，要学习平常的知识，理解其中的哲理，从而获得人生的真谛。

其实，社会和生活本来就是这样，既不是十全十美的，也不是昏天黑暗的。遇到坎坷、受到挫折、遭受不公等，只是生活中的小插曲，以平常心待之就行了。如果整天为此而垂头丧气，或者怨天尤人，将自己的失落和苦闷归咎上苍，将自己的过错和失误归咎他人，只能是自找烦恼、自加桎梏、自设樊笼。同时，也是一种躲避现实的消极行为，更是一种做人的不成熟。

人的一生，成也自成，败也自败。万事只求一个心安理得，荣辱得失顺其自然，这样才能无怨无悔。人要想在社会中立足和生存，没有丰富的社会阅历、没有练达的为人处世经验、没有机敏的应变能力，没有可屈可伸、开合适度的豁达胸怀，就难以在人际交往中伸展自如、来去自由，也难以取得好的业绩或成功。

所以，我们要用理性战胜邪恶，用智慧战胜愚笨，好好安居持守，珍惜身边的人和事，平常对之，和气对之。切不可看不惯身边的一切人和事，更不应处处、事事怨天尤人。这样做不但不会引来别人的怜悯和安慰，反而会招到他人的轻蔑和嘲笑。聪明的人从不把自己的失败或耻辱公之于众，而只张扬别人对他的尊敬。倒不如把所有的怨气转化为自己的斗志。“宝剑锋从磨砺出，梅花香自苦寒来”，只有在艰苦的环境中磨炼自己，才能为以后的成功铺平道路，要学会变怨气为争气，来“填饱”自己的底气，即使不能如愿，也要尽力而为！不要怨天尤人，记得认清自我，不要妄自菲薄；记得重燃希望之火，不要坐以待毙；记得适时出击把握。人生很多时候需要你充满希望，困境很多，就看你如何度过。愿你可以用一颗勇敢的心幸福生活，淡忘所有的不快乐。从来就没有救世主，也不靠神仙皇帝，要创造人类的幸福，全靠我们自己。遇到挫折，无论怎样怪别人，最终都是徒劳无益的。那么我们也只能是怪自己没有选择好，因为任何时候只怪自己，始终是最明智、正确的生活态度。

四是乐观的人懂得选择与放弃。一样的人生，异样的心态，看待事情的角度截然不同。要能跳出来看自己，以乐观、豁达、体谅的心态来观照自己、认识自己；不苛求自己，更重要的是超越自己、突破自己，因为好好生活才有希望。令你生气的人已经走得老远了，你还为他生气，何必呢？跳出来看自己，你不妨换个角度观照自己，你就会认识到，生活的苦、累或开心、舒坦，取决于人的一种心境，牵涉到人对生活的态度、对事物的感受。跳出来换个角度看自己，你就会从容坦然地面对生活，再也不会拿别人的错误来惩罚自己了。当痛苦向你袭来的时候，不妨跳出来，换个角度看自己，勇敢地面对这多舛的人生，在忧伤的瘠土上寻找痛苦的成因、教训及战胜痛苦的方法，让灵魂在布满荆棘的心灵上作出勇敢的抉择，去寻找人生的成熟。拥有美丽的人生，拥有快乐的生活，是每个人都渴望的，那就必须少生点气，多点微笑。可是，当你为生活琐事斤斤计较的时候，当你为一件已经过去的事情耿耿于怀的时候，当你让仇恨的种子埋在心底的时候，你又怎么会快乐呢？面对人生的烦恼与挫折，人生最重要的是摆正自己的心态，积极地面对一切。一味地抱怨与生气，最终受伤害的只有你自己。

总而言之，人生多变幻，这是不幸，也是幸运。因为它给了我们努力的希望和勇气。其实，我们每个人都希望被人重视、受人尊重、受人欢迎，但有时候又难免被人嘲弄、受人侮辱、被人排挤。生活给了我们快乐的同时，也给了我们伤痛的体验。为什么我们不能坦然面对一切呢？为什么要为眼前的不幸而悲观丧气、怨天尤人呢？不必将所有的责任推到别人的身上，如果我们足够优秀——至少比现在优秀，别人还会对你冷眼相看吗？让自己快乐起来的最好办法就是自己争气，去做更好的自己！

成功不是去听别人说，而是自己一定要去体验、去奋斗、去不断地挑战超越自我的极限。

懂得追随，得到精髓；懂得付出，得到杰出。认识自我，你的人生从此更加精彩！

收藏阳光

从前，在广阔的田野里，住着田鼠一家。夏天快要过去了，他们开始收藏坚果、稻谷和其他食物，准备过冬。只有一只田鼠例外，他的名字叫弗雷德里克，是一只与众不同的田鼠。

“弗雷德里克，你怎么不干活？”其他田鼠问道。

“我在干活呀！”弗雷德里克回答。

“那么，你收藏了什么东西呢？”

“我收藏了阳光、颜色和单词。”

“什么？”其他田鼠大吃一惊，相互看了看，以为这是一个笑话，笑了起来。

弗雷德里克没有理会，继续工作。

冬天来了，天气变得很冷很冷。其他田鼠想起了弗雷德里克，跑去问他："弗雷德里克，你打算怎么过冬呢？你收藏的东西呢？"

"你们先闭上眼睛。"弗雷德里克说。

田鼠们有点奇怪，但还是闭上了眼睛。

弗雷德里克拿出第一件收藏品："这是我收藏的阳光。"

昏暗的洞穴顿时变得晴朗，田鼠们感到很温暖。

他们又问："还有颜色呢？"

弗雷德里克开始描述红的花、绿的叶和黄的稻谷，说得那么生动，田鼠们仿佛真的看见了夏季田野美丽的景象。

他们又问："那么，你的那些单词呢？"

于是弗雷德里克讲了一个故事，田鼠们听得入了迷。

最后，他们变得兴高采烈，欢呼雀跃："弗雷德里克，你真是个诗人。"

在隆冬的夜晚，看到这篇意大利寓言，对弗雷德里克，那个收藏阳光来营造温暖的天才有了另一番理解。

收藏阳光、颜色和单词，用夏日的温暖来改变冬日的寒冷，在严冬来临的时候温暖自己的心房。这是一个多么简单而实在的道理，但有几个人能够像弗雷德里克那般用心对待生活的寒冷？

如果没有严冬，我们也许无法体会夏日的温暖；如果没有挫折，又怎么看见快乐的可贵！

当我们学习遇到困难，当我们不被老师、父母理解，当我们遭遇同学友情的背叛，当我们遇到成长路途中的严冬……我亲爱的朋友，你的心里珍藏那一季温暖的阳光了吗？如果珍藏了，相信它一定能陪伴你走向春天。

每天进步一盎司

中国香港海洋公园里有一条大鲸鱼，虽然重达八千六百公斤，但它不仅能跃出水面六点六米，还能向游客表演各种杂技。

面对这条创造奇迹的鲸鱼，有人向训练师请教训练的秘诀。训练师说："在最初开始训练时，我们会先把绳子放在水面之下，使鲸鱼不得不从绳子上方通过，每通过一次，鲸鱼就能得到奖励。渐渐地，我们会把绳子提高，只不过每次提高的幅度都很小，大约只有两厘米，这样鲸鱼不需花费多大的力气就有可能跃过去，并获得奖励。于是，这条常常受到奖励的鲸鱼，便很乐意地接受下一次训练。随着时间的推移，鲸鱼跃过的高度逐渐上升，最后竟然达到了六点六米。"

训练师最后总结道，他们训练鲸鱼成功的诀窍，是每次让它进步一点点，正是这微不足道的一点点进步积累起来，天长日久，便取得了惊人的进步。

在计量单位上，有一个较小的质量单位叫“盎司”，它经常会被引用来借代微不足道的事情。然而，正如训练师培训鲸鱼的方法那样，哪怕是每次进步一盎司，到了一定的程度，也会创造出伟大的奇迹！

每次进步一盎司，贵在每次，也难在每次。相传，古代蒙古人在训练大力士时，也采用这个办法。具体是这样做的：他们会让小孩子每天抱着刚出生不久的小牛犊上山吃草，小牛犊这时往往不过十多斤重，孩子们完全能轻松胜任。这样，随着牛犊一天天长大，孩子们的力气也越来越大，最后，当牛犊长成几百斤的大牛时，孩子们也练出了手能举鼎的神力。

每次进步一盎司，只要能每天都坚持不懈，就能拥有提起几百斤甚至上千斤重的力量。无数事实证明，每次进步一盎司，是成功的最大秘诀。

很多人终身一事无成，往往不是因为没有能力，而是缺乏耐心，看不上每天进步一盎司，而是急于求成，老想一口吃成个胖子，结果放弃了每天的一点点进步，从而也就放弃了希望，放弃了成功。

有一天，古印度一个著名棋手去和皇帝下棋。皇帝下完棋后非常开心，便问他要什么赏赐。他说，只要在棋盘上第一个格子里放一粒米，然后在第二个格子里放两粒米，第三个格子里放四粒米，依此类推，放满六十四个格子就行了。

皇帝非常高兴，不假思索就一口答应了。没想到，当真的要去兑现其赏赐时，皇帝这才傻了眼！原来，即使把全印度一年收获的全部粮食加起来也不够赏赐给这位棋手。皇帝没想到，棋盘上这一格到下一格的微不足道的积累，到了最后一格竟然成了天文数字。

从孤立的角度看，一盎司确实很轻，当然，一粒米比一盎司还要轻。然而，每次多一点点米，累积起来，就是天下粮仓都难以装载得下的量！成功的秘诀并非像有些人想象的那么神秘和复杂，它简单得用一句话就可以概括，那就是“每天进步一盎司”。

重要的往往是简单的。只要你能每天进步一点点，哪怕是一盎司、一厘米、一小步，总有一天你会取得大成就。

女孩，不哭

十七岁那年，她认识了一位风度翩翩而又富有才华的男人。他比她大七岁，刚从美国留学回到利比里亚首都蒙罗维亚。她认定他就是她人生中的白马王子，对他钟爱有加；而他则被她的美丽和青春所打动，与她结婚了。而后，他到美国攻读硕士学位，她则在美国威斯康星大学麦迪逊分校攻读会计专业。

她原本想着他们的爱情和梦想会在美国得到升华和实现。可是，等待她的却是一场噩梦。这场噩梦毁了她的青春，甚至差点毁掉她的一生。

她与他带去的钱很快就花完了。为了生存，她只好半工半读。她找到了一份保洁工作，这个工作的报酬勉强够维持他们在美国的房租和基本生活费用。可是，他并不认可她所付出的努力。他认为她做的这份低微的工作给他带来了深深的伤害。

因此，当他知道事情的真相后，他来到她工作的场所，一把将她手中的拖把拽过来，扔到了大街上。然后，他用力把她抱起来，一边往外走，一边大声尖叫着。他的怪异行动让她大为不满，可是，一切都无济于事，她的反抗得到的是一顿毒打。

自此，她经常受到他的毒打，以至于被迫辍学。她想到过离婚，可是，离婚对于一位利比里亚的女人来说是可耻的。她为此犹豫，这一犹豫，五年就过去了。五年里，她为他生了四个孩子。而这时候，她才二十二岁，正是一个美丽得像花朵一样的年龄。她不能再沉沦下去，她擦干眼泪，最终与他办理了离婚手续。

离了婚，可是，摆在她面前的并不是什么金光大道。因为，她的身边还有四个孩子，最大的也只有四岁。她带着四个孩子来到科罗拉多州，一边打工，一边求学，一边照顾孩子。

一次，她下班回家，看到自己出租屋的周围围满了人，有邻居，也有警察和医生。原来，她的一个儿子因为患了急性脑炎，发高烧。孩子们在屋里大声求救，因此惊动了邻居和警察。开始，警察还以为她是一名拐卖儿童的犯罪分子，把她传唤到警察局。在弄明白事情真相后，警察让她回了家。她匆匆赶到医院，看着病床上的孩子，禁不住泪如雨下。

学校劝她先休学，等把孩子养大后再回学校完成学业。她不，她已经失去了一次机会，失去了诸多青春，她不能再荒废学业。不过，她再也不用把孩子锁在家里了。在学校的帮助下，她在一家大型金融部门谋到了一份兼职工作。有了较高的薪酬，她就把四个孩子全部送到了幼儿园，自己则全身心地投入学习和工作中去。

她就这样咬着牙，努力支撑着，这一支撑就是八年。她不仅获得了科罗拉多大学学士学位，而且考取了哈佛大学，并取得了哈佛大学公共管理学院硕士学位。而她的孩子们也都一个个快乐地成长起来。1977年，利比里亚爱国人士塞缪尔·多伊举行起义，推翻了殖民地统治，建立了统一的利比里亚国家。她带着她的孩子们回国，先后担任塞缪尔·多伊政府的财政部部长助理、副部长、部长。自此，她开始了一条崭新的人生道路。

她的名字叫埃伦·约翰逊·瑟利夫，前利比里亚总统。她的一生经历了太多的磨难和挫折，可是，她从来没有停止过前进的脚步。2010年，利比里亚在她的领导下，彻底消除了历史上积欠的巨额外债，成为唯一一个不欠外债的非洲国家。因此，她也赢得了“铁娘子”的美称，深受利比里亚人民的爱戴。

女孩，不哭。因为泪水拯救不了你，能拯救你的还是你自己。请把泪水咽进肚里，带着挫折和苦难上路。

对自己也要讲诚信

诚信是一种习惯，当你屡屡对自己失去诚信时，那么，距离你对他人不讲诚信的那一天，也许就为时不远了。

试图在竞争激烈的社会中站稳脚跟并成就一番大事，什么最重要？

才华？勤奋？人际脉络？都不是。是诚信。

社会是一个大团体，每个圈子都是一个相对独立的小团体。虽然诚信与法律不可相提并论，但无论是大团体还是小团体，诚信都是维系其秩序和可持续发展的重要条件。丢失诚信，你将很快失去伙伴、失去朋友，到最后，无人再敢与你共事。

诚信，首先是重承诺，然后要讲诚实、守信用——不仅对别人必须如此，对自己亦应该如此。

但太多时候，我们将对自己的诚信忽略掉了。或者说，我们对自己完全没有诚信可言。理由很简单：因为无人知道——无人知道便可以不讲诚信。

比如早晨的时候，你计划晚上要去看望一位朋友。但是一天工作结束，你有些累，于是便决定不去。你决定不去，因为你没有跟你的朋友谈及此事。就是说，既然没有对朋友做出口头承诺，也就没有恪守承诺的压力。但是，请注意，心里的承诺也是承诺。你没有失信于朋友，但是你已经失信于自己。

比如周一的时候，你计划周末去郊区爬山。但到了周末，或因为事情太忙，或因为你的懒惰，你突然不想去了，并将爬山的计划再一次延迟。爬山乃小事，但因为这件事，你将自己欺骗了一次。你对自己失去诚信，可是你非常大度地原谅了自己。原谅自己的原因，只因为那完全是你个人的事情。

比如月初的时候，你计划在这个月读完一本书。但是你天天在忙，将读书的时间完全挤掉。或者，即使你不忙，你还有别的安排，比如喝酒、健身、打牌、会友等。到月底，那本书仍然被翻在第一页。读书乃小事，但因为这件事，你对自己失去诚信，可是你并未发觉。

比如年初的时候，你计划做成一件大事。这件事无人知道，这是你的秘密。可是，或因为工作和家庭的琐事，或因为事情的难度，你终究没努力去做这件事情。不努力去做这件事情，不仅因为难度，更因为你内心的懒惰。你对自己失去诚信，你却并不以为然，只因为无人知道。

我们常常会批评不讲诚信的人，但事实上，如果仔细回忆，你大约会发现，其实你就是一个不讲诚信的人。因为无人知道你对自己不诚信，所以，你还可以批评别人、鄙视别人、要求别人。

诚信是一种习惯，当你屡屡对自己失去诚信时，那么，距离你对他人不讲诚信的那一天，也许就为时不远了。

对自己讲诚信，不仅是对你的事业负责，更是对你的人品负责。

让你的忧伤沾满阳光

她是一位忧伤的小女孩，家住云南省保山市隆阳区。在她很小的时候，爸爸妈妈就离了婚。爸爸因为要挣钱养家，所以常常把她一个人锁在屋子里。她曾经向爸爸提出抗议，可是，特殊的家庭条件不容她有过多的选择。她就像一棵小草，一个人倔强地生长着。

她孤独过、害怕过、忧伤过，不过，她很快就找到了自己的快乐。妈妈走了，但是妈妈买的那台录音机还在。她打开录音机，一个人在家里听歌。歌声冲淡了她的忧伤，给她带来了快乐。那时候，幼小的她立志要做一名歌唱家。有了这个理想，她的心情逐渐变得愉悦起来。

她学会的第一首歌是《小芳》："村里有个姑娘叫小芳，长得好看又善良，一双美丽的大眼睛，辫子粗又长……”她一个人在家里唱。没有听众，没有鲜花，没有掌声，甚至没有伴奏的音乐。可是，这一切都是次要的。重要的是歌声让她不再孤独、不再害怕、不再流泪。

她在歌声的陪伴下慢慢地长大。六年级的暑假，爱唱歌的舅舅背着一把大吉他来看望她。她嚷着要舅舅教她弹吉他。舅舅半开玩笑半认真地笑着说：“你先唱一首歌，如果歌声打动了我，我就收你这个徒弟！”她清唱了那首《小芳》。这是她第一次当着外人的面唱歌。她有些羞涩、有些紧张。不过，她很快就融进了自己的歌声里。

她的歌声震撼了舅舅。舅舅问她是从哪里学来的，她淡淡一笑，说：“自己琢磨出来的！”舅舅说：“有出息，舅舅收下你这个徒弟。”这个暑假，她学会了弹吉他，学会了一边弹吉他一边歌唱。

在她朝着自己的梦想一步步靠近的时候，她再次遇到了一个不可逾越的坎。由于家庭变故，初中毕业的她不能再继续读高中了。这让她难过了好一阵子。因为，不能继续读高中就意味着不能上大学，不能上大学就意味着不能实现自己的梦想。因为，没有哪一位歌唱家是初中学历的。她难过了好一阵子，以至于变得自卑而又沉沦。这时候，舅舅来了。舅舅再一次让她的忧伤沾满了阳光。

舅舅在保山市开了一间小酒吧，聘请她做酒吧专职歌手。她有些不自信，说："我能行吗？"舅舅说："你能行！"她就跟着舅舅到酒吧上班。那夜，她演唱了一首《夜夜夜夜》。她一边弹吉他，一边歌唱。一字字，一句句，轻轻地、真情地歌唱。这歌声就像从心泉里涌出的一股暖流，在轻轻地倾诉一个美丽的传说，给人以无限的淡定、清新和从容。她的歌声赢得了阵阵掌声。于是，人们知道了她，知道了酒吧里有位会唱歌的小女孩。

湖南卫视2011年度"快乐女声"选拔赛拉开了序幕，她报了名。她的目标是成都五十强。因为，她知道自己那点本领是靠自己琢磨出来的，实在不能跟那些科班出身的选手相比。

一开始，她并没有引起评委的注意。盖子头，小虎牙，一身休闲白衣，似男又似女。可是，她用歌声征服了所有的评委、所有的观众。因为，她的歌声就像一块刚刚擦过的玻璃，干净得没有一丝杂质，干净得能把所有人的心灵震撼。5月22日，这是一个难忘的日子。因为，这天夜晚，她不仅晋级成都唱区十强，而且还获得了李承鹏和包伟铭两位评委送给她的吉他。这是她独自拥有的第一把吉他。她感动得热泪盈眶。

她的名字叫段林希。自此，段林希拖着孤独的身影，坚定地往前走，一直走到"快乐女声"比赛冠军领奖台。2011

年9月16日，段林希用一曲《爱你一万年》为2011年度“快女”总决赛画上了圆满的句号，同时也为整个“快女”选拔赛画上了圆满的句号。因为，中国广电总局叫停了全国所有民间选秀节目。段林希成了中国“最后”一位“快乐女生”！

让你的忧伤沾满阳光。当你困惑的时候，当你孤独的时候，当你失意的时候，你不妨向着阳光走。因为，阳光会让你的忧伤长出腾飞的翅膀！

永不言弃

一

晓菲终于顺利通过了遴选考试，实现了多年来的愿望。她的朋友第一时间把这个好消息分享给了大家，引起很多人羡慕。倒是晓菲自己很淡定，只是笑着道了几次谢，其他什么也没多说。

我给晓菲发了一条表达祝贺的私信，很快就收到了她回复的三个字：“你懂的。”

因为工作的缘故，晓菲一直和先生分居两地。生了孩子后，她选择把孩子带在身边，白天请保姆帮忙照看，晚上下了班回宿舍再自己接手。

边工作边带娃本来就不容易，可偏偏那几年，不如意的事又一件接一件。先是她的父亲得了重病，需要经常请假照看；单位领导对她总有忙不完家事的情况表示很不理解，又无形中给了她更多的压力。

今年这场考试之前，晓菲曾给我打来电话，大哭一场："我女儿这几天发烧住院，我已经连续三晚没睡个好觉了，明天一早还要参加考试，我该怎么办？"

那晚的我，很是为电话那头的她感到难过，却想不出一句适合安慰的话。因为我知道，在生活的困难面前，言语有时太苍白了。除了硬着头皮面对，别无他途。

事实也证明，痛哭过后的她，一定是勇敢地抹干眼泪，打起精神去参加考试。否则，也不会有今天这个令人惊喜的结果。

"挺住"从来就不是什么豪言壮语，它只是意味着你知道再艰难的日子、再黑暗的光阴，只要肯咬牙坚持，就一定会有熬过去的时候。你要先把苦日子挺过了，好日子才会来。

没有容易的人生，只有不言放弃的你我。

二

成年人的世界里，没有"容易"二字。

第一次听说这句话时，我还是个初入职场的小菜鸟，对生活充满幻想，却又总是容易因为现实的种种考验而倍感挫败。

那段日子，独自在这个城市谋生的我，只觉得日子过得无比灰暗。很多次工作上受了委屈不敢跟家人说，也没地方可去，只等所有人都下班了，一个人躲在办公室偷偷哭上半天。

告诉我这句话的人，是我那时候的部门主管。在我又一次躲在办公室抹眼泪的时候，她出现在我面前，手上拿着一盒纸巾。

是不是觉得特别难？可是成年人的世界里，没有“容易”二字。她坐下来，这样说。

也就是在那次聊天中，我才得知如今事业有成的她，其实也走过一段无比艰难的时光。

刚毕业时，因为家人突然重病，急需用钱，她硬着头皮去应聘业务员，经常要被外派到偏远的地方，一出差就是十天半个月。为了省钱，她出差时只住那种十分破旧的旅馆，在汗水和眼泪中睡去。

也许是已经跌到了谷底，即使是最难的时候，她也从来没想过要放弃，而是一直提醒自己：没有绝望的处境，只有对处境绝望的人。

哭过之后，她开始尝试壮起胆子谈业务，利用各种空余时间恶补行业知识，虚心向前辈请教经验，就这样从零做起，一点点打开了市场。

“现在想起来，当时那些觉得大得足以遮天的困难，也不过都是小事。其实不想跟你讲多大道理，只是想告诉你，生活有时没得选择，不管它给你什么，咬牙接住就是了。”

三

作为一个独自在外打拼多年，也走过不少弯路的姑娘，我曾经无比羡慕身边一些看起来总是顺风顺水的同龄人。

直到这些年随着阅历日益丰富，特别是人到中年之后才发现，生活真的不会轻易饶过谁。工作、家庭、孩子，还有日渐年老的父母，无论哪个环节出了点问题，都足以让人焦头烂额、疲惫不堪。

母亲曾遭遇车祸，左腿受重创，不得不手术。术后第一次换药，需要用力挤压伤口，把瘀血排出，我拉着母亲的手，看她疼到脸色发白、冷汗直流，却愣是没掉一滴眼泪。倒是本该要安慰她的我，忍不住看哭了。

后来与母亲聊起这件事，她笑着说，妈从小父母早逝，吃了那么多苦，也都熬过来了，知道人生没有过不去的痛和坎，你也要记住这一点。

我握着她的手，拼命点头。

是呀，我们都是再平凡不过的人，人生最大的愿望也不过就是希望能够幸福安然地走完一生。

遗憾的是，无论如何祈望命运垂青，那些艰辛和苦难依然会无可避免地袭来。而唯一能帮助我们度过这些时光的，只有默默挺住、不言放弃的自己，只有你下定决心不负此生的愿望。

愿我们都有好运，如果暂时没有，也要学会闯过艰难好好生活。

我想再努力一点

回到家后，看见妹妹很沮丧地坐在床头，手里拿着一张被揉搓过的成绩单。她看见我敲门准备进来，下意识地将那张成绩单往身后藏，并用很委屈的小眼神看着我说："姐，为什么我每次考试的成绩和名次都是一模一样，我多么想进步一点点。"

妹妹自从上了高中，成绩一向都很稳定，由于家教比较严格，她在学校刻苦读书，很少和同学一起嬉戏玩耍，时常拿这一部分时间去背几个单词、做几道练习，甚至去向老师请教一些问题。

她很努力，努力想要成为最好的。但每次一成不变的名次总会给她重重一击，每次到出成绩那几天，她会变得异常紧张、心慌，她害怕自己没进步，害怕总是战胜不了自己。

她说，为什么我只能当第二，第一永远是别人的？我要再努力一点，一定会离第一更近一点点。

也许她不是人人都羡慕的第一，但只要她一直走在追逐的路上，每天比昨天的自己进步一点、超越一点，就很了不起。

正如教育家苏霍姆林斯基所说的：战胜自己是最不容易的胜利。

还记得我减肥那段时间，每天早晚都会去操场跑步，围绕着草坪一圈一圈地跑。

第一圈，第二圈，第三圈……尤其跑到第六圈的时候，脑袋开始蹦出两个小人儿。左边的小人儿说："都第六圈了，很厉害了，可以停下来，歇会儿吧！"右边的小人抢嘴道："操场这么多人，别人都在跑，你为什么要停？再跑快一点，马上能超过前面那个人，多跑一圈，就会破昨天的纪录，你能行！"

每次右边的小人儿都会战胜左边的。我告诉自己，再坚持坚持，再快一点，我能做到的。当时的我满头大汗，身体累到虚脱，只想快点停下来，就因为那点信念，我坚持到了最后。

这个过程真的很煎熬，但跑完之后，我在不经意间笑了，心里甜甜的。

人生何尝不是呢？人都是在寻求甜食的路上，一部分人会因为误食了苦果就半途而废，认为前面都是苦的；而有一部分人，愈挫愈勇，敢于挑战和冒险，最终战胜了自己，满载而归。

其实，我们每天的努力都是在不断地战胜自己，哪怕只有一点点，也是在跟过去的自己告别。

从小到大，不同场合，妈妈总是跟我说着一些相似的话：运动会上，再坚持一下，超过你前面的那个人就好了；学习上，再努力一些，争取把班级排名靠前一点点；参加比赛，得奖不重要，上次把你甩在后面的人，你只要赶超一两个，你就是最棒的。

她呕心沥血，只是想让我们更快更好地成长。

那个摔倒又站起来，不怕疼、不认输的小孩，何尝不是我们的缩影呢？

一路走来，我们都经历了太多的故事，随着时间慢慢搁浅，我们选择把过去所有的不堪和艰辛深深地埋葬，不愿提起。毕竟，那是属于你一个人的故事。

这个故事关于梦想、关于坚韧、关于倔强。

漫漫长路，我们都是孤独地一个人行走，即使有时候老师和父母会在旁边指引导航，但我们终究是一个人；未来，也只能靠自己。

哪怕我们脑子愚笨、长相难看、家境不好；哪怕我们两手空空一无所有 ；哪怕我们没有大树依靠，也无捷径可走，但还好有自己。

比其他人多出几分努力，每天超越自己一点点。

因为，这就是青春，我们读过的书、走过的路、看过的风景，都会在未来熠熠生辉。

二十岁左右，哪怕努力一点点，即使再疲倦，生活终会露出光芒。

唯愿我们年轻的脸上充满着朝气，努力活出一个精彩丰富的人生。

不气馁，不放弃，不惧怕，永远激情洋溢。

忠诚爱犬的故事

在位于意大利中南部美丽的海滨城市安丘又发生了一个催人泪下的故事：某日，人们看到一只黑褐色的狗，带着似乎找不到回家路的痛苦眼神，孤独地走进了安丘公墓。它沿着墓园长长的小路无声地走啊，走啊，用鼻子到处地闻着。“谁也不知道它在寻找什么。”墓园的工作人员埃乔先生说，“直到我们看到它卧在了一个新的坟墓前，发出凄惨的、低低的呜咽声，才开始明白了是怎么回事。这是公墓新开辟的一块墓地，新的坟墓前只竖了一块小小的大理石墓碑。经过长时间的寻找，这只狗终于找到了埋葬它主人的坟墓。它卧在那里，呜呜地哀叫，似乎流出了眼泪。于是，我们知道了它为什么此前一直在悲伤地呜咽。它在那里纹丝不动地待了好几个小时，直到天黑，才一步一回首依依不舍地离开。它走后，我才关上了公墓大门。”

第二天，狗又来到墓园找它心爱的主人。这次，人们看到它毫不犹豫地径直朝着第一天发现的那个新坟墓走去。到了坟前，它用鼻子闻了闻地面，就卧在了那里，长时间地伤心呜咽，以后就静静地、一动不动地待上好几个小时。一个妇女走过来，给了它一碗水，它立即喝光了，它太渴了。女人抚摩着它的身体，它对女人投去感激的目光。但是当女人向它做出跟她走的手势时，它坚决拒绝了。在那一刻，女人看到狗似乎送给了她一个“我不会被诱骗”的眼神。

第三天，人们知道了那个坟墓里埋的是一位退休老人，生前没有亲人，显而易见，这只狗就是他最后的唯一的朋友。

从爱犬找到主人坟墓的那天起，它每天都准时无误地来找它的主人，到了墓碑前，点点头、哈哈腰后，就卧在主人坟墓旁边伤心地呜咽，然后静静地待着直至墓园关门。人们开始认识了这只爱犬，每天都会给它带来足够的吃喝，时不时地心疼地抚摩它几下。后来人们给它起了个名字：奇波（意为“石碑”），因为它这个新家就安在了它心爱的主人的墓碑旁。但是一到夜幕来临，它就会离去，没人知道它到底藏身何处。人们曾经试图跟踪它，但是，奇波都成功地把他们甩掉了。

奇波催人泪下的故事传到所有要来安丘公墓悼念亲人的来者的耳朵里，于是当他们来扫墓时，除了给亲人带上一束鲜花外，都忘不了给奇波带些狗罐头和饼干。

有些孩子试图跟奇波一起玩耍，但是，奇波非常忧郁悲伤地拒绝了他们，它只是无言地摇摇尾巴对人们的友好表示感谢。一位家畜专家说，奇波会每天哀念主人至永远。

自信让你更美丽

没有人瞧不起你，除非你自己。当你面对这样的困惑的时候，请在你的心里系上一根美丽的红丝带。

纽约的北郊住着一个名叫艾米丽的女孩，她相貌平凡，于是和人们在一起的时候，总有一种被人忽视的感觉，她十分羡慕那些漂亮的女孩拥有那种被人瞩目的幸福，自己却永远被幸福拒之于千里之外。

一个雨天的下午，不幸的艾米丽去找一位有名的心理学家，因为据说他能解除所有人的痛苦。她被请进了心理学家的办公室，握手的时候，她冰凉的手让心理学家的心都颤抖了。他打量着这个忧郁的女孩，她的眼神呆滞而绝望，声音仿佛来自墓地。她的整个身心都好像在对心理学家哭泣着：“我长得太平凡了，没有人会注意到我！”

心理学家请艾米丽坐下，跟她谈话，心里渐渐有了底。最后他对艾米丽说："艾米丽，我会有办法的，但你得按我说的去做。"他给了艾米丽一条红丝带，告诉她星期二他家有个晚会，他要请她来参加。艾米丽对心理学家说："就是参加晚会我也不会快乐，谁会注意到我呢？"心理学家告诉她："你现在手上的这条红丝带，非常神奇，系在头上，人们就会注意到你。"

星期二这天，艾米丽束着红丝带来到了晚会上，想到这是一条有神奇力量的红丝带，她眼神活泼、笑容可掬，成了晚会上的一道彩虹，而人们也在纷纷议论，大家都说艾米丽和以前不一样了，她是那么美丽动人！

晚会结束后，艾米丽对这位心理学家说："你创造了奇迹。""不，"心理学家说，"是你自己为自己创造了奇迹。"说完，他伸出手来，手心里攥着的就是那条红丝带，艾米丽这才懂得，原来心理学家早已在自己不注意的时候把红丝带解了下来。

艾米丽也要告诉大家——每一个自信的女孩都是一道亮丽的风景，只要你想，你就能让自己变得美丽。

我们的相貌是与生俱来的，这是改变不了的，我们可以改变的只有自己，只有自己的那份信心。艾米丽在晚会上受到了众人的瞩目，关键的不是系在她头上的那条美丽的红丝带，而是那条红丝带给她带来的自信，因为在晚会上她头上的那条红丝带根本就不存在。自信会让一个人变得更美丽，自信会让一个人变得更出色。

神奇的十分钟

时间就像海绵里的水，只要我们去挤，总会有的，哪怕每天十分钟，那也是一笔很大的财富。当我们常常抱怨我们有很多抱负没有时间去实现时，其实缺少的并不是时间，而是我们对自己的追求不够执着，是我们不能让自己勤奋地朝目标前进！“不积小流，无以成江海。”从一点一滴开始实现自己的理想吧！只要你付出那一份勤奋，无须太多的时间，仅需十分钟，你就可以收获一份甜蜜的成功。

思云毕业后到一家中学教音乐课，她经常听到一位老师弹《致爱丽丝》，在空旷的琴房里，音质之纯美是家中那套音响根本不能演绎出来的。对此她很佩服，便问这位老师：“你好！你的这首乐曲弹得太好了。请问，你能这样熟练地演奏这首《致爱丽丝》花了多长时间？”

这位老师微笑着说："十分钟。"思云一愣，心说你开玩笑吧。这位老师看出了她的心思，就又笑着说："是真的，不过我说的是每天十分钟。"接着她向思云介绍了她的情况。原来，她是一位语文老师。三年前，一家私人企业捐赠了一架钢琴，一直放在琴房里。而学校里的音乐老师嫌学校待遇低，走了。于是，她便成了这架钢琴的保管者。从那时起，她决定学弹钢琴。每次课间十分钟，她就冲到琴房里练琴，从最初的音阶开始。不过，她只有十分钟，十分钟之后，上课铃一响，她就得停止。

旁边一位老师告诉思云："一位有名的钢琴师偶然听到她弹的那首钢琴曲，也只听出了一个音符没有弹好，其余的就无可挑剔了，那位钢琴师还以为那个演奏者必是科班出身呢。"

眼前的这位老师，其实并不具备一个钢琴家的天赋，她的手并不修长，她也并没有从小学习音律，但是她只是付出了每天的十分钟，却弹奏出了让行家都认可的乐曲，这一点不得不说是一个奇迹。可是这真的是一个奇迹吗？思云心想：不，这不是奇迹，这是这位老师每天勤奋练习的结果。

十分钟，只是很短的一段时间，也许是我们闲聊的一小会儿。可是在这很短的一段时间里付出了辛勤劳动的人，却慢慢地收获着成功，这是我们羡慕的，也是我们值得反思的。

如果我们没有获得成功，我们应该反思自己是不是勤奋。有的人将短暂的时间用来闲聊了，而有的人利用这些时间成就了事业。

珍惜时间，是成功的基本保障。

开心的理由

英特尔公司总裁安迪·葛鲁夫的身边有个特殊的贴身助理。说他特殊，因为他是个憨厚的、对生意一窍不通的渔民，这个幸运的渔民叫拉里·穆尔。一个普通甚至有些傻气的渔民是如何当上总裁助理的呢？这里有什么特殊的渊源吗？

三年前，安迪·葛鲁夫第三次破产。在一个雨后的黄昏，他来到家乡的小河边，想着自己辛苦创下的事业一次次破产，巨大的痛苦拥堵在心里，让他万念俱灰，看着眼前滔滔的河水，他心想，如果跳下去就一了百了，所有痛苦都会消失了。就在他刚要往河里跳时，从桥上传来一阵歌声，他诧异地循着歌声望去，桥上走来一个憨头憨脑的年轻渔民——拉里·穆尔。晚霞照在他的身上，如同披了一件闪光的外衣。他背着渔篓，悠闲地从桥上走来，脸上带着快乐的笑容，嘴里哼唱着一首不知名的歌。看到安迪·葛鲁夫满面愁容地愣愣地看着他，便憨厚地笑了笑。

安迪·葛鲁夫不知不觉地被拉里·穆尔快乐的情绪所感染，忍不住问他："看你这么开心，是不是捕了很多鱼？"

"不，先生，我今天一条鱼都没有捕到。"拉里·穆尔笑着说。

"既然没有捕到鱼，你怎么还这么高兴？"安迪·葛鲁夫疑惑地看着他。

"虽然我没有捕到鱼，可这又有什么关系呢？我捕鱼不是为了赚钱，是为了享受捕鱼的乐趣。今天捕不到鱼，明天或许就能捕到了，只要我天天捕，总会有收获的。而且在捕鱼的过程中还能欣赏大自然美丽的风景，即使没有捕到鱼我也开心。"拉里·穆尔脸上是纯净的愉快表情。他的话解开了安迪·葛鲁夫的心结，心情豁然开朗，多日来的郁闷一扫而空，让他重新振作起来。

他信心百倍地回到公司，一切从头开始，很快，英特尔公司奇迹般再次崛起，而且越来越壮大。后来安迪·葛鲁夫邀请拉里·穆尔到公司里做他的贴身助理，拉里·穆尔不愿意去，但在安迪·葛鲁夫的再三恳求下，勉强答应了。

安迪·葛鲁夫部下对他的做法表示非常不理解，因为拉里·穆尔对生意一窍不通，人也憨憨的，既没有生意人的精明，也没有一技之长。安迪·葛鲁夫让拉里·穆尔进公司有什么用意呢？大家纷纷猜测着。看着大家疑惑的表情，安迪·葛鲁夫对部下说："我不缺人才和技术，我需要的是拉里·穆尔的豁达心胸和对人生的乐观态度，他会让我受到感染而不至于作出错误的决策。对我来说，这才是最重要的。"

人生最重要的不是金钱与财富，而是遇到困难仍然能保持豁达乐观的态度。人生苦短，多一份淡然就多一些快乐和幸福。

谨以此书，献给那些在迷茫中勇敢前行的追梦人。

愿梦想的尽头，始终有星光等候。

无悔青春之完美性格养成丛书

舍　得：
漫漫人生路，负重难远行

蔡晓峰　主编

红旗出版社

图书在版编目（CIP）数据

舍得：漫漫人生路，负重难远行 / 蔡晓峰主编. —
北京：红旗出版社，2019. 11
（无悔青春之完美性格养成丛书）
ISBN 978-7-5051-4998-4

Ⅰ. ①舍… Ⅱ. ①蔡… Ⅲ. ①故事—作品集 中国—当代 Ⅳ. ①I247.81

中国版本图书馆CIP数据核字（2019）第242269号

书　名　舍得：漫漫人生路，负重难远行
主　编　蔡晓峰

出 品 人	唐中祥	总 监 制	褚定华
选题策划	华语蓝图	责任编辑	王馥嘉　朱小玲

出版发行	红旗出版社	地　　址	北京市丰台区中核路1号
编 辑 部	010-57274497	邮政编码	100727
发 行 部	010-57270296		
印　　刷	永清县晔盛亚胶印有限公司		
开　　本	880毫米×1168毫米 1/32		
印　　张	40		
字　　数	960千字		
版　　次	2019年11月北京第1版		
印　　次	2020年5月北京第1次印刷		

ISBN 978-7-5051-4998-4　　定　　价　256.00元（全8册）

写给你们

在这个世界上，不是所有合理的和美好的都能按照自己的愿望存在或实现。

我们能做的，是不断地闯关，直到自己身上的装备越来越强。

小的时候总会有人笑着问你“你的理想是什么”，然后你认认真真地回答。而在逐渐长大的日子里，我们中的太多人，都已经越来越不愿意提起这个词。

或许它总是看起来遥不可及，或许你在追逐的道路上一次次被现实磨洗，又或许你朝着它所在的方向一路狂奔，终于抵达的时候却发现，那早已经不再是你的理想。

人为什么要实现理想呢？大概是因为在理想的光耀之下，生活可以变成你所期待的样子。而生活变成那种样子，其实没那么困难。

理想之外，生活仍旧有许多种可能，你也一样有许多种方法，来让它变得更美好。

在这个时代，大的理想和小的理想同样应该被尊重，被赞美，被歌颂。更何况，你永远都不会知道，从什么时候开始的坚持和改变，写就了你完全不一样的人生。

理想并不都是努力了就一定可以实现的，但你一定要努力去让自己过上理想中的生活。

因为那同样是理想的一种存在方式，而且一样地温暖和美好，甚至因为它更加真实而更加可爱。

愿你在生活中有实现理想的勇气，也能有过上理想中的生活的幸运。或许，它们本就一样。

游乐场到中年再去吗？高跟鞋等六十岁再穿吗？篮球要等五十岁再打吗？机遇要等错过再去寻找吗？岁月要等脸上出现皱纹再去回首珍惜吗？人要等走了才知道在你生命中的轻重吗？爱就要趁早，疯就要趁早，玩就要趁早。为自己献上一束花，要让它绽放，别让它含苞枯萎，别让等成为后悔。

人生没有奇迹，只有努力的轨迹。总是羡慕别人天生的好运气，却没看到他们不为人知的努力。千万不要轻言放弃。学着把努力当成习惯，而不是三分钟热度；学着尝试新的事物，而不是旁观他人的成功。最清晰的脚印，往往印在最泥泞的道路上。沉下心来，风雨无阻地走下去吧！

这世上唯一能够放心依赖终生的那个人，就是镜子里的那个你，那个历经挫折却依旧坚强的你。

目　录

第二章　生在沙漠，也能去看海

第三章　念念不忘，必有回响

第一章
一个故事一盏灯

风可以吹起一大张白纸，却无法吹走一只蝴蝶，因为生命的力量在于不顺从。

——冯骥才

仰望星空，追求梦想

二十五岁这一年，她不顾上司的挽留和父母的反对，辞去了渐渐稳定的工作，在她想要去的那个城市租了房子，开始准备考研。

几乎所有人都劝她放弃。读过研的同学告诉她其实读研也就那么一回事，换一个地方和另一群人无所事事几年，毕业了依然要和学历比自己低的人一起竞争；上司告诉她，如果她不辞职继续努力一下马上就可以升职，到时候会有一笔可观的工资；父母说他们老了，没有能力再给她提供学费、生活费了，他们希望她来养这个家……

身边所有人都不理解她为什么突然决定考研，在旁人看来，本科毕业的她没有直接读研而是选择了工作，工作稳定之时她又放弃了可以得到的所有，选择从头再来。毋庸置疑，从头到尾，她做的都是错误的决定。

可是她还是做了，不管不顾，干扰因素再多，她也不在乎，她就是想去她向往的城市继续深造。

有人问她为什么，她说为了理想。

她已经不记得自己为什么那么向往读研了，她记得是从大一开始她就已经在准备考研了。本科是喜欢的专业，所以她认认真真上每一堂专业课，修了许多相关的选修课来为考研打好基础。同学们从高中到大学开始堕落，可她却还是过着和高中一样的生活，每天早晨六点起，晚上十一点休息。她在无人的操场上大声朗读英语，去参加英语角练习口语，去参加各种讲座。大学里，她没有一丝一毫的松懈。

大四那年，她获得了保研名额。她觉得她的努力总算没有白费，她的梦想触手可及。但是现实很残忍，她的父母不支持她读研。

她一直知道自己想要考研的决定不会被父母支持，所以她一直很努力，努力兼职赚钱，努力学习拿奖学金，努力到得到了保研名额，可是她的父母还是不同意。原来，无论她怎么做都不够。

她来自一个小县城，家境一般，她的大学学费全部是贷款来的，她知道父母负担不起自己的读研费用，她也觉得她不应该再是父母的负担，所以她让自己变得足够优秀。她也一直以为只要自己不再是父母的负担就可以，但是她还要负担家里，负担她还小的弟弟。

她终究还是与梦想失之交臂，凭借还可以的简历找了一份还可以的工作，养着自己也养着那个家。工作的那两年，她也不曾放弃自己的梦想，她会做一些相关的兼职，关注着相关的动态，她忘不了自己的梦想。

王尔德说我们都在阴沟里，但仍然有人仰望星空。她不仅在仰望星空，她还想要得到喜欢的那颗星星。哪怕没有人支持，她也不在乎。

工作的这几年，她也想过如果她是一个没有理想的人就好了，那样她可以在大学里放肆地玩，然后拿一个文凭，毕业后按照父母的意愿工作结婚，一辈子就这样碌碌无为，做一条永远不会翻身的咸鱼。但是很可惜，她不是，她已经见过更加广阔的世界，她回不去曾经那个狭隘的自己，更何况不管她生活在怎样的环境里，她都有自己想做的事情，她也愿意为之努力。

张爱玲一生有三恨：一恨海棠无香；二恨鲥鱼多刺；三恨红楼未完。而她只恨没有坚持自己。这么久以来，她一直遗憾两件事，一是学院有出国交换的项目，本硕连读只需要读四年，她符合所有的条件，但她放弃了，因为出国的费用真的太贵了，她实在没有办法负担；二是毕业那年她没能拗过父母选择了工作放弃了近在眼前的保研名额。

而现在，她终于没有办法忽视自己的内心，不论过去多久她依然不能说服自己就这样按照父母的安排生活，她也不甘心就这样放弃自己的梦想，所以她决定重新追求自己的梦想，哪怕身后空无一人。

其实我们每个人都只是平凡人，我们想做的事情也要很难才能完成，更或者即便全力以赴也不一定会成功，也许我们走了许久的路也到不了目的地，但无论如何，只要有梦想就是好的，只要我们敢于仰望星空，就总有机会实现。

浮生一场，有人沉沦，有人平凡，也有人站在山峰之巅俯瞰众生。所有人都想做站在最高处的那个人，但总有人中途退出放弃，所以最后抵达目的地的只有那寥寥数人，只有那很少一部分人功成名就被人仰望。可我们要记住，没有人能随随便便成功，那些成功的人也曾在阴沟里被淤泥缠身，只是他们比大部分人强，他们出发了就不曾后退，旁人冷言冷语也不在乎，他们只是想做有理想的人。

你不是懒，你是缺乏努力的动机

很多年轻姑娘说，她们在大学里的时候，认真努力读书，积极参加各种活动，觉得生活有很多意义。

可一毕业，突然就不知道该怎么活，该往哪里去了，自己都变成了一个不认识自己的懒人。

你不是懒，你只是还没找到自己努力的动机是什么。

我认识的一个姑娘小依，对钱没什么概念，经常说的话是：我对赚钱没概念，我对名牌也无所谓。

她既不热衷社交，也不做职业规划。对于爱情，她也很迷惘，男朋友无功无过，食之无味，弃之可惜。后来，她终于意识到，这种人生状态或许是有问题的。事发原因，是她刷了男友的卡，买了一件很贵的衣服，回家后，他假装无事。

可是吵架的时候，这件事立即被翻了出来，他理直气壮地说她是个虚荣的女人，而她无言以对，只好摔门出去。那一刻，她突然有了努力的动机。只是这个动机，很快就又被生活的柴米油盐磨灭了，很快她就乖乖回去跟男朋友妥协。

我问她，为什么呢？你当时不是气得发誓要好好努力，让你男朋友看看吗？

她说，每当她想再努力一点的时候，就会想起——

父母总是说别人家的孩子，如何地聪明，如何地厉害，而她永远不可能变成那样。

父母总是会跟她说：靠你的能力，也买不起一套房，回来找个工作，压力不用那么大。

父母总是不停地说：女孩子早点嫁人才是正经事，现在这个男朋友不错啊，就你这条件，还想找个什么样的？

每当她想努力变美的时候，就会想起——

她十几岁的时候，第一次想臭美一下，却被家里说——好好学习才是正经事，爱美的孩子都是不正经的。

她到了青春发育期，对美丑最敏感的时期，却被家里嘲笑说——越长大越难看，小时候多可爱。

她长青春痘，又发胖，家里毫不关心，直接丢给她一支皮炎平解决，从此皮肤就再没有光洁过。

她不是懒，她是习惯了低要求，内心没有努力的动机，心甘情愿沦为一个“无用”的人。

所以当离开了学校，离开了父母，离开了一切的“被要求”之后，她就变成了一个对自己无要求的懒人。

当很多人都在想，如何学习成长，快速晋升的时候，她却在期待，男朋友的工资什么时候涨。

当很多人在想，在这个城市拥有一辆车的时候，她在想什么时候能早一点下班走人。

当其他人在思考，明年要跳槽到更好的公司、更大的平台的时候，她却在纠结：是不是应该回老家去。有姑娘和我感叹说：小依她条件不错啊，为什么不愿意去尝试更好的人生。

我跟她说：一点都不奇怪，她丝毫看不到自己的美丽、能力、优点，她习惯看到的是局限、是障碍、是缺点，是不管怎么努力，大概都不可能变得更好吧，更好的都是别人的，所以放任自己虚度人生。

大部分的中国家庭，对好女孩的要求就是：早嫁人、早生娃、吃喝不愁、梦想别提。男人只要能养家不出轨脾气好，都是好男人。当然，还有最厉害的一句话：不听过来人的，有的是你后悔的时候。

很多姑娘被这句话吓到，于是乖乖走进了父母认为的理想生活。她们中有一些人幸运地遇到好的婚姻，过得安稳，但却有更多的人，根本接受不了这种生活。

我时常听到身边有人跟我说：真的后悔大学时候没有好

好学习。

最后悔的事情是，刚毕业的时候，整天只想轻松应付过去。

人生最遗憾的是，年轻时候没有好好看书。

这些感叹都是在她们的艰难时刻说出的，因为过往对自己要求太低，所以后来命运对她们有一点点高要求，她们就承受不来了。

因为不想对自己的人生负责，所以，当身边人甩手不干的时候，她们全军覆没、全盘崩溃。

反观我身边那些如鱼得水的人，并不是因为更聪明，而是她们习惯了对自己高要求。一个朋友跟我说，她初中开始寄宿，父母基本都是放养，一上大学她就开始兼职赚生活费。

所以如今的她，生活的每一个节点都由自己安排，什么时候买车，什么时候买房，什么时候开始读MBA。她早就不习惯凡事问父母，父母也早就习惯由她自己安排人生。

而像小依这样的，她们虽然不认同父母的人生观，可已习惯事事都要问过父母才做打算，却没有想过，父母真的能为你的后半生负责任吗？真的有能力为你的人生买单吗？

身边不少女人，离婚之时才发现，只有靠自己的肩膀承担。父母已老，怎么忍心怪罪，自己选的路，含泪也要走下去。

不要等真的发生了，才决定要努力。虽然说，努力总不迟，可如果能早一点做自己人生的主人，为什么非得经历了惨痛挫败之后呢？你偷过的懒，不是不报，是时候未到。这是很多人讨厌曲妖精的原因，因为她不是传统的好女人，她能理直气壮地跟父母说：你们别插手我的感情。这也是很多人喜欢电视剧《欢乐颂》中曲筱绡这个角色的原因，因为她们再也不想做这种好女人，她们醒了，知道女人嫁给谁，最终都还得靠自己。

她们懂了：不管嫁给谁，都不可能帮你搞定人生，甚至他可能连自己的人生都搞不定。她们不想再躺在爱情的幻想里睡觉。

我常常觉得，生活在这个时代很幸运，当然也很辛苦。辛苦是因为，我们丝毫不想过上一代那种人生。

我们不想压缩自己的人生，一辈子待在一个地方，做一个工作，每顿吃差不多的饭菜，没什么朋友，没什么见识，把生活变成一包压缩饼干，管饱，却没有滋味。

所以，老闺蜜说，你怎么可以一直这样自带鸡血，你努力的动机到底是什么？我说，不是买一个名牌包，或者买一个大房子，这些我都已经有了。我努力的动机，就是想看看自己还能不能活得更好，活得不一样。

但在那之前，我努力的动机，真的也很简单，就是我知道：人生要么先难后易，要么先易后难。不要等到真正困难的时候，才想到要努力。

人生时钟，你现在几点

活到现在，你感觉人生的路走了多久呢？

如果你对这个问题有些不知所措的话，我不妨换个角度再问一次。如果将人出生到死亡的时间比作一天的24小时，那么你觉得自己现在正活在几点钟？是温暖和煦的清晨还是烈日当头的正午？刚刚大学毕业的你，是不是觉得自己正处在刚刚吃过午饭，马上准备开工的下午一点至两点呢？

我们不妨拿出计算器计算一下。假设你大学毕业时是24岁，又假如人的平均寿命是80岁，那么24岁相当于几点呢？

我告诉你，结论是——早上7点12分。

是的，是早上7点12分。大学毕业时的24岁顶多就相当于早上7点12分。

此时此刻，很多人才刚刚起床，为崭新的一天做准备。

有些人甚至可能还没有起床。作为大学老师，我见证了无数年轻人的成长，而这一经验帮我认识到7点12分背后所蕴藏的含义要比他们想象中巨大得多。

没错，24岁这一年纪顶多就是早上的7点12分，是正要出门上班的时刻。

度过幼年期和青少年时期，正要踏入社会的24岁，相当于一天中做好上班前的准备，即将要出门的时刻。

那么，退休后准备安度晚年的60岁相当于几点钟呢？计算一下会得出来，是傍晚6点。这是职场人士们结束一天的辛劳工作下班回家的时刻，也是夜生活即将开始的时刻。

这些数字是不是很奇妙呢？跟你想象的有所出入吧？因此，我喜欢将人生的80年跟一天中的24小时进行对照。

人生时钟的计算方法十分简单。24小时相当于1440分钟，而将此分成80年，每等份就是18分钟。1年相当于18分钟，10年相当于3个小时，依此类推，20岁是早上6点，29岁是上午8点42分。我所计算的人生时钟前提是将80岁设定为人的平均寿命，而随着未来平均寿命的延长，每个人人生时钟的跨度都将增长，单位时间也将变得更加宽松。

曾经有一位60岁的元老级毕业生，参加系里组织的校友会活动时说过，他在大学任教多年，认为自己的人生会一直围绕着校园度过，可是新上任的某领导突然决定提前部门的退休年龄，他只能在毫无准备的情况下匆忙退休了。一开始他十分记恨这位领导，但现如今他十分感谢这位领导让自己提前两年退休，因为在这段时间里，他发现自己的人生之中还有许多之前未曾开发的幸福领域。我对这位前辈的话着实吃惊了一番。没错，夕阳西下的6点10分并不意味着不可以再转换方向，有新的作为，世界仍旧有许多未知的全新领域等待你去探索。夕阳无限好啊。

我将人生时钟介绍给其他人时，大多数人都会流露出惊诧的表情——他们都不敢相信自己的人生时钟比想象中的要早。当我对即将年满50岁的前辈说出“前辈，您现在才处在下午3点哦”，对方会立即掰着手指掐算开来，并且当我将人生时钟的对应，讲述给即将迎来毕业时刻的24岁年轻人时，大多数人都会由衷地发出感慨，“我以为自己已经走过了很长一段人生，可现在才仅仅处在早上7点12分啊”！

没错，你的人生之路仍尚早。如果早上7点醒来之后，发觉自己已经比别人慢了半拍，不要焦虑和担心，因为这并不意味着会毁掉一整天。在人生的起跑线上快了一步，或者慢了一步，并不会对未来起决定性的作用。

所以，有些人抱着“我已经来不及了”的态度自暴自弃，并非是“事实”问题，而是“自欺欺人”的问题。切记不能为自己制造放弃或逃避的借口。你现在所处的时间段还很早，现在的你还拥有大把的时间，悬而未决的未来正在等待着你，没有什么不能改变。

人生因什么而不同

有两个故事，读过后让我对人生又有了新的思考。

第一个故事，是关于世界潜能大师博恩·崔西的一个人生片段。

大师二十多岁的时候还只是一个穷困潦倒的奋斗青年，每天早出晚归，拼命工作，日子过得捉襟见肘，难以维系。彼时的他，一直以为，一个人只要勤奋努力地工作，早晚有一天会出人头地。

有一天，他读到这样一句话：人是一种善于排列优先顺序的动物。这让他忽然有种醍醐灌顶的感觉。他赶紧拿笔，将它抄录下来，作为自己一生受用的成功指南。

这句看似平淡的话语，深刻地改变了他对成功的看法，促使他开始向成功的正确方向快速奔跑。这句话，让他在读到它的那一刻，幡然醒悟：人们对事情的先后顺序的处理，会直接影响到他们的绩效。

后来，他在自己的成功学演讲中，曾经反复不断地提到它，然后极为郑重地告诫别人：平庸的人往往把那些容易的事情放在最前面，而优秀的人则把那些最重要的最能带来价值的事情放在前面。所以我们经常看到两个人可能同样忙碌，但因为对事情排列的顺序不同，所以达到的成效也就大不一样了，这就是区别。

第二个故事，是成功学大师安东尼·罗宾的一段人生经历。

曾经有一段时间，罗宾的事业遭受了巨大的挫折，整个事业再也无法向前迈进一步。而影响事业发展的瓶颈问题，他迟迟无法找到。无奈之下，他被迫暂时离开工作，乘飞机到斐济群岛去散心。

坐在飞机上，他一路整理自己纷乱的思绪，思考着下一步该怎么走，如何解决摆在面前的问题，如何扭转目前不利于自己的局面。

到了目的地，他哪儿都没有去，而是独自一人坐在饭店的大厅里静静思考。

他拿出纸笔，把自己目前的价值观一一罗列在纸上，然后盯着它们发呆。他想这些价值观对于他而言是最棒的，正是这些，才造就了目前的他。接下来，他开始花几天时间重新审视这些曾经对自己产生过巨大激励力量的文字。在添加了几项新的价值观后，他发现自己已经无法再为自己的价值体系增加或删减任何一项后，就停下了手中的笔。

在抬起头的一刹那，他问了自己一个问题：要想实现人生的终极目标，自己所拥有的这些价值观，该做何种排列呢？很快，他把这些纷乱的发散的没有先后次序的价值观，以一种有先后次序的链条的形式呈现出来：健康、爱、智慧、积极、诚实、热情、感恩、快乐、学习、成就、投资、奉献、创造。

这时，他疑虑重重的脸上重新绽放出灿烂的笑容。

或许，有人会问：这个有先后顺序的价值链，有那么大的魔力吗？看上去，也没什么了不起的呀。可是，它对于罗宾而言，却意义非凡。

这个链条，是他经历了内心痛苦挣扎后才排列出来的，自认为是顺序最合理的价值体系。

这个有着先后次序的价值体系，为罗宾的内心带来了极大的宁静，使得他接下来的人生发生了很大的改变。他不仅没有丧失干劲，反而产生了前所未有的信心。这个价值体系，让他从此不再跟自己的内在拔河，也不再和外在的环境对抗，并给他的人生带来了稳定、持续、一致的巨大力量。

后来，罗宾谈到自己的成功心得时，这样解释这条价值链：如果你看快乐优先于成就，那么你就会以快乐的姿态发现自己的成就。

原来，每个人的现实生活状况都是由你过去的选择所造成的，而你的选择，又源自你内心的价值观和价值体系。

只要厘清了个人心中的价值观，适当调整自己的价值体系，每个人都能为自己找到准确的方向，并为自己的未来，做出正确的选择。

最难的进攻就是进攻自己

《美国运动》画报刊登了一幅漫画。画面上是一名拳击运动员累得瘫倒在训练场地，旁边是一个耐人寻味的标语：突然间，你发现最难击败的对方竟是自己，“要赢人先赢自己”，这是一首歌里面的歌词，其意义深刻，给人启示，在追求成功的道路上，我们发现有的人失败了，有的人成功了，究其原因，前者是被自己打败了，而后者是打败了自己，确实，每个人都有自己的弱点，比如特殊场合紧张胆怯，遇到问题害怕退缩，受到挫折悲观沮丧，遭遇厄运沉沦绝望，稍不遂心易气躁，取得成绩骄傲自满，面对诱惑失控放纵等，这些都是自己心理上的敌人。而成功的关键就在于，自己是否敢于向自己进攻，冲破这些横挡在前进道路上的各种障碍，征服自己心理上的敌人。

有这么一个故事，很是发人深省。

有一位伟大的军官即将带领他的军队去奋勇抗敌，他们面临着敌强我弱的窘局，但是他们不得不出兵，不得不奋勇前进，于是士兵们登上船，开到敌阵去，等士兵和装备都下了船，他下令把这些送他们渡水而来的船全部烧掉，在进行第一决战之前，他向自己的军队发表演讲，他说："你们已经看到所有的船全部烧成灰烬了，这表明除非我们打了胜战，否则我们就无法活着离开这里。"最终他们大获全胜。

很多时候，我们不敢向自己进攻，原因就在于缺少这种切断所有退路、破釜沉舟的勇气，而胜利和成功也因为我们的胆怯离我们而去。

你知道吗？鹰可以活到70岁，与其他的鸟类相比寿命可谓最长，但是要维持如此长的寿命，它就必须在40岁时做出一个重要的决定，这个决定是无比痛苦的，却可以让它的生命获得新生，这是一个什么样的决定呢？原来，在高空飞翔，在荒野中抓捕猎物的鹰到40岁左右时，它那尖利的双爪便开始老化，不能再伸展自如地抓捕猎物，它的嘴上也已经结上一层又长又弯的茧，一动便可碰到胸膛，对进食阻碍很大，最让它痛心的是，双翅上的羽毛也厚厚地堆积在一起，使它不能再像以往一样在天空中轻盈地飞翔。这时候，它面临着一个艰难的选择，要么等死，要么历经磨难和痛苦让生命重生，鹰在一般情况下都会选择让生命重生，经过细致的观察，它会选择一个除自己之外，任何鸟兽都上不去的悬崖，然后用150天左右的时间让自己获得新生。首先，它会在飞翔中突然撞向悬崖，把结茧狠狠地磕在岩石上，当然，它必须利用很大的力气，只有这样才能把老的嘴巴连皮带肉磕掉，然后它就飞回洞穴，忍着剧痛等待新嘴长出，过了一段时间，新的嘴终于长了出来，它立刻进行第二道工序，用新嘴把双爪上的老趾甲一个个拔掉，那同样又是一次血淋淋的更新。不久，新的趾甲长出来了，它紧接着进行第三道工序，用新的趾甲把旧的羽毛拔掉，再等几个月，新的羽毛又长出来了，只有经过这一系列残酷的更新，鹰才可以再次在蓝天上飞翔，并收获30年的生命。

鹰的这一系列生命重生充满了危险，极有可能使自己疼死或饿死，但它依旧勇敢挑战自己，向自己进攻，让自己在死亡的边缘获得再生，鹰如果不敢向自己进攻就会失去生命，而作为人如果不勇敢地向自己进攻就会失掉一次次的机会。

看看那些成功的人，成功的企业，并不是因为他们有三头六臂，只是他们有更多勇气向自己进攻，在超越一个个目标的时候，他们会选择更高的目标来征服，生活中你会发现，为什么有着同样经历、同样出身的人，有些成功了，而有些人仍然在底层苦苦挣扎，就是因为失败的人没有这份挑战困难、挑战生活、挑战自我的勇气。

有位哲人曾经说过一句话：“人最大的敌人就是自己，打倒自己的不是敌人而是自己。”是的，人生最难的进攻就是进攻自己，人生最难以战胜的也是自己。在生活的战场中，人只有具备了敢于进攻自己的信心与勇气，才能克难攻坚，走向成功。

其实人生没多少难题

一

我毕业后第一份工作，是在一家很小的创业公司。公司管理松散，老板经常出差，基本不在。办公室里，大家每天都是聊聊天、看看电影，或者打打游戏。

有时我会陷入一种前所未有的恐慌，我知道如果不做出改变，不逃离这个舒适的怪圈，我只会在这样的环境里越来越麻木。

后来在一次饭局上，偶然认识了一位学长，当时他已经在某设计院工作了两年。聊天的时候，他告诉我说他们设计院正要招人，让我报名试试。

不过，他也委婉地暗示我，报名的人数比较多，而我的学历并不占任何优势。

我在心里估摸了很久，从二三十人里面选三个，拼学历，我最多平均水准；而论理论知识，不用说我都知道，肯定垫底。我被淘汰的概率非常高，而距离笔试的时间就一个多星期。

我有过放弃的想法，但后来一想，不如放手一搏，失败了也没事，知识总有用得着的时候。

我开始了疯狂的一周，将大学的相关书籍翻了出来，从早上七点看到第二天凌晨。那几天，脑海里就一个想法，多看一遍书，就多一分希望。

最后笔试进去十个人，我正是其中之一。笔试过后，面试就成了我的优势，毕竟拥有大四一年的实习经验。最终，我顺利入职。

很多时候，真正让我们停止脚步的不是世界，而是自己。就像小时候，我们坚定地认为道路就在我们脚下，无知无畏。而长大后，我们却总是踟蹰于眼前的迷雾，常常望而却步。

二

有一个朋友小渊，两个月前，他跳槽到了现在的公司。上班第一天，领导丢给他一个项目，并告诉他尽力就好，完不成也没关系。

他花费整整一个星期，将项目高效地完成。可当他信心满满地把成果发给客户后，第二天便被客户打了回来，并提出很多修改意见。小渊二话不说，立马依照客户的意见进行了修改，结果又被打了回来，理由是没达到他们想要的效果。

凭着多年的行业经验，小渊觉得有问题，这是很明显的吹毛求疵。于是，他向客户提出面谈请求，却遭到对方的直接拒绝。

最后，他心一横，赶在下班前直接带着资料去了对方公司，将客户堵在了公司门口。尽管明显感觉到对方的各种有意刁难，但他一直保持足够的耐心，脸上更是全程挂着笑容。用他的话说就是，尽可能地满足对方，而且不留给他们任何借口。

往后一段时间，他天天准时出现。不到一个星期，对方妥协了，主动和他交代了具体要求。临走的时候，客户告诉他说，正是因为他这种执着与耐心，让他们觉得把项目给小渊公司非常放心。

当小渊回去向领导汇报成果的时候，领导愣了很久，然后有些不好意思地笑了。

这个项目其实已经遭到了其他公司的压价，对方碍于合同已签、不好毁约，只能吹毛求疵到处找毛病，想让公司知难而退。领导都准备把事情直接移交给公司法务部解决了。给他的时候也就是死马当作活马医，却没想到还真被小渊搞定了。

这个项目的圆满解决，不但为小渊带来一笔可观的奖金，更让他在公司扎稳了脚跟，获得了同事领导的一致认可。

三

国内一家知名体育论坛上，有一则被誉为“镇街神帖”的帖子。发帖人问：你们最艰苦的战役是什么？

帖子发出后，后面的跟帖人数上万，许多人讲述着自己平凡生活里不平凡的经历：有突发疾病，几乎步入死亡的；有创业失败，一夜之间一无所有的；有情感受挫，差点走入绝境的……有的已经成为过去，有的还正在进行。

而那些被点赞最多的帖子，都有一个共同点，就是无论面对怎样的困顿，尽管最开始的时候会有失落，有害怕，但最后还是坚信人生没有跨不过去的难题，所以也都在各自的境遇中寻到了困难的出口。

世界那么大，总会有人和你经历着相同的事情。不同的是，有些人一开始就选择了绝望地放弃，而另一些人，尽管同样深陷沟壑，却永不失光。

生活中，有些事情是无论我们怎样努力，都无法改变的。但还有更多事情，我们明明可以改变，明明可以努力将自己置于更好的境地，但我们却被周围的环境所迷惑，被自己的预判所吓倒。

很多时候，真正让我们感到为难的并不是事物本身，而是我们自己那颗尚未开始、就已经退缩的心。

四

你觉得外语是你人生的难题，所以从没去过学校的英语角，也从未翻过任何学习资料，就直接抱怨说英语太难了；你觉得减肥是你人生的难题，所以从没在健身房里挥汗如雨，也从未想过如何健康饮食，就直接颓丧地说减肥太难了；你觉得爱情是你人生的难题，所以从没主动拓展自己的圈子，也从未想过怎样提升自己，就直接吐槽真爱太难了……

可是，你要明白，害怕困难，那么生活到处都是困难。不敢开始，那你永远都只能原地不动。

许多荆棘遍布的道路，只有当自己一步步地走过之后，才发现自己原来可以坚强如斯。

人生没有那么多的难题，难的是拥有一颗迎难而上的心。

从顺风到逆风的人生

她是一个漂亮而又富有才华的女孩。她十五岁考上大学，十九岁在大学任教，二十二岁考入中科院研究生班，二十四岁在中科院教研究生。接着，她恋爱，结婚，生子。一切都顺风顺水，处处都是鲜花和掌声。可是，在她二十九岁那年，上帝却突然关闭了那扇通往幸福的大门，一下子把她推入黑暗的深渊里。她的视神经发生了病变，双目失明。与光明一同失去的，还有她的丈夫和孩子。

她就像是一位武林高手突然被废了武功，所有的能力都在瞬间消失得无影无踪。她在父母的帮助下，开始学穿衣、学吃饭、学走路。这些看似平常的事儿，对于失明的她来说，简直比登天还要难。她用筷子夹菜，筷子竟然把菜碗推翻；她用吸管喝饮料，吸管竟然戳疼了自己的眼睛；她用盲杖探路，盲杖竟然把自己绊倒……当然，最令她憋闷的是不能看书、不能写字、不能获取知识和信息。这对于一个大学教授来说，是多么残忍多么可怕！

她要学习盲文，她要回到自己的知识领域里去。可是，这一年，她已经三十岁。三十岁的女人当然不能再上盲人学校了。因此，她只好自学。她开始“看”盲文。当然，她是用手指“看”的。她只能用手指摸字替代眼睛看。她摸的第一个英文单词是大白菜，字母为c-a-b-b-a-g-e。这七个英文字母，她用手摸了足足一个小时，可是，她到底还是没有弄明白这个单词就是“大白菜”。当父亲告诉她答案的时候，她哭了，她为自己的笨拙而流泪。她是中科院的英语教授，居然不认识“大白菜”这个英文单词。而在此之前，她可是一目十行啊！

她不相信自己就这么被一棵“大白菜”给绊倒了。她要活下去，她要站起来，她要做一棵能够飞翔的大白菜，重新翱翔在知识的天空里。她开始了奋斗。她把自己锁在房间里，一遍遍地练习，一遍遍地摸字，一遍遍地默记。然后，她再把学会的东西背诵给父亲听。一次，父亲在听她背诵的时候，发现盲文字块儿上满是殷红的血。等她背完，父亲一把拉过她的手，这才发现她的十指都已磨破。父亲把她的双手攥在自己手里，不禁号啕大哭。父亲说：“女儿呀，咱不学了。爸爸有工资，爸爸可以养活你一辈子。”她没有哭，反而笑着安慰父亲说：“爸爸，您一定要相信您的女儿，我能行！”

一天晚上，她一个人偷偷地跑出了家。父亲很着急，四处寻找。最后，父亲在她工作过的教室里找到了她。学生已经放学，教室的灯光已经熄灭，她一个人站在讲台上，反复地用手丈量着黑板。父亲站在教室里，默默地看着黑暗中的女儿，心里一阵阵的酸楚。父亲知道，女儿这是想重返讲台呀。直到她准备离开的时候，父亲才走上前，牵着她的手。她激动地说：“爸爸，我成功了，我已经找到板书的方法了！”父亲说：“你是一棵能够飞翔的大白菜，你一定能够成功的！”

她终于重返讲台。她的板书依然是那么规范、飘逸；她的发音依然是那么准确、清晰；她的多媒体使用依然是那么丰富、绚丽；她的形象依然是那么风度翩翩、笑容可掬。一切都与生病前没有什么两样，以至上了两个星期的课，同学们还不知道他们的老师已经变得双目失明了。终于，有同学发现她拄着盲杖在校园里行走，同学们这才知道了她的不幸，这才知道她为了上好每一堂课所付出的艰辛和努力。同学们感动得哭了，而她却笑了。她笑着讲述一棵大白菜的奋斗历程，鼓励同学们珍惜时光。

她的名字叫杨佳。杨佳学会盲文后，利用电脑盲文软件，踏上了事业的快车道。她以盲人的身份考上了美国哈佛大学肯尼迪政府学院公共管理专业，并获得了哈佛MPA学位。现在，杨佳任联合国残疾人权利委员会副主席，任中国第十一届全国政协委员、中国盲协副主席。

这就是杨佳，一位成功的盲人，一棵飞翔的大白菜！她的成功正如她在演讲中说的那样：一个人可以看不见，但不能没有见地；可以没有视野，但不能没有眼界；可以看不见道路，但不能停住前进的脚步！

做一条没有鳍的鱼

当年，二十六岁的菲利普·克罗松在搬动屋顶天线时，触到高压线，两万伏的电流瞬间将他的双臂和双腿烧成了“焦炭”。一个没有四肢的人，该如何面对未来？躺在医院里，菲利普一直在思考这个问题。有一天，一个电视节目使他明白了自己究竟该怎么做，那是个纪录片，讲述了一个身有残疾的女子只身横渡英吉利海峡的事迹。那场面震撼了菲利普，他想：“我也要横渡英吉利海峡。”

没有四肢，却想横渡英吉利海峡，就如同一条没有鳍却想游弋大海的鱼，所有的人都认为不可能，然而，菲利普决心要做一条无鳍的鱼。

菲利普聘请教练传授游泳技巧。事实上，在此之前，他是典型的“旱鸭子”，从未下过水。第一次下水，他的身体像石头一样直往下沉，水呛得他差点窒息，幸亏教练在旁保护，把他迅速捞了上来。不过，他很快想到了好办法，让人在自己残存的手臂上安装假肢，在残存的大腿上套上脚蹼，然后，头戴潜水镜和呼吸管，再次下到水里。按照教练的提示，他不停地划动上肢，并且使劲地拍打脚蹼，果然没有沉到水底，只是整个人在原地打转。不管怎样，没有沉没就是成功！经过一周的练习，他进步神速，可以沿直线游动了，又过了一段时间，他已经可以连续游过两个泳池的距离。接下来，他信心满满，开始了“魔鬼式”训练，不仅加强泳技练习，还加强力量练习。借助假肢，他坚持跑步和举重，每周训练时间长达三十五个小时。两年后，他体重大大减轻，泳技突飞猛进，耐力也变得超强，每一次连续游出的距离再也不是两个泳池的距离，而是三公里。他完全像一条可以自由游弋的鱼了。

具有挑战性的一天终于来临。2010年9月18日8时，在英吉利海峡，全副武装的菲利普从英国福克斯通港下水，朝着对岸法国的维桑港奋力游去。他的假肢在碧波间划动，激起朵朵浪花，他的呼吸管像高举着的一只手臂，顶端那一块橘黄色的标志，在海浪中特别耀眼。他保持着节奏，合理分配体力，每游进三公里就休息一分钟，然后继续前进。可是三个小时后，他感到有点不妙，他浑身疼痛，但他对自己说：“鱼是不会停的！”这时，三只海豚在他身边游动，于是，他很快便有了缓解剧痛的办法：他一边奋力划水，一边欣赏着海豚的泳姿。就这样，经过十三个小时三十分钟，他终于游过了三十四公里宽的海峡，胜利抵达目的地，比预计整整快了十个小时三十分钟。那天，菲利普就是一条真正的鱼，把最真实的感动留给了现场所有的人。

人人都以为受苦是一种磨难、打击和损失，不知道受苦其实是一种获得、领悟与生命的再造。明知无鳍，却偏要坚持做一条鱼，并且最终把这条鱼做得纯粹而完美，这就是奇迹。也许，奇迹的创造并不复杂，而奇迹之所以稀缺，那是因为99.99%的人都认为，没有鳍就不能成为一条鱼。

艰难的转身

岁月的阴霾笼罩在1940年的6月23日。在美国田纳西州的一个贫困家庭中，有个女孩出生了。她是这个家庭的第二十个孩子。同样是黑人，可是她却比其他黑人显得更黑更瘦小，因为她是早产儿，生下来时体重仅有两公斤。她从小就患有多种疾病，因此，哥哥姐姐们都特别疼爱她。

她就这样磕磕绊绊地成长着。不幸的是，四岁那年，她又患了小儿麻痹症。她的左腿没有知觉，几乎不能走路，可她却每天都要爬到门外去，看街上的人来人往。六岁的时候，她不得不开始穿着固定腿的金属绷带，就是人们所说的铁鞋，否则她根本无法走路。她那么弱小，身体里却有着令人惊奇的毅力。她穿着铁鞋走出门去，起初走得极其艰难，可是渐渐地，她就可以走得和别的孩子一样快了。只是别的孩子依然嘲笑她，戏弄她，她追着他们打。虽然她可以勉强赶上那些孩子，可是穿着那个笨重的家伙，转身的时候极为不便，她常常要花几分钟的时间才能换个方向。那些孩子常常跑着跑着便绕到她身后，大声地嘲笑她。

那样的时刻，她把嘴唇咬得没有血色，狠狠地说："我一定要转过身去！"

经过几年的锻炼，她终于可以灵活地随意转身了，其中的艰辛与痛苦，只有她自己知道，只有跌倒了无数次的路面知道，只有重重的铁鞋知道。

哥哥姐姐们给她的关爱，常让她的心温暖如春。每个晚上，他们都会轮流给她按摩左腿，从不间断。正是有了这种爱和执着，她才能咬牙走过那些难熬的时光。十一岁那年秋天的一个傍晚，她在后院看哥哥们打篮球，看着他们跳跃的身影，她羡慕得无以复加。她偷偷摘下自己的铁鞋，跑过去和哥哥们一起抢球。虽然她在跳起的瞬间跌倒了，可她脸上的笑容却是那么灿烂。自那以后，她常常脱掉铁鞋，和哥哥们打球。随着时间的流逝，她穿铁鞋的时间越来越少，终于在一年多以后，彻底将铁鞋扔进了仓房。

有一天，已成少女的她，对家里人宣布："我要当一名运动员！"她的话引来家里人的一片反对声。在大家七嘴八舌地劝她的时候，她却低下头，像小时候那样狠狠地说："我一定要转过身去！”是的，她的这次转身，要比小时候穿着铁鞋时更为艰难。可是她不怕，毅然开始了自己的运动生涯。先是女子篮球队，后是田径队，她给了人们太多的惊奇和惊喜。

她终于迎来了自己的辉煌。在1960年的罗马奥运会上，她夺得了100米、200米和4×100米三块金牌，并创造了200米和4×100米的新的世界纪录！站在领奖台上，她轻盈地转了个身，然后垂下头，咬着自己的嘴唇，用低得只有自己才听得见的声音说：“我一定要转过身去！”人们看不见她的眼泪，只看得到她的坚强。

两年之后，运动生涯正如日中天的她，却突然宣布要退役，开始一种全新的生活。面对人们的不解和反对，她说：“金牌、期望等，这些都太重了，比童年时的铁鞋还重，我怕时间再久，便没有力气转身了！虽然现在也很难，可我一定要转过身去！”

后来，她成为一名教师，这是她多年的梦想。身为一个黑人，她知道种族歧视的可怕，所以她投身于自己家乡的教育事业，用自己的人格力量，影响教育着孩子们。同时，她也当教练，教导那些出身穷苦人家有天分的孩子。无论是作为教师还是教练，她不仅传授知识和技术，还教给孩子们许多做人的道理，以及生命中种种积极美丽的东西。看着孩子们善良而快乐的笑脸，她深为自己这次成功的转身而自豪。

她就是威尔玛·鲁道夫。1994年，五十四岁的威尔玛·鲁道夫因脑癌逝世。出殡那天，万人云集，一起送她最后一程。虽然时隔多年，我们仍感动于她生命中那几次最艰难也最华丽的转身。还有，她在每一次转身时呈现出来的穿透人心的精神力量！

坚持到底

俗话说“胜败乃兵家常事”，意思就是说失败太平常了，我们何必在意呢？这句话说起来非常轻松，可未必人人都能理解挫折的意义而把失败当成机遇，否则就不会出现“一蹶不振”“自暴自弃”等词语了。在心理学上，失败后的消沉是一道墙，我们姑且称之为“心墙”。“心墙”后面可以说是一片废墟，而前面往往就是蓝天白云，可有时候这道墙薄到成了一张纸，有的人也不会主动去捅破它。这就好比事物发展遇到的“瓶颈”，冲不出去是画地为牢，冲出去就是一片艳阳天。

有一位年轻人，从小就希望自己能够成为一名出色的赛车手。长大以后，他才知道想做一名赛车手并不容易，没有一定的实力和经济基础是办不到的。但他并没有放弃梦想，他选择在一家农场开车。工作之余，他一直坚持参加业余赛车队的技能训练。每逢遇到车赛，他都会想尽一切办法参加。但因为技术问题，他无法取得好的名次，不仅没有什么收入，而且还欠下了一笔数目不小的债务。

在如此窘迫的情况下，他依然抱着自己的信念不放弃，一如既往地坚持练习。有一年，他参加了威斯康星州的赛车比赛。当赛程进行到一半的时候，他的赛车位列第三，他有很大的希望在这次比赛中获得好的名次。也许这将成为他人生的一个转折点。

突然，他前面的两辆赛车发生了事故，撞到了一起。看着前面的滚滚烟雾，他迅速地转动方向盘，试图避开这场灾难，但由于车速太快，他撞上了车道旁的墙壁。

当他被救出来时，手已经被烧伤，鼻子也不见了，全身烧伤面积达40%。医生做了七个小时的手术，才把他从死神手中拽了出来。

经历这次事故，他尽管保住了性命，可手却萎缩得像鸡爪一样。而且医生告诉了他一个残酷的现实："以后，你可能再也不能开车了。"

一名赛车手握不住方向盘，和一名拳击手失去了双臂有什么区别呢？然而，他并没有因此而绝望。为了心中的梦想，他决定继续自己的赛车生涯。他接受了一系列植皮手术，为了恢复手指的灵活性，他每天都用残缺的手不停地抓木条，有时疼得浑身大汗淋漓，但仍然坚持。

在做完最后一次手术之后，他回到了农场，换用开推土机的办法使自己的手掌重新磨出老茧，并继续练习赛车。

仅仅是在九个月之后，他重返赛场！他首先参加了一场公益性的赛车比赛，但没有获胜，因为他的车在中途意外熄火。不过，在随后的一次全程二百英里的汽车比赛中，他得了第二名。

两个月后，仍是在上次发生事故的那个赛场上，他满怀信心地驾车驶入赛场。经过一番激烈的角逐，他最终赢得了二百五十英里比赛的冠军。

当他第一次以冠军的姿态面对热情而疯狂的观众时，禁不住流下了激动的眼泪。一些记者纷纷将他围住，并向他提出一个相同的问题："在遭受那次沉重的打击之后，是什么力量使你重新振作起来的呢？"

此时，他手中拿着一张比赛的海报，上面是一辆赛车在迎着朝阳飞驰。他没有回答记者们的提问，只是微笑着用黑色的笔在图片背后写上一句凝重的话：把失败写在背面，我相信自己一定能成功！他就是美国颇具传奇色彩的伟大赛车手——吉米·哈里波斯。

"失败是不可避免的，但只要坚持到底，总能收到意想不到的成效。"吉米之所以能冲破瓶颈，获得了常人难以想象的成功，就在于他是为数不多的把挫折当成机遇的人。而很多人遇到这种情况，都会选择放弃，留在"心墙"的后面。

不在心里畏惧困难

很多事情并不像我们想象的那么困难，这些困难其实都是我们自己在心中制造的。当真正行动起来的时候，我们会发现：原来事情就这么简单。所以，当遇到一些困难和问题的时候，不要过多地去考虑问题本身，你所需要做的就是马上去行动。

琼斯大学毕业以后，顺利进入当地的《明星报》任记者。刚到报社没几天，他的上司便交给他一项艰巨的任务：对大法官布兰代斯进行专访。

第一次接到重要任务，对于生性腼腆的琼斯来说是个很大的考验，他很担心，愁眉苦脸地想：自己任职的这家报社并不是当地一流的大报，自己也只是一名刚刚出道、名不见经传的小记者，大法官布兰代斯会接受他的采访吗？万一空手而归，面对的将是别人嘲笑的目光，还可能从此以后再也得不到这种独当一面的机会。他越想心里就越害怕，尽管他一直为自己打气，可是这种焦虑和恐惧就像扎了根似的，死死纠缠着他，挥之不去。

同事史蒂芬是位业务很熟练的老记者，并且是个热心肠，在得知了琼斯的苦恼后，拍拍他的肩膀，微笑着对他说："我能理解你。让我来打个比方吧——这就好比身处一间阴暗的小房子里，然后想象外面的阳光多么炽烈。怎么样才能享受外面明媚的阳光呢？其实，很简单，最有效的办法就是：往门外跨出第一步。"

话音未落，史蒂芬伸手拿起琼斯桌上的电话，查询到布兰代斯的办公室号码。他很快便与大法官的秘书通了电话。接下来，史蒂芬直截了当地提出了他的请求："我是《明星报》新闻部记者琼斯，我奉命访问法官，不知他今天能否接见我呢？"站在旁边的琼斯被史蒂芬的举动吓了一大跳。

史蒂芬一边和法官的秘书讲电话，一边不忘抽空向目瞪口呆的琼斯扮鬼脸。接着，琼斯听到了他的答话："谢谢你。明天中午1点15分，我一定准时到访。"

"瞧瞧看，问题并不像你想象的那么复杂，直截了当地说出你的想法，很容易解决问题。"史蒂芬向琼斯扬扬话筒，"明天中午1点15分，你的约会定好了。"一直在旁边看着整个过程的琼斯面色放缓，似有所悟。

多年以后，昔日羞怯的琼斯已成为《明星报》的台柱记者。回顾此事，他仍觉得刻骨铭心："从那时起，我学会了单刀直入，尽管做起来不容易，但很有用。而且第一次克服了心中的畏怯，下一次就容易多了。"

"挫折是一条欺软怕硬的狗，你越是畏惧它，它就越威吓你；你越不把它放在眼里，它越对你表示恭顺。"一个人的一生不可能事事成功，难免会遭遇失败，对于很多人来说，他们都能深深地体会到挫折、苦难，但是他们从来不畏惧，也不相信眼泪，他们所拥有的是汗水与坚韧。

困难是转折，失败是新起点

困难和挫折是人生中不可避免的，聪明的人总能勇敢乐观地面对失败，善于从失败中汲取经验教训，将失败作为成功的起点。只有这样，在不懈努力之后，最终才能实现成功的梦想。

人生的路上，应该不讳言失败，也不要因为失败而一蹶不振，而是要认真反省自己的行为，从失败中寻找成功的经验，将失败变为成功的起点。

在现实生活中，几乎没有人能不经历挫折和失败就轻易成功，能否取得最终的成功，与个人对失败的态度密切相关。但凡成功者，多是勇于面对失败，不断反省的人，而失败者多是遇到困难就一蹶不振，丧失进取勇气的人或是不懂得总结失败的教训，让失败再三出现的人。失败不仅不可怕，反而可能成为个人成功的催化剂，因为失败是获取经验的重要方式，经历失败，说明离成功又近了一步。

珍妮出生时两腿没有腓骨。一岁时，她的父母做出了充满勇气但备受争议的决定：截去珍妮膝盖以下的部位。珍妮一直在父母的怀抱和轮椅中生活。后来，她装上了假肢，凭着惊人的毅力，她现在能跑、能跳舞和滑冰。她经常在女子学校和残疾人会议上演讲，还做模特，频频成为时装杂志的封面女郎。

与珍妮不同的是，南希并非天生残疾。她曾参加过英国《每日镜报》的“梦幻女郎”选美，一举夺冠。1990年她赴南斯拉夫旅游，决定侨居异国。当地内战期间，她帮助设立难民营，并用做模特赚来的钱设立希茜基金，帮助因战争致残的儿童和孤儿。1993年8月，在伦敦，她不幸被一辆警车撞倒，造成肋骨断裂，还失去了左腿，但她没有被这一生活的不幸击垮。她很快就从痛苦中恢复过来，康复后她比以前更加积极地奔走于车臣、柬埔寨，像戴安娜王妃一样呼吁禁雷，为残疾人争取权益。

也许是一种缘分，珍妮和南希在一次会见国际著名假肢专家时相识。她们一见如故，现在情同姐妹。虽然肢体不全，但她们都不觉得这是多么了不得的人生憾事，反而觉得这种奇特的人生体验，给了她们更加坚忍的意志和顽强的生命力。她们现在使用假肢，行动自如。只有在坐飞机经过海关检测、金属腿引发警报器铃声大作时，才会显出两位大美人的腿与众不同。

只要不掀开遮盖着膝盖的裙子，几乎没有人能看出这两位美女套着假肢。她们常受到人们的赞叹：“你的腿形长得真美，看这曲线，看这脚踝，看这脚趾涂得多鲜红！”

珍妮说：“我虽然截去双腿，但我和世界上任何女性没有什么不同。我喜欢打扮，希望自己更有女人味。”

这对姐妹几乎忘了自己是残疾人。她们没有时间去自怨自艾，人生在她们的眼里仍然是美好的，她们在人们眼中也是美好的。也有异性在追求她们，她们和别的肢体健全的姑娘一样，也有着自己的爱情。其实事情本没有消极、积极之分，只是人们人为地加上去的。有些人即便身处逆境，别人看来万劫不复，他们也仍然表现得乐观热情，是因为他们能够用积极的眼光去看待别人眼中的消极事情，想方设法地变消极为积极，给自己积极的暗示。

每个人都希望自己能够快快乐乐地过好每一天。然而，这许许多多的挫折总是与我们作对。当我们被悲观情绪控制的时候，我们往往在抱怨自己为什么缺少人生的快乐。

现实往往不为人的意志而转移，当我们被自己向往的生活欺骗而沮丧时，悲观情绪就完全剥夺了我们享受快乐的权利，我们因此而变得自怨自艾、自甘堕落。

乐观的人会把自己所遇到的困难作为人生的转折，把失败作为新起点，选择新的目标或探求新的方法以求得人生的成功。

敢于接受挑战

有一个小男孩，九岁时，他的梦想是踢足球，就在母亲同意他加入学校足球队的第二天，突发的灾难粉碎了他的梦想。那天早上起床后，他感觉左腿隐隐作痛。他不想让任何事中断他的梦想，但他的腿越来越痛。

父母带他去看医生。结果，医生在他的左腿里发现了癌细胞。虽然他只有九岁，但他知道癌症。得了癌症的人会掉头发，在不久后的某个时候就会死去。小男孩的泪水难以控制地流了出来，妈妈和爸爸几乎昏厥。

“我会死吗？”他问医生。

医生坦率地告诉他说：“你有50%活下来的机会。”50%，这好比抛硬币打赌。

小男孩决定在化疗前剪掉头发。为了不让他觉得孤独，他的弟弟也剃了光头，小男孩在学校的所有朋友都剃了光头。他下决心要好转起来，再做一个正常的孩子。

但三个月的化疗结束后，医生宣告了一个更可怕的消息：必须截去小男孩的左腿。听到这个消息，他彻底崩溃。"不！我不想锯掉我的腿！"他尖叫道，"我不想做废人！不，不！我只是一个孩子。"

父母抱着他，泪流满面。爸爸哽咽道："对不起，孩子。我希望医生锯的是我的腿。"

截肢前一个晚上，父母邀请了一个叫拉利的人到他们家。拉利也失去了他的左腿，但他告诉小男孩，他可以借助拐杖参加田径比赛。然后他拄着拐杖走给小男孩看，他走得的确很快。小男孩知道父母是想通过拉利来鼓励自己，但是一个九岁的孩子将永远不能加入足球队的痛苦心情别人无法理解。

截肢的那个上午，在医院的等候室里，小男孩坐在地板上，双手抱着他的左腿，跟它说再见。一个护士推着一部空轮椅进来。问他道："现在我可以带你到手术室了吗？"

"我喜欢走着去。"小男孩说。

跟着护士进到手术室，小男孩感到脚下的地板如冰块一般。他知道这将是他最后一次用双脚走路，他想记住关于它们的一切。他扭动脚趾，想起了那个单腿跑步的运动员拉利。也许有些事情是他无法预料的，也许上帝会给他一个新的人生，就像穿着一双高过膝盖的袜子和绿色的足球短裤，在足球场上奔跑一样精彩。

手术后的一天，小男孩在医院的电梯里看到了一张滑雪诊所的海报，这是医院里为他这样的病人提供的物理治疗的一部分内容。小男孩低头看着他的腿。他能滑雪吗？用一条腿？

“我能吗？”他问妈妈。

“当然！”妈妈说。小男孩看见妈妈的眼睛溢满了泪水。

一个全新的世界开始向小男孩打开了。滑雪是一件非常美妙的事情。他喜欢关于它的一切，特别是踩着单一滑雪板从两条腿的滑雪者身边疾驰而过的那种感觉。而他最喜爱它的原因是，它使他至少接受了在九岁时就失去了左腿的事实。为了使自己变得更坚强，小男孩让教练带他到最陡峭的滑雪道进行训练。一天，和其他残疾人比赛结束后，一个陌生人来到小男孩的身边，对他说：“我曾执教美国残奥会滑雪队，我认为你有很大的潜力。”从此小男孩的人生改变了。

小男孩腿内的癌细胞得到了抑制。之后，他参加了一场又一场的比赛，但跌倒的次数比他自己以及别人预料的要多。最终，在二十二岁时，小男孩成了美国残奥会滑雪队的队员。在都灵奥林匹克障碍滑雪赛上，他像火箭般向山下急冲。这是他生命中一次最激动人心的冲刺，比他曾经拥有两条腿时做的任何事情都要有意义。虽然他最终没有赢得奖牌，但是他的父母给了他一个久久的拥抱和深深的祝福，这同样是一种奖赏。上帝给了他一个大考验，但通过这么多年的抗争，他走出了一条同样充满光明的道路。

小男孩左腿截肢后，不但没有放弃追求，还用坚强和毅力为自己赢得了一次成才的机会。可见，机会往往留给努力的人。只有敢于接受挑战，才能超越自我。

第二章
生在沙漠，也能去看海

悲观主义者在每个机会里看到困难。乐观主义者在每个困难里看到机会。

——丘吉尔

阳光总在风雨后

1987年3月30日晚上，人们渴望已久的第59届奥斯卡金像奖的颁奖仪式正在举行。洛杉矶音乐中心的钱德勒大厅内座无虚席，灯光闪耀。在热情洋溢、激动人心的气氛中，高潮出现了——在一片掌声和欢呼声中，玛莉·马特琳步履轻盈地走上领奖台，凭借在《上帝的孩子》中出色的表演，她获得最佳女主角奖。

手里拿着金像奖的玛莉·马特琳非常激动，仿佛有很多很多话要说，但是人们并没有看到她的嘴动，接着她又把手举了起来，但这姿势并不是向人们挥手致意，明眼人已经看出她是在向观众打手语，内行的人已经看懂了她要表达的意思：说心里话，我没有准备发言。此时此刻我要感谢电影艺术与科学学院，感谢全体剧组同事……

原来，这个奥斯卡金像奖最佳女主角奖的获得者，竟是一个不会说话又听不见任何声音的聋哑女孩。

玛莉·马特琳出生时是一个正常的孩子，但她在出生十八个月后，被一次高烧夺去了听力和说话的能力。

玛莉·马特琳从小就喜欢表演，对生活充满了热情。她八岁时加入伊利诺伊州的聋哑儿童剧院，九岁时就在《盎司魔术师》中扮演多萝西。十六岁那年，玛莉离开了儿童剧院。幸运的是，她还能时常被邀请用手语表演一些聋哑角色。正是这些表演，改变了玛莉的人生。玛莉看到了自己存在的价值，克服了自卑的心理。她珍惜每一次演出的机会，不断锻炼自己，努力提高演技。

1985年，十九岁的玛莉在舞台剧《上帝的孩子》的演出中饰演一个次要角色，可就是这次演出使玛莉走上了荧幕。后来女导演兰达·海恩丝决定将《上帝的孩子》拍成电影，可是寻找女主角萨拉的扮演者却让她煞费苦心。她用了半年时间陆续在英国、美国、瑞典和加拿大寻找，但都没有找到中意的。于是她又回到美国，再次观看舞台剧《上帝的孩子》的录像。她发现了玛莉高超的演技，决定立即起用玛莉担任影片的女主角，饰演萨拉。

玛莉饰演的萨拉，在全片中没有一句台词，只是通过极具特色的眼神、表情和动作，揭示主人公孤独和多情、自卑和不屈、消沉和奋斗、喜悦和沮丧的内心世界。玛莉非常珍惜这次机会，她勤奋，严谨，认真对待每一个镜头，用自己的心去感悟，去拍摄，表演得惟妙惟肖，让人拍案叫绝。

就这样，玛莉·马特琳实现了人生的飞跃。她当之无愧地成为美国电影史上第一个聋哑影后。正如她自己所说的那样，她的成功，对每个人，不管是正常人还是残疾人，都是一种激励。

苦难并不可怕。成功者把苦难看成是不断进步的阶梯，同时苦难也是无数成功者背后一道亮丽的彩虹。我们应把苦难当成是对人生的一种激励，激发起你坚强的意志，激励你朝着人生目标奋进。

不经受磨难，就不能成就大事。历史上许多有影响的人物都经历过磨难与挫折。例如，贝多芬是一位音乐家，然而他的一生并不顺利。很小的时候，父亲酗酒，母亲早逝，对他影响很大；青春年华时，他却失意孤独；当他步入创造力鼎盛的中年时，却遭遇了对音乐家致命打击的耳聋。无数的挫折与磨难并没有击垮他，他高喊着：“我要扼住命运的咽喉！”于是，他在挫折、痛苦面前，完成了名垂史册的《第二交响曲》。

天生我材必有用，即使你失败了，遭受过挫折，只要不气馁，继续奋斗，成功一定会属于你——阳光总在风雨后。

不要屈服于命运

命运对布朗来说是残酷的。他刚出生不久便患上了严重的大脑瘫痪症，还没有来得及领略人世的美好便承受了巨大的痛苦。

求医无效，一直到五岁，小布朗还不会说话，头部、身躯、四肢都不能活动。几乎所有的人都认定，小布朗将在痛苦中度过一辈子。有一天，躺在床上的小布朗看到妹妹扔下的彩笔，就用左脚把彩笔夹了起来，在墙上乱画起来。正当他画得起劲的时候，母亲走进来，高兴地惊叫："你的左脚还能活动！"母亲坚信只要小布朗的脚能活动，他就应该能做许多事情，于是她便开始教布朗写字。没想到，布朗第一天就能用脚写出三个英文字母，而且很快就能把二十六个英文字母按顺序写下来了，这令全家人感到异常高兴。

母亲不仅让他学写字，还让他看书，为他买来儿童读物和世界名著。布朗对书产生了浓厚的兴趣，如饥似渴地阅读。随着布朗一天天长大，他慢慢地能说话了。他向妈妈提出，他想做读书笔记，还想自己写点什么。母亲有些为难，只有左脚能活动，怎么写呢？小布朗说："我可以用脚打字呀。"他将自己的左脚高高抬起，大声地宣布，"我要用它写，我要成为全世界第一个用脚趾打字的人！"

看到孩子这么有信心，母亲为布朗买来一台旧打字机。布朗把打字机放在地上，自己半躺在一把高椅子上，用左脚按动键钮。他像着迷一样，整天练习。累了，就用左脚趾夹着笔画画。

刚开始时由于脚趾掌握不好打字的力度，布朗打出的字不是模糊不清，就是打烂了纸。母亲心疼地说："算了吧，这么累。"布朗说："不！我一定能行的，妈妈，请相信我！"布朗一点儿也不灰心，他仍然疯狂地练习，不管是炎热的夏天还是寒冷的冬天，布朗都不曾停止练习。他的左脚趾磨出了厚厚的茧子。

命运永远不会辜负那些不畏艰难而坚持不懈的人，布朗终于打出了清清楚楚的字，还能熟练地给打字机上纸、退纸，还能用左脚整理文稿。学会打字后，布朗开始了自己的写作生涯。他对母亲说："我是一个残疾人，已经失去了生活的许多乐趣，但是我不能失去自己的梦想。我要让别人看到，我不是一个包袱，不是一个多余的人。”布朗躺在床上，静静地回忆着自己的不幸和坎坷经历，决定把自己的经历写下来，告诉那些在不幸中苦苦挣扎的人，告诉那些和他一样残疾的人要坚强起来，不要屈服于苦难的命运。

两个月的时间，布朗写出了小说的第一章，他首先让母亲阅读。母亲被文字所感动，紧紧地把布朗搂在怀里：“孩子，你是妈妈的骄傲，你一定会成功的！”不知写了多少个日日夜夜，不知克服了多少常人难以想象的困难，终于，二十一岁那年，布朗的第一部自传体小说《我的左脚》问世了。

十年后，布朗的又一部小说《生不逢辰》问世。这部小说感情真挚，论理深刻，情节动人，语言优美，一出版便震动了国内外文坛，成了畅销书，二十多个国家翻译出版了这本书，有的国家还将其改编成电影。

在妻子的照顾和帮助下，1974年布朗出版小说《夏天的影子》；1976年发表小说《茂盛的百合花》。另外，在1972年到1976年间，布朗还创作出版了三本诗集。克里斯蒂·布朗写的最后一部小说是《锦绣前程》。布朗成为享誉世界的文学巨匠，成为爱尔兰人民的骄傲。

四十八岁那年，克里斯蒂·布朗与世长辞，爱尔兰全国举行了哀悼活动。爱尔兰总统说：“布朗走了，但是他留给爱尔兰和世界人民的宝贵财富永远不会消失，将永远激励着我们。”

人的一生，最大的对手正是我们自己。如果我们能真正认识自己、读懂自己，那还有什么能阻碍我们前行呢？认识自己的人最强大，这的确是一个真理。

布朗这位令人感动的作家算是真正找到了自己，将自己身体唯一能动的左脚的功用发挥到极致，从而铸就了人生的辉煌。

人生的路充满了曲折，很多事情并没有想象的那么美好，相比布朗，我们拥有得太多了。至少我们能活动自如，能做自己喜欢的事情。我们应该感谢上天赐予我们健康的身体、美好的生命。珍惜宝贵的时间，让我们做一些有意义的事情，认定的目标要持之以恒，布朗能做到，我们更没有理由去抱怨而不去努力。

面对挫折，笑对人生

她患过小儿麻痹症，只能依靠金属支架才能走路，因此，她失去了儿童应有的欢乐和幸福。随着年龄的增长，她的忧郁和自卑感也与日俱增，甚至拒绝所有人的靠近。但也有例外，邻居家那个只有一只胳膊的老人成了她的好伙伴。独臂老人非常乐观，她非常喜欢听独臂老人讲故事。

一天，她被独臂老人用轮椅推着去附近的一所幼儿园，操场上孩子们动听的歌声吸引了他们。

一首歌唱完后，独臂老人说："我们为他们鼓掌吧！"她吃惊地看着老人，问道："你只有一只胳膊，怎么鼓掌啊？"

独臂老人对她笑了笑，解开衬衣扣子，露出胸膛，用手掌拍起了胸膛……那是一个初春，风中还有几分寒意，但她却突然感觉自己的身体里涌起一股暖流。独臂老人对她笑了笑："只要努力，一只巴掌一样可以拍响。你一定能站起来的！"

当天晚上，女孩写了一张字条，贴到了墙上，上面是这样写的："一只巴掌也能拍响。"从那之后，她开始配合医生做运动。九岁那年，她已经能扔开金属架，自己试着走路。蜕变的痛苦是痛及筋骨的。她坚持着，她相信自己能够像其他孩子一样行走、奔跑……

十一岁时，她终于扔掉了支架。这时，她又向另一个更高的目标努力，她开始锻炼打篮球并参加田径运动。1960年，罗马奥运会女子100米跑决赛，当她以11秒18的成绩第一个撞线后，全场掌声雷动，人们都站起来为她喝彩，齐声欢呼这个美国黑人的名字：威尔玛·鲁道夫！此时，她成了当时世界上跑得最快的女飞人，共摘取了三枚金牌，同时她也是奥运会第一个黑人女子百米冠军。

任何时候我们都不能放弃梦想，要始终锲而不舍，不断进取。

奥斯特洛夫斯基曾经说过：人的生命似洪水在奔流，不遇着岛屿、暗礁，难以激起美丽的浪花。即便我们的人生会遇到挫折或不幸，我们也应含笑面对，去创造更加美丽的人生。

是啊，人生中有各种各样的不完美，总会遇到坎坷和困难。这样，才能越发激励我们的斗志，从而使我们的人生因奋斗和努力而更加精彩。

人生会遇到这样或那样的挫折或困难，我们不能躲避或闪开，要直接去面对，采取积极的人生态度。

面对挫折，最好的应对办法只有一个，那就是笑对人生。想想看，既然我们遇到了挫折，与其浑浑噩噩地混一辈子，倒不如振奋精神，重整旗鼓，靠自己的努力，走出人生的泥潭。

面对挫折，不要逃避

著名的军事家孙膑，被自己信赖的朋友背叛，遭受精神上的打击；膝盖被挖掉，遭受身体上的重创。尽管孙膑遭此残害，蒙受奇耻大辱，却大难不死，并不坠鸿鹄之志，立誓以自己的满腹才学和韬略，报一箭之仇。最后他终于成为一个伟大的军事家。

战国时期，孙膑和庞涓曾同师学习兵法。庞涓入世心切，早早下山去了魏国，被拜为军师，指挥魏军东征西战，屡建奇功，魏王十分倚重他。但是，庞涓心里总是有点不安。他知道，自己走后，孙膑又跟师父学了三年，又听说孙膑还有祖传的兵法（其祖孙武的《兵法》十三篇），若他有一天下山，便会成为自己的劲敌。思谋良久，庞涓忽生一计。第二天，他入宫去见魏王，大吹了一通孙膑的才能，并自愿修书召他来为魏国出力。魏王大喜，忙命使者持书带重金前去相聘。

孙膑见师兄不忘旧好，果然欣然而来，想助师兄成就大业。到魏国后，魏王忙把孙膑请进宫面谈，果然见其才学不凡，想委以重任，便与庞涓商议。庞涓假意高兴，但又说师弟刚来，没有半点功劳，不如等有功时再封赏，以服众心。魏王见他说得有理，只好依此而行。

庞涓第一步阴谋得逞后，便加紧实施第二步措施。他模仿孙膑笔迹写了一封情报信，让人带到齐国，而命边防将士把他扣住，给孙膑扣上了一顶通敌的帽子。魏王大怒，欲斩孙膑，庞涓百般求情，最后孙膑被处以膑刑（砍去膝盖骨），并在脸上刺了字。庞涓见孙膑已成废人，便假意同情，精心护理，孙膑感到过意不去。庞涓求他传示兵法，孙膑慨然应允。庞涓给他木简，要他篆写。孙膑写了不到十分之一时，一名叫诚儿的仆人看不下去，将实情告诉了他。孙膑大吃一惊："原来庞涓如此无情无义，怎么能传给他《兵法》？"他又想，"如果不写，他一定会发怒，我命危在旦夕。"孙膑左思右想，欲求一条生路。他忽然记起老师临行前给他的一个锦囊，赶紧打开看看，只见上面写着"诈风魔"。孙膑自言自语说："原来如此！"

晚饭时，下人送饭来，孙膑突然扑倒在地。众人救起，只见他口吐白沫，半日方醒。醒来后便大哭大闹，将所写的竹书全部投入炉火中，等庞涓赶到，所写之书已尽数化为灰烬。孙膑在庞涓面前仍疯疯癫癫，言语失常。庞涓认为有诈，命人拖他入猪圈。孙膑便与猪争食，又捡起猪粪吃。庞涓命人端来酒饭，孙膑摔在地上，又去抢猪食吃。庞涓长叹一声："看来是真疯了。"此后。孙膑疯疯癫癫，胡言乱语，以猪圈为家。日久天长，人们都说他真疯了，庞涓也放松了警惕。

后来，他终于有了和齐国使臣接触的机会。齐国使臣和孙膑一番畅谈，知道孙膑乃难得之奇才，于是秘密用车将孙膑载到齐国，从此，孙膑摆脱厄运，开始施展才华。后来，孙膑被拜为齐国军师，在马陵道战役中大败魏军，杀死庞涓，报了大仇。

古人云："天将降大任于斯人也，必先苦其心志，劳其筋骨，饿其体肤……"

人的一生，学习、生活、工作都不会是一帆风顺的，困难和挫折定然会伴随着我们的一生。困苦、曲折、坎坷、挫折、失败等不如意就如一个又一个的台阶，需要我们努力地攀爬。那么，如何面对和攀爬这些人生的台阶？是逃避、退缩，还是坚强地面对？答案当然是想办法克服，而这就需要我们人生的智慧和勇气，更需要我们的信心和毅力。

有人说："前途是光明的，道路是曲折的。"大海中航行的船，要经受风浪才能抵达它的终点。通往成功的路上定会布满荆棘、坎坷，面对困难与挫折，承受力弱的人或怨天尤人，怪自己时运不济，或悲观失望，惊慌失措，如此，只会失去前进的勇气；而只有那些面对困难与挫折，不断前进的人，才能取得成功。

自卑和自信仅一线之隔

狄摩西尼是古希腊最伟大的政治家、演说家和雄辩家，希腊联军统帅。但是谁能想到，狄摩西尼年轻的时候，曾经患有严重的口吃。

狄摩西尼出生于雅典的一个富裕家庭，小时候，他过着无忧无虑的生活。可是不幸的是，狄摩西尼七岁的时候，他的父亲去世了，巨额家产也被监护人侵吞。无奈的是，由于狄摩西尼还小，对此根本没有办法，只能任人宰割。成年后，狄摩西尼决心向法庭提出诉讼，讨回被侵吞的家产。

可是，狄摩西尼没有钱请律师，并且因为自己天生口吃，没办法在法庭上清楚、流利地陈述自己的意见。在法庭上，每当狄摩西尼结结巴巴地陈述自己观点的时候，总是遭到别人的耻笑，法官也很不耐烦，最终，他还是败诉了。

狄摩西尼很沮丧，他想，自己有家不能回，自己的家产也不能讨回来，自己还是一个结巴。上帝为什么要让自己受到这么多的屈辱呢?

有一天晚上，狄摩西尼在街上漫无目的地走着，神情显得很沮丧。这时候他遇见一位老者，老者看见这个孩子这样难过，就问他："年轻人，都这么晚了，你怎么还不回家呢？"

狄摩西尼悻悻地说："我哪里还有家！"

"为什么呢？"老者问他。

狄摩西尼结结巴巴地说："我的父亲……过世了，我的监护人……把我们家……的财产全部……霸占了！我……请法庭……裁决，因为我说话不流利……最后还是失败了……"

过了好长时间，狄摩西尼终于向老者陈述清楚了自己的遭遇。狄摩西尼说："我觉得很自卑，命运对我一点儿都不公平。"

老者听完之后哈哈大笑，说："孩子，自卑和自信之间仅一线之隔。你要是因为自己的遭遇就从此一蹶不振，那么，你的生活就会没有希望。但是如果你自信起来，努力去练习，我相信，你肯定会克服口吃，并能讨回自己的财产！"

"真的吗？"狄摩西尼听了老者的话，睁大了眼睛表示不相信。

“真的，孩子，你可以去试一试。”说完老者转身就走了。

从此以后，狄摩西尼再也不自卑了，他开始发奋苦练，他虽然身体虚弱，但意志十分坚定，为了克服从小就有的口吃和咬字不清等毛病，他曾到海边对着波涛练嗓子，把小石子放在口中纠正发音，有的时候练得嘴里都被磨出了溃疡，流出了血，但是他一点儿都不在意。他还攀登高山以增加肺活量，对着镜子练习口型。他记着那位老者的话，相信通过自己的努力，一定可以取得成功。

最后，狄摩西尼凭着艰苦的训练，终于战胜了口吃的毛病，当他流畅地说出自己想说的话时，他激动极了！但是狄摩西尼并没有就此停止，他继续练习雄辩，最后居然成了雅典著名的演讲家！

后来，狄摩西尼经常在公民大会上发表政治演讲，他的演讲受到很多人的喜爱和热烈拥护。狄摩西尼的思维具有很强的辩证性，得到了很多人的认可。后来，狄摩西尼作为雅典民主派的领袖，领导了近三十年反对马其顿的侵略斗争。最后，狄摩西尼终于成为举世公认的第一大演说家、雄辩家和伟大的政治家。

当遇到困难和挫折的时候，一定要认识自己，接受自己，完善自己，并且认为自己是独一无二的，充满自信，这样，成功就会离你越来越近。

要知道，真正能够击倒你的人有时恰恰正是你自己。因此，不要总是给自己贴上“这也不行”“那也不行”的标签。

大多数时候，成功并不是因为你在起跑线上的领先，而是你自己对待成功的态度，以及是不是充满自信，并且愿意付出艰辛的努力。

奇迹的实现在于坚持

安徒生很小的时候当鞋匠的父亲就过世了，留下他和母亲二人过着贫困的日子。

一天，他和一群小孩获邀到皇宫里去觐见王子，请求赏赐。他满怀希望地唱歌、朗诵剧本，希望他的表现能获得王子的赞赏。

等到表演完后，王子和蔼地问他："你有什么需要我帮助的吗？"

安徒生自信地说："我想写剧本，并在皇家剧院演出。"

王子把眼前这个有着小丑般大鼻子和一双忧郁眼神的笨拙男孩从头到脚看了一遍，对他说："背诵剧本是一回事，写剧本又是另外一回事，我劝你还是去学一项有用的手艺吧！"

但是，胸怀梦想的安徒生回家后不但没有去学糊口的手艺，反而打破了他的存钱罐，向妈妈道别，到哥本哈根去追寻他的梦想。他在哥本哈根流浪，敲过所有哥本哈根贵族家的门，没有人理会他，他从未想到退却。他坚持写作史诗、爱情小说，但未能引起人们的注意，虽然伤心他却坚持写了下去。

1825年，安徒生随意写的几篇童话故事，出乎意料地引起了儿童们的争相阅读，许多读者渴望他的新作品发表，这一年，他三十岁。

直至今天，《皇帝的新装》《丑小鸭》等许多安徒生的童话故事，陪伴世界上许多儿童健康地成长。

成功需要磨砺，更需要坚持，只有在磨砺中坚持，才能成长，才能成就一番事业。不管遇到什么困难，不管条件如何艰苦，都不向困难低头，坚持下去，就能让梦想的奇迹之花盛开。

用梦想摧毁现实困境

1963年2月20日，巴克利在美国亚拉巴马州一个名叫里兹的偏僻小镇诞生。

小小年纪的巴克利已经有了自己的目标，他要用篮球来摆脱贫穷，他有信心，也有决心。但当时很少有人相信巴克利可以做到，甚至讥笑他在白日做梦，因为他没有表现出足够的篮球天赋。

在高一的时候，巴克利的身高还只有一百七十八厘米，所以他连校队也没能入选。虽然如此，巴克利还是毫不动摇自己的决心，他坚持每天练球，直到深夜，风雨无阻，毫不理会别人嘲笑的目光。为了锻炼弹跳力，巴克利每天都在顶端非常尖锐的栅栏间跳来跳去，吓得他的母亲和外婆心惊肉跳。他要告诉每个人，他一定可以实现自己的梦想。

经过一年的苦练，巴克利终于在高二的时候进入了校队。虽然只能做替补，出场时间少得可怜，但他没有怨言，一上场必倾尽全力，场下他也是训练最刻苦的一个。

升高三的夏天，巴克利奇迹般地疯长了十五厘米，体重也增加了十公斤。这样，巴克利就有了一个很好的篮球运动员的身材，再加上他刻苦练就的一身好球技，到高三的时候，他终于成为里兹高中篮球队的首发球员。凭着对篮球的热爱，经过不懈的努力，巴克利终于实现了他儿时的梦想。他终于实现了对妈妈的诺言，用篮球给妈妈带来了美好的生活。

巴克利的成长经历就是一个靠勤奋克服自身局限的故事，值得我们每一个人深思。巴克利说："世上大多数人，并不知道该如何在芸芸众生中脱颖而出。但我在孩提时代便已经决定无论我做什么，我都一定要成功。"

深入水底才能觅得骊珠

华罗庚是世界著名数学家，他是中国解析数论、矩阵几何学、典型群、自守函数论与多复变函数论等多方面研究的创始人和开拓者，也是中国在世界上最有影响力的数学家之一，被列为芝加哥科学技术博物馆中当今世界八十八位数学伟人之一。

华罗庚从小就勤奋好学，爱动脑筋，他甚至因为专注于学习而被小伙伴戏称为“罗呆子”。初中毕业后，华罗庚曾入上海中华职业学校就读，然而，这个热爱学习的孩子却因为缴不起学费不得不中途退学。

从此以后，华罗庚只好通过自学实现梦想，他花费了五年时间学完了高中和大学低年级的全部数学课程。二十岁时，华罗庚以一篇论文轰动数学界，被清华大学邀请，开始半工半学，用一年半时间学完了数学系的全部课程。

华罗庚不仅精通数学，还自学了英、法、德三种语言，他在国外杂志上发表了三篇论文之后，被破格任用为助教。1936年，华罗庚前往英国剑桥大学。在英国工作的两年时间，华罗庚攻克了许多数学难题。他的一篇关于高斯的论文为他在全世界赢得了声誉。

抗日战争期间，华罗庚毅然返回祖国，在艰苦的工作环境中写出了堆垒数论。1946年9月，华罗庚应普林斯顿大学邀请去美国讲学，并于1948年被美国伊利诺伊大学聘为终身教授。

新中国成立后，华罗庚放弃在美国的优厚待遇，克服重重困难回到祖国怀抱，投身我国数学科学研究事业。

晚年的华罗庚不顾年老体衰，仍然奔波在教育工作的最前线。他多次应邀赴欧美及中国香港地区讲学，先后被法国南锡大学、美国伊利诺伊大学、香港中文大学授予荣誉博士学位，还于1984年以全票当选为美国国家科学院外籍院士。

著名数学家华罗庚曾说过："科学上没有平坦的大道，真理的长河中有无数礁石险滩。只有不畏攀登的采药者，才能登上高峰觅得仙草；只有不怕巨浪的弄潮儿，才能深入水底觅得骊珠。"在科学研究方面所得出的每一条真理，都需要经历无数次尝试，历经挫折与失败。华罗庚在数学领域取得如此伟大的成就，正是因为他攻克了很多常人难以想象的困难，值得如今的孩子们好好学习。

无所畏惧

十一岁的安琪拉患了一种神经系统的疾病，患病使她日渐衰弱，无法走路，举手投足也诸多受限，医生对她的康复并不抱太大的希望，他们预测她的余生将在轮椅上度过。他们也表示，一旦得了这种病，就算有人能恢复正常，也可说是凤毛麟角。但这个小女孩并不畏惧，她躺在医院病床上，向任何一个愿意倾听的人发誓，有一天她绝对会站起来走路。

她被转诊到一所位于旧金山湾区的复健专科医院，所有适用于她的治疗法都用了，治疗师也为她不屈的意志所折服，他们教她运用想象力，想象自己看到自己在走路。如果想象不能发挥效用，至少能给安琪拉希望，使她在缠绵病榻冗长的清醒时间里，能有些积极正面的想法。不论是物理治疗、复健治疗或是运动单元，安琪拉都竭尽全力配合，躺在床上时也老老实实地做想象的功课，想象看见自己能行动了，动了，真的能行动了！

有一天，她再度使尽全力想象自己的双腿又能行动时，似乎奇迹真的发生了！床动了！床开始在房间里到处移动！她大叫："看看我！看啊！看啊！我动了！我可以动了！"

当然，医院里每一个人都尖叫起来，纷纷寻找遮蔽物。大家在尖叫，器材也掉下来，玻璃也碎裂了。这就是最近才发生的旧金山大地震，但请不要告诉安琪拉，她相信她真的做到了！而且现在，才不过几年的时间，她又回到学校上课了！用她的双脚站起来，不用拐杖，不用轮椅。你瞧，任何人只要能震动旧金山及奥克兰之间的土地，便能克服微不足道的小毛病，你说是不是?

走出平庸

没有人喜欢痛苦，但没有人能拒绝痛苦。上帝是个精明的生意人，在给你许多幸福的同时，也一定会搭配成倍的痛苦。

现在的磨砺看似痛苦至极，但它散发出来的锋利将锐不可当，此时这是三尺无所用处的废铁，说不准某日这块废铁能气贯长虹！人的痛苦不是永恒不变的，一旦在痛苦中发现其意义，痛苦就不再是痛苦。

央视主持人白岩松以其庄重而平和的主持风格深受观众喜爱，大家亲切地称之为“国家脸谱”。但鲜有人知道，这张光彩熠熠的“脸谱”经历过怎样的打磨。

汶川地震后，在那个举国哀痛的日子里，白岩松为都江堰一所中学的学生当起了临时心理老师，说起了自己曾经艰难的经历。

“地震使不少孩子失去了亲人，其实我也和大家一样，八岁时父亲就离我而去了，十岁时，从小抚养我的爷爷也撒手人寰，家里只剩妈妈拖着我和哥哥，靠很少的工资过日子。”回首往事，白岩松并不是充满感伤，而是释然地告诉孩子们，直到现在，他仍对经历过的辛酸生活充满了感激。

给人以端庄稳重、不苟言笑印象的白岩松，小时候却是个淘气包，由于贪玩，白岩松小时候的学习成绩非常差。最差的一次，竟然考了全班倒数第二，一气之下，他把贴在班级里的成绩榜偷偷撕了。

随着年龄的增长，贫寒的家境让白岩松比同龄人更早地成熟起来，成绩也逐渐上去了。高三那年，为了进一步提高学习成绩，他把所有的课本都装订起来，历史书订了六百多页，地理书订了七百多页，而语文书订了一千多页。然后，白岩松要求自己每天每科必须掌握三十页的内容。结果，这个曾不被看好的淘气包、穷小子，最终考上了理想的大学。

谈到这些，白岩松感叹道：“青春最可爱的地方就在于有大把的时间可以去挥霍，你可以犯无数的错误，因为你还有改正错误的时间，但是当中年这杯下午茶端在你手里的时候，你就知道要赶紧做正确的事，因为错了就没有改正的时间了。”

大学毕业后，白岩松被分配到《中国广播报》当记者。在那里，白岩松结识了现在的妻子朱宏钧。1993年，中央电视台推出《东方时空》栏目，白岩松便跑去做兼职策划。制片人见他思维敏捷、语言犀利，便鼓励他尝试做主持人。不过，因为他不是播音专业出身，发音不准、读错字的情况经常出现。当时，中央电视台规定主持人念错一个字罚款五十元。有一个月，白岩松的工资被罚光了，还欠栏目组几十元。白岩松属借调，如果无法胜任工作，就会被退回去。其间，他的神经就像拉得满满的弓——“连续四五个月的时间，几乎睡不着觉，天天琢磨自杀，不想活了！不愿意说话，妻子在我身边，我们俩也只用笔交流。”他说。

丈夫的痛苦，朱宏钧看在眼里，疼在心里，然而她却以普通女性少有的坚强鼓励丈夫：“坚持下去，我会全心全意支持你。”

为了让他尽快进入角色，朱宏钧每天都督促丈夫练普通话。她把一些生僻字和多音字从字典里挑出来，注上拼音让白岩松反复朗读，还让他在嘴里含块石头练绕口令。“我用了两年的时间，由睡一个小时到两个小时，才慢慢把心态调整过来。现在回头看，那是我特别重要的一次成长，突然看淡了很多事。”白岩松说。

终于，白岩松练出了一口流利、标准的普通话，加上机敏和语言犀利的风格，他终于在栏目组站稳了脚跟。两年后，白岩松斩获“金话筒”奖，正式调入中央电视台。

回首过往，白岩松对孩子们说："苦难是一笔财富，每一个成功的人都会面对苦难，每一个成功的人在苦难面前都应勇往直前，永不言弃！当你很好地走过苦难、打击时，回忆起它时，都会带有温暖的颜色。"

痛苦是造物主对人类最隐匿的一种恩赐，它的到来，有时是对幸福的提醒，有时是对天才的暗示。痛苦被用作提醒的时候，是让你不要偏离幸福的法则；被用作暗示的时候，是告诉你，你正担当着横空出世的重任。

当你不再惧怕苦难时，你会对人生有更深一层的领悟，就是在这样一次次的领悟中，你会走出平庸。

在痛苦的世界尽力而为

抓住知识摆脱命运的束缚，他纵身跳出了农门；挣脱社会分层固化的捆绑，他弯道实现了超车；直面职场刺骨寒风的吹打，他艰难获得了新生；追赶市场经济发展的劲风，他过渡完成了转型。他是俞敏洪，新东方教育集团的创始人。

尽管已经不断突破尘俗的边界，拓展出属于自己的生命价值，但他仍说，自己始终无法摆脱恐惧带来的疼痛。所幸，他在恐惧的疼痛中，获得力量并变得强大。

他高唱着："黑夜伴着彷徨，前方迷雾漫长；行裹乱了，身体倦了，头依然高昂；别说世界太难，让我走给你看！"因为他坚信，必须要在这痛苦的世界中，尽力而为！

时至今日，俞敏洪办公室的墙上，依然挂着一个大幅的"风景照"，照片上是一片荒地和两间残破的瓦房，那是他位于江苏农村的老家。

俞敏洪说，每每抬头，照片都会提醒自己，今日的一切是多么来之不易！俞敏洪最初的恐惧，正源于此。他出生在一个普通的农村家庭，他深切地体会过什么叫“贫贱夫妻百事哀”。

他的父母经常吵架，有时候自己放学回家，一推开门就正好看到父母在吵架，而争吵的缘由，不过是诸如柴米油盐的鸡毛蒜皮。

如果说吵架拌嘴尚且能看作是枯燥生活的调味剂，那在他两岁那年，哥哥的因病离世，则给他和他的家庭带来了更深层的巨变。从那之后，俞敏洪成了这个家唯一的希望。

十岁，他成了他们村割草割得最多的孩子；十四岁，他成了他们公社插秧比赛的第一名；十六岁，他已经能开着手扶拖拉机下地干活。不过，正如他自己所说：“因为农活儿干得太好了，才知道干农活儿没有任何前途。”年少的俞敏洪一直在寻找一个契机，他要摆脱在农村待一辈子的恐惧。

很多人都知道，俞敏洪毕业于北京大学，但也许并不知道，他曾经两度落榜。在那个经济不发达、民智未开的年代，“三战”高考确实需要十足的勇气。在这场“知识改变命运”的战役里，他要感谢三个人：母亲、补习班老师以及他自己！

他说他想参加高考，母亲说“可以”；他说他想考第三次，母亲说“可以”；他说他一年什么农活都不干了，母亲说“可以”；他说他想去县里上补习班，母亲依然说“可以”。

当母亲为了找老师摔成一个“泥人”时，俞敏洪清楚地知道：高考成了唯一的出路，他没有别的选择了。尽管母亲并没有什么文化，但时至今日，俞敏洪依然说：“从她身上我学到了坚韧不拔的精神，是我的父母成就了我。”

从那之后，俞敏洪进入一种拼命的状态：每天早上六点起床，晚上十二点睡觉；上床之后，依然打着手电筒在被窝里做题；整整十个月的时间，他分分秒秒都在奋斗。他说，人生如果不给自己回头看的时候，留下一些令自己热泪盈眶的日子，那生命就算是白过了！

最终，高考分数公布，他超过了北大分数线。填吗？他的目标只是地区师范大学而已。那时候，北京几乎是一个远到不能再远的地方，而北京大学，更是只在报纸上见过的传说。感谢老师的坚持，他夺过俞敏洪的笔，在他的志愿栏上端端正正地写下了：北京大学。从此，北大未名湖畔多了一个意气风发的少年。

所有人都认为，跨进名校之后，一定是一个幸福的开始。然而，对于俞敏洪来说，那似乎是另一个痛苦的开端，甚至，这份痛苦差一点让他堕入深渊。

他是班上仅有的两个农村孩子之一，与城里的同学格格不入；他连普通话都不会说，张口就是蹩脚的方言；他曾经引以为傲的英语，更是一塌糊涂，在C班垫底；他没有文体特长，曾以为自己会游泳，竟只是别人眼中的狗刨。

俞敏洪终于发现，进北大是会被别人看不起的。他只能拼命学习，想用成绩让人高看一眼；然而，最终却让自己劳累过度，患上肺结核。塞翁失马，焉知非福。

一次危及生命的“吐血”生病，却意外地让俞敏洪完成了对自己的救赎。他明白了，跟别人比，没有任何意义；他也明白了，进步是自己的事情，跟别人无关。

于是，他用一年时间读了两三百本自己喜欢的书；他用最聪明的方式完成了英语词汇的积累；当他不再关注别人，而是沉迷于自己的进步时，量变到质变发生了！

四年大学生活的最后，他拿到了留校任教的名额。未来的日子，他不仅有足够的时间读书和旅游，还完成了母亲的梦想——成为一位教书先生。

但正如俞敏洪自己所说的那样：“生活，总是会无缘无故给我很多曲折。”北大任教的前两年，他再度感受到了恐惧和挣扎。他没有资历，更不懂教学法，所以他成了北大最惨的老师。究竟有多惨？一个班四十个学生，最后只剩下三个，但是他不敢用点名“留”住学生，因为在北大，老师点名是对自己的不自信。

俞敏洪惊讶地发现：曾经读大学的时候，被同学们看不起；如今当了老师，竟然还会被学生们看不起。骨子里的坚持和不服输，让他决不向困难低头。他去别的老师课堂上旁听，学习他们的教案；他在备课的时候积极跟学生交流，了解他们究竟想听什么；他认真研究教学法，让学生真正做到循序渐进；最后，神奇的事情再次发生。一个班四十个学生，最后有八十个同学来听课。

我们常常说，一个人一辈子不可能有大的改变。俞敏洪却说，从自卑到自信，就是绝对的一百八十度的改变，它真的让你变成了另外一个人。

上学，毕业，留校任教，俞敏洪的后半生仿佛已经安排妥当。可是，他不甘心，他想再次追求更有意义的事情。

他参加了托福考试，并取得663分的高分，最终阴差阳错未能成行。但这次托福考试的经历却给了他新的启发。他从北大辞职，投身到“下海经商”的浪潮中。所有人都认为他疯了，母亲甚至以死亡相逼。

但凡他认定的事情，绝不会轻言放弃。从北京中关村二小一间破旧的临建房起步，靠一张桌子、一把椅子、一块斑驳的黑板办学，他给别人的培训班打工取经，也沿街给自己的培训班贴过小广告，还曾为了员工陪着公安干掉了几瓶五粮液，被抢救了五个小时，醒来之后，俞敏洪第一句话是：

“我不干了，我要关掉学校！”不过，那也就是说说而已。最后，他还是坚持了下来。

1993年，他正式创办新东方学校；2001年，他注册了“北京新东方教育科技集团”；2006年，新东方成为中国第一家在美国上市的培训机构；如今的新东方，已然是留学培训行业的“巨无霸”。而俞敏洪，也一跃成为“中国最富有的教师”，接受着大家对“留学教父”的顶礼膜拜。

只不过，他又有了新的痛苦，这份痛苦源于内心的追求：如何用拥有的一切，来帮助年轻人成长和发展？投资大学生创业项目，去全国各大高校演讲，著书立说给年轻人以启发……俞敏洪是这么说的，也是这样做的。

松柏之志，经霜犹茂。对于温室里的花朵来说，痛苦可能是灭顶之灾；但对于松柏来说，痛苦有可能就是莫大的财富。

正如俞敏洪说的那样：如果我们的努力，凝聚在每一日，去实现自己的梦想，那散乱的日子，就将聚集成生命的永恒。

活在当下

1871年的春天，一位年轻人随意拾起一本书，仅读了二十一个字，他的一生就因此而改变了。作为一名加拿大蒙特利尔医院的医科学生，他正担心着如何通过期末考试，担心未来何去何从，担心如何营业谋生。

就是1871年他读到的那二十一个字，使这名医科学生成为他那代人中杰出的名医。他后来创办了约翰霍普希金斯学院，成为牛津大学钦定的医学教授——大英帝国与医学界杰出人士的最高荣誉，他是英国国王授予的爵士。在他去世之后，他的故事用了一千四百六十六页的卷本才讲完。

他就是威廉·奥斯勒爵士。1871年春，他所看到的那二十一字箴言，也就是苏格兰史学家卡莱尔所说的，内容大意是：我们的首要任务，并非触及遥远的地方，而是处理眼前的工作。

四十二年后，在一个郁金香盛开的柔和春夜，奥斯勒爵士在校园里向耶鲁大学的学生发表演说，像他这样同时担任四所大学的教授，又是畅销书的作者，大家会理所当然地认为他天赋超常，可他却说这不是真的。他说他最体己的朋友知道，其实他资质平庸。

那么，他成功的秘诀到底是什么呢？他认为完全取决于所谓的“活在当下”。这是什么意思呢？在耶鲁演说前的几个月，奥斯勒搭乘一艘轮船横渡大西洋，他注意到船长按下一个按钮，船上所有的舱门立即封闭，彼此隔绝防水。奥斯勒爵士对学生们说：“你们在座的每一位都拥有一副比轮船精密得多的组织构成，而且航程更长久。我要说的是，你们要学会像控制机器一样，控制自己的每一部分，以保证在航程中的安全。站在舰桥上，看看隔舱壁是否工作正常。按下按钮，注意聆听，你生活的各个层面都关上铁门，与过去隔绝——已逝的过去。再按下一个按钮，关上金属门，与未来隔绝——未知的未来。然后你就安全了，至少今天是安全的！与过去断绝！让该死的过去见鬼去吧……明天的重担加上昨日的负荷，都要在今天承受，再坚强的人也会被压垮。把未来也忘记吧，就像与过去断绝那样……今天就是未来……没有所谓的明天，人类的救赎就是趁现在。浪费精力，头脑紧张，精神抑郁，为未来担忧，这些只会拖垮一个人……紧闭你的舱门吧！练习养成活在当下的习惯吧！”

你是否以为奥斯勒爵士的意思是我们不用为明天努力了？不！根本不是那个意思。他的演说中确实提到，为明天所能做的最佳准备，就是将所有的智慧、热忱积极地投注于今天的工作中。这是唯一能为未来做的准备工作，这也是让正能量发挥作用的唯一途径。

奥斯勒爵士劝导耶鲁的学生以耶稣的祷词作为每天的开始：“请赐予我们今天的粮食吧。”

记住这句祷词，只祈求得到今天的粮食，这并不是要抱怨我们昨天剩的面包，也不是说：“噢！天啊！最近田地干旱，可能又有旱灾了——明天我的面包可从哪儿来呀？说不定我失业呢。噢！主啊！到时候我吃什么呢？”

是的！这句话教我们学会祈求得到今天的粮食，今天的面包可能是你能吃到的唯一面包。

为明天审慎计划一番可以，但是不要为明天忧虑。这就是耶稣所说的“不要去想明天的事”的真正含义。

第二次世界大战时，我们的军事领袖们时刻都在为明天做准备，但是他们忙得没时间担忧。“我已派出了最精干的人员与最精良的装备。”海军上将金曾指挥了美国海战，他说，“而且还配备了最精明的智囊团，那都是我能做的。”

金继续说："如果舰船沉没了，我就不能捞起它了，如果它注定要沉没，我也不能阻止。我可以利用这段时间更好地解决明天的问题，而不是处理昨天的事情。再说，如果为这些事情操心，那我一定会折寿。"

无论战争时代还是和平时代，思维方式优劣的主要差别是：好的思维方式利用前因处理后果，提出逻辑性强而有建设性的计划；坏的思维方式常导致压力与精神崩溃。

最近，我有幸采访了世界的报业巨头之一《纽约时报》的出版者阿瑟·海丝·索尔兹伯格。他告诉我，当第一次世界大战的战火横扫欧洲时，他惊慌恐惧，担心未来，彻夜难眠。他常半夜起来，拿着画布与颜料，对着镜子给自己画像。他对画画并不精通，可他还是画了，只是想借此消忧。索尔兹伯格跟我说，他一直未能从画画中把忧虑赶走，更没寻求到精神上的平和，直到有一天他看到一段教堂的赞美诗：恳请祥光引我前行，照亮我的前程；不求看清远方，但求眼前清醒。

就在同时，一位在欧洲前线服役的年轻人也得到了同样的教训。他是来自美国马里兰州巴尔的摩市的泰德，忧虑已使他精神衰弱。

"1945年春，我成天忧虑。终于得了被医生称为'横结肠痉挛症'的疾病——这是一种产生扩散性疼痛的疾病。要不是战争及时结束，我大概早就崩溃了。

“我几乎整个人都处于虚脱状态，我隶属步兵九十四师死亡登记处。我的工作是记录作战死亡、失踪及入院治疗的士兵。我也帮忙挖掘草堆中随意埋在战场上的盟国及敌国士兵的尸体。我还要收集这些士兵的遗物，送给他们的父母或者亲属，因为这些物品对他们而言是极其珍贵的宝物。我总是担心出差错，造成尴尬的局面。我真担心自己撑不下去了。我怕自己再也没有机会拥抱我的独子——他已十六个月大，而我还从来没有见过他。我心力交瘁以致体重连续下降三十四磅。我总是心不在焉，看看自己的手，完全是骨瘦如柴。想到可能不能活着回去，我就精神恍惚，像孩子似的抽泣，甚至一独处就忍不住流泪。布格战争开始的那段时期，我常这样啜泣，那时候我几乎快放弃做一个正常人的希望了。

“我终于住进了陆军诊疗站，一名军医给了我足可以改变一生的忠告。他给我进行了全身检查后，告诉我毛病全都出在精神上。‘泰德，’他说，‘我要你把人生想成一个沙漏，你知道沙漏堆满了成千上万的沙粒，但它们永远只能一粒一粒地缓慢平静地通过中间的瓶颈，你我都无法让一粒以上的沙粒同时通过瓶颈。每一个人都是沙漏。从每天早晨开始，我们都有数不尽该办的事情，如果不一件一件地按顺序处理它们，像一粒一粒沙粒通过沙漏，那么就可能对自己的生理或心

理系统造成伤害。’

“从那之后，我就谨记于心并每天练习着医生教的这种处世哲学。‘一次一粒沙，一次完成一项任务。’那段时期，这话挽救了我的身心，甚至对我目前从事的职业也大有帮助。目前，我是公关广告部主任，我发现工作与战争期间的问题类似，工作繁重却时间紧迫，我们存货不够，要填新表格、安排订新货事宜、更改地址、开张或打烊等。为了避免紧张，我谨记医嘱：一次一粒沙，一次完成一项任务。将其反复默记在心，我可以提高效率，完成工作，不至于像战时般凄惨。”

目前，医院内有一半以上的病人，是因为精神问题引起的疾病，过去的负担和明日的担忧都压在他们的身体上和心理上，使他们透不过气来。其实大多数人根本不必住院，他们本可以过着快乐而有意义的生活，只要他们相信耶稣的话“不要为明天担忧”，或是相信奥斯勒爵士说的“活在当下”。

你我同站在过去与永恒未来的交会点上，我们不可能活在过去与未来的任何一种永恒中——即使一瞬间也不可能。但是，真要这样做的话，我们会身心俱损。还是让我们充分运用今天的时间吧：从现在到今晚入眠。“如果只是一天，不论多重的负担，人都能承受。”美国政治家史蒂文森说，“每个人都能做好自己的工作，只要努力一天就够了。只在这一天内，每个人都能活得甜蜜，有恒心、仁爱、纯真。其实这些也就是生命的真谛。”

猜猜看谁写了下面的句子：能掌握今天的人，永享今日之乐，别管明天多糟糕，只因我活在当下。

这些话听起来挺时髦的，是吧？其实这是罗马诗人荷瑞斯在耶稣诞生前三十年写出来的。

我知道人性中最悲哀的一点是：我们都希望延长生命，但我们却忽略了当下的生命。我们总是梦想看看天边地平线那里的神奇玫瑰园，却忽视了眼前盛开在花园里的朵朵娇艳的玫瑰。

最有人情味的地方

我有一个朋友，小镇青年，“北漂”，二十八岁了，在北京待了五年，“广告狗”，经常加班熬夜，作息时间颠倒。

半年前，聊天中感觉他不太对劲，情绪特别消极，有抑郁倾向。原来他正在经历人生中的至暗时刻。首先是身体熬不住了，长年熬夜，饮食、作息都不规律，日积月累，胃出了毛病。正巧又碰上项目不好做，丢了客户，项目组面临解散。然后，相恋多年的大学同窗女友把他甩了，爱情败给了现实。一连串的不如意，让他意志消沉。有一天凌晨三点，他在朋友圈发了一条动态：“人生终极三问——爱情是什么？现实是什么？活着是为什么？”我发信息问他：“你没事吧？”许久之后他回复：“没事，就是有点想跳楼。”

之后他在朋友圈消失了半年，给他发消息他也很少回复，我一度担心他迈不过这个坎了。两周前，突然看到他在朋友圈发了几张美食的照片，配文："闻着饭菜香，觉得终于活过来了。"

原来，那半年他一直过得郁郁寡欢，甚至真的想过自杀，直到某天他经过菜市场，进去溜达了一圈。

听着小贩清亮的吆喝声、热热闹闹的讨价还价声，看着五颜六色、新鲜水灵的瓜果蔬菜，活蹦乱跳的鱼虾海鲜，朋友突然觉得心里温暖又亮堂。一路上禁不住小贩的吆喝，他买了一条鱼，还有各种新鲜蔬果，回家简简单单做了一顿饭。当热腾腾的饭菜摆上桌，原来觉得冰冷的房间，似乎也多了点生机。吃一口亲手做的饭菜，一股暖流从嘴里涌进心里。

"那一刻，我觉得我活过来了，我觉得不管遇到什么事，我都能自己走下去了。"朋友说。从此他爱上了逛菜市场，那里成了偌大的北京城最能治愈他的地方。

想起古龙说过的一句话："一个人如果走投无路，心一窄想寻短见，就放他去菜市场。"这话有些夸张，但意思是对的。要讲生趣，没有一个地方比得上菜市场。古话说，饮食男女，人之大欲。饮食，永远是人最原始、最强烈的欲望，一个还吃得下饭的人，是不会放弃自己的。而菜市场正是能勾起饮食之欲、让人重新萌发对生活热爱的地方。

我自己也有被菜市场治愈的经历。那年我失恋，想用旅行来疗伤，在云南大理，吹过上关风，看过下关月，晒了高原明媚的阳光，仍觉得心底是冷的。一个清晨，我在古城闲逛，突然就闯进了熙攘的菜市场。地上竹篓里摆满了各色菌子、竹笋等乡野山货，火腿、腊肉的香气很远就能闻到，到处是招摇的茶花。

我买了一棵竹笋和一块火腿，回到客栈厨房做了一碗火腿竹笋汤。正是那口温热的汤，压下了那一刻我心底的悲伤和漂泊感。从此在旅途之中，菜市场成了我必去的地方。

汪曾祺先生也有类似的观点，他说："到一个新地方，有人爱逛百货公司，有人爱逛书店，我宁可去逛逛菜市。看看生鸡、活鸭、新鲜水灵的瓜菜、彤红的辣椒，热热闹闹，挨挨挤挤，让人感到一种生之乐趣。"

我总觉得，爱逛菜市场的人，是不会垮的，他们自会从这个热闹的市井之地吸取让自己走下去的能量。

菜市场，是一个城市里最接地气、最有人情味的地方。菜市场里没有风花雪月，没有咖啡、红茶，没有诗和远方，有的只是脚踏实地和一蔬一饭，以及人和人之间虽然不知根底，却愿意释放的善意和人情味。

我有个朋友，是一位三岁宝宝的妈妈，她说一天之中最自由的时刻，是洗澡、上厕所和逛菜市场。只有这些时刻，她可以脱离社会赋予她的身份，只做纯粹的自己。

我们烦恼太多，是因为所求太多。多去菜市场看看，会发现自己最基本的需求其实不多，简单平凡，就让人满足。

如果你失恋了，我建议你去逛一下菜市场，那里会比咖啡、酒精、找人倾诉更能治愈你的伤；如果你感到悲伤，你也可以去菜市场，那里有饭菜温暖你心底的冰凉；如果你感到无聊，我还是建议你逛菜市场，那里热闹的市井气息和普通人的努力勤劳，会让你看见什么是真正的生活。

做独一无二的自己

我们处在一个遍布“奇观”的时代，“标签奇观”也同样随处可见。

标签的好处是能够帮你找到同类。刚上微博的时候，我不太会玩，随便填了个标签，结果发现它们竟然在自己的首页上公布了出来，诸如“话剧爱好者”“咖啡控”“八卦”等，有可能借着这些简单的描述，我们会在虚拟的网络空间里找到同类。

这显然是一个标签的时代。打开电脑，QQ提示你收到一条好友印象“宅女一枚”；登录豆瓣，你的好友分别加入了“笑点很奇怪”“环保主义皆祸害”和“谁叠被子谁是猪”小组。你淡淡一笑，打开“女巫闹闹”的主页，突然心情很好——这周天秤座戴了小红花。

聚会的时候，当你听到有人说他也是天秤座的，你会迅速和他攀谈起来，你们共同认定天秤座优雅、灵感，有才华。最后，你们互换电话，你觉得自己的朋友圈又多了一员。这跟认老乡并没有太多差别——只不过地域认同变成了心理认同。

标签是用于寻找同类的，它源自人们对孤独的恐惧感，很少有人给自己贴一个没有同类的标签——即使你想给自己加上“独一无二”的标签，你也会在谷歌发现数百万个结果。无论多么小众，标签都能给你带来同样的一群人供你抱团取暖。

然后，这种认同感会给你带来一种积极的暗示。鉴于不会有人在内心给自己贴上“我要成为全世界最坏的人”的标签，那么标签总给人一种积极，至少是中性的心理引导。《超级大坏蛋》里的经典台词虽然立下这样的志向，但并没能如愿——他最后成为一个英雄。连“宅女”“极客”这些相对中性的词语，也会给你施加积极的影响，让你自信地接受这种生活方式，而不是淹没在“大众”的洪流之中。

但标签的效应并不是所有时候都一致。同样一个“90后”的标签，当别人贴给你的时候，他可能不怀好意认为你“如此简单，有时幼稚”，但如果你自己贴上，则可能是李宁的广告语“沿着旧地图，找不到新大陆”。心理学家克劳特在1973年做过一个实验。他要求人们为慈善事业捐献，然后根据他们是否有捐献，标上“慈善”或“非慈善”。后来再次要求他们做捐献时——对，你猜对了——那些被标签为“慈善”的人，比那些“非慈善”人捐得要更多。

其实这也是在提醒我们，多使用正向的标签。如果你小时候，恰好有一个朋友叫“别人家的孩子”，她从来不玩游戏，不聊QQ，不喜欢逛街，天天就知道学习，长得好看，又听话又温柔，次次年级第一；而你却“笨蛋”“没主见”，你会更加明白这种心理现象。正向的标签会使你的养成计划更加顺利，也更加自信。

因此，给自己加上一个标签吧，然后如《模拟人生》一样，把自己培养成“我想要”的那种人。

第三章
念念不忘，必有回响

一个人怎么看待自己，决定了此人的命运，指向了他的归宿。我们的展望也这样，当更好的思想注入其中，它便光明起来。不管你的生命多么卑微，你要勇敢地面对生活，不用逃避，更不要用恶语诅咒它。

——梭罗

成功路上的灯

我的朋友闵昕自认为是当音乐家的料。可是在我记忆中，上初中时他演奏手鼓并不怎么高明，唱歌又五音不全，实在让人不敢恭维。光阴似箭，我们中学毕业后即失去了联系。我念大学，读研究生，而后成了圣玛丽大学的哲学教授。闵昕为实现当歌唱家兼作曲家的理想，去了“乡村音乐之都”纳什维尔。

闵昕到那儿后，拿出有限的积蓄买了一辆旧汽车，既做交通工具又用来睡觉。他特意找到一份上夜班的工作，以便白天有时间光顾唱片公司。在这期间，他学会了弹吉他。好多年时间，他一直在坚持写歌练唱，叩击成功之门。

有一天，我接到一位跟闵昕相识的朋友打来的电话：“听听这首歌。”他说罢，将话筒靠近扬声器。刹那间，我听到了一阵美妙动听的歌声。真不愧是个出色的歌手！“这是卡皮托尔公司为闵昕出的唱片。”朋友在电话中说，“他在全国每周流行唱片选目中名列前茅，你能相信？”我的确难以置信：这首歌就是闵昕自己写自己录制的？然而，闵昕确确实实做到了。不仅仅如此，在当时一套畅销的乡村音乐唱片集中，主题歌《赌徒》也是闵昕的杰作！

从那时起，闵昕·施里茨创作演唱了23首顶呱呱的歌曲。由于他专心致志，全力以赴，这个青少年的梦想实现了。

闵昕几乎于直觉做出的选择，乃是基于我从有关人类美德和个人成功的伟大文学作品中发现的原则。我认为，若想使自己真正踏上成功人生的胜境，就需要满足下列四个基本条件。

方向之灯

如果你不知道自己的方向，你就会谨小慎微，裹足不前。

不少人终生都像梦游者一样，漫无目标地游荡。他们每天都按熟悉的“老一套”生活，从来不问自己：“我这一生要干什么？”他们对自己的作为不甚了了，因为他们缺少目标。制定目标，是意志朝某个方向努力的高度集中。不妨从你渴望的一个清楚的构想开始，把你的目标写在纸上，并定出达到它的时间。莫将全部精力用在获得和支配目标上，而应当集中于为实现你的愿望去做、去创造、去奉献。制定目标可以带来我们都需要的真正的满足感。自己设想正在迈向你的目标，这尤为重要。失败者常常预想失败的不良后果，成功者则设想成功的奖赏。从运动员、企业家和演说家中，我屡屡看到过这样的情况。

交往之灯

结交比你更懂行的人。

我父亲17岁时离开北卡罗来纳州的农场，只身前往巴尔的摩马丁飞机公司求职。在被问到他想做什么工作时，父亲回答说：“干什么都可以。”他解释说，自己的目标是学会厂里的每一项工作，他乐意去任何一个部门。父亲被录用后，一旦管理员确认他的工作不比别人的逊色，他就提出去不同的另一个部门，重新从头开始。人事主管同意了这一不寻常的请求。到父亲年满20岁时，他已从这家大工厂脱颖而出，承担起实验方案的攻关，薪水相当不菲。

父亲只要去一个新的部门，总是去向经验丰富者请教。而一般的新手通常会避开这种人，生怕靠近他们会使自己看上去像个初出茅庐者。

我父亲向这些人请教他所能想到的每一个问题。他们也很喜欢这个虚心好学的年轻人，会把自己摸索出来、别的人从未问过的捷径指给他。这些热心人成了我父亲的良师益友。

无论你的目标是什么，都要计划跟那些比你更懂的人发展关系，把他们作为你努力的榜样，不断调整、改进自己的工作。

梦想之灯

成功者不过是爬起来比倒下去多一次。

成功者与失败者之间最大的区别，通常并不在于毅力。许多天资聪颖者就因为放弃了，以致功亏一篑。然而，成就辉煌的人绝对不会轻言放弃。

有一天我去上班时，碰见了丹尼尔·卢迪——他现在是一位富于鼓动性的演说家。卢迪在伊利诺伊州乔列特长大，从小就耳闻圣玛丽大学的神奇传说，梦想有一天去那儿的绿茵场踢足球。朋友们对他说，他的学习成绩不够好，又不是公认的体育好手，休要异想天开了。因此，卢迪抛弃了自己的梦想，到一家发电厂当工人。不久，一位朋友上班时死于事故，卢迪震骇不已，突然认识到人生是如此短暂，以致你很可能没机会追求自己的梦想。1972年，他在23岁时读印第安纳州圣十字初级大学。卢迪在该校很快修够了学分，终于转入圣玛丽大学，并成为帮助校队准备比赛的“童子军队”的一员。

卢迪的梦想很快要成真了，但他却未被准许比赛穿上球衣。翌年，在卢迪多次要求后，教练告诉他可以在该比赛的最后一场穿上球衣。在那场比赛期间，他身着球衣在圣玛丽校队的替补队员席就座。看台上的一个学生呐喊道：“我们要卢迪——”其他学生很快一起叫喊起来。在比赛结束前27秒钟时，27岁的卢迪终于被派到场上，进行最后一次拼抢。队员们帮助他成功地抢到那个球。

我17年后同卢迪再次相遇，是在圣玛丽大学体育馆外的停车场。一个电影摄制组正在那儿，为一部有关他的生平的电影拍外景。卢迪的故事说明：你只要怀有一个梦想，便没有办不到的事。

进取之灯

回顾并更新你的目标。

不时重新看看你的目标表，如果你认定某个目标应该调整，或用更好的目标取而代之，就要及时修改。当你达到了自己的目标，或是向它迈进了一步时，不妨庆祝一下。用你所喜欢的任何方式，来纪念那一特殊的时刻，重燃理想之火。但不应该就此止步。在一个目标达到后，许多人便松懈下来了。正因为如此，今年排名第一的销售代理，很可能成为明日黄花。

我在一幢旧宅里住了多年。每当我在寒冷的日子里调温度调节器时，年代久远的取暖炉必定燃烧得更旺，直到温度升上新的一档。一达到我定的温度，它便自己停下来，温度不再往上升。

人类就像那个取暖炉，我们很容易满足于自己已达到的目标，不再要求上进。其实，为了不让希望落空，我们应当制定新的目标，不断向新的高度攀登。

相信时间的力量

木子是我认识五年的好朋友，对她来说，过去的一年是最艰难的一年。

先是因为和空降的上司意见不合，大领导为了顾全大局，把她调到了非常边缘的岗位，工资也降了百分之二十。一气之下，木子提出了离职，然而领导并没有挽留。紧接着谈了两个月的男朋友喜欢上了别的女生，前一秒还在满脸愧疚地和木子道歉，转身就从裤兜里掏出了蠢蠢欲动的手机……

和我说这些事情的时候，木子轻轻呼了一口气，瞪大眼睛，想忍住难过，但还是在下一秒眼泪决堤。她哭着问我：“为什么想好好生活就这么难……”

我很想告诉她，所有的悲伤请交给时间，一切都会过去。但我知道她只会给我一个“你就是站着说话不腰疼”的白眼，所以我和她分享了我的两个故事。

在我并不丰富多彩的人生里，有过两次心灰意冷的时刻。

第一次是考研失败。愚人节那天接到复试结果，像是被老天开了个玩笑。那时，同窗好友要么已被录取，要么已找到了工作。而我，什么都没有。

整整一个月，我行尸走肉般地生活，大多数时间躺在床上发呆。直到五月中旬要拍毕业照，才惊觉自己浪费了很多宝贵的时间，于是重新振作起来去找工作。

第二次是失恋，和谈了两年的男朋友分手。我那时在一家创业公司工作，忙得昏天黑地，天天累得没有精力去难过，偶尔盯着屏幕眼泪刚流下来，马上就有同事过来找我商量事情。

也曾整晚失眠，眼睛肿得像核桃大，但第二天不能赖床休息，又得早早搭地铁去公司上班。就这样过了两个月，我竟然又和从前一样活蹦乱跳了。时间，真的是最好的解药。

我告诉木子，今天尽情地哭，之后请你正常生活。你要找新工作赚房租，工作稳定了可以认识新的男生谈恋爱，你才二十五岁，有大把的机会。现在或许对你来说很残忍，但任凭自己被悲伤吞没并不会缩短你的治愈时间，只会白白浪费了大好时光。

遇到人生低谷怎么办？有人回答：继续往前走。如果走不出去呢？那就多走几步。怕只怕你在原地打转，反复咀嚼痛苦，无益于眼前，还耽误了以后。

我有一个高中同学，和我家虽然住得比较近，但我从来没有去过她家。有一个暑假因为要约着一起出去玩，我就去她家里找她。她一开始有些不情愿，但后来还是让我去了。

去了她家才知道，原来她妈妈有精神疾病，常年处于恍惚之中，是不大认人的。家里的收入全靠她父亲做些零工。她奶奶七十多岁了，也和他们一起住。从我同学平时的状态来看，根本想不到她生活在这样的家庭中，虽然觉得她有着比同龄人更多的成熟，但还是被她的家庭环境震惊到了。

看到我略显惊讶的表情，同学先是不好意思地笑了下，然后招呼我坐下来并提高声调对她妈妈说："我同学来啦，你看看，好看不？"一下子气氛轻松了不少。

高中三年，她生活都很节俭，有空就帮家里捡些废品换钱，学习成绩一直很稳定。高考结束后，她上了一所外地的大学，同年，她爸爸的腿摔坏了，奶奶也在两个月后去世了。我不知道那段时间她是怎么熬过来的，只知道她一个人去大学报到，一个人打工挣了三千块钱生活费。

上了大学后，我们很少联系，前年我正好在公交车上碰到正要去赶飞机的她。她毕业后去了上海工作，经过几年的打拼，从职场菜鸟升到了如今财务主管的职位。她妈妈的情况还是那样时好时坏，爸爸的腿已无大碍。因为她开始赚钱，家里的情况一点点变好起来。

我感慨地说："你那几年真是好辛苦。"她眼睛突然就有点湿润，但转而又是一个非常欣慰的笑容。"我爸那时候常跟我说，日子再难咱也得好好活，尽管以前很不容易，好歹我们家挺过来了。"我听到她这样说，只有感动和佩服。

不是每个人生下来就有一颗强大的心去回应迎面而来的苦难。但是，我们必须学习如何忽略苦难对我们生活的影响。这样做不是逞强给别人看，只是因为时间太过宝贵，不想浪费在自怨自艾和回味痛苦上。

你今天因为考试失利哀叹一个月，就有可能少复习几个下次考试的知识点；你因为丢了工作整日混沌度日，只会白白丧失学习新技能的大好光阴。

抓紧眼前的时间和机会，用心过好今天的生活，才能确保明天的幸福，这是一个再正常不过的连锁效应。所以，无论多么艰难，都不要停止好好生活。你唯一能把控的就是现在，而当下的行动又决定了未来的可能。

我知道你也会难过，会觉得挺不住了。但要相信时间，它会一点一点带走你的悲伤。同时，也请你珍惜时间，在每一个困难的当下都能好好生活。

别总把没意思挂在嘴边

很多人越是长大，越是活得焦虑。

生活是一把刻刀，它将你身上的那些锐利剔除干净，像是专业的厨师一般，只留下最适合烹饪的部分。

错把刺激当作生活真相，错把刺激当作你的生活梦想，这才是你的问题。既然失去了，就别再执着，一个人不应该在生活中寻找刺激，而是要在平淡的日子里，成为那个有趣的人。

前不久见到表弟，他整个人发胖了不少。

我笑着调侃他，看来你最近日子过得不错，心宽体胖。表弟也笑了，就是吃得多，动得少呗。

表弟已经在银行工作了大半年，我问起他工作怎样，他心不在焉地说，就那样。

我一愣，那样是哪样？他说，就是按部就班。

我点点头，那也不错。

表弟问我：这有什么不错？

我解释说，年轻人能够有一份收入不错的工作，衣食无忧，就是不错。

表弟撇撇嘴：可我总觉得没劲，这日子没意思。

表弟对我说，上班时动力不足，感觉浑身不舒服，明明没有做多少工作，却依然感觉很累。回到家筋疲力尽，做什么都提不起精神。有人约吃饭，借口工作忙拒绝；有人约聚会，推托不去。只要提到工作，就是烦透了；只要提到生活，就是没意思；只要提到梦想，就是沉默，甚至是批判。

表弟问我：我这样是不是不对？

我点点头说：可能真的出现了一点问题。在心理学上，这是慢性心理疲劳的一种，是自我的发展停滞状态。

表弟坦言，他设想过无数的生活状态，有的光鲜亮丽，有的刺激有趣，有的跌宕起伏，但最后，却走上一条最平庸的路。

我对他说，既来之，则安之。一个人不是在更好的环境下才能成为更好的人，而是如何能够在现有的条件下，最大限度地做好分内的事。

我理解他的想法，现在的年青一代，已经和我们当时完全不同了。曾经的“80后”，毕业后能找一份稳定的工作，租得起房子，吃得饱饭，工作有前景，就是其他人羡慕的对象。而现在的年轻人，更看重自我价值的实现。

现在的年轻人找工作，考虑的不只是薪资、前途，还有这份工作是否有意思，是否能给他更多机会，是否能让他觉得有趣。

“生活没意思”，这句话好像我最近经常听到。

有时是一些年长的人，他们有的已经成功，有的还在浑浑噩噩，上有老下有小，谈起话来老成，滴水不漏。稍微多说一些，就说生活没意思，无非是一天天得过且过。

有时是一些年轻人，他们有的长期做一份工作，有的三天打鱼两天晒网，都有各种压力和负担。稍有不满，就说这日子真没劲，还不如去穷游。

面对生活，我们好像越来越多地给予它一些负面评价，并且将内心的负能量变作一堵墙，阻隔了与外界的联系。

人们总是对很多事情抱有幻想，期待自己的生活犹如影视剧丰富多彩，最好是有一种猜得中开头猜不到结尾的人生在等待着自己，每天充满刺激和新鲜感。

可长大后发现，生活和期待落差巨大，并没有那么精彩。虽然每天都在做着不同的事，但大都在自己的掌握之中，很少有一件事可以让自己特别有成就感。

丧失了成就感，实现不了自我价值，于是很多年轻人将自己的生活做出“没意思”这样的概括。

很多人越是长大，越是活得焦虑。这一点体现在他们将本应关注自我的眼睛，放在了别人的身上。很多人看着别人成功的故事，不断地进行对比和羡慕，只剩下一声叹息。

总是在纠结中活着，担心未来，担心自己不能实现理想，每一步都走得跌跌撞撞，这样的日子，换作谁都没办法快乐地继续。

生活的无趣不是说它没意思，毕竟生活不是过山车，不会永远都刺激，更不会天天都大起大落让你感受价值。

它更像是一条缓和的抛物线，有时在顶点，有时在谷底，有时需要我们攀爬，有时需要我们俯冲。而这个过程，是漫长的，它会漫长到让你以为日子是一成不变的，漫长到你以为自己的人生可以一眼就看到尽头。

可这个世界上，哪有这么笃定的一成不变？

你心里有梦想，却在怀疑梦想；你内心有期望，却觉得它一文不值；你看着别人的成功，认定那是运气；你觉得任何努力，最终都丧失了意义。曾经意气风发的你，在现实生活中败下阵来，成为一个浑身负能量的人。

更重要的是，你期望未来，需要刺激，却惧怕失败，恐惧未知，于是，或主动或被动地选择了最普通的生活。到头来又埋怨生活没意思，这是谁的错?

人最怕的不是过不了想要的生活，而是明明你可以做得更好，却因为自己的胆怯和彷徨，丧失了最佳的行动机会，连现在的日子也过不好了。

别总想着在生活中寻找刺激，或许我们更应该在平淡的日子里，成为有趣的人。别总把没意思挂在嘴边。

把人生活得热气腾腾

我很喜欢别人跟我说，这个真好听，这个真好看，这个地方值得你请假去一趟……

一位朋友突然在吃饭时大叫一声："老板呢？"把服务员吓了一跳，以为发生了什么事，朋友激动地站起来说："这碗这么漂亮，哪儿买的，能不能卖给我？"原来是看上这只碗了，她不过是认同老板的品位而已。老板出现了，淡淡地说："我收集的，我好这一口儿，还有一只，喜欢就送你吧。"一个热气腾腾的灵魂遇到另一个热气腾腾的灵魂。

一个有意思的人说，我看到一个喜欢的东西，会幸福得直"哼哼"，当然，值得他"哼哼"的都是一些无用的东西，比如，一本书、一场演出、一个不错的创意……

蒋勋在中国台湾很有名气，我对他讲的一段话印象很深。他住的房子在淡水河边，但是，开发商似乎对风景没什么感觉，窗户开得很小。他做了什么？他请来建筑系的学生，在家里开了十二扇窗，往外推的窗，风景一览无余。此外，还架出了一个小小的阳台。这个画面我印象很深，我也喜欢很多窗，是喜欢看到窗外风景的人。有时，我为了争取一个窗边的位置都要费很多口舌。出外旅行订房时，问的第一句话是窗外有风景吗；为了一个带景观阳台的房间，晚上居然舍不得睡觉，在阳台上呆坐半小时，结果感冒了……

对风景如此贪恋的人，也算得有热气腾腾的灵魂吧。他们人到中年，还有兴奋点，这个兴奋点碰巧还跟钞票没太大关系。

一个爱书的人，提到他某天买到一款蜡烛，很激动地请了几个朋友来家里吃饭，只因为这个蜡烛名字叫“图书馆”：潮湿、油墨味、雨天、木屑……他要分享这图书馆的味道。

友人前不久在国外参加了一个五十四岁男士的毕业音乐会。这个男人小时候的梦想是当个音乐家，但是由于各种原因，后来学了飞机修理专业，当了一辈子高级修理工程师，自称高级工人。五十岁他光荣退休，接下来干什么？实现梦想啊。正儿八经报名去大学音乐系学作曲，跟小朋友们一起上了四年大学，五十四岁毕业，自己作词、作曲、演奏，钢琴、小提琴、竖琴样样都来，邀请亲朋好友来参加他的音乐会，这是一场多么感人的音乐会啊！友人说感受到了一种力量，热气腾腾的力量。人家五十岁才开始，然而很多年轻人认为梦想是空话白话，其实根本就没有梦想。

一个来国内旅行的美国大学生说，他很不喜欢一些中国大学生，因为他们无趣，除了房子车子不会聊别的。友人说起来很感慨，美国大学是没有年龄限制的，你经常可以看到五十岁的老人与十八岁的年轻人同班学习，互不干扰，互相帮助。她说有一天，她看到自习室里有一位头发花白的老绅士在认真地看书，前前后后坐的都是年轻人，那情形像是一道风景。

国外的年轻人都会有毕业旅行，意在寻找自己的梦想，这个过程父母是可以资助的。她的一个朋友就资助孩子去墨西哥旅行，而她的孩子真的在那里找到了自己的梦想——一个美丽能干的墨西哥姑娘。他租了一段海岸线（那里的海岸线是可以承包的，你可以使用，但有维护的义务），并承包了海岸线后的一片山林，在海边盖了自己的梦想小屋，凭自己的劳动在南美生活下去。他的母亲不但没有反对，反而很高兴：瞧，他终于实现了他的梦想，他一直梦想自己有一个海边的小木屋，屋里有个长发姑娘。瞧，他热气腾腾地活着，真好。

友人笑着说，美国人虽然饮食不健康，但心理很健康，所以，他们的寿命长。爱运动是一个方面，精神放松、有热情对生命的影响力，有时超过了饮食对健康的影响。中国人饮食精细、讲究，但精神容易压抑，总高兴不起来。

仔细想想，她的话还真有道理。美国的胖子也很多，但他们是健康的胖子，从没有减肥之说。他们聊书，聊旅行，聊运动，他们的生活新鲜简单，你如果只知道聊赚钱，他们会以不屑的目光望着你，言下之意是：你活得太不热气腾腾了。

少一点抱怨，生活会更好

在生活和工作中，我们遇到不公平和困难时，往往会抱怨，但是抱怨对解决问题毫无帮助。

为什么会抱怨？一般有以下几个原因。

一是遇到了自己解决不了的、不公平的事情。其实一件事情本身公平与否，我们并没有一个评价标准，也许从你的角度来看，这件事是不公平的，但从别人的角度来看，也许是公平的。抱怨实际上是对自己能力的一种否认，因为你认为自己解决不了眼前遇到的问题。如果你真的能够解决遇到的问题，那么你就会采取行动，而不是抱怨。比如，你遇到了不公平的事情，你就会直截了当地与对方沟通交流，争取公平的结果。

二是为了推卸责任。比如，你和两三个人共事，遇到问题之后，你可能就会抱怨另外两个人没有用心，或者做得不对。为什么呢？因为你希望把本来应该自己承担的责任推卸出去。这种事情很常见，比如，夫妻之间因为生活中出现的带孩子等问题而互相抱怨，双方都认为责任不在自己。其实，这个世界上能够清楚地认识、承认并改进自己的人很少。现实中，出现问题后，我们都希望把责任推给别人，因为这样自己就会感觉轻松一些。

三是喜欢抱怨的人一般来说都缺乏理性思维，喜欢感情用事。感情用事的人一旦遇到事情，不会先退一步去分析思考如何解决问题，而是由着情绪，跟人吵架、抱怨和指责。所以，感性思维和情绪化的人更容易抱怨。

抱怨在我们的生活和工作中很常见，而抱怨最大的问题就是会使人陷入恶性循环。当你不停抱怨时，周围的人会对你产生不满，这种不满会让你看到周围人更多的不好，你的抱怨就会增多，久而久之，你可能会成为“怨男”或者“怨妇”。如此一来，周围没有人愿意与你交往，那么你失去机会、失去别人的喜欢和关爱的可能性就会非常大。逐渐地，你会认为社会对自己越来越不公平，可能会产生越来越阴暗的心理，最后极有可能精神上极度紧张，甚至会得忧郁症。面对这样一种状态，你浑身充满了无力感，除了抱怨，不知道如何去改变。但是，实际上稍微冷静下来思考一下，你就会发现导致这种四面树敌状态的最根本原因就在你自己身上。

那么，我们如何才能做到不抱怨呢？

首先，用积极的心态看待你身边发生的事情。你需要了解遇到的问题具体是怎样的，不要先下结论，先不摆明态度，但是，你要去思考如何从根本上解决问题，应该采取什么样的态度，用什么样的方法。最重要的一点，是去找自己的原因，而不是去找别人的原因。

其次，要思考自己应该承担哪些责任。遇到问题，要客观看待，了解别人对你的看法，反过来思考到底是不是因为自己的缺点或错误造成了现在的情况。因为人最大的问题就是很难直面自己的缺点，很少有人会认为自己有问题。比如，小气的人从来不认为自己小气，斤斤计较的人也从来不认为自己是斤斤计较的。因此，在遇到事情的时候，我们应该从自身找原因，改正内在的缺点，承担起应该承担的责任，成为一个更受人欢迎的勇敢者。

最后，不要用情绪化的方式对待问题，而要用理性的思维去分析你遇到的不公平和困难。比如，问题是否真实存在？如果真实，怎么解决？解决的过程中，如何能够让自己取得胜利，并且让别人感觉舒服？因此，遇到问题，我们应该双向思考，让自己摆脱无力感。

一个人除了抱怨和吵架，没有任何解决问题的能力，这是一种无能的表现。而这个世界上，没有人会喜欢无能的人，尤其是一个既无能又不断抱怨的人。从这个意义上来说，我们应该培养自己阳光、积极向上的个性，培养解决问题、承担责任的品格和气质，这样，我们就会发现世界其实很简单。

不去抱怨外界，自己多承担一些责任，我们的生活会过得更加轻松愉快。

懂得控制情绪

你若成为不了情绪的主人，必会成为情绪的奴隶。在这个生活压力大、节奏快的现代社会，我们常常要隐藏自己的敏感情绪，收起玻璃心，或是忍住心里的怒火，这些都是有修养的表现，但往往压抑了自己。但是，控制不了情绪、排解不了情绪，何以维持长久的感情？何以拥有高效的执行力？每个人都有喜怒哀乐，控制情绪不代表没有情绪，更不代表不允许任何负面情绪的产生。情绪，不能强行压抑，不然对身心都有不利影响，但是，调整负面情绪需要找到合适的方法。

王哥终于忍不住与女友小兰提出分手。小兰是个很有趣的女生，她能像哥们儿一样陪王哥上山下海地疯狂玩乐，也能像温顺的猫咪一样跟王哥花前月下谈天说地。只可惜她的情绪变化多端，总让王哥捉摸不透。

有一次，小兰心情特别好，把家里的家具重新摆放，贴上新墙纸和新桌布，准备好烛光晚餐等待王哥回家。王哥加班很辛苦，回家后话比较少，小兰就认为王哥不那么爱她了，便不管三七二十一，冲着王哥发火，一个人到墙角哭泣，非要他做深刻检讨。

两人相处时间久了，如此反复，王哥很是心累，有一种一会儿上天堂，一会儿下地狱的感觉，简直像一部灾难片。

生活中，有些人就像多愁善感的林妹妹，有时因为在意的人一个举动，就会有小情绪；有些人性情暴躁，总是容易把情绪写在脸上，坏脾气最后伤害到爱自己的人。

前段时间，有位朋友说她很苦恼，常常因为一点儿小事就心情不好，别人的一个动作，甚至一个眼神，她就会胡思乱想很多……

开心的时候很开心，但马上就可能因为一件事变得生气或难过。的确，有时候，我们因为过于在乎一个人，因为他的一句话一个眼神，就会很在意他在想什么，情绪受到波动，只因太重感情。情绪化的人很难隐藏自己的情绪，前一秒可能还很高兴，后一秒就有可能闷闷不乐或者大发脾气，甚至会将负面情绪表现得淋漓尽致，情绪极不稳定。但是，生活不是连续剧，观众受不了太过跌宕起伏的剧情，别人的心脏承受不起你一惊一乍的性情，随时都有换台的可能。

曾经和一位男性朋友聊天，问他喜欢哪种类型的女生，本以为很有生活情趣的他会回答高颜值、有趣、能撒娇。谁知，他很坚定地说出四个字："情绪稳定。"

情绪在感情里最能见高下，保持恋爱关系甜蜜的秘诀是不无理取闹，不依仗着爱而有恃无恐、撒泼打滚，不把负面情绪带给爱你的人。懂得控制情绪，是感情持久的基本保障。

不懂控制情绪的人，容易把自己作死，还可能发生极为惨烈的悲剧。

上海陈某暗恋老同学，求爱被拒，拿出水果刀在办公室直接杀死了她；海归男单恋女孩八年，感情未能如愿以偿，便把女孩从十九楼扔下；刘鑫的前男友陈世峰，与帮助刘鑫的江歌发生争执，狠心地将她杀害……

发生在重庆的公交车坠江事故，女乘客与司机的激烈争执互殴，导致十五条人命被葬送在冰冷的长江江底。究其原因，不过是女乘客错过了自己原本的站点而已。这个情绪失控的女乘客，就像一颗定时炸弹，炸毁了自己，还牵连伤害无辜的人。仅因为一人错过了一站，却让十四个人错过了后半生，令人无限唏嘘。

懂得控制情绪，是人格稳定的基础。控制得了情绪，才能控制人生。

有时候，我们很希望自己还是个孩子，喜欢就是喜欢，讨厌就是讨厌，开心就肆无忌惮地笑，伤心就情不自禁地流眼泪，气愤委屈就毫不压抑地发泄。但是当坏情绪爆发后，带给自己的往往是无止境的后悔。因为，人生永远需要一种能力——情绪稳定。

一个人的性格是稳定难改的，但是情绪却是可以控制和改变的。“菲斯汀格法则”这样说：生活中的10%是由发生在你身上的事情组成，而另外的90%则是由你对所发生的事情如何反应所决定。换而言之，生活中10%的事情，我们无法控制，但另外90%的事情是我们可以控制的。

很多时候，事情本身并不糟糕，关键在于你如何看待它。在职场上也一样，我们需要处理很多事，和各种不同的人打交道。有些人见多识广，也有过硬的专业能力，却因为在与同事工作接触时要么冷漠消极，要么言行激烈，稍有不顺，便恶言相向，言行举止让人无所适从。自身情绪管理能力的缺失，导致了恶劣的交际环境，一手好牌最后却被打得一团糟。

心理学上存在一种“情绪效应”，即一个人的情绪状态可以影响到旁人对他今后的评价。

如果将生活中的坏心情带入工作，注意力便会难以集中，无法高效做好事情。如果将负面情绪迁移到同事身上，讨论工作不能就事论事，总认为别人与你对着干，不仅沟通不畅，还落下了难以相处的坏印象，被打上“难以相处”的标签，对晋升和长远发展极为不利。当同事亲身经历过你的

“情绪失控”后，他们也会害怕，后果很可能便是你在工作中形单影只，在事业上孤军奋战。

当一件同样的事发生，有的人瞬间怒火被点燃直至爆炸，有的人流下眼泪逃避现实，有的人依旧心如止水，用平和冷静的态度解决问题。和情绪稳定的人在一起，让人如沐春风，聊天时你一言我一语，心平气和，不卑不亢。即使意见相左，也不会急于表达自己的看法，更不会与你争执得热火朝天，而是先耐心倾听你的想法，与你来一次思想上的愉悦碰撞和学习。你也会从他身上感受到一种轻松平和的力量，心情也会因此变得越来越好。

情绪稳定，是成年人顶级的修养。懂得控制情绪的人，面对突发状况产生的负面刺激，知道及时调整心态，将负面情绪消化在自我调节里，不让主观情绪影响到自己与外界的交往，从容淡定地面对周围的人和事物。

我们在一段关系中所呈现的负面情绪，例如，愤怒、伤心、委屈、悔恨等，本质上来说都是一种攻击。情绪化和坏脾气，会伤害到自己以及爱你的人，如果对方的情绪碰巧也不好，则会两败俱伤，难以维持一段稳定持久的亲密关系。

趋利避害是人类的原始本能，没有人活该为你的坏情绪买单，也没有人有义务承担你的负能量。任何一个成年人都应该明白，控制好自己的情绪，是成熟的表现，也是对他人的尊重。脾气这个东西，拿出来是本能，压下去才是本事。

生活中，我们每个人都会遇到各种难题，总会在心里滋生出失落、焦虑、愤怒等消极情绪。但是，不乱发脾气，是一种换位思考的能力，也是一个人最高级的修养。你的情绪里，藏着你今后的人生。

不怕事难干，就怕心不专

每到周五工作结束，坐在回家的汽车上，我就会计划周末要干什么，几点起床，什么时候看书，什么时候写文章，计划得可谓是非常完美，简直无懈可击。

可第二天早上，闹钟准时响起来，而我却迟迟不肯起床。心里一边纠结着要起床看书，一边又想继续补觉。在这种无限纠结的情绪中，我又继续睡觉。可睡眠质量明显不好，做梦都在看书、构思文章，醒来又是一阵头疼。等真正起床后，拿起计划要看的书，没看几页，又沉不下心来，担心当天的文章写不完，就又扔下手中的书，跑去电脑前写文章。一天结束时，我才发现，计划看的书没有看完，文章也没有写好，时间就这样浪费过去，内心悔恨交加。

到了第二天，又循环重复前一天的状况。虽然罪恶感常常来袭，却怎么也改不掉三心二意的习惯。

很多时候，我们急于完成很多事，想要快速达到自己想要的目标，看似我们每天都忙忙碌碌，马不停蹄地追求效率，实际上，每一件事都做得马马虎虎，甚至半途而废。

曾看到过这样一段话：没有人生活在过去，也没有人生活在未来，现在是生命占有的唯一形态。

的确，我们不得不承认，只有“现在”是我们能够把控的。沉下心把当下的事情做好，才能做好今后的每一件事。

小妹上半年都在纠结当中度过。她看着周围很多同学都在准备公职考试的资料，便和大家一起，早早地就把需要的资料都买回来了。可翻看几页后就放置在书桌的一角，跑去准备实习所需的材料，再也无心翻看。

她既想毕业之后去大企业里实现自己的职业梦想，又想追求稳定考公职，还想自己创业，心思总是不定。

毕业时，小妹很遗憾，与心仪的大企业失之交臂，自己的创业计划也不了了之。而她考公职的资料却如新的一样，潦草看的几页像一个巴掌似的，把小妹打醒。她终于坚定了自己的方向，心无旁骛地准备下一次公考。

毕业季，很多人内心浮躁不安，对未来感到迷惘，眉毛胡子一把抓，事事都做，又事事都落空。但也有人目标坚定，认真做好眼前事，一步一步稳稳地往前走，并最终抵达自己想去的地方。

是啊！当我们三心二意对待生活的时候，生活自然不会一心一意对待我们；当我们对眼前事持有敬畏之心，保持专注，结果一定不会让我们大失所望。

在这个快速发展的时代里，我们容易打乱自己的节奏，急于求成使得我们很难保持对一件事的专注程度。

凡事总讲究速度，干一件事时，总想着下一件事该怎么办，这样的话，往往不能保证每一件事都有良好的效果。而我们要明白，欲速则不达，想要事事都做到极致，就要先慢下来把眼前的事做完美，这样才能真正做到循序渐进。

当我们内心浮躁不安时，就会急于求成，而当我们内心笃定时，才能沉下心来，稳步前进。就像我们看书，若总是三心二意，这本没看完，就想赶紧开启另一本，那永远也不能专心看完一本书。或者就像一个练书法的人，本身练书法讲究的就是心神合一，若内心浮躁不安，当然不能练出自己满意的书法。

什么事都想做，又什么事都沉不下心来做，最后的结果只能是一事无成。

有一句话这样说：不怕事难干，就怕心不专。

世上的很多事都是一样的道理。你若笃定，内心便不会浮躁，沉下心做好眼前事，走好眼前的每一步路，才能为人生之路打下更加坚实的基础，抵达那个你认为遥不可及的远方。

不要抱怨工作太辛苦

不少人都在抱怨自己的工作又累又苦，工作量大但工资少，但是你在哭诉自己的工作量大但是工资少的时候，有位六十七岁的老人已经身兼二十个工作，有位姑娘身兼九职，什么？假的吧！有这么牛吗？

苏格兰奥克尼群岛最北边的北罗纳德赛岛，岛屿的总面积只有六点九平方公里，岛上居民仅有五十人，由于这里气候条件极端，很多年轻人都离开了家乡，剩下的大都是一些年纪比较大的居民。别的地方找工作都很头疼，而在北罗纳德赛岛上，工作比人多出了好几倍。

岛上一位六十七岁的老爷爷叫比利，因为勤勉工作获得了2016年的“英国荣誉奖”，已经六十七岁的老爷爷比利在岛上的工作多达二十种：飞机场的交通管理员、火灾消防员、度假屋老板、服务员、出租车司机、导游、灯塔管理人、岛上议员、建筑承包公司总经理、贸易公司董事、牧民等，其中的牧羊工作占据比利的时间最长，为了保护羊群，他在岛上还专门成立了一个羊群保护部门，每天除了牧羊之外，比利还得维护全长十三英里（约二十一千米）的羊群栅栏。

就是这么一个老人，在这个小岛上是不可或缺的一部分，当有人问比利为什么年纪这么大了还要这么拼，明明可以在家好好安享晚年，但比利的回答让人更加钦佩，他说，“因为我还年轻”，仅仅就这一句话让多少年轻人自愧不如。

在岛上还有一位二十六岁的姑娘名叫萨拉，身兼九职，她不仅是邮递员、消防员、导游、护士、女司机、公务员，甚至还帮助管理空中交通、处理行李等。她还养了一群羊。萨拉差不多是岛上最年轻的居民了，为了维持在小岛上的生活，萨拉不得不身兼数职。而其他居民也大都同时拥有好几份工作。由于萨拉很能干，岛上的居民十分喜欢她。

萨拉并不是土生土长的岛民，她是三年前从英国的爱丁堡搬过来的。

由于患有抑郁症和害羞，萨拉在老家生活了二十三年却只认识左邻右舍，而搬到这里之后，她跟岛上的每一位居民都成了朋友。虽然这里人口稀少，但到处都充满着友爱。人们有事互帮互助，没事就打趣唠嗑，俨然是一个大家庭！当然这里也不存在大城市的各种条条框框，人们在这里生活自由，哪怕一人做好几份工作，也还是能在闲暇时，看一看大海，逗一逗海狮！

为了能让这位最年轻的岛民留下来，热情的居民还曾偷偷从其他地方，邀请男孩子跟萨拉约会，这让萨拉哭笑不得，但也十分感动。不过他们还真是多虑了，萨拉已经深深爱上了这座充实而又温情的小岛，打算余生都在这里度过了！

看到这里你是否还会觉得自己的工作多、工作累呢？抱怨永远没有动手做来得实在，当你在怨天尤人的时候，人家早已甩你一大条街了，你谈何成功？

失败了不妨再试一次

失败并非面目可憎，失败只是结束了你的一个错误的想法而已，也是你选择正确做法的一个新的开始，每天你都能选择享受你的生命，你也可以憎恨它，这是唯一一件真正属于你的权利。没有人能够控制或夺去的东西就是你的态度。如果你能时时注意这件事，你生命中的其他事情就会变得容易许多。是选择在失败中永远地沉沦还是在失败中重新创造奇迹都是你的自由。

“失败”二字，是最让人唯恐避之不及的字眼。有谁会喜欢失败呢？别说是“屡战屡败”，就是一次两次失败也会让一些人觉得元气大伤，更别提精力与时间、金钱的损失了。失败过的人或多或少有一种自卑心理，认为生活中有许多事情并不是自己所能预料的，成就事业只是那些有特殊才能的人或是幸运儿的事，对自己来说都是高不可攀的。于是，有的人会自认无能，从生活的跑道上退到一边，去做看客。正所谓“一朝被蛇咬，十年怕井绳”。失败让人变得懦弱，更愿意活在内疚中，他会不断地责备自己：我当初要是那样做就好了，就不会失败了。失败对于一些自尊心较强的人来说更意味着耻辱，自尊心强的人从不会承认自己的失败，他们会找一些借口来逃避自己的失败。如一个人与别人下棋连输了三局，他会硬着头皮说：第一盘，他差一点儿就输了；第二盘，我差一点儿就赢了；第三盘，是因为我让着他。他从来都不会承认自己的失败，不会说：我输了。失败真的有这么可怕，又真的令人如此讨厌吗？

作家毕淑敏原来当过兵，从事过军医工作，直到三十四岁才开始创作。当有人问起她：假如你在投稿时，第一次不中，第二次不中，第三次还不中，你会怎么办呢？她坚定地回答：“估计三投不中的话，我就不干了，因为对于这件事我已经尽了全力了。当一投不中时，我会想是不是编辑的眼光不行，我可能再找其他编辑部，如果大家都看不中的话，则说明是我写作材料上的问题，这时我会选择急流勇退。”人们常说：“失败是成功之母。”我们不能机械地理解这句话，并不是要你在面对所有的失败的时候，都要再尝试，我们要遵从于事实，对自己所做的事情做一个理性的、科学的分析过后，再选择是要急流勇进还是勇退。因为生命是有限的，精力也是有限的，在连续多次冲击后还是一无所获的话，我们就要果断地修改自己的行动目标，转变一下行动的策略，这样暂退一步积蓄力量是明智的选择。从某种意义上说，失败也是一种成功。致力于制造白炽灯泡的爱迪生曾被人取笑说："你都失败了一千二百多次了。"然而他却反驳说："不，我并没有失败过，我成功地发现了一千二百种材料不适合做灯丝。"

失败的原因有很多，有的是因为客观条件还不成熟造成的，这需要我们有足够的耐心等待时机成熟，而不是轻易地放弃自己的目标。而由于主观不成熟造成的失败，却需要从两方面总结教训，以利再战。失败并不表示你是一位失败者，而是代表你尚未成功，但是你从中得到了宝贵的经验，也让你学会了变通，更坚定了必胜的信念，它让你更乐于尝试，它也在提醒你要转变一下方式去做事情，也表示着你要有一个全新的开始，它会让你的个性变得越来越坚强。

感谢失败，是失败让我们成长，当面对失败时，心智成熟的人会告诉自己："无所谓，失败了我再试一次。"

抛开虚荣心

法国哲学家柏格森说："虚荣心很难说是一种恶行，然而一切恶行都围绕虚荣心而生，都不过是满足虚荣心的手段。"

古希腊有这样的传说：一名叫赫洛斯特拉特的牧羊人，为了要出名，竟放火烧毁了阿泰密斯神庙。这就是所谓的"赫洛斯特拉特的荣誉"，也就是常说的虚荣。

切实而言，人有一点儿虚荣心，这很正常，因为虚荣与人的自尊心有关。但一个人的自尊心若是过分、过强，或是走向极端，就很容易变成虚荣心。虚荣心给人带来的只有伤害。

兰一直梦想有一条金项链。那时候兰刚刚大学毕业，分配在一家工厂工作，工资不高。男友海是她大学的同班同学，毕业后在一所学校里做教师，工资也不高。拥有金项链的梦想，兰只有一直埋藏在心里。

那天晚上，兰过生日。海拿出一条金项链，是她非常喜欢的那种款式。在摇曳的烛光中，金光闪闪。海亲手给兰戴上，温情地说："送给你的，祝你生日快乐，喜欢吗？"

兰忘乎所以，一下子红光满面，抱住海的头，在他的脸上不停地亲吻。

"这项链值多少钱？"

海说："不贵，才五十块。"

兰一下子没了劲："假的，叫我怎么戴出去？我不要！"她摘下项链，随手扔一边……

几个月后，兰和一位大款订婚了，大款给她送来了金项链、金戒指、金耳环、金手镯，都是最好的。兰便有了一种从未有过的满足感。理所当然，她与大款结婚了。而海送给她的那条项链，她早已不知扔到哪里去了。

几年后，大款另觅新欢，又开始送金项链给别的女人。兰与大款只好离婚。兰整理她的衣物时，在一只衣箱的角落里，无意中看见了海当初送她的那条项链，依旧崭新，依旧闪闪发光。

兰捧着项链，看了许久，忍不住给海打了一个电话。电话通了，那头传来已为人父的海的声音："你问那条项链是吗？那条项链原本是真金的，是我向别人借了一千块钱加上我当时所有的积蓄才买下来的。"

兰这时开始后悔当初不该对海说“不”，后悔之余却不知自己错在哪里。

兰是吃了爱慕虚荣的亏，她总想去摘自己不应得的甜果。而最后事与愿违，得到的是苦果，并辜负了海的一片真心。

托马斯·肯比斯说：“一个真正伟大的人是从不关注他的名誉高度的。”

当你视荣誉为虚无的时候，你的荣誉是实在的；当你过于重视名利，视荣誉为至宝的时候，你的荣誉是虚无的。你没有荣誉时追求虚荣，虚荣可以助你，并成为你生命中的动力；你为了私欲而贪图虚荣，虚荣会害你，成为你生命中的累赘。

确定前进的目标

在美国西点军校的教材里，编入了这样一个故事：在一支雪域远征军中，战士们的眼睛不知疲倦地搜索世界，却找不到任何一个可使目光停留的落点，眼睛因过度紧张而失明，这支队伍也丧失了战斗力。这是一个让人难过的故事，它告诉我们：盲目地前进，没有目标其实和不前进没有太大的差别。

一个人只有树立明确的奋斗目标，才能产生前进的动力。因而目标不仅是奋斗的方向，更是一种对自己不断成长的鞭策。有了目标，就有了热情，从而也就有了迅速成长的巨大推动力。

许多人怀着羡慕、嫉妒的心情看待那些取得成功的人，总认为他们取得成功的原因是有外力相助，于是感叹自己运气不好。殊不知成功者取得成功的原因之一，就是确立了明确的目标。

美国一个研究成功的机构，曾经长期追踪一百位女士，直到她们年届六十。结果发现：其中只有一人很富有，五人有经济保障，剩下的九十四人情况不太好，可以说是失败者。这九十四人之所以晚年拮据，并非年轻时努力不够，主要是因为没有选定清晰的目标。

一个没有目标的人就像一艘没有舵的船，永远漂浮不定，只会到达失望、失败和丧气的海滩。前美国财务顾问协会的一位女副总裁曾接受一位记者采访，问有关稳健投资计划的基础。她们聊了一会儿后，记者问道："到底是什么因素使人无法成功？"

这位女副总裁回答："模糊不清的目标。"记者请女副总裁进一步解释。她说："我在几分钟前就问你，你的目标是什么？你说希望有一天可以拥有一栋山上的小屋，这就是一个模糊不清的目标。问题就在'有一天'不够明确，因为不够明确，成功的机会也就不大。"

"如果你真的希望在山上拥有一栋小屋，你必须先找到那座山，我告诉你那个小屋的现价，然后考虑通货膨胀，算出五年后这栋房子值多少钱；接着你必须决定，为了达到这个目标你每个月要存多少钱。如果你真的这么做，你可能在不久的将来就会拥有一栋山上的小屋，但如果你只是说说，梦想可能就不会实现。梦想是美好的，但没有配合实际行动计划的模糊梦想，只是妄想而已。”

一个聪明的人，一个有理想、有追求、有上进心的人，一定有一个明确的奋斗目标，他懂得自己活着是为了什么。

一个人所有的努力，从整体上来说都能围绕一个比较长远的目标进行，他知道自己怎样做是正确的、有用的，否则就是做了无用功，或者浪费了时间和生命。

显然，成功者总是那些有目标的人，鲜花和荣誉从来不会降临到那些没有目标的人身上。

有明确目标的人，会感到自己心里很踏实，生活得很充实，注意力也会神奇地集中起来，不再被许多繁杂的事干扰，干什么事都显得成竹在胸。相反，那些没有明确目标的人，总是感到心里空虚，思绪乱成一团麻，分不清主次轻重，遇事犹豫不决；不知道自己该干什么，不该干什么。

只有确立了前进的目标，一个人才会最大限度地发挥自己的潜力。只有在实现目标的过程中，我们才能够检验出自己的创造性，调动沉睡在心中的那些优异、独特的品质，才能锻炼自己、造就自己。

多坚持一分钟

美国西点军校著名学员、巴拿马运河的总工程师戈瑟尔斯曾说："能否多坚持一分钟，是人才和平庸之徒的分水岭。"成功不是将来才有的，而是从决定去做的那一刻起，持续累积而成的。胜利者，往往是能比别人多坚持一分钟的人。

卡耐基在被问及成功秘诀的时候说道："假使成功只有一个秘诀的话，那应该是坚持。"

过去行的，现在不一定能行；过去不行的，现在也许就行。任何人、任何事都是从不行到能行，只有难易的不同。停止努力了，行的也变不行了；继续努力，不行的就能行了。成功的秘诀其实只有两个字，那就是"坚持"！

巴顿将军在"二战"后的聚会上说起这么一段经历。当巴顿将军从西点军校毕业后，入伍接受军事训练。团长在射击场告诉他，打靶的意义在于，哪怕你打偏了九十九颗子弹，只要有一颗子弹中靶心，你就能享受到成功的喜悦。对于新兵来说，想要枪枪命中靶心是困难的，然而，当巴顿的靶位旁的空子弹越来越多时，他已成了富有射击经验的老兵。

战争爆发后，巴顿将军奔波于各个战场，没有安稳感。他一度对生活产生了疑问，觉得自己像一部战争机器，不知道战争究竟要到何年何月才是尽头。但这一切持续了不到七年。这七年里，由于倔强刚烈的个性，巴顿所经历的挫折、失意，曾经那么锋利地一次次伤害过他，令他消沉。后来，他才慢慢地明白过来，它们只不过是那一大堆空子弹壳。

生活的意义，并不在于你是否在经受挫折和磨炼，也不在于要经受多少挫折和磨炼，而是在于坚持不懈。经受挫折和磨炼是射击，瞄准成功的机会也是射击，但是只有经历了九十九颗子弹的铺垫，才会有一枪击中靶心的结果。

爱·罗塞尼奥是第七届国际马拉松赛冠军。在上中学时，有一次他参加学校举办的十公里越野赛。开始他跑得很轻松，慢慢地，他感觉有些跑不动了，汗流浃背，脚底发虚。这时，一辆校车开了过来，校车是专门在赛跑路线上接送那些跑不动或者受伤的学生的。他很想上车，但还是忍住了。

又跑了一段时间，他感到两眼模糊，胸口发紧，双腿灌铅似的沉重。又一辆校车开过来了，他迟疑了一下，还是克制住自己那极度膨胀的欲望，继续朝前跑。

不知又跑了多久，到了一个小山坡前，他感到眼冒金星，全身虚脱，两条腿似乎不再属于自己。他觉得现在要爬上眼前这个小小的山坡，对他来说绝不亚于攀登珠穆朗玛峰。他绝望了，不再坚持，当校车再一次开过来的时候，他没有犹豫，上去了。

没想到的是，校车开过那个小山坡一拐弯就到了终点。他后悔极了，要是再坚持一分钟，冲刺一下，就能越过小山坡，跑到终点！

从那以后，每次参加比赛，当感到自己跑不动、快要泄气的时候，他就不断地对自己说："再坚持一分钟，快到终点了！"

坚强的人在面对困难的时候就不应该想着放弃，应该努力地去争取去坚持。也许就在你想放弃的那一刻，成功就已经站在了你面前，面对困难有时候只需要比别人多坚持一会儿。

美国华盛顿山上的一块岩石上，立下了一个标牌，告诉后来的登山者，那里曾经是一个登山者躺下死去的地方。他当时正在寻觅的庇护所——"登山小屋"只距他一百米而已，如果他能多撑一百米，他就能活下去。这个事例提醒人们，倒下之前再撑一会儿。胜利者，往往是能比别人多坚持一分钟的人。

美国第十六任总统林肯曾说过：我成功过，失败过，但我从未放弃过。

在通往成功的大道上，永远没有失败，只有暂时停止成功或者将要成功。每个人都应该信心百倍地去全力争取人生的幸福和成功，并永远激励自己：我离成功只有一百米，只要再多坚持一分钟！

不忘初心，方得始终

1912年春天，哈佛大学教授桑塔亚纳正站在课堂上给学生们上课，突然，一只知更鸟飞落在教室的窗台上，欢叫不停。桑塔亚纳被这只小鸟所吸引，静静地端详着它。过了许久，他才转过身来，轻轻地对学生们说："对不起，同学们，我与春天有个约会，现在得去践约了。"说完，便走出了教室。

那一年，四十九岁的桑塔亚纳回到了他远在欧洲的故乡。数年后，《英伦独语》诞生了，桑塔亚纳为他的美学绘上了最浓墨重彩的一笔。

古语有云："不忘初心，方得始终。"什么是初心？

初心，就是在人生的起点所许下的梦想，是一生渴望抵达的目标。

初心给我们一种积极进取的状态。苹果公司创始人乔布斯说，创造的秘密就在于初学者的心态。初心正如一个新生儿面对这个世界一样，永远充满了好奇、求知欲和赞叹。因为如此，乔布斯始终把自己当作初学者，时刻保持一种探索的热情，“现在的我仍然在新兵营训练”。

每个人都拥有自己的初心，纳兰性德说，“人生若只如初见”。在这个时代，初心常常被我们遗忘，“我们已经走得太远，以至于忘记了为什么出发”。因为忘记了初心，我们走得十分茫然，多了许多柴米油盐的奔波，少了许多仰望星空的浪漫；因为忘记了初心，我们已经不知道为什么来，要到哪里去；因为忘记了初心，时光荏苒之后，我们会经常听到人们的忏悔：假如当初我不随意放弃，要是我愿意刻苦，要是我有恒心和毅力，一定不会是眼前的样子。

人生只有一次，生命无法重来，要记得自己的初心。经常回头望一下自己的来路，回忆当初为什么启程；经常让自己回到起点，给自己鼓足从头开始的勇气；经常纯净自己的内心，给自己一双澄澈的眼睛。

不忘初心，才会找对人生的方向，才能坚定我们的追求，抵达自己的初衷。

就像一首诗中所言：从前，所有的甜蜜与哀愁，所有的勇敢与脆弱，所有的跋涉与歇息，原来，都是在为了向着初来的自己进发。

席慕蓉说：我一直相信，生命的本相，不在表层，而是在极深极深的内里。这里的“内里”即为“初心”，它不常显露，很难用语言文字去清楚地形容，只能偶尔透过直觉去感知其存在，但在遇到选择之时，在不断的衡量、判断与取舍之时，往往能感知其存在。

林清玄说：回到最单纯的初心，在最空的地方安坐，让世界的吵闹去喧嚣它们自己吧！让湖光山色去清秀它们自己吧！让人群从远处走开或者从身边擦过吧！我们只愿心怀清欢，以清净心看世界，以欢喜心过生活，以平常心生情味，以柔软心除挂碍。

白岩松说：在墨西哥，有一个离我们很远却又很近的寓言。一群人急匆匆地赶路，突然，一个人停了下来。旁边的人很奇怪：为什么不走了？停下的人一笑：走得太快，灵魂落在了后面，我要等等它。是啊，我们都走得太快。然而，谁又打算停下来等一等呢？如果走得太远，会不会忘了当初为什么出发？就如中国一句古话：不忘初心，方得始终。

谨以此书，献给人生旅途中迷惘、彷徨的你、我、他。

愿我们有梦有远方，面朝大海，终会等到春暖花开。

无悔青春之完美性格养成丛书

自　乐：
恬淡人生，岁月静好

蔡晓峰　主编

红旗出版社

图书在版编目（CIP）数据

自乐：恬淡人生，岁月静好 / 蔡晓峰主编. — 北京：红旗出版社，2019. 11

（无悔青春之完美性格养成丛书）

ISBN 978-7-5051-4998-4

Ⅰ. ①自… Ⅱ. ①蔡… Ⅲ. ①故事—作品集—中国—当代 Ⅳ. ①I247.81

中国版本图书馆CIP数据核字（2019）第242277号

书　名　自乐：恬淡人生，岁月静好
主　编　蔡晓峰

出品人　唐中祥　　总监制　褚定华
选题策划　华语蓝图　　责任编辑　王馥嘉　朱小玲

出版发行　红旗出版社　　地　址　北京市丰台区中核路1号
编辑部　010-57274497　　邮政编码　100727
发行部　010-57270296
印　刷　永清县晔盛亚胶印有限公司
开　本　880毫米×1168毫米 1/32
印　张　40
字　数　960千字
版　次　2019年11月北京第1版
印　次　2020年5月北京第1次印刷

ISBN 978-7-5051-4998-4　　定　价　256.00元（全8册）

写给你们

虽然早已不再如童年时那般期待，但终究是要为自己的每一段成长留下一份纪念。就如同今天的我回看这些年来写下的所有文字，有它们在，我就不会忘记，自己是如何一路走来的。

过去的这一年，有太多温暖而闪光的回忆。而即将到来的这一年，会有怎样的故事在书写，一切都难以设想。

尽管我在青春的尾巴上写下了属于我们自己的青春戏，但生活的剧本，永远会比所有的预期都更为精彩。

最近开始越发相信“一万小时定律”。任何一件事情，坚持投入一万小时，都可以成为该领域内的专家。一万小时，分配到每天三个小时，便是接近十年。用十年时间去等待收获，究竟是不是值得，甚至究竟会不会有收获，我都不知道。

但我知道的是，我不怕等待十年甚至更久的时光，我怕的是十年之后的那个自己在深夜醒来时想起曾经的梦想，然后扪心自问，为什么这十年间不曾为了它而努力。

所以，这不是一个梦想泛滥的年代，而是一个梦想匮乏的年代。因为太多的梦想，并没有等到一个机会去生根发芽，茁壮成长。

现在想想，我学会的最重要的事情是，找到了那个自己用青春大半时光在寻找的平衡点，懂得了如何去坚守那些让自己过得踏实的事情，如何去经历那些让自己过得丰富的事情，如何放置梦想、放置现实，当然，也放置自己。

即使你身处绝望的荒野，也要去面向希望的海。依然愿意在每个清晨迎着朝阳出发，朝着远方奔去。

曾经，我以为在未来的某一天，会有一件事情，让我从此以后的生命变得不一样。后来，我发现那一天并不会到来。让你的生命变得不一样的，其实是你自己，是你在每一个沉默的或是喧嚣的、闪耀的或是晦暗的日子里做出的所有微小的努力，是你心中充满对这个世界的好奇心和为了追寻这份好奇心所迈出的步伐，是你的善良、真诚与爱。

在孤独而平凡的岁月中，你变得柔软又充满力量，依旧愿意相信美好的事情即将发生，依旧对生活怀有满腔的热爱。

你是过去无数日夜努力的总和，也是未来一如既往前行的馈赠。

你是自己，不是别人。

你想要的东西都很贵，你想去的地方都很远，只有不停地努力，才能攒好足够的勇气，跨过人生中的每一场冒险。

目　录

第二章 眼有四季，心有山海

第三章 征途未完，提灯前行

第一章
初心不改，静等风来

我们坚定地相信某种东西，拥有能坚定地相信某种东西的自我。这样的信念绝不会毫无意义地烟消云散。

——村上春树

时间是奇妙的

有一个词叫“十年如昔”。

经过十年，可以回顾一下世事的变迁，人的变化。在回顾中，会有一种终于有余暇审度自己逝去的岁月的感觉。

把十年划为一个区分岁月的单位是人们的习惯。“十年如昔”这个词，既有好不容易可以喘口气的长度，也包含着瞬间即逝的暗示。

在孩提时代，每年企盼的寒暑假、郊游、运动会总也不到，而一旦到来，快得仿佛一眨眼就过去了。

一年为八千七百六十个小时，乘以今后可能活的岁数，就可以得出人一辈子有多少个小时。

一说到人生五十年或六十年，理所当然地会产生一种沉重感。数一数仅有四十几万几千个小时，紧迫感会油然而生。某高中的学生在毕业相册上各自写下感想时，就是这样计算的，说我的生命可能只有这些时间了。

这些少年的智慧使我深为感动，至今还记得一清二楚。但我不知道将进入青年期的他们是否充分意识到所有的时间。

有时可能会觉得只有这些时间不够用，有时也会觉得还要活这么久太无聊。

然而我们这些已经失去大半人生的人猜测少年人的心情是蠢笨的，也许他们真诚地希望，在有限的时间里充实地度过一生，对未来充满信心。

时间是奇妙的。痛苦时，会觉得一个小时比半天还长，而高兴时，会觉得一天比一个小时还短。

倘若人不知道这种生活，一个小时是一个小时，一天是一天，那会感到无比空虚。

我想起了小学时代的二部制。在二年级时，学校决定建新校舍，借了别的学校的房子，开始分两部上课。这一时期我忍过来了。因为有建设新的漂亮的校园的喜悦和对下午上学的新鲜感。

两年后，三层的教学楼建好了。当时，这是东京仅有的几座教学楼之一。然而在落成典礼刚开过三个月后，在神田大火中化为灰烬。

后来又借别的学校的房子，分两部上课。那时我已经四年级，正是贪玩的时候，但附近的小朋友都上学去了，没有伙伴。

本来上午学习下午上学就行了，但我就是不能适应。想和大家一起在学校里吃盒饭也没有机会。对于一个孩子来说，这也是很悲伤的事。

星期六上半天课。一般上学的孩子上午上完课早早就回家了，而我们下午还得去上学。为什么我们非得这样？心里觉得可恨。

放学时已是黄昏。从秋到冬，天越来越短，轮到值日时，回到家里已经点灯了。

时至今日，我还能想起当年那染红西天的落日和满怀的悲伤。我们的二部制，一直持续了两年。

在我的一生中，只有这一段时间被时间束缚，没有自由。下午在学校的每一个小时，都是一种无以言状的痛苦，漫长得无边无际。上午的时间是一片空虚。

到此打住，还是回到十年如昔上来。

十年岁月，像做梦一样长，又似梦后一样渺茫。只是你习惯了这样思考，对诸事就不会喜欢揣测。

梦一样长，有一点毛骨悚然深不可测的感觉，而醒后之短又令人惊异。在这期间，我全身心进入梦中，之后又完全醒来。虽然心里想这是梦，但却有沉入梦中的感觉。

十年前，在住宅艰难时，我费了九牛二虎之力，终于买了块土地盖房。现在想起来，都不知道是怎么干的。

为了有自己的房子，我和妻子只有拼命工作。仰望天棚，往事如烟，仿佛那木纹里也染上了岁月的阴影。

不断响起的拉门声，也有如昔之感。

当年买的那块地是河边的荒地，长满了灌木丛，用了几天时间砍倒了繁茂的竹丛，露出了几棵树。

这是几棵栗树、樱树和杉树，长年被竹丛包围，境况凄凉悲惨。在疯长的竹丛中，树木没有下面的枝条，棵棵枯瘦如柴。

砍掉了那些瘦弱不堪难以成活的树，留下了三棵樱树、两棵栗树，想把它们养活。眺望庭院，那几棵树简直惨不忍睹。

那棵最大的樱树，不仅受竹子的欺凌，似乎孩子们还常常在上面打秋千，备受折磨。开花时，更显得疲惫不堪。我每年注意它是否生了毛虫，为它剪去生病的枝条。

栗树和樱树，也结几颗果子，但都是弱不禁风的样子。

十年之后，都变得生机勃勃。

栗树和樱树，今年都结了不少果实，为我们夫妇的饭桌增加了色彩。

樱树也恢复了青春，甚至有点自鸣得意，树干已长成一抱粗，枝繁叶茂。开花时，简直遮天蔽日。

这些树木恢复生机用了十年时间。仅十年，就变得生机盎然。

育人之事，并不是要把他们变成像我们这样的人，但必须充分意识到育人的困难与复杂。

一棵樱树恢复元气尚需十年时光，那么世间许多事都要有耐心、关心、细心，孜孜不倦的精神。

同时，亲自培育小树也有无限乐趣。眼看着它们长成樱树、栗树，期待着它们开花的心情，自有一种无与伦比的愉悦。

老话说“桃栗三年柿八年”，我觉得这句话中包含着育者不焦不躁的心绪和自信。

幸福的秘密

有位商人，把儿子派往世界上最有智慧的人那里，去讨教幸福的秘密。少年在沙漠里走了四十天，终于来到一座位于高山顶上的美丽城堡，那里住着他要寻找的智者。

我们的主人公走进一间大厅，他并没有遇到一位圣人，相反，却目睹了一个热闹非凡的场面：商人们进进出出，每个角落都有人在进行交谈，一支小乐队在演奏轻柔的乐曲，一张桌子上摆满了那个地区最好的美味佳肴。智者正在一个个地同所有的人谈话，所以少年必须要等上两个小时才能轮到。

智者认真地听了少年所讲的来访原因，他说此刻他没有时间向少年讲解幸福的秘密。他建议少年在他的宫殿里转上一圈，两个小时之后再回来找他。

“与此同时我要求你办一件事，”智者边说边把一个汤匙递给少年，并在里面滴进了两滴油，“当你走路时，拿好这个汤匙，不要让油洒出来。”

少年开始沿着宫殿的台阶上上下下，眼睛始终紧盯着汤匙不放。两个小时之后，他回到了智者的面前。

“你看到我餐厅里的波斯壁毯了吗？看到园艺大师花十年心血创造出来的花园了吗？注意到我图书馆里那些美丽的羊皮纸文献了吗？”智者问道。

少年十分尴尬，坦率承认他什么也没有看到。他当时唯一关注的只是智者交付给他的事，即不要让油从汤匙里洒出来。

“你再回去见识一下我这里的种种珍奇之物吧。”智者说道，“如果你不了解一个人的家，你就不能信任他。”

少年轻松多了，他拿起汤匙重新回到宫殿漫步。这一次他注意到了天花板和墙壁上悬挂的所有艺术品，观赏了花园和四周的山景，看到了花儿的娇嫩和每件艺术品都被精心地摆放在恰如其分的位置上。当少年再回到智者面前时，他仔仔细细地讲述了自己所见到的一切。

“可是我交给你的两滴油在哪里呢？”智者问道。

少年朝汤匙望去，发现油已经洒光了。

“那么，这就是我要给你的唯一忠告，”智者说道“幸福的秘密在于欣赏世界上所有的奇观异景，同时永远不要忘记汤匙里的两滴油。”

别让你新奇的念头溜走

生活中，我们每天都在感受，新奇的想法和念头常常闪现，但绝大多数人只是把它们当成一个念头而已，想想就过去了，却不知这些念头中潜藏着巨大的商机。

财富的成功获取者与穷困一生者之间，就差那么一点点——他把新奇的念头紧紧抓住了，而别人把它轻易放过去了。

商业奇才，身家达数亿英镑的超级女富婆安妮塔·罗蒂克做化妆品生意之前，是个喜欢冒险的嬉皮士，她尝试过许多种职业，做过不少生意，但都失败了。一天，她在与男友聊天时，突然产生了一个神奇的念头，她是那种想到就去做的人，便按照那个念头去做了，于是，她成功了。

这个念头是：为什么我不能像卖杂货和蔬菜那样，用重量或容量的计算方式来卖化妆品？为什么我不能买一小瓶面霜或乳液……将化妆品的大部分成本不花在精美的包装上，以此来吸引消费者？

她开始按照这个想法运作。然而，就在安妮塔费尽心机，用贷款得来的钱将小店开张的一切准备就绪时，一位律师受两家殡仪的委托控告安妮塔，她要么不开业，要么改掉店名，原因是她“美容小店”这种花哨的店名，势必影响殡仪馆庄严的气氛而破坏业主的生意。

百般无奈之中，她又有了新念头。她打了个匿名电话给布利顿的《观察晚报》，声称她知道一个吸引读者的新闻：黑手党经营的殡仪馆正在恐吓一个手无缚鸡之力的可怜女人——安妮塔·罗蒂克，这个女人只不过想在丈夫外出探险时开一家美容小店维持生计而已。

《观察晚报》在显著位置报道了这个新闻，不少仗义正直的人来美容小店安慰安妮塔。这使安妮塔解决了问题，而且她的美容小店尚未开张就已名声大振。安妮塔尝到了不花钱做广告的绝美滋味。在她日后的经营中，直至她的美容小店成为大型跨国企业，她都没有在广告宣传上花一分钱。

开业之初的热闹之后，有一段时间生意很清淡，一周只相当于开始时一天的收入。安妮塔苦思冥想，又有了出人意料的好念头。凉风习习的早晨，市民们去肯辛顿公园，总会发现一个奇怪的现象，一个披着卷曲头发的古怪女人沿着街道或草坪喷洒草莓香水，清新的香气随着晨雾四处飘散。人们驻足观看，忍不住发问："这个古怪女人是谁？"她当然就是安妮塔。这个古怪女人，带着她的古怪草莓香水瓶，又一次上了布利顿《观察晚报》的版面："她要营造一条通往美容小店的馨香之路，让人们闻香而来。"她的生意逐渐又兴旺起来。当然，她本身不断学习的化妆品知识和对顾客的超常耐心也是一个重要条件。

安妮塔是最先倡导顾客参与制作化妆品的，现在这种做法在欧美化妆品行业非常流行。安妮塔的妙策是：把各种香水油放在样品碟里，麝香、苹果花、薄荷香等，让顾客选择他们喜爱的香味，按需求购买后调入他们选定的化妆品中。顾客乐此不疲，为自己的"新产品"而陶醉。

美容小店的一切都给人们一种与众不同的感觉：简易的包装，用装药水的瓶子装化妆品，标签是手写的——最开始是因为负担不起印刷费用，但这个独特风格却保持了下去。她的产品没有说明书，只以海报的形式贴在店里，这成为了日后美容小店经营的显著风格。店里甚至有一段时间摆上了艺术品、书籍之类的东西出售。这一切使她的美容小店生意日增，不到半年时间，她在别人的投资下，又开了第二间美容小店。很快，她开了第三间、第四间同样风格的小店……1978年，第一家境外连锁店在比利时的布鲁塞尔开张营业。

一些偶然的奇思灵感，可能会促进发明创造的念头。所以，那些发明家大人物，多是善于思考，善于抓住灵感的非凡的人。人只有不放过创新的思想，不甘于庸碌的生活，才能有非凡的成就。

心态会决定你的价值

人的心态，犹如一条线，而人身上的优点，就像一颗颗珍珠。好心态会将珍珠穿成一串美丽的项链，让人生闪闪发光，幸福绚丽；而一条脆弱的线，会使珍珠散落在地，沾满尘埃，失去本身的价值。

曾经有过一场被视为破烂拍卖会的拍卖。拍卖商走到一把古筝旁——一把看起来非常旧、非常破、外观磨损得非常厉害的古筝。拍卖商拨了一下弦，结果发出的声音难听得要命。他看着这把又旧又脏的古筝，皱着眉头，毫无热情地开始出价，一百元，没人接手。他把价格降到五十元，还是没有反应。他继续降价，一直降到五元。他说："五块钱，只要五块钱。我知道它值不了多少钱，可只要花五块钱就能把它拿走！"

就在这时，一位头发花白、戴着眼镜的老妇人走上前来，问他能否让自己看看这把琴。她拿出手绢，把灰尘和脏痕从古筝上擦去。她慢慢拨动着琴弦，一丝不苟地给每一根弦调音。然后她端坐在这把破旧的古筝前，开始弹奏。从这把古筝上流淌出的乐曲是现场许多人听过的最美的声音。

拍卖商又问起价是多少。一个人说二百元，另一个人说五百元，然后价格便一直上升，直到最后以两千元成交。

为什么有人愿意花两千元买一把破旧的、曾经五元钱都没人要的古筝？因为它已经被调准了音，能够弹出优美的乐曲。一个人也像一把古筝，你的心态好比弦，调整好了心态，才能充分体现你的价值。

我们前途的美好，必然伴随着坎坷的过程。在我们追求未来的时候，不少人就是被时间的冗长、失败的阴影、痛苦的回忆甚至烦琐的杂事而搞得筋疲力尽，最终有始无终。保持好的心态，将帮助我们克服这一切障碍。因为好心态会让你成为“蒸不烂、煮不熟、捶不扁、砸不碎、炒不爆，响当当的一粒铜豌豆”。

微笑面对未来

都说女人是水做的，所以女人大多爱哭；都说女人是柔弱的，所以眼泪也成了女人的秘密武器；人说世上本无海，只是因为有太多的泪，于是，就有了海。孟姜女哭倒了长城，痴情女哭成了望夫石。但那些毕竟只是传说，眼泪虽然凄美，但靠它赢不来你想要的一切。

现实是残酷的，就算你再用情，谁也无法因为你的眼泪而给你高分。眼泪只能是温柔心底的一种宣泄，是释放压力的一种良方，但不能改变你的现实，改变不了你的悲伤，唯一能解决问题的是坚强的自己，不轻易在别人面前落泪的自己。

十七岁时玫琳凯就结婚了，但有了三个孩子之后，她却被丈夫抛弃了。她很沮丧，整天无精打采的，渐渐地她的身体也不好了。几位医生都诊断说她患了风湿性关节炎，专家们预言，她很快就会完全瘫痪。

虽然走投无路，但为了三个不能独立的幼子，她擦干眼泪，仍然挣扎着为一家直销产品公司服务，因为每举办一次销售演示聚会，便可挣10～12美元。为了这10～12美元，再难，她都必须微笑着面对她的顾客。

奇怪的是，微笑再微笑之后，她的身体渐渐好了起来，最后所有关节炎的病症都消失了。玫琳凯自嘲地说："原来上帝是喜欢笑脸的。"

在最艰难的岁月里，她是孩子们最有力的支撑和保护，但她毕竟是个女人，她时常为糟糕的境遇流泪，这个时候，孩子们总是对她说："妈妈，不哭！你是最好的妈妈，最好的妈妈怎么能哭呢？"哭是没有用的，玫琳凯一次次擦干眼泪。

1963年，玫琳凯母子二人用尽所有积蓄，准备成立玫琳凯化妆品公司。可是，灾难再一次降临。就在公司计划开张前的一个月，玫琳凯的第二任丈夫因肺癌和心脏病，猝然离世。

这是她最深爱的男人，这个男人曾与她共度了十四年的甜蜜时光，要知道，那是她一生中最受宠爱的日子！但一切都结束了。她又流下了眼泪。

她最小的儿子理查德为母亲擦掉眼泪，说："妈妈，哭是没有用的！神与我们同在，请勿放弃！"

玫琳凯点点头，她强忍着悲伤，尽量不让自己的眼泪再度掉落。毕竟，剩下的路，她还得走下去。在她的坚强信念之下，公司安然度过了创业期，而且，很快便成长为美国一家颇为著名的企业，随着公司名声的扩大，玫琳凯本人也成为一名具有典范意义的美国成功女性。

带着执着的信念，玫琳凯带领着千千万万不甘平庸、渴望成功的女性，坚定不移地往前走。她像一位美丽的皇后，用她的热忱、爱和欢笑，改变了千千万万女性的命运，也改变了自己的命运。

女人，除非万不得已，不要在别人面前轻易流泪。你的眼泪早该在少女时代就流光了。轻洒泪水并不代表感情丰富，波澜不惊的定力，才能衬托出一个成熟女人的优雅气质。

我们要学着擦干眼泪，因为明天的明天也许会经历更多的艰难。我们要学会坚强，学会微笑着去应对未来所发生的一切，不管它是值得庆幸的，还是让人困惑的。我们要相信，当我们的步调越来越从容，越来越冷静，一切困难都不再会是困难，一切都会过去。

记得给心情加点糖

生活，十分精彩，却一定会有八九分不同程度的苦，作为成熟的人，应该懂得苦中作乐。痛苦是一种现实，快乐是一种态度，在残酷的现实面前常做快乐的想象，便是人生的成熟。

有这样一位母亲，她没有什么文化，只认识一些简单的文字，会一些初级的算术。但她教育孩子的方法着实令人称赞。

她家的瓶瓶罐罐总是装着不多的白糖、红糖、冰糖，那时候孩子还小，每每生病一脸痛苦时，她都会笑眯眯地和些白糖在药里，或者用麻纸把药裹进糖里，在瓷缸里放上一刻，然后拿出来。那些让小孩子望而生畏的药片，经这位母亲那么一和一裹，给人的感觉就不一样了，在小孩子看来就充满诱惑，就连没病的孩子都想吃上一口。

在孩子们的眼中，母亲俨然就是高明的魔术师，能够把苦的东西变成甜的，把可怕的东西变成喜欢的。

“儿啊，尽管药是苦的，但你咽不下去的时候，把它裹进糖里，就会好些。”这是一位朴实的家庭妇女感悟出的生活哲理，她没有文化，但却很懂生活。

这是一种“减法思维”，减去了药的苦涩，就不会难以下咽。如今，她的孩子都已长大成人，也都有了自己的家庭，但每当情绪低落的时候，就会想起母亲说的那句话：把药裹进糖里。

她只是个普通的家庭妇女，在物质上无法给予子女很大的支持，但带给他们的精神财富却足以令其享用一生。她灌输给子女的是一种苦尽甘来的信仰，把生活的苦包进对美好未来的想象之中，就能冲淡痛苦；心中有光，在沉重的日子里以积极的心态去思考，就能够改变境况。

读过三毛的《撒哈拉的故事》的人都知道，书中充满了苦中作乐的情趣，领略过后，恐怕你听到那些憧憬旅行、爱好漂泊的人说自己没有读过“三毛”，都会觉得不可思议。

《撒哈拉的故事》中，用妈妈温暖的信启程，以白手起家的自述结尾。在撒哈拉，环境非常之恶劣，三毛活在一群思维生活都原始的撒哈拉威人之中，资源匮乏又昂贵，但她却颇懂得做快乐的冥想。尽管生活中有诸多的不如意，但只要有闪光点，她就会将其冥想成诙谐幽默的故事，然后娓娓道来，引人入胜。

在序里，三毛母亲写道："自读完了你的《白手成家》后，我泪流满面，心如绞痛，孩子，你从来都没有告诉父母，你所受的苦难和物质上的匮乏，体力上的透支，影响你的健康，你时时都在病中。你把这个僻远荒凉、简陋的小屋，布置成你们的王国（都是废物利用），我十分相信，你确有此能耐。"

如果有时间，建议你去了解一下那些苦中作乐的故事，那里有很多的不容易，但都被三毛轻松地一笔带过了。

毫无疑问，三毛以及那位普通的母亲，都是对生活颇有感悟的人。其实生活就是一种对立的存在，没有苦就无所谓甜，如果我们都懂得在不如意的日子里，给痛苦的心情加点糖，就没有什么过不去的事情。

对自己多说几个幸亏

生活给予每个人的快乐大致上是没有差别的：人虽然有贫富之分，然而富人的快乐绝不比穷人多；人生有名望高低之分，然而那些名人却并不比一般人快乐到哪儿去。人生各有各的苦恼，各有各的快乐，只是看我们能够发现快乐，还是发现烦恼罢了。

有一个十足的乐天派，同事、朋友几乎没见他发过愁。大家对此大惑不解，若以家境、工作来论，他都算不上好，为什么他却总是一脸快乐呢？

一位同事按捺不住好奇，问道："如果你丢失了所有朋友，你还会快乐吗？"

"当然，幸亏我丢失的是朋友，而不是我自己。"

"那么，假如你妻子病了，你还会快乐吗？"

"当然，幸亏她只是生病，不是离我而去。"

“再假设她要离你而去呢？”

“我会告诉自己，幸亏只有一个老婆，而不是多个。”

同事大笑：“如果你遇到强盗，还被打了一顿，你还笑得出来吗？”

“当然，幸亏只是打我一顿，而没有杀我。”

“如果理发师不小心刮掉了你的眉毛？”

“我会很庆幸，幸亏我是在理发，而不是在做手术。”

同事不再发问，因为他已经找到该人快乐的根源——他一直在用“幸亏”驱赶烦恼。

任何事情，有其糟糕的一面，就必有其值得庆幸的一面，如果你能将目光放在“好”的一面，那么，无论遇到何种困难，你都能够坦然应对。

生活中的快乐无处不在，倘若用心体会便不难感受。生活的幸福是对生命的热情，为自己的快乐而存在，在那些看似无法逾越的苦难面前，依然能够仰望苍穹，快乐便会永远伴随左右。

所以，当遭遇不幸之时，我们不妨对自己多说几个“幸亏”，情况一定会有所好转。

保持阳光心态

一个人因为发生的事情所受到的伤害，往往不如他对这个事情的看法更严重。事情本身不重要，重要的是人对这个事情的态度。态度变了，事情就变了。

邻居张大爷说过这样一件事。

张大爷一直对占卜之术颇为着迷，退休以后便在街边支起了一个卦摊，借以打发时间。

一天，街上走过一个中年妇女，大概四十岁，衣衫邋遢，面色憔悴。

“孩子，占一卦吧！算算命运前程。”张大爷开始招揽生意。

女人明显打了个激灵：“不，不行，我绝不能算卦！”

“为什么？”张大爷当时很是奇怪——见过不少不信命的，但从没见过说自己不能占卦的。

“二十年前，就因为一个占卦的说我一生走背运，我的噩梦便开始了。当时，我正处在热恋之中，因为害怕连累对方，所以无奈地逃离了他。后来，在家人的催促之下，我嫁给了现在的丈夫—— 一个又穷又丑的男人。没想到他竟然对我呼来喝去，甚至还打过我，老天对我真是太不公平了！”

原来她是信命的。张大爷灵机一动，说道：“其实老天对每个人都是公平的，你倒霉了二十年，一定是前世欠下的宿债。来，把手给我，我帮你看看这债何时能够还清吧。”

“是这样吗？还能还清吗？”女人犹犹豫豫地伸出手。

“天啊，他是怎么占的！”张大爷故作惊讶地大叫，“你的命不错啊！四十岁以后，你的宿债就还清了，你就该转运了！他怎么说你一生走背运呢？真是个外行！”

“真的吗？”女人眼中露出欣喜的光芒，“我今年正好四十，是不是明年开始就会走好运了？”

“一定的，我研究手相有几十年了，肯定不会看错。”

几个月以后，女人又来到张大爷的卦摊前，说道：“老先生，谢谢您，您算得真是太准了！我感觉现在的生活好了很多。”

张大爷说，她那时确实好了很多，衣装整齐，面带笑容，似乎年轻了十岁，其实我原本不是算命的，只是给她点儿心理暗示。

生活如一杯白开水，放点盐，它是咸的，加点糖，它是甜的，生活的质量靠心态去调剂。

同样的大观园，刘姥姥开心，林妹妹伤心；同样的圆月，李白对月独酌，杜甫怀古伤今；同样的大江，苏轼高歌风流人物，李后主却愁绪万千……心情的颜色，影响着你世界的颜色。

锻造一份好的心情是对人生最好的赠予。每每我们感到悲伤时，不要一味诉苦，试着把你的心态放开，试着想象，那容纳痛苦和烦恼的不是一杯水，而是一个湖，这样你会发现生活是如此美好。

其实，幸福女人与不幸女人之间并没有太大的区别，唯一的区别就在自己的心态。一个人的内心如果是阳光的，那么她眼里到处都是美好的风景。

没有什么值得你沮丧

世上本无事，庸人自扰之。世界本就无常，没有定论，你用好的眼光去看，世界就是好的；用坏的眼光去看，世界就是坏的。只要心存希望就没有绝境，任何事情都不值得你沮丧。

人生就像是一次漫长的旅途。有平坦大道，也不乏崎岖小路；有灿烂的鲜花，也有密布的荆棘。任何事情都有可能向两个方面发展，出现两种完全不同的结果，但即使最差的结果中也会蕴藏着希望，就如同最好的选择也可能伴随灾难一样。祸福相依，用中国古老的哲学来解释，就是世事无常。

在人生旅途中，每个人都会遭受挫折、痛苦甚至失败，但生命的价值就体现在坚强地闯过挫折，冲出坎坷。跌倒的时候不要乞求别人把你扶起，失去的时候不要指望别人替你找回。

霍金曾这样说道："生活本来就是不公平的，不管你的境遇如何，你所能做的，只有全力以赴。"即使生活有一千个理由让你哭泣，也要拿出一万个理由来笑对人生。"不管风吹雨打，胜似闲庭信步"，保持心态平衡，勇往直前。人们通常所说的绝境，在很多情况下，并不都是生存的绝境，而是一种精神的绝境，只要不在精神上垮下来，外界的一切就不能把你击倒。

美国第三十七任总统威尔逊说："我们因有梦想而伟大，所有的伟人都是梦想家。有些人让自己的伟大梦想枯萎而凋谢，但也有人灌溉梦想，保护它，在颠沛困顿的日子里细心培育它，直到有一天得见天日。"意志坚强的人，总是能够顽强地守住自己的梦想，用希望点燃潜能，在绝境中创造奇迹。

一次意外事故，让米歇尔身上65%以上的皮肤都被烧坏了。为此，他动了十六次手术。手术后，米歇尔无法拿起叉子，无法拨电话，甚至无法一个人上厕所。但是，曾经是海军陆战队员的米歇尔并不认为他的生活没有希望了，他说："我完全可以掌握我自己的人生之船，我可以选择把目前的状况看成倒退或是一个起点。"

谁都没有想到，六个月之后，曾经连基本的生活自理能力都失去的米歇尔，竟然又能重新操作飞机了。

米歇尔为自己购置了房产，买了一架飞机及一家酒吧，后来他还和两个朋友合资开了一家专门生产炉子的公司，这家公司后来成为佛蒙特州第二大私人公司。

米歇尔开办公司后的第四年，他驾驶的飞机在起飞时摔回跑道，把他的十二节脊椎骨压得粉碎，腰部以下永远瘫痪了。

米歇尔曾经觉得命运不公：“我不解的是为何这些事老是发生在我身上，我到底是造了什么孽，要遭到这样的报应？”但他仍选择了不屈不挠，毫不放弃，尽最大的努力使自己达到最高限度的独立自主，他被选为科罗拉多州孤峰镇的镇长，后来又去竞选国会议员，他甚至将自己受伤后变得丑陋的脸，成功地转化成一项有利的资产。

尽管面貌骇人、行动不便，米歇尔还是和正常人一样坠入爱河，并完成了终身大事，还拿到了公共行政硕士证书，一直坚持着他的飞行活动、环保运动及公共演说。

米歇尔说：“我瘫痪之前可以做一万件事，现在我只能做九千件，我可以把注意力放在我无法再做的一千件事上，或是把目光放在我还能做的九千件事上。我的人生曾遭受过两次重大的挫折，如果你们与我一样，能选择不把挫折拿来当成放弃努力的借口，那么，或许你们可以用一个新的角度，来看待一些一直让你们裹足不前的经历。你们可以退一步，想开一点，然后你就有机会说：‘或许那也没什么大不了的！’”

什么是真正的强者？真正的强者就是类似于米歇尔这样

的，怀着希望和自信、昂首迎接生活挑战的人。任何人都具备迈向成功的条件，哪怕你是残缺的。悲观者过早地放弃了希望，才使得生命沾满颓废的尘埃。一个人只要不灰心，不放弃，就没有任何难事能够击倒他。相反，遇到困难就灰心丧气，止步不前，只会让你处处碰壁。

所以，无论你失去了什么，请一定要紧紧握住希望不放。无论别人比我们多得再多，只要希望在，我们就一定能在别的方面赢取更多。无论遇到顺境逆境，都要从容面对；无论获得或者失去，都要平静地接受。路在脚下，事在人为。

含着微笑去生活

尽量含着微笑生活，我们就会成为情绪的主人，而不会受外界情况的支配。

每天，你都能选择享受你的生命，或是憎恨它。这是唯一一件真正属于你的权利，没有人能够控制或夺去的东西，就是你的态度。如果你能时时注意这件事实，你生命中的其他事情都会变得容易许多。

卡特是个不同寻常的人。他的心情总是很好，而且对事物总是有正面的看法。

当有人问他近况如何时，他会答："我快乐无比。"

他是个饭店经理，却是个独特的经理。因为他换过几个饭店，而有几个饭店侍应生总跟着他跳槽。他天生就是个鼓舞者。

如果哪个雇员心情不好，卡特就会告诉他怎样去看事物的正面。

这样的生活态度实在让人好奇，终于有一天，有人对卡特说："这很难办到！一个人不可能总是看事情的光明面，你又是怎样做到的？"

卡特回答："每天早上我一醒来就对自己说，卡特，你今天有两种选择，你可以选择心情愉快，也可以选择心情不好——我选择心情愉快；每次有坏事发生时，我可以选择成为一个受害者，也可以选择从中学些东西——我选择从中学习；每次有人跑来向我诉苦或抱怨，我可以选择接受他们的抱怨，也可以选择指出事情的正面——我选择后者。"

"是！你说得对！可是没有那么容易做到吧？"

"就是那么容易！"卡特答道，"人生就是选择，当你把无聊的东西全部剔除以后，每一种处境就只有一个选择。你可以选择如何去应对各种处境，你可以选择别人的态度如何影响你的情绪，你可以选择心情舒畅或是糟糕透顶，总之，选择的权利在你自己。"

几年后，听说卡特出事了：一天早上，他忘记了关后门，被三个持枪歹徒拦住，歹徒对他开了枪。幸运的是，发现得早，卡特被送进了急诊室。经过十八个小时的抢救和几个星期的精心治疗，卡特出院了，只是仍有小部分弹片留在他的体内。

六个月后，一位朋友见到了卡特，当问及他的近况时，卡特回答：“我快乐无比，想不想看看我的伤疤？”

朋友屈身去看卡特的伤疤，又问他当强盗来时他在想些什么。

“第一件是——我应该关后门。”卡特答道，“当我躺在地上时，我告诉自己有两个选择：一是死，一是活——我选择了活。”

“你不害怕吗？你有没有失去知觉？”朋友问道。

“医护人员都很好，他们不断告诉我，我会好的。但当他们把我推进急诊室后，我看到他们脸上的表情，从他们的眼中，我读到了‘他是个死人’。我知道我需要采取一些行动了。”

“你采取了什么行动？”朋友马上追问。

“有个身强力壮的护士大声问我问题，她问我有没有对什么东西过敏。我马上回答‘有的’。这时，所有的医生、护士都停下来等着我说下去。我深深吸了一口气，然后大吼道：‘子弹！’在一片大笑声中，我又说——‘我选择活下去，请把我当活人来医，而不是死人’。”

人生是一个曲折而又漫长的过程，由于存在着许多难以预料的问题，而使人有困惑和茫然的感觉。然而夜虽黑，皓月之下终会有一方净土。尽管我们还会遇到种种困难、各种麻烦，还需要付出苦痛和艰辛，然而有了乐观的心态，便会使紧张忧郁的心情得以缓解，得以放松。

人生，过的其实就是心情；生活，活的其实就是心态。心态好，凡事看开些，事事往好处想，快乐就不会离你太远；心态不好，事事计较，患得患失，纵使好运连连，也会过得痛苦不堪。

失败是人生中的坏天气

有人将失败比喻成一种随时会令人溺水的深潭，可是有一个人，一生中曾经一千零九次掉入这个深潭，历经了一千零九次的失败，他不但没有溺水，反而获得了新生。面对人生的第一千零十次考验时，他终于成功了。他说："一次成功就够了。"

少时的艰辛和困苦注定了他一生的挫折和不平凡。在他五岁时，父亲病故，家里的日子变得艰难起来；十二岁时，他母亲带着他和弟妹们改嫁，继父待他非常不好，所以他不得不辍学；十四岁时，他离开了继父家，过上了流浪的生活；十六岁时，他参加了远征军，却因极度晕船而被提前遣送回乡；十八岁时，他结了婚，只过了几个月，妻子就卷走了家中的所有财产逃回了娘家；二十岁时，他当电工、开轮渡，当铁路工人，样样不顺；三十岁时，他做保险公司推销员，由于老板不兑现奖金而与其发生矛盾，而后愤然辞职；三十一岁时，他通过自学法律，当上了律师，可在一次审案时，却在法庭上与当事人动起手来，因而他又痛失律师的工作；三十五岁时，他做轮胎推销员，不幸又一次光顾他，当他开车路过一座大桥时，大桥钢绳断裂，他连人带车跌到河中，为此身受重伤而休养了好几年；四十岁时，他开了一个加油站，却因与竞争对手发生矛盾将其打伤而引来一场没完没了的官司；年近五十岁时，他与第二任妻子离婚，自己带着三个孩子艰难地生活；六十多岁时，他开了一家快餐店，经营自己的山德士炸鸡，但生意刚刚红火起来，政府修路又占了他的店，他再次沦为穷光蛋。无以为生的他，只能依靠政府的每月一百零五美元的救济金生活。

后来，他凭借自己做炸鸡的绝活，到一些小餐馆推销自己的炸鸡技术，在两年当中，他曾被拒绝了一千零九次，终于在第一千零十次时，他得到了一个饭店老板的一句“好吧”的回答，于是他逐渐有了属于自己的品牌和专利。七十多岁时，他转让了自己创立的品牌和专利，并拒绝了购买人将股份作为购买金的一部分支付给他的要求，但后来事实证明了这种选择的错误性，股票大涨，他失去了成为百万富翁的机会。

八十多岁已经暮年的他，还想自己做点什么，于是他又开了一家快餐店，结果却因商标专利再次和人打起了官司。可他并没有就此甘心，而是失败了再重来，不懈地坚持着。终于，在他八十八岁时，他大获成功。他，就是肯德基的创始人——哈伦德·山德士。

哈伦德·山德士发明了著名的“肯德基炸鸡”，开创了“肯德基快餐连锁”业务，肯德基餐厅遍布世界各地，全球共有三万多家，肯德基成为世界最大的炸鸡快餐连锁企业，而以山德士形象设计的肯德基标志，也成为世界上最出色、最易识别的品牌之一。

面对无数的失败和变故，哈伦德·山德士曾说：“人们经常抱怨天气不好，实际上并不是天气不好。只要自己的心态乐观自信，天天都是好天气。”

在意自己的不完美

世界上存在的不见得都是完美的，但是不完美的存在也有其存在的理由，也有其存在的价值。最起码，不完美不是你的错。再悲观的时候也有理由不悲观，再失望的时候也可以找到希望，再大的劣势也还会有属于自己的优势。契诃夫说过：世界上有大狗，也有小狗。可是小狗不应该因大狗的存在而心慌意乱，所有的狗都得叫，各自按照上帝赐给它的声调去叫。既然如此，你又何必在意自己的不完美呢？如果你还徘徊在自己的不完美中，那么，请你现在就从阴影里走出来吧！

印度有一个农夫，住在山坡上，要到山坡下的小溪边去挑水。天天挑，习惯了也不觉得太吃力。

农夫挑水用两个瓦罐，有一个买来时就有一条裂缝，而另一个完好无损。完好的水罐总能把水从小溪边满满地运到家，而那个破损的水罐走到家里时，水就只剩下半罐了，另外半罐都漏在路上了。因此，他每次挑水挑到家都只有一罐半。这样一天天过去，一直过了两年。

有一天，有裂缝的水罐在小溪边对它的主人说："我为自己感到惭愧，我总觉得对不起你。"

"你为什么感到惭愧？"农夫问。

"过去两年中，在你挑水回家的路上，水从我的裂缝中渗出，我只能运半罐水到你家里。你花了挑两罐水的气力，却没有得到你应得的两满罐水，没有得到你应得的回报。"水罐回答说。

农夫听水罐这样说，微微一笑，对它说："在我回家的路上，我希望你注意，留神看看小路旁边那些美丽的花儿。"

当他们上山坡时，那个破水罐看见太阳正照着小路旁边美丽的鲜花，这美好的景象使它感到快慰，但到了小路的尽头，它仍然感到伤心，因为它又漏掉了一半的水，于是，它再次向农夫道歉。但是农夫却说："难道你没有注意到小路两旁，只有你的那一边有花，而另一边却没有开花吗？因为每次我从小溪边回家，你都在浇花！两年来，这些美丽的花朵给了我一路的好心情。如果不是因为你，这条路上也没有这么好看的花朵了！"

徘徊在不完美阴影里的人不可能取得骄人的成绩，任何时候都不要徘徊在自己不完美的阴影里。失之东隅，收之桑榆。在一方面失去了，可能会在另一方面收获。虽然水从水罐的裂缝中渗出去，损失了一部分水，可是路旁的野花却因此而得到了浇灌，开出美丽的花朵，而水罐和它的主人也得到了一路的风景。我们也可能在生活中不经意地损失了什么，但一定不要为此而难过，或许不久以后，你就会得到变相的收获。

知足的人才会感到幸福

有一个失意的城里人对生活失去了信心，他走进一片原始森林，准备在那里了却残生。

失意人发现一只猴子正在目不转睛地看着他，便招手让猴子过来。

“先生，有何吩咐？”猴子有礼貌地打着招呼。

“求求你，找块石头把我砸死吧！”失意人央求猴子。

“为什么？阁下难道不想活了？”猴子瞪着眼睛问。

“我真是太不幸了……”失意人话一出口，泪水便哗哗地流了出来。

“能跟我谈谈吗？我也是灵长类呀！”猴子善解人意地说。

失意人泪流满面地说：“跟你谈有什么用……当年我差了一分，没有考上重点大学……呜……”

“你们人类不是还有别的大学吗？你是不是找不到异性？”猴子觉得上什么大学无所谓，有没有异性可是个原则问题。

“呜……”失意人又哭了起来，“当年有十几个美女追求我，最后我只得到其中一个……”

“这确实有点不公平！”猴子说，“不过，您毕竟还捞上了一个。工作上有什么不顺心吗？”

“工作了十来年，才评上一个副教授。你说说，这书还怎么教下去？”失意人转悲为愤，怒气冲冲地说。

“薪水够用吗？”这只猴子又问。

“够用什么！每个月除了吃、穿、用，只剩下八百多块钱，什么事也干不了！”失意人满腹牢骚。

“那您真的不想活啦？”猴子紧紧盯着失意人的双眼，严肃地问。

“不想活了！你还等什么，快去找石头啊！”失意人不想再跟猴子啰唆了。

猴子犹豫了一下，终于抓起来一块石头。就在它即将砸向失意人脑袋的时候，突然问失意人：“阁下，在您死之前能把您的地址告诉我吗？让我去顶替您算了。”

这看似是一个笑话，但却反映出了我们身边的现实。其实，我们拥有的东西已经太多，但我们总是不知足，不知道珍惜。如果我们不懂得珍惜已经拥有的东西，得到再多又有什么意义。

从前，有一个樵夫，靠每天上山砍柴为生，日复一日地过着平凡的日子。

有一天，樵夫跟往常一样上山去砍柴，在路上捡到一只受伤的银鸟，银鸟全身包裹着闪闪发光的银色羽毛。樵夫欣喜地说："啊！我一辈子从来没有看过这么漂亮的鸟！"于是把银鸟带回家，专心替银鸟疗伤。在疗伤的日子里，银鸟每天唱歌给樵夫听，樵夫过着快乐的日子。

有一天，有个人看到樵夫的银鸟，告诉樵夫他看过金鸟，金鸟比银鸟漂亮上千倍，而且，歌也唱得比银鸟更好听。樵夫想，原来还有金鸟啊！从此，樵夫每天只想着金鸟，再也不仔细聆听银鸟清脆的歌声，日子越来越不快乐。

一天，樵夫坐在门外，望着金黄的夕阳，想着金鸟到底有多美。此时，银鸟的伤已经康复，准备离去。银鸟飞到樵夫的身旁，最后一次唱歌给樵夫听，樵夫听完，只是感慨地说："你的羽毛虽然很漂亮，但是比不上金鸟的美丽；你的歌声虽然好听，但是比不上金鸟的动听。"

银鸟唱完歌，在樵夫身旁绕了三圈告别，向金黄的夕阳飞去。

樵夫望着银鸟，突然发现银鸟在夕阳的照射下，变成了美丽的金鸟。原来梦寐以求的金鸟，就是它，只是，金鸟已经飞走了，飞得远远的，再也不会回来。

人往往在不知不觉之中成了樵夫，自己却不知道，不知道原来金鸟就在自己身边。只希望大家都不要在无意间变成了樵夫。我们只有真正做到了知足，才能常乐，才能享受天人之福。

满足的秘诀，在于知道如何享受自己的所有，并能驱除自己能力之外的物欲。既然我们都是普通人，那么，那些超越我们能力的东西就显得无足轻重，而脚踏实地过着平凡的生活，就能让知足者常乐。

知足是快乐的重要条件。托尔斯泰曾说："欲望越小，人生就越幸福。"知足者认识到了无止境的欲望只能带来痛苦，所以才能摒弃欲望，享天人之福。

在这个世界上，那些懂得知足常乐的人生活得更为幸福。这是因为，一个具有开朗热情性格的人，通常在生活中懂得知足常乐、平淡是福，能够笑看输赢得失，当放则放。

有了一颗知足的心，人才会有真正的宁静、真正的喜悦、真正的幸福。知足常乐，是一种与世无争而又安于平凡的心境，也是一种不经意间的幸福。人贪欲越多，就越会陷入对名利的追逐，他们得到越多，就越去追逐，这就是所谓的"知足之人不知穷，不知足之人不知富"。

不做愤怒的小鸟

低情商者用情绪来左右行为，而高情商者则用行为来控制情绪。控制好自己的情绪，便可以避免一些不愉快的事情发生。所以，自制是每个人都应具备的品质。

我们需要控制的情绪有很多，在我们所有的情绪中，最需要克制的便是愤怒，因为愤怒会使人失去理智。在许多场合，因为不可抑制的愤怒，使人失去了解决问题和冲突的良好机会。而且，一时冲动的愤怒，有时候可能意味着要付出高昂的代价。

在实际生活中，愤怒导致的损失往往可能是无法弥补的。你可能从此失去一个好朋友，失去一批客户，失去一份工作，甚至失去婚姻。所以，当我们遇到意外的沟通情景时，要学会控制自己的情绪，轻易发怒只会达到相反效果。而及时地制怒，做到有礼有节，则会得到别人的尊重。

公元前203年，正是楚汉相争最激烈之时。西楚霸王项羽离开成皋城率军东进，此举被刘邦认为是夺取成皋城的大好时机。因此，秋高气爽时节，刘邦率数万大军把成皋城围了个水泄不通。

成皋城内，项羽手下镇守成皋的大将曹咎坚守城池，拒不出战。他深知刘邦大军远道而来，人困马乏，缺少粮草，只要壁垒坚守，刘邦大军将不日而退。因此，尽管刘邦大军在城下耀武扬威地挑衅，曹咎均置之不理。刘邦急得不得了，倘若再僵持下去，粮草很快便要用尽，而且一旦项羽派救兵来，便很难取胜。刘邦召集谋士商议。有个谋士深知曹咎性格暴躁刚烈，便献计每天派数百军士轮流在城下辱骂曹咎，使曹咎暴跳如雷丧失理智。

此计果然生效。一开始只有数十名汉军骑兵在城下来回大骂曹咎，骂的话非常难听。曹咎怒气冲冲，但他谨记项羽临走时的嘱咐：无论如何不要出城与汉军作战，只要严守成皋城，拖住汉军，就是建功。所以曹咎强忍怒气，不予理睬。谁知汉军更加猖狂，一连数天，加上谩骂曹咎队伍的汉军士兵越来越多，有的躺在城下叫骂，有的扬起白布招魂幡，上面写着曹咎的名字破口大骂。最后，一介勇夫曹咎终于忍无可忍，他提刀上马，带领士兵杀出城门。汉兵大乱，纷纷逃离，曹咎怒火万丈，非要把汉军杀败，他率军渡汜水时，军队刚过去一半，就被埋伏的汉军拦截出击，汉军前后夹击，直杀得曹咎溃不成军。

曹咎无处可逃，看看部下们尸横遍野，成皋城早已插上汉军旌旗，只好在悔恨与无奈中拔剑自杀。

可叹一代勇将竟然葬身唇舌之间，这都是因为他遇事不沉着冷静，因而中了别人的激将法，从而令自己悔恨终生。

虽然不良情绪的产生是客观的、自然的，但不良情绪对身体是有损害的，所以必须控制。一个心理健康的人应该用理智战胜情感，而不做情感的俘虏。因此，掌握和运用科学的方法进行自我控制，是克服不良情绪最直接的，也是最有效的办法。它可以使自己处于良好的情绪状态，从而有益于身心健康，进而推动事业的成功。

青少年学生要做情绪的主人，要能用理智战胜情感，克服不良的情绪，使自己保持良好的情绪状态，进而取得让人骄傲的成绩。

第二章
眼有四季，心有山海

不要阳光照耀大地，绿叶涌出树枝，犹如电影镜头中万物飞快生长。那熟悉的信念又回到我的心中，夏日来临，新生活开始了。

——《了不起的盖茨比》

学会在困境中愉悦自己

即便是在最困难的时候，我们每个人也应尽一切努力愉悦自己，真正地爱自己，这样才能走出困苦的阴影，看到生命的希望。

由于经济破产和固有的残疾，比尔顿时觉得人生无望。于是，在一个晚冬晴朗的日子，他找到了杰克逊牧师。

杰克逊牧师现在已疾病缠身，去年脑溢血彻底摧毁了他的健康，并遗留下右侧偏瘫和失语等病症。医生们断言他再也不能恢复语言了。然而仅在病后几周，他就重新开始讲话和行走。

杰克逊牧师耐心听完了比尔的倾诉，对他说道："是的，不幸的经历使你的心灵充满创伤，你现在生活的主要内容就是叹息，并想从叹息中寻找安慰。"他闪烁的目光始终对着比尔，"有些人不善于抛开痛苦，他们让痛苦缠绕一生直至幻灭。但有些人能利用悲哀的情感获得生命悲壮的升华，从而对生活恢复信心。"

“让我给你看样东西。”杰克逊牧师向窗外指去。前几天，山坡上着了火，整整烧了一天，有一棵树也遭了殃，它被烧焦了，人们以为它不会再存活下去。可是，几场春雨后，它那焦黑的枝丫竟又有了生命的迹象。先是颤巍巍地，抽出几棵嫩芽，小心地试探，后来竟是一片碧绿，坚强地在瑟瑟的寒风中笑着，宣示着它的存在——那棵树竟然活着，它就这样立着，孤单而又倔强，将痛楚化为坚忍，立在那片黑色的焦土上，焦黑的枝丫证明着它曾经受过的难以想象的劫难。

“我想过许多。”杰克逊牧师说，“我忽然明白它是有灵魂的——叶子烧了，还有枝干在；枝干烧了，还有树桩在；纵使树桩烧了，树桩下还有树的灵魂——根活着。它默默忍受着苦痛与煎熬——屡遭劫难的残枝仍旧，却坚持着那份执拗与志气，锲而不舍地萌发新枝。从它枝干粗糙的纹络中，你可以看到生命的韧性和硬度。”

沉思了一会儿后，杰克逊牧师又说：“对于人，有很多解忧的方法。在痛苦的时候，找个朋友倾诉，找些活儿干。对待不幸，要有一个清醒而客观的认识。尽量抛掉那些怨恨、妒忌等情感负担。有一点也许是最重要的，也是最困难的，你应尽一切努力愉悦自己，真正地爱自己。”

没有人能够击败你，除了你自己。生活中的一些意外或不如意之事，常常会使我们心灰意冷。不幸可以破坏我们的一切，但不能破坏我们的心情，不能破坏我们对未来的期望。

面对失败仍然微笑

凯茜今年三十四岁了，是两个孩子的母亲，但她看起还像是二十八岁左右的模样，显得特别年轻漂亮，而且充满了活力。凯茜是一个长跑运动员，热爱运动，也希望在比赛时能获得好名次，她天性乐观，不管每次表现得如何，只要尽力了，她就不会受名次结果所累。

有一次，凯茜参加一项长跑比赛，这个项目只设置了前三名。比赛开始了，凯茜用尽浑身的力气坚持向前冲，但还是落在了第三名后面一步，得了第四名。凯茜有些失落，毕竟自己的实力与第三名只差一步，但她很快调整了自己，把不快的阴霾迅速地遣散。

虽然凯茜对自己跑步的结果释然了，但很多观众与媒体却对她进行大肆批评，认为她第四名的成绩与倒数第一名没有什么区别；说她平时练习得好，但在关键的时候还是功亏一篑……总之，凯茜受到的批评与非难好像比其他没有得到名次的人都多。

嘴长在别人的脸上，不能让别人闭嘴，凯茜只好调节自己，尽量使自己忘记此次长跑比赛的不快，以及他人对自己不切实际的指责。但是，凯茜越是表现得轻松，观众与媒体越不放过她。

有一个报社的记者专门采访了凯茜，问她为什么跑了第四名还如此高兴。凯茜看着记者笑着说道："我是没有得名次运动员中的第一名，我当然高兴啦。"很快，凯茜的这句话被媒体报道。

观众开始时对凯茜非难，但在看到报上她幽默的语言后，已不再去注重她的成绩，而且悟出了她对人对事的良好态度。因此她名声大振，绝不亚于长跑中取得名次的那些运动员，并且人们也清楚地记得了这次长跑比赛中，没有获得名次的运动员中的第一名——凯茜。

你微笑，世界也在微笑

你微笑，世界也在微笑。在面对困难时，在众人失望时，也能微笑着对自己、对别人，生活就不再因失望而黯然失色。

一天清晨，在美国底特律的街头，一辆鸣着警笛的警车疾驰追赶一辆慌不择路的白色面包车。面包车上，一名持枪男子疯狂地踩着油门夺路而逃。他叫道格拉斯·安德鲁，曾经是一位职业拳击手。就在二十分钟前，穷困潦倒的他持枪抢劫了一个刚从银行提款出来的妇女。他之所以铤而走险，是因为孤独的他太需要钱了，他觉得只有钱才能改变他潦倒的生活和无助的命运。

在他实施抢劫后，接到报警的巡警在第一时间锁定了这辆面包车，并展开追捕。安德鲁驾驶的面包车在人潮汹涌的大街上像没头苍蝇一样疾驰，最后被逼进了一个居民区，走投无路的他拎着巨款躲进一幢居民楼里。

他气喘吁吁地跑上楼，发现一扇虚掩着的门，便闯了进去。首先映入眼帘的是一个身材颀长的女孩正背对着他坐在窗前插花。他将黑洞洞的枪口对准了女孩，要是她胆敢呼救或反抗的话，他就会毫不犹豫地扣动扳机。

女孩显然也被他的声音惊扰了。“欢迎你，你是今天第一个来参观我插花艺术的人。”女孩转过身来，笑靥如花。

安德鲁惊呆了，放在扳机上的手指下意识地松弛下来，因为在他面前的是一张阳光般灿烂的笑脸，而且她竟是一个盲人！她并没有意识到，此刻她所面对的是一个走投无路、穷凶极恶的持枪歹徒，所以她的笑依然是那么甜美，在那些美丽鲜花的映衬下更显得楚楚动人。

“你一定是从电视上看到关于我的报道，才赶来看我插花的吧？”就在他发愣的当口儿，女孩幸福而自豪地笑着说，“没想到，在我即将离开这个世界的时候，大家都这么关心我，这几天前来看我的市民络绎不绝，都说是我对生活的热爱给了他们活下去的勇气呢！”

女孩咯咯地笑了起来，她的天真以及对一个闯入者的毫不设防让安德鲁的情绪渐渐平静下来。他竟真的按照女孩的指引，开始欣赏女孩的那些插花了。红的玫瑰、白的百合等在窗台上展示着不可抗拒的美丽。安德鲁突然对这个女孩产生了好奇：“你刚才说你即将离开这个世界？”

“是啊，难道你不知道？我有先天性心脏病，医生说我最多活到十九岁。还有几天就是我十八岁生日了。”

“我为你感到遗憾，也许你现在和我一样最缺的是钱了，要是能有更多的钱也许你会很快乐地生活下去！”联想起自己的困窘生活，安德鲁苦涩地笑笑。

女孩微笑着对他说：“你说错了，即使有再多的钱也治不好我的病，我现在虽然没有钱，但我感觉到了活着的快乐，我反而为那些用自己的生命换取金钱的人感到可悲！因为他们并不知道，快乐与否跟金钱无关。”

女孩的话一下子在安德鲁的心灵深处掀起了一股狂澜！此时此刻的自己，不正是用自己的生命换取金钱吗？

赶来增援的警察已经将这个居民区包围得水泄不通，他们并不知道此时在这间屋子里所发生的一切。前来搜捕的脚步声越来越近。

“你的插花真美，就像你的微笑那样让人着迷。我要去上班了，再见！”说着，安德鲁拿起一束花叼在嘴里，然后轻轻关上门，走出了她的家。

荷枪实弹的警察没费一枪一弹就抓获了安德鲁。警察给他戴手铐的时候，他只说了一句话：“请不要惊动那个女孩，更不要告诉她刚才发生的一切，好吗？”

第二天，一个嘴里衔着一束花、高举双手向警察投降的歹徒图片在当地媒体登载出来。

女孩叫凯瑟琳，是一个身患重症但热爱生命的美国女孩。也许她到现在也不知道，在那个平凡的清晨发生了怎样一件震撼人心的事。

人们也许会思考，到底是什么力量让穷凶极恶的歹徒放弃抵抗而得到人性回归的？是凯瑟琳推心置腹的话语，还是安德鲁突然产生的对生命的不舍和渴望？

一周后，在美国当地媒体对这一事件的后续报道中引述了劫匪安德鲁发自肺腑的一番话："我最应该感谢的是凯瑟琳的微笑，如果没有她那粲然一笑，根本就没有使我俩活下来的机会：她会死在我的枪口之下，而我则会在负隅顽抗中死于乱枪之下！是她的微笑救了她自己，也救了我。虽然她是一个盲人，但她显然懂得微笑对一个人的伟大意义。在此之前，要是世界对我少些冷漠，多一些微笑，也许我就不会在人海茫茫中孤立与迷失自己，从而做出铤而走险的事来。这是我用即将到来的牢狱之灾换来的最为深刻的人生感悟。"

你微笑，世界便也会对你微笑；你埋怨，则只有你一个人在角落里孤独地哭泣。你埋怨的时候，本来就应当是孤独的，因为埋怨是一种自私的、幼稚的行为，意思就是你为自己忧愁而埋怨。别人可不愿因为你流泪而跟着伤感痛苦，他们一定会赶快离开你。如果你能对着自己的不幸微笑，世人便会都来帮你战胜厄运。

你可以微笑着进入别人的内心，但是埋怨着就很难进入别人的内心了。你靠埋怨，或许能暂时得到别人的同情，但是如果你想长期向人诉苦，别人不久就会对你产生厌倦。如果你一直微笑着，别人反而会更爱你。

把幸福当成一种习惯

幸福犹如庭前花开花落、天外云卷云舒，只需你有一份宠辱不惊的心魄、淡然如诗的心境。幸福从来不是寄托在他人身上的渴求，而是一种潜藏在血脉里的习惯，你可以清晰地感受到它流淌、漫溢、延伸。

动物王国的成员在不断发展壮大，很快，它们现有的家园已无法供它们生存了。为此，狮王颁布法令，准备组织一支探险队，去没有同类足迹、没有人类生存的地方寻找新的生存环境。

骆驼被任命为探险队队长，探险队其他成员包括猩猩、长颈鹿、大象、狐狸，大伙收拾一番后，便踏上了寻找新家园的探险征途。

一路上，队员们在骆驼队长的带领下，蹚河流，过草地，翻大山，穿沙漠，历尽千辛万苦，还是没有找到理想的家园。这时，有的队员开始心灰意冷，有的队员不停地抱怨："路有多难走，食物有多难吃……"只有猩猩一路上始终显得很愉快。

有一天清晨，猩猩起床去河边洗脸，当它回到营地时，其他队员才刚刚起床。

"早上好，伙计们。"猩猩愉快地给其他队员打着招呼。可是它们一个个都没有反应。

"嗨，伙计们，今天的天气多好啊！"猩猩再一次向同伴们打招呼，并轻轻地哼起歌来。

狐狸带着讽刺的口吻问猩猩："你是不是觉得我们风餐露宿是件幸福的事？吃着这么难吃的食物你也觉得很可口？你竟然还有心思唱歌，你真的从心底觉得很快乐？"

"是的，你说得没错。"猩猩说，"正如你所说的，我是很得意，觉得很幸福，我真的过得很愉快。不过，并不是因为那些艰苦的环境和难吃的食物，我只是把幸福当成一种习惯罢了。"

猩猩的心态很平和，所以困境也无法阻止它快乐。快乐是一种习惯，它不会因为你还在皱着眉头而抛弃你，也不会因为你的沮丧而远离你。只要时刻将快乐带在身边，烦恼、忧愁就会自动离你而去。

不比较，才快乐

一

十三岁那年，安然的个头猛地一蹿，出落成亭亭玉立的少女，对美有了朦胧的向往。

那时家里条件不好，安然的衣服都是妈妈亲手缝制。新衣裳穿不了几个月，就有些短了。妈妈就找来蓝的、灰的布条，在袖口和下摆处接上一段。

有一天，班里转来一名女生，叫楚楚。见到她时，安然眼前一亮。楚楚穿了件粉色的连衣裙，裙裾处缀着闪闪的亮片。因为这条裙子，楚楚显得那么出众，像朵盛开的喇叭花。

楚楚坐在安然的前排，课间，转身跟安然说话。刚讲了几句，她指着安然的袖口说："真奇怪，怎么有两种颜色？是你妈妈做的衣服吗？"

楚楚的声音很大，安然觉得窘极了，恨不得找个地缝钻进去。后来，楚楚总想跟安然一起玩，但安然却总是对她淡淡的。

有个周末，楚楚来安然家里找她借课堂笔记。

这时，安然的妈妈走过来，说："小鱼汤熬好了，快趁热喝吧。"安然的妈妈经常到市场上捡别人不要的小鱼，熬成乳白色的鱼汤，给安然补养身体。要在平时，安然早就呼噜呼噜喝起来，可那天安然没应声，不想被人揭下衣襟上的"穷"字。

安然把笔记递给楚楚，送她到门口，楚楚回过头说："安然，你妈妈可真好……"

安然这才知道，楚楚的母亲前些年因病去世了。安然因为家境不如楚楚而自卑，哪知楚楚却在羡慕自己有一位爱心满满的妈妈。

风，吹来一阵阵花香。两双手，轻轻地握在了一起。

二

后来，安然上了高中，观看新生文艺晚会时，看到了同班的雅琪。

雅琪穿着洁白的芭蕾舞裙，随着音乐翩翩起舞。她用脚尖演绎着快乐与悲伤，动作美妙绝伦，礼堂里响起热烈的掌声。那晚，雅琪的独舞获得了一等奖。

安然知道雅琪学习好得没说的，正暗暗地跟她较劲，没想到她的舞也跳得这么好，安然心里有点酸酸的。

雅琪得奖的那一天，很多同学围上前，向她表示祝贺。她一边说谢谢，一边微笑着望向安然，她把安然当作朋友，渴望从她那里，听到一句赞美。可那一刻，安然故意把头扭向一边。

隔了几天，安然路过学校的舞蹈室，见雅琪坐在教室的长椅上，正在揉捏脚趾。

那是怎样的一双脚啊，结满茧子，伤痕累累，前脚掌已然变形。看到安然一脸惊诧的表情，她说："跳芭蕾时间长了，脚就会变成这样。"她的话让安然想起安徒生笔下的美人鱼，每走一步都要忍着疼痛。

安然理解了雅琪的努力和付出，那些掌声是她应得的荣光。安然真诚地说："雅琪，你是最棒的，祝贺你。"雅琪愣了一下，羞涩地笑了。

原来，为别人喝彩，是一件多么美好的事。因为，一个人是孤单的，两个人就有了温暖。

三

前段时间，安然参加了一场同学会。为此，她特意化了精致的妆，穿上浅紫色的套装，去赴那场春之盛宴。

那个夜晚，他们唱歌，跳舞，喝着红酒，拼却一醉。最后喝多了，开始聊天。

大学时鬼灵精怪的小君，现在是一家公司的老板。还有大大咧咧的小卓，说自己拥有两套住房，还买了一辆车……听到这里，安然不免有些怅然。她这位当年的好学生，至今仍是“月光族”，日子过得很紧张。

安然向一位文友老师倾诉了内心的失落。那位老师捡起几粒石子，扔进平静的湖面，荡起一圈一圈的涟漪。老师说，“比较”如同石子，你的心就是这湖面。有了比较，就有了计较，有了纷争，心也就乱了。

听了老师的话，安然的心顿时敞亮了起来。自此，安然摒弃无谓的抱怨，学会感恩和珍惜。

我们总在不经意间与他人比较，并为此纠结、烦恼，其实生活如歌里唱的那样：“越单纯越幸福，心像开满花的树。”

幸福并非建立在比较之后的自我满足上，它只是一种感觉，一种生活态度。遇到比自己优秀的人，懂得欣赏别人的好，同时觉得自己也不错，这是一种平和、达观的心态。

在这纷繁复杂的世界里，不跟他人比较，坚持做自己，你才能眉眼安然，内心从容，拥有快乐的人生。

简简单单地做好自己

有个农夫养着一头驴和一只非常漂亮的马耳他哈巴狗。驴住在牲口棚里，吃的是充足的燕麦和干草，虽然不愁温饱，却每天都要到磨坊里拉磨，到森林里去拉木材，辛苦得要命。一开始，驴子也是任劳任怨，可是日子久了，驴子就开始抱怨起来。

因为它发现，哈巴狗根本不用拉磨，拉柴，每天只是搞些小把戏，就能得到主人的喜欢。主人还经常逗着它玩，每次出门赴宴，也总不忘给哈巴狗带回点儿好吃的东西。

再看看自己，每天累死累活地工作，不仅得不到像样的奖励，还总遭到主人的训斥。这实在是太不公平了！

有一天，驴子看见哈巴狗围着主人撒欢，又是跑又是跳，主人开心地笑了。于是它想，这样就可以赢得主人的欢心吗？那有什么难的，我也可以啊！

于是，驴子便向哈巴狗学习。它扭断了缰绳，跑进主人的房间，像哈巴狗那样围着主人跳舞。它又蹬又踢，撞翻了桌子，把碗碟摔得粉碎。

可即使是这样，驴子还是觉得不够过瘾。于是，它便趴到主人身上，用舌头去舔主人的脸。这下可把主人给吓坏了，不停地喊着救命。仆人们听到奇怪的吵闹声，以为自己的主人遇到了危险，立刻跑来搭救。可怜的驴子，不仅没有得到理想中的奖赏，反而遭到了一顿痛打，重新被关进了牲口棚。

被打得半死的驴哀叹道："我再也不想用任何方法来讨主人的欢心了。我是一头家畜，是用来帮助主人干活的；而哈巴狗是宠物，它天生就是要讨别人的欢心的。我们都有自己的事情要做，我根本不需要去羡慕它或者成为它。虽然它能做的事情，我做不到；可我能做的事情，它同样做不来。"

有一次，蛇在动物晚会上表演蛇舞，受到了大家的赞赏。很快地，这种行为便成为一种时尚，动物们纷纷剃光了尾巴上的毛，用无毛的尾巴模仿蛇的动作。

猴子剃光了长尾巴，用剃光的尾巴打架，名曰二蛇相会；白猪剃光了自己的小尾巴，打了个转，名曰银蛇独舞；花猫剃光了自己好看的尾巴，旋转着身子捉自己剃光的尾巴，名曰猫蛇赛跑。

松鼠看到大家都剃光了尾巴，并且表演了丰富多彩的节目，便有些耐不住寂寞。它决定跟大家一样，剃光自己的尾巴，在松树上表演精彩的舞蹈。它理所当然地认为，自己会表演得相当出色。

大象得知松鼠要剃光尾巴，便好心地劝告它说："松鼠，你的尾巴可千万不能剃光啊。你的尾巴是用来保持平衡的，一旦剃光了尾巴，你就会有危险的。为了你自己的安全，还是不要追求时尚了吧。"

松鼠说："大象，我知道你是为我好，但你会不会想太多了？你看，大家都剃光了尾巴，不是也都没事吗，怎么到我这里就会有危险了呢？放心吧，我一定没问题的，等着看我精彩的表演好了。"

大象见松鼠把它的话当成耳边风，只好无奈地离开。于是，松鼠便找来剃刀，剃光了自己的尾巴。它兴奋地攀上大树，想像往常一样表演轻松欢快的舞蹈。可是它刚蹦了两下，便感到头重脚轻，失去了平衡，一下子从高高的树上掉了下来，把大腿摔断了。

松鼠后悔当初没有听大象的话，才导致今天这样的结局。此时，它也明白了一个道理：别人能做的事情，自己未必就能做，有些事情是不能模仿的。

很多时候，尤其是当身边的人获得荣誉或奖赏的时候，我们总是会心生嫉妒：我又不比他差，他都可以，我为什么不行？而事实上，对别人来说轻而易举的事情，也许你真的无法做到，即使做到了，也总有一种东施效颦的别扭感。

每个人都有自己的特点，也都有属于自己的事情要做，你根本不需要去模仿别人。别人的东西虽然很好，却未必适合你；别人擅长的事情，说不定反而是你的灾难。只有找到属于自己的位置，才能最大限度地发挥自身的优势，实现自身的价值。与其羡慕别人模仿别人，倒不如简简单单地做好自己，找到自己真正的优势所在，尽自己最大的努力，去赢得世人的喜爱和尊重。

你不需要跟别人一样，因为你是你自己。

勇于超越人生极限

2015年1月，SKII在日本发布了迄今为止最大的品牌活动——改写命运。邀请著名的芭蕾舞蹈家、波士顿芭蕾舞团首席舞者仓永美沙为品牌拍摄了主题宣传短片。这部振奋人心的短片诠释了改写命运背后所蕴含的意义，演绎了美沙的成功之路，讲述了她如何勇敢挑战自己、成为首位亚洲籍波士顿芭蕾舞团首席舞者的心路历程。

在竞争激烈的芭蕾世界，娇小的身材无疑让拥有一张东方面孔的她，全然不占优势，舞蹈之路的艰辛不言而喻，但她却丝毫没有屈从于命运的安排，凭借对芭蕾的热爱和坚毅的勇气，突破身体的局限，改写自己的命运。

如今她宛如一只舒展羽翼的高贵天鹅，翩然于世界顶级芭蕾舞殿堂，优雅的身姿，自信的面容，将芭蕾纯美的视觉享受传递给观众。

她就是波士顿芭蕾舞团首席领舞者，来自日本的仓永美沙。

仓永美沙肯定地说：“多年来，我需要不断超越自我，将不足变为长处，这不但需要自身的毅力，更需要守住一个梦想，我每天都会对着镜子说：我能行！而且绝不为自己找任何借口。”

优雅高贵的舞姿，摇曳的美丽的芭蕾舞裙，让每个女孩都沉浸在如真似幻的梦境里。七岁的仓永美沙被芭蕾之美深深地吸引着，在她稚嫩的心灵里播下了对“她”的爱，从而成为一名芭蕾舞者的希冀就这样日益生长着。“其实，妈妈原是希望我可以成为花样滑冰选手，因为亚洲人的身材娇小，比较适合花样滑冰这项运动，”美沙笑着回忆儿时的时光，“但是我清楚地知道自己想要的是什么，所以花了很多口舌才说服了妈妈让我进入舞蹈班。”轻描淡写的寥寥话语，平实无奇，但却能在她回忆的眼神里，看到儿时倔强的坚持与对芭蕾的热爱，也正是这种对自己命运执着追求的力量，打动了带有固化观念的妈妈，同时也为自己的人生架起一座通往梦想彼岸的桥梁。

芭蕾就是她心中振翅的飞鸟，带领她飞向心中向往已久的彼岸，可亚洲人的身体限制又如同困住飞鸟的牢笼。她不断地碰壁，不断地挑战，不断地寻求突破，她知道梦想和坚持就是她打开牢笼放飞飞鸟的钥匙。通过她的不断努力，终于在日本的一些国际性芭蕾舞比赛中崭露头角，为她成功进入旧金山芭蕾舞团铺平了道路。

在日本已经小有名气的她，本以为向着成为一名更加优秀的芭蕾舞者目标迈进了一步的时候，这156厘米过于娇小的身高、较窄的骨盆等亚洲女性的身体特征，在以修长身形为优的欧美芭蕾审美中，如同天生的肢体缺陷，再次将努力的她拦于芭蕾殿堂之外。

整整一年，仓永美沙都被投闲置散，没有半点演出的机会。这对于一个芭蕾舞者无疑是一种无声的否定，但她并未因此灰心放弃，反而加倍地付出，在苦苦练习中等待着机会的降临。最终她依旧没有达到别人对传统芭蕾舞者的期许，被无情地辞退了。这如同宣判死刑一样的结局，给她带来了沉重的打击。失业，失意，让本来在国内已积累起人气的她，自尊心瞬间跌至谷底，就连对芭蕾那如血液般的信念也开始动摇，她的世界在震荡，在崩塌。这支撑她一路向前的信念此刻被自己画上一个大大的问号。她开始怀疑自己的坚持，开始质疑自己的选择，她甚至开始相信作为一个亚洲人，是没有机会可以在世界舞坛上占据一席之位的。那段时间每一天都是灰暗的。

不，她不相信也不甘心，就这样为自己的芭蕾生涯画上休止符。这不是她要的终点，她要为自己的芭蕾之梦再次扬帆起航。

为了克服身材比例娇小的短处，她毅然决然地来到了纽约，参加了美国芭蕾舞蹈学院的训练课程。在这里，她开始接纳自己亚洲女性身体的短板，重新认识自己的身体结构，学习如何正确运用自己的身体条件，专注训练自己的下肢开展动作和灵活性，她知道只有这样才能在其他舞蹈学员中脱颖而出。

作为训练班里唯一的亚洲人，年龄最长的学员，她拼命地舞蹈，不停地练习，不断地磨炼，每一次跳完她都会瘫坐到地板上，汗水中流淌着那向命运宣战的不屈与倔强。她知道只有加倍努力才能通向成功。

通过坚韧不拔和严于律己的不懈努力，终于在2003年，美沙非常幸运地，并实至名归地加入在芭蕾舞界远近驰名的波士顿芭蕾舞团。于2009年升级成为首席舞者，并成为首位亚洲籍的首席舞者。她用坚定的意志，不懈的努力，成功改写了自己的命运。

这么多年来，美沙一直努力将自身的局限转化成为优势，在技巧和美观上突破自己的极限，以强大的决心和信念，将自己的人生改写成最瑰丽的画卷。

谁也给不了你想要的生活

现在是凌晨零点三十八分，我刚挂了电话，与我的好姐妹。

她拨通电话就兴奋地问：“你猜我在哪里？”

我睡得迷迷糊糊地说：“香港？”

她呵呵笑了，说：“不！我在美国！”

我一下子呆住了，问：“国际长途？”

她不满地说：“你在乎的总是钱！我说我在美国，在我们曾说的世界牛人会聚的地方——华尔街！”她去了华尔街，这是好多年前一起看旅游杂志的时候，我们一起约好二十三岁生日之前要去的地方。

可是，现在，我还在山东。

她听我这边半天没有动静，生气地问我是不是睡着了，我说，我很羡慕她。她甩下一句“你活该”，然后挂了电话。我知道，她生气了！

2003年，我们在图书馆遇到，她推荐我看了一本叫《飘》的外国小说。那时候，我们还不到十三岁。我说我看不懂，她说，你可以查字典。从那以后，我开始看她推荐的书。认识我的朋友都说我看的书挺多的，我每次听了，心里都空空的——我比她差多了，只有我自己知道。

2009年高考结束，她去了北京，我去了山东。我们的生活轨迹开始变得不一样，我被新鲜的生活吸引了，忘记了她说过我们一起考香港中文大学的约定。

2009年11月，她说："我们每天晚上十点练习一个小时的普通话吧！有人嘲笑我n、l不分。"我说，好！半年后，她兴奋地问我："你的普通话考了多少？我考了一乙！"我说我忘记练习了，没有考！

2010年3月，我爱上了一部韩剧，我说我想学韩语。她说，那我们自学，就像一起自学心理学一样！我说，好！2011年年底，我们一起逛街，那家精品店的老板是一个韩国大姐，我睁大眼睛听着她用韩语和老板交流。老板以为她是学韩语的学生，给我们便宜了五元钱。而我，只会说"我爱你""对不起""谢谢你"。

2011年4月，她说想跨专业考法语的研究生，问我要不要也学习法语。我说我要自学新闻学，不想学其他的。她说，好！年底时，她用法语给我朗读大仲马的《三个火枪手》，问我新闻学的知识，我支支吾吾说不出话来。

2012年年初，我的小说创作开始好起来，我用稿费请她吃了一顿西餐。她用翻译美剧台词的稿酬，给我买了一整套季羡林的书。

她说，我们说好考研的，别忘了。她还说，你说过香港中文大学是你的梦想，你不要放弃它。我说，好！

2012年年底，我说我四级才过，我不想考研了。她说，好！

2013年7月初，她说她如约考上了香港中文大学。我说，好！

2013年8月，我说我要辞职，我觉得这日子过得挺辛苦的。她气愤地说："你很苦吗？北京被大水淹，水没到我的膝盖，我只好穿着拖鞋卷着裤脚去图书馆看书，那个时候，我都没有说过我的日子苦！"

而今天，我说我羡慕她，她却生气了，我知道这是为什么。

现在，我突然清醒了，我一直只看到她闪闪发光的地方，却不知道她这一路走来，到底是付出了什么样的代价，才换取了这样一个很多人都想要的人生。

我走进她的卧室，里面各类书籍堆得到处都是，每一本书都有她做的密密麻麻的笔记。这样的时刻，我怎么能忘了？

我打电话，想和她分享我因为和某人闹别扭的难过心情时，她小声说她在图书馆学习，回宿舍再联系。那时候，已经晚上十一点了！

我在家里和爸妈吵得天翻地覆的时候，她自愿申请了去黔西南当志愿者，她说，要翻过两座山才有班车回家……

此刻，我又有什么资格在这里抱怨？

我为什么要羡慕她呢？她现在得到的一切不都是过去的辛苦换回来的吗？我也曾被她拉着走，只是我放弃了前进罢了！是我亲手断送了自己的梦想，不是吗？

我现在最后悔的事情是，为什么我明明知道大学时光那么少，青春那么匆忙，还总幻想未来，却不肯逼自己一把，去实现梦想？我太容易因为小事而难过，去荒废时间，日复一日地不安、疑惑，不是活该吗？

终于明白了，我要踏实，我要努力，要为了成为想要成为的那个人而坚持。我的一切辛苦，总有一天会回馈到我身上。

“时间不欺人”，这是她教会我的道理！

你做的选择和接受的生活方式，将会决定你将来成为一个什么样的人！我们总该需要一次奋不顾身的努力，然后去那个让你魂牵梦绕的圣地，看看那里的风景，经历一次因为努力而获得圆满的时刻。

这个世界上不确定的因素太多，对大多数人而言，能做的就是独善其身，指天骂地地发泄一通后，还是继续该干吗就干吗吧！因为你不努力，谁也给不了你想要的生活。

如果你想飞，今天就是起点

昨天傍晚，有人在朋友圈发了一张夕阳的图片，上面写着：唉，又一天。言语间，仿佛充满了无力感。我在下面留言问：“怎么啦？”他回复：“感觉一天什么都没做，就过去了。”

其实，发出这种感慨的人很多。

我老公有一个远房表哥，也是我小时候的邻居。他每个新年都来看我婆婆，每次来了都会叹息：“唉，又一年。”

第一次听到这样的叹息时，我问他什么意思？他说自己曾经是个文艺青年，梦想就是业余出几本书。可工作后，每天下班后就往沙发上一靠，什么都懒得做了。

一年又一年，年年是白板。

老公的这位表哥，曾是我少年时的榜样。我记得母亲不止一次和邻居们议论起他，都是满脸的羡慕。那谁家的孩子，考上了大学，真了不起，以后前途无量。

我很清晰地记得，小时候的夏天，我们全家经常在有穿堂风的大门过道里吃饭。他有几次从我家门口路过，父亲总是望着他的背影对我说："你要好好学习，以后像他一样有出息。"

一别经年。我结婚时，他竟然参加了，我这才知道他和我婆家是亲戚。他虽然有些发福，但眉眼依稀如旧，我一眼认出他了。

他说自己大学毕业后分配到一家事业单位上班，一份轻松的工作，拿着撑不着、饿不死的工资，下班打打麻将、看看电视，也想做点自己喜欢的事，可总也没有付诸行动。日子就这么重复着，这些年，仿佛就过了一天。

想不到，我和他会以这样的方式重逢。我对他的崇拜像个扎破了的气球，"噗"的一下瘪了。而这些年，我一遍遍听他说那句"唉，又一年，再想干点啥都晚了"，我对他早就从崇拜变成了失望。

今年，他搬了家，住在我家对面的一个小区。我离单位近，有时候步行上下班，很多次在路上遇到他，骑着电动自行车，穿梭在滚滚车流中。他的皱纹，他的花白头发，他木然的表情，告诉我，他的日子应该是一潭死水，毫无生气。

透过他的模样，我能看出他这些年还一直处在刚毕业时的起跑线上，从未移动。一个偶像，竟然一生庸庸碌碌、浑浑噩噩、懒惰不前，这是令我最泄气的地方。

我希望看到的，是一个哪怕曾经目不识丁，但通过努力已有丰盈人生的榜样。

记得几年前，总经理带我们去一家供应商那考察，据说是国内有名的民营企业。接待我们的是对方的几位副总，他们的老总去欧洲调研市场了。

两千多亩的厂区，走了半天也没转完。餐厅、宿舍、生产线，每到一处，我心里都会涌起一个大写的赞。到处都井井有条，看得出管理非常精细化。

中午吃饭时，我们聊起这家企业，简直太让我震惊了——这家企业的老总那年已经六十二岁。他在五十二岁的时候，从一名兽医改行，如今把公司做这么大。

那家企业的宣传栏里写着这样一句话：“我一直深深记得：如果你想飞，今天就是起点。”

那时的我，正在给一些报刊投稿，焚膏继晷，按编辑的要求修改了一遍又一遍，依然经常被退稿。我心里打过无数次退堂鼓：算了吧，又不是没有工作，都三十多岁了，干吗非要跟自己死磕。

而那一次考察，恐怕收获最大的人就是我——从此不再纠结，哪怕退稿再多，也坚持写了下去。

其实，这个世间，有多少人每天都想着改变，晚上睡到床上的时候，雄心万丈，醒来又是重复的一天。

曾经在微博上看过一段话：“别抱怨，别自怜。所有的现状都是你自己选择的，抱怨能说明什么呢？除了你什么都想要的贪，还有你不想做努力的懒。”

是啊，一年又一年，时光悄然流逝，你增长的却只有年龄。对命运不甘，却又不肯用行动去改变，只好一年年长叹。

唉，又一天，又一年，一辈子完了。

一天很短，短得来不及拥抱清晨，就已手握黄昏。一年很短，短得来不及细细品味春天，就已冬日素裹。一生很短，短得来不及享用美好年华，就已经身处迟暮。我们总是经过得太快，而领悟得太晚。

永远不要放弃你真正想要的东西。等待虽难，但后悔更甚。不要无数次垂头丧气地叹息：唉，又一年。请在努力实现梦想的路上，充满自信和从容！

给自己一点希望

去年年前我加班，晚上一个人要走两公里的路回去。走在路上，橘黄的灯光把我的背影拉得很长，并最终与路面相撞。

回到家已经是凌晨一点，整个小区的灯光都熄灭了，只有大门口的保安亭里还亮着灯。我路过的时候，保安跟我打了招呼，我说，今天你值夜班啊？

保安说，是啊，你怎么这么晚下班？

我说，为了赚钱啊。

保安笑着说，这年头谁赚钱都不容易啊。

我点点头。

简单地洗漱后，我爬上床，来不及思考人生就累得睡着了。

起床吃早饭，去附近的菜市场买菜，我看见环卫工人正推着车打扫卫生，由于路面都结了冰，三轮车总是打滑，于是他选择下车推着走。我看见他的手被冻成了紫红色，全是冻疮。都是为了生活啊。

要说这个城市谁起得早睡得晚，那肯定是环卫工人。无论是严寒还是酷暑，在大街小巷，总能看到他们的身影。

我记得上次看的一个新闻，某地检查环卫工人的工作方法是，随便选取一平方的路，收集上面的尘土，如果超过五克，就直接扣钱。而且，环卫工人的工资还总是得不到保障，一个月千把块的工资，有的人还要东扣西扣。如果是一般人肯定受不了，可他们为了生活，为了生存不得不为之。是的，生活从来都不容易，但我们谁都不能轻易妥协。

上次在网上看到一个外卖小哥在电梯里哭，因为他送餐迟到了，不仅要扣钱还要自己赔钱。我自己点外卖从来不给差评，都是五星好评，因为我知道一个差评对于他们意味着什么。

都是在这个社会底层挣扎的，何必互相为难。或许，只有生活艰难的人，更能体会到生存艰难人的不易。每个人都有每个人的辛酸，谁也不比谁容易。

在这世上，遍地皆是生活艰难、心怀伤痛之人，看似生活富裕的人也好，身体健康的人也好，柔情蜜意的恋人们也好，其实都是心怀烦恼的羔羊！生活艰难，但是我们都不能被打倒。

无论前方多么坎坷，生活还要继续。所有人都在奔跑，我也不能停下来。

我朋友一个人去上海打拼，在阁楼住了两年，没有买过一支口红，没有买过一件新衣服。

我问她："你到底是怎么坚持下来的？"

她说："全靠咬着牙撑下来的。"

这世上没有人的人生是一帆风顺的，它总是悲喜交加。人生路途崎岖坎坷，每个人活得都不容易，过得都不轻松，生活艰难，对谁都是一种沉重、一番艰辛、一份责任。

我们觉得生活艰难，其实这是一种常态。因为人生正如爬山一样，爬上了这一级台阶，还有新的台阶要上，还有新的困难要克服。什么时候才能不感到难呢？应该是原地不动或退步的时候吧。不抬脚，就不会累。这一刻的困难，咬牙走过去了，才能看到下一刻的风景。

生活本是一场艰难的跋涉，明知前方的艰辛，又何必转身自嘲过去那个无知的自己。有些路，认真地走下去，生活会给你一个满意的答复。

有时候不是我们看到了希望才去坚持，而是我们坚持了才看到希望。生活本不易，但我们谁都别轻易放弃，请给自己一点希望。当你有一天蓦然回首，原来已经飞渡千山。

专注才能成功

她叫黛比·弗尔慈，20世纪50年代出生于美国加州的一个普通农家。结婚后，作为家庭主妇，面对日益拮据的生活，她想要创造一份属于自己的事业。但做什么呢？没有雄厚的资金，也没有一技之长。于是，她想到了自己最拿手的，就是现烤软饼干，不如就开一家这样的专卖店吧。

产生这种想法的当天，黛比找到了她认识的一名行销专家。他在一家公司担任高级主管，了解市场经济，熟悉市场行情，更重要的是这位专家曾经吃过她做的饼干，对她的饼干赞不绝口。

黛比一见到这位行销专家，就对他说："你一直很喜欢我做的现烤软饼干，现在我想投放市场，你认为怎么样？"

"这根本行不通，没人会买你的现烤软饼干。"

听了这位行销专家的话，黛比有点不死心，她专门请教了不少食品方面的专家，他们大多还没听完，就连连摆手，一致表示反对。她知道，他们提出的问题和困难，不论谁创业都会碰到。

于是，黛比想到了自己的家人，他们经常吃自己做的现烤软饼干，会有更亲身的感受，一定会理解和支持她开饼干店的想法。

想不到妈妈一听黛比的想法，就满脸慈爱地说："我不希望你每天站在热得要命的烤箱旁边去卖现烤软饼干，还不知道能不能赚到钱。"

婆婆一听，立即提高了声调，对黛比说："那根本行不通。你从没做过什么生意，家中的这点积蓄投进去，一旦血本无归，你们可怎么生活下去？"

黛比想不到自己在家人面前又碰了一鼻子灰。于是，她找到了周围的邻居、同事，逢人便讲自己想开饼干店的想法，想多方征询他们的意见和建议。没想到，他们好像事先商量好一样，都异口同声地告诉她：这主意太奇怪了，你去做根本不会成功的。

后来，黛比把这一想法告诉给自己最要好的朋友温蒂·马克斯。她想自己最忠诚的老朋友即使不怎么支持，也会说些令她宽慰的话。想不到温蒂·马克斯一听她的话，马上告诉她："我根本无法想象这点子成功的模样。"

面对大家投来的怀疑眼光，黛比没有放弃，1977年8月，她孤注一掷地开了第一家现烤软饼干专卖店。

开张当天，黛比的饼干专卖店真的没有迎来一个顾客。当时，一般人家都会自制饼干，就算要买，大家也总是买已包装好的、咬起来脆脆的饼干。难道自己开这种店，真的如人们所说，根本就不可能赚到钱吗？

在极度沮丧的情况下，黛比想到了采用免费试吃的方法来吸引顾客。于是，她面露笑容地从店里端出一大盘饼干，走到街上请来来往往的行人试吃。在让人们免费试吃的过程中，拉拉家常，交流一下做饼干的心得，创造了一种温馨友善的气氛。时间一长，人们都自愿到她店里购买她做的现烤软饼干，她很快就有了回头客。

随后，黛比的饼干专卖店顾客越来越多，规模不断扩大，她想到了开连锁店，从第一家开到第二家，一直开了几十家。最早的连锁店由她授权本店员工去经营，她自己则专注于饼干的质量管理。后来，她的饼干店越开越多，从美国开到世界各地，已先后在全世界一千四百多个城市开了饼干连锁店，年营业额逾四亿美金，而她也成为世界最大的“现烤软饼干”店的创办人。

另外，由黛比本人完成的第一部著作《黛比厨房的一百道食谱》，印刷成书，至今销售已超过一百八十万册，成为第一部跃入美国纽约时报畅销书排行榜的食谱。她成功的创业历程，受到美国各方的赞誉和好评，她先后荣获“全美十大杰出创业女性楷模”等荣誉称号，因而请她到各地演讲的邀约不断，她还成为美国知名的励志演说家。

这就是黛比，相信自己，专注一心去经营是成功的关键。正如她本人常说的一句话：“只要认为自己是对的，就没必要在乎别人的看法，只管尽最大的努力去做就是了。”

永不放弃

1982年12月4日，尼克·胡哲出生在澳大利亚墨尔本。然而，这个新生命的降生，给父母带来的不是惊喜，而是惊吓。小尼克·胡哲一生下来就患有“海豹肢症”，没有双臂和双腿，只在左侧臀部以下的位置有一个带着两个脚指头的“小脚”。看到儿子这个样子，尼克的父亲吓了一大跳，甚至忍不住跑到医院产房外呕吐。他的母亲也不敢靠近他，直到尼克四个月大时，才敢抱他。父母对这一病症发生在尼克身上感到无法理解，到处咨询医生也始终得不到医学上的合理解释。天生没有四肢的尼克是不幸的，然而，生在一个充满爱的家庭里的尼克又是幸运的。

父母在经历了最初的惊愕和痛苦后，冷静地接受了现实。他们从没想过要放弃这个孩子，而是希望尼克能像普通人一样生活和学习。父母像对待正常孩子一样，教尼克做能做的一切。十八个月大的时候，父亲就把他放到了水里，让他学习游泳。他六岁那年，身为电脑程序员和会计师的父亲就开始教他用两个脚指头打字。“父母和所有亲人都很疼爱我。我天生与别人不同，但他们却从没提起过我的身体异于常人。在五六岁时，我知道自己没有手脚，然而我真的认为没什么大不了。”

到了该上学的年龄时，父母做出了一个艰难但可能也是最正确的决定：把儿子送进当地一所普通小学就读，而不是去为残障儿童设立的特殊学校。在去学校之前，一切都很好。而一旦失去父母的庇护，无助的尼克必须独自承受风雨了。

他须靠电动轮椅才能行动，需要护理人员的照顾。母亲发明了一个特殊塑料装置，帮助尼克拿起笔。生活上的困难没有吓倒尼克，他勇敢地面对一切困难，努力学习照顾自己。但同学们的嘲笑和尖叫，让七岁的尼克感到深深的自卑和孤独，内心充满无奈和绝望。

在学校里受到同学欺负，尼克毫无还手之力。八岁的时候，尼克非常消沉，甚至冲母亲大喊他想死。十岁时的一天，他试图把自己溺死在浴缸里，但是没能成功。在绝望之时，父母的爱让尼克度过了最艰难的一段时期，他们一直鼓励尼克学会面对困难，尼克也逐渐交到了朋友，变得乐观而又勇敢。

真正让尼克发生改变的事情发生在十三岁那一年。母亲剪下报纸上的一篇文章给他看，上面刊登了一个残疾人走出困境找到人生意义的故事。主人公没有被残疾压垮，而是为自己设立了一个个人生目标，并且逐一去实现，在实现理想的路上他还不断帮助别人。主人公的一句话更是深深打动了他："上帝把我们生成这样，就是为了给别人希望。"尼克振作起来，他终于明白了，自己不是这个世界上唯一不幸的人，自己也不是一个没有"明天"的人……

从那时开始，尼克尝试凡事感恩，抱着积极和乐观的态度生活。他渐渐学会了应付自己的不自如，开始做越来越多的事情，做那些其他人必须要手脚并用才可以完成的事情，如刷牙、洗头、用电脑、游泳、运动……七年级时，尼克去竞争学生会主席，成功当选。他与学生会同伴一起参与地方慈善机构和残疾组织的各种事务。无论做什么，他都要付出比别人多几倍甚至几十倍的艰辛，但尼克从未放弃。回想起当初在普通学校艰难的求学经历，尼克说这是父母做出的最佳选择。因为那段经历让他融入社会，变得更加独立。

在长期的训练中，残缺的左"脚"成了尼克的好帮手，不仅帮助他保持身体平衡、踢球、打字，当他要写字或取物时，也是用两个脚指头夹着笔或其他物体。"我管它叫'小鸡腿'，"尼克开玩笑说，"我待在水里时可以漂起来，因为我身体的80%是肺，'小鸡腿'则像是推进器。"

游泳并不是尼克唯一的体育运动，他对滑板、足球也很擅长，最喜欢英超比赛。尼克还能打高尔夫球，击球时，他用下巴和左肩夹紧特制球杆，然后击打。身体的缺陷没有阻挡尼克对运动的热爱和对新鲜事物的热情，2008年，尼克在夏威夷学会了冲浪，甚至掌握了在冲浪板上做三百六十度旋转的高难度动作，并因此登上了美国权威的水上运动杂志《冲浪》封面。对此，他显得很平静："我的重心非常低，所以可以很好地掌握平衡。"

除了精通于多种运动，尼克对待学业也非常认真。在父亲的帮助下，尼克取得了会计和金融企划的双学士学位。

十九岁的时候，尼克开始追逐自己的梦想，那就是通过自己充满激情的演讲和亲身经历去鼓励其他人，给人们带去希望。"我找到了活下去的意义。"尼克这样说。尼克的足迹遍及全球二十多个国家，演讲对象包括政府官员、总统、名人等，与超过三百万人交流心得，并通过电视、报纸、杂志与超过六亿人沟通。他不再向上帝求手求脚，他明白了：上帝要借他来激励别人，为万人带来福祉。

尼克向人们介绍自己不屈服于命运的经历，他人生的点点滴滴、他的自信、他的幽默、他的沟通能力，让他深受听众们的喜欢。尼克与听众们分享远见与梦想，鼓励他们乐观坚强，跳出现有的人生，去思索未来。他用自己顽强不屈的人生经历告诉听众，完成梦想最关键的就是坚持不懈与勇敢地面对失败，把失败看作是学习的机会，而不是被它打倒。讲台上的尼克总是神采奕奕，他在世界上不同的国家做过大大小小的演讲上千次，但每次他都一如既往地充满激情。他说：“人生最好的导师是自己的经验，要向自己学习，总结失败的经验，为每天发生的事情感恩。”

聆听过尼克演讲或看到过他演讲视频的人，也都无不为他的顽强、坦率、乐观、坚韧和永不放弃的精神所感染。身高不足一米、没有手没有脚的尼克，赋予了这个世界一笔巨大的财富。演讲时，一张小小的书桌便是他的讲台，确切地说，是舞台。

残缺的身体在上面移动、跳跃，而脸上始终带着自信的笑容。在向孩子演讲时，他总能找到孩子们喜欢的语言和方式，他的幽默风趣让会场上孩子们的笑声、掌声始终不断。尼克从不掩饰自己的残疾，经常拿自己的“小鸡脚”开玩笑，逗得孩子们哄堂大笑。

在演讲中，他无数次当众倒在桌子上，向台下的孩子和成人演示一个无手无脚的人如何重新站起来。一次不行，就两次、三次……直到身体艰难地站立。他用自己的生命体验让孩子们明白，实现梦想最重要的就是坚持不懈和拥抱失败，把失败看作是一次学习的机会，而不是被失败打倒。孩子们流泪了，这是一种撼动灵魂的感动，经历一次，便终生难忘。

有一次演说结束时，尼克发现人群中有一个和他一样没有手脚的小男孩。“我邀请他的爸爸把他抱上台。只有十九个月大的他，跟我一样没有四肢，只有一只小脚板。我望着他，心里不禁啧啧称奇。在上帝这个没有手脚的生命计划里，安排了这一次‘偶遇’。”一年之后，尼克再次遇上这个孩子的妈妈。孩子的妈妈跟尼克说：“当我拥抱你的时候，就好像拥抱着我二十四年后的儿子，我一直祈求着上帝，求他派一个人来，让我知道他并没有忘掉我的孩子。”

人生就像一场长跑

她出生在山东烟台一个美丽的小山村，那里有漫山遍野的樱桃，父母是地地道道的农民。她从小要强、好学，不仅学习好，体育也棒，擅长长跑。她曾经梦想成为一名医生、律师。但十七岁高考那年，她抱着试试看的心理，报名参加了女飞行员的选拔，没想到竟顺利通过体检，并收到飞行学院的录取通知书，幸运地成为全国第七批三十七名“女飞”中的一员。从此她与飞行、与蓝天结下了不解之缘。

空军飞行学院的生活是艰苦的，入校第一天，她就被迫剪去长发，来不及悲伤，就投入到紧张的理论学习及艰苦的军训中。那时候，面对枯燥的理论及高强度训练，好强的她始终咬紧牙关。拉练、跳伞、游泳等特训科项目更是不甘落后，能争第一绝不做第二。特别苦时也曾偷偷哭过，但不服输的她总是擦干眼泪，又继续训练。两年后，她顺利地进入哈尔滨第一飞行学院，开始了真正的飞行生涯。

第一次在教员带领下飞上蓝天，当穿过洁白的云朵，俯瞰祖国大好河山的那一刻，她才真正体会到了作为一名女飞行员的自豪和骄傲。尽管不能像其他女孩一样穿漂亮衣服，没有充足的时间打扮自己，可作为飞行员，这种畅游蓝天的感觉，别的女孩永远也体会不到。从此她真正爱上蓝天、爱上飞翔的感觉，更加刻苦地投入训练及学习中。两年后，她以第二名的总成绩被分配到素有“女飞行员摇篮”之称的航空某团队，开始了人生的另一段征程。她努力向前辈们学习，熟练掌握了四种机型的驾驶技术，成为团里的骨干飞行员。之后，她多次参加战备演习，并驾机参加2008年汶川抗震救灾、北京奥运消云减雨等重大任务。

2003年杨利伟驾驶神舟五号成功升天时，作为飞行员，她心中的激动与兴奋同样难以言表。激动之余心中不禁升起一个小火苗，什么时候，自己也能飞上太空呢？这个想法让她兴奋不已，她相信未来国家一定会培养出女航天员，她能不能成为其中的一名呢？想到这，她又有了新的目标。

2009年5月，通过层层严格的选拔，她成为我国首批女航天员。她十分珍惜这得来不易的机会，努力投入训练。刚开始，一直没能突破超重训练二级，身体极限难以承受。她急得不行，一面向航天员中的“老大哥”们讨教，一面加班加点增强心血管和肌肉练习。第二年她的成绩就达到了一级。

2012年她成为神舟九号任务备份乘组成员，此时，唯一的女航天员将从她与刘洋之间产生。最终她以微弱的差距落选，但这足以说明，她离太空的脚步更近了，她相信自己一定可以飞上太空。她微笑着祝福队友，丝毫不受落选影响，几乎没有停顿，便投入后续训练中。2013年，她终于成功入选神舟十号航天员，与聂海胜、张晓光一起，进行为期十五天的飞行任务。她不仅负责监视飞行器、设备操控、照料乘组生活，还担任太空授课人，向中小学生讲解失重条件下物体运动的特点、液体表面张力的作用，并与地面师生双向互动交流，成为继美国教师芭芭拉·摩根后世界上第二个太空授课的航天员。

她就是我国第二位女航天员，“80后”的王亚平。

回顾十几年飞行生涯，王亚平笑着说：“人生就像一场长跑，我在飞行这条长跑路上，有困难，有险阻，但这里的风景独一无二。我会继续飞下去，因为只有坚持，才知道哪一站的风景最美丽。”

疯狂，然后成功

对于一个年仅二十五岁的德国乡村医生沃纳·福斯曼来说，这绝对是一次不可理喻的疯狂之举。

这天下午，坐在安静的工作间里，这个刚刚成为助理医师的年轻人准备在自己的身体上做实验，去实现心中那个梦寐以求的理想。

实验开始了。

福斯曼闭上眼睛，深呼吸，让身体无限放松。接着，他刺破自己左臂肘部的静脉，将一根由无菌橄榄油润滑过的细管缓缓插入。当细管进入静脉半米，大约到达肩颈部位的时候，福斯曼停了下来。他以为会感觉到刺痛，或者会痛得昏厥过去。但事实是，在此之前他所预想的种种糟糕的状况并没有发生。

这是个好兆头。福斯曼笑了笑，再次捻动细管，缓缓深入。

这个部位，应该是心脏！随着不断捻动，细管越插越深，最终到达了他希望的部位。那一刻，连他自己都觉得吃惊：细管进入脆弱而敏感的心脏，不仅没有丝毫疼痛，相反他却“感受到了一丝如太阳照耀般的暖意”。

这太不可思议了！这足以证明：心脏并不像权威专家所说的那般不可触碰，是严禁涉足的“禁区”，它和身体的其他器官一样也可以做手术。稍稍平复一下激动的心情，福斯曼并未中止实验，而是带着自己这个“试验品”奔出门，跑到楼下一个配有X光机的房间，兴奋不已地冲医师喊：“喂，快给我做扫描，你会看到世界上最美丽的画面！”

很快，片子出来了。那的确是一张震惊世界的片子——凭着对生命的热爱和对梦想的执着追求，福斯曼成功完成了医学史上的第一例心脏导管术！

出人意料的是，福斯曼的大胆尝试给他带来的不是荣誉和尊重，而是暴风骤雨般的批判和嘲弄。媒体把他的实验称为“疯狂之举”，长篇累牍地大肆报道，他的顶头上司更是坚决禁止这项实验：“这是一个只有上帝才知道怎么回事的个例。你必须停止你的疯狂之举，不，是愚蠢之举，愚蠢透顶！”好心的同事则警告他，由于他所进行的实验违背了人伦道德，再继续胡闹很可能会在监牢中度过一生。

“这是科学，科学需要献身，和愚蠢无关，就算坐牢我也要进行下去。”福斯曼顶着铺天盖地的冷嘲热讽，决定再进行一次实验，以证明这不是阴差阳错的个例。他义无反顾的举动，感染了一名年轻的女护士。女护士不想让这个优秀的医生遭受任何意外，便提出做他的“试验品”。如果不接受她的建议，他的实验将很难开展。

福斯曼思来想去，只好同意了女护士的要求。然而，在将女护士绑上手术台之后，福斯曼冲着动弹不得的女护士微微一笑，随即刺破自己手臂上的静脉，熟练地插入了细管……

这次实验，同样取得了圆满成功。福斯曼信心满满地宣称：他已制定出了明确的工作目标，要全力优化、改善心脏的诊断方式。不料，整个行业对他的计划置之不理，甚至还给他起了个绰号“疯子”，他所做的医学实验也被称为“小丑表演”。疯子是不能行医的，没多久，福斯曼便莫名其妙地失去了工作，他不得不回到了原来的乡村医院。

那段时间，福斯曼郁郁寡欢，他想到了改行，再不去触摸那些冰冷的金属器械。就在失意之中，他收到了那个女护士寄来的信。信中写道：沃纳·福斯曼，如果你是月亮，就请珍爱静谧的夜空，不要厌倦她……

女护士的话，深深地触动了他的心。于是，福斯曼选择了用心守候。转眼二十七年过去了，早已被人们遗忘的沃纳·福斯曼终于等到了一封来自瑞典斯德哥尔摩的邮件——他获得了当年的诺贝尔医学奖！

我们各自努力，朝着相反的方向

在我刚参加工作的时候，公司同时招了三个实习生，我、阿米和老朱。小公司，十来个人服务四个项目。我们三人常常在一起抱怨工作的无聊、领导的吹毛求疵、在上海生活的艰辛，偶尔也会聊聊理想。是啊，作为独自在上海打拼的外地人，如果没有理想支撑，如何能熬过最初的艰难岁月呢！

老朱是我们之间唯一的男孩子，他的理想是，五年之内做到总监。他信誓旦旦地说："你们放心，我一定会做到！那时候，在我们眼里，总监职位是多么高不可攀，不易到达。"我和阿米跟他开玩笑说，如果他做到了总监，我们就到他手底下干活儿，这样就不会再受到白眼和欺凌了。

阿米的理想是嫁一个知冷知热、真心对她好的人，前提是他能在内环首付一套房子。阿米来自四川某山区，在她眼里，能定居在上海，已算是出人头地。

我那时候还不知道自己要什么。唯一能确定的是，我讨厌为一日三餐绞尽脑汁，讨厌住没有卫生间的昏暗老旧的公租房，讨厌买点零食都要算计半天。我认为我的心思应该花在重要的事情上，然而什么是“重要”的事情，我却不知道。阿米和老朱帮我总结：对于你现在来说，最重要的事情就是，赚更多的钱，来支撑优越的生活！我想了想，点点头回答说是。

几个月后，老朱服务的项目炒掉了我们公司，公司将重要的人员进行了重新分配，将不是很重要的人员如老朱等辞退。老朱走的时候，我们三个人一起吃了饭，老朱说，就算公司不炒他，他也打算走了。因为在这样朝不保夕的小公司，没前途！

老朱的话我听了进去。我仔细“算计”了收入和支出，发现继续待在这家公司，两年内无法改变现有状态，于是在第二年的春天辞职，跳到了一家以加班为特色的大公司。阿米还留在原来的那家公司，只是从策划转到了销售岗位。

之后的两年，我经历了一个人单独做七个项目、一周上七天班、七天都在加班的状态，我的专业能力和薪水节节攀升，我也过上了住好房子、吃好东西、月薪略有盈余的日子。然而无止境的加班带来的最严重后果是，我的身体出现了状况，头晕耳鸣并在一段时间内出现了幻听。

有一天太过疲倦，我从楼梯上摔了下来，在病床上躺了整整一周。我以为我可以休息一下了，哪知我的领导说：项目是你跟的，别人一时也接手不了。你现在摔坏的是腿，不是手，只要还能坐起来，就把笔记本带到医院，坚持做。我自然不肯，还为此委屈地哭过。领导想了想，决定再给我加两千元薪水，我服从了。

从医院出来后，我又做了半年。这半年，想得最多的是，我要的究竟是什么？如果为了这点薪水，就把命搭上去，实在不划算。我第一次仔细地思考了我所从事的行业。这个行业，想要做得好，就只能付出比别人多十倍的努力。我是一个传统的女人，婚前可以以工作为重，但婚后必然会将大部分时间给予家庭。继续从事这个行业，家庭无法兼顾。这不是我想要的，那么，我需要给自己更多的选择。

我之后辞职，找到一家业内排名中上的公司，凭借之前的工作经验做了主管，又逐步升到了项目经理、部门经理。在这几年的时间里，我学了心理学，考了国家二级心理咨询师，并陆续经朋友介绍承接一些业务。空余时间也会写写稿，帮朋友的杂志写几篇专栏，跟新加坡的编剧合作写剧本。

在这样的努力下，我越发有底气，不再迷惘，并认为自己在现阶段已经实现了我想要的生活——凭着自己的努力，在人生的特定阶段做特定的事情，不盲目求快，不贪多，不紧不慢，一步步许给自己一个未来。

这几年，阿米嫁了人，房子在上海，老公在身边，宝宝在肚子里。老朱成了一家公司的总监，带了十几个小弟。再打电话，阿米会跟我抱怨老公工作太辛苦，常常半夜三更回家，让她好不担心。老朱会跟我抱怨现在根本就是90后的天下，这群人实在太难管，经常沟通不力。

我想，他们都跟我一样，已经确定，很多时候，理想只是一个方向，无论你的理想是什么，都不重要。重要的是，你知不知道自己想过什么样的生活。

“我们要多努力，才能看起来毫不费力。”这个过程中的艰辛，只有努力过的人才知道。而只有你爬到了山顶，整座山才会依托你。

第三章
征途未完，提灯前行

一个人至少拥有一个梦想，有一个理由去坚强。心若没有栖息的地方，到哪里都是在流浪。

——三毛

梦想点亮现实

全系都知道，我们宿舍的苏叶是铁杆足球迷，对西班牙队更是情有独钟。

大二时，系里开设了第二外国语课。为了“小特”，苏叶毫不犹豫地选择了西班牙语。“小特”是苏叶最喜欢的西班牙球员的昵称，可惜并不是什么大牌，估计这辈子都难有机会跨出国门远渡重洋到中国比赛。苏叶却毫不在意我们的冷水，一脸坚持地说什么“一想到能听懂‘小特’的语言，心里就特幸福”，仰着头虔诚地对着墙上“小特”的巨照发呆。

苏叶很努力，一学期下来，真成了班里的“西语狂人”。放假时，我们都兴高采烈地忙着会友出游，她却捧着一堆西语补习班的资料挑选合适的课程。

偶像的力量，还真不可忽视！

新学期开始，我们重返校园，可苏叶却失踪了。再见到苏叶是开学两周后。

“怎么才来，不会是偷渡到西班牙刚被遣送回来吧？”我们打趣地说。

“我是从西班牙回来，但不是遣送。”苏叶得意地摇摇头。

“无图无真相！”我们继续调侃她。

苏叶诡异一笑，从包里掏出个金边的相册。古老的教堂，热烈的斗牛场，旁若无人的行为艺术家，还有——“小特”！照片中，苏叶站在高大的“小特”边上咧着嘴傻笑。经我这个高手鉴定，这照片绝不是修的。

“你该不会是买彩票一夜暴富了吧！”大家惊呼。

苏叶故弄玄虚地摇摇头，说：“本美女的西班牙之行分文未花。”原本苏叶确实想报个西语班来个突飞猛进，可价格太贵！一天中午，她发现食堂边的广告栏里，贴了许多韩国留学生假期寻找中文语伴的广告，也想照葫芦画瓢找个西班牙语伴互惠互利。

后来，某网站左下角有个快沉下去的帖子引起了苏叶的注意：寻道友。点开一看，里面用醒目的红色字体写着“寻找一道旅游的北京朋友”。楼主叫伊莎，是位四十多岁的西班牙大婶，打算七月中旬到北京自助旅游，要找个懂西语和英语的北京姑娘陪同。苏叶不禁手舞足蹈，赶紧加了她的微信，操着生硬的西语毛遂自荐。

陪伊莎游玩的几天里，苏叶的天然呆发挥到了极致。她笑呵呵地说着学生半价优惠，坚持景点门票自掏腰包；吃饭，打车也绝对AA制；她还主动把伊莎带到她家的四合院，体验老北京生活，弄得伊莎不好意思。可苏叶爽朗一笑："只要您教我西语，一切都可以！"伊莎一口答应，为在遥远的国度，有人如此喜爱她的母语而骄傲。苏叶却老老实实地说出了希望有朝一日，用西语和"小特"交谈的花痴梦想，惹得伊莎哈哈直笑。

半个月的时光一转眼就过去了。临行前，伊莎塞给苏叶一个大信封。苏叶撕开一看，里面有张办护照用的担保书和伊莎的亲笔信。她邀请苏叶八月中旬到她的家乡做客，以此感谢苏叶热情的招待；待一切准备就绪，她会把机票寄过来。信的末尾还有一行小字：我为你的单纯执着所感动，请搜索一下我的名字。

原来，伊莎是一位政府官员，而她的丈夫是一位出色的外科医生，受聘于多家足球队。就这样，苏叶去了西班牙，见到了魂牵梦萦的偶像。

大四那年，她破格和西语系的学生们一起参加了专业西语考试，获得了八级证书。在我们还为学艺不精而难找工作发愁时，苏叶已和一家西班牙贸易公司签约，做起了多语种翻译。

人生的每个阶段都会有各种各样稀奇古怪的梦想，有时，只需稍稍坚持，略做改变，就会变成点亮现实的那道光。

梦想地图

梦想这个标签，本没有好坏之分。可是，如果一个笨拙的陶罐，非要贴上水晶瓶的标签，会是什么感觉？

刚认识邢运时，我对她印象不错。虽然她有点儿矮，也有点儿黑，可一笑起来，却有种天真的纯朴在其中。一个乡下来的女孩儿，不知道施华洛世奇，没见过芭比娃娃，甚至不知道什么是肯德基，虽然有点儿蠢，可毕竟是环境的错，我们这些城里的丫头，也不能因此就去轻视她。

每天早晨五点钟，邢运总会悄悄从上铺爬下来，一个人到阶梯教室去用功。其实，我们这种三流大学，没必要这么拼命。出于好心，我说了邢运两次，可是，她总用那蹩脚的普通话红着脸憋出一句：勤能补拙嘛。

邢运是有点儿拙，可门门功课都一百分，她就能变成城里的精丫头吗？

而且事实证明，邢运的功课，并没有到一百分。她天天拿出两个小时去勤奋，期末考试时，和我这个天天睡到红日高升的懒虫比起来，也不过相差了两三分。

直到这时我才知道，她用功的根本不是专业书，而是什么播音基础训练。

邢运吞吞吐吐地用不标准的普通话告诉我，她的理想是当一名播音员。

看着她那矮胖的身材，听着她那方言浓重的普通话，我憋得面孔紫涨才没有爆笑出来。搞什么啊，邢运也太幼稚了吧，就是说一口流利标准的普通话又怎样，长成这造型，还想出镜?

为了让邢运死心，我找机会带邢运去了趟北京广播学院，那里的美女帅哥简直多如过江之鲫，随便挑一个出来都能让人自惭形秽无地自容。

没想到邢运根本就忽视了那差距，她低着头跟在我身后，出了北京广播学院后吐出一句话：将来能找个播音员的男友该多幸福，那些男孩儿的普通话可真好听。我险些跌倒在地上。

邢运根本不相信这个世界上很多丑小鸭是根本没机会变成白天鹅的，所以，她义无反顾雄赳赳气昂昂地继续操练自己的播音员之梦。

得承认，大学四年，邢运的普通话进步够神速，如果只听声音，不看她那老土的造型，你几乎会以为，她从来就是个城里的姑娘。

可是，这个世界，以声取人的并不多，所以，尽管邢运使出了吃奶的力气去争取，可校园播音员的机会，还是轻易被别人拿了去。

她似乎有点儿失落，但很快就调整了自己的情绪，更刻苦地学习播音。大四后半学期，甚至自费去北京广播学院当了几个月的旁听生。

我们人人自危地到处找工作时，邢运奔波在诸多电视台之间找机会。那些以貌取人的场子，不要说邢运只是个三流的大学文凭，就是清华毕业又怎样？

邢运不信那个邪，可我相信，生活早晚会教育她。

果然，没用半年，邢运就蔫了。她心灰意冷地提着行李找到我，所有电视台都跑过了，态度好的，说声人满；态度不好的，看她一眼冷笑两声转身而去，话都不多费一句。

就是潜规则，邢运都不够格。

我什么都没说，暂时收容了邢运。她自己躺了两天，最终黑着眼圈爬起来和我说：我也想清楚了，还是吃饭要紧，我先找个其他工作干着吧。

邢运最终落脚在一家中介公司。中介公司在大北窑，天天邢运四点起床，提了包去倒公交车，到公司口干舌燥说上一天，顶着一头星星疲惫地跑回来。

我无意中发现，她的案头还摆着做了密密麻麻标记的播音教材。

邢运不提当播音员的事了，她翻着教材轻轻笑，有心栽花花不发，无心插柳，柳却成了荫。原来，中介公司那工作，她之所以能够在一帮职高生中PK而出，不是因为她的三流大学学历，而是因为她的普通话标准。

世界上果然没有白费的努力，我拍着邢运的肩膀感慨。她笑嘻嘻地和我说，已经在大北窑附近找到出租房了。

和邢运分开后，我陆续换过好多工作，小公司文员、草台班子业务员，最严重的失业期，甚至还做过几天肯德基的侍应生。后来，好不容易进入一家体制内单位，做个小科员，发不了财，但总算有了个铁饭碗。心里很欣慰，翻出邢运的电话打过去，想要叙叙旧，才发现，她早就不在中介公司干了。让人吃惊的是，邢运现在在一家电台做播音员。我半信半疑地在淘宝上拍下一个收音机，午夜的节目中，果然是邢运糯米一样香甜的声音。

那天她朗诵的是舒婷的一首诗，午夜的星光下，轻轻闭上眼睛，耳畔袅袅回荡的，是熟悉的邢运式的希望："对北方最初的向往，缘于一棵木棉。无论旋转多远，都不能使她的红唇触到橡树的肩膀。这是梦想的最后一根羽毛，你可以擎着它飞翔片刻，却不能结庐终身。然而大漠孤烟的精神，永远召唤着……"

我的心忽然不可遏止地柔软下来，眼前闪现着那个矮胖的身影，晨曦中独自在阶梯教室用功的背影；喧嚣的人海中，一次次被拒绝的沮丧和失望，以及午夜的台灯下，一支铅笔在可能永远都实现不了的梦想地图上勾勒。

那天晚上，在梦里，我再次看到了邢运。她笑嘻嘻地坐在一根发光的羽毛上，向上，一直向上，最后，羽毛凋零了，可她的身上，却生出了一双巨大的翅膀。

做最好的自己

两个月前的韩冬，在一家化妆品公司做品牌文案，他离职的原因是发现有人擅自动用了他的电脑。他认为公司给他配备的电脑，就是他的私人工具，不经他同意，别人是不能动的。虽然办公室主任再三解释，那台电脑之前是公用的，里面存了一些公司常用的文档，放在一个专门的文件夹里了。打开这台电脑，也只是取一下这个文件，并没有检查什么……但他一怒之下，过火的话已经说了，说出去的狠话，就像泼出去的污水，已经伤及他人，回头无岸，只好走人。“我好歹也是一个名牌大学生，岂能任由他们这样折腾我？说白了，这家公司里就是一帮俗人，与我的格调相差太远！”韩冬说这句话的时候，隔着电话线，我都感受到了他眼中的不屑。

后经我介绍，韩冬去了另一家化妆品公司做策划。但仅仅两个月后，他又给我打电话，说他准备离职了。我很不解，他现在服务的公司在业内影响很大，公司给他的福利待遇都不错，他为什么又要离职？他刚入职时，还和我说这个老板是他职场上的贵人，肯给他提供这么好的平台……为什么短短两个月之后，他却要闪电离职？

原来，公司参加了业内在上海举办的一场盛会，主办方为每个参展的公司提供了三张世博会的门票。韩冬是这次会议的总统筹，他以为这三张门票应该有他一张的……可是，出乎他的预料，直到他坐上开往机场的的士，老板也没有把世博会的门票给他。这就是他决定离职的原因。

对于一个有着多年工作经历的70后职场老人来说，韩冬的行为简直是不可理喻的。你以为你是谁？电脑是公司的，其他同事动动怎么了？老板出钱做活动，主办方把世博会门票给老板，老板为什么一定要给你？你是老板的家人？我没有和韩冬理论这些，却很清晰地想起了一段往事。

那年，我入职一家信息传播机构。小潘是坐在角落里那个闷不作声的男孩子，高高大大的。坐在那个角落，显然有些压抑，但小潘从来不抱怨，即使有其他同事抱怨开窗太吵，空调冷气太小的时候，他仍然专心致志地处理自己的数据。坐我边上的同事阿美告诉我，办公室里最好欺负的人就是小潘，什么杂活只要叫到小潘，肯定可以搞定。我悄悄地看看小潘，他正全神贯注地对着电脑屏幕，仿佛置身于自己的世界。

和小潘接触了之后，发现他的谈吐和思维都不错，我开始奇怪他为什么乐意被其他同事呼来唤去。以他的条件，他完全可以高高在上地在办公室做王子，而目前，他是办公室里的仆人，就连倒垃圾这事，他都帮助前台去做。

有一天，小潘正在忙着输入新收集来的一组信息，同事小陈突然要他去给一个客户送资料。就在几分钟前，老板还在催小潘尽快完成数据输入，这个办公室的人都听到了。我想，这下小潘完全有理由拒绝同事的“无理要求”——你又不是我领导，为什么要命令我？然而，我却听到小潘对小陈说：“我用五分钟时间，就可以把数据录入完，然后就把这份资料给送过去。”说着，我看到他主动伸出手从小陈的手中拿过资料。我心里都有些看不起小潘了，做男人做得这么软弱，也够可悲的！

有时候，因为对方是个好人，我们敬佩他，但也有的人，会因为对方是个好人，是好欺负的人，就会真的欺负他。

在那家公司工作的两年多时间里，见证了无数在我看来对小潘不公的事情，我心有不平，小潘却从不在意。很多工作是他做的，功劳都记在了别人的头上；他做的事情总是比别人多一些，难度大一些；他背了无数的黑锅……哪怕是面对老板的责骂，他也从来不顶嘴，不举报其他同事。在他二十六岁生日的时候，我看他的腾讯空间里，几乎每个同事都给他送了礼物，虽然是虚拟的，但你可曾看见有谁给不喜欢的同事送礼物？有一天下雨，小潘不小心摔了一跤，一天没有上班，几乎每个同事都打了电话问候……小潘以他的勤劳和包容赢得了大家的友谊，从开始的欺负，到后来大家默默地关心，小潘用了近两年的时间。

后来，他递交了辞呈，说要另寻发展。在临行的晚宴上，大家一起向小潘敬酒。有同事说："小潘，你走了，办公室再也没有人好欺负了……"小潘哈哈大笑，说欺负是另一种爱。在餐厅的角落，小潘揽住我的肩，对我说："兄弟，我知道你一直为我鸣不平，其实没有什么，职场就是这样，退一步，海阔天空！善待身边的同事，却可以快乐地享有公司这个平台。在这个平台里，做个仆人更快乐，因为你会发现，原来自己被这么多人需要！"刹那间，我理解了他所有的包容。原来，他一直是快乐的，是我扭曲了事情的真相。

离开那家公司之后，我进了一家文化传播公司，一做就是五年。有人奇怪我何以在一个民营公司待这么久，在很多人看来，这确实有些不可思议。在广州，一年跳三两次槽，都是很正常的。但那些不断跳槽的人，没有几个是快乐的，他总是从不快乐的岗位跳到更加不快乐的岗位，和韩冬一样，他的眼里没有好的同事，没有好的上司……而唯独没有好好地想想自己是不是在做最好的自己！聪明人有原则，但从不搬石头砸自己的脚，因为他在搬石头之前，总是先摆正自己的位置。

一个健康的兴趣爱好

一个健康的兴趣爱好究竟有多重要，走在大街上，看看那些低头玩手机的人就不难发现，越是内心空虚的人，越容易拿着手机不放，哪怕是东瞅瞅西看看，也能“杀死”那些过分漫长的时间。

记得有一次在课上，老师提供了很多节省时间的办法，让我们尽可能多阅读，多发展自己的兴趣爱好，以实现多维竞争。结果一个同学说，他什么兴趣爱好都没有，所以他不知道被节约下来的时间该用来做什么。与其节约时间，不如拿手机“杀时间”。所以，他对老师形容的时间不够用的情况，完全不理解。老师听完感慨万分，因为这样说的人不止一个。

我们都知道复利效应，但那些杀时间的人，往往会产生“负利效应”。他们把一个已经成为负数的习惯，坚持一遍又一遍，最后这个负数越来越大，直到身边的人都上了一个层次，他们还在原地踏步，或者早已退了一个层次。

兴趣爱好的缺失，不仅让他们想尽办法杀时间，更是让他们手机成瘾。因为手机的存在，恰好能填补内心的一部分空虚，也因为手机的存在，这个匮乏的坑洞越来越大，也越来越难以填补。

吴淡如说，三十岁以后，她每年都会学一个新的特长。吴淡如一直是高产的作家，想必她不断学习的习惯，也为她带来了不少人脉和灵感。她自己都觉得，每当她开始投入一个新的领域时，探索和求知的本能就被打开了。新的领域让她发现了生活的美，也让她变得更加热爱生活。

而拿着手机杀时间的人呢，他们越来越空虚，也越来越不知道自己要什么。很多人都知道自律的好处，但他们就是做不到。究其原因，无非是缺少一个健康的兴趣爱好。对什么都提不起兴趣的人，也就只能拿着手机打发时间。

童年时期，是每个人探索欲最旺盛的时候。很多年轻时颇有成就的人，在很小的时候，就有了自己的兴趣爱好。再晚一点，到了中学、大学，也培养出自己的爱好了。这些兴趣带来的，不只是精力有处投放，更重要的是能带来精神上的满足感。并且，健康的兴趣爱好，还能成为负面情绪的缓冲地带，使人走向平静。

朋友鹿涵很受大家欢迎，大家对他的评价通常是有趣，不论是热衷烘焙的，还是热衷旅行和运动的，都和鹿涵聊得很投机。而他私底下又是个写诗狂人，还顺带学了点心理学，这就使得他的社交圈更广了。鹿涵有很强的好奇心和学习力。在大家交流的过程中，如果发现有什么是他不知道的，他都会刻意去了解。

鹿涵说，没有任何兴趣爱好的人，往往也是对生活缺少热情的人。因为爱好这个东西，通常需要对不同事物的了解足够多，你才能确信自己是不是喜欢，愿不愿意坚持。而一个对生活缺少热情的人，他从一开始就摒弃了一切可能，只会按部就班地活在自己的世界里。

所谓有趣，实际上就是一种愿意把自己打开、愿意让自己和世界融合的状态。和有趣的人聊天，你能感受到他对生活的热情，也能学习到，他通过不断的自我探索和努力，得到的那些人生智慧。而一个无趣的人，往往是自我封闭的。他们常常用“不知道说什么”来隔绝自己和世界的链接。实在要聊些什么，他们就会人云亦云。长此以往，在认知水平上，又怎么能够提升？

好习惯的培养，看起来很难，其实很简单，只要先找一个合适的爱好就行。当这些爱好开始占据你的一部分时间，并让你逐步收回自己的注意力时，你就能轻松做到不把时间浪费在不值得的事情上，从而养成自律的习惯。

没有兴趣爱好的人，一直活在自己的世界中。在他们眼里，别人可能都和他们一样，没事儿就喜欢发几条信息打发时间。他们一天的大部分时间都在浏览信息中度过，浏览的目的就是“杀时间”。他们的一天和一年，没有太大的区别，甚至一辈子，也就这样了。他们也许不会知道，聪明人都在想办法让自己变成“注意力商人”，以便收割这些廉价的注意力。就像越来越多的游戏，开始请心理学家参与研发一样。他们先了解人性的弱点，再利用这些弱点来设计和制作游戏。朋友圈的提示小红点，社交网络里随机弹出的娱乐新闻，大家都在玩，以至于自己不想错过的各种游戏，都在收割注意力。

一个没有兴趣爱好、闲暇时总要想尽办法消磨时间的人，就像实验室里的小白鼠一样，在各种随机奖励的刺激下，不断地推动拉杆，以期获得奖赏。最可怕的是，他们还误以为，这一切都是自己想做的。

真正高水平的人都拥有一个或者多个爱好，他们总能从这些爱好中获得精神上的满足。当精神世界不再匮乏时，随机奖励机制制造的虚假满足感，就无法控制他们。而当一个人能完全控制自己的注意力时，他才有能力去提升自己的认知水平。

运动让你释放自我

一个夏日，唐娜·凯尔的两个儿子——十六岁的克利夫和十五岁的吉米正在给他们的船打磨。突然，唐娜听到一声惨叫。她冲到屋外，看到两个儿子倒在船的旁边。

在给船打磨前，吉米到附近的河里游泳，上来时浑身湿漉漉的。他没有擦干身体就拿起磨砂机，结果触电而死。克利夫试图去救弟弟时也被电流击倒在地，不过死神没有夺去他的性命，休养一段时间后他就恢复了健康。

丧子的悲痛使唐娜麻木了。连着几个星期她都没有哭，甚至葬礼上也没有流一滴眼泪。回去上班的第一天，她突然觉得头晕。“最后我回到家里，把自己反锁在房间里，号啕大哭起来。”她说，“之后，肩头的重负仿佛一下子都消失了。”

在遭受丧子的打击后，唐娜所经历的，就是心理学家帕特里克·戴尔·度坡所说的“人们在遭受一些沉重的打击后先筑起一道防线，把自己的感情深深掩藏起来”。直到上苍给她时间慢慢消化自己的悲痛，唐娜才逐渐恢复过来。

每个人都要承受失去的痛苦：失去所爱的人，失去健康，失去工作。“这是你的‘沙漠行进经历’——一个感到别无选择，甚至没有希望的时刻，”帕特里克·戴尔·度坡说，“关键是，不要让自己在困境中束手无策。”

那么，我们实际上能做些什么来帮助自己走出困境呢？

波士顿大学教授、精神病学家贝塞尔·A.迈德科克建议：“遭受损伤的人若想恢复原来的正常生活，最好强迫自己专心某件事而不是沉湎于痛楚之中。”他列出了一系列有用的活动。

加入一个互助团体。一旦你决心要“好好生活下去”，你就需要和人交谈，而最有效的谈话是和有类似经历的人进行。

读书。在你遭受创伤后能集中精力做事情时，就开始读书——特别是一些有关自助的书——它们不仅能给你鼓舞，还能令你放松身心。

写日记。很多人能从记录自己的体验中找到安慰。写日记可以成为一种自我治疗的方式。

制订计划。有所期待能使你充满力量，朝着全新的未来稳步前进。例如，你可以计划一下被推迟了的旅行。

学习新本领。参加一个学习班，培养一种新兴趣或从事一项新运动。在你前面有崭新的人生，一门新本领能使它更加多姿多彩。

奖励自己。在高度紧张的时候，即使一些最简单的日常琐事，起床、沐浴、做饭也都似乎使人心悸。你要这样做，不管事情多么微不足道，完成了就当作一次胜利并奖励自己一番。

参加运动。体育运动可能是特别的治疗，在自己二十一岁的儿子自杀后，黛蕾丝·甘觉得彷徨、无助。一位朋友说服她去参加了一个爵士舞班。两天后，甘说："虽然那只是跟着音乐随便地伸展身体，但这让我的身体好多了。一个人身体感觉好的时候，精神状态也会好些。"

"运动让你释放自我，摆脱烦恼。"美国精神病学家迈克尔·阿洛诺夫博士说，"它让你两脚在地，体验身体的活力。"

人们常常会问："这可怕的痛苦何时才会结束？"专家们往往不愿意给出明确的时间。"你可能需要大约六个月的时间才能好转，"迈克尔·阿洛诺夫说，"也可能需要一年，或许两年，这很大程度上取决于你的意志、身边的人的支持，以及你是否获得帮助和你本身努力的程度。"

因此，轻松一点，要认识到你需要时间，你恢复的速度可能和别人不大一样。从悲伤中每走出一步就祝贺一下自己：我还活着呢，我已经做到这一步了。

不要做那株含羞草

在一个小小的同学聚会上，有位漂亮女孩喋喋不休地诉说她东家的不是。女孩说，那个法国老太太，根本没法沟通。

她说的那位老太太，是个肥胖又行动不便的老人。她的女儿在上海工作，为了照顾她，女儿把她从法国接到了上海，雇了能讲法语的女大学生作为保姆。但许多女大学生都在这位苛刻的法国老太太面前败下阵来，有的不辞而别，有的索性与她争执。

正在漂亮女孩义愤填膺的时候，有个胖女孩凑上来，轻声问她："那你是不是不愿意再做下去了？如果你辞职，能否把这份工作让给我？"

漂亮女孩一听，说："那好啊，我正求之不得呢！"

后来，胖女孩成了那位老太太的护工。谁也没有想到，她们相处得非常好。更让人不可思议的是，这位老太太还动员她在法国的社会关系，让胖女孩到法国去深造。

许多人都觉得奇怪，那么多女孩都不能接受老太太的脾气，为什么她不仅能与老太太和睦相处，而且还能得到老太太的帮助呢？

胖女孩说："老太太的确很苛刻，我去照顾她的第一个月，她经常批评我，说我走路姿势不对，坐姿不对，眼神不对……有一次，我用手直接取了一块萨其马给她，老太太大怒，斥责我没有教养，说应该把萨其马放在碟子上再给她。当时，我真想辞职。但事后，我觉得用手直接取食物给她，的确不太妥当。"

胖女孩说，她回家对着镜子看，果然发现自己走路时脚步有些重；坐下时，双腿没有合拢，的确很不雅观；看人的时候，是有那么一点点斜视……

原来，老太太所说的全是对的。只不过，因为自尊心的原因，她在心里排斥批评。

后来，胖女孩了解到老太太出生在一个贵族家庭，从小就接受了上层社会的教育，是那种处事极有条理、生活极其精致的人。

自从她知道自己的缺点后，她对老太太刻薄的批评有了全新的理解。老太太所批评的正是自己的缺点，为什么不去改正呢？

此后，每当老太太提出批评时，胖女孩都会认真去想，自己到底对不对。如果不对，她就努力去改正。她还阅读了大量的资料，了解了法国人的一些生活习俗和禁忌。

在老太太生日那天，胖女孩花了好几个小时做了一道精美的法国传统菜——烤牛排。当胖女孩捧着香喷喷的烤牛排出来，祝她生日快乐时，老太太流泪了，她说："我的外甥女也曾经为我做过烤牛排，你和她一样漂亮，一样可爱。"

那一刻，胖女孩感动极了。照顾了老太太那么长时间，她还是第一次得到肯定。

老太太后来很少批评她了，她们经常在一起聊天，开心相处，一老一小会发出轻声的笑。

有一次，老太太的女儿带着欣赏的眼神，看着胖女孩，由衷地说："你真优雅，很迷人。"

胖女孩真的变了，她的神态变得恬静了，她的气质变得优雅了，还有她的法语口语发音、她说话的神态、她的眼神……

胖女孩说，人就像一株含羞草，一遇上外界的小小侵犯，就会把自己重重保护起来。其实，如果换一种角度，换一种思维去理解，这刻薄但又精致的老太太就是自己的一位生活指导师。在批评面前，你愿意承认自己的缺点吗？你愿意改变吗？

别跟自己的弱点较劲

表妹是个沉默内向的女孩，一说话就脸红，而且她天生说话声音小，小时候我们总叫她“小蚊子”，因为姥姥说她说话跟蚊子叫一样小声。

大学毕业后，表妹准备创业。她本来学的是财会专业，做财会工作也适合她细致沉稳的性格。但看周围很多人都在跑保险，表妹有些沉不住气了，开始跃跃欲试。她满怀信心地对我说：“我就是想挑战自己，我知道自己不善言辞，卖保险要跟更多的人打交道，需要口才。我这样做，就是为了锻炼自己。我不信做不好，书上说古希腊有个演讲家，小时候口吃，后来他嘴里含着石子锻炼，终于成了了不起的演讲家。我一不口吃，二不笨，怎么会做不好呢？”这丫头从小就倔强，认准的事必定要尝试一下。

我以为，表妹经过一段时间的锻炼，一定可以战胜自己的弱点，为自己的人生赢得第一声喝彩。谁知我再见到表妹时，还没来得及问情况，她竟“哇”地哭了起来。原来，表妹卖保险遇到了太多的困难和尴尬。她尝试跟别人介绍保险，但因为性格内向，不善于交际沟通，她的人脉资源也不够丰富，于是就通过同学介绍，接触到不少陌生人。虽然她做了不少准备，但经常会遭到冷漠的拒绝，有时甚至还会遭到讥讽。表妹脸皮薄，又不是那种伶牙俐齿的人，其中的尴尬可想而知。尝试了一段时间，不仅没有丝毫进步，反而大大挫伤了表妹的自信心。她沮丧地对我说：“我觉得自己真是太糟糕了，笨嘴笨舌，什么都做不好！”我看着表妹的样子，很是心疼。

平时大家总在说，要挑战自我，赢得更精彩的人生。其实，很多时候人生不是用来挑战的，而是用来妥善对待的。

跟自己的弱点较劲，与生活拧巴着，却弄得自己狼狈不堪，最终可能没有战胜自己，反而落得丢盔弃甲，落荒而逃。有人说，你不试试怎么知道你的潜力有多大。但你自己的弱点心里应该最清楚，拿自己的弱点去跟现实对抗，无异于以卵击石。

所以，人生最智慧的做法不是打着“挑战自我”的旗号跟自己的弱点较劲，而是善于规避弱点，把长处发挥出来。每个人的天赋都不同，只要最大限度发挥自己的长处，就可以赢得成功，完全没必要拿自己的短处去跟别人的长处较量。人如同植物一样，开不出美丽的花就结出丰硕的果，没有醉人的芳香就长出繁茂的枝叶，只要有自己的风采和亮点，你就是世界上的一道风景。

我把这些道理讲给表妹，她听完后点点头说："你说得对！总跟自己的弱点较劲，非常不快乐，总是被挫败感困扰。只有做自己擅长的事，才能如鱼得水，成为最好的自己。"

不久后，表妹找到一份在私企做财务管理的工作。她做了半年多，没有出丝毫纰漏，领导很满意。表妹很快在单位站住脚了，这份工作也让她颇有成就感。她喜滋滋地说："看来，人只有扬长避短才能成为赢家！"

成长之痛

“每个人都有闪光点，在某些方面，别人似乎比你强，但通过努力，你也能找到自己的过人之处。”在遇见她之前，我相信人和人之间的智力水平是差不多的。但是，走进大学校园的第一天，认识了我的上铺以后，我的看法彻底变了。

我们是英语专业本科生，她的高考英语成绩是148分，全省第一。要知道，满分是150分啊！我当时第一个反应就是“天才”！

开学第一星期，英语老师拿出去年的四级试卷对我们进行摸底测试，我考了58分。作为高中毕业生，我对这个成绩还算满意，可她考了72分，使得英语老师大加赞赏。

接下来她展现出的英语天分让人叹为观止。她能准确区分每个单词的美式和英式读音；能毫不费力地阅读大部头英文原著，无须查字典；一篇英语文章，她看两遍就能背诵；最让人吃惊的是，她睡觉时说的梦话都是英语，听得我们同寝室的女孩目瞪口呆……

很快，她成为老师和全班同学关注的焦点，大家把她奉为仅次于老师的英语权威。除此之外，她别的才华也十分出众，中文写作课上，老师讲评最多的就是她的文章，让我们这些曾经的“才子才女”相形见绌。

不仅如此，“天才”还是个娇小可爱的漂亮姑娘，忽闪着一双纯真的大眼睛。她的才气和美丽迅速吸引了无数倾慕者，赢得了“校花”的美誉。课间休息，总有其他系的男生挤在教室门口交头接耳，竞相一睹芳容：“快看，她就是‘148分美女’！”

美女性格温柔，善良真诚。她是我的上铺，也是我在大学认识的第一个同学，我们成了好朋友。但从此，我也成为光彩夺目的“天才”旁边一个灰暗的影子。

每次考试，她总是第一，我永远是第二，但这第一与第二之间可不是差几分，而基本上差一个档次。她的出现使我第一次意识到自己与别人的差距如此之大。过去，我也常常被赞美为“才女”。然而渐渐地，在“天才”光芒的照射下，我几乎彻底否定了自己，取而代之的是一种与日俱增的自卑感。越感到她的出众和优秀，就越意识到自己的渺小和愚笨。

可是，“天才”不知道我的痛苦，我是她最信赖的朋友。如果她不愿赴男孩暧昧的约会，就求我同去，当她的挡箭牌。可她不知道，做一个地道的“陪衬”是什么滋味，有多么尴尬。

当然，我没有“变疯”。现在想来，之所以最终走出“天才”的阴影，和爸爸妈妈对我的支持有莫大关系。

在最彷徨无助的大一，我几乎每周都打电话回家倾诉，告诉爸爸妈妈我的学习生活和与“天才”的交往。在电话中，妈妈坚定地告诉我：“‘天才’很优秀，但你也是优秀的，不要怀疑自己。作为妈妈，我最了解你，我们从来都相信你。”那时候听到这些话，我几乎落泪，父母的话给了我莫大的慰藉。

爸爸妈妈鼓励我在别的方面积极发展和提高。大二时，我们开设了日语课，这对我们都是全新的课程。通过努力，我的日语成绩超过了她。我对哲学、文学也产生了浓厚兴趣，渐渐地，这几门课我都取得了优异成绩。后来，我还加入了学生会和其他社团，并成功地策划组织了大量的活动。“148分美女”虽然成绩优秀，但这些，都是她所没有的。

通过不断磨合和调适，我渐渐克服了自卑心态。因为我发现，虽然我在英语方面也许不能超越她，但是我却能在别的方面找到属于自己的位置。我现在终于明白，其实，压力表面上是别人给的，实际上来自于自己。每个人都有闪光点，在某些方面，别人似乎比你强，但通过努力，你也能找到自己的过人之处。

颇具戏剧性的是，在临毕业前，她悄悄地把我拉到一旁说：“知道吗？其实我一直都在暗暗羡慕你，因为你比我优秀。”

心情是什么颜色，世界就是什么颜色

有人成功，有人失败。分析成败原因，只是他们在日常生活中所拥有的心情不同，准确地说，是自己控制心情的能力有所不同。

一个成功者，比较善于控制自己的心情，能在狂风暴雨中看到美丽的彩虹，甚至能在一败涂地中看到美好的将来，并时刻保持一种良好的心理状态，不为暂时的失败而沮丧。相反，一个失败者，也并不是缺少机会，或者资历浅薄，很大原因是他不善于控制自己的心情，任自己的情绪由着面前所发生的事情随意放纵：愤怒时，怒火中烧，殃及池鱼；消沉时，借酒消愁却愁更愁，任自己的萎靡情绪放肆滋长，把许多稍纵即逝的机会给白白浪费了；快乐时，忘乎所以，得意忘形。总而言之，成败得失不得不看两个字——“心情”或“EQ”。

生活中的非理性因素实在是太多了，以致我们常常会因为这些非理性的因素而控制不住自己的情绪，导致发生了一些原本不该发生的事情。经过分析，这些困扰人类多年的非理性因素有如下几种：嫉妒、愤怒、恐惧、抑郁、紧张，还有狂躁和猜疑。这些都是再平常不过的心理因素了，看似极其平常的心理因素，却往往可以决定一个人的成败得失。这些心理因素的总和也被称为心态。

一位哲人曾经说过：一个人的心态就是一个人真正的主人，要么你去驾驭生命，要么生命驾驭你，而你的心态将决定谁是坐骑，谁是骑师。

美国的罗杰·罗尔斯是纽约州历史上第一个黑人州长，在他身上，完全体现了这种所谓的心情重要性。他出生在纽约当时一个环境肮脏、充满暴力而且是偷渡者和流浪汉聚集地的大沙头贫民窟，那里声名狼藉，据说在那里出生的孩子由于耳濡目染，在长大后没有几个从事什么体面职业的，因为他们从小就学会了逃学、打架，甚至是偷窃或者吸毒。然而，同样是在这里出生的罗杰·罗尔斯后来却成了纽约州的州长，这还得感谢他们当时学校的董事兼校长皮尔·保罗先生。

当年，这个校长发现，这些孩子甚至比当时最为流行的“迷惘的一代”还要无所事事，他们上课不与老师合作，也不经常去上课，每天除了打架就是和老师作对，甚至还会砸烂教室里的黑板。皮尔·保罗先生尝试了好多办法来改变这种现状，却始终无济于事，不过校长在一段时间的接触后发现这些孩子都有一个共同的特点，就是非常迷信，只要是关于迷信这方面的东西，他们都深信不疑，于是皮尔·保罗抓住这个特点，在他上课的时候给学生们看手相，并用这个办法来引导学生。

终于轮到罗杰·罗尔斯了，当他把肮脏的小手递给校长的时候，校长很兴奋地拉着罗杰·罗尔斯的手说：我一看你修长的小拇指我就知道，将来你是纽约州的州长。

罗杰·罗尔斯被惊呆了，从出生一直到现在，还没有谁给过他这么高的评价，唯一的一次就是他奶奶说他能当个船长，不过比起纽约州的州长来说，简直是小巫见大巫。

于是，在以后的生活里，小罗尔斯的心情顿时开朗了许多，对生活也充满了希望，他的衣服也不再沾满泥土，说话也不再夹带污言秽语了，甚至在走路的时候也有意无意地挺直了腰杆，始终都以一个纽约州未来的州长身份来要求自己。

功夫不负有心人，在五十一岁的那一年，罗杰·罗尔斯成功地成为纽约州的第一个黑人州长，在他的名言里，心情是不值钱的，但是一个乐观积极向上的心情却是非常有价值的。

因此，一个良好的心态可以实现更多的自我价值，相反，一个消极的心态则会妨碍自我价值的实现。

如果在这段时间里，一个人的心情乐观开朗，那么他做事可能是很积极的，不管是在工作中还是在生活上，都能很好地完成任务，因此这个人在这段时间里自我价值的实现也就相对比较多，自我价值实现得越多，自我肯定的成就感也就越多，这样就能拥有一个好的心情，形成一个良性循环。相反，一个人心情抑郁，整天愁眉苦脸地面对生活，不管做什么事情都不积极，甚至错误百出，那么自我价值就会实现得越来越少，自我否定的因素就会增加，这样也就使心情更加的消极抑郁，形成一个恶性循环。

因此有人说，积极的心态是创造人生，而消极的心态则是消耗人生；积极的心态是成功的源泉，是生命的阳光和温暖，而消极的心态是失败的开始，是生命的无形杀手。

曾经有两个人在沙漠的黑夜中行走，水壶中的水早就喝完了，两人又累又饿，体力渐渐不支了，在休息的时候，其中一个人问另一个人，现在你能看到什么？被问的那个人回答道：“我现在似乎看到了死亡，似乎看到死神在一步一步地靠近。”不过，发问的这个人却微微一笑说：“我现在看到的是满天的星星和我的妻子儿女等待我回家的脸庞。”

最后，那个说看到死亡的人真的死了，他是在快要走出沙漠的时候，用刀子匆匆结束了自己的生命，而那个说看见星星和自己妻子儿女脸庞的人，靠着星星的方位指示，成功地走出了沙漠，并成为人们心目中的英雄。

其实这两个人并没有什么区别，仅仅是当时的心态有所不同，但却演绎了两种截然不同的命运。因此一个人的心情往往会关系到一个人的命运，要想时刻都过得愉快，那就得让自己的心情永远都在你的掌控之中。你拥有什么样的心情，世界就会向你呈现什么样的颜色。

别人真的不知道你是谁

一天，美国著名的小说家、戏剧家布思·塔金顿作为特邀嘉宾出席了美国红十字会举办的艺术品展览会。会上，两位少女好像认出了这位大名鼎鼎的作家，她们兴高采烈地跑过来，说道："作家先生，您能为我们签个名吗？我们实在太崇拜您了！"塔金顿谦和地说："我没带自来水笔，用铅笔好不好？""太好了，非常感激！"一个女孩掏出笔记本，双手递上去。作家爽快地拿起铅笔，挥洒自如地写上祝福的话语，再郑重其事地签上自己的名字。

女孩接过笔记本，仔细地看了一遍，忽然，她的脸上充满了失望。她抬起头，上下打量着作家，遗憾地问："您不是罗伯特·查波斯吗？""我是布思·塔金顿，《爱丽丝·亚当斯》的作者，你们没有看过吗？我还拿过两次普利策文学奖。""对不起，我不认识你。"女孩把头转向同伴，"朋友，借你的橡皮用一下。”刹那间，塔金顿仿佛失去了所有意识，他的自负与骄傲全都消失得无影无踪。

作为中国台湾最高产的作家林清玄也有类似的经历，林清玄曾出版《莲花开落》《冷月钟笛》《鸳鸯香炉》《金色印象》等六十多部散文集，连续七次获中国台湾“时报”文学奖、台湾报纸副刊专栏金鼎奖等，可谓人气十足，极具影响力。可是，最近他来大陆访问，在广东珠海文化大讲堂上演讲中提到的一个小故事，却给人很深的启迪。

因为在三十岁前林清玄把台湾文坛上的所有奖项都得遍了，便感到没有动力了。他一方面飘飘然，觉得没什么东西值得自己在乎了，另一方面又十分无趣，因为找不出新的题材可以写了。

于是，为了调节心情，寻找新的感悟，他就辞掉所有的工作，到山区去闭关，自己每天努力地休息，保持安静，追求生命最高的境界。

因为闭关也要吃饭，所以每个月他都要到山下买东西吃。有一天到山下采购，他站在一个水果摊旁边，突然有人跑过来对他说：请问这个水果多少钱？林清玄很生气，我是大名鼎鼎的作家，这么有气质，你居然说我是卖水果的，难道你不认识我吗？

于是他就跑到卖花的旁边站着，立刻有人来问他：老板，这个玫瑰花怎么卖？他又跑到卖肉的地方，又有人跑来问：老板，猪肉多少钱一斤？

这件事给了林清玄很大的启发。你跟所有的人是一样的，都是一个肉体的人，从外表看，你并没有什么其他特色，别人也不知道你是谁，很多时候，你的烦恼，是缘于你把自己看得太重要了。

世界是一个大舞台，每个生命都在演绎着自己的角色，每一个人都在为生活奔波。所以，永远不要把自己看得太重，永远不要觉得自己如何了得、多么有光辉，那样的结果只能让你自己失望。

不断前行的人生

蔷子和我真正成为朋友，用了整整八年时间。初见时，蔷子正如她的名字一般，是一个如花般美艳的女子，如同一株在温室中备受宠爱并被精心培育的蔷薇，不曾被世间的风雨侵袭，她那灿烂的粉红色脸颊仿佛蔷薇的花瓣。

蔷子与我是同期进入公司的。当时共有六个女孩进入这家颇具实力的财产保险公司，其中就包括蔷子。六个人分属不同的部门，但都在一栋大楼里工作，大家相处得不错。

穿着同样的制服，蔷子和我并排站在那儿，简直就是美女姐姐和不起眼的妹妹。蔷子总是将指甲修剪得很漂亮，柔顺的头发富有光泽，修身的连裤袜与驼色浅口高跟鞋搭配和谐。如发现公司附近有新开业的餐厅，她便邀大家去聚餐，还喊来很多男性朋友一起商谈打网球和滑雪的计划。时兴的服装她总是第一个穿，六个人中有谁不开心，也是她提议去唱卡拉

OK调节心情。

我比较喜欢这样的蔷子，平时她大大咧咧的，性格开朗，大家很少注意到她在细微之处的用心。为他人着想却不被人察觉，这不正是体贴他人的表现吗？

在公司工作的前三年时间里，蔷子与我的关系很普通，她只是“六人帮”之一。我们开始亲密相处是到公司后的第四个年头。那一年，六个人中有两个人从公司辞职，一人是因为结婚，还有一人是想成为室内装饰设计师，因此去学校读书深造了。这样一来，剩下的四个人自然而然地分成两组。

我和蔷子都是来自外地的单身女，其他两位同事则与父母住在一起，所以，我和蔷子下班后时常在一起吃饭。聊起私人话题，我才知道她家是地方名门，她是独生女，现在的住处是父母为投资所购的高级住宅。蔷子告诉我，她父母总是唠叨着叫她回去相亲。我深切感受到，虽然我们都是独自生活，但生活水平相差甚远。不可思议的是，她的家庭条件很优越，但一起去吃饭时，她绝不会任意挥霍；本来可以去高档餐厅，但她邀请我去的都是比萨饼店。

我和蔷子也聊过个人的事情。我以前从未这样做过。蔷子听后大声笑道：“没想到你是这样的人。”所谓这样的人，是说我在几年前就利用下班后的时间去读专业学校。我认为自己能力有限，于是在专业学校里学习电脑知识并拿到了证书，此后又获得了秘书专业的证书，目前正在攻读财务学校的簿记专业，想取得劳动社会保险师资格。我下决心做这些事情，并不是想超越别人，而是为自己的将来考虑。所以，蕾子她们邀我去滑雪以及海外旅行，我都没有参加。我并不是不想去，我和大家一样喜欢游玩，但确实是经济条件不允许。

“干吗要拿那些资格证书呢？”蕾子没有半点儿奚落之意，她是真的不懂。

“我是一个担忧未来的人。”我很不确定她是否听懂了我的话，但还是直言相告。今后的经济形势不明朗，能否结婚成家还是个未知数，即便结婚了我也想继续工作，这就叫未雨绸缪吧。

“不过，你的担心是不是有些过度了？”微醉的她笑道。

我颔首以对：“可能吧……你可能会觉得可笑，但是如果可以的话，我想一直当一名办公室职员，所以想要把需要的资格证书提前拿到手，于是就愿意去做这方面的事情。”

蕾子听后，露出赞赏的神情。那天晚上，我喋喋不休地谈自己，我觉得实在是不好意思。

那次交谈后不到一年，蕾子就离开了公司。在她走之前，我们四个人中还有一个因工作调动离开了公司。这些对我来说震动不小。蕾子离开公司的理由是“想成为一名花卉艺术设计师”。新老员工离开公司的理由五花八门：想成为服装色彩搭配师的有之，想成为电影剧本作者的有之，想成为食品设计师的亦有之。总而言之，不是因为公司单调的工作而离职，而是打算去干“有价值的工作”。换工作、寻求新的生存方式虽然不是坏事，但在我看来这有些异想天开。她们竟天真地认为，只要改变职业就能找到工作的价值。事实证明，那些辞去公司工作的女孩子后来真正实现愿望的屈指可数。

当然这是别人的事情，我还是按自己的信条去生活为好。我喜欢公司的业务，对目前的生活基本满意，想要学习的东西还有很多，无法操心别人的事情。我从来没有想到蔷子也会离开公司。她以前从未说过她喜欢花卉艺术，如今这样说很难令人信服。

公司为蔷子举行了欢送会，蔷子和我话别时对我说：“看到你，不知为什么，我会感到自己是个平庸之辈，所以很想做点什么。”我只说了句：“努力吧！”这样的话，似乎有点冷漠。我心想，今后可能再也见不到她了。

再次见到蔷子是两年以后了。当时已经是深秋，我和蔷子在银座偶然相遇。一开始我并没有认出她。只见一名留着齐耳短发、穿着工装裤的女子迎面走来，朝我高兴地摆手，我想，这是谁呢？后来才发现那是蔷子。

“真巧啊！买东西？”蔷子微笑着问，她那以往总是娇嫩鲜艳的嘴唇显得有些干裂。

“没想到碰到你啊！挺好的吧？”

“嗯，还可以吧。”蔷子穿着褪了色的运动衫，系着一条斜纹粗布围裙，怎么看都不像是来买东西的。

“正在忙工作？”我问。

“是啊，在忙圣诞节的装饰。我刚从前面的鞋店过来，忙得不得了。这些活儿总不能拖到下个月啊！”

“这些工作就你一个人干？了不起！”我诧异地说。她离开公司才两年左右，已经从事商店的花卉艺术设计工作了。

“花卉艺术设计是我的主业，总的来说，我什么都干。我现在还做得不够好，要想做优，估计得十年左右时间的磨炼。”

“是吗？是有些辛苦，但你真的很棒！”我钦佩地说，没想到她真的做了她想做的事情。

“嗯，不过……”蔷子露出一丝微笑，“这项工作乍看上去不错，实际上是难以想象的重体力劳动。”她理理前额的头发。我看见她的手已经发红，变得粗糙，指甲也没有精心修剪，灰暗的脸上带着倦意。“最近想了想，喜欢鲜花的人是不是反而不太适合做这项工作啊？采摘来的鲜花都一株株地被丢弃了。我整天忙着搞花卉艺术设计工作，连享受季节的时间都没有。”她面露无奈，我无言地凝视着她，“啊，抱歉，我还要去另外一个地方，再见。”说罢，她钻进停在道边的货车，我目送她离去。

我去看了看她装饰的花艺，真是太漂亮了！她的设计理念相当出色，不过大概是因为看到了蔷子疲倦的身影，所以眼前的花艺越漂亮，我的心情反而越沉重。那天晚上，我很想给蔷子打个电话。不过转念一想，如果她和我商量说要辞掉这份工作，那我该怎样应对呢？于是，我放弃了这个念头。

再次见到蔷子，又是一年之后了。同期一起参加工作的最后一名女同事也因即将步入婚姻的殿堂而离开了公司。结婚典礼在教堂举行，她说请花卉艺术设计师蔷子来设计婚礼的花艺和她的头饰。我没想到蔷子仍在从事这项工作，不由得松了口气。

我们六个人很长时间都没有见面，现在终于聚在一块儿了。那是10月的一个休息日，天气晴朗，我前往那座教堂。在这喜庆的日子里，我应当开开心心地送去祝福，但此刻我的心情却很凄凉。当初一起参加工作的六个人就只剩下我一个还在公司了。这种局面我也曾想过。如有可能，我打算在现在的公司一直干到退休，只剩我一个人我也早有心理准备。虽然我按自己的节奏去工作，但时常也被孤独感和烦恼事所缠绕——结婚的另一半尚无；看上去稳定的企业，由于当前经济不景气，奖金微乎其微……蔷子在银座坦露的苦衷，此时我能够理解了。每个人都希望有人在自己身旁，聊聊所思所想。今天蔷子应该也会到场，我想对她表示歉意，因为以往面对她的时候我太冷漠了。

典礼之前我想一睹新娘的芳容，便叩开休息室的大门，进去之后我惊讶不已。新娘身披婚纱，坐在休息室的大镜子前，令我吃惊的不是新娘的风姿，而是新娘旁边穿一身牛仔装的蔷子。“怎么样？装扮得漂亮吧？”蔷子望着我说。她的双颊恢复了往日的光泽，整个人比新娘还精神。新娘手持的花束会集了种类不同的白花，给人一种轻松感，突出了新娘的芳容。新娘的发际镶嵌着好多白色小花，让她显得异常动人。蔷子的花艺设计让我赞叹，但是，更让我惊叹的是蔷子的装束——今天是朋友的结婚典礼，蔷子也是嘉宾之一啊！

“还换衣服吗？”

“嗯？为什么？”她耸了耸肩，“现在正是婚礼季节，我一会儿还有两项工作要做！”她没有露出丝毫遗憾或悔意，无论怎么看，她的脸上都写满了愉悦。去年见面的时候她嘴唇干裂、手指粗糙，可今年不一样了，她脸上的光泽是那时所没有的，她看上去越发成熟了，可能是困难时期已经过去。“哎呀，我得走了！”蔷子说。

我连忙叫住了她。

“怎么啦？什么事？”蔷子问。

“常联系呀！下次见面时一起吃个饭？”

她十分快乐地点了点头。我注视着蔷子钻进装满鲜花的大货车，远去了。

今天晚上我真的要给蔷子打个电话，听听多年未见的她讲述经历过的事情。

工作绝非娱乐，或许艰难是必然的。失去自信，又以另外的方式重获自信，人生可能就是如此不断前行的吧。

学会看轻自己

有一句说得好：天使能够飞翔是因为把自己看得很轻。懂得看轻自己，不但不会减轻你的分量，反而会在另一个层次上让你变得厚重。

生活中，我们不管做什么事，都可能招来别人的议论和评价，如果特别在意他人的看法，行动起来不免畏首畏尾，把自己搞得很紧张，好像为别人活着似的。不要让取悦别人成为自己的“潜规则”，这样活着太累了。你既不是演员，又不是在表演，别人的看法只是过眼云烟，同时你对别人也有过看法。

莫言在获得诺贝尔文学奖后，各种评论都有。莫言超然地说：“起初，我还以为大家争议的对象是我，渐渐地，我感到这个被争议的对象，是一个与我毫不相关的人，我如同一个看戏人，看着众人的表演，我看到那个得奖人身上落满了花朵，也被掷上了石块，泼上了污水，我生怕他被打垮，但他微笑着从花朵和石块中钻出来，擦干净身上的脏水，坦然地站在一边。”

有一句话特别地好：不要太在意别人的看法，因为只有自己对自己的肯定才是生命的重心。

是啊，别人是别人，你是你，人生匆匆，也就几十年的光景，何必为别人的看法买单呢！

曾有人问美国华尔街四十号国际公司前总裁马修布拉：“你是否对别人的批评很敏感？”马修布拉说：“早年对这些非常敏感，我力争使公司里的每一个人都认为我非常完美，要是他们不这样想的话，我就会感到忐忑不安甚至很忧虑。只要有一个人对我有怨言，我就会想办法取悦他。可是我做了讨好他的事，总会让另外一个人生气。等我想补偿这个人的时候就又会惹恼其他人。最后我发现，我越想主动地讨好取悦别人，就越会使我的敌人增加……”

工作中，你只要能力超群出众，就一定会听到各种言论，所以要学会趁早习惯。把自己分内的事做好，不要在乎别人的评论，不要让别人影响你的工作、生活。

英国文学家萧伯纳一日闲着无事，同一个不认识的小女孩玩耍谈天。黄昏来临时，萧伯纳对小女孩说，回去告诉你妈妈，说是萧伯纳先生和你玩了一下午，没想到小女孩马上就回敬了一句：你也回去告诉你妈妈，就说玛丽和你玩了一下午。后来，萧伯纳对他人讲，人，切不可把自己看得过重。

在人性本源中都有一种渴望获得别人尊重的原始欲望，其实人们苦苦追求的名利、地位、金钱，说到底就是为了满足这个欲望。能否获得尊重，就是看别人对自己的评价，于是很多人是活在别人的评价里。其实大家都很忙，没有时间去在意你，你的惊涛骇浪在别人心里可能不起一丝波澜。如同暗恋，他的一举一动都会牵动你的心弦，可你的一言一行，对方可能没在意过，所以暗恋只是一个人的兵荒马乱。

中国香港女作家李碧华多部作品如《胭脂扣》《霸王别姬》《青蛇》被翻拍成电影，名气也越来越大，但她行踪却十分神秘。李碧华一直坚持不露真容，不接受电视采访，更不参加任何宣传活动。至今对大众来说，她仍是容貌不详、年龄未知的存在。有一次，她被一个编辑缠得没法，最后只好给对方发去了一张三岁时的照片，这让这个编辑哭笑不得。李碧华说，藏比露好，谁也别把自己看得太重要，我虽然低调，但我活得自在逍遥。

看轻自己其实是一种良好的心态。这也正像诗人鲁藜说过的那样，如果你总是把自己当成一颗珍珠，就老是有被埋没的痛苦。看轻自己绝不是一味轻视自己、贬低自己，而是时刻清醒认识自己，不以物喜，不以己悲，做到荣誉面前不忘形，困难面前不低头。

不把自己看得太重，其实是一种修养，一种风度，一种境界。用这种心态做人，可以使自己更健康，更大度；用这种心态做事，可以使生活更轻松，更踏实；用这种心态处世，可以让身边的人更喜欢与你相处。

有句话说：二十岁时，我们顾虑别人对我们的想法；四十岁时，我们不理会别人对我们的想法；六十岁时，我们发现别人根本就没有想到我们。这是一种人生哲学，学会看轻自己，轻装上阵，人生之路才更坦直。

做独一无二的自己

读初中时，我讨厌上音乐课，因为捣蛋调皮的男同学会故意让老师叫我唱歌，我说我不会唱，老师说怕什么，不会可以教我。于是，在无奈又扭捏的情况下，我站起来唱歌，歌没唱完，班上的同学们全都哈哈大笑，连老师也偷偷地笑。我始终都记得当时的情景，有一个男同学说了一句让我感到无地自容的话，他说我唱歌时歪歪的牙齿全都露出来了，像僵尸要吃人一样，如果去拍恐怖片演僵尸连妆都不用化。当时的我恨不得第二天就不去学校了，因为我害怕班上的同学因此故意挖苦我。

由于童年时发生过意外，我的牙齿不好看，也因此不敢照相，不敢笑，也不敢在说话时看着别人的眼睛，我怕别人和我说话时，注意力都在我的缺点上。这让我自卑了二十多年。

上了高中后，有一回学校举行诗歌朗诵比赛，班里选人参加。同学们都推荐了我，说我作文写得好，普通话也不错，肯定会为班级争得荣誉。班主任老师当时支支吾吾地没决定，最后私下里对我说：“诗歌朗诵比赛是全校性的活动，还是想找一个精神风貌比较硬朗的男同学，你太瘦了，看起来弱不禁风，不适合。”我知道老师的言外之意，不就是因为我长得不好看嘛。

大学里，无论我怎么努力，都无法代表学校去参加市级或省级的辩论赛、演讲赛，我猜想原因，可能也是我长得不好看。大学毕业找工作时，我本以为凭借在大学里获得的诸多荣誉证书，就能轻而易举地找到一份教师的工作。结果去学校面试时，面试官用先扬后抑的口吻对我说：“你很优秀，性格也好，但是你知道的，我们是一家比较高端的培训学校，老师也代表着我们学校的形象……”每次听见这样的话，我都说没关系，反正我已经习惯了与陌生人初相识时，别人只夸我性格好。

有时候我恨透了，为什么童年时要发生意外？为什么自己长得不好看？为什么家庭贫穷就不能像别人活得有底气？无数个“为什么”让我苦恼，有时候我不知道怎么做，只能偷偷地哭，至少哭完后我会释放出心中的压抑。哭也像是一针止痛剂，慢慢地，我学会了用哭的方式释放坏情绪。

读大学之前，我的自卑感渗进了骨子里，这种深刻的自卑感一直伴随着我到二十岁。直到进入大学后，通过一次又一次参加活动、取得好成绩、结交新朋友，一次又一次地在杂志上发表文章、出版属于自己的图书，我的自卑感逐渐减弱了，我慢慢发现了自己的闪光点，看见了自己的长处，逐渐有了信心。

现在的我，敢说出从小到大都不敢说的“秘密”，不是因为长大后脸皮变厚了，而是我学会了为自己而活，也学会了让自己活得轻松一些。我知道自己与别人的差距，既然无法靠外在吃饭，那么我只能修炼好自己的内在，默默地磨炼自己的本领。也许我的努力比不上别人的好运，没关系啊，我不和别人比赛，我只和自己比，跑赢过去的自己就已经很棒了。

长相只能影响你的关系网，不能决定你一生的发展。一个人的外在只能决定我多看你的次数，不能决定我是否愿意与你做朋友。我始终相信，一个人的气质与美好是由内在的涵养积累而成的，而不是靠外在的东西包装。

美国作家爱默生说：“美好的行为比美好的外表更有力量。美好的行为比形象和外貌更能带给人快乐。”那些长得好看的人，的确会为自己带来更多的鲜花与掌声，但是，如若你的内涵不够、素养不足，没有人会一直追捧你。同样地，就算你和我一样长得普普通通又如何，如若你一直都在努力，一直都在坚持自己的特长与爱好，内心充足丰盛，温暖、美好且善良，那么，你独特的美丽也会为你带来好运。

没有人天生就是“男神”“女神”，所谓的“长相天注定”，只是说这类人的资质条件比普通人好一些，如果他们不去打扮自己的外在，不去提升自己的内涵，照样谈不上好看。相反，那些资质普通的人经过后天的努力，比如，靠护肤、健身、读书、运动等方式提升自己，那么，他们照样能够称得上是“男神”“女神”。

你看我，就算曾经不好看，通过后期一点一滴的努力，现在也慢慢变得比过去好看了很多，至少现在的我不再像以前那么自卑了。

美貌有时候是一张通行证，但这张通行证有保质期，不会让人一生受用。我虽然没有这样的通行证，但至少通过自己后天的努力，慢慢地比以前好看很多，既找到了适合自己的穿衣风格，也会在出门时戴隐形眼镜，还在努力地锻炼身体。现在和朋友聚会时，碰见陌生女孩，她们也不会议论我长得难看。

你长得好看自带光芒，我活得好看自由自在。我只想做你身边的小太阳，一直温暖、善良、美好，我只想做独一无二的自己。

谨以此书，献给那些在黑暗中提灯前行，勇敢追梦的人。

愿你的眼中有万丈光芒，努力活成自己想要的模样。

无悔青春之完美性格养成丛书

能　量：
让青春绽放五彩光辉

蔡晓峰　主编

红旗出版社

图书在版编目（CIP）数据

能量：让青春绽放五彩光辉 / 蔡晓峰主编. — 北京：红旗出版社，2019. 11

（无悔青春之完美性格养成丛书）

ISBN 978-7-5051-4998-4

Ⅰ. ①能… Ⅱ. ①蔡… Ⅲ. ①故事—作品集—中国—当代 Ⅳ. ①I247.81

中国版本图书馆CIP数据核字（2019）第242270号

书　名　能量：让青春绽放五彩光辉
主　编　蔡晓峰

出品人	唐中祥	总监制	褚定华
选题策划	华语蓝图	责任编辑	王馥嘉　朱小玲

出版发行	红旗出版社	地　址	北京市丰台区中核路1号
编辑部	010-57274497	邮政编码	100727
发行部	010-57270296		
印　刷	永清县晔盛亚胶印有限公司		
开　本	880毫米×1168毫米 1/32		
印　张	40		
字　数	960千字		
版　次	2019年11月北京第1版		
印　次	2020年5月北京第1次印刷		

ISBN 978-7-5051-4998-4　　定　价　256.00元（全8册）

写给你们

青春的岁月是奔腾的与百折不挠的，可以在拼搏中无怨无悔，在前行中努力追求，路上有春花秋月相随，有朝露晚霞相迎，如此这般美好的青春岁月是我们人生中最绚丽的风景。正如王蒙所写的，有月下校园的欢舞，初雪的早晨行军，还有跃动的，温暖的心……青春万岁，无悔青春。

我们记忆最精华的部分保存在我们的外在世界。在雨日潮湿的空气里、在幽闭空间的气味里、在刚生起火的壁炉的芬芳里。在每一个地方，只要我们的理智视为无用而加以摒弃的事物又重新被发现的话。那是过去岁月最后的保留，是它的精粹，在我们的眼泪流干以后，又让我们潸然泪下。

现在的我们还很年轻，还有机会，虽然这样安慰着自己，但很多时候还是因对未来的恐慌与迷惘倍感焦虑，越长大越孤单，也坚强也勇敢。时间让深的越深，浅的越浅，若是逃不开，就学会享受吧。

成长是一道神奇的风景，关于未来，我们仍然不知道答案的问题，在某一天许下过又不知在什么时候被悄悄替换了的梦想。

还有那些说着出去走一走后就再也没遇见过的人们，等了许久也等不到结果的故事，以及再也回不来的冬天。

每个人都在自己的生命中孤独地过冬。如今想来，冬天从来都不是孤独的。它有热汤，有棉衣，有灯火，有历经风寒之后的温暖与爱。

愿我们每个人熬过了所有苦难，获取一生的幸福；想要的都拥有，得不到的都释怀。愿我们被这个世界温柔相待。

目　录

第一章　给少年的歌

第二章　尚好的青春

第三章　拨云见日，未来可期

第一章
给少年的歌

我们读书而后知道自己并不孤单。我们读书，因为我们孤单；我们读书，然后就不孤单，我们并不孤单。

——加布瑞埃拉·泽文

接纳自己，与生命中的缺憾和解

我常常对身边的人说，我们要爱自己。爱，在我看来，是一个含义非常丰富的词语。我的小孙女曾趴在我的膝头，仰着她那可爱小巧的脸庞问我：怎样才算是爱自己呢？我用自己粗糙的手掌托起她的小脸，微笑着、认真地告诉她，爱自己就一定要认清楚真正的自己，不要抬高自己，也不要看低自己。

真正地爱自己，就是接纳“真实”的自己，与生命中所有的缺憾和解。我们总是在迷惘中摸索前行，对于未知的未来，我们渴望着抵达，同时又心怀忧虑，担心自己不是足够强大，不能够应付未知的变故。

在生活中不断进行尝试，不过是未来寻找到适合自己生活的一种方式，能够让自己安然地立足于这个不断变化的世界上。我不够聪明、不够漂亮，从小的时候开始，我就意识到了自己是一个平凡得不能再平凡的普通女孩，在成长的过程中，我的人生依然延续着平凡的轨迹前行，我做着这个世界上最平凡，甚至有些卑微的事情，我年复一年地在农场中长大，过着简单的生活。我的足迹不曾到过世界上更为广阔的土地上，我所见到的人，也不过就是农场四周生活的邻居而已。在我被大家纷纷知晓的老年时期，曾有人问我，我这一生都躲在农场之中，是否因为出于对外面世界的恐惧心理。

我从未认为自己是躲在农场里，我一直生活在农场中，未曾远行到更加遥远的地方，并不是因为我对外面世界的惧怕，而仅仅是因为我没有走出去的计划和理由。我也从不为此感到遗憾，生命的消耗是一个漫长的过程，我在农场中度过了我的一生，甚至会在农场中走向自己生命的终点，这是我的人生方向。

从根本上来说，每个人的心里都十分明白，自己在这个世界上只能存在一次，不会再回头重新走过第二次了。在我年轻的时候，我读过一本书，那本书的内容，我早已淡忘了，但书中的一句话，却让我记忆深刻，那句话是这样的："如果你能够把生命中的每一天当作最后一天度过，那么你将会发现，自己的生命会比你想象中的精彩百倍。"这句话始终深深地印在我脑海中，在过去的几十年间，我每天清晨起床，都会对着窗外升起的太阳问自己，我的生命是比我想象的还要精彩吗？

我认为，我的生命的确比自己想象中更加快乐，我之前从没想过，有一天，我这双整日做活儿的手，能够拿起画笔画画。我在被告知自己不能刺绣的时候，清楚地感受到了疾病对我身体造成的损害，让我失去了什么。但我并没有因此而感到绝望或者不安，我心里非常清楚地明白，人的一生，在不同的阶段，总要去做不同的事情、去承担不同的结果。在我一年比一年更老的时候，我就要承担我的老迈所带来的后果。

接纳自己，认清不同人生阶段的自己，我总是这样对自己说："生命中的缺憾并不值得羞愧，懂得接纳真实的自己，与缺憾和解，才是最重要的。"我将自己每一天的生活都安排妥当，尽可能地减少家里人为了照顾我所造成的负担，与此同时，我还要找到自己生活的乐趣，好让自己的每一天都能够充实、快乐。

接受生命中的不完美，因为这个世界上，本来就没有十全十美的事情。接纳自己人生中的不如意，毕竟，每一个人的一生中，不可能事事都做到称心如意。在经历了更多的事情之后，经历了时间的沉淀之后，你就会意识到人生就是这样一个一边前行一边与不完美的过去和解的过程。

我现在已经走到了人生的边缘，渐渐将一切执着的念头都放了下来，在我的回忆中，不论我过去的生活中发生过什么好的事情，或者不好的事情，都将是我这一生难能可贵的经历，我与过去的经历和解，与自己的内心和解。岁月，你好，我们且行且从容。

人生的礼物

老人和孩子相识有一年多了，两人很喜欢在一起聊天。

有一天，老人对孩子说："它之所以叫礼物，是因为在你能收到的所有礼物中，你会发现它是最珍贵的。"

"为什么它这么珍贵呢？"孩子问。

老人解释说："因为收到这个礼物之后，你会变得更快乐，无论每天做什么事，也都能做到更好。"

"哇！"孩子兴奋地叫起来，虽然他并不完全明白老人的话。"我希望有一天会有人送我这样一个礼物，说不定那会是我的生日礼物。"

说完，孩子就跑出去玩儿了。

老人笑了。他不知道这个孩子要过多少个生日才能领悟礼物的价值。

老人很喜欢看孩子在附近玩耍。

老人常常看到他在附近的树上荡秋千，看到他灿烂的笑脸，听到他欢快的笑声。

孩子过得很快乐，无论做什么事都非常投入，别人光是看着他，就会觉得开心。

孩子渐渐长大了，老人一直有意无意地留心着他做事的方式。

星期六的早上，他偶尔会看到他的小朋友在街对面修剪草坪。

孩子一边干活儿，一边吹口哨。似乎不管做什么，他都能做得很开心。

一天早上，孩子看到老人，想起老人曾对自己提起的那个礼物。孩子当然对礼物非常熟悉，比如上次过生日得到的自行车，还有圣诞节早晨在圣诞树下找到的那些礼物。但是仔细想想，他发觉那些礼物带给他的快乐都不会长久。

他好奇地想："那个礼物究竟有什么特别的地方呢？到底是什么使它比其他礼物更棒呢？什么东西才会让我觉得更开心，做事更顺利呢？"

他想不出答案，于是穿过街道去问老人。

他的问题非常孩子气。"那个礼物是不是像魔杖一样，能让我实现所有的愿望？"

"不，"老人笑着回答，"那个礼物跟魔杖和愿望没有关系。"

孩子还是不明白老人的话，回去继续修剪草坪时还在想着那个礼物。

孩子渐渐长大了，他一直没弄明白那个礼物的事。如果它跟愿望没关系，那它是不是指到某个特别的地方呢？

它是不是指到某个地方去？那里的一切看起来完全不一样：不同的人，不同的穿衣打扮，说着不同的话，住着不同的房子，甚至使用不同的钱。如果是这样的话，那他怎么才能到那个地方去呢？

于是他又去问老人，“那个礼物，”他问道，“是不是一架时空机，可以把我带到任何我想去的地方？”

“不，”老人回答，“等你得到那个礼物之后，就不会成天梦想去别的地方了。”

时光飞逝，孩子长成了十几岁的少年。他开始对周围的一切越来越不满。他一直以为长大之后自己会变得更快乐。但他似乎总想得到更多——更多朋友、更多喜欢的东西、更多激动人心的经历。

在感觉不耐烦的时候，他会梦想外面未知的世界。他的思绪不由得飘回以前与老人对话的时候，他发觉自己越来越想弄清那个礼物到底是什么。

他又去找老人，问：“那个礼物是不是能让我变得非常富有？”

“是的，在某种意义上，它会，”老人告诉他，“那个礼物可以让你获得许多种不同的财富，但它的价值并不是金钱做衡量的。”少年更加迷惑了。

“您跟我说过，得到那个礼物后就会变得更快乐。”“是的，”老人说，“你还会变得更有效率，能把事情做得更好，从而变得更成功。”

“‘变得更成功’是指什么呢？”少年好奇地问。

“变得更成功就是指得到更多你需要的东西，”老人回答，“任何你觉得重要的东西。”

“那就是说，我得先确定对我来说什么是成功？”少年问。

“是的，我们都得先确定这一点，”老人说道，“在人生的不同时期，我们对成功的定义可能也会发生变化。现在对你来说，成功可能就意味着跟父母相处得更融洽，在学校里得到更优秀的分数，体育活动表现得更出色，或者在课余得到一份兼职，并因为工作出色而加薪。再过些时候，成功可以意味着更有成就更富足，或者不管发生什么事，都能保持平和的心态和良好的自我感觉。这也是一种成功。”

“对您来说，成功是什么呢？”少年问。

老人笑了起来：“到了我这个年纪，成功就是能笑口常开，爱得更深，更好地服务他人。”

少年马上反应道：“您觉得这些都是那个礼物帮您做到的吗？”

“没错！”老人回答。

“哦，我从没听其他人说起过这样一个礼物。我想它可能并不存在吧？”

老人回答道：“噢，它确实存在。不过，我想说，你可能还没弄明白。”

突然，他想到了什么。原来如此！他知道那个礼物是什么了……知道它过去是什么，也知道它现在是什么。

礼物就是把握此刻，全神贯注于正在发生的事，珍惜和欣赏每天得到的东西。

呼吸英雄的气息

我们周围的空气多沉重。老大的欧罗巴在重浊与腐败的气氛中昏迷不醒。鄙俗的物质主义镇压着思想，阻挠着政府与个人的行动。社会在乖巧卑下的自私自利中窒息而死，人类喘不过气来——打开窗子吧！让自由的空气重新进来！呼吸一下英雄们的气息。

人生是艰苦的。在不甘于平庸凡俗的人，那是一场无休无止的斗争，往往是悲惨的，没有光华的，没有幸福的，在孤独与静寂中展开的斗争。贫穷，日常的烦虑，沉重与愚蠢的劳作，压在他们身上，无益地消耗着他们的精力，没有希望，没有一道欢乐之光，大多数还彼此隔离着，连对患难中的弟兄们援手的安慰都没有，他们不知道彼此的存在。他们只能依靠自己；可是有时连最强的人都不免在苦难中蹉跎。他们求助，求一个朋友。

为了援助他们，我才在他们周围集合一帮英雄的友人，一帮为了善而受苦的伟大的心灵。这些“名人传”不是向野心家的骄傲申说的，而是献给受难者的。并且实际上谁又不是受难者呢？让我们把神圣的苦痛的油膏，献给苦痛的人吧！我们在战斗中不是孤军。世界的黑暗，受着神光烛照。即使今日，在我们近旁，我们也看到闪耀着两朵最纯洁的火焰，正义与自由；即使它们不曾把浓密的黑暗一扫而空，至少它们在一闪之下已给我们指点了大路。跟着他们走吧，跟着那些散在各个国家、各个时代、孤独奋斗的人走吧。让我们来摧毁时间的阻隔，使英雄的种族再生。

我称为英雄的，并非以思想或强力称雄的人，而只是靠心灵而伟大的人。好似他们之中最伟大的一个，就是我们要叙述他的生涯的人所说的：“除了仁慈以外，我不承认还有什么优越的标记。”没有伟大的品格，就没有伟大的人，甚至也没有伟大的艺术家，伟大的行动者；所有的只是此空虚的偶像，匹配下贱的群众的，时间会把他们一齐摧毁。成败又有什么相干？主要是成为伟大，而非显得伟大。

这些传记中的人的生涯，几乎都是一种长期的受难，或者是悲惨的命运，把他们的灵魂在肉体与精神的苦难中折磨，在贫穷与疾病的砧铁上锻炼；或者是目击同胞受着无名的羞辱与劫难，而生活为之戕害，内心为之碎裂，他们永远过着磨难的日子；他们固然由于毅力而成为伟大，可是也由于灾患而成为伟大，所以不幸的人啊！切勿过于怨叹，人类中最优秀的和你们同在。汲取他们的勇气做我们的养料吧；倘使我们太弱，就把我们的头枕在他们膝上休息一会儿吧，他们会安慰我们。在这些神圣的心灵中，有一股清明的力和强烈的慈爱，像激流一般飞涌出来。甚至无须探询他们的作品或倾听他们的声音，就在他们眼里，他们的行述里，即可看到生命从没像处于患难时那么伟大，那么丰满，那么幸福。

在此英勇的队伍内，我把首席给予坚强与纯洁的贝多芬。他在痛苦中间却曾祝望他的榜样能支持别的受难者，“但愿不幸的人，看到一个与他同样不幸的遭难者，不顾自然阻碍，竭尽所能地成为一个不愧为人的人，而能借以自慰”。经过了多少年超人的斗争与努力，克服了他的苦难，完成了他所谓“向可怜的人类吹嘘勇气”的大业之后，这位胜利的普罗米修斯，回答一个向他提及上帝的朋友时说道：“噢，人啊，你当自助！”

我们对他这句豪语应当有所感悟。依着他的先例，我们应当重新鼓起对生命对人类的信仰！

今天，你尽力了吗

“成功的人都是相似的，失败的人各有各的不同。”一事无成的人总是充满了各种各样的借口，有人抱怨自己出身不好，从小生在农村，输在了起跑线上；有人埋怨自己天赋不佳，从小没有过人的眼界和头脑，所以才步步落后；还有人则把自己的失败归为运气不好，总是欠缺临门一脚，功败垂成。

其实这些所谓的借口都是不成立的，“没有人能随随便便成功”这句话自古就是一条颠扑不破的真理。有人说正确的处事态度应该是“只为成功找方法，不为失败找借口”，这是很有道理的。我们每个人能够取得多大的成就，基本上是由个人努力程度决定的。正所谓三分天注定，七分靠打拼。很多时候我们没有达成自己的目标，都是因为自己并没有百分百地投入。说白了，就是没有尽力，没有全力以赴。

我们这个时代，社会竞争异常激烈，需要我们付出百分之百甚至是百分之两百的努力才有可能成功。比尔·盖茨曾经说过“除非你能够让人们看到或者感受到行动的影响力，否则你无法让人们激动”。这句话旨在告诫今天的年轻人，每天不断地告诉自己，我要努力，我要成功，而不付诸实在的努力，是不可能达成目标的。因为你努力的同时别人也在努力，既然努力程度相似，为何上帝会选择你而不是他呢？所以说，你要坚信这个世界上你真正想要的东西，你一定能得到。关键就在于你对“真正想要”渴求到什么程度，因为这决定了你努力到什么程度。永远不要告诉自己“我怎么也得不到”，你更应该问自己“我为什么得不到”。

上世纪90年代初，北京的街头，有一位民办培训学校的老师每天和妻子分头在街头巷尾张贴小广告，为了招生宣传他曾以超出常人的毅力连续两个月每天工作16个小时以上。后来学校初具规模他更是没有丝毫懈怠，出国考察市场，拉拢大学同学做合伙人，租不起公寓就睡在异国他乡的公园里。他曾说过，我们每一个人都应该像树一样成长，即使你被踩到泥土中间依然能够吸收泥土的养分，让自己成长起来。相信说到这里大家都知道他是谁了，没错，他正是新东方创始人俞敏洪，正是俞敏洪这种百分之两百努力的“拼命三郎”精神才成就了神话一般的新东方。

我们刚毕业参加工作的大学生也要有这种全力以赴的姿

态。回忆起四年前刚进入大学校门时，每位老师都在不厌其烦地教导我们，每个人现在都在一个起跑线上，但是四年后你们的人生就会不同步了。毕业时身边的人有的保研或者考研成功继续深造，有的早早准备找到了理想工作，有的人则一事无成甚至不知道下一站自己会身在何方——四年前的预言被证实了。其原因何在？其实很简单，努力程度不同！今天的我们再次来到同一起跑线上，今天的努力程度将决定几年后我们的人生充实程度。有人说通过努力可以改变70%的命运，具体百分比我们无从验证，我们确定的是，一分耕耘一分收获，绝无例外。

如果今天的你还在抱怨工作环境不好，还在抱怨工资不高，还在抱怨自己的努力得不到认可，那么，当一天的工作结束躺下睡觉时，请你扪心自问，今天，你尽力了吗？

成败不在一时一刻

一

最近，同事兔子的心情很跌宕。一问才知道，又到考研季了。

兔子的男朋友已经备考三次了，三次不过，还在坚持考，这是第四次。兔子因为深爱男友，竟然也就陪考了几次。

起初我以为她说的陪考，也就是在男友复习的时候，安静地待在一边，看书或看电影，不发出声响，给他一个良好的学习环境；他看书累了休息的时候，陪他去吃好吃的，玩耍放松，如此而已。

可后来才知道，她说的陪考是报名和男友一起参加考试。因为他压力太大了，想要有个人和他一起，有个支撑和陪伴，在他学习的时候，别人也不能放松，要和他一起背英语单词，学习专业知识。

有一天，兔子顶着黑眼圈来上班，朝我们哭诉："我现在整宿都睡不好，一看书就想睡，可真的躺在床上了，我又睡不着。"这是典型的压力过大而导致的焦虑。

"我好怕他这次还考不过，怎么办？他都考三次了，我知道他的心理压力非常大，如果再考不过，我真的好担心他会崩溃。"

"他为什么一定要考研呢？"另一个同事忍不住问，"搞得两个人压力都这么大，多痛苦啊。"

"他非常崇拜那个专业的老师，就是想考那个老师的研究生，这大概是他的梦想吧。"兔子替他解释。

"可都考了三次了，如果今年不过，难道还要继续考？那要考到什么时候是个头？"同事问。兔子不说话。

二

兔子男友的这番举动让我想起"不撞南墙不回头"这个词来，那种执着到有点执拗的坚持，有时，我其实并不认可。

很多事，不是非要撞了南墙才回头的。太在乎一件事的成败得失，原本是开心快乐的付出和努力，也会转变成一种自我怀疑和折磨，把初心的期待，生生熬成了功利。就像兔子的男友，一开始，他是真的因为热爱那个专业，想考那个老师的研究生，可考着考着，就把考试当成了一种通关游戏，只有考上了，才对得起付出的时间与努力，才是对自己的认可。

也很能理解，兔子男友考研前三次其实离分数线都只差那么一点，就一点点，不再试试的确会不甘心。但有没有想过？有时不是能力问题，而是心境和心态的问题。

“这次再不过，暂时先别再想考研这件事了，不如工作一两年，换个思路和目标，去接触更多人，扩展一下眼界，权当放松放松了。如果之后还想考，那就再继续考呗；若是不想考了，也就放下那份执着了。怎么样都是好的。”我建议道。

成败得失不在于一时一刻，一条路走不通，就没必要强逼着自己继续走，莫不如换一条路走走看，正所谓条条大路通罗马。不急于这一时一刻的成败，让自己去到更大的环境，去多历练，没准儿会发现更多有趣的路。

三

有一天，收到读者咸鱼的微信。咸鱼大四了，她说自己也在准备考研，可是从倒计时100天开始，她就无比焦虑。她的话里有几句我印象深刻，她说：

“为什么别人既可以有一手好牌，又能出好它，过得顺风顺水。可我大四，考研注定失败，拿一手烂牌，我该怎么办？我突然不知道自己存在的意义，对比别人，我有一种一辈子也追不上的感觉。”

面对失败的时候，我们都曾这样质疑过自己吧。

我转而又想起白天在读者群里，看到有读者抱怨自己的学校不好。我特别想把曾看到的一句话送给他们：一只站在树上的鸟儿，从来不会害怕树枝断裂，因为它相信的不是树枝，而是自己的翅膀。

很多时候，与其羡慕别人顺风顺水，抱怨自己周遭险恶，不如在成长的路上不断努力。只有让自己强大起来，才能获得最大的安全感。

在迷惘的时候，在人生低谷的时候，在拼了命想做好一件事，最后却做砸了的时候，我也大哭过，咒骂老天为什么对我不公，但很快，心态就放平了。

是啊，不如就承认自己运气差一点吧，但不急这一时片刻，好运还在后面呢。咬紧牙关挺过去，失败了就重来，做得不好就重做，一种方法不对就换一种思路继续努力，总之不能被打趴下啊。就像打游戏，通不了关的时候，就练技能，技能上去了，自然就能通关了。

四

那些你以为一直好运的人，其实在你看不到的时候，都是真的在努力，越努力才越幸运。

有人说，总觉得自己碰不到美好的人和事。其实，并不是老天爷故意整你，可能是因为你自己还不够好，他们暂时都躲着你。

当你足够厉害的时候，原先那些难题就不再是难题，那些刁难你的人也不再有刁难你的资本；当你能轻松搞定很多人和事的时候，世界就会变得顺遂起来。

也曾遇到一个较真儿的读者，他问："是不是每个人只要努力，最后一定都会成为很厉害的人？"

哦，那可真未必。

看过了很多人的成败得失，也经历过工作上的跌宕起伏，那些成长最后让我懂得一件事：也许我们最后都未必会成为一个多么厉害的人。可是，我们要成为自己喜欢的那种人，做自己喜欢的事情，依旧要有勇气有热情，还有好奇心，不断去尝试去体验。世界无穷尽，人生还长着呢。

走别人没有走过的路

“竹林七贤”之一王戎小时候，曾劝别人不要摘路边的李子。长在路边的李子树结了又多又好的果子，却没有被别人采摘，那果子肯定是苦的。他的推断是正确的。这是我小时候听过的故事，如今旧事重提，不是言其寓意，而是想起了那棵李子树下的路，肯定有很多人走过，也肯定都失望过——因为那李子是苦的。因此要想摘到甜李子，就必须另寻他路。

而人的思维也是一条条的路，那被人经常走的路就是我们所说的传统思维或思维定式。沿着它走，你往往不会发现令人耳目一新的风景、使人大开眼界的奇思妙想；沿着它走，心情往往不能绽放惊喜之花，生活往往也没有什么波澜；沿着它走，往往走不出成功之路、辉煌大道……因此，从这个意义上说，诗人的话是正确的：“熟悉的地方没有风景。”可见，只有另辟蹊径，创新思维，才能找到你梦寐以求的答案。

一位禅师，他写了两句话要弟子们参究："绵绵阴雨二人行，怎奈天不淋一人。"弟子们得到这个话题议论起来。第一个说："两个人都走在雨里，有一个却不淋雨，那是因为他穿了雨衣。"第二个说："那是一场局部阵雨，有时候连马背上都是一边淋雨，另一边是干的，两个人走在雨地里，有一个人不淋雨，那有什么稀奇。"第三个弟子得意地说："你们都错了，明明是绵绵细雨，怎么可以说是局部阵雨，一定是有一个人走在屋檐底下。"就这样，大家你一句、我一句，说得好像都有理，没个完。最后，禅师看到时机已到，就为大家揭开了谜底："你们都认为'不淋一人'是一个人没有淋雨的意思，其实，换个角度想想，所谓'不淋一人'，不就是两人都在淋雨吗？"

生活中，人们常常犯类似的的错误，在分析、解决问题的过程中，喜欢在一条路上直来直去，不懂得拐弯、调整方向，结果常常南辕北辙。因此，只有走出原来的老路，打破自己的思维定式，多角度去思考问题，才能得到想要的答案，甚至出现意想不到的奇迹。

在这个世界上，谁都想让生活多些幸福、温馨，谁都想让梦想早日实现，谁都想让生命充满更多价值、意义。如果这些都没有实现，那就是空想。怎样让它的光芒部分或全部地照进现实，那就必须让思维不断地创新。而思维是一条条的路，那么创新思维就是要你走别人没有走过的路。

凡是路，走起来总需要一些力气的，但是走这创新思维的路，不仅需要力气，更需要才气。在《庄子》中记载着这样一个故事——惠子家里有一个大瓜，他却因为它太大而发愁，因为不知道拿它做什么用。庄子就批评惠子，把它晒干了挖空当作一条简易的船，可以方便出行，你竟然担心它没有用，真是“夫子犹有蓬之心也”。由此可见，创新思维的路并不是谁想走就能走的，这里还有条件：必须带上才气、学识、智慧甚至机遇。当初，要是苹果没有落在牛顿头上，也许他就不会发现万有引力定律……

走别人没有走过的路，肯定要比别人多付出。然而，终究会开辟出一片新境界。

你需要继续走，发现一条更宽阔的路

“我爸老是说我不爱这个家，不愿意和他们沟通；但我下班后得换乘两次公交，站一个多小时才能回到家，到家后我真的是累到说话的力气都没有了。”

青小青是我的豆瓣友邻，这个北京姑娘，带着北方人特有的豪爽气，有一晚提着几个凉菜就来我家做客了。她说同事拜托她来咨询一些情感问题，问完同事的问题后，又开始说起了自己的苦闷事来。她当然不是个例，事实上不止一个友邻跟我抱怨过同样的问题。

“我的室友总觉得我是个很难相处的人，可是事实上从广告公司加完班回家后，我除了想躺在床上睡个半死什么都不想做，我甚至连妆都不想卸；你知道我都是怎么度过周末的吗？我都是从周五晚上拉起天窗直接睡死到周六下午的。不是说我不愿意周六一大早陪室友们去顾村公园烧烤，我真的太累了，累到觉得周末一睡就过去了。”

对于在大城市打拼的年轻人来说，无休止的工作不是最可怕的，可怕的是无休止工作后所带来的身心疲惫感，延续到了下班后的生活，慢慢在吞噬掉他们工作之余的日子。这种疲累感，几乎就是都市一族身心亚健康的最初来源。

每次听这些年轻人吐完这些苦水后，我就会想起两年前自己的第一次辞职。辞职回家的那天晚上，高峰时段的上海地铁二号线依旧是那么拥挤。人们的表情都很平静，大家都拖着疲惫不堪的身体，对自己周围的人和事毫无兴趣。

可怕的地方在于，这种在地铁上的冰冷情绪是可传染的，它像是一种冷冰冰的传染病毒，让整座城市每一天的下班时段都变得拥挤、暴躁和死气沉沉。

我突然觉得，也许就是在这辆地铁上，我想要辞职的想法第一次萌生出来。我从这些无论怎么拥挤也无法从心底感受到温暖的人身上，突然醒悟：我真的要变成这样子的人吗？

辞职后我在家里宅了一个星期，有一天晚上，我躺在床上开始想以后的打算。毫无思绪的时候，我突然有点怀疑辞职是否是正确的选择。为了让自己不一直处于纠结的状态，我开始问自己一些问题。

“你工作是为了什么？”“是为了让生活变得更好，让自己变得更开心。”

“你现在的生活有变得更好吗？”“没有。”

“你每天挤在二号线的时候觉得开心吗？”“没有，我觉得脑袋是一片空白的。”

“你希望这样的生活继续下去吗？”“不希望，我希望这样的生活能尽早结束……或者说，尽早得到改善。”

“这样想的话，你还后悔自己辞职了吗？”

“我想我一直都是不后悔的，只是我现在对突如其来的空白感到无所适从，所以才觉得自己应该要安定，停下来，停下来接受这份工作，或者说接受自己变得冷漠和麻木。”

“你知道吗，夏奈？我觉得，你不应该在这时候停下来，你不应该让自己变得像动物园的动物一样，只懂得在地铁站的栏杆里穿梭。我觉得你应该继续走，直到你发现一条更开阔的路。”

“你应该继续走，直到你发现一条更开阔的路。”我听见我的心这么回答自己。

我突然意识到我在上海的这四个月，内心和精神意念上是停滞的。就像保罗·科埃略在《十一分钟》里讲到的那样：“生活有时候很吝啬，这么日复一日、周复一周、月复一月、年复一年生活着，却不会感受到任何新的东西。”是的，我感觉到自己在为人处世上变得圆滑了，感觉到自己在变得疲惫、在变老，但是我感觉不到自己的成长。发现自己不断在变老却没有一点长进，令人尴尬和难堪。

我当然也可以选择略带逃避性质的选项，以防止可能无法解决矛盾所带来的无力感不断啃噬我的内心。但我的心告诉我：亲爱的夏奈，你要继续走，才能发现一条更开阔的路。

所以，在这样一个时刻，我选择再一次出发——带着更多的矛盾、更多的承担重新出发。我知道如果我在出发前选择妥协，也许在一定层面上我会得到满足，而那一层面的满足也许会给我带来短期内可观的物质回报，能让我获得别人的理解和赞赏。但是正如我一直在谈论的“自我”一样，我不了解这种最终目的是为了短期利益和“被他人理解”的妥协是否值得。

这个时候，我的内心帮了我很多的忙，它使我相信我应该更加爱我自己。也正是我的心，一直陪伴着我，在我找到更开阔的路前，用尽全力去保护我。

问问自己：“你工作是为了什么？”“你现在的生活有变得更好吗？”“你现在过得开心吗？”“你希望现在这样的生活继续下去吗？”

你的心，会给你最好的答案。

英雄不问出处

当美国马萨诸塞州一个偏僻山村的一家农户中传出一声响亮的婴儿啼哭时，正处于安静中的城市被这婴儿的哭泣声划破了。这个婴儿带给农户一家的既有为人父母的喜悦，又有对难以维持的穷困生涯的担心。用这个孩子后来在其自传中的话来形容，那就是“当我还在襁褓中的时候，贫困就已经露出了它凶狠的面目”。

当这个婴儿匆匆长大，已经咿呀学语之时，父母为了保持几个孩子的温饱不得不同时打好几份工，但即便是这样，这家人仍然一天只吃一顿饭、吃了上顿没下顿，时时面临饥饿的威胁。

就在这个孩子刚记事时，他就比有钱人家的同龄孩子们懂事得多，这可能就是人们常说的“穷人的孩子早当家”吧。

在那时，当他稍稍觉得饥饿时是不会向母亲要东西吃的，只有在感到十分饥饿时才会用一双深陷在眼窝中的眼睛察看母亲，假如看到母亲脸上的表情不是十分严正，他就会伸出一双小手向母亲要一片面包。

贫穷使得这个家中的孩子们都没能受到完整的教育，其中一个孩子更是在十岁就不得不出外谋生，之后当了整整十一年的学徒。学徒的工作又苦又累，如果不是被逼无奈，没有任何一对父母乐意让孩子受如此的苦难。

当结束了充满血泪的学徒生活之后，这个孩子又到遥远的森林里当伐木工，森林离家很远，而且当地除了几名一贫如洗的伐木工之外几乎没有人烟。

在森林里当了几年伐木工之后，已经长成强健青年的他又持续依靠自己的才能干其他工作。虽然这期间的工作都非常辛苦，但是他居然利用夜间休息的时间读了千余本好书，这些书都是他在干完活后跑十几里山路从镇上的图书馆借来的。就这样，他一边辛苦地工作，一边从书本中学习知识、汲取智慧。

无论面临怎样的困苦和艰难，他从来没有埋怨过任何人和任何事，即使是面对极不公正的待遇时他也仍然如此。

一次，他得知伐木厂邻近的一家政府机构要招书记员。以他的能力和程度是完全可以胜任书记员这一职务的，于是工友们都支持他去报名，结果在报名时，一位负责人不屑一顾地告知他："要想成为这家机构的书记员，首先要有高级学历，同时还要有当地资金丰富的人乐意担保。"这两个前提他都没有。

当初拒绝过他的那位负责人可能怎么也不会想到，就这样一个几乎完全依靠自学获得知识的孩子，居然在四十岁左右的时候以绝对优势打败竞争对手进入美国国会。后来，他又因为出色的政绩成为人们爱戴的美国副总统。他就是美国历史上最优秀的副总统之一——亨利·威尔逊，无论是他本人，还是他为美国历史，都创造了令世人瞩目的伟大成就。

不要因为一时的成败得失而影响整个人生旅程，更不要因为出身来圈囿自己的成就，须知出身贫苦不见得终生潦倒，出身富贵也不见得一生荣华。对缺乏责任感的人来说，除了他们自己，所有的人、所有的环境以及所有的事情都可以是不幸和失败降临的理由，只不过，这些理由除了迷惑他们自己，没有人会真正相信。

你真正想做的事，只要开始了就不会晚

跟朋友们吃饭聊天，谈起在做和想做的事。我的计划是，好好赚钱，然后安心写字。浩森哧哧笑着说，“我的想法跟你恰好相反，我想好好学中医，多听一些课程，多做一些实践。”

我们很开心的是，每个人都有自己想做的事，朝着自己喜欢的方向走去。在这样的时刻，更加清晰地感受到：你想做的事情，不管什么时候开始，都不嫌晚，真的。

两三年前，浩森刚开始迷中医的时候，我也觉得匪夷所思：这个比我大十多岁的女同学，半路出家学中医，是不是也太奇怪了？常规一点的思路，难道不应该是后悔连天吗？哎呀，太可惜了，我居然没有在大学时学中医，而且，改行这件事，不是应该发生在年轻时吗？都人到中年了，应该进入一个平和稳定的状态了，还折腾什么呢？

当时她淡然地说，目前自己只是中医粉丝，非常喜欢，所以要开始学习。至于其他，并没有想太多太远，而是要一边学习，一边思考，不正好吗？

好多事情，因为我们想太多，想太远，反而就止步不前。

这几年，她一边组织中医学习沙龙，一边去参加各种课程学习。她的热情和行动，给我很多鼓舞。

想要做一件事，永远都不要怕晚。只要你开始做了，就不晚。而若是你不开始，仅仅停留在思考、犹豫甚至焦虑的状态，那就永远都是零。

24岁那年，我妹妹安吉开始学跳舞。当时，她大学毕业后，在一所大学里工作，而且也结婚了。所以听说她要学跳舞，我自然是惊讶的。

听说跳舞是童子功，还来得及吗？骨头都硬了，身体还能柔软地伸展吗？一个女孩子，都工作结婚了，好好地工作、生活，以后要生孩子、照顾家庭，跳舞这种事也太异想天开了吧……她遇到的疑问应该不止我一个人提出的。

她简单跟我解释过，自己学习的是肚皮舞，不需要童子功，只要基础学扎实就可以。她小时候就喜欢跳舞，但那时没有环境和条件，现在有了，把跳舞作为一个兴趣，不是挺好的吗？跳舞可以锻炼身体，延展身心，还能扩大社交圈，她认识了一帮兴趣相投的好朋友，非常开心。

没想到，她就真的跳了十年。这些年里，她从初学到精进，从一个普通的舞者到教练，参加过大小的舞蹈比赛斩获很多奖项，开了舞蹈工作室……听起来像天方夜谭，但这些的确都风轻云淡地发生在我的生活里。

她还在大学工作，生了可爱的小孩，除此之外，她还学习瑜伽，带着爱美的女生减肥，还带着孩子们学习少儿英语（她是英语专业八级）……这么想一想，这个小时候好吃懒做的小胖妞，还真是挺让人钦佩的。

她刚开始做舞蹈工作室的时候，父母是略有担忧的。要知道，当时肚皮舞已经开始流行，她做得当然不算早，行吗？她说："虽然我做的不算是最早的，但是我能做好。"

答案已经显而易见。

这是个非常奇怪的现象，当你打算做一件你喜欢甚至想了很久的事情时，总会有人告诉你："你来不及了，已经晚了……"

20岁时，你想要开始学习一项运动，有人说："晚了，你的骨骼已经发育完毕了，你现在来不及了。"可是，我在滑冰场里，看到头发花白的阿姨穿着冰鞋跌跌撞撞地穿梭在年轻人中，感觉帅极了！

30岁的人，说她要开始学写东西，又不无担忧："还来得及吗？是不是晚了？"我相信写作是不分年龄的一件事，只要你想，60岁拿起笔开始写都没问题。关键是，你得开始。哪怕是写日记，都算是进步，对吗？

嗨，想想76岁才拿起画笔的摩西奶奶，80岁举办画展这件事，是不是很酷？我觉得是。她说，人生永远没有太晚的开始。

你做什么都有人说晚了，于是你就不做了？

你高二时发现成绩不够好，可能上不了重点大学，你觉得晚了，所以自暴自弃，最终连一所普通本科都没去成。而我有一个初中同学，调皮捣蛋得令老师们头疼，成绩也非常一般，到初三下半年他开了窍一样拼命学习，居然在众人的目瞪口呆中考上了重点高中！

你大学时发现自己选错了专业，可是已经来不及了，于是就浑浑噩噩，在游戏里浪费着青春，挨到毕业，勉强找一份工作，没过多久又发现自己再次错过了改变人生的机会——啊，又晚了！

你在一段感情里发现了一些问题，如鲠在喉，非常难受，可是你们已经谈婚论嫁，来不及再去沟通、梳理了吧？于是就假装什么都没发生，一直拖到婚姻里，拖到有一天图穷匕见，自食恶果。

励志的故事有很多。但你若认真去看，抛去那些炫目的光环，那大多都是一个普通人在用自己的坚持、努力和认真，写就整个传奇。

你想做的事情，只要开始了就不会晚，真的。

你想要做的改变，只要开始了，就会往好的方向走。

我们期待的东西

“‘麦莎’要来了，这将是北京十年来最大的一次暴雨。”这个多年不遇的天气警报，让差不多全北京城的百姓都改变了出行计划，待在家里，甚至彻夜不眠等“麦莎”，可它，扭头走了，只掉了几点小水花。事后，人们调侃中，失落似乎大于庆幸。

失落从小时候就开始了：春游那天必定下雨；超市结算，走得快的永远是你没挑选的那支队伍；早餐吐司不小心掉到了地上，永远是抹了黄油果酱的那一面朝下，把刚刚擦过的地板搞得一塌糊涂——“糟糕！怎么总是这么糟糕！”我们不断地抱怨。

这种生活经历，都涉及了墨菲定律：如果事情既可以向好的方向发展，又可以向坏的方向发展的话，那么它多半会向坏的方向发展。

在很长一段时间里，科学家们对墨菲定律没有予以足够的重视，他们仅仅把这当作一个玩笑，而反驳墨菲定律最有力的武器便是“选择记忆”。

1991年，英国BBC电视台一个非常有名的科学探索节目《QED》，为了扳倒有关“黄油吐司”的墨菲定律，他们特意组织了一次向上掷黄油吐司的实验。在掷了300次之后，发现抹黄油的一面落地的有152次，黄油那面朝天的有148次。他们因此欢呼，在概率上基本没有差别。墨菲定律被归咎为我们的错觉。

事情真是这样的吗？生活中，掉到地上的吐司，并不是向上掷出的结果，而是从我们手中或餐桌上滑落的。而抹了黄油的吐司，到底哪一面落地，是由它在空中旋转的情况决定的。英国阿斯顿学院情报工程学专业的访问学者罗伯特·麦特维斯教授通过计算证明，从一般餐桌或者人手的高度滑落的吐司所受到的重力作用，还不足以使其旋转整整一圈。大部分吐司只旋转了半圈就掉到地上了，当然是抹了黄油的一面着地！

如果人类的身高比现在要高出许多的话，我们就会坐在足够高的餐桌边吃饭，那么黄油吐司也就有足够时间，在空中完成漂亮的旋转再落地，那样，抹了黄油的一面就会朝上了。

不过，哈佛大学的天体物理学教授威廉·佛莱斯指出：对于双脚行走的人类来说，现在的身高刚好使人类不至于脱离地球的引力而安全地生活在地面上。也就是说，我们的身高，是地球引力与人类骨骼达成某种化学和力学的平衡后的结果。

至于“超市最快的那条结算队伍永远不是自己排的那

条”这个问题，物理学家为我们做了如下分析：如果一个超市有12个收银台，并且假设他们的结算速度相当，由于大家都会选择较短的队伍排队，那么实际上，所有队伍的长短是差不多的。当然，每支队伍都可能发生意外：发生争执，或某位顾客买了过多的东西。这样算下来，自己所排的队伍前进得最快的概率是多少呢——1/12。换言之，别的队伍前进得快的概率是11/12。倘若不是撞了大运，那么不管你选择了哪支队伍，结果都是眼睁睁看着别人先结算罢了。

罗伯特·麦特维斯的统计结果显示，即使天气预报说要下雨，不带伞出门的决定也是明智的。英国天气预报的准确率平均在83%以上，但罗伯特·麦特维斯引导我们往更深的地方想：假设天气预报员什么也不做，哪怕整天在家睡觉，而一律做“无雨”的预报，也能平均蒙对92%（因为实际每小时降水概率仅为8%）。以最近几年的统计数据看，英国气象部门预测“无雨”也确实没有下雨的情况占98.2%，预报“下雨”并真正下了雨的情况不到30%。换句话说，“有雨”的天气预报，其可信程度实在令人不敢恭维。

罗伯特·麦特维斯用简单的数学方法证明的墨菲定律，对我们有什么现实意义呢？我们必须明白，这不是运气好坏的问题，更多的可能，是我们所期待的东西，对这个世界来说不太合理。

至少下一次，我不会奢望天气预报100%准确了。

懂得低头

人性是固执的，做到低头也是困难的，如果不懂得在现实面前适时地低头，人生也就不会有太大的成就，懂得适时地低头，是一种巧妙的智慧、沉稳的成熟。

谷子成熟了，就低下了头；向日葵成熟了，也低下了头。昂头是为了吸收正面的能量，低头是为了避让危险的冲撞。事实如此，正应了一句俗语："低头的是稻穗，昂头的是稗子。"

植物如此，倘若不低头，就不会成熟，风会将其吹折，雨会将其腐朽，鸟儿也会将其果实作为食物而果腹充饥，只有空空如也的稗子，才会昂着头在风中招摇。

人生也是如此，至刚易折，至柔则无损，上善若水，是最好的选择。便利万物，而又能高能低、能屈能伸，方能顺利长远。

所谓低头，是适时的选择，识时务者为俊杰；所谓成熟，也是辩证兼得，不能一味地追求一成不变的态度。

生活中，如果一味地昂着头，那就会给人一种趾高气扬、不可一世的感觉，让人敬而远之。久而久之，人们就会觉得这是一种傲慢无礼、目中无人的傲气，会不被认可，会遭人排挤。

现实中，如果一味地低着头，那就会给人一种懦弱无能、胆小怕事的感觉，别人也会趁机欺负打压。久而久之，会让人们看不起，而当作另类处理。

而适时地低头，不只是一个动作，也是一种智慧，是一种豁达的胸怀，是忍的境界；适时地低头，不是委曲求全的懦弱，是“留得青山在，不怕没柴烧”的深谋远虑。

而成熟的标志，是一种百炼成钢绕指柔的状态，知道什么时候昂头，知道什么时候低头，刚柔并济，进退有度，是一种谦逊的姿态。

俗话说：“懂得低头，才能出头。”有时候稍微低一下头，是一种宽容，是一种从容，是一种避让，是一种生存的智慧，留有存在的机会，才会有出头的可能。

有时候，低头才能看见自己的幸福，才能看见自己的不足，仰望出来的幸福不是幸福。低头看看，才能看到身边最普通的生活中充满了真实的幸福；如果总是昂着头，看不到自己的缺点，那么也不会适时地低头反思、发现不足，从而使自己得到完善。

有的人，不屑于低头，直来直去，硬撑强做，一直奉行“宁为玉碎，不为瓦全”的信条，到最后伤害了别人，也断送了自己。

有的人，把低头看作耻辱和退缩，总觉得刚、猛、直才是英雄所为，才是硬汉的做法。

做事横冲直撞、锋芒毕露，却不知，即使是最硬的弓，拉得太满也会绷断；更不知道，即使是最美的月亮，也会有盈亏。

适时低头，需要我们的人生有弹性和韧性。低头避让是为了更坚定地前进，勾践卧薪尝胆，韩信受胯下之辱，这些典故充分说明了“小不忍，则乱大谋”的低头智慧。

人生在世，不都是称心如意，天有不测风云，保不齐会失意，保不齐会求人，保不齐会屈一下身、弯一下腰、低一下头。实际上这都无伤大雅，只要有自己做人做事的底线，是不失颜面和尊严的。不能“死要面子活受罪”，做到能屈能伸才更坦然。

适时低头，是成熟的标志，是一种取舍的智慧。它不是无原则的妥协，而是理智的忍让和忍耐；不是无条件的迁就，而是有意识的谦让和迂回，是一种巧妙的人情练达。

适时低头，也是需要勇气的。这种低头是一种平和的执着，是为了胜利而不惜做出一些牺牲的勇气，是一种大智若愚的谦卑，是一种走向成功的资格。

适时低头，是一种明智的选择。过一扇门，爬一座山，我们都需要低头。当一根棍子横扫过来，我们会自然地选择低头和放低身段，否则，受伤的一定是那个自以为是的“硬汉”。

懂得低头，会看清自己脚下的路；懂得低头，路边的野花会是你的鼓励；懂得低头，才能忍辱负重；懂得低头，也是人生的风度和修养。

懂得低头，也就懂得了不低头。在金钱、命运、权贵、邪恶、困难面前，我们是绝对不能屈服，绝对不能低头的，否则，自己将沦陷其中，终生成为奴隶。

成熟的人，懂得低头不会让自己撞得头破血流；成熟的人，不会在绝望面前孤注一掷，而是选择退一步海阔天空。巧妙地低头，既是一种策略，也是一种智慧。

人生路途，荆棘遍布。相信低调做人，信奉“虚心竹有低头叶，傲骨梅无仰面花”这句话，也许，我们的人生会走得更顺利、更长远，我们的人生也会拥有宽容、大度的成熟和智慧。

人在低谷、檐下时，在无力回天时，不妨低低头，也许，低头就有一丝光亮，低头就为自己开了另一扇窗。如果，生活中懂得适时低头，生命里就会多一分韧性、一分张力和一分成熟。

懂得低头处世、昂首做人，或许我们才能做出人生中的诸多智慧选择。

走自己的路

在人生的道路上，每个人都会留下一串长长的脚印，印记中有悲，有喜，有笑，有泪。仔细品味自己走过的人生路，有着不同的滋味；回看自己走过的路，有着不一样的精彩……

蒲公英只有告别父母，飞向天空，才能闯出一片属于自己的天地；幼小的孩童只有挣脱父母有力的手，自己独自向前，才能走向美好的未来；而我们，只有消除对父母、朋友的依赖，自己走路，才能用人生的画笔描绘出美好的未来。

人生就像一条长长的路，有起点，也有终点；有平坦，也有坎坷。但不同的是，这条路上真正的行人只有一个，那就是你自己。也许有人会说："怎么会呢？在我的一生中，有家人，有朋友，不仅仅只有我自己呀！"不错，人的一生中，缺少不了家人、朋友，可是，有谁能完整地陪你过完一生，有谁能有始有终地和你一起品味生活的喜怒哀乐、悲欢离合，又有谁能和你一起感受着生的喜悦、病的痛苦、死的遗憾呢？

这一切的一切，只有你自己体会得最深，也只有你自己了解得最透彻。每一次相遇，也许都只是两个时空的错位，导致不同时空的人相遇、相识、相知，而当两个时空又按照各自的轨道运转时，一切都消失了，有的只是脑海中存留着的美好回忆。身边的每一个人，都只能是路人甲乙丙，都只是生命中的过客。因此，我们要学会自己走路，不去依赖别人。

但是，又有人说："那为什么那些离家出走想要独立的人却不被别人理解呢？"这是独立吗？是真正的独立吗？独立，是在生活中尽量不去依靠别人，事事不依赖别人，不成为别人的负担，尽力做一些自己力所能及的事。而离家出走，这并不是独立，而是想要摆脱父母，为了满足自己，为了自己逍遥快活。

有一首歌曲叫《独立》：

勇闯每一个遭遇

都跟自己有关系

道理这么说人要学着独立

没那么故意但是我要亲身经历

……

可能没有最好至少强烈要求自己去要

可能就快做到而下一步是跟自己比较

……

所有的一切，都告诉我们要独立，要自己走路。

在成长道路上，独自一人走在阳光下，手握勇气，心怀希望，迈着坚定的步伐，大步流星地向前走；独自一人走在黑暗的夜里，手执火炬，胸怀信心，迈着冷静的步伐走向月明之处；独自一人走在沙漠中，手提甘泉，背负梦想，一步一步朝着绿洲进发；独自一人走在深山中，手拄拐杖，眼含坚定，努力攀登人生的高峰，成为最后的赢家。

在困难面前，永远不要低头，要将你那高傲的表情摆在它面前，让它知难而退；在失败面前，切不可气馁，要朝着你那执着的信念一步步前进，直到成功为止；在成功面前，千万不要骄傲，要把你的谦虚展露出来，不要被荣誉冲昏了头脑；在幸福面前，万万不可犹豫，赶紧伸出手抓住那稍纵即逝的风，不然你将遗憾终生……

欢欢喜喜、悲伤离别、忧郁痛苦……一切的一切，你都将在人生的道路上细细品味，品味出不一样的人生和不一样的感受。

走自己的路，趣味无穷……

选择的价值

在一条宽阔的马路边上，挺立着几棵不同种类的大树。紧挨着垂柳的是一株粗壮而苍劲的桑树。自从枝叶繁茂、亭亭玉立的那个年代起，垂柳就产生一种要与沉默寡言的桑树一争高下的念头。经常可以看到，垂柳那如针一样锋利的狭长枝条，时不时地伸向桑树那像老工人手掌似的厚实的叶片，摆出一副挑战的架势。

两树挨得那么近，有点磕磕碰碰在所难免，本不值得大惊小怪。垂柳争强好胜，桑树埋头苦干；垂柳随风飘荡，摇曳生姿；桑树养儿育女，奉献佳果，供人制糖酿酒。

3月10日，按伊朗旧历，相当于公历5月底6月初的天气，烈日当空，银白色的阳光穿过茂密的树叶洒在地面上。微风习习，吹拂着细柔的叶片。金丝雀在啼啭啁啾，却不闻蟋蟀的鸣叫。时近晌午，但见马路的一端，急匆匆走过来几个大人小孩，他们肩上扛着长短不一的木杆，有的手里还拿着石块和木棍，在树荫下停住脚步。

几个人交头接耳之后，便朝垂柳的方向疾步走去。不！他们的目标不是垂柳。看来，一场飞来横祸即将落在老桑树的头上，因为它那沉甸甸的枝杈上挂满了香甜可口的桑葚。转瞬间，大人小孩一齐向桑树发起了进攻：挥舞手中的木杆，跳哇蹦啊，还不断地投掷石块。噼里啪啦一阵狠抽猛砸，桑树浑身颤抖，枝叶和桑葚落满一地。进攻者心满意足，欢欣雀跃；可怜老桑树惨遭不幸，被打得遍体鳞伤。

呵，我们的桑树多么像一名抵御外辱、坚贞不屈的勇士，它虽然寡不敌众，败下阵来，但却依然昂首挺胸，岿然不动！

此时，在一边观战的垂柳心中着实担惊受怕，怕“城门失火，殃及池鱼”；但看到昔日的竞争对手遭难，却也暗中窃喜。垂柳侥幸逃脱了这场浩劫，竟然安全无恙，连一颗小石子也没碰着。

人们散去了。垂柳暗自庆幸自己的好运气，更为桑树吃尽苦头而由衷地感到快慰。微风和畅，垂柳高兴得直摇头晃脑，对饱受摧残的邻居非但没有些许的同情和怜悯，反而报以冷嘲热讽，显示出它的冷峻、高傲和不可一世。

因果实丰硕而遭到洗劫的桑树，许多枝杈被折断，碧绿的叶片受损，变得千疮百孔，它的万般苦楚自不待言。而垂柳在整个夏天都过得十分惬意。

桑树顽强地挺过来了。经过一段时间的休整，它又开始打扮自己。新生的幼芽和剩下的绛紫色的果实，再次令桑树青春焕发，恢复了往日的风采。

可是，一种难以言状的隐痛，时时压在桑树的心头；一种莫名的狂妄自大，总在随风摇摆的柳枝间荡漾。公正的大自然对此深感不悦，它不愿让这种人为的不公长期存在下去。

光阴荏苒，转瞬已是深秋。阵阵寒气袭来，驱散了阳光带来的温暖。天地间阴云密布，一片寂静，再也听不到蟋蟀的叫声。萧瑟秋风中，万木凋零；偶尔可见耐寒的花儿初绽，也不过是零星的点缀。为了满足有钱人家取暖的需要，园林工人开始砍伐那些无用的树木。

这天午后，狂风骤起，将马路上的残枝败叶吹得直打转。枯黄的叶片被卷起，扶摇而上，在空中翻飞，犹如孩子们玩的风车。风势稍减，从街头走来一位老园林工人，手里提着一把古铜色的大锯。此时此刻，垂柳的枝干像往常一样透露出傲慢的神色，而桑树内心的隐痛依然没有得到缓解。

老园丁走近桑树，以审视的目光上下打量了一番，暗自思忖道："这是棵有用的树哇！它结出的果实味美多汁，不该用锯条伤害它的枝干。"他要找的是一棵不挂果的、没有多大用处的、适合砍伐来当柴火烧的树。老园丁转眼看到了近旁的垂柳，就是那株曾幸灾乐祸而不可一世的垂柳！这回厄运该降临到它身上了。

老园丁不慌不忙地把锯齿对准垂柳的枝干，用力锯起来。狂风大作，势头更加猛烈。垂柳浑身颤抖不已，白色的木屑伴着痛苦的呻吟，随风飘扬，飞向远方。不一会儿工夫，马路边上就堆满了粗细不等的柳树枝条。

当见到有用的东西遭受伤害和摧残时，千万不要幸灾乐祸，高兴得太早。一棵树的价值如何，老园丁的心里是有数的。

大凡成绩斐然的饱学之士，难免一时碰壁，或遭他人攻击；反倒是那些不学无术之辈，极少受到责难，然而他们充其量只配“烧火取暖”，所剩的灰烬也只能被丢进垃圾堆。

你的努力，要配得上你的年纪

微博上看到这样一段话，一位八十岁高龄的老奶奶说："年轻时你不去旅行，不去冒险，不去拼一份奖学金，不过没试过的生活，整天刷着微博、逛着淘宝、玩着网游，干着我八十岁都能做的事，你要青春干吗？"

说得真好！如果年轻时就追求安逸舒适，不去突破极限挑战自己，年纪大的时候我们又有什么资格享受生活呢？

你的努力，要撑得住你的年纪。

一

苏茜带的高三班，这次高考满堂红，全班无一例外都考上了本科，还有好几个拿到了名校的通知书。她因此得到了学校奖励的一笔丰厚奖金，职务也提升了。

很多人都去祝贺她，夸她能干。苏茜低调地说，哪有那么厉害，就是死撑着，再难也没想过放弃。她带的班从高一开始，就是全年级基础最差的混合班，学校里最调皮难搞的学生都在她班上。她除了要管学习，还得操心纪律，对付那几个早恋和沉迷于电子游戏的熊孩子。教学之外，同时要忙于写科研论文，熬夜备课改试卷是家常便饭。尤其是高三这一年下来，她瘦了七八斤。因为一心忙于工作，每天早出晚归，家里顾不上太多，周末只能休息一天，还常常得去做家访。她的婆婆对此颇有微词，抱怨苏茜只想着工作忘了家，"就是个死脑筋，这个工作能挣多少钱哪，值得你那么拼命！"

"但世上哪一份工作是容易的呢，在自己最能拼的时候不投入不付出，以后只会留下遗憾，对不起自己，也对不住学生啊！"苏茜说。她的辛苦付出，除了得不到家人的理解，有个别学生家长有时还会因为成见和短视不配合苏茜的工作，让她颇为头痛。但这些，她都一个人默默承受下来了，面对不理解和委屈，她的选择是不顾他人眼光，坚持到底。

泼冷水是旁人的自由，坚持下去则是你的自由。那些成功的人，不一定是最初就最优秀的人，但一定都是坚持走到最远的人。人生很多时候没有那么多道理可言，挺住就意味着一切。

二

沙砾进入蚌体内，蚌觉得不舒服，但又无法把沙砾排出。好在蚌不怨天尤人，而是逐步用体内营养把沙砾包围起来，慢慢地这个沙砾就变成了美丽的珍珠。

人生不如意事常八九，如果我们能像蚌那样，设法适应，以蚌的度量去包容一切不如意的境遇，那么，困境也可以成为转机。

一个曾做过销售的朋友，说起过他多年前的一段经历：有一年年关将至时，他丢了一个大单子。跟了大半年的大客户，被竞争对手挖了墙脚。而他下半年的主要业绩就靠这个单子了。当时他背负着房贷，母亲有慢性病，常年需要服用进口药物，到处都要用钱。一下子失去了一大笔经济来源，他心灰意懒，不知道该怎么渡过眼下的难关。他的妻子却没有一句责备，反而安慰他：多大点事呀，大不了以后阳春面一人一碗呗。他咬咬牙，重拾信心，过年时还到外地跑客户找资源。生活上，两个人省吃俭用，找朋友借钱周转了几个月的房贷，度过了最寒酸的一个春节，算是熬过了寒冬期。开春后，他重整旗鼓，主动申请到另一个城市去开辟新市场，将异地当成了大半个家，忙得昏天暗地。最后努力没有白费，他的新业务蒸蒸日上，不仅打通了客户关系，自己也慢慢积累了业内资源，开始创业。如今他的企业发展势头很好，但他还是很踏实地工作，也常常以自己的亲身经历告诫员工：人生就是苦熬。你以为过不去的坎，再坚持一下就会看到另一片风景。

三

没有谁的人生是一帆风顺的，更没有谁天生就是上帝的宠儿，永远都能过着不劳而获的生活。有时候，我们距离成功，只有一个转角的距离。但是很多人，却在走到那个转角之前，自己选择了放弃。

电影《中国合伙人》里有一句台词说：“成功路上最辛酸的是要耐得住寂寞、熬得住孤独，总有那么一段路是你一个人在走。也许这个过程要持续很久，但如果你挺过去了，最后的成功就属于你。”

人生难免挫折，也不可能没有挫折。挫折只会吓退软弱的人，真正的强者只会越挫越勇，将苦难的岁月一点点熬成甘甜的果实。有时候经历多了才会明白，在这个世界上，总有几样东西是别人拿不走的。比如，你读过的书，看过的风景，以及那些曾经被嘲笑的梦想。

只要你力气用对了地方，它们终会融入你的血液与身体，变成谁也夺不走的力量。

第二章
尚好的青春

人生就像是一块拼图，认识一个人越久越深，这幅图就越完整。但它始终无法看到全部，因为每一个人都是一个谜，没必要一定看透，却总也看不完。

——林海音

相互为灯，彼此照亮

眨眼间，我已经做了二十多年的教师。坦诚地说，我没有清廉到不拿家长或孩子的一针一线。那些曾经收受过的“小贿赂”成了我教学生涯中最美的风景。

当初那个时代，我被分配到远离县城的一所乡村学校。当时我住的是宿办合一的房子，每周小镇有集市时我都会买些蔬菜自己做饭。

那时的孩子们呢？

家在小镇上的，吃住都在自己家里。别的十里八乡的孩子们则是自带干粮，吃住都在学校。有的孩子吃饭没计划，没到周末就将带的干粮吃完了，我便邀他们来我房子里吃饭。小铁炉、小铁锅，有孩子时我就做炒菜面，白萝卜、洋芋、白菜大杂烩。这种饭连吃带喝，我们师生才能都吃饱。

一个周日下午，孩子们陆续返校了，收拾完房间我开始做下周的课前准备。

突然听到一声响亮的“报告”，我还没反应过来，门帘便被揭开了。王源很滑稽地站在我面前，怀里抱着一棵用塑料袋装着的大白菜，两肩各斜挎一个鼓囊囊的大布包。

我忙问他：“怎么了？”

一向调皮的他先是咧嘴一笑，然后放下大白菜，再卸下一个大布包，开始往外掏东西：南瓜、白萝卜、青椒。原来是王源的妈妈听王源说我平时都是买菜吃后，心思细密，就装了这么多菜让他带来了。

他就那样很狼狈地走了八里路。看着他离去的身影，我的脑子里像放电影般闪现出一些画面：他有些调皮捣蛋，我为此头疼不已，没少敲打他；他又很聪明，热心地为班级服务，有时又像我的小助手，我很感激；他一度沉迷于武侠小说，连上课时都看，盛怒之下我拧了他的耳朵，不问青红皂白地将他借来的书撕得粉碎……训斥他时我竟然把自己气哭了，好在他再也没有在课堂上看过武侠小说。

王源没有来我这里蹭过饭，我却蹭了他家的菜。这是我从教生涯中第一次接受“贿赂”。多年之后，已定居深圳的王源将6岁的儿子带到我跟前说：“叫师奶，她是爸爸最害怕又最不害怕的老师。”小家伙歪着脑袋表示没听懂。我们都笑了。

记忆这东西很奇怪，具有隐蔽性，潜滋暗长；又具有比植物更高级的生长性，无须风雨也能蓬蓬勃勃。

我接受的第二个“贿赂”是一双大红花布做的手套。

贾茹不知是营养不良还是休质不好，上课时总是没精打采的，给所有老师留下的印象都是迷迷瞪瞪不用心听讲。她家距离学校也不远，有五六里。提前打听好地址，我骑车去了她家。她家条件不好：父母都是地道的农民，没有任何副业收入；爷爷年龄不是很大但身体不好，不能帮忙干活，还时常生病；她家孩子也多，她的三个姐姐都辍学了，还有一个妹妹。

从她家出来时我就打起小算盘：得先帮她把学习搞好，用耀眼的成绩给父母以希望，绝不能让她步姐姐们的后尘。

每天下了晚自习，教室熄灯了，我就让她在我的房间里再做点额外的练习，顺带预习一下第二天的功课。同一张桌子，我备课、批改作业，她做我布置的习题。到期末时，贾茹考进了全班前十五名，得到了一张奖状。放寒假那天，她跑到我的房子里，从布包里掏出一双大红花布做的棉手套。她说看到我手上有冻疮，所以专门让她外婆做了一双。见我不收，贾茹急了，套在自己手上给我看，说她戴着不合适，就是专门给我做的。

还有一袋小米也该算“贿赂”吧！那是郝云龙送来的。那时我已离开乡村中学，被调进了城里的学校。

郝云龙名字很霸气，人却安静少言，参加任何活动都藏在其他孩子的后面。我能感受到他深藏着的自卑。

一次，我让孩子们以“母爱”为主题写一篇作文，郝云龙写的是奶奶，像妈妈一样疼爱他的奶奶。我找到他，装着很随意地跟他聊起家庭、聊起家人，才知道他没有妈妈。确切地说，他对妈妈连模糊的印象也没有，而且一直没有继母。

郝云龙很努力，是那种憋着劲儿的努力，跟自己或跟一切较劲的努力。我看着心疼，他不是那种很聪明的孩子，却给自己定了较高的目标，他的努力使得自己很辛苦。我常有意无意地跟他交流，我想传递给他的信息是“尽力就是最好的”。我害怕他有太多的压力。我一直觉得，对于一个孩子来说，朝着目标快乐前行才是最重要的。

学校举办歌咏比赛，班里统一着装，每个学生要交80元服装费。郝云龙的那份是我代付的，我给他的解释是：“这是老师奖励你的，因为你的勤奋。如果你能快乐而勤奋，老师会继续奖励你。”

后来，我也找了各种理由送给他一些书及学习用具，小而不张扬，不至于让他觉得欠了我什么而有心理负担。

一天，我正在二楼的出租屋里做饭，听到院子里有人喊“张老师”，便赶紧出去，只见郝云龙站在院子里，怀里抱着一个塑料袋。“张老师，这是我奶奶让我给你拿的小米，我家地里产的。”说着郝云龙就往楼上走。他走得很急，脚下一绊，摔倒了。袋子破了，黄澄澄的小米撒了一楼梯。

他一下子蒙了，很尴尬地呆立在那儿。我说“没事没事”，就拿了个盆赶过去跟他一起捡。我说：“你看，咱俩一粒一粒地捡起来，意义就不一样了，粒粒皆辛苦哇！老师还没收到过这么金贵的礼物，回去后替我谢谢奶奶。”那天，我跟郝云龙捡了很长时间。我们边捡拾边聊天，在我面前，他还从来没有那么放松过。

他后来考上了高中、大学，也参加了工作，一切都很顺利。只是我还常常想起跟他在楼梯捡小米的情形。

还有各种书签，铜的、竹的、玉的，都是赵源送的。她知道我喜欢读书，走到哪里遇到漂亮的书签就替我买回来。紫砂壶是志峰去宜兴专门为我订做的，他觉得写作与喝茶是绝配，喝茶就得用上好的紫砂壶。龙凯去法国时，专门跑到巴黎圣母院附近为我淘小玩意儿……

我不敢细细反省，收到的“贿赂”真是不少。

每次想起这些“贿赂”，爱就在心里流淌，很是温暖，也一次次地让我做老师的热情与信念更加饱满。

我与孩子们，相互为灯，彼此照亮。

制订达到目标的计划

1976年的冬天，当时的迈克尔十九岁，在休斯敦大学主修计算机。他是一个狂热的音乐爱好者，同时也具有一副天生的好嗓子，对于他来说，成为一个音乐家是他一生中最大的目标。因此，只要有多余的一分钟，他也要把它用在音乐创作上。

迈克尔知道写歌词不是自己的专长，所以又找了一个名叫凡内芮的年轻人来合作。凡内芮了解迈克尔对音乐的执着。然而，面对那遥远的音乐界及整个美国陌生的唱片市场，他们一点渠道都没有。

在一次闲聊中，凡内芮突然从嘴里冒出了一句话："What are you doing in 5 years？"（想象你五年后在做什么？）

迈克尔还来不及回答，他又抢着说："别急，你先仔细想想，完全想好，确定了再告诉我。"迈克尔沉思了几分钟，开始说：“第一，五年后，我希望能有一张唱片在市场上，而这张唱片很受欢迎，可以得到大家的肯定；第二，五年后，我要住在一个有很多很多音乐的地方，能天天与一些世界一流的音乐家一起工作。”

凡内芮听完后说：“好，既然你已经确定了，我们就把这个目标倒过来看。如果第五年，你有一张唱片在市场上，那么你的第四年一定是要跟一家唱片公司签上合约。

“那么你的第三年一定是要有一个完整的作品，可以拿给很多很多的唱片公司听，对不对？

“那么你的第二年，一定要有很棒的作品开始录音了。

“那么你的第一年，就一定要把你所有要准备录音的作品全部编曲，排练好。

“那么你的第六个月，就是要把那些没有完成的作品修饰好，然后让你自己可以一一筛选。

“那么你的第一个月，就是要把目前这几首曲子完工。

“那么你的第一个礼拜，就是要先列出一个清单，排出哪些曲子需要修改，哪些需要完工。”

凡内芮一口气说完了上述的这些话，停顿了一下，然后接着说：“你看，一个完整的计划已经有了，现在你所要做的，就是按照这个计划去认真地准备每一步，一项一项地去完成，这样到了第五年，你的目标就实现了。”

恰好是在第五年，1982年时，迈克尔的唱片开始在北美畅销起来，他一天二十四小时几乎全都与一些顶尖的音乐家在一起工作。

这中间的道理大家应该都明白了：不管做什么事情，光有目标还是不够的，必须有一个详细的计划，然后把计划中的每一步准备好，接下来的事情就很简单了，只要一步一步地去完成就行了。当你把最后一步完成的时候，你就会发现，目标已经实现了。

认识你的创造潜力

有人做过一个实验，把六只猴子分成三组关在三个房间里，每个房间里面放有可供两只猴子吃一周的食物。在第一个房间里，食物被随意摆放在地上；第二个房间里，食物都挂在猴子够不着的高处；第三个房间里，食物是按不同高度挂着的。一周以后，三个房间里猴子的生存结果各有不同：第一个房间里一死一伤，第二个房间里两只都死了，第三个房间里两只都活得很好。

实验者在这一周内观察到的情形是：第一个房间里的猴子过了没多久便开始为了获得更多的食物争斗，直到其中一只死亡；第二个房间里的猴子却因为在做了几次尝试无果以后绝望地等待死亡；只有第三个房间里，一开始两只猴子各自取能够拿到的食物，后来，当剩下的食物高到自己够不着的高度时，它们已经经过了由低到高取食的过程，知道必须提升自己的高度，于是一只猴子站到另一只身上，终于取到了食物。

第三个房间的猴子的这种举动，可以认为是它们的一种创造力。我们不能说它们要比其他的几只猴子聪明，如果将它们换一下位置，可能这种生存状态也不会因此改变。

潜力存在于每一个个体中，创造潜力也不例外。对于每个人来说，创造潜力是否能够发挥出来，是需要一些客观因素来激发的。上例中猴子的创造力被激发是因为它们要生存下去。发挥创造力的过程当中，首先是必须激发自己，要有一个明确的目的，一个强烈的愿望。最好的主意往往出自那些渴望成功的人。托马斯·爱迪生为了能继续工作，就以拼命多赚钱来激励自己，甚至在他成了百万富翁以后，还有人听见他说：“任何不能卖钱的东西我是不会发明的。”

同时，创造潜力的发挥又是需要一个过程的，实验中我们清楚地看到了这一点。我们人类的创造性，就是一种新的思想的产生。所有的新思想，归根结底，都是借鉴于旧思想的，都是在旧思想的基础上添加一些东西，把它们结合起来或进行修改。如果是偶然形成，人们会说你运气好；如果是有计划地形成，人们便说你有创造性。

新思想的产生大约要经过五个步骤：最初的观念—准备阶段—酝酿阶段—开窍阶段—核实阶段。

在第一个阶段，就是要有一个待解决的问题或有一件事要做，只有明白了要做什么才会去想要怎么做。接着，很自然就进入解决问题的准备阶段，这一阶段，要尽可能多地收集资料，阅读相关书籍，记笔记，和别人讨论，提出问题，等等。要善于接受新事物新观念，这些都是开动我们想象力的跳板。在酝酿阶段，应该让你的潜意识活动起来。散散步，睡个午觉，洗个澡，做做其他的工作或消遣消遣，把问题留到以后再解决。正如作家埃德娜·弗伯说的："一个故事要在它自己的汁液里慢慢炖上几个月甚至几年才能成熟。"

有一天，当你发现脑子一下子明亮起来，一切东西都突然变得井井有条的时候，也就是创造过程中最令人兴奋和愉快的阶段到了。查尔斯·达尔文写道："当解决问题的思想令人愉快地跳进我脑子里的时候，我的马车驶过的那块地方我还记得清清楚楚。"不管你的见识多么高明，但开窍时得到的启示可能是根本靠不住的，这时便要发挥理智和判断的作用。你的预感或灵感都要经过逻辑推理加以肯定或否定，你要尽可能客观地看待你的设想。你征求别人的意见，对这出色的设想加以修正，使之趋于完善。经过核实，你往往会得出更新、更好的见解。

我们并不能武断地将所有的人依照他们的创造能力划分为创造性与非创造性两个群体。实际上，天才和庸才并没有严格的界限。每个人的创造潜力都有不同的方向，研究表明，有些英才、天才学生都不同程度地存在着阅读障碍或其他障碍。确实，一个在技术领域的某一方面表现平庸者，很可能会在某些其他领域中实现极其重大的创造成果。鲁迅和郭沫若学医时成绩平平，但当他们转到文学创作领域时，却表现出不可遏制的创造力，从而成为一代文学巨匠。

任何时候都不能轻视了自己，你的创造潜力绝对不比别人差，差别只在于已经发挥出来还是没有被激发。

我们不该放弃对成功的想象

我经常对事业感到恐慌。

周日下午，晚霞布满天空，我的理想和现实的差距却是这样残酷，令我沮丧得只想抱头痛哭。我提出这件事是因为，我认为不是只有我有这种感觉。

你可能不这么认为，但我感觉我们活在一个充满事业恐慌的时代，就在我们认为我们已经理解我们的人生和事业时，真实便来恐吓我们。

现在或许比以前更容易过上好生活，但却比以前更难保持冷静，或更难不为事业感到焦虑。今天我想要检视我们对事业感到焦虑的一些原因，为何我们会变成事业焦虑的囚徒。

不时抱头痛哭，折磨人的因素之一是，我们身边的那些势利鬼。

对那些来访牛津大学的外国友人，我有一个坏消息，这里的人都很势利。有时候，英国以外的人会想象，势利是英国人特有的个性，来自那些乡间别墅和头衔爵位。

坏消息是，并不只是这样，势利是一个全球性的问题，我们是个全球性的组织，这是个全球性的问题，它确实存在。

势利是什么？势利是以一小部分的你，来判别你的全部价值，这就是势利。

今日最主要的势利，就是对职业的势利。

你在派对中不用一分钟就能体会到，当你被问到这个21世纪初最有代表性的问题：你是做什么的？

你的答案将会决定对方接下来的反应，对方可能对你在场感到荣幸，或是开始看表，然后找个借口离开。

势利鬼的另一个极端，是你的母亲。不一定是你我的母亲，而是一个理想母亲的想象，一个永远义无反顾地爱你，不在乎你是否功成名就的人。

不幸的是，大部分世人都不怀有这种母爱，大部分世人决定要花费多少时间，给予多少爱，不一定是浪漫的那种爱，虽然那也包括在内。

世人所愿意给我们的关爱、尊重，取决于我们的社会地位。这就是为什么我们如此在乎事业和成就，以及看重金钱和物质。

我们时常被告知我们处在一个物质挂帅的时代，我们都是贪婪的人。

我并不认为我们特别看重物质，而是活在一个物质能带来大量情感反馈的时代，我们想要的不是物质，而是背后的情感反馈。

这赋予奢侈品一个崭新的意义。下次你看到那些开着法拉利跑车的人，你不要想“这个人很贪婪”，而是要想“这是一个无比脆弱、急需爱的人”，也就是说，要同情他们，不要鄙视他们。

还有一些其他的理由，使得我们更难获得平静。这有些矛盾，因为拥有自己的事业，是一件不错的事，但同时，人们也从未对自己的短暂一生有过这么高的期待。

这个世界用许多方法告诉我们，我们无所不能，我们不再受限于阶级，而是只要努力就能攀上我们理想的高度。

这是个美丽的理想，出于一种生而平等的精神，我们基本上是平等的，没有任何明显的阶级存在。

这就造成了一个严重的问题，这个问题就是嫉妒。

做个善用时间的能手

失败与成功的最大分水岭只有五个字：我没有时间。你是否曾经想过，在短短的一分钟里，你能做些什么？

美国的一位保险人员自创了“一分钟守则”，他要求客户们仅给他一分钟的时间，让他介绍自己的服务项目，若一分钟到了，他便会自动停止自己的话题，并感谢对方给予他一分钟的宝贵时间。由于他遵守自己的“一分钟守则”，所以他在自己一天的时间经营中，工作效率几乎和业绩成正比。

“一分钟到了，我说完了。”这是他在工作时，最常说的一句话。

因为信守一分钟的承诺，他的信誉在同行和客户中都很好，同时他也让客户了解到要珍惜这一分钟的服务。

有一家公司为了提高开会效率，特地买了一个闹钟，开会时，每个人只准发言六分钟。这个新制定的规则不但使开会更有效率，也让员工分外珍惜开会时的讨论，把握发言时间。

大多数人在时间管理上都会出现问题。时间是生命的重要元素之一，如果无法掌握一大段时间，不妨先由一小段一小段的时间开始经营。如果我们想要成功，就必须重视时间的价值才行。

再来看看另一个视时间为金钱的例子。富兰克林是一个非常珍惜时间的人，某次，他因不满对方占用他的工作时间而与对方发生了这样的故事。在富兰克林报社前的商店里，有位犹豫不决将近一个小时的男人终于开口问店员："请问，这本书要多少钱？"店员回答："一美元。"男人又问："你能不能便宜一点？"店员以坚定的口气说："很抱歉，它的定价就是一美元。"

男人过了一会儿后又问："富兰克林先生在吗？"虽然店员已告诉他富兰克林正在印刷室中工作，但他执意要和富兰克林见面，因此店员不得不去请富兰克林到商店里来。

当富兰克林出现后，男人便问他："富兰克林先生，这本书的最低价格是多少？"富兰克林不假思索地说："一美元二十五美分。"那男人大吃一惊："可是就在一分钟前，你的店员说只要一美元。"

富兰克林回答说："没错，但是我情愿倒贴你一美元，也不愿意离开我的工作。"言下之意即是那男人占用他的时间，所以须多付二十五美分。

那男人愣了一下，又说："好吧，你说这本书最少要多少钱呢？"富兰克林说："一美元五十美分。"男人一听，不禁大喊："怎么又变成一美元五十美分了！你刚才不是还说一美元二十五美分的吗？"

富兰克林冷冷地说："对，不过我现在能出的最好的价钱就是如此。"最后这个男人只好默默地把钱放在柜台上，径自拿起书离去。富兰克林为他上的一课——时间就是金钱，令其终生难忘。

善用时间是一件非常重要的事，倘若我们不能把一天的时间加以妥善地规划，就会白白浪费宝贵的光阴。根据经验显示，成功者与失败者在如何安排时间这方面的差异十分明显。人们往往认为几分钟或是几小时并没有太大的不同，但事实上，即使是一分钟也能发挥很大的作用。富兰克林就曾说："你热爱生命吗？那么别浪费时间，因为时间是组成生命的材料。"甚至还说过："失败与成功的最大分水岭只有五个字——我没有时间。"

历史上具有成就的人，无一不是善用时间的能手。

你不会永远比别人差

那一年，她还在农村里插队，瘦弱的身子承受着繁重的农活。一天，她正在西瓜地里忙着，有人把她叫了过去，说工宣队来招生，叫她去试试。

这一试，她就去了北京外国语学院，成了英语系的一名工农兵学员。不过，还来不及欢喜，阴霾就笼罩了心头。在班里，她居然有两个“最”：一个是年龄最大——老姑娘了；另一个是成绩最差——基础太弱。

一天上课，老师问了一个很简单的问题，她第一遍没有听懂，第二遍听懂了却不知怎么回答，于是，僵在了课堂上。课后，她一口气跑到后院的山坡上，大哭了一场。

“有什么大不了的，不就是比别人差，我努力还不行吗？”终于想通了，她对自己许下诺言：“我一定要成为最好的学生！”她很勤奋，每天晚上学到深夜，凌晨四五点时又掀开了被窝。不管天热天冷，在校园一角的那棵大树下，常能见到她的身影。大声地念，大声地背，把头一天学的东西翻来覆去地记忆，不记得滚瓜烂熟不罢休。

一晃，四年过去。毕业的时候，她的确成了全年级出类拔萃的学生。那一代人，和今天完全不同，因为根本没有择业自主权，从英语系出来的她，被分到英国大使馆做接线生。这份工作单调、乏味，很麻烦。在外人眼里，还是一份很没出息的活儿。起初，她能够老老实实地干，时间一长，心里就越发郁闷、越不平衡——一个堂堂外国语学院的尖子生怎能这样憋屈呢？终于，在和母亲的一次见面中，她大吐苦水。

慈祥的母亲没说什么，而是叫她去收拾卫生间、刷马桶，她怏怏不乐地听命。可是，她使劲儿地扫地板、费力地刷马桶，反复几次，感觉还是很不干净。她不由得抱怨说："我没办法了，就这样子了！"母亲不说话，而是弄来一碗干灰，然后将干灰撒在又脏又湿的地方，让干灰将水吸干，再扫，效果果然好了很多。不多久，马桶里的黄色污垢全不见了，犹如做了一次增白面膜。

她没做到的，母亲做到了。她不禁夸奖母亲，母亲却告诉她："一件事情，你可以不去做；如果做了，就要动脑筋做好，就要全力以赴。你不能挑你的工作，但你可以有自己的选择呀，那就是把工作做好。"她听了母亲的话，久久无语。

回到单位后，她仿佛变了一个人。她把使馆里所有人的名字、电话、工作范围，甚至他们家属的名字都牢记在心。不仅如此，使馆里有很多公事、私事都委托她通知、传达和转告。逐渐地，她成了一个留言台、大秘书。工作之余，她就读外文报纸、小说，不断提高自己的读、译能力。由于为人热情，水平出众，她在使馆里成了很受欢迎的人。

一天，英国大使来到电话间，靠在门口，笑眯眯地对她说："你知道吗？最近和我联络的人都恭喜我，说我有了一位英国姑娘做接线生。当他们知道接线生是个中国姑娘时，都惊讶万分！"英国大使亲自到电话间来表扬一个接线生，这在大使馆可是件破天荒的事！

没多久，她因工作出色被破格调去英国《每日电讯》记者处当翻译。报社的首席记者是个名气颇大的老太太，得过战地勋章，被授过勋爵，本事大，脾气也大，还把前任翻译给赶跑了。当她调过去时，老太太不相信她的实力，明确表示不要，后来才勉强同意一试。没想到，一年后，老太太经常不无得意地对别人说："我的翻译比你的好上十倍。"再后来，她被派往英国留学，在伦敦经济学院攻读国际关系，在里兹大学攻读语言学硕士，在伦敦大学攻读博士学位。回国后，她到外交学院先后任讲师、副教授、教授，还当上了副院长，并多次荣获外交部的嘉奖。

她就是任小萍。最近十年里，她先后担任中国驻澳大利亚使馆新闻参赞和发言人、外交部翻译室副主任、中国驻安提瓜和巴布达大使。2007—2010年间，她出任中国驻纳米比亚共和国特命全权大使。

从一个黄毛丫头到一个全权大使，任小萍的职业生涯中，每一步都是组织上安排的。但是，无论被派到哪里，她都在积极地适应，都在努力把工作做好，做到最好。任小萍的人生经历告诉我们：一个人无法选择自己的工作时，总有一样可以选——好好干！无论何时何地，把工作做好，成功也就不远了。

让梦想开花

他出生在意大利的一个农民家庭，父亲每天冒险骑马登上高高的雪山，采下大块冰，运到城里卖给富家大户，挣得几个小钱，维持一家人的生活。在他上小学，甚至是中学时，他常被同学恶意嘲谑为“窝囊废”，这些中伤的话，严重地刺伤了一颗少年的心，所以，从小他就体会到贫穷带来的艰难与屈辱。

在中学阶段的后期，他曾参加过校内戏剧演出，从那时起，他就对舞台产生了兴趣。他梦想自己将来能成为一名出色的舞蹈演员，在舞台上尽情展示舞姿。为此，十六岁那年，他毅然做出了一个大胆的决定——退学，一个人独自跑到当时的大都市巴黎，希望自己能在这个时尚大舞台上用脚尖旋转出精彩人生。

可是，这座高傲的城市根本不屑瞟这个穷小子一眼，别说学习舞蹈的高昂学费了，就连满足生活的基本需求都成了问题。他没有别的特长，只有从小跟着父母学到的一点裁缝技术。凭着这点手艺，他在一家裁缝店找到了一份每天要做十多个小时的工作。

就这样做了几个月，他的心情越来越低落、颓废。他不知道自己在这个裁缝店要干多久，不知道自己什么时候才能登上梦中的舞台。他苦闷自己的理想无法实现，他认为与其这样痛苦地活着，还不如早早结束自己的生命。

就在他准备自杀的当晚，他突然想起了自己从小就崇拜的有着“芭蕾音乐之父”美誉的布德里，他决定给布德里写一封信，讲述自己的梦想遭现实阻挠无法实现的困惑。在信的最后，他写道，如果布德里不肯收他这个学生，他便只好为艺术献身跳河自尽了。很快，他便收到了布德里的回信。谁知，布德里并没提收他做学生的事，而是讲了他自己的人生经历。布德里说他小时候很想当科学家，也想当飞行员，还想成为一名牧师，但因为家境贫穷父母无法送他上学，他只得跟一个街头艺人过起了卖唱的生活……最后，他说，人生在世，现实与梦想总是有一定的距离，在梦想与现实生活中，人首先要选择生存，一个连自己的生命都不珍惜的人，是不配谈艺术的……

布德里的回信让他幡然醒悟，后来，他努力学习缝纫技术，并应聘于一家名叫“帕坎”的时装店。凭着勤奋和聪慧，他的服装设计技术提高得很快。为了进一步开阔视野，他又投奔由著名时装设计大师迪奥尔开设的“新貌”时装店。在这里，他增长了见识，积累了引领时装潮流的设计心得和体会，他的设计水平也得到了提高。这一年，著名艺术家让·科托克拍摄先锋影片《美女与野兽》，邀请他设计服装。他为法国著名演员让·马雷设计了十二套服装，影片公映后，他设计的服装惊动了巴黎，美誉如潮。

那年，他二十三岁，在巴黎开始了自己的时装事业，建立了自己的公司和服装品牌。他追求独特的个性，大胆突破，设计了时代感非常强烈的“P”字牌服装，赢得了挑剔的巴黎顾客的青睐。演艺界名流、社会上层人士、达官贵人等争相慕名前来定制服装。

他就是皮尔·卡丹。

如今，皮尔·卡丹不但成了令人瞩目的亿万富翁，以他的名字命名的产品也遍及世界，皮尔·卡丹成了服装界成功的典范。

人的一生中可能有很多梦想，当一个梦想因现实的阻挠而无法实现时，就应该勇敢地调整梦想的方向。世界是一个大舞台，生旦净末丑都是重要的角色，只要你脚踏实地把握准梦想的方向，那么，总有一个梦想能在现实中开花，让你获得华美的人生。

最高的褒奖

人有限的精力不可能方方面面都顾及到，放弃是一种必要的智慧。

华裔科学家、诺贝尔奖获得者杨振宁和崔琦的成功，也是因为他们勇于放弃。杨振宁于1943年赴美留学，受“物理学的本质是一门实验科学，没有科学实验，就没有科学理论”观念的影响，他立志撰写一篇实验物理论文。于是，由费米教授安排，他跟有“美国氢弹之父”之誉的泰勒博士做理论研究，并成为艾里逊教授的六名研究生之一。在实验室工作的近二十个月中，杨振宁成为艾里逊实验室流行的一则笑话的主人公：“凡是有爆炸的地方，就一定有杨振宁！”杨振宁不得不正视自己：动手能力比别人差！

在泰勒博士的关怀下，经过激烈的思想交锋，杨振宁放弃了写实验论文的打算，毅然把主攻方向调整到理论物理研究上，从而踏上了成为物理界一代杰出理论大师之路。假如他一条道走到黑，恐怕“杨振宁”至今还是一个不为人知的符号。

而1998年的诺贝尔奖得主崔琦，在有些人眼里简直是“怪人”：他远离政治，从不抛头露面，整日浸泡在书本中和实验室内，甚至在诺贝尔奖桂冠加顶的当天，他还如常地到实验室工作。更令人难以置信的是，在美国高科技研究的前沿领域，崔琦居然是一个地地道道的“电脑盲”。他研究中的仪器设计、图表制作，全靠他一笔一画完成。而一旦要发电子邮件，也都请秘书代劳。他的理论是：这世界变化太快了，我没有时间赶上。放弃了世人眼里炫目的东西，为他赢得了大量宝贵的时间，也为他赢得了至高无上的荣誉。

人的一生很短暂，有限的精力不可能方方面面都顾及到，而世界上又有那么多耀眼的精彩，这时候，放弃就成了一种大智慧。放弃其实是为了得到，只要能得到你想得到的，放弃一些对你而言并不必需的“精彩”，又有什么不可以呢?

从前有个孩子，伸手到一只装满榛果的瓶里，他尽其所能地抓了一把榛果，当他想把手收回时，手却被瓶口卡住了。他既不愿放弃榛果，又不能把手缩出来，不禁伤心地哭了。这时一个旁人告诉他：“只拿一半，让你的拳头小些，那么你的手就可以很容易地拿出来了。”贪婪是大多数人的毛病，有时候只是抓住自己想要的东西不放，就会为自己带来压力、痛苦、焦虑和不安。往往什么都不愿放弃的人，结果却什么也没有得到。

智慧的含义是什么呢？一时半会儿，你也许答不上来。然而，我们知道智慧有很多类型，诸如神机妙算、足智多谋、满腹经纶、幽默诙谐等都是智慧的表现。但你也许想不到放弃也是一种智慧。

放弃不就是丢弃舍弃，它是懦弱的表现，怎么会是智慧呢？然而，不尽其然。尽管你的精力过人，志向远大，但时间不容许你在一定时间内同时完成许多事情，正所谓“心有余而力不足”。这就如把眼前的一大堆食物塞进嘴里，塞得太满，不仅肠胃消化不了，连嘴巴都要撑破了。所以，在众多的目标中，我们必须依据现实，有所放弃，有所选择。这样我们才能选出适合自己的营养食品，然后慢慢咀嚼，细细品味，直到完全吸收，我们不就又有充沛的精力了吗？

然而，世界上真有放弃吗？如果在放弃之后，烦乱的思绪梳理得更加分明，模糊的目标变得更加清晰，摇摆的心铸就得更加坚定，那么放弃又有什么不好呢？世上没有绝对的放弃，只有永远的放弃。人生总要面临许多选择，也就要做出一些放弃，要学会选择，首先要学会放弃。放弃是为了更好地调整自我，准备良好的心态向目标靠近。特别是在现代社会中，竞争日趋激烈，每个人的生存压力也越来越大。于是每个人都身不由己地变得贪心，追求越多，失望也越深。所以一定要保持清醒的头脑，不要做那个手里抓满榛果哭泣的孩子，因为毕竟我们已经不再是小孩了。

放弃，是一种睿智，是一种豁达，它不盲目、不狭隘。放弃，对心境是一种宽松，对心灵是一种滋润，它驱散了乌云，它清扫了心房。有了它，人生才能有爽朗坦然的心境；有了它，生活才会阳光灿烂。所以朋友们，别忘了，在生活中还有一种智慧叫放弃！

在逆境中实现梦想

在苏格兰的爱丁堡小镇上，有一家叫作尼科尔森的咖啡馆，在20世纪90年代它一直默默无闻。虽然欧洲人对喝咖啡情有独钟，就像奥地利作家茨威格所说：我不是在咖啡馆里，就是在去咖啡馆的路上。但深厚的文化传统并没有给它带来盈门的顾客，在大多数时候，它总是冷冷清清的。

那时，不经意间，倒是时常有一个年轻的母亲，推着一辆婴儿车光顾这家咖啡馆。她总是在临街的一个角落里坐下，有时凝神瞧着玻璃窗外街道上的景象若有所思，有时又常被婴儿的啼哭拉回到现实的世界里，急忙摇动婴儿车，以让她能够安静下来。更多的时候，她会拿起一支笔，随便在顺手抓过来的一张纸片上快速地写着什么，仿佛不紧紧地抓住就会消失似的。

偶尔，咖啡馆的侍者会走到她的桌前，问她需要什么，她总是会有些慌乱地抬起头来，有时点上一杯最便宜的咖啡，有时干脆摇摇头，然后略显紧张地看着侍者的表情。还好，侍者从未显露过那差不多就相当于逐客令的不屑或者鄙夷的神情。无论怎样，他总是面带微笑地一躬身，然后优雅地退去。这让她暗暗舒了一口气，对这家咖啡馆更加心生好感，为它不以衣貌取人的宽容。

她对自己的穿着的确没有信心，因为她是一个单身母亲，靠着领取政府的救济金养活着自己和幼小的孩子。她没有钱去购置衣服，像别的这个年龄的女人一样，让自己看上去更体面些。而且她到这个咖啡馆来本身就有些迫不得已，因为苏格兰的冬天实在酷寒难耐，而她租住的公寓又小又冷，来到这儿不仅可以取暖，而且能够伸出手来，用笔写出她的梦想。

是的，虽然生活有些艰难，但并不妨碍人有梦想。她的梦想诞生在二十四岁那年，一列曼彻斯特开往伦敦的火车因意外而耽搁了四个小时，在漫长的等待中，她凝望着窗外的草地、森林和蓝天，突然一个瘦弱、戴着眼镜的黑发小男孩的形象闯入了她的脑海，她的手边没有笔和纸，她无法把那印象写下来，只有在头脑里天马行空地想象，一个构思就这样形成了。

她有了写作的冲动，但生活似乎总在和她开玩笑，到葡萄牙当教师，和一个记者相爱、结婚，生下一个女儿。然后是离婚，左手抱着孩子，右手拎着装着断续写下的小说碎片的皮箱，回到了故乡的小镇。世俗的生活是如此阴暗寒冷，她想逃离，笔下的世界成为她的向往，只有在那个幻想的空间里，她才能随心所欲，通过那些人物，述说自己的遭遇和希望。

幸亏有了这个好心的咖啡馆，尽管她经常占据临窗的座位一待就是几个小时，尽管婴儿时而尖厉的哭声会打破这里惯有的幽静，尽管她只是极少买上几杯咖啡有所消费，但她从来没有遭到白眼、嘲笑和驱逐。它平和而慈爱，不嫌贫爱富，就像阳光，毫不吝惜地洒在每一个人身上，从来不管那个人的口袋里有多少钱。

一部小说历时五年，最终就在这个不起眼的咖啡馆里完成了，一个身处贫困之中的女人的梦想也是在这里悄悄地展开了翅膀。后来的事情是羞涩的她根本无法想象的，她的书几经周折得以出版，随后迅速风靡世界，短短几年时间，她的作品被译成六十多种语言，在二百多个国家和地区销售达两亿多册，几乎就是转眼之间，她从不名一文，到一下子拥有了十亿美元的财富。她就是《哈利·波特》的作者——罗琳。

现在罗琳居住的爱丁堡小镇已失去了往日的宁静，成千上万的哈利·波特迷和罗琳的粉丝们，前来寻找她生活的痕迹。那个有着一颗博大的包容心的尼科尔森咖啡馆，目前已成了闻名世界的旅游景点，咖啡馆里当年罗琳摇着婴儿车写作的地方，一如以前一样，简单与平淡之中，仿佛依稀流落着旧日的时光。

和罗琳一样，让人彻底改变命运的咖啡馆是值得世人感激的。正是它的宽容，让这样一部伟大的作品得以诞生，同时它也告诉我们，要尊重那些身处贫困或生活在逆境中的人们，只要他们不失去梦想，一切都可以改变。而我们自己的人生，也常常因这样的改变而柳暗花明。

把你的梦想交给自己

19世纪初，美国一座偏远的小镇里住着一位远近闻名的富商，富商有个十九岁的儿子叫伯杰。

一天晚餐后，伯杰欣赏着深秋美妙的月色。突然，他看见窗外的街灯下站着一个和他年龄相仿的青年，那青年身着一件破旧的外套，清瘦的身材显得很羸弱。

他走下楼去，问那青年为何长时间地站在这里。

青年满怀忧郁地对伯杰说："我有一个梦想，就是自己能拥有一座宁静的公寓，晚饭后能站在窗前欣赏美妙的月色。可是这些对我来说简直太遥远了。"

伯杰说："那么请你告诉我，离你最近的梦想是什么？"

"我现在的梦想，就是能够躺在一张宽敞的床上舒服地睡上一觉。"

伯杰拍了拍他的肩膀说："朋友，今天晚上我可以让你梦想成真。”

于是，伯杰领着他走进了堂皇的公寓，然后把他带到自己的房间，指着那张豪华的软床说：“这是我的卧室，睡在这儿，保证像天堂一样舒适。”

第二天清晨，伯杰早早就起床了。他轻轻推开自己卧室的门，却发现床上的一切都整整齐齐，分明没有人睡过。伯杰疑惑地走到花园里。他发现，那个青年人正躺在花园的一条长椅上甜甜地睡着。

伯杰叫醒了他，不解地问：“你为什么睡在这里？”

青年笑笑说：“你给我这些已经足够了，谢谢！”说完，青年头也不回地走了。

三十年后的一天，伯杰突然收到一封精美的请柬，一位自称是他“三十年前的朋友”的男士邀请他参加一个湖边度假村的落成庆典。

在那里，他不仅领略了眼前典雅的建筑，也见到了众多社会名流。接着，他看到了即兴发言的庄园主。

“今天，我首先感谢的就是在我成功的路上，第一个帮助我的人。他就是我三十年前的朋友——伯杰。”说着，他在众多人的掌声中，径直走到伯杰面前，并紧紧地拥抱他。

此时，伯杰才恍然大悟。眼前这位名声显赫的大亨特纳，原来就是三十年前那位贫困的青年。

酒会上，那位名叫特纳的“青年”对伯杰说：“当你把我带进寝室的时候，我真不敢相信梦想就在眼前。那一瞬间，我突然明白，那张床不属于我，这样得来的梦想是短暂的。我应该远离它，我要把自己的梦想交给自己，去寻找真正属于我的那张床！现在我终于找到了。”

坚持就会创造奇迹

总有一些坚持，能从一寸冰封的土地里，培育出十万朵怒放的蔷薇。

就像玛莎·斯图尔特，从打工妹到失业，再到亿万富翁，从家庭主妇到家政女王，从囚犯到传奇……她已经七十多岁了，却活成了十八岁的模样。

玛莎·斯图尔特的童年是灰色的，1941年她出生在新泽西州一个并不富裕的家庭里，父亲酗酒、自私、一事无成。玛莎十岁的时候就不得不出来做保姆（看护孩子）以补贴家用。

这个时候所有人都不会想到，这个来自“穷二代”的小姑娘，有一天会华丽逆袭，缔造属于自己的人生传奇。

家庭的贫困让玛莎早早知道只有付出比别人多十倍的努力，她才能得到自己想要的。

于是，在同龄女孩都在炫耀着漂亮衣服的时候，玛莎把所有的时间都投入学习中，因为用功，她成为镇子上第一个获准在成人区借书的孩子。

老天对她还算公平，虽然出身贫寒，但因为长相甜美，高中时期的玛莎被百货公司挑中做模特，并通过做模特赚的钱顺利进入美国顶级女子学院之一的纽约巴纳德学院学习。

为了负担自己的学费和生活费，玛莎必须舍弃所有玩闹休闲的时间，将精力投入做模特上。

但是不管生活多么窘迫，玛莎的身上永远充满阳光。

也就是在这个时候，玛莎和耶鲁大学的安迪·斯图特尔一见钟情，并迅速举行了婚礼，那时候的玛莎年仅二十岁。婚姻给玛莎的生活带来了巨大变化，为了支持丈夫的学业，玛莎不得不把事业和学业中断一年。

然而永远不忘成为更优秀的自己，这是玛莎一生最伟大的坚持。

虽然中断学业，但婚后，玛莎依然凭借自己的努力拿到了欧洲历史和建筑史的双学位。玛莎曾想重回模特圈，然而怀孕之后的她身材不复当年，女儿出生后，她成为华尔街一名普通的股票交易员。

进入华尔街后，她也凭自己的努力很快通过证券经纪人资格考试，1968年，玛莎成为美国最早的女证券人之一。

然而人生路上的坎坷和磨难总比你想象的要多，不久美国的金融圈发生动荡，玛莎的业绩也一落千丈，她不得不离开华尔街。玛莎下岗了。

1975年，失业的玛莎和丈夫倾尽所有，花了三万多美元在郊区买下六间闲置的农舍。玛莎成了农妇，但几年后她才知道，这是传奇的开始。

从拥有农舍的那天开始，玛莎开始了她一辈子的事业：好好生活。

玛莎开垦菜园，装扮花园，烹饪美味，将家里重新装修……这一切令她的生活无比充实和享受，她终于找到最适合自己的存在状态——热爱生活、保持优雅。

过自己喜欢的生活，本身就是一件又美又幸福的事情。

岁月从不曾辜负美好的理想，酒香不怕巷子深。玛莎的家务技艺越来越出名，她与好友开始试着用自己的烹饪特长代人加工餐饮，并将自己做的甜点蛋糕卖给高级奢侈品店，同时，玛莎还向美食杂志投稿，结果大受欢迎。

这个热爱生活的姑娘，人生方向倏然明朗。

掌控自己的人生，从拒绝开始

如果我们身边有这么两个人，一个人经常对别人的要求或者建议回答Yes（是），而另一个人经常回答No（不）。你们猜，哪个会得到更多的重视？当然，重视未必代表喜欢。

答案是那个说No（不）的人。

我不愿意用“人都是欺善怕恶”或者“人都犯贱”这样武断的话来解释这种现象，客观地说，这只是人性的一部分。

人性很难粗暴地用“善恶”判断，无论是职场的“便利贴女孩”、情场中的“好人卡Loser（失败者）”，他们都谈不上错，问题在于不敢拒绝，而只是把别人的需求放在了自己的需求之上，忘记了自己。

当然我们也不是简单的一边倒，一直说No也难免太招人讨厌，当心里有抵触的声音时，我们是能听见的；勇敢地拒绝自己不想要的，才是我们要提倡的。

最开始的地方

不知道你们是不是也会遇到和我一样的成长环境：和兄弟姐妹或者小伙伴出现了争吵和矛盾，大人不是先问缘由、讲道理，而是直接用以下几句话“结案”：你是姐姐，就让给妹妹吧！他是客人，你是主人，玩具就送给他好不好？你是男孩子，就不能绅士一点，让让人家女孩子？弟弟小，分不清好歹，也不是故意打你的，你听话！

不知道是为了省事，还是传承“传统”，中国的家长在处理小朋友们玩要时出现的矛盾时，不管谁的对错，一律按照“长幼有序”的方式来判断对错，年纪小的永远不会挨骂，男生永远要让女生。

在这样的环境成长，不是变成“老好人”就是变成“小霸王”：在任何场合都隐藏自己的真实想法，处处谦让，失去为自己发声和争取的机会；把职场或者社交场所当家，认为自己想要的就必须得到，否则就撒泼胡闹。

所以家长们不要着急“结案”，先耐心问问孩子们争吵的过程。当人觉得能被尊重和公平对待时，才会表达自己。

而我们不管是在什么样的成长环境下成长的，始终都有改变的机会。

TA很好哇，我不想做坏人

我认识一个很好的姑娘A，人很漂亮，性子像温水，让人很想结识。陪她喝茶的时候，她跟我提到了最近的烦恼：有一个同事B在追求她，每天都趁人不注意提前将一些她喜欢的小零食放在她的座位上，每天睡前都发一些关心的话和晚安；偶尔约她出来，会送她回家；那小伙子长得不错，家境不错，人看着也不错。

“那你喜欢他吗？”我问。

她不停地搅拌着吸管，低头嘬了一口说：“就是……不错呀！”

“不错？不喜欢就拒绝人家呗，你不拒绝，人家可能会错意。”

“可是我不知道怎么拒绝呀，人家也没哪儿不好，我这样是不是很坏？”

“不喜欢，”我抬头看着她，“就足够拒绝了。”

我看过很多从“凑合”到后来“往前一步是婚姻，往后一步是分手”，又或者分手分得藕断丝连的尴尬恋情。

即使对方做了让所有人感动的事，也不代表你一定要接受。感情合不合适只有自己才有发言权，如果一旦明确了自己的心意，因为怕伤害别人而默默地接受是非常痛苦的，除非你能忍一辈子。否则，未来的某一天这种亏欠感不足以支撑你们之间的感情，造成的伤害会更大；还不如狠心地在一开始就拒绝，让对方止损。

平面设计师C，老公开公司，自己收入也不错；经常在朋友圈看她晒旅游或者一些昂贵的化妆品和首饰；也许外人觉得不过又是一个“活在朋友圈”或者“炫富”的姑娘，但只有我们这些朋友知道她只是把美好的东西展露出来了而已，而她炫的东西都是自己买给自己的。

她另外一个朋友D，以“创业”为由问C借过好几次钱，虽然不多，但是从来没有还过，也没说打算什么时候还；所以最近她又冒出来“要钱”的时候，C支支吾吾，委婉推托。

没想到这个年代借钱的才是大爷呀，D就火了：“你有钱买那些七七八八的奢侈品，没钱借给我吗？我是有正经用处，不比你买那些可有可无的玩意儿更着急吗？再说了，我又不是不还，而且又不是狮子大开口！”

C回答：“最近房贷加上装修，手头上没有多少了。再加上之前借给你的那些，你还没还给我……”

D说：“你不是有老公吗？他难道不养你吗？”

后来D居然先拉黑了C。

我听完也特别生气，什么时候“我过得还不错”，就成了必须“分给别人”的理由了？

我问C：“这种人，你不早拉黑，还留着干什么？”

C说："小时候关系都不错呀，我也不想因为这种事失去一个朋友。"

我："Hello（你好）？她都不怕失去你，你珍惜个什么劲儿？"

我听过太多类似的桥段，会不会是我们把一切想得太过复杂？没有人期待我们做圣人哪！

不喜欢的局，就不要参加；不喜欢吃的菜，就明确告诉同伴请不要点；不再用的东西，可以捐掉或者扔掉；不喜欢的人发的朋友圈，比起背地里吐槽或被逼转发点赞，我们可以屏蔽不看哪！

如今选择越来越多，信息也越来越多，乱花渐欲迷人眼。但是属于我们的空间并不大，如果需要"忍受"或者"将就"的东西太多，哪里还有地方可以装那些让我们心动的东西和人呢？

人生有时像是失控的小船，迷失在生活扔给我们的海洋里，但我们可以学会断舍离，逐渐找到控制风向的缆绳。

不要吝啬，更不要害怕，要勇敢地说不。

当你不够优秀时

戴夫十四岁的时候，非常瘦弱，而且不喜欢运动，站在人群中很不起眼，学校里的其他孩子都欺负他。虽然他有一股聪明劲儿，但有一点懒，因此进步慢，老师们总是对他感到失望。他讨厌学校报告中的每一项内容，因为他知道糟糕的成绩迎来的将会是父母的惩罚。他也讨厌与人交往，害怕大家嘲笑他。

戴夫觉得，这样的生活是非常无望的。直到有一天，他意识到自己必须做出勇敢的决定，来掌握自己的人生。

认识自己

戴夫意识到，他必须接受自己、喜欢自己，尽管这样做让他觉得很受伤。他列了一张清单，上面写着令他讨厌自己的一些事情，包括那些自己不能做或不擅长的事情。他写得非常具体，不是写着“我不喜欢运动”这样泛泛的内容，而是写着：

1.我不能很好地接住皮球；

2.我在跑步的时候很快就会感到疲劳；

3.我很害怕被板球击中；

……

最后他一共罗列了七十个事项，这让他感到意外。他原以为这个列表会很长，但从头到尾认真看一遍列表里的所有事项后，他发现有很多内容并不是非常糟糕，也不是十分重要。

从那以后，再有人批评他的时候，他就会在脑海里检查一下这个事情是否在这个列表里。如果在，这个问题他已经意识到了，别人的批评就不会让自己受伤；如果不在，他就会认为这个批评不是真的，或者说并不完全准确，这样他就可以忽略这个批评。

不管怎样，来自同学、老师和父母的评论已经不再让他烦恼了，戴夫用自我反省武装了自己。

直面失败

接下来，戴夫就要处理关于他的失败的问题了。他记得有这样一个说法：“想下好国际象棋的唯一方法，就是要输掉很多盘棋！”戴夫也知道，每当做好一件事情时，自己会感到非常愉悦，因为这意味着自己又学会了一项新的技能，也意味着是时候继续前进了，不必再纠结于这件事情，否则将永远不会进步。失败对于戴夫来说，意义可能更大。失败让戴夫总结了宝贵的经验，这样他就不会再犯同样的错误了。同时，失败也让他找到了问题所在。每一次失败都让他知道下一个目标应该采取不同的方法，或者更加努力以取得成功。他将这个理念运用到了所有的事情上：运动、学习、兴趣爱好，甚至包括对人亲和友善。

设定可管理的小目标

这种看待失败的方法也帮助戴夫认识到，那些实现了的目标对他建立自信心非常有帮助。他设定的目标可以很简单，比如说：

1.用脚颠球五次而不仅仅是三次；

2.每天帮别人做点事情而不期望回报；

3.很好地完成并按时交物理作业；

……

不知不觉，戴夫在运动方面的表现变好了，同时，他能够高质量地按时完成功课，在学校里，大家开始觉得他是一个非常不错的小伙子。

打败自己

没用多长时间，戴夫就开始感觉到自己还是一个不错的人，并且他可以掌控自己的生活了。即使他的父母和老师试图拿他和别人做比较，他自己也不再这样做了，相反，他只对打败一个人感兴趣，那就是自己。

每天晚上，戴夫都会总结一下当天所做的事情，并且只问一个问题："我今天取得进步了吗？"

对于一些很小却很重要的目标，这个答案往往都是"是的"。

有时候答案是"不一定"。

这也是可以接受的，因为他可以为第二天设定更加清晰的目标，并且更专注地完成这些目标。

这样日复一日，戴夫实现的目标越来越多。

一年之后，戴夫的睡眠质量变得非常好，身体越来越健康，在学校的竞赛中屡次获胜，成绩也越来越好。对于自己，戴夫总能保持一种积极良好的态度，在学校也成了大家喜欢的好小伙儿。事实上，戴夫觉得自己最大的成就是让同学们喜欢上了自己，并且开始有人向他请教问题。他知道，当你尊重别人的时候，你也真正尊重了自己。

戴夫现在已经长大成人，并且组建了自己的家庭，养育了小孩，在工作上也非常成功。为了让自己越来越好，他依旧每天给自己设定小目标，也不拿自己和别人比较。他还保留了那份关于自己错误和失败之处的列表，不过现在这个列表已经很短了。

如果你觉得自己像戴夫一样，那就尝试一下：了解并接受自己；当挫败发生的时候，去接受它们；每天设定可以实现的小目标，帮助自己成长。这样，你会看到自己逐渐变得非常了不起！

把握好自己的人生

在高考出分前，我一直对自己的学习成绩有极大的自信，并以之为豪。我的一模、二模成绩都足以确保我上一个清北的好专业，我还有北大博雅计划的10分加分。我的高三生活都是在“我一定能上清华北大”的想法中度过的，每一次模拟考试出成绩之后，我都欣喜若狂，认为自己离梦想离成功更近了一步。

然而，高考失败让我幡然醒悟。曾经分数比我低许多的同学，因为高考的高分能够进入清华北大，而我只能羡慕地望着他们的背影默默流泪。高三时，班主任无数次对我们说：“谁都有可能上清华北大。”我一度不以为然，但这句话的确是残酷而真实的。曾经年级一百名的同学在高考进入年级前十考了清华，曾经长期考不过我的舍友进入了北大，而我拿着加分，却只能在燕园外彳亍，最终离开北京。

谁笑到最后，谁笑得最好。高考是一场持久战，千万不要因为一两次模拟考试的成功而沾沾自喜，也不要因为模拟考试的失败而放弃努力，因为模拟考试的成绩并不能代表你的高考成绩，最后的高考会是一次大洗牌。你的高考成绩可能比模拟考高30分，也可能比模拟考低30分；你的某个平时看起来学习一般的同学，也许就会在高考中一鸣惊人，而某个多次考第一的同学，也可能在最后失手。

高考讲究的是结果，而不是过程。只要结果还未出炉，就戒骄戒躁，安心学习，一切就会如你所愿。

不要试图走捷径，努力是最好的捷径。没必要太在意未来的结果，结果随着努力自然会到来。

总会有很多学生对自己的成绩不满意，就来知乎或是贴吧发问：“提高×××有没有什么捷径？”“三十天能不能提高100分？”要是真有捷径的话，那么多人那么努力是为了什么？一切看似轻易的成功方法，背后一定隐藏着阴暗面。那些看起来好喝的鸡汤，实际上毫无用处。就像茨威格所说：“她那时候还太年轻，不知道所有命运赠送的礼物，早已在暗中标好了价格。”

对于我来说，上清华北大的捷径一度是领军计划和博雅计划。我花费了不知道多少个小时来准备那些材料，虽然拿到了北大的加分，然而并没有什么用。就拿加分来说，能拿到加分的学生，一般不用加分也能考上清华北大。太过于追求加分之类的捷径，反而会影响自己的心态，使自己变得焦虑浮躁，让自己没有办法沉下心来学习。

在高考前，我陷入了一种焦虑的状态，每天脑子里面浮动着的就是四个大字：清华北大。我每时每刻都在想这两所大学有多么好，进去了以后要干些什么，会有怎样光明的未来，却唯独忘了静下心来把眼前的事情做好。不要太在意未来的结果，只要努力了，一切都顺理成章。只要安心在高中三年努力下去，令自己满意的结果一定会到来；而太过于患得患失反而会束缚了前进的步伐，使得自己失去了前进的动力。

只要相信努力会有回报，只要持之以恒努力下去，就一定会获得一个令自己满意的结果。不要相信一切没有具体方法论的成功学，努力就好了。

学校之间平台的差距是巨大的，请务必上一个好大学。

我现在就读于一所理工科“985”大学，也算是不错的大学了，但我看到清华北大等顶尖学校同学的生活后，总会感到自卑和悔恨。

当我们的语文课还是老师对着一个超大班讲一些枯燥的东西时，北大的同学已经在大学国文课上完成了两篇论文；当我身边的同学还沉迷于游戏和无意义的社交中时，清华的同学已经在参加各种比赛；当我们还为某作家来学校做讲座而欢呼不已的时候，清华北大的同学已经在一学期里见过了十几位名人，看了无数场演出、音乐会了。这是一所普通“985”大学和TOP2大学之间的差距，而普通一本和“985”呢？二本和一本呢？恐怕差距要更大吧。

我们高中的班级很优秀，有许多同学考上了清华北大，因此我会存在自卑的感觉。每当我想到我的朋友圈中的昔日同窗在几十年后都会成为这个国家最精英的人，我就会感到恐惧。原来在一个班级里生活学习还没有什么差距，上了不同的大学在不同的平台上，就会有完全不同的人生轨迹。想想你的小学同学，有多少人这么多年没联系过了？他们有的没考上初中，有的没考上高中，当你还在为考大学而努力时，他们可能已经是工地的一分子，可能已经在全国各地经商，你们的人生轨迹再也无法重叠了。

好大学为什么好？好大学不只是有一个好的平台，好的师资，好的硬件，好的声誉，更有好的同学和好的学习氛围。有人曾说：“上大学就是为了结识一群和你志趣相同的人。”我深以为然。如果你身边的人都自甘堕落，你确定你能一直努力吗？如果你身边的人全都很上进，你也会被这种气氛所感染的。上一所好大学，你能够结识一群水平更高、志向更远大的青年，这都是你最宝贵的财富。所以尽可能去一所好大学吧。

高中最重要的事就是学习，兴趣爱好先放一放吧，考个好大学比什么都重要。

我在高中是班主任心中的一根刺：我从来没有把全部精

力投入在学习上，我踢了三年球，到了高三还在校队里踢比赛；我在团委学生会混到了部长的职位，还认识了许许多多的学长、学姐、学弟、学妹；我自学新媒体运营，我一直反感班主任所说的“别去参加乱七八糟的活动，好好学习吧”，而是笃信人应当全面发展，不应当被局限在高考这个牢笼中。我也确实做到了全面发展。

结果呢？

结果就是高考考砸，没有达到自己的目标，心有不甘却无能为力，空有一身本领无处施展。

有人这样解释在大学用心学习的意义：“排除一切干扰，用心学习，当你取得了很好的成绩，排名年级前列时，你会发现各种交换交流奖学金在向你招手，你可以轻松地迈向另一个更高的平台。”

高中阶段也是一样的。本领再多，没有一个相匹配的平台去施展，这些本领有什么用？有无数人觉得读书无用，以为死读书的都是傻子，但是就是这些认真读书的人，取得了一步又一步的成功，最终成了精英；而那些陶醉于看似有趣实则无用的事情上的人，往往在低处仰望着那个遥远的平台。

用心学习吧，不要自以为做一些其他事情很酷，实际上这样很傻。考个好大学比什么都重要。

有人会问：“高三这么苦，怎么能说是人生中最美好的时光呢？”还有人会说：“老师和家长都告诉我，上大学你就可以放松了，难道是骗我的？”

每一个大学生，都会怀念高中，特别是高三的时光。大学的事情太多了：学习、社团、恋爱、生活，还要自己为自己的未来考虑，是工作、考研还是出国。大学是个可以让你堕落而不自知的地方，也是可以让你走向更高平台的起点，而这一切都要看自觉。有许多人，辛辛苦苦高考完来到大学，以为上了大学就可以放松了，就此失去了人生的目标，开始得过且过，“及格万岁”，以懒惰为借口拒绝上进，就这样永远堕落下去；而有上进心的人，要同时应付上述的那么多事，只会感觉比高中更累。

高三的生活是规律的。每天几点起床，几点睡觉，到哪个教室都是固定的，你不用为自己的生活操心，只用为自己的学习考虑；你的心中只有一个目标，只用为这一个目标去用尽全力而不会为别的事情分心。

你的同学关系是简单的纯粹的，没有那么多明争暗斗；你还能够掌握自己的未来，你还能够充满昂扬的斗志为那个目标奋斗……大学充满了太多不确定性，太多的人在这不确定性中消沉，而高中只有高考这一个目标，简单纯粹的生活真好！

高中时，每天晚上我们班都要一起在教室自习。我们班是重点班，自习时静悄悄的，只有笔尖划过纸张的声音。在这种环境中，每个人都不敢懈怠，都会用尽全力去学习。

然而上了大学，再也没有这样的环境了。没有人催你交作业，没有人监督你上课，没有人管你，除了你自己。你可以在宿舍睡到12点，可以不交作业，可以不去上课，可以夜不归宿。没有那种每个人都非常努力的氛围，也就没有那么强的学习动力了。

为什么很多人在高三是最努力的？因为环境如此，你不得不努力。我们需要一个好的环境才能全身心投入学习。为什么一直说常去图书馆、自习室而不要待在宿舍，就是因为宿舍是懒惰的温床，而只有别人都在学习的地方，你才不敢拿出手机堕落。

珍惜高中的学习环境，因为上了大学就再也没有这样的环境了。

填志愿是一件很严肃的事，却总有许多高中生盲目地填了志愿，要么去了一个不好的学校，要么去了一个不好的专业，最后浪费了自己的分数。上大学是影响一生的事情，一定要填报一个大城市的学校，否则在三观养成的重要时期却缺乏了眼界，是非常可悲的。

为了朋友或者为了爱情去填志愿是最傻的，自己的生活是自己的，不要为了别人而毁掉自己的前途。青春爱情片都是精神鸦片，千万不要学。不要相信所谓的“大学专业不重要”，大学的专业将决定你未来要做什么样的工作。我们每个人的发展，不仅要考虑个人的奋斗，还要考虑历史的进程。如果没有自己特别喜爱的专业，就去选那些比较流行比较能赚钱的专业吧。

谈钱不可耻，你现在可以抱着远大的理想，但大部分人上大学还是以找个好工作为目的，那就去学一个高薪的专业吧。可怕的不是谈钱，是无知。每年都有许多学生，手握一个很高的分数，却被各种各样的人忽悠上了不满意的学校、不满意的专业，结果学得生不如死。

请在报志愿之前就充分评估自己的家庭条件、兴趣爱好（这个不靠谱）、未来目标等，确定自己想学的专业。除了清北之外，要按照专业挑学校，不要看着分数压了哪个学校的线就报哪个学校，一般这样的结果很惨。

假如你考了600分，除非600分可以上清华北大那就填清华北大，不然就填一个分数稍低的学校的好专业吧（分数相近学校的就业好的专业除外）。总有学生以为，分数高的专业就一定好，这是谬论；学校的优势专业可能就业很差，一定要做好多方面评估。

每年武书连排行榜、校友会排行榜出炉总会引起许多人吐槽，很多学校总会被排在与录取分数线不相符合的位置。这些排行榜因为评价标准不同而出入较大，最终总是引起很大争论。

为什么说录取分数线排名是最客观的？因为考生和家长的眼睛都是雪亮的，没有人会拿孩子的前途开玩笑。我国的顶尖大学大概是清北、华五、人（清华、北大，复旦、上交、浙大、中科大、南大，人大），不要信了排行榜。

当然，录取分数线排名也不能简单看作学校排名，分数线和学校地域、招生人数、专业偏向都是密切相关的，同档次学校差的三五分说明不了什么，报志愿不要太看中排名，要根据自身情况选择。

“高考后，这一个班恐怕再也聚不齐了。”的确如此。还是想想你的小学班级、初中班级，他们的名字你还记得吗？别为了一次分离痛不欲生，一切感情都会随着时间慢慢变淡。有三五好友足矣，没必要和所有人都保持紧密的联系。每个人都要有自己的生活，除了你的亲人，没有人会一直关心你，所以不用太过伤感。

班主任如何劝你学习，家人如何劝你努力，同学如何帮助你，都是外部因素，而只有你自己可以为自己的未来负责。没有自己的努力，一切都无从谈起；珍惜现在的时光，能往上一点就往上一点，你的人生终究是你自己过。

第三章
拨云见日，未来可期

一个人应该学会读书，正好像一个人应该学会用眼睛欣赏艺术品，学会怎样生活一样。

——凡·高

有梦想就会有远方

天鹅湖边，一个五岁的小女孩问她妈妈："为什么公园的天鹅不飞走呢？"

妈妈说："因为它们的翅膀被剪去了，飞不起来。"

女孩又指着一个较小的湖上的那只天鹅说："妈妈，你看那只天鹅的羽毛，也没有被剪去，为什么也不飞走呢？"

妈妈还是亲切地跟女儿说："因为它没有了梦想。"

"为什么没有了梦想呢？"女孩又奇怪地问。

妈妈还是不厌其烦地解释："因为它们觉得在这里过得很安逸，所以就没有了梦想。"

"但是人不可以没有梦想，妈妈给你讲一个两只纸船的故事。"妈妈补充着说。

两只纸船在海边的沙滩上相遇。

"喂，兄弟，你怎么还不搁浅，这是要到哪儿去呀？"

在沙滩上晒太阳的纸船问。

“我要等起风时，乘着风漂进大海，然后去远航。”另一只纸船说。

“远航？别忘了我们只是一张纸做的，可不是钢铁之身，你还是趁早打消这个可笑的念头吧。”

“不，去大海远航是我的梦想，我是不会放弃的。”

“可是，一进大海，你就有沉没的危险呀！你这么傻，还不如就和我待在一起。你看看我，每天晒着太阳，听着涛声，日子过得多舒服。”

这只纸船没理会那只纸船的话。一阵风吹过，纸船乘着风冲进了海里，并且慢慢地漂向远方。

“傻瓜，简直是自取灭亡。”搁浅的纸船冷冷地说。

“它即使沉没了，但它的生命是永恒的，因为，它有梦想、有追求。而你呢，却只是一只庸庸碌碌的纸船，况且，你也不可能在此久待。”一只海龟对搁浅的纸船说。

果然，第二天一早，搁浅的纸船就被海浪埋进沙里。

“不管未来有多少风霜雨雪，都应该记住要有梦想，只要有梦想，就一定能漂得更远，活得更有价值。只要有梦想，再多的风雨你都会无所畏惧的。”妈妈用心地开导着一旁凝视着天鹅的女儿。

苦难需要承受

有个女生刚进公司第一个月，七八天都是迟到的，公司9点半上班，前台同事一般提前十分钟来开门。但是女生好几次都是领导都来开会了她还没到办公室，问她什么原因，她说自己租的房子在郊区，每天到公司得换三趟地铁，加上每天夜里回家晚，睡得晚，早上根本起不来。

同事建议女生搬到离公司近一点的地方，毕竟被领导发现了好几次迟到，影响不好。可是女生的回答是，我没有那么多钱租市中心的房子，家里送我上大学不容易，我不能再跟家里要钱了。

到了上班的第三个月，女生那段时间的工作状态很不好，打印文件的时候经常出现问题，整理表格的时候也经常出错。有一天她去给一个客户送资料，结果把另外一个客户的材料拿了过去，搞得那次合作差点黄掉。

领导找女生谈话，女生说最近刚跟男朋友分手，心情不好，不想吃饭，晚上也睡不着，精神不好，所以工作起来难免粗枝大叶，希望领导能够体谅她。

在这五个月的试用期里，女生一开始为自己做错的每件事都拿自己心情不好当挡箭牌，后来理所当然地觉得自己是个苦命的孩子，需要身边的同事关怀她，而不是老挑她的毛病，于是到了最后也就没有同事愿意跟她说话了。

经常迟到，三番五次犯低级错误，足以让一个还在试用期的人得到差评，就更不用说转正了。

那天早上，她闹到人事经理的办公室，说起自己一连串的遭遇，还委屈地说得不到别人的体谅。

人事经理告诉她："我们支付薪水雇用你的劳动能力，这是一个公平的买卖，你的那些不如意跟难处，这个办公室里的同事或多或少都有，但是从来没有人像你一样把这些当作工作做不好的借口。"

女生听完很着急，赶紧解释说："我的霉运已经积攒到一定程度了，我觉得我的好运就快要来了，我保证以后会认真工作的！"

结果人事经理回答了一句："如果可以的话，我们宁可选一个心态平常一点的同事，况且工作是一件很普通的事情，没必要宣誓或者做出任何保证。"

于是，女生从人事经理办公室出来后，默默地收拾自己的东西，然后悄无声息地离开了。

我之所以说起这个女生的事情，是因为前天夜里我看到朋友圈有人分享了一句话：愿你早日攒够失望，继而彻底绝望，然后开始新的生活。

一开始我觉得这句话抚慰人心，但是转念一想又觉得这个逻辑是错误的。

我有个女性朋友跟我抱怨，说要是我现在能被我喜欢的那个男生拒绝就好了，这样我就可以化悲痛为力量，就可以变成更好的自己了。

我说，这些事情你现在就可以做呀，为什么非要等到被鄙视被拒绝了才开始着手呢？

女性朋友说，我现在没有这个动力呀！我必须得被人狠狠地骂上一顿，才能醒悟，然后让那些今天对我爱搭不理的人明天高攀不起！

我们听过很多经历过一场刻骨铭心的爱情而又分开的人，明星八卦里也总会谈起那些离婚之后的女明星，她们不仅没有落魄，反而把自己收拾得干净利落，又迎来了新的生活。

这样的故事被放大成“谁没爱过几个人渣”或者是“感谢那个度你的人”一类的励志故事，树立典型，鼓舞人心，千千万万少女、熟女、剩女纷纷拿这样的榜样鼓励自己，发誓也要像她们一样成为更好的姑娘。

殊不知，这个观点的悖论在于：如果你连个男朋友都没有，哪来的惊心动魄？哪来的灰姑娘变身白富美？那些我们心心念念的好日子、好结局，并不会因为你承受的苦难够多了，就自动来到你身边。

你不必完美

我们当然应该努力做到最好，但人是无法达到完美的。我们面对的情况如此复杂，以至无人能始终不出错。

好几次，当我必须告诉我的孩子们我在某件事上做错了时，我多害怕他们不再爱我。但我非常惊奇地发现，他们因为我愿意承认自己的错误而更爱我。比较起来，他们更需要我诚实、正直。

然而，有时人们并不能正确对待自己的过失。也许我们的父母期望我们完美无瑕，也许我们的朋友常常念叨我们的缺点，因为他们希望我们能够改正。而他们难以谅解的是因为我们的过失总在他们最脆弱的时候触痛了他们的心。

这让我们感到内疚，但在承担过错之前，我们必须问问自己：那是否真是我们应该背负的包袱？

我是从一个童话中得到启示的。一个被劈去了一小片的圆想要找回一个完整的自己，到处寻找自己的碎片，由于它是不完整的，滚动得非常慢，从而领略了沿途美丽的鲜花，它和虫子们聊天，它充分地感受到阳光的温暖。它找到许多不同的碎片，但它们都不是它原来的那一块，于是它坚持着找寻……直到有一天，它实现了自己的心愿。然而，作为一个完美无缺的圆，它滚动得太快了，错过了花开的时节，忽略了虫子。当它意识到这一切时，它毅然舍弃了历尽千辛万苦才找到的碎片。

这个故事告诉我们：也许正是失去，才令我们完整。一个完美的人，从某种意义上说，是一个可怜的人，他永远无法体会到有所追求、有所希冀的感觉，他永远无法体会爱他的人带给他的某些一直追求而得不到的东西的喜悦。

一个有勇气放弃他无法实现的梦想的人是完整的，一个能坚强地面对失去亲人、失去心爱之物的人是完整的——因为他们经历了最坏的遭遇，却成功地抵御了这种冲击。

生命不是上帝用于捕捉你的错误的陷阱。你不会因为一个错误而成为不合格的人。生命是一场球赛，最好的球队也有丢分的记录，最差的球队也有辉煌的一天。我们的目标是尽可能让自己得到的多于失去的。

当我们接受人生的不完美时，当我们能为生命的继续运转而心存感激时，我们就能成就完整，而别的人却渴求完整——当他们为完美而困惑的时候。

如果我们能勇敢地去爱、去原谅，为别人的幸福慷慨地表达我们的欣慰，理智地珍惜环绕自己的爱，那么，我们就能得到别的生命不曾获得的圆满。

如果未来有一天

京屿与柚木开车出去时，在码头上遇见了那个孩子。他躲在舱底被人发现了，健壮的男人拎着他的领口把他给扔出来。很多人在围观——“都好多次啦！”

“他躲在舱底想干什么？”

“是混进去玩的小孩吧。”可是……并不太像，那孩子有股大人气势，京屿想。

隔几天再经过码头时，京屿又遇见了那个男孩。这次他背着一个脏兮兮的书包，额前半湿的头发被推得几乎竖起来。

“嘿！”她走过去跟他打了一声招呼，“这么晚不回家父母会担心的。”

“我才没有家。”小男孩腮帮子鼓鼓地说。

“那你要去哪儿？”

“就在这儿。”

“海风很冷的。”

“我不怕。”一脸凛然的小男孩的肚子却不合时宜地叫了起来。

京屿忍俊不禁，“你想不想吃点东西？”

“这些你都会做吗？我可以点菜？”坐在小餐厅椅子上的小男孩端正了身体问京屿，“你会不会做酸汤牛肉？”

“当然会。”

京屿把蒜拍碎，又切了青椒和红椒，顺便将金针菇放进开水锅里烫熟……香味飘出去时，京屿看到窗口外的小男孩轻轻地吸了一口气。

“你该放辣椒酱了。”他对京屿说。

“你很懂嘛！”

“我看过我爸爸……”扬起的声音忽地又低下去，他抿唇没有说下去。

辣椒酱翻炒后要倒入清水和料酒，然后放入牛肉片。牛肉片很快就被烫熟了，在锅里翻滚着。京屿把火关了，将牛肉连同汤汁一起倒进铺了金针菇的汤碗里。

“你放白醋了吗？”在京屿把菜和撒了碎海苔的白饭端给小男孩时，他忽闪着眼睛问。

“你尝尝看。”小男孩格外认真地夹了一片牛肉放到嘴边，之后就没再抬眼看京屿，只是默不作声地吞下饭和菜。

又隔了几天，京屿正在餐厅里打扫卫生，看到一个小小的人儿站在铃铛底下犹豫了好一会儿也没进来。直到京屿过去推开门，他才像被吓了一跳似的仰头看着她。

“这个……送给你。”他把手里拎着的鱼递到京屿面前，“虽然你说了不用付钱，但我爸爸说过不能白白欠别人的。”

“两条鱼太多啦。”京屿微笑着蹲下身来，“那这样，你还想不想吃酸汤牛肉？”

“啊，可以吗？”小男孩脸上闪过一抹只属于孩子的惊喜神色。果然，所有小朋友佯装的冷漠都只是一层外壳而已。

“你爱吃的话可以经常让你爸爸做给你吃呀！”店里没什么客人，京屿趴在小吧台前看着他吃饭时说。

小男孩扒着饭，突然停下来，头也没抬，只是沉默着，然后轻轻呼出一口气，才终于开口说：“我爸爸，他不在了。去年……岛上有场宣传活动，意外起了火，爸爸去救火……”他说不下去了，但仍竭力令自己看上去不那么难过。

爸爸去世后，他暂时被表姑姑一家收养了。不过他知道，表姑姑收留他是为了拿到他爸爸的那笔抚恤金。明白这点之后，他想离开表姑姑家回到自己和爸爸的房子里，却发现自己的钥匙根本就打不开门。原来连房子也已经被表姑姑给卖掉了，而房子里属于他和爸爸的画册早已不知被丢到了何处。

爸爸的梦想是做一名船长，可后来却成了岛上的消防员。如果不放弃梦想的话，说不定总有一天会实现。所以爸爸收集了很多航海地图，还有许多关于大海的书。他之所以会躲在舱底，是想趁他们不注意跟随着他们一同出海。

爸爸在的时候，常常带着他在码头看海，看一艘艘船靠岸再离开。然后他们一起畅想，如果未来有一天离开这个岛，他们会坐在什么样的船上。

“我不想要一个英雄爸爸，我只想要一个陪我看海的爸爸。”

可是再也没有那样的机会了。

每时每刻全力以赴

成功是每时每刻全力以赴的结果。

生涯就是持续不断地向自己发出闪电般的挑战，恒久追寻生命最为壮丽的美好未来。

一分耕耘，一分收获的传统观念害了不少的人，当他们付出一分耕耘，却没得到显性的那一分收获的时候，他们选择失望甚至放弃，于是他们错失即将到手的丰硕收成。

成功人士对生活的体悟是：一分耕耘，一分积累（隐性收获），零分收获（显性收益）；五分耕耘，五分积累，零分收获；九分耕耘，九分积累，还是零分收获。只有当你付出十分耕耘，得到十分积累之后，你才能拥有百倍的回报！

知道了这个道理，我常常为努力一阵子的人扼腕叹息，他们也许得到了九分的积累，在即将握拥显性收获的时候放弃了，前功尽弃，殊为可惜。

追求成功就要信仰成功，信仰成功才会每时每刻都全力以赴，而不是偶尔全力以赴，成功与失败只差这么一点呀！

曾经有一个故事说，一位老教授利用退休以后的时间，到偏远的山区做巡回讲授。离开的时候，他看到那里的学生依依不舍，于是答应他们以后会再来，如果到时哪位学生能将自己的桌面收拾整齐，就带给他一份神秘礼物。

于是每个学生都在星期三的时候将桌面收拾整齐，因为周三是教授固定来访的时间。但是有一个学生，他的想法跟别人不一样。他想，万一教授在一周其他的时间到来怎么办呢？于是他在每一天都把桌子收拾整齐。

过了一阵子，他又想，如果教授在下午到来怎么办呢？他就在下午上课的时候再把桌面收拾一下。后来，由于担心教授会突然到访，他就经常收拾桌面，保持桌子的整洁。

不管教授最后给他带来了什么神秘礼物，他都已经得到了一个好的习惯，这就是最好的礼物了。

懂得如何获得机会的人，深知应该在每一时每一刻都把握住可能到来的机会。当你把握住每一个可能的时候，可能就成了必然。

我们很多人经常抱怨老天的不公，尤其是在面对不成功或者失败的经历时，但是请看一看老天最公平的待遇吧：每个人的一天都是二十四小时，然而就在这同样的二十四小时中，有的人成了成功者，有的人却终究是个失败者。区别何在？区别就在于，前者总是将这二十四小时尽可能用得更多，而后者却总是用得更少。

一个典型的、没有什么成就可言的人是这样的：他对自己的工作毫无兴趣可言，充其量不过是不太厌倦罢了，他磨磨蹭蹭、拖拖拉拉地工作，不急不慢地进行一天的日程，当一天接近尾声的时候，他迫不及待地要结束这“劳累”的一天。

正如著名的成功学家贝内特所言：“在这个世界上，真正不幸的是那些无论在工作场所，还是在其他地方都无精打采的人。”如果你想做一个成功的人，就赶快脱离这一类人的行列。

你不是为了失败才来到这个世界上的，你的血管里也没有失败的血液在流动。因此，不要在你的字典里放上放弃、不可能、办不到、没法子、成问题、失败、行不通、没希望、退缩……这类的词语，让它们从你的生活里消失。你要尽量避免绝望，一旦受到它的威胁，就立即想方设法向它挑战。要辛勤耕耘，忍受苦楚。放眼未来，勇往直前，不再理会脚下的障碍。请你坚信，沙漠尽头必是绿洲。

卑微是人生的第一课

鲜花与掌声从来都被年轻人全力追逐，在茶楼当过跑堂、在电子厂当过工人的周星驰也不例外，他中学时期就梦想有一天能主演一部电影。然而现实与梦想之间的距离总是很遥远，周星驰在电影剧组的第一个工作是杂役，干些诸如帮人买早点、洗杯子之类的事情，根本没有机会参加演出。

3年之后，周星驰才开始饰演一些仅有几句台词或根本就没有台词的小角色，如果在今天仔细观看那部曾轰动一时的古装武侠连续剧《射雕英雄传》，就会在里面找到他的影子：一个只在画面上闪现了几秒钟的无名小兵，最后以死亡结束了他匆匆的亮相。

当时没有导演看重外形瘦弱的他，因为观众的鲜花与掌声只献给美女与英雄。失落之余，他转行做儿童节目主持人，一做就是4年，他以独特的主持风格获得孩子们的喜欢。

但是当时却有记者写了一篇《周星驰只适合做儿童节目主持人》的报道，讽刺他只会做鬼脸、瞎蹦乱跳，根本没有演电影的天赋。这篇报道深深刺激了周星驰，他把报道贴在墙头，时刻提醒和勉励自己一定要演一部像样的电影。于是重新走上了跑龙套的道路，虽然仍要忍受冷眼与呼来唤去，仍是演出那些一闪而过的小角色，但他紧紧抓住每次出演的机会，拼尽全力展示最独特的自己，就像一束一束的瑰丽烟火冲向漆黑的夜空。1987年，他才真正意义上参演了第一部剧集《生命之旅》，虽然差不多还是跑龙套，但是终于有了飞翔的空间。从此，他开始用一身小人物的卑微与善良演绎自己的人生传奇。

经历过最底层的挣扎，拍完50多部喜剧作品之后，周星驰成为大众心目中的喜剧之王。从20世纪90年代至今，他的影片年年入选十大票房，他成为香港片酬较高的演员之一。好莱坞翻拍他的电影，意大利举办周星驰电影周向他致敬，他独创的“无厘头”表演风格，成为香港甚至全世界通俗文化的重要一环。

在央视专访节目中周星驰不无自嘲地回忆了走过的路程：有些人说我最辛酸的经历是扮演《射雕英雄传》里面一个被人打死的小兵，但是我记得这好像不是，还有更小的角色，剧名至今也不清楚，只知道应该不是现代的，因为穿古装。一大帮人，我站在后面，镜头只拍到帽子与后脑勺。那种感觉对我来说相当重要，因为这使我对小人物的百情百味刻骨铭心。

人生其实就是这样，充满了光荣与失落、梦想与挫折、奇迹与艰辛。没有人生下来就是大明星，即使是扮演再普通的小角色，也要用心把它演得最出色。饱尝世事辛酸最后终于站在自己梦想舞台巅峰的周星驰，用他的经历告诉我们：卑微是人生的第一堂课，只有上好这一堂课，才有机会使自己的人生光彩夺目。

自信改变未来

《中国合伙人》是一部励志电影。当最后实验室冠名的那个部分出来后，很多人说，整部电影好像突然之间改变了味道，好似整部片子就是为了宣传一个所谓金钱主义，也就是你有钱了等于你成功了。

我一直是一个关于各种主义的天然呆，但是当我看到那个他被实验室开除，而他的昔日同窗被实验室录取的时候，他的激动，他的抓狂，以及他说“不就是一个解剖小白鼠的工作吗”这些话的时候，我好像能够理解他的那份辛酸。同一部电影，不同人生经历的人会看出不同的结果吧！我曾有他的自私，有那种想要渴望获得成功，去证明自己的心理。我也能体会那种带着爱人去美国，带着美好的梦想，可是却要面对骨感现实的失落。或许，他是许多个留学生的写照吧！

我听过，许多人对于留学生的定义就是“富二代”。可是，也许你们并不知道，在留学生中最大的一个群体是那些工薪阶层的孩子。有的人，是拿着自己的钱出去读书。有的人，是为了放手一搏，希望在国外能够立足。可是国外一切全新，立足又谈何容易！那些在国内生活过得也许并不错的人，在国外开着汽车送外卖，在超市里打小时工，就为了赚那几个钱，缓解生活压力。也许，他们也都和他一样，在某个傍晚，望着外面，思考着到底来这里是干什么的。每天的挫败，无时无刻的挑战，以及冷冰冰的孤独，没有经历过的人也许很难感同身受。

他回国了，戴着那些被朋友扣上的高帽子——海归、成功人士，以及种种名誉。站在讲台前，他却哑口无言了，他不知道该如何告诉这群孩子现实与理想的差别。他不知道该如何告诉这些人国外的辛酸、自己的痛苦，以及对生活的手足无措。什么时候起，从国外回来就一定要成功，就一定要脱胎换骨，就一定要洗心革面？短短几年，不过是人生中的短暂一笔，或许这些从海外回来的学子，唯一的区别，就是他们更加理解什么是生、什么是活，什么是现实、什么是与理想的差距。

他看到国内的朋友们成功了。这些土鳖一样的人，只会用麻袋装钱的人，现在开着豪华汽车，到哪里都带着巨额的现金。他不是一无是处的，也许他在海外没有成功，也许他并不符合某个社会体系的标准。但没有一个人是一无是处的，没有一个人是不可能成功的。他们有的只是丧失了耐心，丧失了斗志，丧失了渴望发觉更美好的自己的那份决心。他开始出谋划策，开始给予他的朋友力所能及的帮助。他获得了肯定，获得了他在海外也许一辈子都无法获得的尊重和个人价值的实现。当我们在一个领域丧失城池，心灰意懒的时候，我们可曾想过，也许柳暗花明又一村的成功，就在下一站，就在下一秒，所以我们更应该流着泪也要坚持走下去。

他做到了，当他再次回到美国的时候。这个社会依然没有改变，他被忽视，他被看轻。这些种种，换作是我大概早已习惯，但他并不是，他是一个自尊心太强的人。他的自尊心源于曾经在美国的经历，那种被人瞧不起、放在社会最底层的经历，让他每时每刻都想倾尽所有地去证明，他并不是一个失败者。不，他从来不是，即使偶尔他自己都会这样觉得。

当他走在大街上，看到新浪成功上市的时候，那一刻，好像有一道光照进了生命里，他突然在那一个时刻看到了人生的意义。是的，他曾经在美国落荒而逃，一无所有：失去了工作，被别人看轻，一贫如洗，失无所失。可是，他要证明，证明他并不是一个失败者，他有成功的因子，他应当获得尊重。看到这里的时候，我想，他是幸福的。幸福在于，他明白，一个人的尊重不是靠你放低自尊的阿谀奉承，不是靠你的软弱、你的放低底线。你要让别人尊重你，唯一要做的就是做出一番伟业，证明自己的价值。我们一生中总有许多人，拼命地无理由地渴望你人生活成悲剧。我们一生中总会遇到许许多多的坎坷，许多人期望你被坎坷击倒，这样他们便可以踩着你走上去。可是，我们活着，哪怕只有一秒钟，也要竭尽全力地去和困难战斗，去赢得这场关乎尊严的战斗。

他回国了，那个一直对他说Yes（是）的人，竟然说了No（不）。他不理解，想想那些年的友谊，想想那些冰冷的现实，好像突然一瞬间，那个曾经温暖的避风港，也变得寒冷、变得骨感；好像被活生生地扇了一巴掌，却不知道是谁打的、何时打的，唯一记得的只是那冰冷巴掌的疼痛。无依无靠，浑浑噩噩，他选择了离开。也许那一刻的艰难，那一刻的难过，只有他自己知道。当离渴望的东西只有一步之遥而放弃的时候，他自己也许才是内心最复杂的人。

当他好朋友的公司被告侵权，当他好朋友拿起手机准备按下拨号键求助的时候，他回来了。也许，他是一定要回来的，因为，他不是一个忘恩负义的人。在这个他曾经一无所有的时候收留他的地方，他永远不会放弃去保护那个收留他的人。感恩，只存在于最艰难的时刻。什么时候最能看清楚这个世界的世态炎凉、人情冷暖，就是在你居无定所，一无所有的时候，有那么一个人，拉了你一把。他帮你不是基于金钱、利益，不是基于道德、伦理，他帮你，只是因为感情。你的人生从此不再是地狱，我想这对于一个曾经长期经历不幸的人，无异于新生吧！

他们去了他们曾经打工的那个餐厅。幻灯片好像突然回到了那一年，他每天工作数个小时，当个杂工，不能收一分钱小费。有一个老人，把他叫过来，硬给他小费。老人对他说，她一辈子只能做一个服务员，而你，未来的人生路却很长。那个失魂落魄的他，也许并不相信他未来真的会做出一番事业，但是那一刻，在一个陌生的国家，他被一个陌生人施与美好，我相信，这会让他一辈子难以忘怀。是那个老人家提醒他，我们都还年轻，即使现在是在学校给人刷马桶、在餐厅当杂工、在超市里当收银，都只是人生中很短暂的光景。真正重要的是我们对于未来的看法和执行力，不要放弃梦想，不要忘记渴望成功的那种强烈的信念。当他故地重游的时候，百感交集。过去的忙碌，过去的辛酸，我想，感激大于悲伤。我们很难说，如若不是有过去那个千疮百孔、沦落底层的他，会有今日这个如此成功、如此努力、如此不顾一切地去为理想拼命的他。不要嘲笑困难，更不要轻视困境，你终会懂得，只有这两个老师，才是帮助你变得更加强大和无懈可击的重要导师。

当他发现好朋友赞助了实验室，当他发现他的名字被印在实验室的Title（字幕）上的时候，也许，那一刻他是感动得要死的。或许你会说，这个争议的镜头表达的无非是有钱了，可以左右很多事情。可是也许在他眼里，重要的是，他终于实现了自己的愿望，那个在别人看起来非常土鳖、自私的愿望——证明自己的价值。而这个实验室，曾经葬送了他全部的梦想，关闭掉了他一直以为拥有的机会。而这一刻，也许我们才明白，即使梦想遭遇搁浅，即使机会遭遇打击，人生并不会结束，我们只需擦干眼泪，更换战场，重新战斗。那些过去的辛酸，那些当时无人会理解的辛酸，那些欲言又止的过往，都会在有一天被我们一笑而过，或许笑中带泪吧！因为我们都想给那年那个失魂落魄，连走路都毫无力气的失败的自己一个狠狠的拥抱，告诉他，谢谢你！在今后的几十年的人生中，拼尽全部力气，战胜所有困难，只为了证明自己并不是一个失败者，你活出了属于自己的精彩和人生最大化的美好。

好像突然回到了记忆中的那个四十七中住宿班。那个炎热的午后，没有空调，没有电扇，几百号人在教室里看着前面老师的奋笔疾书，那些勤奋地记忆着单词、语法、题型，准备参加GRE（美国研究生入学考试）考试的我们。青春大概相似，在每一个时代中，总有那么一些人，他们不甘于平凡、奋发努力，然后败得一无所有。但是，他们就是不会放弃，不是因为他们有多坚强，就算他们已被生活打击得千疮百孔，他们也仍然无法放弃，因为他们已经走到了那里。也许对于许多人来说，拥有太多的退路，但是对于他们，路，只有一条，就是继续向前走。许多年后，那些努力过、失败过、低潮过，最后成功了的人，好像一次又一次验证了青春一个不变的主题：我们活着，就要奋斗。我们活着，就要对得起这被眷恋的每一天，只要我们活着，就一定会拼了所有，向成功奔跑。也许今日我们看到的只是他们成功所带来的财富和地位，但对于每一个他而言，最宝贵的也许是这一路努力过的风景和过程。

电影最后，出现了马云、柳传志这些我们时常在财经杂志上听到或看到的人。或许你就是下一个马云，或许你就是下一个柳传志，或许你就是下一个俞敏洪。不，我们不会是下一个马云、柳传志，或者俞敏洪，但是我们一定是我们这个时代激流中的勇者，是我们这个大时代背景下不甘于平凡的小人物。我们或许不会被人人皆知，但我们一定会有所成就、有所价值。只因为，每个时代，都会有那么一些人，他们勤奋刻苦，并且对梦想深信不疑。他们才是这个时代的推动者，才是这个社会和时代的希望与动力。

愿你一往无前

朋友袁方考研失败后，去了南方一家地产公司工作。最近，他突然给我打电话，说想辞职去创业。我问他，参加工作刚半年，怎么突然有这种想法？工作遇到不顺了吗？

原来，最近他刚从试用期转正，公司给他定在了市场营销岗，而他的预期是做一名HR（人力资源）。由于内心排斥，现在他还对工作内容迷迷糊糊的，只是觉得这个岗位跟他的专业没关系，不适合他。而他越是这样想，上班时越心不在焉，老出错，被领导批评了好几次。

我想起一个同校师兄。上大学之后，学了一个不喜欢的专业，上课听不进去，对未来也一片迷茫。他开始翘课，逃避这一切，整天宅在宿舍打游戏。后来，他听说学校有转专业的机会，却发现由于成绩太差，不够申请资格。

师兄幡然醒悟，决定从头来过：基础太差，就去低年级课堂上重新听一遍；上课主动坐到第一排，下课追着老师问问题；专业书看不懂，就去找班上的学霸请教……他还报名加入了辩论队，积极参加各种社会实践活动。到了年末，他的成绩名列全院第二；在大学的第三年，拿到了国家奖学金，在全校辩论赛中荣获“最佳辩手”……

毕业那年，我们都以为他会保研，他却选择了跨校跨专业考研，最终去了自己梦寐以求的专业。这时我们才知道，大二的时候，他在本专业之外，又悄悄辅修了另一门课程。

如今，他在北京金融街一家公司上班，虽然工作压力很大，但那却是他一直向往的生活。“那些灰头土脸奔走在图书馆与教学楼之间的日子，虽然不如很多人的大学生活那么精彩和有趣，却是我生命中最单纯而充实的时光。”回忆起那些曾经迷惘的日子，他这么说。

在成长的路上，难免会有意料之外的情况出现，你是徘徊于自己画好的圆圈中走不出来，还是从此刻开始新的努力、接受新的挑战，直接决定着你能否打破命运的枷锁，通往彼岸的幸福。

学计算机的表哥一直想去知名的IT企业做产品经理，毕业之后却阴差阳错地进入一家小型互联网公司做编程，工作枯燥，天天加班，完全没有空余时间。刚开始，他也想过辞职，但是到年底，看着自己的团队做出的成果展示，看到客户向他们发邮件表示感谢，又觉得自己的这份辛苦还是值得的。

对待工作，表哥始终一丝不苟。每次开发出新的程序，他都会一遍遍检查、测试，直到没有问题才交付使用；向客户提供最周到的售后服务，帮助他们解决所能想到的每一个细节问题。因此，在圈内留下了好口碑，积累了一定的人脉。

去年，他和另一个同事一起辞职，合伙创办了一家自己的公司。由于之前在业界已经小有名气，很快得到一些客户的合作邀约，公司没多久就开始盈利。虽然经常吐槽创业的艰难和不易，但是对于未来，他仍充满了信心。

“尽管收入不及过去稳定，但看到自己付出心血开发出来的App上线，下载量一点点增加，获得更多人的认可，心里还是很开心的。”表哥说这话时，带着两个大的黑眼圈的脸上挂满了骄傲。我相信，他一定是有了足够的底气，才敢这么说，才敢这么做的。

人生的航程，不可能总是一帆风顺。或许磕磕绊绊，或许事与愿违。遇到挫折的你，可能不满足于当下，希望寻求改变。但是，你是否考虑过，自己眼下有没有这个能力去改变。要想实现梦想，除了让自己强大起来，强到能够独当一面，我们别无他法。

不管你曾对未来如何规划，总会有些事情不尽如人意，比如不喜欢的专业，合不来的舍友，或者是“不合适”的工作。面对这些情况，你是消极处理还是积极应对，有的关乎心情，有的却关乎一生。

随着年龄的增长，我们意识到，有些事很难改变。如果对当下的境遇不满意又暂时无力改变，除了忧愁和抱怨，为什么不去试着接受它？也许我们无法改变周遭的环境，但我们可以改变自己，在这个过程中，实现自我的另一种可能性。

就像现在的袁方，被分到了一个陌生的岗位，觉得自己不合适，然而，作为一名职场“菜鸟”，又有什么才是最合适的呢？说不定他真的做了HR（人力资源），又会遇到新的难题。与其一开始就预设一个“不喜欢”“不合适”的心理门槛，消极怠工，嚷嚷着辞职，不如沉下心来，埋头苦干，多学多看，努力做好本职工作。随着自身实力的增强、业绩的提升，也就会逐渐拥有更大的自主权。

在人生的岔路口，很多时候你可能只有一次机会做出选择，也可能被命运推搡着，踏上一条未知的道路。如果暂时无法改变，那就心无旁骛地沿着这条路走下去吧，不管是一马平川的康庄大道，还是芳草萋萋的蜿蜒小径，都只是眼前的景象，谁知道后面等待我们的是什么呢？也许，最美的风景就在路的尽头。

在失望后不放弃希望，在不可能中创造可能，是我们向命运做出的最有力回应。

往者不可谏，来者犹可追。愿你从此刻开始，不再迟疑和彷徨，向着美好的明天一往无前。

学会投资自己

一直有一个这样的问题：“为什么优秀的人总是不合群？”

网上最经典的答案是：“优秀的人也合群，只是他们合的群里没有你。”

想起了自己的一些故事。

大学时，我遇到了一个非常有能力的学长。当时，他是我们学校文学社团的负责人，交际能力强，发表过很多作品，运营着团队，有很多头衔，也有自己的报纸杂志。

社团是一个靠兴趣组建起来的团体，尤其文学社，因此到后来，人渐渐少了，留下了我们几个骨干成员。

他对我们几个人非常好，带我们加入了青年作协，参加过作家会议，也带我们和一些作家、画家之类的人吃过饭。

他教了我们很多社交礼节，也让我们以后和饭桌上那些老师多联系、多学习。我们兴奋地留了人家老师的手机号、

QQ号，之后也尝试着联系，然后就再也没有然后了。

记得当时我回到宿舍还炫耀了一把："今天我见到了某某作家、某某诗人。"心里想着以后好像可以和大神交流了，但事后想起来，真是太年轻，啪啪打脸声还在耳畔，简直就是一个笑话。

学长后来还问过我："有没有和老师们多联系？"我一脸苦笑，"哥，那是你的人脉，和我没有半点关系呀，我还是踏踏实实努力吧"。

那次以后我才真正明白，原来社交是需要势均力敌的，实力不对等，就算我有别人的联系方式，我们也不可能平等地对话。

我们都想和优秀的人做朋友，因为优秀的人可以给我们带来正能量，但在此之前，也不妨问问自己："优秀的人，凭什么要和我们做朋友？"

也许我们还应该知道一点：比我们优秀的人，都比我们努力。

还是上文的学长，年龄只比我大了一岁，现在已经在济南创业，靠自己买了车和房。他本科专业是英语，因为喜欢文学，经常熬夜写作，发表了很多作品。后来自学平面设计，自己排版做报纸，毕业后一个人创业，跑东跑西，吃尽了苦头。

我们经常聊天，之前，我对他说："哥，老熬夜对身体不好，为什么要这么拼呢？"

他说："因为我在省会没有任何关系，想留下，只能靠自己，不拼，不厚着脸皮和别人打交道，不努力想出路，最后我只能回家。但我不想回老家，留下来，至少以后孩子的起点就是省会城市，对下一代也好。"

聊得越多，发现差距越大，实力上、努力程度上，最后都落实到经历和眼界上。

从小到大，体会过太多次"一步赶不上，步步赶不上"的感觉。

最开始可能只是学习成绩，我们没当回事；后来就是不同的大学，我们还安慰自己：努努力，也是差不多的；再后来，差距越来越大，学历、工作、眼界、境遇；最后，最直接的，是财富的差别。

量变引起质变，一步赶不上，步步赶不上。

差距越来越大，曾经一起的同学，后来越走越远，我们心里明白了：只有同等的实力，才能平等地对话。

高中同桌在读英语研究生，前些天我们打电话，她问我："你为什么要选择考研呢？"

我回答了她一句看似随口，但却是心中所想的话："我努力，是为了以后我们还能做朋友。"

我们肯定都有过无话不说的朋友最后变得无话可说的经历，其实并不是忘了共同的回忆，而是境遇不一样了。情怀可以支撑一时，回忆完过去，无话可说的尴尬就来了。

我们经常愿被世界温柔以待，但世界的温柔有限，凭什么落到我们头上?

我们经常想和优秀的人做朋友，想找合适的人度过一生，但在我们懒散时，优秀的人早已经大步向前了；在我们幻想时，合适的人早已经和别人好上了。

爱情讲究门当户对，社交也讲究实力均等，不单物质上，还有精神上。

所以，与其忙东忙西地参加各种聚会，不如自己踏踏实实地努力，因为当我们自己不够优秀时，即便认识再多优秀的人，也没有什么实质上的交流。

年轻的时候，投资自己才是最好的选择，当你有一天踏踏实实做出了成绩，你就会发现，世界突然对你温柔了许多。

也只有当你自己变得优秀了，优秀的人才会选择和你在一起。

和同学聊天时，我说："人生而不平等，这个世界充满了太多的不公平。"

"不公平常在，与其评价不公平，不如学会如何面对不公平，其实也正是因为有不公平，才凸显出了奋斗的可贵。"同学说。

心里默默记住了同学的话，抬头时，阳光正好。

做一个有担当的人

人活着，大部分时候，总是纠结在别人的错与对之中，遇事推卸责任，缺少担当之心。做人，应该学会担当。这个社会里，不管你扮演什么角色，都应该有自己的担当和责任心，与你有关的事情，必须责无旁贷，不假手于人，坦坦荡荡。

威尔逊说：“责任感与机遇成正比。”

如果一个人的责任心很强，那么他的事业绝对是蒸蒸日上的，而有责任心的人，好运也会接踵而来，有责任心和担当的人，能够更好地靠近成功和幸福。不记得是谁说的，真正的管理者必须有不推卸责任的精神。

有时候责任对于一个人来说也许是痛苦的，但也正是因为痛苦，才更能磨砺意志，痛苦是一种经历，责任则是成功的方式之一。有责任心有担当的人，也是最可爱、灵魂最纯正之人。

梁启超说过："人生须知负责任的苦处，才能知道尽责任的乐趣。"

人生不能没有乐趣，就像人生离不开责任和担当一样。一个有担当的人，他的人生是坦荡的，是带着光亮的，他的生活是有意义且有价值的。一个人的人生，若活得毫无价值和意义，那便如行尸走肉一般，是无法收获乐趣的。

非常憎嫌一种人，那就是遇到一切的错误，没有羞耻心，没有责任心和担当，一味推卸，一味归咎于别人，把自己在整件事中的责任清洗得干干净净。想必这种人，也不会存有鸿鹄之志和优秀的品性。一个品性缺失的人，即使看到成功，成功也会对他绕道而行。

我想每一个人的身边，总会有一些很有责任心和担当的人，与这样的人共事，你会很轻松，因为这种人一定很温暖，不会在背后算计；与这样的人交友，你会更幸福，他们会站在朋友的立场着想，真诚而善良，绝不会是利益上的交往。

有责任心和担当的人，才是真正有大智慧的人，他们知道，亲人和朋友们好，自己才会更好。正如曾经的一句广告词：大家好，才是真的好。俗话说，独乐乐不如众乐乐，这是一种阳光美好的心态。当你在周围播种快乐，你的身边才能长出快乐。

当你把别人的担当和责任心，看成一种傻的话，那说明你才是真正的傻子。对于有责任心的人，我们都应该尊重和仰望，他们是如此伟岸，灵魂是如此纯正，情是如此温暖。有责任心的人，他们总是渴望把每一件事做到尽善尽美，不留瑕疵，不给人留下口实。

责任心更是一种完美的心态。古语云：良农不为水旱不耕，良贾不为折阅不市，士君子不为贫穷怠乎道。也就是说，优秀的农人，不会因为水旱而不耕作；善于经营的商人，也从不会因货物跌价不做生意；而士人君子，更不会因为自己贫穷和身份低微，而放弃对学问的追求。

因此，不管你处于何种境况，都应该具备强烈的责任心，努力勤奋，毫无懈怠。在生活中，努力做一个有责任心的人吧！如此，才更能得到别人的尊重和喜爱，也才能更好地发展自己。

一盎司忠诚相当于一磅智慧

一个人任何时候都应该信守忠诚，这不仅是个人品质问题，也会关系到公司和企业利益。忠诚不仅有道德价值，而且还蕴含着巨大的经济价值和社会价值。一个禀赋忠诚的员工，能给他人以信赖感，让老板乐于接纳，在赢得老板信任的同时，更为自己的职业生涯带来莫大的益处。与此相应，一个人失去了忠诚，就失去了一切——失去朋友，失去客户，失去工作，因为谁也不愿意与一个不能信赖的人共事、交往。

尽管现在有一些人无视自己的忠诚，把利益放在第一位，但是，如果你能仔细地反省一下自己的话，你就会发现，为了利益所放弃的忠诚，将会成为你人生和事业中永远都抹不去的污点，你将背负着这样一个十字架生活一辈子。

坎菲尔是一家企业的业务部副经理，刚刚上任不久。他年轻能干，毕业短短两年能够做出这样的业绩也算是表现不俗了。然而半年之后，他却悄悄离开了公司，没有人知道他为什么离开。

坎菲尔在离开公司之后，找到了他原来公司关系不错的同事埃文斯。在酒吧里，坎菲尔喝得烂醉，他对埃文斯说："知道我为什么离开吗？我非常喜欢这份工作，但是我犯了一个错误，我为了获得一点小利，失去了作为公司职员最重要的东西。虽然总经理没有追究我的责任，也没有公开我的事情，算是对我的宽容，但我真的很后悔，你千万别犯我这样的低级错误，不值得呀！"

埃文斯尽管听得不甚明白，但是他知道这一定和钱有关。后来，埃文斯知道了，坎菲尔在担任业务部副经理时，曾经收过一笔款子，业务部经理说可以不下账，"没事，大家都这么干，你还年轻，以后多学着点。"坎菲尔虽然觉得这么做不妥，但是他也没拒绝，半推半就地收了五千美元。当然，业务部经理拿到的更多。没多久，业务部经理就辞职了。后来，总经理发现了这件事，坎菲尔不能在公司待下去了。

埃文斯想到坎菲尔落寞的神情，知道坎菲尔一定很后悔，但是有些东西失去了是很难弥补回来的。坎菲尔失去的是对公司的忠诚，还能奢望公司再相信他吗？一个人无论什么原因，只要失去了忠诚，就失去了人们对你最根本的信任，不要为自己所获得的利益沾沾自喜，其实你仔细想想，失去的远比获得的多，而且你所获得的东西可能最终还不属于你。所以，阿尔伯特·哈伯德说："如果能捏得起来，一盎司忠诚相当于一磅智慧。"

谨以此书，献给那些在黑暗中提灯前行，勇敢执着的追梦人。

愿你的眼中有万丈光芒，努力活成自己想要的模样。

无悔青春之完美性格养成丛书

感　恩：
花知雨露恩，人有感恩心

蔡晓峰　主编

红旗出版社

图书在版编目（CIP）数据

感恩：花知雨露恩，人有感恩心 / 蔡晓峰主编. —北京：红旗出版社，2019. 11
（无悔青春之完美性格养成丛书）
ISBN 978-7-5051-4998-4

Ⅰ. ①感… Ⅱ. ①蔡… Ⅲ. ①故事—作品集—中国—当代 Ⅳ. ①I247.81

中国版本图书馆CIP数据核字（2019）第242266号

书　名　感恩：花知雨露恩，人有感恩心
主　编　蔡晓峰

出 品 人	唐中祥	总 监 制	褚定华
选题策划	华语蓝图	责任编辑	王馥嘉　朱小玲

出版发行	红旗出版社	地　　址	北京市丰台区中核路1号
编 辑 部	010-57274497	邮政编码	100727
发 行 部	010-57270296		
印　　刷	永清县晔盛亚胶印有限公司		
开　　本	880毫米×1168毫米 1/32		
印　　张	40		
字　　数	960千字		
版　　次	2019年11月北京第1版		
印　　次	2020年5月北京第1次印刷		

ISBN 978-7-5051-4998-4　　定　　价　256.00元（全8册）

写给你们

感激生育你的人，因为他们使你体验生命；感激抚养你的人，因为他们使你不断成长；感激帮助你的人，因为他们使你渡过难关；感激关怀你的人，因为他们给你温暖；感激鼓励你的人，因为他们给你力量。心怀感恩，才能温暖。

其实，成长越慢的人往往受的伤就会越多，面对种种伤痕我们要做的不仅仅是承受，更多的是要感恩。感谢那些让你受伤的事情，忘记那些让你受伤的人。伤害也许是无意的，成长却是必需的。我们要学着让自己成长、成熟起来，去承担属于自己的责任。

我们说过的话，做过的事，走过的路，遇到的人，每一个现在，都是我们以后的回忆。无须缅怀昨天，不必奢望明天，只要认真过好每一个今天。说能说的话，做可做的事，走该走的路……脚踏实地，不漠视不虚度，快乐悲伤都记得，即使疲倦悲伤也要拥有最美的姿态。

我们要正确地认识自己，心中充满阳光，脸上才会光辉灿烂。常怀感恩之心的人，愉己也愉人；常怀欣赏之心的人，悦己也悦人。真正的潇洒，是积极进取，乐观向上。无忧无虑、无恐无惧、轻松愉快，就是人生的潇洒与幸福。

这一生，很多时候，日子不免浑浑噩噩，累到身心俱疲，也想着总有解脱的一天。

怀着一颗感恩的心，去看待我们正在经历的生命、身边的生命，悉心呵护，使其免遭创伤。感恩生命，为了报答生命的给予，我们实在不应该轻视和浪费每人仅有的一次生命历程，浪掷青春，一生庸庸碌碌，而应该让生命达到新的高度，体现出生命的价值，让生命更有意义，显出生命本应拥有的精彩。

目　录

第一章
一个故事一盏灯

我喜欢心存感恩之心又独自远行的女人。知道谢父母，却不盲从。知道谢天地，却不畏惧。知道谢自己，却不自恋。知道谢朋友，却不依赖。知道谢每一粒种子每一缕清风，也知道要早起播种和御风而行。

——毕淑敏

当感恩成为心灵的习惯

感恩的人是一些谦卑的人。或者说，他们出于感恩，因而谦卑。

感恩者的脸上笼罩着安详之美。当感恩成为心灵的习惯，脸上呈现的是美而非贪婪。有一句老话叫“窃喜”——偷偷地、暗地里喜悦，大体上可作为感恩者的写照。他们的喜不为小得，而为大得；不是一时之得，而是时时之得。这一种得与喜，得之于天地万物。清风朗月之得，春蕾初绽之得，稚儿学语之得，合家团圆之得，均感今生难得今日得，情动于衷，每当生出感恩之念，脸上有美。没错，感恩给人带来相貌上的美。

感恩是心灵的习惯，习惯是天天重复的行为。如果重复的是烦恼，情绪接近于忧郁症。如果重复的是感激，得到的是喜悦。

问题是，世上有多少喜悦的事能让一个人把感激当成习惯呢？要当多大的官（每天升一级？）、赚多少钱（每天比前一天多赚一千元？）才能让一个人把感激当成习惯呢？

也许刚好相反，收获巨大的人不见得有一颗感恩之心。他们觉得职位与钱得之必然，不应感激。感恩的人是一些谦卑的人，他们才会把感恩当作习惯。谦卑的人可能生活在底层，可能遇到更多的艰难。艰难与喜悦之间隔着一堵墙，打通了就有光。全身心打拼的人，对每一点点小小的收获都喜出望外，生出感激。他们不断打拼，不断收获，不断生欢喜心，感恩随之形成习惯。

人所以谦卑，是他在心里画出一个很高很大的位置，放置他所敬重的事物。敬重自然、敬重父母、敬重友情、敬重师长。被敬者放置高位，敬者自甘卑下。像泉水源源不断流向低处，卑下者出于感恩而得到欢喜心，点点滴滴汇成水潭。人们把这个水潭叫“感恩的心”。水潭上面倒映出的图画，是他们所感激的人和事。

狂妄的人心里拥挤，被自我和自我业绩挤满，找不出一席空地放置感激。纯真的人听到小鸟歌唱，感谢小鸟带来这么好的歌声。狂妄的人心里没有小鸟的位置，也失去倾听鸟儿歌唱的机会。上帝所造的尤物——鸟类、花朵、露水和云彩在不知感恩的人心里没有倒影。他这一生不知错过了多少美景，只剩下一段干巴巴的自我。

感恩的人不仅脸上美，还表现出对美的欣赏。感恩者实为优秀的艺术家，碗里粮食之美、身上棉布之美、屋檐滴水之美，在感恩者心里形成的涟漪就叫感恩。

需要说明白一件事——感恩不是廉价的恭维。恭维永远是假冒产品，这个词应该改成“恭伪”。你以为你的一番赞扬话抵得上别人的辛苦付出吗？别人付出只图你说出轻松流畅的一席话吗？这样，你贬低了别人的帮助，你太看重语言的功能了。感恩者有时并不只用言辞表达感恩，还有行动。用言辞表达感恩没有错并且有必要，但更必要的是真诚，而非话语。

见到感恩的人，无须问他们为什么和对什么事感恩。他们从地板上捡起饭粒放进嘴里，他们手拿一双烂了的棉袜子徘徊，不知扔还是不扔。他们节俭，但对别人慷慨——慷慨是衡量感恩者的一项硬指标。感恩的人容易满足，知福且惜福。他们的价值坐标是纵向的，跟自己过去比，而不与别人横向较劲。感恩的人心怀造福社会的宏愿，并一点一滴地实践。他们一定是实践者，感恩并不停留在言辞和心愿上，回报他人与社会要落到实处。

感恩的人在感恩中得到了什么？他们说，他们没去想获取什么。但他们确实得到了一样东西，那便是心灵的营养。我们如果承认人有心灵，就等于承认心灵是一个活体，有生长也有死亡。心灵生长需要水和营养素，感恩就是最好的营养素，它来源于身体内部，不假外求。就像善良是浇灌心灵的水，感恩者因为感恩而洁净，心灵由此饱满与生长。这个回报大不大？很大，他们逐渐变为富有者。

感恩只是善良这棵树上的一朵醒目的花，它不会孤立存在。没有既感恩又冷酷的人，正如没有慷慨且吝啬的人。善良、珍惜、记得别人的好处、远离花言巧语、懂得爱、保持脸红的机制、谦卑，是一个好人的种种特征。只是从某种意义说，他还是个懂得感恩的人而已。

感恩的人一般也是厚道的人。他们有优异的“道德记忆力”，这是我发明的词，说一个人记得别人的好处，恒久不忘。来自外界的一些小的冒犯、小的不快、小的挫败，会被道德记忆力所融解。厚道的厚，是说一个人不容易被激怒，不轻易反目成仇，他在心田厚厚的土层里存储着他人的优点。这是对感恩的另一种解释，也是厚道的缘由。刻薄的人多聪颖、嘴快，心眼来得也快。刻薄的人心里愤怒多，他们未必不善良，只是心地土层薄。如果多多培植厚土，多念及天地之美、人生之美，可以化薄为厚。感恩其实是个人修养的方法。

对感恩的误解，还有一种是投桃报李，与原始人的商品交换一样。如果以友谊为基础投桃报李，无可厚非。如果对感恩感到压力而以物易物，近乎小气，或者叫“人际关系紧张症”。为什么不能光明喜悦地接受别人的馈赠？能，受而不失君子本色。匆匆还之，见出小气。感恩不是等价交换。物有价，真诚无价。感恩对人最大的好处是净化心灵，念及苍天庇护，念及亲友挚爱，每每难以忘怀。这一过程，心灵启动了类似杀毒的功能，弊有所降，益有所增，这不是投桃报李所能获得的，精神的获得可以超越物质层面。

感恩是心灵的一种习惯。感恩一人一事算不上习惯。“恩”对任何人来说都是历史与文化。现代人所获得的便利与保障，根植于历史，根植于文化，让人们获得基本的对善恶的识别、对艺术与美的普遍认知。“恩”的范畴还包括无数你根本不认识、永远见不到面的人对你生活的干预，如粮食、药品、讯息与交通。更大的恩是覆盖全球的，譬如减少碳排放量。感恩不能窄化，对感恩的表达不只是唱歌跳舞感谢电视机前所有的观众，而是在心中形成一个懂得珍惜的机制。机制就是习惯，人在这个习惯中懂得美和欣赏美，懂得节制和尊重，生出宁静之中的欢喜心。

试着突破自己

如果一个人总是小心翼翼，怕这怕那，他的一生会错失很多机会。

从前，有夫妻二人，他们一直没有孩子。后来，他们生了一个儿子，他们叫他库兹亚。他长得很结实，胖乎乎的，干干净净的。他可碰上了爱干净的父母：动不动就洗手。

库兹亚长大了一点，父母开始教他正确走路："乖儿子，上街时要看着脚底下，当心别跌倒了。在木地板上走路要看着脚底下，那上面最容易滑倒。走山路时，还是要看着脚底下，说不定你会从山顶摔到沟里去的，可别摔断了脊梁骨。下山时照样要看看脚底下，不然的话，就可能扭伤肌肉。如果由于你的品行和成绩让你到索契去疗养的话，走在沙滩上时可要小心谨慎，别把鞋踩歪了，两眼一定要盯着脚底下。不然的话，一遇坏天气，海浪就会朝你涌来，浇得你浑身透湿，说不定还会把你卷到海里去。”

钟爱库兹亚的双亲说过这些话后，又活了一段时间，便在亲人们的哀悼声中死去了。

库兹亚开始执行父母的遗嘱：当他在木地板上走路，上山、下山，在春天的田野散步，在古老的森林里踯躅，在大街上徘徊，在沙滩上闲逛时，他总是用心盯着自己的脚下。他一生从来没有被绊倒过，从来没有滑倒过，从来没有扭伤过肌肉，从来没有碰伤过额头，从来没有踩到水沟里，也从来没有让海浪浇过。

这个可怜虫就这样过了一辈子，死去了，从来没有见过蓝色的天空，从来没有见过明亮的云彩，从来没有见过早霞和晚霞，从来没见过亮晶晶的星星，从来没见过城乡的美景，也从来没见过人们的面孔。

如果一个人总是小心翼翼，怕这怕那，他的一生会错失很多机会。

试着突破别人教你的规矩吧！

感谢每一道伤口

人生就是一种承受、一种压力，你能在负重中前行，在障碍中奋进，那么无论走到哪里，你都能够支撑自己。所以失败时就多给自己一些激励，孤独时就多给自己一些温暖，让自己的心灵轻快些，让自己的精神轻盈些。因为你心情的颜色会影响世界的颜色。如果我们对生活抱有一种达观的态度，就不会稍不如意便自怨自艾，也不会只看到生活中不完美的一面。我们身边大部分终日苦恼的人，或者说我们本人，实际上并不是遭受了多大的不幸，而是自己的心理素质存在着某种缺陷，对生活的认识存在偏差。

有位朋友前去友人家做客，才知道友人三岁的儿子因患有先天性心脏病，最近动过一次手术，胸前留下一道深长的伤口。

友人告诉他，孩子有天换衣服，从镜中看见疤痕，竟骇然而哭。

“我身上的伤口这么长！我永远不会好了。”她转述孩子的话。

孩子的敏感、早熟令他惊讶，友人的反应则更让他动容。

友人心酸之余，解开自己的裤子，露出当年剖腹产留下的刀口给孩子看。

“你看，妈妈身上也有一道这么长的伤口。”

“因为以前你还在妈妈肚子里时生病了，没有力气出来，幸好医生把妈妈的肚子切开，把你救了出来，不然你就会死在妈妈的肚子里面。妈妈一辈子都感谢这道伤口呢！”

“同样地，你也要谢谢自己的伤口，不然你的小心脏也会死掉，那样就见不到妈妈了。”

“感谢伤口”——这四个字如钟鼓声直撞心头，那位朋友不由得低下头，检视自己的伤口。

它不在身上，而在心中。

那时候，这位朋友工作屡遭挫折，加上在外独居，生活寂寞无依，更加重了情绪的沮丧、消沉，但生性自傲的他不愿示弱，便企图用光鲜的外表、强悍的言语加以抵御。隐忍内伤的结果，是伤口终至溃烂、化脓，直至发觉自己已经开始依赖酒精来逃避现实，为了不致一败涂地，他才决定举刀割除这颓败的生活，辞职搬回父母家。

如今伤势虽未再恶化，但这次失败的经历却像一道丑陋的疤痕，刻画在胸口。认输、撤退的感觉日复一日强烈，自责最后演变为自卑，使他彻底怀疑自己的能力。

好长一段时日，他蛰居家中，对未来裹足不前，迟迟不敢起步出发。

朋友让他懂得从另一面来看待这道伤口：庆幸自己还有勇气承认失败，重新来过，并且把它当成时时警惕自己、匡正以往浮夸、矫饰作风的记号。

他觉得，自己要感谢朋友，更要感谢伤口！

我们应该佩服那位妈妈的睿智与豁达，其实她给儿子灌输的人生态度，于我们而言又何尝不是一种指导？人活着，总不能流血就喊痛，怕黑就开灯，想念就联系，疲惫就放空，被孤立就讨好，脆弱就想家。人，总不能被黑暗所吓倒，终究还是要长大，最漆黑的那段路终究是要自己走完的。

学会从容应对

有多少次困难临头，开始以为是灭顶之灾，感到恐惧，受到打击，似乎无法逃脱，胆战心惊。然而，突然间我们的雄心被激起，内在力量被唤醒，结果化险为夷，一场虚惊。一个真正坚强的人，不管什么样的打击降临，都能够从容应对，临危不乱。当暴风雨来临，软弱的人屈服了，而真正坚强的人镇定自如，胸有成竹。

埃尔文的父亲生病时已经年近七十岁了，仗着他曾经是加州的拳击冠军，有着硬朗的身体，才一直挺了过来。

那天，吃完晚饭，父亲把埃尔文他们叫到自己的房间。他一阵接一阵地咳嗽，脸色苍白。他艰难地扫了每个人一眼，缓缓地说："那是在一次全州冠军对抗赛上，对手是个人高马大的黑人拳击手，而我个子矮小，一次次被对方击倒，牙齿也出血了。休息时，教练鼓励我说：'史蒂芬，你不痛，你能挺到第十二局！'我也说：'不痛。我能应付过去！'我感到自己的身子像一块石头，像一块钢板，对手的拳头击打在我身上发出空洞的声音。跌倒了又爬起来，爬起来又被击倒了，但我终于熬到了第十二局。对手战栗了，我开始了反攻，我是用意志在击打，长拳、勾拳，又一记重拳，我的血同他的血混在一起。眼前有无数个影子在晃，我对准中间的那一个狠命地打去……他倒下了，而我终于挺过来了。哦，那是我唯一的一枚金牌。”

说话间，他又咳嗽起来，额上汗珠滚滚而下。他紧握着埃尔文的手，苦涩地一笑说：“不要紧，才一点点痛，我能应付过去。”

第二天，父亲就过世了。那段日子，正碰上全美经济危机，埃尔文和妻子都先后失业了，经济拮据。

父亲死后，家里境况更加艰难。埃尔文和妻子每天跑出去找工作，晚上回来，总是面对面地摇头，但他们不气馁，互相鼓励说：“不要紧，我们会应付过去的。”

如今，当埃尔文和妻子都重新找到了工作，坐在餐桌旁静静地吃着晚餐的时候，他们总要想到父亲，想到父亲的那句话。当我们感到生活艰苦难挨的时候，要咬牙坚持，学会在困境中对自己说：“瞧，我能应付过去！”

你必须相信，那么多当时你觉得快要了你的命的事情，那么多你觉得快要撑不过去的打击，都会慢慢地好起来。就算再慢，只要你愿意努力，它都将成为过去。而那些你暂时不能拒绝的、不能挑战的、不能战胜的、不能逆转的，就告诉自己，凡是不能杀死你的，最终都会让你变得更强大！

一盒水彩笔指引的人生

那天是星期五，有很好的太阳，我穿着一条肥大的工装裤在院子里修剪草坪，而我的丈夫和儿子正在客厅里吵嚷着下五子棋。草坪修剪差不多到一半的时候，客厅里的电话响了，是那天的第一个电话，平时的周末我们家的电话还真不多。儿子阿伦正在大声责怪父亲趁他不注意偷走了两步，父子俩争得面红耳赤，看来他们谁也不会接电话了。我只好放下剪刀，脱下笨重的靴子走进客厅。

我赶到的时候，电话差不多已经响了一分钟，我能想象得到，如果我再迟一秒拿起话筒的话，对方一定要悻悻然挂机的。果然，当我拿起话筒还没来得及问好，对方就怒气冲冲地问："请问这是艾尔比家吗？"是个嗓门儿很大而且语速很快的老妇人，显然她打错了电话。我跟她说："对不起，您……"可没等我说完，她就接过话茬："请您务必马上来爱华伦大街15号的文具专卖店一趟。因为您的儿子艾尔比现在在我们这里。”我正要把刚才的话接下去证明她打错时，那边传来一个小男孩的啜泣声，跟我打电话的女人马上提高嗓门儿：“偷了东西还哭，你的母亲会马上过来教训你。”我听出来了，那个叫艾尔比的孩子拿了文具店的东西，当店员要他告诉家里电话时，他只好胡乱说了一组号码。

我看了看我的儿子阿伦，他正为刚刚赢了爸爸一局而欢呼雀跃。我突然想去文具店看看，于是我说：“请您别吓坏了艾尔比，我十五分钟赶到。”我驱车前往一英里外的爱华伦大街十五号，很容易就找到了那家文具专卖店。书店大厅里有很多人，有小孩，但更多的是大人。站在中间哀哀哭泣的一定就是艾尔比了，因为他的脚下有一个浅紫色的水彩笔盒子。我扒开人群，显然这个小家伙不认识我，但是当我把右手递给他的时候，他居然怯生生地伸出了他的手。我牵着他，温柔地说：“孩子，你怎么那么不小心，把买水彩笔的钱搁在钢琴上了呢？现在妈妈把钱送来了，你去把钱还给他们。”

围观的人听到我这样说后开始散开，有个小姑娘甚至走上前来对艾尔比说：“开心点，没有人认为你是小偷。”水彩笔标价是五美元三十分，我把一张十美元的纸币交给艾尔比，鼓励他自己去交钱。艾尔比有些迟疑，见我用慈祥温柔的目光看着他，于是接过钱，低着头去收银台了。两分钟后，他将店员找给他的四元七十分还给我，而我将那盒漂亮的水彩笔交给了他。

我牵着艾尔比的手走出文具店的时候，先前恶狠狠地打电话给我的老妇人跟我说：“我们错怪了您的儿子，而您真是一位豁达的母亲。”我朝她笑了，艾尔比见我这样，也很自豪地抬起眼睛，他跟先前骂他的老奶奶扮了个鬼脸。

走出文具店后，我提议开车送艾尔比回家。他说他的家离这里只有三百米，我说那么再见吧，小伙子，希望你能画出最美丽的图画！他羞涩地笑了，紧紧地把水彩笔抱在怀里，他跑着离开了，到马路对面后还回过头来跟我挥手。

我看出了一个六岁小孩由衷的开心和幸福。而一个六岁的小孩本来就应该这么幸福和开心的，即使他不准备跟店员付账就想把一盒心爱的水彩笔带回家去，艾尔比还只是个小小的孩子，他那么醉心于一盒普通的水彩笔，我宁愿相信他这么做的原因，仅仅只是想要用水彩笔描绘他眼中美丽的风景。

而作为一个孩子的母亲，我并不认为自己那么做有多么伟大。时光流逝，这件事情也渐渐从我脑海里淡去。但是十二年后的一天，我突然接到一个陌生电话，当我说了“你好！”后，话筒里传来一个小伙子的声音：“请问您是艾尔比的母亲吗？”“艾尔比？”我突然失声叫出来，对方在电话里爽朗地笑了：“我十五分钟后会冒昧打扰您。”

十五分钟后，一个高大英俊的小伙子站在我面前，他没等我说话就张开双臂拥抱我："十二年前，我就想叫您一声妈妈了！我是艾尔比。"我突然泪流满面，虽然我一直没有忘记十二年前文具店里的那个孩子，但是我从来没想到我还会见到他。而且，如今的艾尔比，已经是纽约一所大学的美术系学生，他告诉我："虽然我三岁就失去了母亲，但是从六岁开始就拥有了另一个亲爱的妈妈，这个妈妈用一盒水彩笔指引了我的整个人生……"

幸福就像寻找某种光

他是一个1986年出生的大男孩， 2006年通过选秀节目出道， 2009年毕业于北京电影学院，如今是影视歌三栖艺人。他觉得自己是一个挺有韧性的人，而且“特别地韧”。他外表柔弱，内心却十分强大。看他的故事，就像在看“苦儿流浪记”，让人忍不住一肚子心酸。

他是在山东德州农村长大的，家里世代务农。5岁那年，母亲病逝，父亲因负债而抛弃儿女远走他乡。他和两个姐姐由年迈的爷爷奶奶拉扯大。小时候他吃不饱穿不暖，后来还因为缴不起三块钱的学费而辍学。家里面两个老人，一亩七分地，没有劳动力，夏天还能有些吃的，冬天就完全没有了。这样的经历，大多数人会觉得不可思议，但对他来说，却是刻骨铭心。

上学的时候都是穿奶奶的鞋，下课也不和同学们玩。他一个人站在墙角，右脚踩着左脚，为的是不想让同学看到自己穿老太太的鞋。他只能用这种方式来维护自己少得可怜的自尊。去同学家，看到别人都有爷爷奶奶爸爸妈妈，吃饭有肉有蛋，他就觉得特别温馨，也特别想吃。那个时候，他心里很疼，很疼。因为他吃的是玉米饼，由于家里太穷，奶奶都是晚上把饼放在枕头底下焐热了，隔天拿给他们三姐弟吃。

有一次，学校里打防病疫苗两块钱一支，他打了，回去后就被奶奶拿藤条抽了一顿——因为这意味着好几天的饭钱都没了。他的课本什么的，都是拿同村高年级孩子的，一张写字的纸都要两面反复用。那时候，他最大的梦想是长大以后做一个厨师，因为听到厨师最高工资有六百块钱，他可以赚钱盖房子娶媳妇。

当有人问他，那段经历会不会太过悲惨时，马天宇笑了笑："对我来说就是一个台阶吧！人生就和波浪一样，如果没有那段经历，也就没有今天的我了。所以我只会觉得那个时候我比其他80后的孩子苦，但我不会把它当成负担，反而是一笔财富。但这个财富，我也不会拿出来炫耀！"

说没有自卑过，那是假话。那时他常常会被别人嘲笑说是"没妈的孩子"或者"有爹生没爹养"之类的……但奶奶不许他打人，连理论一下都不行。也许，正是这种态度，才让他没有变成生活的奴仆，而是主人。爷爷很正派，从来不占别人便宜，欠了别人的钱很难受，一有钱就要马上还。这些，就是他生命里的光。

他红了以后，从没尽过责任的父亲回来了，带着一个后妈。但他不会再恨，因为“再恨也不能改变以前的生活了，他已经老了，动不了了，杀了他也解决不了问题”，而且他还把父亲和后妈都安置在自己家里，只为不想留下“子欲养而亲不待”的遗憾。他就是马天宇。

也许，每个人生命的冬天都曾有过肃杀，但就像马天宇的歌里唱的，幸福就好像寻找某种光，有些光芒，即使微亮，绝不退让。爱你是我的信仰，我找的是一种方向而不是风向，我在宁静里等待被幸福绽放。

善良是一朵美丽的花

我骑着电动车从那条熟悉的小巷经过，正在吃午饭的修车老人，赶紧放下热腾腾的饭菜，我忍不住停下电动车——我突然想起，我的车应该充气了。

下午妹妹用我的电动车，她奇怪：“你怎么把车胎打那么饱的气？”我笑笑：“因为老人放下正吃着的饭碗，迎着我的车站起来，我不忍心让他‘失望’哦！”

妹妹笑我：“你是杞人忧天，还是太过‘多情’？”

我说：“我也不知道。”妹妹嗔怪我：“难道你也想成为文尼西斯不成？”

她是说我们一起看过的那部电影《中央车站》，那里面有一个小男孩儿，他也是一个“多情”的小男孩。

导演沃尔特要为电影《中央车站》选一位男孩当主角，一天在车站，他看到一个擦皮鞋的小男孩，他告诉小男孩，明天来找他，有饭吃，还可以挣钱。第二天，导演惊呆了，男孩带来了所有在车站擦鞋的孩子！他当即决定让这个孩子来演。后来电影获得了四十多项大奖，这个男孩成为巴西家喻户晓的明星——文尼西斯。文尼西斯以自己的“多情”，为伙伴们带来了收益，也为自己打开了成功的大门。这个“多情”的孩子，他的“多情”是一朵善良的花朵，让我念念不忘。

不由得想起我经历过的“多情”：在杭州乘坐公交车，问了路线，拖着行李走，指路的阿姨又撵了上来：“你还是坐×路车吧，那样你就不用过马路了，我刚才给你说的那路车跟×路车一样的车程，但是需要穿越马路，对你来说不够方便，我才看到你带了个箱子呢！”

妹妹也曾经讲她经历的“多情”：她把孩子的水杯忘在了游乐园，半年之后，又去游玩，老板娘居然定了眼睛问她：“你有什么东西落我们这里了，还记得吗？”妹妹疑惑地说：“好像是个水杯吧，好久了！”老板娘乐了：“还‘好像’，根本‘就是’！”说着，她变戏法一样：“喏，是这个吧！”妹妹和孩子乐得：“谢谢谢谢谢谢！”好长时间，妹妹把这一堆“谢”字挂在QQ签名上，以显示世风人心多的是善意美好。

邻居大婶总是在下雨天凉的时候，一麻袋一麻袋地购买西瓜，为的是让售瓜的人少受风吹雨淋。冬日的夜晚，寒冷的街头，单位里一群聚餐的人，围了烤白薯的老人，把他的热的冷的白薯，一块一块全买下，“您早点收摊子回家吧，这么大冷的天！”家属院里大妈大爷们，总是把“破烂”卖给一个独臂的小伙子，“年纪轻轻的，多不容易！”大妈大爷们深深同情那善良的小伙子，他收“破烂”价格偏高，斤两实诚，打包之后，总是要把门前窗后，清扫得一尘不染。谁不是“多情”的人呢？大家彼此互为“多情”的人！

门卫的师傅们总是为我收取稿费单和样刊样报，不厌其烦，却并不会因了这额外的工作量而有什么收益，我的笔名我的真名，他们都要一一记着，还会一任一任地往下传，新来的师傅把“三根毛”的稿费单交给我，我很吃惊：“您怎么知道是我呢，我还没告诉您啊！”他慈祥地笑：“交接工作的时候，樊师傅说过了的。”我的感动感激换成“不二家”的棒棒糖递上去，师傅们笑了。第二天，家住郊区的他们带了家里种的花草给我：“看看，这个喜欢不？”我欢喜的样子，让他们颇为得意：“看，我们就知道你喜欢这个，写文章的都待见这些花草！”

春来一捧迎春花，夏来一朵月季红，秋来一瓣清清菊，冬来一枝蜡梅香，绽放在门卫师傅桌案的善意之花，希望更多的美好与善良，一朵一朵，行走在街头，行走在心头……

你的善良，也是一朵花，为陌生人绽放，为熟识的人吐蕊，花香飘满人生。

人生最好的一课

毕业后，我进了苏州这家外贸公司行政部，每天的工作就是打杂，打字、复印、整理资料。我努力做好自己的本职工作，只想在这座城市站住脚。因为性格内向，不爱出风头，常常一天在办公室也说不了几句话。同事们对我都很客气，但互相也保持着各自的距离。

那天，父亲打来电话说，要来住一段时间。其实，我知道，父亲不过是想来看看我生活得怎么样，住在哪里，工作环境如何，有没有朋友。母亲较早去世，父亲一手把我拉扯大，童年的记忆里，全是我坐在父亲凤凰牌自行车的大梁上，跟着他一条街一条街地卖豆腐。

我在这座城市没有朋友，怎么才能给父亲一个放心的理由？思前想后，我决定向老板求助。

那一整天，我都小心翼翼地观察着老板的动向，他肯定不认识我，我该怎么开口？他会不会答应我这个滑稽的要求？我无比忐忑，挨到下班，才硬着头皮敲开了他办公室的门。

这是我在公司工作大半年后，第一次走进老板的办公室。

看我进来，他略有疑惑地问："你是？"

我无比尴尬，结结巴巴地表明身份。老板看我憋红的脸，微笑着说："有事慢慢说。"

我停顿了很久，说："希望您能请我父亲吃顿饭，或让公司负责人请我父亲吃顿饭，以公司的名义。"我鼓足好大的勇气，说了很多我和父亲的事，"父亲不放心我，总觉得我在外面会受委屈，我其实挺好的，工作稳定，也被领导和同事照顾……"因为紧张，我的脸涨得通红，怕他不同意，又赶紧结结巴巴地补充，"当然，饭钱我自己来出……"

没等我说完，他回应："周五晚上一起吃饭，好吗？"

我一愣，随即激动起来："可，可以，哪天都可以。"

"那好，你休几天假，多带老人到处走走，我跟司机交代一下，这几天外出就用公司的车。"

我慌忙摆手："不，不用，真的不用，太感谢您了。"不知说什么好，我索性弯身，给他鞠了一躬。

周五下班前，司机找到我，陪我一起到火车站接父亲去酒店。司机说了酒店的名字，我很意外，那是这个城市非常豪华的酒店，我从未进去过。

那是一顿丰盛而温暖的晚餐，饭菜可口，老板带了好酒，公司中层都参加了。很多人都不认识我，平常仅限于见面点头之交，而在这顿饭中，他们都表现得和我很熟悉，夸我某个文案写得好，每天总是很早到单位。大家随意地聊天、说笑，并陪着父亲喝到尽兴。

之后的两天，司机一大早就等在我租住的楼下，带我和父亲一起转遍了这座美丽的城市。

两天后，父亲买了回去的票，说来之前的确很不放心，原本想住一段日子，但看我生活得很好，他可以放心地走了。

父亲走后，我准备好好向老板说谢谢。可还没等我去找他，老板就召开了公司全体人员大会。会上，老板点了我的名字，他先为曾经对我和所有像我这样的员工的不了解表示了道歉，接着他说，要谢谢我对他提出的这个要求，让他知道了，作为一个集体，公司不仅是工作的地方，也是每个人相互关心和爱护的大家庭。除了竞争，除了上进，除了利润和发展，还应该有着寻常家庭的温暖。这才是一个好的集体，一个能永远朝前走的集体。说着，老板站起来，给所有员工深深鞠了一躬。

在经久不息的掌声里，我哭了，为这样的温暖。

从那之后，我变得更积极上进，热情主动。公司也变了，不再像曾经那样人与人之间只是职业的客套，氛围和谐温暖起来。同事间相互关心，如亲人。

2009年，在金融危机袭遍全球时，很多贸易公司亏损的亏损，倒闭的倒闭，我们公司不仅没有亏损，还稍有盈余。三年后的今天，我已经从一个小文员升职为公司业务经理。我牢记这段经历，并为每一位新入职的职员讲述这个故事，践行着“情意的力量胜过一切”的理念。时至今日，公司里每个人都说，那是他们人生中最好的一课。

父亲点亮的村庄

整个秋天，父亲都开着三轮车在田地和各家的院落间往返，好像村庄最鲜活的血液。

他一进村庄，留守的老人们便向一个地方聚集，他们一起给父亲倒在某个院落里的棒子剥皮，再编成一条长龙。父亲攀上颤悠悠的简易木梯，从人们手里接过这条“长龙”，把它围在一根倚着房子的长木杆上，好让风和阳光把玉米体内的湿气完全抽干。父亲终于搭好，回过头来，看着大家的目光，他一定想起三十年前，不知道这样攀爬了多少回梯子，才让一个叫作“电线”的长蛇攀上各家的房顶，垂钓着葫芦样子的灯泡。等他把电闸推上去，整个村庄被点亮，那一瞬间，人们都沸腾了。

现在，父亲已经不是电工了。几年前，电业系统调整，他这个三十年的“临时工”终于下岗了。得到这一消息的母亲很欣喜，一是五十岁的父亲再也不用爬电线杆，她再也不用跟着悬心了；二是我们家再也不用给别人搭电费了。

尽管塬上的村庄已经通了电话、修了马路，可私人煤矿一禁止，人们就像大迁移一样，先是三三两两，后来所有的劳力都转向城市。有的人家整户都走了，连学校也变成了一座空房子，留下一窝春来秋走的燕子，和一个比人头还要大一些的蜂窝。

父亲本来不想离开村庄。可眼看着村里娶媳妇的彩礼一涨再涨，为这件事，母亲已经愁白了头。张家娶媳妇，光彩礼花了八万；李家娶媳妇，彩礼送了十五万；王家本来送了十五万，可女方偏要十八万，结果婚事黄了。父亲想，他必须得给儿子攒点钱，帮他娶到媳妇。别人家有长女的都不愁，女儿出嫁时多要些彩礼，给儿子结婚打基础。我的父母跟他们不一样，不仅尊重唯一的女儿嫁到千里之外的选择，连女儿裸婚也接受了。

那一年，父亲早早把棒子收进粮仓，又把麦子种进土里，背上扛一个圆滚滚的编织袋，里边装着卷得紧紧实实的被褥、枕头。父亲从人群里挤过去，他总是不安地用手摸一摸腹部，在车厢里觉也睡不安稳——母亲在他的内裤上缝了一个小口袋，他生怕别人看透这个机关。虽然只有六百块钱，但对他来讲，这已经不是小数目了。

父亲此行要去北京，在那里打工的表叔来电话说，有个地方要招两个保安，管吃管住，还给发衣服。邻村的李叔很有兴趣，一撺掇，父亲就和他一起加入了“北漂”的队伍。

他们按照纸上的地址多次打听，又多次转车，终于找到在医院当护工的表叔。表叔看到他们俩，眼睛都瞪大了，招保安不假，但是他们年纪太大，明显不合适。

可既然来了，就不能轻易回去。父亲口袋里揣着电工证和高中毕业证，而他那双粗糙的手，足以证明他半生里出过的力气，不惧怕任何苦活累活。

表叔托人给他们找起了工作。零钱已经花完了，父亲把内裤上的那个口袋拆开，他原本想着来了以后就能上班，管吃管住，这些钱一时半会儿是用不上的。可每次吃饭，李叔都没有掏钱的意思，父亲只好都结了。后来他才知道，李叔的钱早已花光了。

表叔终于带来消息，说面包厂需要门卫。他们赶紧去面试，对方让父亲上班，李叔没能被录取。讲义气的父亲看到李叔一脸落寞的神情，当时就拒绝了：“他一个人都不敢上街，我上班了，他怎么办？”

表叔因此给中间人说了很多好话，甚至生父亲的气，不愿再管他的事了。

必须得找工作，父亲鼓起勇气跟陌生人交流，浓重的乡音显然成为阻碍。他和李叔只好跟着收音机学起了普通话。

眼瞅着口袋里的钱只出不进，父亲感觉花钱比掉块肉还难受。他分出两百块钱来，塞进内裤的口袋里，留着实在待不下去的时候回家用。他捍卫这两百块钱，好像在捍卫一条回家的路。

其间，他给我打过一个电话。我所在的城市距离北京很近，我希望他来看我，或者我去看他。我问他是否需要钱，他停了一下，声音马上高亢起来，说：“不用！”他说他很快就能上班了。我想象着父亲决定打电话时的犹豫，和拿起电话后捍卫尊严的那种神情。是的，父亲一直是强者，在村里，通过他，人们第一次认识了“电”这种东西，他当时多么受人尊重。电工的收入微薄，他一有时间就去煤窑上班，想尽办法让孩子和妻子能够穿得体面，好像一切事情他都能自己扛着。

去工地是他们最后的选择，可是包工头一听他们没经验，年龄还偏大，直接拒绝了。但在这里，父亲认识了一位热情的山东工友，他带着他们去工地的食堂蹭饭。那大约是父亲在北京吃得最饱的一顿饭。好几年过去了，他还在称赞那儿的包子好吃，他的言语里依旧充满感激。我想他怀念的不仅仅是那包子的味道，还有身在异乡时陌生人给予的温暖。

父亲总摸他那两百块钱，像念咒语一样，想着千万不能花掉。可有一次，他们被一个年轻人拦住，那人说丢了钱包，希望父亲能“借”他二十块钱。父亲犹豫了片刻，还是找出二十块钱递给了他。“你爸没社会经验，要饭要钱的大部分都是骗子，可你爸偏就相信！”这是表叔后来告诉我的。父亲自己却没觉得受骗，他站在北京的街道上跟表叔争执起来，他说：“我的孩子也在外边打工，我帮他是给我的孩子积德！”

为了补上这二十块钱，父亲白天找工作，晚上捡破烂。他把瓶瓶罐罐捡回表叔本来就很小的屋子，表叔自然不高兴。他虽然嘴上答应表叔再也不去捡。可是等表叔他们睡了以后，他还是拿着手电筒出去了。即使捡破烂，竞争也很激烈，父亲总能遇到同样捡破烂的人，他们中间还有一些衣着体面的年轻人。

后来，父亲和李叔搬出表叔的出租屋，在工地认识的山东朋友让他们临时住在了工棚，这里天南海北热情的声音让父亲感到快乐。那几天，父亲和李叔在不同的工地上辗转，终于有包工头接受了他们。可父亲很快就听到工友们的怨言，他们好久没发过工资了。可他们不想就这么回去，来北京一趟，除了花钱什么也没干。他们决定，骑驴找马，为了吃住，一边干活，一边再找更合适的工作。

没过几天，父亲就在工地门口看到了焦急的表叔。当时，母亲躺在医院里，脑出血，昏迷不醒。父亲必须离开，他从在北京的漂泊和挣扎中，一下子解脱了，心里却涌上更痛苦的滋味。父亲内裤口袋里的两百块钱终于派上用场。

在离开之前，父亲去了先前那个工地，把自己的被子留给山东工友，只把褥子和枕头带走。他对母亲说：“他的被子太薄，怎么过冬呢？”

那一天，父亲背着编织袋走进故乡小城的病房时，我从他胡楂儿浓密的脸上感到一丝陌生。母亲依旧昏迷，他第一次在众人面前拉着她的手，这是我第二次看到父亲流眼泪。第一次是在我的婚礼上。

为了照顾母亲，父亲必须回到村子里，每天做饭、喂牛，去田里巡视，一个人承担家庭的所有重担。他已经不是电工了，有时候，忽然就有一辆三轮车或者摩托车停在家门口，某人高声喊着请父亲去看看电路有什么毛病。父亲就像许多年前一样，背起电工包，拿着他的工具，匆匆跟人上了车。母亲拖着半个身子追出去，然后跟我抱怨："也不给钱，你说他忙活个啥？"

从父亲拿着电工包走路的节奏中，我感受到了父亲的心境，这种节奏是一种被需要的节奏，是一种数十年形成习惯的节奏。对父亲来说，这些村庄的灯大约像孩子的一双双眼睛，他不允许它们看不到光明。

父亲也跟人讲起他的北京之行。他说，北京是个大城市，只要不懒惰，就能好好活着，就算捡破烂也是一个好活计。他的心依旧被那些舍予的饭菜温暖着，也被半夜里一起捡破烂的年轻人的坚韧鼓舞着。父亲说，他们遇到难事的时候，都是一个人扛着，不愿意向家里伸手，都是好样的！

父亲渐渐成了村子里最年轻的劳力。夜晚，村庄里亮的灯越来越少了。他似乎不只管他们屋子里的电，谁家的玉米收了，叫父亲开着三轮车去拉；谁家的炉子坏了，也叫父亲去修。来的都是些老人，父亲不忍心拒绝，敲打着自己酸痛的腰背，就跟着去了。我回家的那些天，发现一到节日，家里的电话就成了客服热线。不同城市的电话先后打来，有嘱咐老人吃药的，也有问候家人的，还有告知别的事情的……父亲在本子上一一记下。那个本子上的另一些页面，字迹歪歪扭扭，是半个身子瘫痪的母亲用左手一笔一画记下的。母亲说，那个时间，父亲正好不在家。

经历过北京的打工生活，父亲好像一个窥破秘密的人，他再也不把这些归来人身上的光鲜当成一种高度。他体会到他们的艰辛，尽自己的能力为他们做一些小事，为他们家里的老人买药，帮他们把粮食种进地里，把地里的庄稼收回院子。为这事，母亲没少跟他吵嚷，就连我也不止一次说他，为什么不顾自己有滑膜炎的腿。

父亲每一次都答应我们不再去了，可是当村里的老人把新扯下来的玉米皮倒进我们家的牛槽，将一把自己种的蔬菜放在我们家的篮子里，在旁边静静等父亲的回答时，我们都说不出话了，只好看着父亲又一次发动三轮车，载着老人摇摇晃晃地行驶在秋收的路上。

就在去年冬天，一场大雪把山里的公路给阻断了。大年三十，父亲把村子里的手电凑齐，装进那个已经缝过好几次的电工包里，他拿着它们去迎接一群终于回家的人。清冷的夜里，背着大包小包的人看着父亲踩着积雪一步一个脚印地往前走，出现在盘山道上。父亲说，那一刻，他听到了人们的欢呼，他们仿佛看到了最亲的人。

春节过后，人们同父亲一起，把村里的所有道路修通，然后就各自上路。父亲去送他们回来，手里抓着好几把钥匙。村里好几户人家把自己的家托付给父亲，希望他在夏天的时候看看有没有漏雨，时不时给他们的屋子透透风。

我总想象着，某一个冬天，我们村所在的那个塬沉入雪里。父亲轻轻用一把钥匙将铁锁唤醒，推开不同的门，把每一户的灯光点亮，然后拿着手电筒，去往迎接归乡人的路上。我知道，他不仅得到了一把把象征信任的钥匙，还温暖了一颗颗漂泊在他乡的心。

不为人知的秘密

苏芮来公司有好几个年头了，公司的人对她却一点儿都不了解，只知道她的业务超级好。

苏芮几乎不与人来往，每天独行侠似的，上班，下班，除了工作需要，一句话也不多说。起初，大家都觉得她性格孤僻，随着她的业绩蒸蒸日上，“孤僻”变成“傲娇”。

我和苏芮的交集，缘于一次偶然的机会。那天，门卫来办公室给我送样刊，我正和苏芮说着工作上的事儿。苏芮接过样刊，说，你订的？门卫说，大作家，上头有她的文章哩。苏芮翻到我文章的那页，眼睛里忽而起了一层雾。我瞥了一眼题目：《驼背的母亲》。苏芮说，我可以拜读一下您的大作吗？我说当然。

第二天上班，我才要进电梯，听见身后有人喊：等等。是苏芮。进了电梯，苏芮就问我写文章的事儿，一直问，到了六楼，电梯门敞开，她意犹未尽地说，真羡慕你。我按住电梯开关说，苏芮，如果喜欢写的话，以后咱们可以一起探讨。苏芮朝我粲然一笑。苏芮笑起来的样子真好看，我觉得我有点儿喜欢她了。

我渐渐发现，苏芮是一个外冷内热的人。自从在电梯里遇见，或者说，自从她知道我会写文章，她就开始“讨好”我，像羸弱的邻家小妹，巴望得到我的护佑。给我发温情款款的短信，请我吃德克士，我生日那天，她送我一个提拉米苏蛋糕。很快，我们成了好朋友。

一个周末，苏芮打电话，她在比格自助餐厅等我。

我到的时候，苏芮已帮我选好几样菜点，她对我的胃口喜好了如指掌。我们边吃边聊。出乎我意料的是，苏芮主动说起她的母亲。听同事说，苏芮的家在偏远的农村，她从小和母亲相依为命。

苏芮一点儿也不虚荣。或者说，苏芮一点儿也不觉得她的母亲比别人的母亲差，她甚至为她的母亲骄傲得不得了。在她眼里，她母亲的一切都是好的，美的，包括驼背。我明白那天她看了我的文章题目后，为什么泪眼迷离了。

苏芮用低沉的声音说，她大学毕业那年，母亲得病走了。

从此，我对苏芮又多了一层好感和怜爱。

要不是后来发生的一件事，我对苏芮的这种好感和怜爱会一直持续下去，我甚至起了想要把她介绍给表弟的想法。

那天，一走进办公室，我就觉出气氛不对，仿佛才刮过一阵旋风，将屋子里的几个人旋成一堆儿，每个人的面部表情都十分奇特、生动。青儿向我眨巴一下眼睛，亢奋着说，大作家，这下你可有了写作的好素材。

原来，他们发现了苏芮一个秘密。

昨天下班的点，有个拾垃圾的老太太推着三轮走进大院，苏芮竟然走过去，跟老太太说了好一阵子话，很亲密的样子。青儿撇撇嘴，哼，就她那傲娇劲儿，别说跟一个脏兮兮的老太太脸贴脸地说话了，能看人家一眼就算开恩了。

我问，这和她的秘密有什么关系？青儿瞥我一眼，如果老太太不是她什么人，不是她特别特别亲的人，她能这样？

我问青儿老太太长什么样，青儿像嘣爆米花似的从嘴里迸出两个字：驼背。青儿接着说，真是狼心狗肺，一把屎一把尿把她拉扯成人，她可倒好，竟说自己的老娘死了，呸，那个瘸眼的真是瞎了眼，竟拿她当宝贝似的。

瘸眼的，是我的一个男同事，和青儿分手后转去追求苏芮。苏芮才不理他呢，青儿却把怨恨发泄到苏芮身上。

青儿神秘兮兮地接着说，嗨，不知道你们发现没有，母亲节临近的时候，总有苏芮的快递。

大家七嘴八舌说起来，把苏芮批得体无完肤，末了的结语是：唉，看着人模人样的，没想到啊。

我想，这里面一定有误会，准备抽个时间小聚一下，问问她。然而，接下来发生的事情，让我对自己的这个想法迟疑不决。

一向孤傲如鹤的苏芮竟然一脸讨好地挨个办公室下起通知：大家有了旧报纸、废纸箱或其他可以回收的垃圾，请送到我办公室，不得闲的话，我就过来取，拜托，谢谢。接下来，隔三岔五便会有一个驼背老太太出现在办公楼下。跟着，苏芮就把她敛来的旧报纸、废纸箱等一趟一趟往楼下运，装到老太太的三轮车里。

我仍然对苏芮抱有幻想，认为她这样做，不过是同情心使然。然而，接踵而至的又一件事情彻底粉碎了我的幻想。

母亲节那天，我担心苏芮触景生情，去办公室找她聊天。推开门，苏芮正拿着一件枣红外套往收垃圾的驼背老太太身上套。

我开始相信青儿的话，或者说，我开始怀疑苏芮欺骗了我。下班时，我没叫苏芮，兀自走进电梯。

下了楼，看见苏芮，站在大门口，仿佛等什么人。我往垃圾箱的方向瞥了一眼，那件枣红色外套直直地刺过来。

我踌躇着要不要和苏芮一起走，苏芮朝我走过来，望着我，欲言又止。我说，没事的，我能理解。

苏芮突然抽抽噎噎地说，每个母亲节，我都会买一件枣红色外套，送给一位驼背的老人。又说，我妈最喜欢枣红色。

那一刻，我的叛逆期结束了

高二的时候年少无知，为了所谓的兄弟义气，做了一些错事，被送进了派出所。

被铐着录完口供后，警察打电话叫我爸来领人。

当时还在叛逆期，觉得自己义薄云天，特有面子，为兄弟两肋插刀，特别爷们儿。我打定主意，一会儿我爸来了啥都不说，他爱怎么样怎么样。

我爸呢，就是个出租车司机，车上还拉着客人，就不管不顾地扔下客人来了。

来到派出所后，老实巴交的他见我不搭理他，站也不是坐也不是，来回走着和办公室的警察套近乎。有个警察看不下去了，说："这种小孩就是不懂事，关他几天就老实了。"

另外一个老警察拉着我爸去找审我的那个警察了。

而我只是冷笑，一副什么都不在乎的样子。

见我爸出了门，我就开始四处张望（因为手被铐在凳子上）。不经意间，从监控器上瞥见院子里我爸的身影。

他不停地向那个审问我的警察鞠躬点头。低一点，再低一点，直到腰再也弯不下去。

那个警察拿着几张纸，一下一下地拍着我爸的头，嘴里不知道在说些什么。

我爸继续点着头，本来就佝偻的身子越发显得矮小。

突然，那个警察不知道为什么发了火，把手中的几张纸一扔，转身坐在了旁边的长椅上，抽起了烟。

我爸，一个四十多岁的男人，一次一次地蹲下去，单膝跪地把那些纸一张一张捡回来，拿手掸了掸灰尘，又慢慢地走过去递给那个警察。

我这才注意到，原来我爸的头发已经白了大半。

我突然很难过。我想起小时候对我说“男人腰杆不能弯”的那个他，如今却为了一个不争气的儿子，把腰弯到快要折断。

我当时没有哭，但我知道从那时起，我的叛逆期结束了。

后来，交了一万块的赔偿费，警察答应当天晚上下班前放人。

那天下午，我爸一直在四处奔走，取钱，打电话给亲戚朋友，只要用得上的关系，他都联系了。可他毕竟只是一个普通的出租车司机，能结识什么样的大人物呢？

他做这一切，不过是不想在我的档案上留下一个污点。

到了傍晚，他来接我，带了一套新衣服，手里拿着一瓶营养快线和一包方便面。

跟他一起上了车，他没有骂我，只是让我先把东西吃了，一天没吃饭了。

他告诉我一切都搞定了，叫我不要担心。

又似乎不经意地说："人生的路还长，不要因为这件事想不开，你爸爸我很能的，这点事还摆不平？"

我低头咬着嘴唇，血一点点渗到嘴里。

我扭过头不敢看他，一整天没和他说话的我，小声地说："爸，这些年辛苦你了。"

他仿佛没有听到，转过头，摇下了车窗，长长地舒了一口气。

第二章
心存感恩，温暖前行

要学会维持你的快乐，不断地感恩，不断地将脸朝向有光的地方。时间长了，你自然学会了和喜悦相处的诀窍。希望你一站出来，就让人能从你身上看到生命的光彩。

——毕淑敏

善良那根弦

印度北部有个村庄，叫格依玛村。那里土地贫瘠，人们生活穷困，连填饱肚子都成问题。村民们也想改变现状，却苦于找不到生财之道。

离格依玛村不远有一条公路，属于那种简易公路，路况不算好，经过那里的车辆经常发生事故。有一次，一辆装载着食用罐头的货车在那里翻进了沟里，一车罐头滚落一地。司机受了伤，拦了一辆顺道车去了医院，那些货物无人看管。格依玛村的村民见了，就将那些罐头偷偷地运回家，一连好几天，家家户户都有罐头吃。

这件事给了格依玛村村民以启发，俗话说，靠山吃山，靠水吃水，他们完全可以靠路吃路了。所以，他们经常到那条公路上转悠，希望再有运载食物的车辆在那里出事故，他们好有所收获。

但车祸毕竟不会经常发生，眼瞧着一些运载食物的车辆来了又去，村民们却一无所获，这让他们很不甘心。所以，他们想出一个主意，晚上，趁公路上没人的时候，他们就拿上工具，将公路的路面挖得坑坑洼洼。这样一来，车子在那里出事故的机会就多起来了。即使车子在那里不出事故，但因为路况太差，所以所有经过那里的车子行进速度都非常缓慢，这给了格依玛村村民可乘之机，他们会跟在车后，趁司机不注意，偷偷地从车斗里拿走一些他们需要的东西。

这件事在渐渐演变。起初，他们只是偷拿一些食物，后来，其他货物他们也拿，好送到市场上去卖一些钱，发展到最后，他们就不是偷偷地拿，而是明目张胆地抢了。一时间，格依玛村旁边的那条简易公路成了最不安全的路段，警察局每个月都会接到好几起关于车上货物被抢的案件。

警察出动警力破案，他们在现场抓住了两个正在抢货的格依玛村村民，给这两个村民判了刑。但这样做并没有威慑住其他村民，反而让村民们作案时更加隐蔽更加机警。他们的作案开始有组织并有序起来，有专门的人负责望风预警，抢到货物后就拿回家藏起来，或者更换货物的包装，让前来搜查的警察找不到物证。一时间，警察束手无策。

当地政府也想了很多办法，想让格依玛村村民放弃哄抢货物的不道德和非法行为，引导他们走上正途。无奈，格依玛村村民已经从哄抢货物中尝到了甜头，他们习惯了这种不劳而获的生活方式。

哄抢货物的事在格依玛村附近屡屡发生。那年冬天，因为从格依玛村经过经常丢失货物，所以许多司机选择绕道行驶，这样一来，格依玛村村民好几天没有收获。这一天，终于有一辆货车从那里经过。车上装的是一袋袋磷酸酯淀粉，这是一种工业用淀粉。格依玛村的村民都没有什么文化，在他们看来，淀粉就是粮食，可以制作成各种各样好吃的食物。当下，大家就一拥而上，抢走了二十多袋磷酸酯淀粉。

司机是个小伙子，见有人抢了他的货就停下车，跟在抢货人的身后往格依玛村追。这样一来，反而给了其他格依玛村村民机会。他们不慌不忙地将车上无人看管的淀粉搬了个空。

小伙子追进村子，请求村民将他的货还给他，格依玛村村民哪会将到手的粮食轻易地交出来，他们都不承认拿了他的东西，并采取了应对措施。

小伙子百般恳求都没有用，他只得告诉村民们，那些磷酸酯淀粉不是普通的食用淀粉，而是工业淀粉，有毒，吃了会死人，拿去了也没有用。

小伙子说的是实话。

但格依玛村村民都不相信，因为这种磷酸酯淀粉无论从色泽还是手感上看，都与他们平时吃的食用淀粉毫无区别，更何况，在他们看来，淀粉就是用来做食物的，怎么会有毒？

小伙子见村民们不相信，吓得不知所措，他本来想去警局报案，让警察来追回那些淀粉。但是他又担心，万一他离开后，真有人将那些淀粉做成食品吃了，那就会闹出人命的。虽说闹出人命他也没有责任，但他不能眼睁睁地看着这些人去送死呀！他只得一家家地登门去说明情况，甚至向村民们下跪，请求他们："那些淀粉你们不交给我都无所谓，大不了我受一点损失，但我求求你们，千万别吃那些淀粉，那样是会死人的。"

小伙子的执着让村民们对他的话由不相信转为将信将疑，有人就将那种淀粉拿来喂鸡，以检验小伙子所说的话是真是假，结果，吃了这种淀粉的鸡不一会儿就死掉了。

这一下村民们惊骇了，继而是深深地感动。他们抢了小伙子的货，小伙子本该怨恨他们，即使他们吃了那种淀粉被毒死，也是罪有应得。可小伙子却不惜以下跪的方式来请求他们别吃那些工业淀粉，拯救他们的生命。这样的爱心，这样的善良，这样的胸襟，让他们羞愧难当，感动不已。

村民们自发地将那些工业淀粉都交了出来，重新送到了小伙子的车上。自此之后，格依玛村村民再没有哄抢过货物，即使有人想打过往车辆的主意，也会有人站出来说话："想想那个好心人吧，我们伤害了他，他却救了我们全村人的命。想想他，我们还有脸继续干这种伤害别人的勾当吗？难道我们真的是魔鬼？"

格依玛村附近的公路太平了，在警察的治理、政府的引导都未产生效果的情况下，一个年轻司机的善良之跪、爱心之举，却改变了一切。

人的习惯是可以改变的，就看你怎么去改变；人的善念是可以唤醒的，就看你怎么去唤醒。任何人心里，其实都有一根善良的弦，这根弦，只有爱心才能拨得动。想要别人善良，首先要付出你的爱。再恶的人，用爱都能唤醒他的善良，让他摒除恶念。

善念拯救人生

邓秀兰一个人在卫生间里洗衣服，浑然不觉中，倒在了冰凉的地板上，来不及打一个求救电话，就那样昏迷了过去。女儿和老公远在北京，儿子忙得不到半夜绝对见不到人影。等待她的只能是死亡。

幸运的是，她没有死。睁开眼，发现自己躺在墙壁雪白的医院里，医生说："您煤气中毒，幸亏您儿子及时把您送来，再迟几分钟，您可能就没命了。"

随后赶到医院的儿子却说，他没有回过家，接到电话才知道母亲出事了。到底是什么人做了好事还不留名呢？等回到家，看到卧室里有被翻过的痕迹，家人开始猜测，可能是哪个小偷入室行窃，碰巧看到昏迷的女主人，于是一丝善念闪过，救人一命。

难道自己的救命恩人竟是一个无耻的小偷？那天，她听说派出所抓了一个“开锁大盗”，是这一带的惯偷，心里一咯噔，会不会是自己的救命恩人？她当即跑到派出所。虽然她并不希望自己的恩人是个小偷，但事实是，那个叫杜安涛的“开锁大盗”就是那天救了她一命的人。她心中百感交集，不管对方身份如何，在危难关头能救人一命，就说明他良知未泯，自己怎么才能帮到他呢？

每个人都要为自己的行为付出代价，杜安涛付出的代价就是十五年的牢狱生活和女友的扬长而去。

在他最悲观绝望甚至以绝食抗争的时候，她送去了母亲一样的关怀。她每天为他熬鸡汤，一针一线给他织好看的毛衣，她还为他策划好了今后要走的路：“可以研制出一种新型的防盗锁啊。”

他犹豫着问：“我行吗？”

她像母亲鼓励儿子一样说：“你那么聪明，肯定行！”

随后，她和监狱长协商，专门给他腾出一间房做研究用，她经常给他寄相关的书籍，还专门到店里买来各种各样的锁，供他参考。

想不到自己的特长可以在正道上得到发挥，杜安涛欣喜不已，经过两年时间的刻苦钻研，他研制出了一种新型的螺旋式防盗锁，并在邓秀兰的帮助下顺利申请了专利。

一个入室行窃的“开锁大盗”最终成了防盗锁的专利获得者，并得到减刑四年的奖励，杜安涛的人生彻底被改写，他知道，这一切归功于邓秀兰。

当初，他的一个善念，救了一个陌生女人的性命，而这个女人，又用自己的善良改写了他的命运。世界是如此奇妙！

每个人把心中的善念释放一点点，温暖别人的同时也被别人温暖，生活将变得多么美好啊！

不速之客

在乡村，许多人家都把车停在屋外的车道上，我和丈夫乔恩则喜欢把车停在车库里。我猜那个男孩的想法是：这户人家屋外没车，里面的人肯定外出了。

那天，乔恩和我恰好待在家里，与我俩在一起的还有我家那条懒惰的猎犬艾德。最初是艾德觉察到了什么，而后乔恩和我听到厨房里有动静。我俩满腹狐疑地互相看了一眼，接着听到脚步声从厨房里传出，随后穿过起居室，进入靠南的一个小房间。我和乔恩正坐在那个房间里看报纸。猛然间，我俩与那名不速之客打了个照面。这是一名八九岁的小男孩，瘦瘦的，一头浅黄色头发。他显然没料到我们会在屋里，一时目瞪口呆。

“啊，我……我没有……”他支支吾吾地说。

乔恩问他：“你在找什么？”

“我在……我没……我进来是想看看时间的。哎，请问几点了？”

乔恩回答：“9点30分。可你总是这样不敲门就进人家的屋吗？”

“我以为屋里没人。我想知道是什么时间，因为……我想回家，我得走了。”

他不安地看着我俩，同时试探性地一点点往后退，似乎怕乔恩冲过去把他揪住。我和乔恩只是坐在那里瞅着他，后来听到他走出起居室，出了屋门之后将门关上了。

与乔恩谈起这个年幼的不速之客，我说：“如果他是想偷什么东西的话，这儿可没他感兴趣的。哎呀，我有一美元硬币放在厨房冰箱上，”我走进厨房，“唉，那一美元不见了。这可不行。咱们受到了侵犯，以后在家时，要不要把门锁起来？现在我们怎么办？要不要跟警察说一声？”

“就因为那小男孩？没什么。他准是附近哪个农庄的孩子，没必要追究，”乔恩宽慰我，“我小时候也不是一下子就能分清是非好坏。要知道，大人讲的那一套对是对，但孩子没亲身经历过就不会留下印象。我觉得这个男孩会认识到自己的错误。没见过像他那样害怕的。”

但我总不能释怀，心想以后一定留意着那男孩。

几周后的一个早晨，有车子停在我家门外的车道上，一名陌生女子下车向我家走来。

“有一只狗在我家农场附近转悠，我怕它是无人要的野狗，也许会伤人，想射杀它。可我儿子告诉我，他知道这只狗是你们家的，而且性情温和，所以我们把它带回给你们。”她冲我说道。

车后门打开了，一个男孩牵着艾德走了出来。浅黄色的头发，瘦瘦的身材，正是拿走一美元硬币的那个小男孩。此刻他在笑吟吟地看着我。

我感到有些意外，走近小男孩，我说:“谢谢你。”“哦，我该谢谢你们。”小男孩微笑着说道，一边向我主动伸过手来。我连忙握住他的小手，忽然感觉有什么硬邦邦的东西塞到了我的手心。还没等我完全反应过来，他已迅速跑回车内，挥手向我告别。

看着手心那枚锃亮的一美元硬币，我感到有些歉疚。我想，虽然我不知道他的姓名，他也不晓得我叫什么，但我们都从对方那里学到了点有价值的东西。

善待敌人

几年前，有一个韩国的孤儿被美国的一个家庭收养了。当时她刚刚九个月大，体重只有9.5磅（1磅=0.45千克）。她在新的环境下健康、茁壮地成长，但身体仍然很瘦小。她有了自己的新名字——伊迪。

在伊迪上小学二年级时，有一天，她从学校哭着跑回了家，显得非常害怕。

原来那天，她的班级新转来三个女孩儿。在第一堂课下课的时候，她们把班级中个子最矮的伊迪作为发泄怨气和不满的对象。她们用手掐她，用拳头打她，把她推来推去，还不停地威胁她。结果伊迪同那三个女孩儿一起在校长室被罚站了一个小时，以确保所有的老师都能认识她们，以便今后对她们格外注意。四个女孩儿一同被严重警告了一次，对此伊迪非常难过，她从来也没有经历过这样的事情，这对于她来说可怕极了。

伊迪的妈妈抱着十分委屈的小伊迪，尽力安慰她。后来伊迪的妈妈在与校长的谈话中了解到，那三个女生在先前的几所学校里一直都是“问题学生”，这是她们最后一次改过自新的机会，如果这次她们不能适应这里的生活，也许将会被开除学籍。

“她们童年时一定受过很大的伤害，所以心中才会有如此多的怨气和不满。”伊迪的妈妈说，“《圣经》告诉我们说，‘要善待你的敌人，要为那些伤害你的人祈祷。’伊迪，让我们为她们祷告吧。”于是她们为那三个女孩儿祷告，并祈求上帝指引她们接下来该怎么做。

于是她们得到了上帝的第一个启示。“我以后不能再陪你去上学了，以便你在排队走进学校或课间休息时能学会与老师和同学们相处。”伊迪的妈妈说，“如果那三个女孩再捉弄你的话，你就对她们说，‘我真的很想成为你们的朋友’，你有勇气做到吗？”她又接着问，“上帝让我们善待我们的敌人，试试看会发生什么，好不好？”

伊迪重新振作起来，脸上露出了微笑，直视着妈妈说：“好的，妈妈，我试一试。”

之后的每一天，伊迪在上学之前，都和妈妈一起为自己的平安和勇气祷告，同时也希望那三个女孩儿不要拒绝上帝的爱。但是，她们每天都会在站队时挤到伊迪的身后，嘲笑似的喊她的名字，并用胳膊撞她一两次。

而每次伊迪都会抬起头望着她们说："我真的很想成为你们的朋友。"伊迪不得不抬头跟她们说话，因为她们要比自己高得多。老师在一旁把这一切都看在眼里，但没有干涉，因为她们并没有伤害到伊迪，而她也想通过伊迪的行为来带动这三个女孩儿。

这样大概过了两周，每天伊迪都是带着沮丧的心情回家，她告诉妈妈说事情没有一点儿改变。但经过妈妈的鼓励和祷告，她决定继续用诚意对她们说"我真的很想成为你们的朋友"。

在接下来的这周，有一天，伊迪用她最快的速度跑回了家，一进家门就大声喊："妈妈，妈妈，猜猜今天发生什么了？我像平常一样对她们说我真的很想成为你们的朋友，之后，其中一个女孩儿说，好吧，伊迪，我们不再为难你，我们要做你的朋友。"

伊迪和妈妈把这一切都归于上帝的引导和对她们的爱。

不久以后，几个女孩子就成了好朋友，伊迪问老师她是否可以和她们坐在一起，因为她注意到上课时她们由于听不懂老师所讲的内容，经常注意力不集中，所以她想为她们辅导功课。

在学期的期末，当伊迪的父母去学校参加家长和老师的座谈会时，伊迪的老师告诉他们说："那三个女孩儿由于伊迪的善良彻底改变了，已成为班级积极上进的好学生。”伊迪的老师和父母都感觉像是亲眼见证了奇迹一样。

有多少人在他们的一生中从来没有尝过善良的滋味？他们在陌生人之间看不到善意，甚至在自己的家人中都很难发现善良的美德。没有尝过善良滋味的人也不可能对他人表达善意。缺乏善良美德的悲剧随处可见，假如每一个接受过好意的人都能友善地对待其他人，尤其是那些不受大家欢迎的人，那么我们将会改变整个社会。

善待别人就是善待自己

一位妇女因为丈夫不再喜欢她了而烦恼。于是，她祈求神给她帮助，教会她一些吸引丈夫的方法。神思索了一会儿对她说："我也许能帮你，但是在教会你方法前，你必须从活狮子身上摘下三根毛给我。"

恰好有一头狮子常常来村里游荡，但是它那么凶猛，叫起来人都吓破了胆，怎么敢接近它呢？但是，为了挽回丈夫的心，她还是想到了一个办法。

第二天早晨，她早早起床，牵了只小羊去那头狮子常去的地方，放下小羊她便回家了。以后每天早晨她都要牵一只小羊给狮子。不久，这头狮子便认识了她，因为她总是在同一时间、同一地点放一只小羊讨它喜欢。她确实是一个温柔、殷勤的女人。

不久，狮子一见到她便开始向她摇尾巴打招呼，并走近她，让她敲它的头、摸它的背。

每天女人都会站在那儿，轻轻地拍它的头。女人知道狮子已经完全信任她了，于是，有一天，她细心地从狮子鬓上拔了三根毛。她激动得拿给神看，神惊奇地问："你用什么绝招弄来的？"

女人讲了经过，神笑了起来，说道："依你驯服狮子的方法去驯服你的丈夫吧！"

善待他人，连勇猛的狮子都能被你的温柔折服，更何况一般的人呢？善待周围的一切人，周围的一切人也会善待你。

1898年冬天，罗吉士继承了一个牧场。有一天，他养的一头牛，因冲破附近农家的篱笆去啃食嫩玉米，被农夫杀死了。按照牧场规矩，农夫应该通知罗吉士，说明原因。但农夫没这样做。罗吉士发现了这件事，非常生气，便叫一名佣工陪他骑马去和农夫论理。

他们半路上遇到寒流，人、马身上都挂满冰霜，两人差点冻僵了。抵达木屋的时候，农夫不在家。农夫的妻子热情地邀请两位客人进去烤火，等她丈夫回来。罗吉士在烤火时，看见那女人消瘦憔悴，也发现五个躲在桌椅后面对他窥视的孩子瘦得像猴儿。

农夫回来了，妻子告诉他罗吉士和佣工是冒着狂风严寒来的。罗吉上刚要开口跟农夫论理，忽然决定不说了。他伸出了手。农夫不晓得罗吉士的来意，便和他握手，留他们吃晚饭。“二位只好吃些豆子，”他抱歉地说，“因为刚刚在宰牛，忽然起了风，没能宰好。”

盛情难却，两人便留下了。

在吃饭的时候，佣工一直等待罗吉士开口讲杀牛的事，但是罗吉士只跟这家人说说笑笑，看着孩子一听说从明天起几个星期都有牛肉吃，便高兴得眼睛发亮。

饭后，朔风仍在怒号，主人夫妇一定要两位客人住下。于是，两人又在那里过夜。

第二天早上，两人喝了黑咖啡，吃了热豆子和面包，肚子饱饱地上路了。罗吉士对此行的来意依然闭口不提。佣工就责备他：“我还以为你为了那头牛大兴问罪之师呢。”

罗吉士半晌不作声，然后回答：“我本来有这个念头，但是我后来又盘算了一下。你知道吗？我实际上并未白白失掉一头牛。我换到了一点人情味。世界上的牛何止千万，人情味却稀罕。”

有时候，我们太专注于别人的错误，每当别人有错误时，便会一直针锋相对。可当我们自己犯错误时，却总有一个合适的理由，为自己开脱。其实我们在对待别人时，为什么不能像对自己那样宽容些呢？

忍一时风平浪静，退一步海阔天空。在自己犯下不可饶恕的错误时，你是否希望得到一个机会改过自新？别人也是如此，如果你这样做了，他们会感激不尽，而你也做了一件善事，让自己的心灵得到滋润、灌溉，同时也有着安慰。

所以我们不要盯住身边人的小错误不放，没有什么错误是不可以改正和原谅的。一个真心向善的念头，便是世上最罕有的奇迹，就像石桌上开出的花儿一样，更显弥足珍贵。给错误一个改过的机会，或许我们可以拯救一个灵魂。

大爱无声

又是月中，我风雨无阻地去监狱探视他，尽管走之前，我已经将自己拾掇得非常整洁，可是，他一看到我，还是劈头盖脸地批评："头发多长时间没剪了？一个连自己都打理不明白的人，能成什么大事！"

尽管坐在他面前的我，已经是一家拥有三百多人的企业的头儿了，但他总能从鸡蛋里挑出骨头来。从反抗、习惯到最后的折服，我们父子之间的战争代价深重。

他一直是一个另类的父亲。小时候，我是村子里最淘气的孩子——今天打了二伯家出来偷嘴的牛，明天把三婶家咬人的鹅撵得断气身亡，后天又率领本村的孩子，为争夺一个能洗澡的池塘而与邻村的孩子打群架……母亲就是那时候被我又气又吓得了心脏病。

每次我在外面闯了祸，父亲都不怎么责备我，却经常在母亲没完没了的例行唠叨接近尾声时，总结陈词般地发言：“一个男孩子，不淘一点儿跟女孩儿有什么区别！”父亲的话，是无声的鼓励与纵容，我更加无法无天了。

那时候我家几乎成了信访站，每天饭点总有人前来控诉我的“恶行”。那些“对不住”“都是我管教不严”“看我回头怎么收拾他”之类道歉的话，向来都是由母亲来说的，而父亲总是给人家递一根他平时舍不得抽的好烟，再沏上一壶好茶，默默地坐在一边听着。一次，等告状的人走了，父亲把我叫到跟前，问我：“你知道错了吗？”他第一次这样问我，我慑于他的严厉，说：“知道错了。”他一个耳光扇过来，打得我眼冒金星，我捂着迅速肿胀的脸，憋着眼泪问他：“我们今天去凿冰捉鱼，孙叔家三胖看小虎好欺负，趁小虎不注意把他推水里了，还把小虎抓的鱼给拿走了。我让三胖跟小虎道歉，他不肯，我不打他，他能把那鱼还给小虎吗？”母亲这时也过来劝他：“本来嘛，这事儿本来跟树儿没关系，他还不是爱打抱不平。”“既然你也认为自己没错，那你干吗说知道错了？”

他的语气严厉得像要杀人一样，我的倔劲儿也被他激了出来：“那不是被你像要吃人的样子给吓得吗？”这话一出口，我又挨了一个耳光，比前一个更有力。母亲想上来阻拦，被他凶神恶煞地阻止：“我明白地告诉你，第一个巴掌打你，是因为你是非不清，不敢坚持自己。你既然认为自己今天做得没错，那你为什么要说自己错了？第二个巴掌打你，是因为你慑于压力就可以做违心的事、说违心的话。你听明白了吗？”

晚上躺在炕上，捂着热辣辣的脸，想着父亲说的话，越想越觉得这顿打挨得值。第二天晚上我们一家三口吃饭时，我亲自给父亲倒了一杯酒，然后又给我自己倒了一杯凉白开，举起来对他说：“爹，我敬你一杯。你昨晚那两巴掌打得好，我心服口服。”父亲一听乐了，把我的凉白开倒在地上，帮我倒了点儿白酒：“哪有拿凉白开敬酒的。”母亲说他没正形，他不买账：“爷们儿间的事儿，你一个娘们儿不要插嘴。”

结果那晚，上小学二年级的我喝醉了，具体地说是被他灌醉了，醉得暖乎乎的。第二天早晨醒来再看他，觉得他跟别人家的父亲很不一样，尽管他每天也跟他们一样，日出而作，日落而息。

小学三年级时，最喜欢我的那个班主任调走了，新换的班主任对我这个前任老师的得意门生十分不待见，不仅撤掉了我班长的职务，而且只要我的作业里有一个错误，她就会惩罚我把正确的答案写上一百遍。刚开始，我还算顺从。每天晚上回到家，吃完饭就开始写作业，常常写到深更半夜。出于面子，我没有告诉父母我被撤职的事情，他们也觉得奇怪，他们的儿子怎么突然间变得刻苦起来。

到了第三天晚上，我再次写作业时，突然心生委屈，一边写一边掉眼泪。这一幕落在父亲的眼里，他走过来问：

“树儿，有什么题不会吗？”我倔强地不肯说，于是他开始翻看我的作业本，当看到密密麻麻写的都是同一道题的答案时，我以为他会发火，结果他问：“为什么要写这么多遍？”“老师罚的，说是为了加深印象。”我如实回答。“那要是不写一百遍，你能记住这个问题的答案吗？”他问我。我说：“能。”“那就别写了，有那时间出去玩儿也比做这无用功强。”

我难以置信地看着他，确定他并没有反话正说的意思之后，我飞一样地跑出家门，一直玩到晚上九点钟才回家。回来后，看到父亲仍在等我，他问我：“明天老师问你没抄一百遍答案，你怎么办？”我迟疑地回答：“我就说这些题我都会了，没必要浪费那么多时间抄，有那工夫学点儿不会的。”“怎么不把爸爸搬出来当挡箭牌？”他问我。“我的事儿我担着，再说，我也没错啊。”他再一次笑了，语气变得神秘地跟我说：“你天天写作业写那么晚，那些作业你都会做吗？”“基本上都会做。”“那以后就挑不会的做，会的就不用做了。有时间多出去跑跑，男子汉别整天待在家里养成一副豆芽菜的身板儿。不过，不许耍滑，不会装会，那是蠢猪。”

可想而知，他的这套教育模式会让我在老师那里得到多少批评，但有了主心骨的我并不以为意。老师终于忍无可忍地找上了家门，毫不客气地将他和母亲数落了一番，并威胁说：“你们家长要不配合着管教这孩子，那就请你们把他转别的班去吧。恕我直言，这孩子要是再这样无法无天下去，将来能不能吃上饭都不一定呢！”

“你放心，我明天就给孩子转班。就你这种老师想教我儿子，我还不放心呢！”父亲一把拉住又想道歉的母亲，掷地有声地扔出这句话。老师被气走了，我对他说：“爹，你放心吧，以后不管我在不在她的班里，我年年都考第一。”他大笑起来，大声地跟我母亲说：“烧几个好菜，我跟儿子喝两盅。这小子，是个男子汉，像我！”

大学录取通知书来的那天，他放开了酒量，却被我灌醉了。对他的畏惧就这样，随着年龄的增长，在理解中化为一种敬重。而我的那些狐朋狗友却一如既往地始终怕他，说他身上有种不怒自威的劲儿。

大二的下学期，母亲病倒了，肝硬化发展到肝癌，已经没有了动手术的可能。确诊的那一刻，母亲执意要瞒着我，可是他却说服了我母亲：“别给儿子留遗憾，咱明天就进城，让你每天都能看到他。”

关键时刻，没有人能拗过他。母亲确诊的第二天，他便领着她来到了大连，在我学校附近租了一间平房。见到我，他直截了当地告诉我：“你要是哭哭啼啼的，我和你妈一秒都不待。”

到了人地两生的大连仅两天，他便谋划好了我们一家三口的生计——用小平房开了个小卖部，晚上在小卖部门口支一个烧烤摊。我们学校门口那熙攘的学生流足以养活我们一家三口。

他的生意从第一天开始就特别好，而且日益兴隆。就算是一个没有多少文化的农民，他也是一个眼光与胸襟非同一般的农民：他上的货从来不以次充好；对于来过一次的学生，他总能做到过目不忘，下次再来时就会热络地打招呼，想方设法地给予一些优惠；每到周末，他都会推出一样免费的菜品，若是免费的菜品送完了，他会不惜高价从别的摊主手里买，也绝不让他的顾客空欢喜一场。

每天晚上，安顿好母亲后，我便去烧烤摊儿上帮忙。起初父亲十分不满："你一个大学生老往这小摊小贩的方向使什么劲儿？"我回答他："你可千万别看不起自己，这既是一个男人对家庭的责任，也是诚信为本的'做人训练营'。课本里没这个！再说了，多少商界人物都是从这样的小摊儿做起的。"他听了哈哈大笑，从此不再阻拦我，倒是很放手由我打点那些小生意。有时收摊时，还剩下一些肉串、青菜之类的东西，冻起来也不新鲜了，我俩就烤了自己吃，当然不会忘了喝上一两盅。

也许是年岁渐长的缘故吧，每每酒精下肚，父亲就会变得伤感，说的全是我母亲的病，检讨自己不该抽烟，不该脾气上来时拿我母亲当出气筒，不该这样、那样……常常是酒过三巡，我俩喝到眼泪汪汪，然后擦干眼泪，转回头给我母亲一张笑脸。母亲每次都贪婪地倚在门口，看着我们爷儿俩推杯换盏。她时常说："我怎么看也看不够。"

一年后，母亲去世了，唯一值得欣慰的是，母亲的最后时光并不像别的肝癌患者那样被痛苦煎熬。母亲在老家入土为安之后，我和父亲喝到烂醉，他对哭得没有人样的我说：“我还陪你回大连，但咱得说好，等你毕业了，我就回老家来。那时候，你成家立业，我也好好过我的晚年生活，不让你牵挂。”

就这样，没有了母亲，我开始与他相依为命，守着那个很小的烧烤摊，守着我们父子相伴的光阴。大四那年，系里将我定为保研的人选，但我拒绝了，我太想早日工作，拿着工资给他买酒喝了。当我的导师为此找到他时，他对导师千恩万谢之后，愤怒地从箱子拿出一个存折：“你不就是为了早日挣点儿小钱吗？喏，这些都给你。人家都说农村出来的孩子短视，没想到，你还真没给我长脸。”我反驳：“现在大学生就业都那么难，就算读了研究生不也一样？”

我以为，这句话就算不能说服他，至少也让他没话说。可是，他却顺手拿起一个啤酒瓶，“哐”的一声摔得粉碎，怒不可遏地对我说：“既然你这么说，那你当初何必考大学？如果你自己都轻视知识，那我告诉你，你念到博士、博士后也是个废物！知识是啥？知识不是现金，你学了不会立马就变成钱。它就好比农家肥，那是无穷的后劲儿；它是向上的砖头，一点点儿摞出来的。总有一天，你会比别人看得高、看得远。人这一辈子是长跑，你以为是只跑五十米就冲刺吗？”

父亲的一番话再次点醒了我。晚上收摊后，我郑重地给他斟了一杯酒，对他说："爹，我错了。我读研，争取做个有后劲儿的农家肥。"他一听，笑了，将那杯酒一饮而尽。

我说："要是这样的话，你就得晚几年才能享清福了。"他大笑着挥一挥手，说："看着儿子有出息就是福！跟你妈比，我多享了多少年的福啊！"

就这样，他依然守着那个小烧烤摊陪读。直到那个夏天，发生了那件震惊全城的大事。

我研二下学期的一个星期六，天气很热，有几个社会上的小混混从晚上六点钟一直喝到十二点，还没有走的意思。父亲走过去劝他们："小伙子们，都十二点了，快回家吧，你们的父母要着急了。"没人理他的话，等他第二次去催促的时候，有几个人不耐烦地说："又不是不给你钱，催什么催！"另外一个人大声命令："再烤三十个小串。"当我把烤好的肉串送给他们时，其中一个人摘下我的眼镜说："一个烧烤摊的小服务员戴眼镜装什么斯文！"我虽然满腔怒火，但还是想要回眼镜。结果那人把眼镜扔在了地上，说："对不起，掉地上了，你自己捡吧。"正当我弯腰想去捡眼镜时，旁边的一个人冲着我的后腰便是一脚，我一下子趴在了地上。

等我狼狈不堪地从地上爬起来时，第一眼就看到父亲已经抄了一把菜刀冲向了那帮小混混，我赶紧死死地抱住了他，那几个混混趁势上前对我们爷儿俩一顿拳打脚踢。父亲的菜刀挥舞着，不知道过了多长时间，一切都静了下来。我看到一个小混混血淋淋地倒下了，另外几个人慌忙逃窜，转眼不见了踪影。

就这样，父亲成了杀人犯，尽管很多人都说那个人死有余辜，可是，父亲还是难以逃脱法律的制裁。宣判之前，我一直见不到他，在无数个失眠的夜里，我流着眼泪想刚强的他现在会变成什么样子、遭了多少的罪。

直到宣判那天，我才再一次见到父亲。尽管穿着囚服，可他依然像往常那样干净利落、目光炯炯。他被判处十五年有期徒刑。法官宣布的时候，我没有在他面前落泪。我不想让他看到我哭哭啼啼的样子。

第一次去监狱探视，他跟我开玩笑说："这儿哪都好，有吃有喝有活儿干，就是馋酒啊。"我说："等你出来了，我天天陪你喝。"那天，我们说了很多话，就像他一直在我身边那样。等到我要走时，他望了我良久，喃喃地说："儿子，我的好儿子，爹对不住你，以后要靠你自己了。好好活，活出个样儿来。"

走出监狱，我在寒冬的街头放声大哭。从此之后，我怀着一份无处言说的悲壮，努力地好好活，希望每次见到他都可以让他听到好消息。尽管每次，他都会鸡蛋里挑骨头地指出我的不足——但他说的一切，我都奉若圣旨。

那天，我随意在网上浏览，看到了这样一行字："永远不要当着一个父亲的面，打他的孩子。"短短的十几个字，顿时令我泪如泉涌……

真正的可悲

教育专家马卡连柯说："一切都给孩子，牺牲一切，甚至牺牲自己的幸福，这是父母给孩子的最可怕的礼物。"

一个奶奶经常带着放学的孙子到学校旁边的一家牛肉面店吃了面才回家，他们经常点两碗面，每次吃面之前，奶奶总是将自己碗里的牛肉夹到孩子碗里，然后笑呵呵地看着囫囵吞枣的孙子大口大口地吃。

这家面店没有服务员，面条一般是老板煮好后，客人自己来端的。这一天，奶奶来端面的时候，直接将自己碗里的所有牛肉都夹到孙子的碗里。在饭桌上孙子没有看见奶奶的动作，质问奶奶为什么今天没有把牛肉给他，奶奶无奈地解释，孙子却并不相信，大喊大叫不依不饶，竟然将奶奶碗里的面条全部挑出找牛肉，发现真的没有，之后仍然怀疑是被奶奶偷吃了，并拒绝吃饭。奶奶心疼孙子，要再买一碗，店主却拒绝卖给他们。

过了没多久，孩子的父亲带着祖孙二人回到面店，要了三碗面，并将牛肉全部夹到儿子碗里，并怒气冲冲地对店主说：“我给钱买的面，我喜欢怎么吃就怎么吃，我喜欢给我儿子吃就给我儿子吃，你看，我全部夹给我儿子。现在我们还不想吃你的面了！”说完，往碗里吐痰、吐口水！然后甩下一百元，牵着孩子的手走了。

店主气得掉泪，说当初拒绝卖第三碗面给婆孙，是希望能让孩子意识到错误，还想让老人知道那样溺爱孩子是不对的，没想到给自己招来侮辱。

现在许多家长经常说“再穷不能穷孩子”，其实原话是“对国家来说再穷不能穷教育，对家庭来说再富也要穷孩子”，也就是说，国家再穷，教育预算也应该是最高的，家庭再富裕，也绝对不能让孩子挥霍。

随着我国经济的发展，尤其城市新中产的崛起，言正行端、吃苦耐劳的富二代越来越多。相反，穷人家的孩子却沾上了以前富二代的毛病，成为穷人家的“富二代”。这个现象最大的原因是家人的补偿心理，越是家境不好，越觉得不能亏了孩子。

宁肯穷了全家，也不能穷了孩子，是他们的教育信念。在这种环境下长大的孩子，习惯了伸手讨要，缺乏感恩心理，今天花明天的钱，消费远远超出他的能力。更要命的是，责任心几乎为零。我穷我有理、我弱我有理，这种心态会让身边的人对他有很大意见，使他在人际交往上彻底失败。

有多少父母，不顾家庭资源禀赋差异，百般努力，倾尽所有，让孩子享受最好的生活条件。夫妻俩加上四个老人，六个人面对一个孩子，衣来伸手，饭来张口，真是含在嘴里怕化了，捧在手里怕掉了。

常言道“穷人家的孩子早当家”，可越发普遍的社会现象的确是“寒门再难出贵子”，有人认为是教育资源的分配不均，也有人说是家庭为孩子所积累的财富和人脉的明显差距，但归根到底对孩子影响最大的是家庭的教育。

“穷人的孩子早当家”，这句话放在过去的确是成立的。上学时，我拼命地努力，想通过学习，去争取更好的生活。我从来不大手大脚地花钱，因为我知道，父母供我读书的每一分钱，都来之不易，都是他们的血汗钱。不仅是我，那个时候，我身边大多数孩子都是这样。我们是从小目睹父母辛劳、体验生活困苦的孩子，懂得“热爱生活”的道理，有着奋斗与吃苦的自觉。

现在，一些条件并不宽裕的家庭，觉得亏欠了孩子，担心孩子被别人家孩子比下去，产生自卑心理，反而更加娇惯、宠溺孩子。大多数的孩子都过着一种极其享乐的生活，热了有空调，冷了有暖气，家家都有零食吃，人人都有新衣服穿。父母再苦再累，也舍不得让孩子吃苦受罪。

“寒门再难出贵子”，这句话并不是空穴来风，事实证明却是如此，在教育孩子的过程中，很多挨穷挨怕了的父母，因不想孩子再步自己的后尘，继续穷下去，宁愿再苦也不能苦孩子。在孩子小时候，不让孩子做家务活，只需专注读书，其他事情都不用理，结果养出了白眼狼和啃老族。

不曾也不能吃苦的孩子，因不曾尝试过劳作的辛苦，会变得好吃懒做，只顾享乐，没有担当也不知感恩。即使长得牛高马大，也依然是伸手将军，依赖父母和他人的供养。这些穷人家的“富二代”只会使家庭变得更穷。

当父母恨不得把全世界所有的好东西和所有的爱都给孩子时，却忘了告诉孩子一件事：生活的艰辛，是难以想象的。父母的“呵护”，对于孩子们来说，无疑是一味“毒药”。孩子们心安理得地享受着一切，根本不知足，不知感恩，不知体贴父母，不知生活不易。相反，还滋生了很多虚荣、懒惰、不学无术的坏毛病。

多年前，穷人勇于承认自己的不足，在教育孩子的问题上能够保持清醒：我们家境不好，你要多扛责任，自强自立。现如今，各种创富神话冲击着社会各个阶层，越来越多的没有创富的人，把责任推给机遇不公、社会不公、阶层固化，因为看不到希望，只能倾尽所有对孩子进行补偿：我不管你将来如何，至少小时候，别人有的你都有。这就直接造成了一个恶果：家境越不好，越容易把正常的教育当成吃苦，并以让孩子吃苦为耻。

给孩子再好的教育，都不如让他亲自去感受一下成人世界的“不容易”！正如曾国藩所说：“子侄除读书外，教之扫屋、抹桌凳、收粪、锄草，是极好之事，切不可以为有损架子而不为也。”

贫富差异，本质上是教育的差异。当富人已经转变教育方向，开始培养能够更好适应社会的复合型人才，穷人却走起了十年前富人的弯路：无限度地宠溺孩子，只求成绩，不求其他。这或许也就是为什么富人家的孩子更努力，而穷人家的孩子却经常一身戾气，怨天尤人。

看到过这样一句话：“以前我觉得穷人家的孩子能吃苦、有责任心，现在简直不敢招家境不好的员工，穷人家的‘富二代’太多了！”

是啊，久而久之，你就会发现，戾气特别重的往往是那些经济条件一般，自身努力也不够的人，他们看不惯鸡汤，也看不惯成功学，他们觉得自己不能成功的根本原因就在于家庭条件，在于没有富裕的父母。而真正富裕的家庭出来的孩子，往往谦卑，有危机感，不断学习。

今天的父母，总想着把最好的条件给孩子，这其实是在害孩子。成长过程中，物质越充裕，精神越疲敝；精神疲敝时，创造物质的脚步自然会停歇。反之，给孩子真实的成长，让孩子懂得困难与艰辛，教孩子珍惜馈赠与财富，引导孩子依靠勤奋和努力，才是对孩子最好的馈赠。

看到这里，或许你会问，穷人家就没有好孩子吗？有钱人就一定会教育吗？当然不是，在这里我们更想说的是精神上的贫穷和教育方法的匮乏。归根结底，穷人家的“富二代”产生的一个重要原因，是家长经济和心理的“不匹配”。

很多中国家长都有心理代偿机制，“我受过什么样什么样的苦，我的孩子绝对不要怎样怎样”。忘记了孩子是小号的大人，孩子有孩子的人生。换个角度看，“帮助”是限制，“条件”是牢笼，一步步剥夺别人的求生本能，过多的代偿，培养出一个心理残疾的人，这才是真正的可悲。

别样的人生

因为父亲的突然去世，作为家中的长女，她不得不中断了学业，担负起照顾病弱的母亲和弟弟的责任。为了贴补家用，她独自一人来到北京，在一个白领家做了保姆，在工作的间隙，她总是感到焦虑和茫然，总是回忆起上学时的种种理想，总是在想：难道我这辈子就只能做保姆了吗？

有一天，她在报纸上看到关于“打工女皇”吴士宏的报道，吴士宏从一名护士成长为微软中国区总裁的经历给了她很大的震撼，连续几天夜里她都睡不着觉，在想以后的路该怎样走，虽然她想不出自己的未来会是个什么样子，但此时的她越来越清醒地认识到：一定要多学些东西，才有可能改变自己的命运。

那天她去菜市场买菜时，一个小伙子递给她一张北京外国语学院英语夜校的招生简章，她读书的时候就很喜欢英语，所以一下子动了心。她的雇主很通情达理，不但同意了她上学的要求，还借给她一辆自行车。

在英语夜校里，她的同桌是一位刚从日本回来的北京女孩，课间的闲谈中，那个女孩告诉她，她的先生是一名日本商人，在北京开了一家人体“克隆”店，是北京唯一的一家，所以生意好得不得了——这是她第一次听说“人体克隆”这个词，出于好奇，她便向同桌详细询问起来，越听越觉得有意思，她突发奇想：这么大的北京才这么一家，如果我能掌握这门技术，以后也开这么一家小店，得赚多少钱啊！

因为有了这个想法，她便经常向同桌打听关于人体“克隆”的事情，有一次女孩对她说：“既然你对‘人体克隆’这么感兴趣，就到我们店里来干吧，正好我们现在非常缺人手！”于是，她便来到了北京第一家人体“克隆”店打工。为了能尽快掌握这门技术，她总是不放过任何一次“练手”的机会，这让同事们都觉得很奇怪：别人都希望工作轻松一些，这个女孩子怎么什么活儿都往自己身上揽呀？她还从老板那里借来了很多日文资料，对着字典一个字一个字去查，常常看懂一句话要花上半个多小时，就是以这样的速度，她硬是利用业余时间将一百多页的资料啃完了。

人体“克隆”虽然看起来比较简单，但里面蕴藏着很多美学方面的知识，比如，同样是一只手或一只脚，摆成不同的姿势就会产生不同的效果，表达出不同的意境。为了能捕捉到人体最动人的瞬间，她常常自己脱光衣服站在大衣镜前细细揣摩。

她的投入与勤奋让她很快从同事中脱颖而出，她做出的人体模型总是让顾客惊喜不已：“我有这么美丽吗？”顾客的肯定和赞美让她觉得自己开店的时机已经成熟了。可开店的设备要十几万元，她手里的那点钱租了店面后就所剩无几了，她从哪里筹措这十几万呢？就在她为设备问题一筹莫展的时候，突然想起读过的资料里介绍过日本一家很有影响的叫作“瞬间”的人体“克隆”店，店主是一位叫作森贞芳子的女士。她抱着“宁可做过，不可错过”的心理，立即在大学里请了一个教日语的老师帮她给森贞芳子写了一封信，信中讲述了自己的经历以及人体“克隆”在北京乃至全中国的市场潜力，提出想在北京开一家“瞬间”分店的愿望，并请她担任股东之一，唯一的要求是她能提供一套设备。

信寄出去以后，她度日如年地等待回音，结果等来的不是信，而是森贞芳子本人！森贞芳子在北京停留了三天，三天里芳子和她聊了许多诸如人生、理想等经商以外的话题，临别之时，芳子郑重地握着她的手说：“虽然你没有开店经验和经济实力，但你有梦想，而且够努力，这样的人没有做不成的事，我决定和你合作。”

2008年5月，她的人体“克隆”店终于开张了，在她的苦心经营下，到了年底，小店的生意已完全步入正轨，她还雇了两名员工，成了名副其实的老板，但她心里始终摆脱不了一种危机感，因为她知道刚开始大家对人体“克隆”都觉得新鲜，一旦新鲜感过了，生意势必会受到影响，所以总想着怎样能在原有的基础上有所创新和突破。为此，她又参加了中央美术学院大专班的学习，在接待顾客时，她已不满足于“克隆”出人体的模型了事，而是像创作一件艺术品一样，从立意、构思、造型、色彩到最后的取名，都要花费一番心思。

她的一件又一件作品引起了媒体的关注，《北京晚报》和北京电视台相继报道了她和她的人体“克隆”作品，而让她感到欣慰的不仅仅是小店的生意更加红火，而是除了赚钱之外，她终于找到了人生更值得去追求的目标。

她叫汤凯敏，一个普普通通的山东女孩，两年前她还只是京城一户人家的小保姆，谈到自己的今天，她说：“一个人要想改变命运，与她所处的环境其实关系并不大。关键是她的内心有没有改变命运的勇气，有了这份勇气，即使是纸糊的翅膀，也能飞上天！”

把苦难踩在脚下

在美国的一个小镇上有一对不幸的小兄弟，他们的妈妈因为生病在他们很小的时候就离开了这个世界，他们和父亲相依为命。可是他们的父亲是一个赌鬼，为了有钱去赌博，他变卖了家里全部能变卖的东西。最后竟然去偷窃，不久落入法网被送到了当地的监狱。

唯一的亲人入狱后，兄弟两个成了无依无靠的孤儿。兄弟俩先是行乞，后来长大了一些他们就开始捡垃圾。捡垃圾可以给兄弟俩带来一些微薄的收入，哥哥会用这些钱去大吃一顿，而弟弟则把这些来之不易的钱存了起来。慢慢地弟弟有了一些积蓄，后来他存的钱多了，他把这些钱作为自己的学费，然后去一所贫民学校读书。

哥哥长期在街道上的赌场厮混，渐渐地哥哥学会了喝酒、吸毒和打架，并且很快成了街上一群小混混的头目。他们聚集在一起吞云吐雾，然后商量着去偷窃、打架等。而弟弟则是更加用功地读书，他利用白天的时间去餐馆、旅店打工，晚上的时间去一些学校学习，并且学着写一些文章。

就这样十多年过去了，早已分道扬镳的兄弟俩都成了二十多岁的青年。不同的是哥哥因为一次街头打架将人刺死而进了监狱。弟弟大学毕业后成了一名作家，并因为发表了大批出色的文章而进了一家报社。

2010年的圣诞，一家报社的记者根据别人提供的线索，到监狱去采访那个臭名昭著的哥哥。记者问神情沮丧的他说："关于你父亲的劣行我们已经全部知道了，你走到今天这个地步是不是与你父亲留下的不良影响有关呢？"哥哥十分肯定地说："是的，父亲的劣行就像一块沉重的石块，重重地压在我的心上，所以我才走了他的老路。"

采访完哥哥，记者又去采访进了报社的弟弟，此时的弟弟正在忙着自己新书的发布。可是他还是抽空接受了记者的采访。记者问道："你哥哥说正是你父亲的影响，所以他才进了监狱。你是否也受过你父亲的影响呢？"

弟弟十分肯定地说道："是的，我肯定受到过父亲的影响。"记者不解地问道："同样深受你们父亲的影响，为什么你哥哥成了臭名昭著的罪犯，而你成了一个令人敬仰的作家呢？"

弟弟说道："对于父亲的苦难，就像一块沉重的石块一样压在我们的心上。可是不同的是哥哥始终把这块石块压在自己的背上，所以他每一步都走得很沉重。而我把这块石块踩在了脚下，这块石块最终成了我人生向上的台阶。”

记者把采访哥哥和弟弟的报道放在了一起，第二天好多人给报社打来了电话，声称看了哥哥和弟弟的报道很受启发，他们也从哥哥的身上吸取了教训，从弟弟的身上得到了力量。

同一个劣迹斑斑的父亲，可是兄弟两个却有着不同的命运，就是因为把苦难放的位置不同。所以说是让苦难成为负担还是成为向上的台阶，取决于你把它放在了什么位置。

皮鞋里的灵魂

伯鲁提皮鞋，选用整张名贵皮革缝制，每双均须经二百五十个小时手工加工，能够穿二十年，价格最低四百七十美元，部分精品高达数万美元，是公认的世界最贵的男鞋品牌。

奥尔佳，伯鲁提的掌门人，一位单身独居的中年女士，掌握了独特的染色技术，能使每双皮鞋都散发出高贵而神秘的色彩。作为全球唯一的女鞋王，奥尔佳为人低调，不事张扬，极少在公众场合露面，关于她的消息一直是各家媒体关注的热点。巴黎电视台在数次邀请总算得到同意后，派出首席记者鲍肯前往采访。

约定只接受十分钟采访，鲍肯问候了奥尔佳，切入正题问道："您作为最贵最好皮鞋厂的老板，最喜欢的客人是谁？"听到这个问题，随行的人无不感叹问题的生硬无趣，答案肯定是国家元首或社会名流或知名影星……众人抱怨起鲍肯发挥失常，奥尔佳却莞尔一笑，讲了个故事。

那是一个周末，奥尔佳来到专卖店调研销售情况。一个男人在店门口徘徊了很久，等到一群人进来，才跟在后面踱步进来。男人年近半百，一件灰色长衣裹着泛黄的衬衫，满面沧桑中暗藏着几分英色。凭经验，奥尔佳看出他是那种曾经风光而今陷入困境的落魄汉，于是走上前，客气地问："先生，有什么可以帮忙吗？"

他毫无表情地摇了摇头，两眼被一双双伯鲁提皮鞋吸引，可是看过价格，又无奈地转移了目光。终于，他拿起一双过季款型的皮鞋，试穿后欣喜地说："就要它了！"他显然担心被人看出些什么，赶快将旧鞋塞进长衣里，重重地踏了一下脚下的新鞋，大声说道："它跟我三年前的那双皮鞋一模一样！"如果说刚才还带着些许抑郁，此刻他已变得神采飞扬，立直了身躯庄重地看着镜子，俨然像个高雅的绅士。

之后，他吞吞吐吐地说："我只带了些零钱出门，你不介意吧？"奥尔佳摇了摇头，他憨憨地笑起来，双手几乎同时斜插进两只裤兜，从里面掏出两沓齐整的零钞，足足有上千张，怯怯地说："给你添麻烦了，点点吧。"奥尔佳微笑地接过零钞，耐心地清点完，不多不少刚好是五百六十九美元，便朝他竖了大拇指。他道过谢，神气地盯着皮鞋看了又看，这才挺直胸膛出了门。

三个月后的黄昏，忙碌了一整天的奥尔佳乘坐地铁回家。行走在通道里，身后传来一阵优美的琴声。有人在演奏理查德的经典曲目《秋日私语》，那悠扬婉转的曲音似秋风拂过心际，将人带进明净的秋野。她回转身，角落里站着一个寒酸的卖艺人，正投入地拉着小提琴。她缓缓走近，惊诧地发现他脚上穿着的皮鞋色泽鲜明而高贵，竟然是正宗的伯鲁提皮鞋。她不禁仔细地打量起他，感到似乎在哪里见过。看着那身长衣上新添的几个破洞，她记起来了，他就是那个用两沓零钱买皮鞋的顾客。

“原来他是流落在地铁站的演奏家。”奥尔佳在心里说。然后看见地上零星地散落着几张零钞，这才意识到两沓零钱对他意味着什么，而一双伯鲁提皮鞋对于他又代表了什么。过往的行人很少，他沉浸在自己的琴声里，无心顾及周遭，甚至没有注意到不远处那双同情的眼睛。也许他根本不是为了讨生活而来这里，只是酷爱拉小提琴，或者只想用音乐来换取些什么，比如，一双伯鲁提皮鞋，一把阿玛蒂小提琴……奥尔佳默默地想着，觉得自己应该为他做些什么，于是取出一张皮鞋终生护理卡，悄悄地搁在他面前。

音乐没有停，他依然陶醉在琴声营造的清新秋日，似那一季能带来沉甸甸的收获、金灿灿的梦想……

奥尔佳声情并茂地讲完，最后说，我最喜欢的客人，就是这个落魄艺人，因为他不是用金钱买了一双伯鲁提，而是对生活的热爱和对梦想的坚持。伯鲁提对于他，不是行走的道具，而是梦想的寄托，是纯净的夙愿。其实，人的脚并无贵贱之分，只要它因热爱在执着地走动，为了梦想在执着行走，就值得尊重。

我的生命都是美好时光

第一次参加你的家长会，是在你上小学三年级的时候。我从海鲜批发市场急三火四地赶去，衣服上沾满了鱼虾蟹蟹的污渍。尽管我破例打了车，但还是迟到了。我迎着那些略带讥讽和嫌弃的目光走到你的座位旁，内心充满了羞愧和歉疚。你则仰着小脸，帮我擦额头上的汗，又递过来你的小水壶："妈妈，喝口水。"刹那间，你的体贴和不轻贱令那么多人对我们母子刮目相看。

家长会结束后，你的班主任让我留一下，你则跟老师请假："我妈得回家给爷爷、奶奶、爸爸做饭，可不可以先走？有什么话，我回家讲给她听，保证不漏一个字。"班主任叹了一口气说："韩流妈妈，班里四十多个孩子，韩流最让我心疼，他那么懂事、乖巧。"他告诉我，新学期开始时小朋友一起搬书，很多孩子都在老师的眼皮底下干活儿，而他一个人在后门搬着几乎顶着下巴的书进进出出，满头是汗。“韩流妈妈，这样的孩子将来能没有出息吗？家里有这样的孩子，你有功啊！”

我握住班主任的手：“韩流爸爸出车祸瘫痪，爷爷奶奶常年卧床，我根本顾不上韩流。孩子从刚会走路起，就给爷爷、奶奶、爸爸接屎端尿，我连心疼他的时间都没有啊！”

回家的路上，我的眼泪就没有断过。回放你从小到大的点点滴滴，我对生活有过的那些抱怨都不见了。老天给了我那么多不幸，可也给了我令人心疼、欣慰的你。

你放学回家时，我在楼下等你。看到我，你的小嘴张成了O形：“妈，你去相亲啊？”我假装打你说：“不管以后干的活儿多脏多累，我也不能给你丢份儿。看看，你妈还行吧？”你马上跳起来：“绝对是美女！我长大了，就找一个像妈妈这样能干漂亮的老婆。”那一刻，我真想拥抱你。虽然你只有一米三，很瘦，但在妈妈心里，你已经长成一棵小树，令我想去依靠，而不是拥抱。

你上初中那三年，我们分别送走了爷爷、奶奶。送走奶奶那天，我回到家里号啕大哭。你走过来，抱住我说：“妈，奶奶虽然没有别人家的奶奶长寿，但你让她活得很体面，我奶奶不亏！”

临睡前，你给我和你爸打来了洗脚水：“以前光给爷爷奶奶洗，现在你们也有这样的待遇了。”你爸的眼泪直往下掉。你笑着对他说："我给我亲爸亲妈洗脚有什么可感动的？我妈给我爷爷我奶奶洗了二十多年的脚，我得向我妈学习。"那一刻，我真想对你说，不要向妈妈学习，因为没有哪个妈妈愿意看到自己的儿子太累。

就在我们生活的压力有所减轻时，爸爸的情绪却越来越糟。在他三十九岁生日那天，你用不吃中午饭节省下来的钱，给他买回一个大大的蛋糕，然而，推开家门，等待你的是爸爸割腕自杀后的惨烈场面。上初三的你，先用毛巾扎住了他还在流血的手臂，然后拨通了120。

直到他脱离了生命危险，你才打电话给我。在病房的门口，你对我约法三章："不许责备，因为坐在轮椅上的人是爸爸，不是咱俩；不许同情，这样会助长他的悲观情绪；不许害怕，我一定能把这件事处理好，让我爸永远不再动这个念头。"

进了病房，我泪如雨下，心疼与抱怨的话都没有说，只是紧紧地握着他的手。"爸，你在，我就有爸爸可叫，我妈累了一天回家，就有个嘘寒问暖的伴儿。爸，我一定会让你快乐起来。"你的话，让我忘记了哭。我不敢相信，你已经长大到令我目瞪口呆的地步。

从那天开始，你放学后的第一件事，便是先把爸爸推到小区里。瘫痪前，他是个铁路工人，并有一门剪发的手艺。为了让爸爸觉得他还有用，你挨家敲邻居的门，希望他们能来免费剪发，你还承诺，如果剪坏了，你花钱帮他们去理发店修理。冲着你，老老少少的邻居都来了。

那天下班，我远远地看着你们父子俩，一个给人理发，一个忙着给邻居端茶送水。你爸爸的嘴角，竟有我多年不曾看到的笑意。是你，找到了让他快乐起来的钥匙。杨奶奶看到我，眼泪像断了线的珠子一样：“这孩子懂事得让人心尖儿疼啊！”

渐渐地，小区里的人都知道了你，好多家长有意让自己的孩子跟你交往。我曾亲耳听你教训过一个比你还大的高二男孩：“下次不准跟你爸妈那样没教养地说话，再这么说话，就别承认住在咱院儿里，咱丢不起这人。”

你是如何让他服你的，我无意中得知了缘由。你曾被院里的大孩子欺负，一个孩子王一度每天都劫你的钱，你舍不得钱，就让他打。直到有一天，那个孩子被另外一个比他大的孩子欺负，你动了拳头。事后，那个大孩子问：“干吗帮我？”你说：“你是咱院的孩子王，如果你输了，咱院的孩子就都没好日子过。我以前不动手是因为我怕把你打坏了，还得我妈出钱给你治，我是心疼我妈。”那个大孩子和他的“兄弟们”震惊了，你也获得了他们的“芳心”。那一刻，我无比自责，我对你的世界居然如此陌生，我是这样一个不称职的母亲，你却给了我那么高的礼遇。

你爸爸越来越开朗，你更不用我额外操心，我的心情一日好过一日。一天我一边做饭一边唱歌，哼到浑然忘我的地步，回过神来才发现你正倚在门边看我。我的脸红了，你大呼小叫地冲过来："妈，原来你唱得这么好听，你要是早几年出道，一定是另一个宋祖英！"

这时，你爸插嘴了："儿子，你妈可是当年正宗的文艺骨干，不然你爸我这么帅怎么会死皮赖脸地追求她。"我们全家都笑了。曾几何时，在残酷的生活面前，我们都忘记了幽默。儿子，是你让这个家有了笑声。

一场玩笑，你却当了真。你请来一个同学的妈妈做我的声乐辅导兼表演老师——她是音乐学院的音乐教授。可以想象，每天中午从海鲜批发市场回来的我，先把自己冲洗干净，再穿上那些平时舍不得穿的好衣服，倒两次公交车去老师家里，这是多么滑稽。

我不战而退，你却拿出我当年的一张舞台照，说："妈，你得有点儿爱好，这样你再喊'黄花鱼，新鲜的'都会让人觉得你跟别人不一样。"最终我没有拗过你。

第一次正式站在你们面前唱歌时，我很害羞。你说："唱吧，咱家就你一个美女，你一定要有信心。"我笑了，笑过之后，唱出的是《绿叶对根的情意》，不记得是怎么唱完的，只记得唱到泪流满面。

我依然每天天不亮就去海鲜市场，日子依然很艰苦，可是，中午回到家后，我便把自己打扮成淑女的样子，和小区里一些志同道合的老友去公园里吹拉弹唱。

当《星光大道》栏目组打电话给我时，我都呆住了。是你帮我报的名！我怪你给我添乱，你却轻描淡写地说：“你就当央视的舞台是咱沈阳的南湖公园行了。”我不能拒绝你，因为我突然想到自己邋里邋遢地去参加你家长会的那一幕。为了你，我也想让你为我骄傲一次。为了你，别说是一个耀眼的舞台，就算是刀山火海，我也会毅然前往。

在北京，我的心态无比轻松，我可以不拿冠军，但一定要站到舞台上，以一个母亲的身份。

我没想到主持人会在我上台后的访谈里，设置了和你通话的环节。电话接通时，我不知道跟你说什么好，情急之下，我居然脱口而出：“儿子，下辈子别做妈妈的儿子，没有哪个母亲愿意看到自己的儿子这么为家百般操劳……”我泪如泉涌，泣不成声。

“妈妈，下辈子我还做你的儿子。你是一个伟大的妈妈，你是我的骄傲。” 那天，我没能成为周冠军，但依然很开心。在你的鼓励下，我挑战了自己。重要的是，我不在乎生活给了我什么样的苦难，我只在乎你给我的最高礼遇。

从北京回来，你和爸爸早早地在桃仙机场等我。

你们夸张地给我戴上帽子和墨镜，假装护送着我走出机场。没有人知道我是谁，你们却用这种方式让欢乐在我们的生活里继续。此后，每当我对你们爷儿俩稍有微词，你们就会群起而攻之：“出名的老女人真难相处啊，谁让人家是名人呢！”

我们的家依然要为生计精打细算，偶尔会面临断炊的小危险，可是，这并不能阻止我们每天都活在欢歌笑语里。是你让我明白，烦恼与快乐都是自己给自己的。

明天，你就要踏上南下的火车，开始你的大学生涯，你终于有了自己的生活。看着你在眼前晃来晃去，事无巨细地安顿我和你爸爸的生活，我贪婪地享受着这一刻。我想起了比尔·盖茨跟他妈妈说过的一句话："我永远怀念与你一起生活的那段美好时光。"而我，想对远行的你说："儿子，因为有你，我的生命一直都是美好时光！"

走出属于自己的路

母亲经常收到我夜里两点多给她回的短信，或者在清晨六点多的电话中，听到我一夜未睡而表现出的奇异兴奋。她开始担心起我的身体，甚至语重心长地告诉我，如果工作太累，就辞掉吧，我们养你。听到这话，自然心头一暖，要是几年前，我在A公司实习的时候，一定会泪如雨下。

那时的我错误百出，被人算计，真的是灰头土脸。那时，如果母亲说了这话，我估计会立刻放下所有，买张机票飞回家，永不回来。可是今天，我的感觉是，有他们支持真好。

我曾经是那么脆弱、敏感的一个人。同事的一句责怪，我就会难受好长一段时间。老板的一顿训斥，我可以觉得自己从此前程尽毁。可是，正是这些小打小闹的批评，让我从一个天真烂漫的孩子，一步一步变成今日的我。记得换工作以后上班的第一天，老板指着花瓶说，记得以后勤快点，帮我换鲜花。我的工作还有维护日常工作议程、会议记录，对了，还要翻译文件。

如果换作刚毕业那时的我，一定转身就走：我来这里，可不是为了服务你一个人的。但是那天，我兴高采烈地感谢了她的安排，并且与每一个我见到的人说早安。

每次开会前，我会把所有同事需要的资料都放在桌上，然后给他们倒好水。慢慢我观察到，每一个同事喜欢的饮品都不一样。我开始记录他们每个人的爱好，然后下次开会，提前准备好。唯一发挥的，不过是会议记录，我按照老板的阅读习惯将会议记录做成分析报告交上去。分析报告里，甚至会有数据模型，以及详细的行业分析。我每天去换花的时候，都会很用心地调整它的位置，然后喷上水。当然，我也会计算，在老板进办公室的时候，让鲜花刚好以最好的姿态迎接她。

我从不觉得工作是无意义的，很多没有工作经验的孩子，都想一上来就做大项目，跟大单子。我却十分喜欢助理这样的工作。有什么工作，比让你学习强者的工作模式更加令人进步迅速呢？我十分认真地研究她的日程表，做什么项目，该与谁见面；一个项目，有多少人员投入，报价是多少，成本是多少；如何安抚员工，又如何威逼利诱员工；如何和客户砍价，如何让客户相信我们的专业，如何与同行寒暄竞争。这些在商学院永远学不到的东西，在那段时间里，我学得不亦乐乎。老板也越来越喜欢我，渐渐地，做什么事情她都带上我。

也许是过了浮夸的年纪吧，觉得脚踏实地的努力，让自己心安许多。其实我一路都知道，这只是一个过程，一个让自己羽翼丰满、拥有足够的资格去承担的过程。

这个行业，投入了全球最聪明的人。比你优秀的人，一定多到你数不过来。如果盲目地去追随别人的脚步，很容易迷失在这场追逐的游戏中。我没有按照公式去走我的旅途，而是脚踏实地走好每一步。不会的东西，我从来都厚着脸皮去问有经验的同事。从小到大，我一向积极主动地去照顾别人，也得到很多人无私的关心。有人说，这个行业竞争这么激烈，怎么可能交心呢？可是，只要他是一个人，总会有需要被关心、被理解的时候，而这个时候，那个出现的人，可不可以是你？

后来，我终于可以做自己擅长并且喜欢的工作了。

当昔日的同学，看到今日光鲜的你，羡慕不已的时候，请不要对她说，你有多么辛苦，只要微笑就好。

当昔日的朋友，跟你说，我们多久没有见面、没有聊天了，在我们心酸不已的时候，只要微笑就好。

我们失去的即是我们所获的成本，我们总不能什么都想要。永远记得，能够理解你的人，永远都会理解你。而会失去的东西，从来都不曾属于你。

做自己才是最重要的事情。我会听从前辈的建议，无论是工作上的，还是生活上的，但那并不代表，我就要按照他们说的做。一些明明我知道会有的痛，依旧会去尝试；一些明明我知道会有的心酸，仍然会去体会。在年轻的时候，我们就要勇敢地尝试人生不同的可能性。这样，我们才能够在未来的旅途中，走出属于我们的路。

幸福，与你有多少双鞋子、多少件名牌套装，住多大的房子没有太大关系。幸福源于你的人生经历，幸福源于你是一个怎么样的人，而你又以何种姿态度过你的一生。

不被世界理解的天才

你不是一个人在战斗

对别的孩子来说，生在一个爸爸是政府官员、妈妈是大学教授的家庭，相当于含着金钥匙。但对我却是一种压力，因为我并没有继承父母的优良基因。

两岁半时，别的孩子唐诗宋词、1到100已经张口就来，我却连十以内的数都数不清楚。上幼儿园的第一天我就打伤了小朋友，还损坏了园里最贵的那架钢琴。之后，我换了好多家幼儿园，可待得最长的也没有超过十天。每次被幼儿园严词“遣返”后爸爸都会给我一顿拳脚，但雨点般的拳头没有落在我身上，因为妈妈总是冲过来把我紧紧护住。

爸爸不许妈妈再为我找幼儿园，妈妈不同意，她说孩子总要跟外界接触，不可能让他在家待一辈子。于是我又来到了一家幼儿园，那天，我将一泡尿撒在了小朋友的饭碗里。妈妈出差在外，闻讯赶来的爸爸愤怒极了，将我拴在客厅里。

我把嗓子叫哑了，手腕被铁链子硌出一道道血痕。我逮住机会，砸了家里的电视，把他书房里的书以及一些重要资料全部烧了，结果连消防队都被惊动了。

爸爸丢尽了脸面，使出最后一招，将我送进了精神病院。一个月后，妈妈回来了，她做的第一件事是跟爸爸离婚，第二件便是接我回家。妈妈握着我伤痕累累的手臂，哭得惊天动地。在她怀里我一反常态，出奇地安静。过了好久，她惊喜地喊道："江江，原来你安静得下来。我早说过，我的儿子是不被这个世界理解的天才！"

上了小学，许多老师仍然不肯接收我。最后，是妈妈的同学魏老师收下了我。我的确做到了在妈妈面前的许诺：不再对同学施以暴力。但学校里各种设施却不在许诺的范围内，它们接二连三地遭了殃。一天，魏老师把我领到一间教室，对我说："这里都是你弄伤的伤员，你来帮它们治病吧。"

我很乐意做这种救死扶伤的事情。我用压岁钱买来了螺丝刀、钳子、电焊、电瓶等，然后将眼前的零件自由组合，这些破铜烂铁在我手底下生动起来。不久，一辆小汽车、一架左右翅膀长短不一的小飞机就诞生了。

我身边渐渐有了同学，我教他们用平时家长根本不让动的工具。我不再用拳头来赢得关注，目光也变得友善、温和起来。

很多次看到妈妈晚上躺在床上看书，看困了想睡觉，可又不得不起来关灯，于是我用一个星期帮她改装了一个灯具遥控器。她半信半疑地按了一下开关，房间的灯瞬间亮了起来，她眼里一片晶莹："我就说过，我的儿子是个天才"。

直到小学即将毕业，魏老师才告诉了我真相。原来，学校里那间专门收治受伤设施的"病房"是我妈妈租下来的。妈妈通过这种方法为我多余的精力找到了一个发泄口，并"无心插柳柳成荫"地培养了我动手的能力。

我的小学在快乐中很快结束了。上了初中，一个完全陌生的新环境让我再次成为批评的对象——不按时完成作业，经常损坏实验室的用品，更重要的是，那个班主任是我极不喜欢的。比如，逢年过节她会暗示大家送礼，好多善解人意的家长就会送。

我对妈妈说："德行这么差的老师还给她送礼，简直是助纣为虐！你要是敢送，我就敢不念。"这样做的结果是我遭受了许多冷遇，班主任在课上从不提问我，我的作文写得再棒也得不到高分，她还以我不遵守纪律为由罚我每天放学打扫班级卫生。

妈妈到学校见我一个人在教室扫地、拖地，哭了。我举着已经小有肌肉的胳膊对她说："妈妈，我不在乎，不在乎她就伤不到我。"她吃惊地看着我。我问她："你儿子是不是特酷？"她点点头，"不仅酷，而且有思想。"

从此，她每天下班后便来学校帮我一起打扫卫生。我问她："你这算不算是对正义的增援？"她说："妈妈必须站在你这一边，你不是一个人在战斗。"

再辜负你一次

初中临近毕业，以我的成绩根本考不上任何高中。我着急起来，跟自己较上了劲，甚至拿头往墙上撞。我绝食，静坐，把自己关在屋子里，以此向自己的天资抗议。

整整四天，我在屋内，妈妈在屋外。我不吃，她也不吃。

第一天，她跟我说起爸爸，那个男人曾经来找过她，想复合，但她拒绝了。她对他说："我允许这个世界上任何一个人不喜欢江江，但我不能原谅任何人对他无端的侮辱和伤害。"第二天，她请来了我的童年好友傅树，"江江，小学时你送我的遥控车一直在我的书房里，那是我最珍贵、最精致的玩具，真的。现在你学习上遇到了问题，那又怎样？你将来一定会有出息，将来哥们儿可全靠你了！"

第三天，小学班主任魏老师也来了，她哭了，"江江，我教过的学生里你不是最优秀的，但你却是最与众不同的。你学习不好，可你活得那么出色。你发明的那个电动吸尘黑板擦我至今还在用，老师为你感到骄傲。"

第四天，屋外没有了任何声音。我担心妈妈这些天不吃不喝会顶不住，便蹑手蹑脚地走出了门。她正在厨房里做饭，我还没靠前，她就说："小子，就知道你出来的第一件事是想吃东西。""妈，对不起……我觉得自己特别丢人。"

妈妈扬了扬锅铲子："谁说的！我儿子为了上进不吃不喝，谁这么说，你妈找他拼命。"

半个月后，妈妈给我出了一道选择题："A.去一中，本市最好的高中。B.去职业高中学汽车修理。C.如果都不满意，妈妈尊重你的选择。"我选了B。我说："妈，我知道，你会托很多关系让我上一中，但我要再'辜负'你一次。"妈妈摸摸我的头，"傻孩子，你太小瞧你妈了，去职高是放大你的长处，而去一中是在经营你的短处。妈好歹也是大学教授，这点儿脑筋还是有的。"

我是笨鸟，你是矮树枝

就这样，我上了职高，学汽车修理，用院里一些叔叔阿姨的话说：将来会给汽车当一辈子孙子。

我们住在理工大学的家属院，同院的孩子出国的出国，读博的读博，最差的也是研究生毕业。只有我，从小到大就是这个院里的反面典型。

妈妈并不回避，从不因为有一个"现眼"的儿子对人家绕道而行。相反，如果知道谁家的车出了毛病，她总是让我帮忙。我修车时她就站在旁边，一脸的满足，仿佛她儿子修的不是汽车，而是航空母舰。

我的人生渐入佳境，还未毕业就已经被称为“汽车神童”，专“治”汽车的各种疑难杂症。毕业后，我开了一家汽修店，虽然只给身价百万以上的座驾服务，但门庭若市——我虽每天一身油污，但不必为了生计点头哈腰、委曲求全。

有一天，我在一本书中无意间看到这样一句土耳其谚语：“上帝为每一只笨鸟都准备了一个矮树枝。”是啊，我就是那只笨鸟，但给我送来矮树枝的人，不是上帝，而是我的妈妈。

做个有温度的人

小儿麻痹后遗症的父亲，不能正常工作生活，走路还得靠拐杖支撑着。母亲年轻时被拉煤车撞倒，过重的伤势让她不能长时间站立。现实是冷酷的，身患残疾的父母给她的就是这个既残又贫的家。她的到来，父母的心里也没感受到一丝暖意。因为，抚养她成了父母最大的负担。

出身于贫寒中的她，最渴望得到温暖。然而残疾的父母不能给她许多，相反，还要她来安慰和照顾。

父亲行动不便，一个人待在家里寂寞，她就充当父亲的耳朵，将在学校里、院子里听到的趣事讲给父亲听。母亲勤劳要强，做起家务总停不下来，她就抢着干些重活，以减轻母亲的疲劳。寒暑假，别的孩子都在疯玩，而她还得想办法筹措学费。

贫寒催生“早熟”。有时候，也想溜出去和同伴们痛快地玩一场，但想到父母和家里，她就觉得，自己真的和同伴们不同。一晃进了高三。不想那一年，母亲旧伤口复发引起溃烂，医生建议做手术治疗。一家三口靠低保生活，日子本来就捉襟见肘。在高昂的手术费面前，母亲只好选择放弃治疗。母亲想省下手术费供她读书，过早懂事的她怎么不知道母亲的心思呢？一番权衡之后，她也做出了选择：辍学打工给母亲治病！

这样的选择，是母亲不愿意看到的，母亲希望她能考上大学。母亲的话，她至今记忆犹新：只有自己发光发热了，才能更好地温暖家人。

她听从母亲的劝慰，回到了学校。用心复习功课的同时，她不忘母亲的病情，利用假日，跑进书店，淘来中医书籍，开始自学中医知识。黄芪可以“托疮生肌”，于是抱着“试试看”的心态，到药店买来了便宜的中药，并每天泡给母亲喝。一个月后，母亲脚上的伤口竟然有了好转，原来溃烂的伤口上长出了新的肌肉。

小试成功，这让她看到了希望。忽然间，她萌生了学中医的念头。短短的一年苦学，她不负众望以优异的成绩被北京中医药大学录取。

相比西医的“冷漠”，中医就更显有“温度”。边学边用，她首先将中医的“温度”通过爱心传递到了父亲身上——她成了父亲的“御用医师”。父亲有慢性腹泻的病根，她就用艾灸为父亲进行治疗。艾条是神奇的，通过在腹部的中脘穴、神阙穴、关元穴和双侧天枢穴做悬灸，没有输过一次液，服过一粒药丸，父亲的腹泻竟治好了。

她叫杨靖，北京中医药大学2011级针灸推拿学专业的学生。她用有温度的中医，治好了父母身上多年的顽疾，换来了他人的理解和肯定，赢得了2015年全国“孝亲敬老之星”的称号。

身上有正能量的人，才能释放出温度。有温度才能去温暖他人，杨靖身上这份特有的温度，就是一份担当、一份责任、一份在困难面前不畏缩的勇气……用温度来丈量人生的杨靖，用自己的坚持和温暖治愈了命运带来的伤，她在博客上的留言更能打动人心：“我总是把家庭给自己带来的苦难，看作是上天的恩赐！因为，没有差距，就不会被缩短。没有困境，就不会有所改变。苦难也是一种温度，它是冰冷的。冰冷并不可怕，冰冷更能激发人的斗志。做一个有温度的人，就是将身上的这股斗志转化成人生的正能量，去温暖他人。”

第三章
维持快乐，感恩遇见

一个人幸福快乐的根源在于他愿意成为他自己。不要去做若当初做了另一种选择这种无意义的假设。你手里握着的，你所厌倦或者习以为常的或许正是他人渴求的。所以要快乐，要感恩，要安静地享受现在拥有的一切。

——山本文绪

我们都在被迫长大

一

高二那年的夏天，我第一次彻夜未眠。

夜里一点多被我妈从床上摇醒，她慌张地说：“我带你爸去一下医院，你拿着这个手机，有事了和你联系。”

当时还带着困意的我晕乎乎地答应着，随后就听到救护车的声音，几个陌生人敲开门，拿凳子做担架，将倒在地上的我爸抬走。

我就是在那个瞬间突然清醒，看着我妈和被抽去了意识的我爸消失在电梯里，很久之后，那些只言片语还在空荡荡的屋子上方盘旋。

“你爸在卫生间摔倒了！”

“我本来以为没事的，没想到他一直醒不过来。”

我不敢踏进他摔倒的那个卫生间，也不敢回到床上继续睡觉，只好坐在窗边看立交桥上来来往往的车辆。

夜晚的城市还是很亮，每辆车都在飞速地奔向远方。我望着立交桥哭啊哭，也不知道在哭些什么，然后疯狂地给我能想得到的朋友打电话，可因为是半夜，没有一个人应答。

清晨6点，我妈终于打来电话。“脑出血。”她说，“还在抢救，医生说送来得早，应该能救回来……你先去上学吧。”

我走出房门，感到世界有一种恍惚的不真实感。无论是早餐摊上的叫卖，还是小孩子的追逐打闹，抑或是出来晨练的老年人，都和我隔着一层透明的膜，听不清晰也看不真切。

二

那天之后，似乎一切都改变了。

升入高三，正好班里之前负责开门的同学转入了别的班级，于是我向老师要了班级的钥匙，开始了早出晚归的生活。

其实我并非旁人看上去的那么努力，我只是为了让自己忙起来。当你有目标时，就会忘记一些事情。拿上钥匙后，我便可以顺理成章地最早起床，最晚回宿舍，不用和其他人一起吃饭，也不用向谁袒露心扉。

上大学后，我开始思考我能做的事情、大学四年的打算以及未来的出路。在发现自己写东西好像还可以之后，便抓住各种机会投稿，在深夜里写完一篇又一篇文字，也曾和甲方为一两百块钱而争执。

身边的同学一到寒暑假就会无比欢乐，因为放假等于休息、等于自由、等于更轻松的生活。但对我而言，放假回家就意味着要担负起家庭的责任。

我要去医院，要陪我爸做康复练习，要成为一个能独当一面的人。

后来很多次我都觉得，我的人生早就从坐在窗户边疯狂大哭的那天开始改变了，就好像原先设定好的轨道突然间被掉转了方向，驶入一片未知的迷雾。

三

长大不是一个过程，长大是一个瞬间。是你让眼泪带走过去的自己，然后直面或复杂或惨淡人生的那个瞬间。

有一次在水房，隐隐约约地听见一个女生在哭，她抽噎着说："奶奶怎么会不在了呢？她不是寒假还好好的吗？"

我默然，水龙头里的水"哗哗"地形成一条水柱，就像那些回不去又握不住的时间。

原来我们已经到了父母会生病的年纪，到了长辈们会离开的年纪，也到了不得不一个人去面对世间的种种险恶与挑战的年纪。

小时候一直盼望的长大，原来这般迅速和残酷，还没等我们反应过来，时间就已经悄悄地将过往带走——

我们都在被迫长大。

四

哭得最惨的那天，你一定长大了不少吧。

经历了一个人去面对偌大世界的敌意之后，才有可能站起来，假装天不怕地不怕地向这个世界宣战。

你或许有迷茫，也有辛酸，还有只能独自消化的悲伤和压在日记本里的秘密。

可是不必怕，因为这是成长的必经之路。

如蝴蝶破蛹，如凤凰浴火，成长常常伴随着眼泪和痛苦，或者说，是眼泪和痛苦造就了我们的成长。蝴蝶终究在破蛹之后长出翅膀，垂死的凤凰经历了炽热的火焰方能振作重生。

如果有一天，你遇到了无法承受的事情，也可以痛痛快快地哭一场，让泪水将所有的委屈和恐惧带走，然后对自己说：“没关系，没关系。”

因为今后的人生里，这样糟糕的事情还有很多呢。

在父亲的光芒下坚强微笑

“君子好坚强”“一个伟大的父亲，一个坚强的女孩”“坚强的君子，你是法学院的骄傲”……5月18日晚，正在中央电视台直播的“爱的奉献”大型抗震救灾募捐晚会尚未结束，北大未名BBS（论坛）上已经到处都是关于“君子”的帖子，“坚强”在那个晚上成为君子的代名词。

“她强忍着泪水，我们看着心疼，君子没哭，我们哭了。”北大新闻与传播学院07级的一名硕士生说。

“爸是个真诚而朴实的人，他很节俭，抽烟都抽一块五一包的，我总想以后给爸买好烟抽，买大房子给他住，可惜都没来得及回报……”

这位给女儿取名“君子”，只抽一块五一包的烟的父亲叫谭千秋。谭千秋，四川省德阳市东汽中学的教导主任，5月12日的汶川大地震中，他张开双臂趴在课桌上，身下死死地护着四个学生，自己却没能再醒来。

从此，谭千秋便不再仅仅是谭君子的父亲，更成了全中国孩子的父亲和老师，全中国老师的老师。

“我虽然很舍不得父亲，但我更为他感到骄傲！”北京大学法学院06级本科生、十八岁的女孩谭君子并没有流露出过多的悲伤，相反，她还在安慰周围其他的川籍同学。

我在帐篷里过了两夜，就已经感觉到了关节疼痛

地震发生时，谭君子正坐在北京大学的教室里上课，一个老乡发短信说四川可能地震了，接着妈妈的电话就打了过来，她当时切断了电话，并没有太在意。但后来，她却一直没能联系到爸爸。5月13日，她在深夜得知父亲可能遇难的消息后再也按捺不住了，第二天清晨，她乘飞机、搭汽车一路辗转赶回了她的家乡——四川省德阳市汉旺镇。

“飞机在成都降落，成都并没有遭受太大的破坏。高速公路已经封闭了，公共交通基本都已停止，很多车排着队在加油站加油，因为一切都要为救援车让路。我打车回到了汉旺。”面对废墟与断壁残垣，谭君子不能相信这就是自己熟悉的家乡。“除了少数家属楼没有完全坍塌，大部分房屋都已经被夷为平地。大家都搭建了简易的帐篷，睡在路边、绿化带和体育场上。我在帐篷里过了两夜，在四川潮湿的天气中就已经

感觉到了关节的疼痛。”

谭君子回去后看到了爸爸临终前的景象，她内心无法平静：“他的头被砸得陷下去一块，应该是颅内出血导致的死亡，我多希望他没有经历太多的痛苦，能够平静地离去。”她始终不明白为什么这样的事情会发生在这么好的人身上，但她也深深地知道，以爸爸的性格，发生这样的事情也并不让人意外。据说，在当地的一所小学里，每一个遇难的老师的怀里，都紧紧地抱着一个活下来的孩子。”

爸爸就是那种默默为人却不会张扬的人

2008年5月19日，父亲谭千秋“头七”，谭君子写下了饱含深情的悼念文章《七日的纪念》。

高中出去读书的时候，离妈妈家近一些，爸爸转交给了妈妈一张“注意事项”，上面写着“君子爱吃的水果”“每天应该提醒喝水的时间”，诸如此类。甚至连爸爸遇难后我翻看他的钱包时，里面还夹着我六个月大时候的黑白照片。

小学的时候我被推荐参选省里的“十佳少年”，爸爸在工作之余熬夜修改我写的十几页的个人介绍；高考的时候，爸爸怕我心态不好，总教导我不能非清华北大不上，当后来知道我考上北大的时候，爸爸热热闹闹地请同事们吃饭庆祝；上了大学后，我有机会去中央电视台录节目，爸爸不肯来现场，但在节目播出的时候，他兴奋地通知了所有他认识的人。

在君子眼里，谭千秋是一个很细心的爸爸。“大家都说他最爱的就是我，虽然从来没有说过爱我疼我之类的话，但挑的电话号码是我的生日，高中回妈妈家，他每次都坚持要用他才买不久的小木兰摩托车搭乘我走十四公里的路，为的是和我多说说话。”四岁父母离异，父亲含辛茹苦一手带大了谭君子。谭君子说，出事的前一天她还和爸爸通了电话，爸爸一边抱着妹妹，一边和她说，他找到了一个让小孩子不长湿疹的好办法。

“爸爸就是那种默默为人却不会张扬的人，走在路上，看到小石子都要踢开，问他为什么，他说怕别人走路不方便。”

失去联系就有希望，一定要心怀希望

在四川的几天中，谭君子在地震灾区，感受到了前所未有的震撼与鼓舞。

谭君子描述了她在灾区看到的景象。地震发生后，救援队伍赶到之前，很多人都采用了自救的办法，但死里逃生后，他们又在第一时间返回去营救别人——认识的或不认识的。很多人自发地去做志愿者，力气大的都参与救援，还有一些就在伤员聚居的操场等地为他们盖被子、递水送饭。更感人的是一些初中生，带着志愿者的袖标，每个帐篷都询问一次：“您这里有需要喝奶粉的小孩子吗？”家里有车的人自愿把车贡献出来，自发地制作了“一方有难、八方支援”“抢险救灾”等标语贴在车上，方便有需要的人使用。还有一些餐饮店，每天煮米饭、蒸馒头免费分发给大家，完全不计报酬。

“我从没有想过，世界上原来有这么多的好心人，他们互帮互助，共同渡过这个难关。”谭君子说。其实自己是很想留在灾区做志愿者的，但是，灾区物资紧缺，自己留下来只会增加负担，而且自己一留下来，母亲就无法专心工作。“我劝她和我一起到北京来，她坚决不肯，她说自己作为公务员，还有很多事情要处理，不能离开自己的岗位。”谭君子认为，志愿者也未必一定要到现场去，努力完成自己的学业也是一种贡献力量的方式吧。

当看到当地的学校已经陆续复课，谭君子提出自己很想留下当老师。也许潜意识里，她仍希望完成父亲未竟的事业吧！“虽然你们不能回去，对于不明的情况心里难免会着急。但是我要告诉你们，我在家乡看到糟糕的情况正在好转，有那么多的好心人，用自己的方式尽着自己的力量，所以我们应该放心，做好自己眼前该做的事。”谭君子知道学校还有很多家在四川的同学，她以自己的亲身经历告诉大家。

校长每日的短信

“父亲遇难后，许智宏校长每天都给我发一个短信。

第一天看到许校长的短信，他署名为许老师（校长），我想了好久都不知道是谁，因为真的没有想到许校长会给我发短信！”对于学校的关爱，谭君子充满了感激之情。

5月14日，获悉谭君子的父亲谭千秋在地震中为保护四个孩子而献身的事迹后，北京大学法学院学生会在网上发布了《致法学院全体同学的一封信》。信中说：我们一直和君子保持着联系，目前得知君子和她家人的情况较为稳定，请大家放心。也请大家稳定情绪，尽量避免过多打扰君子和她的家人，使他们能从痛苦中早日恢复过来。

5月19日一早，北京大学党委书记闵维方、校长许智宏、党委副书记张彦等校领导和部门领导到宿舍看望谭君子，为她送上赈灾补助金和水果。闵维方书记表示，谭君子的父亲为救学生献出了自己宝贵的生命，应该成为北大全体教师的榜样。北大是个温暖的大家庭，谭君子今后在学习、工作中遇到任何困难，都可以向学校提出来。

谭君子的班主任李霞介绍说：“谭君子在学生会担任文体部部长，多才多艺，成绩优秀，是个非常出色的学生。在突如其来的打击面前，她表现得非常坚强。”

为了不干扰她的生活，很多非常关心她的同学和朋友尽量不给她打电话和发短信，而是建立了一个QQ群，在上面写下关心和祝福。

“听完你在晚会上的一席话我很放心，因为我看到你已经学会把悲痛变成力量和勇气。痛不会好，我也不想赞扬你坚强，因为我知道你精彩的一席话后面是怎样的伤心和隐忍，但是它却会变成我们继续在这个世界好好地活下去的动力。”一位因为食道癌失去父亲的学姐在BBS（论坛）上给君子留言，鼓励她继续成为父亲的骄傲，好好生活。

爱的利息

“师傅，我……我想坐您的车。”一个跛足女孩背着书包走了过来，看看左右，急急地说。

朱师傅说得交车了，他只是停下来歇一会儿。女孩低下头，过了几秒钟，她又恳切地说：“谢谢您了，师傅。我只坐一站地，就一站地。”

那一声“谢谢”让朱师傅动了心。他看看女孩身上洗得发白的校服，一个旧得不能再旧的书包，忍不住叹了口气，说：“上车吧。”

女孩高兴地上了车。走到转弯处，她突然嗫嚅着说：“师傅，我只有三块钱。所以，半站地也可以。”朱师傅从后视镜里看到女孩通红的脸，没说话。这个城市的出租车，起步价可是五元哪！

开到最近的公交站台，朱师傅把车停了下来。女孩在关上车门时高兴地说：“真是谢谢您了，师傅！”

朱师傅看着她一瘸一拐地往前走，突然有些心酸。

也就是从那个周末起，朱师傅每个周末都看到女孩等在学校门口。几辆出租车过去，女孩看都不看，只是踮着脚等。

女孩在等自己？朱师傅猜测着，心里突然暖暖地。他把车开了过去，女孩远远地朝他招手。朱师傅诧异，他的红色桑塔纳与别人的并无不同，女孩怎么一眼就能认出来？

还是三块钱，还是一站地。朱师傅没有问她为什么专门等自己的车，也没有问为什么只坐一站地。每个女孩心里都有自己的小秘密，朱师傅很清楚这一点。

一次，两次，三次，渐渐地，朱师傅养成了习惯，周末交车前拉的最后一个人，一定是四十中的跛脚女孩。他竖起“暂停载客”的牌子，专心等在校门口。她不过十四五岁吧，见到他，像只小鹿般跳过来，大声地和同学道“再见”。不过五分钟的路，女孩下车，最后一句总是：“谢谢您，师傅！”

似乎专为等这句话，周末无论跑出多远，朱师傅也要开车过来。有时候哪怕误了交车被罚钱，他也一定要拉女孩一程。

时间过得很快，这情形持续了一年，转眼到了第二年的夏天。看着女孩拎着沉重的书包上车，朱师傅突然感到失落。他知道，女孩要初中毕业了。她会去哪儿读高中？

“师傅，谢谢您了！这可能是我最后一次坐您的车，给您添麻烦了。我考上了辛集一中，可能半年才会回一次家。”女孩说。

朱师傅从后视镜中看了一眼女孩，心里很不是滋味。女孩果然很优秀，辛集一中是省重点，考进去了就等于是半只脚跨进了大学校门。

“那我就送你回家吧！”朱师傅说。女孩摇摇头，说自己只有三块钱。

“这次不收钱。”朱师傅说着看看表，送女孩回家一定会错过交车时间，可罚点钱又有什么关系？他想多和女孩待一会儿，再多待一会儿。女孩说出了地址，很远，还有七站地。

半小时后，朱师傅停下了车。女孩拎着书包下来，朱师傅从车里捧出一只盒子，说：“这是送你的礼物。”

女孩诧异，接过礼物，然后朝着朱师傅鞠了一躬，说：“谢谢您，师傅！”

看着女孩一瘸一拐地走进楼里，朱师傅长长叹了口气。女孩，从此就再也见不到了，他甚至不知道她的名字。

一晃过了十年，朱师傅还在开出租车。

这天，活儿不多，他正擦着车，却听到交通音乐台播出一则“寻人启事”，寻找十年前胜利出租车公司车牌照为冀AZ××××的司机。朱师傅一听，愣住了，有人在找他？十年前，他开的就是那辆车。

电话打到了电台，主持人惊喜地给了他一个电话号码。

朱师傅疑惑了，会是谁呢？每天忙于生计，除了老伴他几乎都不认识别的女人了。

拨通电话，朱师傅听到一个年轻女孩的声音。她惊喜地问："是您吗？师傅！"

朱师傅愣了一下，这声音，这语速，如此熟悉！他却一下子想不起是谁。"谢谢您了，师傅！"女孩又说。

朱师傅一拍脑门儿，终于记了起来，是他载过的那个跛脚女孩。是她！朱师傅的眼睛突然模糊了，十年了，那个女孩还记着他！

两人约在一家咖啡馆见面。再见到女孩时，朱师傅几乎认不出了，这个眼前亭亭玉立的女孩，是十年前那个只有三元钱坐车的女孩？

女孩站起身，朝朱师傅深深鞠了一躬，说："我从心底感谢您，师傅。"

喝着咖啡，女孩讲起了往事。十二年前，她父亲也是一名出租车司机。父亲很疼她，每逢周末，无论多忙他都会开车接她回家。春节到了，一家人回老家过年，为了多载些东西，父亲借了朋友的面包车。走到半路，天突然下起了大雪，不慎与一辆大货车相撞。面包车被撞得面目全非，父亲当场身亡。就是那次，女孩的脚受了重伤。

安葬了父亲，母亲为了赔朋友的车款，为了她的手术费，没日没夜地工作。而她，伤愈后则拼命读书，一心想快些长大。她很坚强，什么都能忍受，却唯独不能忍受别人的怜悯。

所以，她没告诉任何人路上发生的事故。放学回家，当被同学问起现在为什么坐公共汽车，她谎称父亲出远门了。

谎言维持了半年多，直到有一天遇到朱师傅。她见那辆出租车停在路边，一动不动，就像父亲开车过来，等在学校门口。

她只有三块钱坐公共汽车，可她全拿出来坐出租车，只坐一站地，然后花一个半小时走回家去。虽然路很远，但她走得坦然，因为没有人再猜测她失去了父亲。

“您一定不知道，您的出租车就是我父亲生前开的那辆。车牌号，一直印在我的脑海里。”

女孩说着，眼里淌出泪花：“所以，远远地，只一眼，我就能认出来。”朱师傅鼻子一酸，差点掉下泪来。

“这块奖牌，我一直带在身边。我不知道，如果没有它，我会不会走到今天。还有，您退还我的车费，我一直都存着。有了这些钱，我觉得自己什么困难都能克服。虽然失去了父亲，但我依旧有一份父爱。”说着，女孩从口袋里拿出一枚奖牌，挂到了身上。那是一块边缘已经发黑的金牌，奖牌的背面，有一行小字：预祝你的人生也像这块金牌。

这块金牌，就是十年前朱师傅送给女孩的礼物。

女孩挽着朱师傅的胳膊走出咖啡馆。看到女孩开车走远，朱师傅将车停在路边，让眼泪流了个够。

那个跛脚女孩，那个现在他才知道叫林美霞的女孩，她和自己十年前因癌症去世的女儿，简直是一个模子印出来的！女儿生前每个周末，朱师傅都去四十中接她。女儿上车前那一句“谢谢爸爸”和下车时那一句“谢谢您，老爸”，让他感受过多少甜蜜和幸福！

那块奖牌，是女儿在奥林匹克竞赛中得到的金牌，曾是他的全部骄傲和希望。可女儿突然间就走了，让他猝不及防。再到周末，路过四十中，他总忍不住停下车，似乎女儿还能从校门口走出来，上车，喊一声“谢谢爸爸”。

就在女孩坐他车的那段时间，他觉得女儿又回到了自己身边，他的日子还有希望，他又重新找回了幸福！只是，这情形持续的时间太短、太短……

在回家的路上，朱师傅顺便买了份报纸。一展开报纸，朱师傅就看到了跛脚女孩的照片。她对着朱师傅微笑，醒目的大标题是：林美霞——最年轻的跨国公司副总裁，S市的骄傲……朱师傅吃惊得张大嘴巴，一目十行地读下去。边读报纸，他边习惯地从口袋里掏烟。

突然，他的手触到了一个信封。拿出来看，里面装着厚厚一沓美元。朱师傅愣住了，他想不出，林美霞何时把钱放进了自己外套的口袋，就在她挽起自己胳膊的瞬间？

美元中间，还夹着一张字条：

师傅，这是爱的利息，请您务必收下。本金无价，永远都会存在我心里。谢谢您，师傅！

给予比接受快乐

有的时候，人们总是在想我能得到多少。而很少有人会去想我做了多少，我让别人得到了多少。

有些领导总是埋怨自己的下属，工作没有热情，没有积极性，做一天和尚撞一天钟，甚至以不发奖金、减少福利待遇来“激励”他们，希望以惩罚来唤起员工的斗志。其实这种做法是不可取的。下面的这则小故事，相信能给人们某种启示。

这一年的圣诞节，保罗的哥哥送给他一辆崭新的高档跑车作为圣诞礼物，这可是保罗梦寐以求的事。他开着跑车到处兜风，总是能引起路人羡慕的眼光。

这一天，保罗从他的办公室出来时，看到街上有一名小男孩在他闪亮的新车旁走来走去，不时地用手摸摸这，抠抠那，满脸都是羡慕的神情。

保罗饶有兴趣地看着小男孩，从他的衣着来看，他的家庭显然不属于自己的这个阶层。就在这时，小男孩抬起头，发现了保罗，于是，他向保罗说道："先生，这是你的车吗？"

"是呀，"保罗无比自豪地说，"这是我哥哥送给我的圣诞礼物。"

小男孩睁大了眼睛："你是说，这车是你哥哥送给你的圣诞礼物，而你却不用花一分钱，对吗？"

望着惊奇的小男孩，保罗觉得很可笑，但他还是礼貌地向他点点头。

小男孩叫道："哇，太棒了！我也希望……"

保罗自信地认为他知道小男孩下面想要说什么。他肯定要说，他希望也能有这样的一个哥哥。

但是小男孩说出的话却让保罗吃了一惊，他无比幸福地喃喃着："我希望，希望自己也能成为这样的哥哥。"

保罗深受感动，他开始喜欢这个小男孩了，于是，便问他："小伙子，愿意坐我的车兜风吗？"

小男孩欣喜万分地答应了。

逛了一会儿之后，小男孩突然转身对保罗说："先生，能不能麻烦你把车开到我家门口？求你了！"

保罗微微一笑，他理解小男孩的想法：坐一辆大而漂亮的车子回家，在小伙伴面前的确是件很神气的事情。但让保罗意想不到的是，这次他又猜错了。

"麻烦你停在两个台阶那里，等我一下好吗？"小男孩跳下车，三步并作两步地跑上台阶，进入屋内。

不一会儿，他又出来了。不过他带着一个小男孩，那应该是他的弟弟。那位小男孩，因患小儿麻痹症而跛着一只脚。他把弟弟安置在下边的台阶上，紧靠着坐下，然后指着保罗的新车子对弟弟说："看见了吗？就像我在楼上跟你讲的一样，很漂亮对不对？这是他哥哥送给他的圣诞礼物，他不用花一分钱！将来有一天，我也要送你一部和这一样的车子。这样一来，你就可以看到我一直跟你讲的橱窗里那些好看的圣诞礼物了。而且，你还可以开着它到处去兜风，到你喜欢的大海边、森林里……"

保罗的眼睛湿润了。他走下车子，将那位腿脚不便的小弟弟抱到车上。那个哥哥眼睛里闪着喜悦的光芒，也爬了上来。于是三人开始了一次令人难忘的假日之旅。

在这个圣诞节里，保罗明白了一个道理：给予比接受真的更令人快乐。

去努力靠近梦想

说到独处，我算是最能从中找到快乐的那一类人了。不喜欢热闹的场所，若经过连续的应酬，总要给自己几天缓一缓，才能恢复精神。

当别人问我是什么性格，以前我常会说双重性格。那时总觉得，承认自己内向，就好像是没完成家庭作业的小学生，再经受老师的盘问，真是逊到了极点。

那时候，别人说起我来，总会不吝啬自己的遗憾和同情。我初中毕业时，有一次跟爸爸到一个亲戚家做客，亲戚对我爸说：这孩子成绩不错，就是性格内向了一点。后来的话我记不住了，大意是对社会有用的都是外向的人，内向的人获得成功是不可能的。我看似一棵好苗子，但摊上了这样的性格，终归不会有出息，真是可惜了。

那天，我的内心是如此愤愤不平。当在别人眼里，性格可以被用来粗鲁地断定一个人未来的时候，我第一次觉得，内向成了我的一大耻辱。

之后的日子，我带着很矛盾的情绪开始了成长之路。一方面，我希望向大家证明，内向者也能有自己的成就；另一方面，我又在努力改变自己，想让自己表现得像个真正的外向者。

从那时起，我开始幻想自己可以在各种场合勇敢地表达自己。可幻想终归是幻想，有两三年的时间，我依然是那个遇上热闹就躲到角落里的人。

后来，我遇到了一个对我很重要的语文老师。当我们开始一篇新课文的学习时，她总是等着我们先提问再讲解。我觉得我的机会来了，就逼着自己提前预习，要求自己每节课都要提一个问题。刚开始特别艰难，慢慢地尝试了几次，我在课堂上举手回答问题就变得轻而易举了。在此过程中，我的努力不断受到老师的肯定，我也因为超越了自己而显得无比兴奋，当众讲话的恐惧也不再那么明显了。

这件事情让我意识到，即使我的性格不变，我也可以去直面那些人生里的阻碍。从那时起，我不再为难自己，不再觉得改变内向的性格是最重要的事情。

现在，当我因为工作或人际需要，在很多人面前侃侃而谈时，我似乎已经忘记了自己的内向性格。而当我回归日常生活，没有特别的安排时，我又会首先照顾自己的意愿，变成那个不喜言谈的闷葫芦，安静地享受独处的时光。

经常有人问我："要如何改变自己的内向性格？"我觉得，很难讲清楚我自己对于内向的模糊认知，但我的内心却有一个明确的答案：内向者也可以成功。

一个人如果不在正确的方向上努力，拥有的能力也会慢慢消退。每个人都有自己的弱势，但也可以在自己渴望的领域日益精进、变得更强。

只要敢于突破、不断磨砺，总有一天你会发现，自己的弱势可能正是难得的优势。

那是她的家，她是我的家

我好想回到从前，在姥姥的背上沉沉睡去，不知道成长，不知道离别，不知道黑暗的恐怖，不知道明天的迷茫，只有简单的幸福。

放假，买了票坐车回她的家——从高中便在外地的城市读书，几经辗转，已经离开那个家多年，养成了和那个属于她的家的格格不入的生活习惯。以往每次回去，总会因为这些习惯的不同和她发生争执，于是后来开始说，那是她的家。

因为是她的家，所以我学会说服自己，在她的家里，按照她的习惯生活。

她是我的姥姥，她是我生命中最挚爱的人。

从出生开始，便是她陪着我长大，照顾我，我也一直陪在她身边，直到我生病，一场有生命危险的大病，我离开她，回到有些生疏的父母身边，后来去外地读书，这些年，她费尽心血照顾我，她所做的一切几乎都是为了我。

这个城市的春天依然有冬天的余冷，丝毫感受不到风吹麦浪的气息，我在这样寒风的夜晚打电话给她，她接通电话，一阵咳嗽。我不由得心疼和担心，她肺不好，最惧怕寒冷。前几日，天气渐暖，她还在电话里心情大好地和我聊天。近来，这多变的天气，又让她受苦了。

其实那次回她的家，原本可以买机票的，提前买，不比卧铺贵多少，后来想想，还是选择了十几个小时的火车，不想见面就听她唠叨机票太贵、要学会生活、飞机不安全等。

她定然是如此期待我们的见面：房间里添了新床单，去那家老店买了我爱吃的米糕，我不喜欢吃肉，偶尔吃，也只有两样，于是她自己做了玫瑰排骨、可乐鸡翅……每一件事都想让我立刻知道，絮叨得混乱而急切。

我配合她的喜悦，说挺好挺好，说的时候嘴巴里塞满她买的米糕——那是我小时候的最爱。但是她不知道，现在我已经不太喜欢这些甜腻的食品，主要原因是会迅速长胖，尤其她做的玫瑰排骨，瘦肉多，糖也多。但回到她的家，就不想这么多了，因为她喜欢看见我吃那些东西。

丰盛的接风饭吃过，因为太饱几乎动不了，于是我回到那间从小就专属于我的小房间，朝床上一躺。新床单依然是我最爱的卡通图案，她最了解我，只不过，随着岁月的增长，她已忘记我长大了，不再是那个只爱粉色的小女孩了。我开始喜欢淡雅的东西，我已经站在了青春的尾巴上，可在她眼里，我还是那个稚嫩的遇到事情只会掉眼泪的小女孩。

她家长里短地和我絮叨片刻，看我懒洋洋的表情，说：“你睡会儿吧，坐车累。”于是我就睡了，一直睡到黄昏她喊我起来吃晚饭。

如我所料，晚饭依然丰盛，都是我最爱吃的青菜。虽然不饿，我还是努力大口小口地力争把剩菜消灭掉。她八十三岁了，身体大不如前，走动太多，便需休息。她极其干净，从小跟随她长大的我，有着小小的洁癖，她深知这点，每次回到她的家里，都有专门属于我的空间、我的衣橱，属于我个人的东西，她仔细地擦拭干净，等我走后，再小心翼翼地放起来，等我下次回去。

傍晚，她散过步后，开始看京剧，客厅里亮着一盏小灯。我对这些咿咿呀呀的声音不感兴趣，但还是认真地坐在旁边陪她看了一会儿，跟她聊了聊李胜素和张火丁，聊了聊《锁麟囊》和《失街亭》——为了她，我突击恶补的知识。

她不会看太久，多年的习惯是晚上9点前必定上床休息。果然，9点不到，她就说：“不早了，睡吧。”

我立刻响应：“好的，睡觉。”

然后，洗澡间她为我准备好了温热的水，让我舒服地洗澡，拿出依然是她洗好熨烫整齐的纯棉睡衣，等我洗漱完毕，回房间，她才去休息。

依然是一场好睡眠，即使有过那样冗长的午睡。

很奇怪，这些年在家里，妈妈把属于我的房间装修得无比温馨——但睡眠一直不太好，可是只要回到她的家，回到她铺的床上，总是能睡得沉实香甜，甚至连梦都不做。所以放假的时候、累的时候、心情不好的时候，我喜欢回她的家。

陪她出去逛逛街是难免的。退休后，她尤其爱逛超市，买各种新鲜的水果、新鲜的蔬菜，都是我最爱的。知道我来，提前备好我最爱吃的小零食，塞满冰箱，要离开的时候还要给我装进行李箱，带着路上吃。她给我买衣服，眼光还算可以，只要是我喜欢的，她就心满意足地买下给我，我不要，她塞给我钱，让我自己买。她嘱咐，一定要买质地好的，穿着舒服，不能贪图便宜。

在她的家里气氛融洽地过完假期，看到镜子里自己的小脸明显圆了一小圈，幸好假期不长，该走了。

我拎着行李，离开了她的家。

正是因为长大后看懂了生性节俭的她对我的舍得，才学会了不再和她抗争，学会了适应，学会了顺从，学会了乖，学会了在她的身边放低我的心性去飞翔——在她的家里。

她是我最坚实的依靠，夜幕降临，我坐在教室里临窗的座位上，累了，倦了，手中的笔停歇下来，我会想起她，想起她做的香喷喷的饭菜，想起她给我布置的舒适的小窝。此刻，我想回她的家，很想，很想。

她教会我做人，她告诫我对朋友要善良、真诚……她给予我的，是最真实纯朴的道理。她是跟随我一生的温暖。

没错，那是她的家。而她，是我的家。

愿深爱的你好好长大

这些天来，我始终在想着，这是你的生日。

多少个无法计数的深夜，我靠着台灯的光芒，一本书，一杯白开水来度过。等待，对许多人来说似乎已经蹉跎到微不足道的地步，只是对于我而言，就像是压着的重担。就着夜色，烦躁之时也只能看看时钟上疾走的时间，一分一秒，一捧一捧地消融成水，继而汇成时光的河。揉了下眼睛，关了台灯躺下。我一遍一遍地重复着类似的动作，时间快快地走，又重新走到去年我着手帮你准备生日。似乎昨日的我总是懊恼着，对于你生日这样重要的事，却没有最好的礼物能拿得出手。

那日我在时文里又看到那句旧得只能在角落里蒙尘的句子——“家，心的港湾”。它确实在我心灵的角落蒙上厚重的尘埃，光泽尽失。旁人若问我近况如何，不经考虑我就能脱口而出，还好。不对它做出评价，所有光暗都未置可否。与旁人打闹之余，也只想着要快快走完这一生。一部旧电影里曾说，一秒钟就能想完我们的一生。太过单调，颜色尽失，更不必提及光芒。你问我好不好，我又怎样开口向你描述途经的苍白。

当然我也未曾想过要承认这样的生活覆灭过我所能衍生出的希望。承认生活带给我的灾难，对于我而言，倒像是在颈上缠上细密的铁丝，一拉紧，瞬间窒息而亡。不认输不绝望不灰心不难过，是我唯一能够善待自己的方法。偶尔想过是否能够当一回逃兵，既然生命太过漫长，为何我偏偏不能虚度？只是未做出决定，便又让另一个信念覆盖。你是军人，而她又生得明艳偏执，我作为女儿，理应过得铮铮。

在提笔写文章给你的时候，告诫自己不能提及喑哑的过往。这些时日以来我在人前谈笑风生，夜深人静时关掉灯光与内心对谈。若说没有眼泪，显得牵强。只是我并不需要用泪水来博取怜悯，若以此换得他人怜悯，才是对我最大的伤害。那次我敢于在你面前流泪，倒不是因为有多难过，而是因为你对我说，对不起，从我出生就把我丢在姥姥身边，没能给予我应有的父爱和母爱。感动多过悲情。你低头认错，我哭得淋漓，伤得痛彻，却爱得深刻。

这样一来，我倒像是那个街上的游魂，而她是唯一闻到我的人。

昨天晚上我又失眠了，做梦了，那梦境太过真实，我醒来后呆坐在床上，好长一段时间无法整理心绪。热爱，深爱，挚爱，通通都被自己辜负。如今的我，万分告诫自己，不如当作浮云，落得清闲自在。要有多心酸呢，似那只晚归的苍鹭，眨眼白了头。

光本是佳美的，眼见日光也是可悦的。即使活在当下，我也没有什么好抱怨的。我有她，已经足够。我所敬爱的姥姥，是一夜伤心和绝望、一身疲惫和伤痕之后，照样起床，养育时时让她难过的我。她在我身边，在任何时间里，我都看得到她所付出的温暖。我走过会流动的风水，瞬息浮华的大海，还是会回到她身边。而姥姥，是我这一生唯一想要停靠的日光城。

有许多话，我只是不曾和你提起。我多爱姥姥，这些无谓的言谈远远无法比拟。那是在我远行的路途中，在小憩的旅店里，在落单的街道，在大雨倾倒的城市里，在这颗深蓝色孤独的星球上，在任何一段莫名的时空里，都能够闻见的爱与想念。只是缄口不提，想必应了那句“爱之于我，不是肌肤之亲，不是一蔬一饭，它是一种不死的欲望，是疲惫生活中的英雄梦想”。我却能承认，她爱我远远胜过她热爱生命，在她的衣襟上记录着我少年时的芬芳。

摘下属于自己的桃子

那时，我刚刚升入初中，数学成绩就开始掉队了，这对我心中一直想成为经济学家的目标打击很大。

回到家，我阴沉着一张脸，缄默不语。父亲看到我情绪不太对，关切地问："孩子，在学校有什么不愉快的事情发生吗？"父亲不问不要紧，一问我便开始小声抽泣起来，嘴里断断续续地说："今天在课堂上，同学嘲笑我把一道函数题做错了，这让我很没面子。"

没想到父亲哈哈大笑起来，说："原来是这么一点小事呀，只要以后迎头赶上就是了，没什么大不了的。"受到安慰和鼓舞，从此以后我每晚都挑灯夜战，苦心练习数学题目。父亲也深知，我的性格是争强好胜的，不拿到第一誓不罢休。

可是，半年过去了，我的数学成绩依然很不理想，一气之下，我愤怒地撕碎了数学课本，号啕大哭。父亲看在眼里，没有震怒，也没有呵斥我。

那会儿我家靠近山坡，在山坡上，父亲种植了一片棉花和一片桃子树。夏末时节，盛开的棉花像天上的云朵，粉红的桃子挂满了枝头。

几天后，父亲对我说："我和你妈妈要去城里办事，你自己去山坡上摘棉花吧，摘完后用车推回来。"我欣然接受了这个任务。

可天有不测风云，上午9点过后，本来还算晴朗的天，开始下起了绵绵细雨，摘棉花看来是没有指望了，我准备收拾东西回家。

我推着车子，在路过果园时，看到一棵果树上还有少许的桃子没有摘完。于是，我灵机一动，爬上树干把剩下的桃子都摘了下来，然后心满意足地回家了。

回到家，父亲问："棉花摘得怎样？"我从兜子里掏出几十枚桃子，递给父亲说："天下雨了，棉花没摘完，但我把您剩下的桃子都摘完了，这也算是成绩吧？"

父亲很兴奋地把我搂在怀里，一个劲儿地说："当然算了，你今天完成了一件非常了不起的任务。"父亲的一席话，让我感到云雾缭绕。

原来，这一切都是父亲的安排，他故意留了一棵果树没摘完，故意雨天让儿子去摘棉花。父亲语重心长地对我说："世上有走不完的路，也有过不了的坎。遇到过不了的坎就要掉头而回，这是一种智慧，但更伟大的智慧还在于发现身边的机会。你今天没摘完棉花，但你摘下了属于自己的那些桃子。不是一样很有成就感吗？”

父亲的话醍醐灌顶，父亲是想找一个最佳渠道来启迪我，鼓励我，我经过反思，心想自己日后或许不能成为经济学家，但我从小怀有文学梦想。随后的日子里，我笔耕不辍，用文字来记录自己和他人的纷繁人生，而今成了各大期刊的写手。

在人生的道路上，打开思想的桎梏，摘下属于自己的桃子，抱定这样一种生活信念的人，一定能实现人生的突围和超越。

在信纸里微笑的老师

那么多年的学生岁月，那么多的老师在生命中来来去去，却有那么一张脸，一直在时光深处微笑。那是我初中时的语文老师，四十岁左右，她讲课与众不同，虽然课讲得生动，却极少笑，似乎总是不开心的神情。

初一下半年，我从乡下中学转到县里，一到新学校，正逢期中考试，于是便仓促上阵。几天后公布成绩，考得很一般，不过也挺让老师们吃惊的，因为当时农村的教育各方面都很落后，觉得我学成这样着实不易。试卷发下来后，意外地发现，在语文试卷里，还夹着一张纸，上面写满了字。竟然是语文老师写给我的一封信，我仔细地看着，老师知道我是新转来的学生，对我给予了肯定，特别是对我的作文大为称赞。她还很细心地问我是不是想家，还说她也曾离开过家乡。

老师的话驱散了我在陌生境遇中的不安和对故土的思

念，使我心里有了暖暖的情绪。同学们见老师给我写了信，都羡慕得不行。从他们口中得知，语文老师经常给学生写信，写在作文本里。若是谁的作文写得好，她会在后面写上一页的信，作为评语。每个同学都盼望着自己的本子上能有老师的信，而且老师总在信后，画上一个笑脸。想起她很少笑的脸，便觉得她信末画的笑脸很温暖。

那时每周交一篇作文，几乎我的每篇作文后，都会有老师的信和笑脸，那是我那些日子里最大的安慰。虽然老师笑的时候很少，可她留在每个学生作文本里红红的字迹，都洋溢着一种温暖的感动，特别是画的那些笑脸，直印进我们少年的心灵深处。同学们对老师的个人情况都不了解，我们也曾偷偷猜测，为什么她的笑容那么少。虽然她会热情地给学生作文里写信，却极少和我们交流，总是下了课就离开，走得很慢很慢。

初三上学期的一天，上语文课的时候，老师把前几日收上的作文本发下，却让我们回去再看。那一堂课，她很是不一样，笑的时候很多，比以往两年加起来还要多。我们发现，她的笑很能感染我们。而且那天下课后，她没有立刻就离开，而是和我们聊了好一会儿，直到上课铃快响起，她才慢慢地走出教室。

那果然是她给我们上的最后一堂课。她离开了学校，回到另一个城市的老家，听说不久就住了院，病得很重。我回去看了她写在我作文本上的最后一封信，老师对自己的事只字未提，却说了许多学习以外的东西，比如如何做人，如何保持心底的梦想，以后遇到挫折时该怎样，等等，最后仍是一个笑脸。后来问别的同学，老师给他们写的也大都差不多。我有时想，老师知道要离开我们，在那几天里给我们每人都写了信，四十多个学生，要写多久。

快中考的时候，才听到老师去世的消息，这是我们都在预料中却谁也不敢说出的结果。我们终究不知道，老师短短的一生到底经历了什么，是什么让她失去了那么美的笑容，又是什么夺走了她四十多岁的生命，我们只知道她对我们的好，从那最后一堂课里，我们都看出了她眼里的不舍。

许多年过去，我依然保留着那些作文本，在失落时，在心境黯淡时，那些红红的字迹仍能照亮我的心。可是，我的老师，她只能在那些泛黄的信纸里微笑了，我知道，那也许是她一生中最真心的笑容，也是我们心里永远的温暖。

永远朝着梦想努力

青蛙坐在井里只能看到井口那么大的天空，而当它跳出井来，方才知道外面的天地是多么广阔。远大的梦想是无价的，它会将你的人生带到一个曾经无法企及的高度，让你不再坐井观天。所以，当你有了自己的人生梦想，请不要为了眼前的一点蝇头小利而放弃。拥有梦想的人不会永远贫穷，只有不会做梦的人才不能创造人生的财富。所以，你必须有梦想，并且朝着梦想的方向前进，不遗余力。

亨利从小是在贫穷中长大的，他的梦想是成为体育明星。当亨利十六岁的时候，他已经很精通棒球了，他能以非常快的速度投出一个球，并且能击中在橄榄球场上移动的任何东西。不仅如此，他还是非常幸运的：亨利高中的教练是奥利·贾维斯，他不仅对亨利充满信心，而且他还教会了亨利如何对自己也充满自信。

一次，亨利和贾维斯教练之间发生了一件非常特殊的事情，并且这件事改变了亨利的一生。

那是在亨利高中三年级时，一个朋友推荐他去打一份零工。这对亨利来说是一个难得的赚钱机会，它意味着他将会有钱去买一辆新自行车，添置一些新衣服，并且他还可以攒些钱，将来能为妈妈买一所房子。想象着这份零工的诱人前景，亨利真想立即就接受这次难得的机会。

但是，亨利也意识到，想要保证打零工的时间，他将不得不放弃自己的棒球训练，那就意味着他将不得不告诉贾维斯教练自己不能参加棒球比赛了。对此，亨利感到非常痛苦和害怕，但他还是鼓足勇气去找贾维斯教练，决定告诉他自己想去打零工这件事。

当亨利说出自己的想法时，贾维斯教练果然就像他早就料到的那样非常生气。

“今后，你将有一生的时间来工作，”他严肃地注视着亨利，厉声说，“但是，你能够参加比赛的日子有几天呢？那是非常有限的。你浪费不起呀！”

亨利低着头站在他的面前，绞尽脑汁地思考着如何才能向他解释清楚自己要给妈妈买一所房子，以及自己是多么希望自己能够有钱的这个梦想，他真的不知道该如何面对教练那已经对他失望的眼神。

“孩子，能告诉我你将要去干的这份工作能挣多少钱吗？”教练又问道。

“一小时三点二五美元。”亨利仍旧不敢抬头，嗫嚅着答道。

“啊，难道一个梦想的价格就值一小时三点二五美元吗？”教练反问道。

这个问题，再简单、再清楚不过了，它明白无误地向亨利揭示了注重眼前得失与树立长远目标之间的不同。就在那年夏天，亨利全身心地投入体育运动之中去了，并且就在那一年，他被匹兹堡派尔若特棒球队选中了，签订了二万美元的协议。此外，他还获得了亚利桑那大学的橄榄球奖学金，它使亨利获得了接受大学教育的机会，并且，他在两次民众选票中当选为“全美橄榄球后卫”。还有，在美国国家橄榄球联盟队员第一轮选拔中，亨利的总分名列第七。

1984年，亨利和丹佛的野马队签订了一百三十万美元的协议，他终于圆了为妈妈买一所房子的梦想。

贾维斯教练让亨利明白了梦想的价值，这让亨利最终获得了成功，实现了人生愿望。如果你也有璀璨的梦想，那就要有摒弃其他诱惑的决心。在我们如花的年纪，应该把时间和精力放在更有价值的事情上，永远朝着梦想努力，这样才能让梦想照进现实。

梦想不是虚无缥缈的，它是一种理性的追求，一种力量的存在。认真倾听你心底的那个声音，你想做什么，你渴望自己变成什么样子，那就是需要你去为之努力的梦想。我们常常会被生活打败，感觉当下糟糕透了，无力改变，就这样糟糕下去吧。但总会有一个声音告诉你：你不是那么无能为力，你总能改变些什么，你还能去做你想做的事情，只要你肯努力。有时生活的改变，就是一个想法的转变，一个梦想能给你希望，而一个梦想的实现则能点亮你原本失败的人生。你会发现，你前方的路上还有一盏盏希望的灯火，照耀着你前进。

五年前，我到南方乡村搞福利工作。当我来到一个叫密阿多的小镇后，当地政府帮我召集了二十五个没有生活来源、完全靠政府福利来生存的村民。

我和他们一一握手后，问他们的第一个问题是："请告诉我，你们有什么梦想？"每个人都用怪异的眼神看着我，好像我是外星人，大概从来没人问过他们这么"不着边际"的问题。

"梦想？我们从来不做梦。做梦又不能让我们发财。"一个红鼻子寡妇这样回答我。我听得出她语气中的不满。

我耐心地解释道："有梦想不是做梦。这样说吧，你们肯定希望得到些什么，希望什么事情能突然实现，这就是梦想。"这回，他们才若有所思。红鼻子寡妇回答，她现在最想做的事情就是赶走野兽，保护自己的孩子。因为她要出去做工，而附近的野兽总会突然闯到小镇上来，威胁居民们的安全。她说她想要一扇牢固的防兽门。

于是我问："有谁会做防兽门吗？"人群中一个男人说："很多年以前我自己做过门，现在不知道还能不能做好，不过我可以试试。"

接着，我又问大家还有什么梦想。一位单亲妈妈说："我想去大学里学文秘，可是没有人帮我照顾我的六个孩子。"

我问："有谁能照顾六个孩子？"一位孤寡老太太站出来说，她能帮忙照看小家伙们。于是，我给了那个做过门的男人一些钱，让他去买做门的材料和工具，然后就让这些人解散了。

一个星期以后，我重新召集了那些村民。

那个红鼻子寡妇高兴地说："我有了一扇牢固的防兽门，再也不用只在家守护孩子了，我有时间去实现我的梦想了。"

我接着问那个做门的男人感想如何。他对我说："我想我一定要把门做好，结果真的做好了。许多人说我很了不起，能做那么结实漂亮的门。"

我点点头，然后对大家说："这位先生的经历就说明梦想是可以实现的。好多时候不是我们自己没有本事，而是我们故步自封，不愿意去尝试罢了。"

五年后，当我来密阿多小镇回访时，当年那二十五个穷人中，只有六个智力低下的残疾人继续靠政府福利生活，其余十九人都过上了自给自足的幸福日子：红鼻子寡妇种的咖啡收成很好，那个做门的男人成了当地有名的木匠，而那个上完大学的单亲妈妈最优秀，她开了一家大家具公司，接纳了许多需要帮助的人到她的公司来就业。

一群对生活失去希望，要靠救济而活着的村民，最终靠自己的努力过上了自给自足的日子。无论你处在怎样的人生低谷，都不要否认自己还有能力，还有实现梦想的权利。只要懂得从身边发现机会，着手去做，那么相信在一天天的努力之下，你一定能得到你想要的。

谨以此书，献给人生旅途中迷茫、彷徨的你、我、他。

愿我们有梦有远方，面朝大海，终会等到春暖花开。

无悔青春之完美性格养成丛书

孝　道：
你养我长大，我陪你到老

蔡晓峰　主编

红旗出版社

图书在版编目（CIP）数据

孝道：你养我长大，我陪你到老 / 蔡晓峰主编. —北京：红旗出版社，2019. 11
（无悔青春之完美性格养成丛书）
ISBN 978-7-5051-4998-4

Ⅰ. ①孝… Ⅱ. ①蔡… Ⅲ. ①故事—作品集—中国—当代 Ⅳ. ①I247.81

中国版本图书馆CIP数据核字（2019）第242268号

书　名　孝道：你养我长大，我陪你到老
主　编　蔡晓峰

出品人	唐中祥	总监制	褚定华
选题策划	华语蓝图	责任编辑	王馥嘉　朱小玲

出版发行	红旗出版社	地　址	北京市丰台区中核路1号
编辑部	010-57274497	邮政编码	100727
发行部	010-57270296		
印　刷	永清县晔盛亚胶印有限公司		
开　本	880毫米×1168毫米 1/32		
印　张	40		
字　数	960千字		
版　次	2019年11月北京第1版		
印　次	2020年5月北京第1次印刷		

ISBN 978-7-5051-4998-4　　定　价　256.00元（全8册）

写给你们

苏辙曾说："慈孝之心，人皆有之。"百善孝为先，孝是人们与生俱来的品质。

自古以来，人类用自己的爱去温暖别人，照亮别人，而且这种爱是发自肺腑的，更是永恒的。

孝敬是我们中华民族的传统美德，更是我们每个人应尽的责任和义务；孝敬需要爱的诠释，更需要爱的奉献。爱是孝敬的基础，更是做到孝敬的必经之路，只要有爱的出现，爱的释放，那么孝敬也就随之而来。

假如把孝敬看做一艘小船，那么，爱就是推进小船前进的那个渔夫；孝敬需要我们的热心，更需要我们的真诚，只有这样，人类的需求才恰到好处。

孝敬需要爱，用爱去孝敬父母，用爱证明自己的孝敬，爱是人类最崇高，最伟大的一种品格，只有用爱去表示，去展示，才能写出自己别具一格的孝敬。一个动作，一个微笑，一个问候，就能示爱，更能呈现出孝敬，孝敬父母是做子女的责任。母爱如海一样宽阔，父爱如山一样高峻，所以我们要用爱找回那份孝敬，找回父母对子女付出的那份爱。

人类从一辈一辈地流传下来，尊敬长辈也是我们的责任和义务。也许，在小时候，我们除了在父母的爱之下成长，也在长辈的教育下成长，我们现拥有的所有成就免不了长辈的教诲，长辈对我们疼爱有佳，我们不能忘恩负义，我们可用爱去孝敬，用爱去回报，对长辈的一声问候，身体是否健康，生活是否快乐，工作是否顺心，这都体现出孝敬。

做一个孝敬的人，一声问候，一个动作，一个微笑，都能体现出爱，也就是孝敬。

只要用爱去孝敬，你的人生就不会孤单，因为你的身后有许多身影。

目　录

第二章　父母是永远的后盾

第三章　你养我长大，我陪你到老

第一章
感恩人生给予的一切

一个人幸福快乐的根源在于他愿意成为他自己。不要去做若当初做了另一种选择这种无意义的假设。你手里握着的，你所厌倦或者习以为常的或许正是他人渴求的。所以要快乐，要感恩，要安静地享受现在拥有的一切。

—— 山本文绪

谎言造就了我的自信

每个人的能力是不一样的

从幼稚园开始，手工制作的课堂就是滋生我自卑情绪的土壤，别人翻飞的指尖下，小猫小狗栩栩如生、呼之欲出，而我却躲在角落里跟制作材料打架，使出的劲儿能牵回九牛二虎，就是不能把它们摆平……无数次伤心地问妈妈为什么，妈妈的回答总让我信心倍增：“每个人的能力都是不一样的，这方面差，在另一方面总会得到补偿。大发明家爱迪生小时候的手工制作也很糟糕，甚至被称为笨孩子，可这一点不影响他成为发明家。”是啊，我也有许多别人不及的优点，我会声情并茂地讲故事：还能搬很重的东西并坚持很长时间……在妈妈的提醒下，我经常对自己有许多新的发现。

童年的时光是一列幸福快车，满载着我的欢笑，也满载着父母对我的精心呵护——他们对我爱得多么小心翼翼，好像我是一个泥娃娃，不小心就会跌破一样。

别拿自己的缺点和别人的优点比

进入中学，苦恼都是来自那可憎的体育课。许多锻炼项目都折磨着我还不太成熟的内心，它们像那些班上喜欢嘲笑弱者的男孩，一个个地笑着胆怯的我："笨，笨，笨！"有一天，那个黑脸的体育老师终于发怒了，因为我怎么也完成不了那个前滚翻，他生气地喝道："站一边看别人怎么做！"然后在我低垂的眼帘下，同学们一个接一个地轻松翻滚，像一只快乐的小皮球，而我……我的脸羞愧得能滴出水来。

那一天是怎么回家的，我已经记不起来了，脑海中充斥着绝望和自责。一见到爸爸，立即扑进了他的怀里，抹着淌不完的泪水。爸爸的眼圈也红了，他翕动着大鼻孔向我道歉："都是爸爸不好，是爸爸把这些缺点遗传给你了……""遗传？"我已经顾不上流泪，"爸爸，你也这样吗？""是啊，不信，你瞧……"说着爸爸就做"前滚翻"动作，笨拙得像只老乌龟，四仰八叉怎么也站不起来，我扑哧一声乐了，那么优秀的爸爸也有弱项。

第二天是妈妈陪我去的学校，她说要找教体育的马老师谈谈。

我害怕妈妈会责怪马老师：“妈妈，不怪老师着急的，我太笨了。”妈妈笑了：“我不是去责难老师的。我只想去告诉他，你某些动作比别人的孩子稍差一点，你会慢慢赶上别人的，让他别着急。另外，你并不笨，不是说过吗？人总有优点和缺点，而你恰恰在拿自己的缺点和别人的优点比，当然会痛哭流涕了。”妈妈的一番话说得我不好意思起来。

从此，体育课上碰到我做不好的动作，马老师再也不强求了，这让我又恢复了从前的快乐。

吴白是脑瘫

如果不是那次我突兀地闯到老师的办公室，也许我的生活会一直平静如水。

那天，我送迟交的作业本到办公室，走到门口，听见马老师提到了我的名字：“吴白啊？你不知道吗？她小时候被诊断为脑瘫！”“脑瘫不是一种很严重的智力疾病吗？我看她的智力还可以啊！”是语文老师的声音。“她是轻微的，主要表现为动作方面的缺陷，我原来不知道，是听她妈妈讲的……”

一下子，眼前的一切全模糊了，林立的教学楼、精致的石雕，以及老师刀子一样咯咯吱吱的声音，它们缥缈得像烟雾一样若有若无，可是内心的巨痛却提醒着我一切真实地存在！艰难地走进那片小树林，我终于“哇”地哭出声来……

吴白——脑瘫！怎么也想不到这两个词会发生着致命的关联，难怪家里有那么多那么多关于脑瘫的书！描绘在书里是一些什么样的人啊，残疾、弱智甚至痴呆！幼稚的我还经常拿出来把它们翻翻，满足着一种事不关己的好奇，而现在才知道，里面写得满满的、画得重重叠叠的——全是我！而我活在父母的谎言中，依然兴高采烈……难怪我总是比别人笨，难怪体育老师不再强求我完成动作，原来他们早就知道我是个低能儿！

一股蓄积已久的力量促使我狂奔起来。泪水纷飞中，我居然闯过了一路的红灯绿灯人流车流。我要远离学校，远离人群，远离这个嘲弄我的世界，我要钻进自己的房间，永远也不出来，永远！

要忽略自己的缺点

紧闭的房门拦截着外面惶惑的父母。我倔强地躺在床上，听凭他们千呼万唤。最后爸爸撞开了房门，他恼怒地拉起了床上的我："听着，吴白，无论发生什么事，也不要把父母拒之门外！""我是脑瘫患者，我做出什么事你们也不要奇怪！"眼泪又一次像断了线的珠子，一颗接一颗地滚落。妈妈一把搂过我，惊恐万状："吴白，你是听谁说的？""你们骗了我十五年，你们还想骗我多长时间？原来我是弱智，怪不得体育课对我那么艰难……"伤心、绝望像波涛一样在我的内心翻滚，而后"哗"地顶开了闸门，我在妈妈的怀里哭得昏天黑地，"妈妈，为什么会这样啊？为什么？为什么？"妈妈抱着颤抖的我哽咽着。

痛哭之后，我终于疲倦地睡着了。

睁开眼的时候，已经是一个清新明媚的早晨，妈妈坐在我的床边，爸爸在房间里踱着步……他们守了我一夜。

看到我醒来，妈妈扶起了我："吴白，我们要振作起来，不能被困难打倒。孩子，去洗脸刷牙吧，把你的漂亮脸蛋收拾干净。"我一向是听话的孩子，于是顺从地走进洗漱间。收拾完毕，爸爸握住我的手："吴白，你长大了，许多事应该告诉你了。"我看着妈妈，她也是一脸的庄重，"你是脑瘫患儿。从小爸妈就带着你四处求医，才解决了你走路的难题，但精细动作总是不尽如人意，但我和你妈妈都很满足了，因为和严重的患儿相比，我们是多么的幸运。为了保护你的自尊，为了不让你成为别人嘲笑的话题，我们一直保守着这个秘密……这样做是不想让病魔在你的心中留下阴影。你能够如我们所期盼的那样，活得很快乐……”

爸爸走到窗前深吸了一口气，然后猛地回过头来，像下了一个很大的决心：“爸爸还要告诉你一个秘密，爸爸也是脑瘫者！”他盯住我无比惊讶的眼神，“也许你认为怎么这样凑巧？对，上帝就安排得这么巧，爸爸之所以告诉你这个秘密，是想向你证明，脑瘫患者们都可以活得很精彩。”是的，爸爸活得很精彩，在商场上叱咤风云，对一千多名员工指挥若定。可我对他的说法很怀疑，也许这只不过是美丽的谎言，只是为了找回我的自信？妈妈看到了我眼里的疑惑：“细细看，你爸爸走路脚是踮着的，为此他曾经很苦恼。”“是的，我曾经很绝望，和你现在一样，后来我发现，当我忽略了自己的缺点，别人也就不会在意。”细看下来，爸爸确实踮着脚走路。乡下的奶奶也打来电话，说爸爸那时的症状比我严重得多……

像行走在小说里，一切都是那么曲折离奇，我不得不静下心来整理自己纷乱的思绪。那天我得出了这样的结论：扬长避短，我也会像爸爸那样成功；在奋斗面前，脑瘫也不过是只纸老虎！

经过这场风波的洗礼，我一下子成熟了许多。生活的道路上我重拾起自信，艰难前行，然后摘取了一串串硕果：考上了理想中的大学；拿到了不少论文获奖证书；我的演讲总会引起小小的轰动……在父母的支持下，我的人生不算顺利却很精彩！

谎言造就了我的自信

工作了，所在单位离姑妈家最近，所以那里成为我改善伙食的去所。一次无事和姑妈闲聊，我谈到爸爸的脑瘫，她笑了起来："你爸？什么病也没有，小时候可顽皮了！""那为什么爸爸走路总有点踮脚，那可是脑瘫的症状。""他踮脚吗？不可能！不过，他学踮脚尖走路倒学得蛮像的，他那个模样最笑人了！"姑妈沉浸在对往事的回忆中，而我却怔在姑妈的笑声中……

我终于体会到父母的良苦用心，他们用谎言的剪刀一次次地修剪掉我生命树上自卑的枝条，所以我的自信才得以在阳光下恣意伸展。我要立刻发信息给我的父亲，告诉他，下次见到我的时候不必再踮着脚走路了……

有什么比亲情更美好

最近阅读了有关布什家族的几本书，颇有收获与心得，然而令我怦然心动的不是政治而是亲情，而是老布什夫妇对于亡女那矢志不渝的真爱，格外动人心弦。

布什总统卸任后不愿随俗写自传出书，但那本写作近六十年的书信集却显露出一个平实却又不平凡的人生故事。而他的文采以及细腻的感情更是跃然于字里行间，例如他在1958年写给母亲的一封信中，就把一个年轻父亲对早逝女儿的伤怀写得丝丝入扣。

“我总是把萝宾当作我们这个家庭中活生生的一分子，芭芭拉和我也不知道这感觉会持续多久，但我们希望到了八十岁都还保有这种和她在一起的亲情感。那该多奇妙啊！在那个年纪却仍拥有一个美丽的三岁女儿……她不会长大的。

“我们这个家缺少了一个什么？在四个男孩活蹦乱跳的生活中，我们需要一个金发女孩来平衡一下那四个平头；在那些玩具碉堡和无数的棒棒球卡片中，我们需要有个娃娃屋；在我发脾气时，我们需要一个女孩的哭声而不是男孩的申辩；在圣诞节时，我们更需要一个小天使……我们需要一个女孩。

“而我们曾经有一个——她那么乖巧，她的拥抱又那么温柔。”

“就像她的兄弟们一样，她也会爬上床来跟我们一起睡，但她感觉起来就是比较对味。她不会像几个男孩那样在我睡着时贴近我的脸故意调皮捣蛋地吵醒我，不，她只是静悄悄地站在我们床边直到我们感觉到她在那儿，然后她乖巧又舒服地把头贴在我的胸前慢慢睡去。”

“啊！她始终和我们在一起，我们需要她，但我们已拥有她；我们虽无法触摸她，但我们感觉得到她……”三十年后，他依然怀念着她。1989年12月16日，布什在日记上写道：“艾丽（外孙女）在清晨四点走进我们房间，我掀开毯子把她拉进来滚到我们中间。我说‘别出声，睡吧！’但我们并没有睡去，她也默不作声。她的小小身子扭动着，又来拥抱我，令我想起萝宾，多么相似啊！她那小不点站在那儿，年纪也差不多，同样的可爱，她走向我的床边，站在那儿只是静静地看着我……”

做母亲的芭芭拉在萝宾因血癌过世时才二十八岁，这个打击使她在数月间满头青丝变成白发。多年后她在一封信中这么说道："我们这一生所遭遇的最大考验就是失去我们那宝贝的三岁女儿……萝宾在病中一直是那么乖巧，不曾质问也没有怨言……"

"她走得非常平静。前一分钟她还活着，下一分钟她就走了，我真的感觉到灵魂离开她那小小的躯体，我从没有如此强烈地感觉到上帝的存在！"

"至今她仍活在我们的心中和回忆里，我已不再因她而哭泣，因为她始终是我们生命中快乐而鲜活的一部分。"

芭芭拉也常引用一首诗来表达她对爱女的情义：

我并非因为所爱的人已逝去而高兴，
而是因为她曾与我们共同欢笑与生活过，
我曾经熟识她深爱她，
也曾对她全心奉献。
如今，因她的离去而流泪吗？
不，我愿微笑，
只因我曾和她共同走过一小段人生旅途。
这人世间还有什么比亲情更美更好啊！

勇敢是母亲的本能

2005年5月18日的下午，辽宁省新民市华美小区50栋四层一户居民家里，静谧和谐。

女主人单丽新在卫生间里洗衣服，丈夫张先生在卧室接听一个电话，三岁的女儿正在那张小床上睡觉，单丽新的母亲在厨房里为一家人准备晚餐。

七点半左右，当单母偶尔推开卧室的房门时，发现床竟是空着的，三岁的外孙女不见了。正在卫生间洗衣服的单丽新与丈夫听到母亲的叫喊后大吃一惊，急忙四处寻找。女儿的床挨着窗户，窗户是开着的，顺着窗户从四楼向下看时，一家人心痛欲碎，他们看到了从窗户失足摔到二楼屋顶的女儿。

此时，不懂事的女儿正啼哭着一点一点爬向屋檐的边缘，形势千钧一发。

看着爬向死亡边缘的女儿，赤着脚的单丽新不顾一切地就要从窗口跳下去。母亲拉着她的衣服，说："闺女，你可千万不能跳啊！"单丽新哭着说："妈，我也要我的闺女！"说完，这位年轻的母亲如一只轻盈的蝴蝶，从12米高空飘然而下。

当母亲再次睁开眼睛时，她看到，三楼窗户护栏上挂着半截血淋淋的手指头。

从12米高空跳下后，单丽新一把拉住距离屋檐只有半米的女儿，把她搂在怀里。

这是二楼与三楼之间的一块很狭窄的平台，前面是半空，后面是三楼居民设置的防盗铁栅栏。单丽新进退不得，只能抱着孩子蹲在那里。就在这时，她突然发现女儿的内外衣黏糊糊的都是血，但是孩子并没有受伤，哪来的血？这一刻，她才突然发现自己的右手小拇指没了半截。一阵钻心的疼痛随之而来。

搂着怀中哇哇大哭的孩子，单丽新也像个孩子似的对楼上的母亲大喊："妈，我的手指没了，怎么办啊！"妈妈在楼上哭着安慰她说："不怕，不怕，能接上，千万别慌。"

20分钟后，三楼的一户居民闻声赶回来了。这家的主人毫不犹豫地用斧头劈开自家铁窗栅栏，这对母女获救了。

事后，单丽新说："当时没有时间想什么，听到女儿的哭声，我的心都要碎了，我就跳下去了。"

母亲的勇敢是不需要理由的，因为这是她的本能。

今天是个好日子

“如果这是今天最糟的事，那么今天是个好日子。”这是我父母的生活哲学。一旦发生什么糟糕的事情，他们总是这样面对，并且教导孩子们从噩运中发掘美好的一面，把坏事转化为积极的动力。

在我生长的乡村小镇，如果要买结婚蛋糕这类特别一点的东西，必须经历来回60英里的艰难跋涉。我和格伦举行结婚典礼的前一天，他便进行了这样一次远行，带回一只多层蛋糕。它盖了张蜡纸保护糖霜，静静地躺在汽车后座上。

爸爸骄傲地推开后门，我和妈妈跑出去想先睹为快。格伦刚停好车，我们就把脸贴在车窗上，赞叹着那结着霜的白玫瑰花饰，还有蛋糕上闪闪发亮的小新娘新郎。格伦打开车门跳到草坪上，喊着：“美丽的蛋糕给美丽的……”

雷克斯——我们的爱犬，从爸爸身边溜过，就在格伦讲话时从他身旁一跃而过。当我和妈妈还在对着车窗欣赏时，雷克斯从方向盘后面跳到后座上，勉强保持了一两秒钟的平衡，最后重重地落在了盖蛋糕的蜡纸上。

“雷克斯，不要！”四个人异口同声地喊道。说时迟那时快，蛋糕上的小新郎新娘已经倒下，几层蛋糕塌在一起。雷克斯知道自己闯祸了，夹着尾巴爬到窗前，对着我的脸做出道歉的样子，结果是把我珍贵的蛋糕仅存的完好部分踩坏，最后它干脆扑通一声坐在那乱糟糟的一团上。

每个人都笑了，只有我除外。“我的蛋糕啊，”我号啕大哭，“婚礼全给毁了！”

格伦拥着我说：“亲爱的，有你有我就有婚礼，只要我们拥有对方，一切都是完美的。”

“如果这是今天最糟的事，”活跃的老爸好像吟诗一样，“那么今天是个好日子。”

“永远不要忘记还有更坏的可能性。”母亲体会得到我绝望的心情，她安慰我说。她对爸爸和格伦说：“你们两个男人把雷克斯抱走，然后把蛋糕拿到餐桌上。”

一家人把东倒西歪的蛋糕仔细研究了一番，妈妈拿起电话拨了两个号码。“婚礼计划不变，就当什么都没发生。”妈妈一锤定音。

第二天上午10点，负责在婚宴上分蛋糕的两个表妹碧尤拉和乔治娅来了。“我们是蛋糕造型师。”她们宣布。“听说结婚蛋糕需要修理？”她们嘻嘻哈哈地问。她们带来了自制的白蛋糕，几碗白色的糖霜，还有几盒西点奶油。她们一连干了几个小时，重建我的梦想。当蛋糕恢复原状时，我的心情也恢复了。

妈妈、碧尤拉和乔治娅用糖霜把一块块白蛋糕粘到需要修补的地方，再把奶油抹到补丁上，将破损掩盖起来。“看，我们用糖霜和奶油把昨天的一团糟变成了今天的杰作。”妈妈微笑着说。

婚礼如期举行，当修补如初的结婚蛋糕出现在宾客面前时，人群中回响着：“啊，多美的婚礼蛋糕啊。”那一刻，格伦在我耳边轻声说：“我想我们会继承你父母的哲学——如果这是今天最糟的事，那么今天是个好日子。”

他教我要宽以待人

“不许伤害我的小鸡！放下它！”我气昏了头，哭喊着。

“偏不！”她回头瞪着我。

我看见那只黑色的小母鸡扇着翅膀，极力想挣脱詹妮丝的魔爪。爸妈在后院里养了一些鸡，此刻，詹妮丝正攥住一只黑母鸡的脖子，就是不肯撒手。

“詹妮丝，放开我的小鸡！否则，你一定会后悔的！”我大吼。

“它是我的小鸡！”她一边说，一边攥得更紧了。

四岁的我坚定地跺着脚，说：“你等着，看我怎么收拾你！”

我冲进屋里，很清楚自己要做什么。在詹妮丝掐死小鸡之前，非得让她放手不可，我一定要保护我的小鸡！

我径直跑到妈妈房间，找到一根给弟弟小萨米别纸尿裤的别针，又冲进后院。

“放下我的小鸡，詹妮丝，要不我就用别针扎你。”

“不！”她尖叫。然后我就一针扎了过去。

最棒的是，她终于放下了那只小鸡；可糟糕的是，我一点都不后悔扎了她。三岁的她跑回家，一边用最高的音量哭号，一边揉着她那只被别针扎伤的小胳膊。

谢天谢地，我的小鸡安全了。我心满意足地走进屋子，可哪知这事儿还没完呢。

梅迪，就是詹妮丝的妈妈，准是她向我妈告了状，反正我妈知道了这件事。我被她用一根桃树枝结结实实地抽了一顿。

哇噻！如果你没挨过打，就想象不出那个滋味儿。我才四岁，就学到了重要的一课，那就是——再也没有什么东西比桃树枝抽起人来更疼的了！桃树枝使我记忆深刻，很快就懂得了这个道理。

妈妈想用“以其人之道还治其人之身”的办法让我明白，伤害别人的行为是不对的！以小小的皮肉之苦来教育一个孩子不要伤害别人，这种做法在今天看来似乎太严厉了，但我的经历证明它的确管用——我可不想再重上那一课。

我一边哭，一边说对不起，我不该伤害詹妮丝。

妈妈说：“等你爸回来，我会告诉他这件事。用那根尿裤别针，你可能会把詹妮丝伤得很重呢！苏珊，即便别人做错了事，你也仍然应该尊重他。两个错误加起来，永远不可能制造出一个正确的结果！”

我从没闯过这么大的祸，而且也没想到会让爸爸难过。我只是想救我的小鸡。

第二天，爸爸回来过周末。我坐在水泥走廊上，爸爸出来坐在我身边，手里拿着一根尿裤别针。

“你妈说你昨天用这根旧别针扎了詹妮丝。这是真的吗，苏珊？”

“是的，爸爸。谁让她掐我的小鸡呢！”

“我知道那只小鸡的事，苏珊。我想让你摸一摸这根别针的针尖，你就知道它有多尖了。来轻轻摸一下，小心点。”

我摇摇头，哭了起来。

“它真的很尖，”爸爸接着说，“想想看，你要是被这根针扎了，会不会很痛？”

“会痛的，爸爸。”我羞愧地低声说道。

“你不可能用伤害别人的方式来解决问题，两个错误永远不会制造出一个正确的结果。你必须学会动脑筋想出其他解决办法。如果你除了伤人以外，找不到别的解决办法，那就什么也不要做，等到有人帮你想出好办法后再说。你明白我的意思吗？”

“是的，爸爸。我本来应该去告诉妈妈的。”

“这就对了，苏珊。即使面对做错了事的人，你也总要问问自己：如果别人也这样对我，我会高兴吗？如果你不乐意别人这样对待你，你就不应该这样对待别人。在生活中如果能遵循这条黄金规则，你就不会做错了。”

对于爸爸而言，事情不是黑就是白，一个选择不是对就是错。对他来说，没有什么似是而非的“灰色”决定。

今天，社会似乎迷失在灰色的海洋中（四五十年代的美国社会并不认同这种模棱两可的做法）。当代的是非观念总是根据情况而变化。错误的决定会有一千条辩解的理由。一个孩子要想找到一个道德中心，实在是太难了！媒体变本加厉地混淆视听，善被恶遮掩，恶却打着善的旗号。

你我都生活在这个问题年代。没有多少孩子和成人享受过父母无条件的爱，而上帝却给了我一对无条件地爱着我的父母，这让我此生受益无穷。

黄金规则是爸爸生活中最重要的准则。他让我清楚地知道，黄金规则是建立完美性格的基石。爸爸教给我的第一课，也是最重要的一课，就是性格的建立。他教我要宽以待人。

从他那里，我明白了这个道理——你愿意别人怎样对待你，你也要怎样对待别人。

父母与子女

父母的快乐、忧伤与恐惧是不会向子女显露的。他们不会说出自己的快乐，也不能吐露忧伤和恐惧。子女让他们的辛勤劳动变得甜蜜，但也使他们的不幸更加糟糕；子女让他们对生活愈加关爱，也让他们更加忽视死亡和威胁。

动物都是可以生生不息的，但只有人类能通过代代相传留下自己的美名、功绩和德行。当然，我们也会看到那些无子嗣的人也留下了自己的丰功伟业。他们没能让自己的身体通过后代而生生不息，却试图让他们的精神源远流长。因此这类无子嗣的人其实是最关心自己继承者的人。创业者对子女期望是最大的，因为他们不仅把子女看作是家族血统的继承者，还看作是所创事业的继承者。子女不仅是他们的孩子，也是他们的造物。

在多子女的家庭中，父母，尤其是母亲，对子女的爱通常是不同的，有时是不足取的，所罗门曾说："智慧之子使父亲快乐，不肖之子使母亲蒙羞。"我们会看到在有很多子女的家庭中，一两个最大的孩子受到大家的尊敬，而最小的又受到宠爱，唯有居中的子女会被疏忽遗忘，但他们却往往成了最优秀的。父母对子女的零花钱过于苛吝是不好的，这会使他们变得卑贱，甚至投机取巧，以至于自甘下流，后来有了财富他们也会挥霍无度。父母坚持对子女的权威，但在用钱上不妨宽松，这种方式被证实是最好的。

大人，绝不应该在孩子很小的时候挑起兄弟间的竞争，以至他们成年之后，依然不和，让家庭不安。意大利人对子女、侄子、近亲一视同仁，亲密无间，这是很可取的，实际上这很符合自然情况，有时侄子不是更像他的一位叔叔，而不像父亲吗？这是血缘关系使然。

父母应尽早考虑子女将来的职业方向并加以培养，因为此时他们是最易塑造的，但不要过分地认为，孩子最关注的，也就是他们终生所愿从事的。如果孩子确实有某种超群的天赋，那是应该坚持发展的，但就一般来说，"挑最好的——习惯会让它变得愉快而容易。"

母羊的眼泪

母羊第一次产小羔羊的时候，还不知道肚子里这个自己孕育的生命其实更可以说是上苍的赐予，却想着尽快摆脱这个意外到来的生命的纠缠。

要知道，在我们尧熬尔人古老的经卷里，这是不能饶恕的罪过啊！

那一年，不满两岁的童巴子银耳在一个寒冷的冬夜意外地分娩了。银耳是我们羊群中最漂亮的一只小母羊，尤其是那一对耳朵，又白又亮，散发着银子一样的光芒。因为这样，我们叫它银耳当然是没有错的。

银耳的分娩是顺利的，阿妈这样说。我们得到银耳顺产的消息，都为银耳有孩子快乐着，我们都期望它的孩子快点长大，也长得和银耳一样美丽。

可银耳却做出了所有牧人都不愿意看到的事，它不但不照料自己的孩子，当孩子挣扎着找它吃奶的时候，它还会毫不迟疑地一头将刚刚出生的孩子顶翻在地，然后自己如释重负地摆头走开。

这可激怒了阿爸，阿爸怒不可遏地要拿鞭子抽，我们都围上去挡住了。我们姐妹几个谁也不愿意看到我们心爱的银耳挨打。阿爸一生气，扔下鞭子走了，边走边说："自己身上掉下的肉自己不管，那就叫它饿死算了。"

这时候阿妈抓住了银耳，搂住银耳的脖子蹲下身来，让它和自己的孩子站在一起。然后，我们就听到了阿妈悠长的歌声。

嘿……呀……噫……
帐篷被雨水淋湿了，
这不是白云的罪过。
雨水哺育肥沃的草原啊，
草原养育了万物。
生命的露珠流进你的身体呀，
这不是你的罪过。
生命走出了你的身体，
它是天爷爷所赐的神物。

伟大的山神给了牧人和牛羊慈爱啊，

我的银耳，我的银耳，

你怎能抛弃你生命里的花朵？

罪过呀，罪过。

银耳在阿妈的歌声中渐渐安静下来了，它开始低下头来闻自己的孩子，它还伸出粉红色的舌头慢慢舔着孩子身上的体液。阿妈的歌声越到后来调子越忧伤，听得我心里都酸酸的。我从羊圈的一个角落里走到了银耳身边，我看见银耳那双美丽的大眼睛里，从深深的眼底溢出一层淡淡的水波，它一动不动地垂着头，注视着自己还湿漉漉的孩子，似乎渐渐感到这就是刚刚从自己身体里爬出来的另一个生命。不一会儿，我就看见银耳眼眶里滚出了几颗硕大的眼泪。阿妈又唱了一遍的时候，她搂着银耳脖子的手已经松开了，可银耳的眼泪还在连续不断地流着，它的脸颊上已经有两道清晰的泪痕。阿妈用手抚摸着银耳的头，银耳的伤心是能够看得出来的。它用鼻子发出一种类似忏悔的声音，并叉开后腿，让孩子顺利地找到了它那少女一样精美的乳房。小羊羔开始吮吸的时候，我看见银耳脸上盛开了世界上最甜美的笑容。

后来等我长大了，成了一个真正意义上的女人的时候，在无数个孤独的白天和夜晚，我都被多年以前那个早晨银耳流出的眼泪温暖着、感动着。它让我一次又一次在睡梦中回到我童年的故乡——八个家草原。

我们牧人认为，世上所有生命的心灵都是相通的，没有什么化不开、融不掉的积怨，没有解不开的疙瘩，没有接不住的绳索。

不只你在贫穷中长大

那是一个春天的下午，在我高中的自然课上，每个学生都被要求熟练地解剖一只青蛙，今天轮到我了，我早早就做好了准备。

我穿着我最喜欢的一件格子衬衫——我认为这件衣服让我显得很精神。对于今天的实验，我事前已经练习了很多次了，我充满信心地走上讲台，微笑着面对我的同学，抓起解剖刀准备动手。

这时，一个声音从教室的后面传来，“好棒的衬衣！”

我努力当它是耳边风，可是这时又一个声音在教室的后面响起，“那件衬衣是我爸爸的，他妈妈是我家的保姆，她从我们家给救济站的口袋里拿走了那件衬衣。”

我的心沉了下去，无法言语。那可能只有一分钟的时间，但对于我却像是数十分钟之久，我尴尬地站在那里，脑中一片空白，台下所有的目光都聚集在我的衬衣上。我曾经凭自己出色的口才竞选上了学生会的副主席，但那一刻，我生平第一次站在众人面前哑口无言，我把头转到一边，然后听到一些人不怀好意地大笑起来。我的生物老师要我开始解剖，我沉默地站在那里，他再一次重复，我仍然一动不动。过了一会儿，他说："弗兰克林，你可以回去坐下了，你的分数是D。"

我不知道哪一个更令我羞辱，是得到低分还是被人揭了老底。回家以后，我把衬衣塞进衣柜的最底层，妈妈发现了，又把它挂到了衣柜前面的显眼处。我又把它放到中间，但妈妈再一次把它移到前面。

一个多星期过去了，妈妈问我为什么不再穿那件衬衣了，我回答："我不再喜欢它了。"

但她仍继续追问，我不想伤害她，却不得不告诉她真相。我给她讲了那天在班里发生的事。

妈妈沉默地坐下来，眼泪悄无声息地滑落。然后她给她的雇主打电话："我不能再为你家工作了。"然后要求对方为那天在学校发生的事道歉。在那天接下来的时间里，妈妈一直保持着沉默。在我的弟弟妹妹们去睡觉后，我偷偷站在妈妈的卧室外，想听听事情的进展。

含着泪水，妈妈把她所受到的羞辱告诉父亲，她是怎样辞去了工作，她是怎样地为我感到难受。她说她不能再做清洁工作了，生活应该有更重要的事情去做。

“那么你想做什么？”爸爸问。

“我想做一名老师。”

她用斩钉截铁的口气说。

“但是你没有读过大学。”

她用充满信心的口气说：“对，这就是我要去做的，而且我一定会做到的。”

第二天早晨，她去找教育部门的人事主管，他对她的兴趣表示欣赏，但没有相应的学位，她是无法教书的。那个晚上，妈妈，一个有7个孩子的母亲，同时又是一个从高中毕业就远离校园的中年女人，和我们分享她要去上大学的新计划。

此后，妈妈每天要抽9个小时的时间学习，晚上她在餐桌上展开书本，和我们一起做功课。

第一学期结束后，她立即来到人事主管那里，请求得到一个教师职位。但她再一次被告知“要有相应的教育学位，否则就不行”。

第二学期，妈妈再次去找人事主管。

他说：“你是认真的，是吧？我想我可以给你一个教师助理的位置。但是你要教的是那些内心极度叛逆、学习缓慢、因为种种原因而缺乏学习机会的孩子，你可能会遇到很多挫折，很多老师都感到相当困难。”

妈妈是在用她的行动在告诉我，怎样面对自己所处的逆境，并勇于挑战，而且永不放弃。

对我而言，那天我收好课本离开教室时，我的生物老师对我说：“我知道，这对你来说是艰难的一天，但是，我会给你第二次机会，明天来完成这个任务。”

次日，我在课堂上解剖了青蛙，他改了我的分数，从D变成B。我想要A，但他说：“你应该在第一次就做到，这对其他人不公平。”

当我收起书走向门口时，他说：“你认为只有你不得不穿别人穿过的衣服，是吗？你认为只有你是从贫穷中长大的人，是吗？”我用肯定的语气对他说：“是！”

我的老师用手臂环绕着我，接着给我讲述了他曾经在绝望中成长的故事。在毕业的那一天，他被别人嘲笑，因为他没钱买一顶像样的帽子和一件体面的礼服。他对我说，那时，他只能每天都穿同样的衣服和裤子到学校。

他说：“我了解你的感受，那时我的心情就和你一样。但是你知道吗，孩子？我相信你，我认为你是出众的，我的内心能感觉得到。”

后来，我竞选上了学生会的主席，我的生物老师成为我的指导顾问。在我召开会议的时候，我总是寻找他的身影，而他在台下会对我跷起大拇指——这是一个只有他和我分享的秘密。

永远不会太晚

美国老人哈里·莱伯曼七十四岁退休后，六年里经常去一所老人俱乐部下棋，以此消磨晚年时光。一天他又去下棋时，女办事员告诉他，往常那位棋友因身体不适，不能前来陪他下棋了。看到老人一副失望万分的样子，热情的办事员建议他到画室去转一圈，还可以试画几下。老人听了哈哈大笑："你说什么，让我作画？我从来没有摸过画笔。"

"那不要紧，试试看嘛！说不定您会觉得很有意思呢？"

在女办事员的坚持下，莱伯曼来到了画室。

那一年，莱伯曼八十岁，第一次摆弄起画笔和颜料。回忆起这件事时，老人感慨地说："这位女办事员给了我很大的鼓舞，从那以后，我每天去画室。她又使我找到了生活的乐趣。退休后的六年，是我一生中最忧郁的时光，没有什么比一个人等着走向坟墓更烦恼的事了。从事一项活动，就会感到又开始了新的生活。”

提起画笔后，莱伯曼不因年岁已高而把绘画当作一项单纯的消遣活动，他全身心投入，进步很快。八十一岁那年，老人参加了一所学校专为老年人开办的十周补习课，第一次学习绘画知识。第三周课程结束时，老人对任课教师、画家拉里·理弗斯抱怨说：“您给每个人讲这讲那，对我却只字不说。这是为什么？”理弗斯回答说：“先生，因为您所做的一切，连我自己都做不到，我怎敢妄加指点呢？”最后，他还出钱买下了老人的一幅作品。

从此，莱伯曼更加勤奋了，对绘画倾注全部的热情。四年后，老人的作品先后被一些著名收藏家购买，并被收藏进了不少博物馆。美国艺术史学家斯蒂芬·朗斯特里评价莱伯曼是“带着原始眼光的夏加尔”。

1977年，莱伯曼一百零一岁了。这年的11月，洛杉矶一家颇有名望的艺术品陈列馆举办第22届展览，题为“哈里·莱伯曼101岁画展”。四百多人参加了开幕式，其中不少是收藏家、评论家和新闻记者。在开幕仪式上，莱伯曼对嘉宾们说：“我不说我有一百零一岁的年纪，而是说有一百零一年的成熟。我要向那些到了六十、七十、八十或九十岁就自认为上了年纪的人表明，这不是生活的暮年。不要总去想还能活几年，而是想还能做些什么。着手干些事，这才是生活！”

不怕不想做，只怕不愿做。活着就是这样：如果你愿意开始有目标，打定主意去做一件事且全力以赴、坚持不懈，那么即使是一息尚存，也永远不会晚。太老了吗？不！年龄算不了什么，无论什么时候，只要你找到自己的兴趣所在，那么，所有的时间就都是在享受生命。岁月并不催人老，一个人不管年纪多大，都可以干点事情来增加生活的情趣。

人生不只是从呱呱落地时开始的，无论是少年、青年，还是壮年、暮年，每一个年龄段自有它的美丽和迷人，只要确定一个奋斗目标，并着手去做，就都是一种开始、一种出发，永远也不会太晚。

有梦不觉远

一杯茶，一本书，一隅，一段闲暇时间，此刻是我每天最惬意的时候。晚春的阳光如初见，带着些许的羞涩似进还退，徘徊在窗前，我似听到温暖的轻吟浅唱。每天待在书房的这段时间，对于即将迈入花甲之年的我来说，不仅仅是打发赋闲的时间，亦不仅仅是为了丰富晚年生活，这一隅书房承载了我年少时的一个梦，这个梦很长，整整做了几十年。甚至转念之间，我就能看到那一段岁月，和岁月中那个泥屋里、豆灯下的少年。

出生在20世纪50年代乡下的我，因为家里低矮的泥坯房实在住不下兄妹七人，只好跟随伯父住在他大约四十平方米的泥坯房里。现在的孩子很难想象那时堪比原始半坡遗址的居住条件，墙用泥土砌成，外面和屋顶抹上沙土石灰盐的混合物，屋内没有门框，功能区仅能满足最基本的生存需要：吃饭，睡觉。而年少的我偏偏执着地做着安安静静读书的梦，显然在这个人口多、面积少的泥蜗居里，得一安静之隅读书就是奢望。白天热闹嘈杂，摩肩接踵；晚上灯光如豆，两鼻煤烟；夏天汛期潮湿欲滴，汗如雨下；冬天垒堵窗户，昏暗阴冷。那时的我，总幻想没有四季之分，一直温暖如春，有一个安安静静的小屋安置我的读书梦。

在这样的条件下，我一直读到高中毕业。面对依旧低矮的泥房和日益高大的子女，父亲决定翻新老房。在当时的生活背景下，所谓的翻新也仅仅是面积大了点，安上了门窗框，材料依旧是泥土，但在当时也算是豪宅了，这豪宅仍然是最简单的功能划分。

直到1980年结婚，我终于有了实际意义上的独立空间，一栋三十多平方米的泥婚房。虽然简单，但日子过得也是充实幸福，滋味十足。但是从孩子出生后，我环顾被各种物件塞得满满的三十几平方米的居室，恍惚看到孩子和我年少时一样在低矮的泥屋里、昏暗的灯下读着书。我暗下决心，要给孩子一个舒适的空间，能没有干扰、不用分神安安静静地读书学习。恰值20世纪80年代日益宽容的社会形势，给勤劳和智慧更大的发展空间。在一番努力工作后，我亲手建起一栋六十四平方米砖瓦结构的新房。装修时在结构上我也花了一番心思，改变了传统的功能区格局，隔开了独立的客厅、厨房、卧室，这在当时是很前卫的建设格局，女儿也有了一间单独的房间来学习和休息。

20世纪80年代是社会发展、脱离老式生活方式最快的一段时期。短短几年的时间，彩电、冰箱、音响等电器走进了人们的生活，六十四平方米的房子很快因为这些东西的进入显得拥挤狭窄，隔音也差强人意。为了女儿不受打扰，电视机在女儿学习时不能打开，我因此失去了看新闻的时间；一部电视剧，老婆常常是看一段落一段。直到有一天，女儿咬着我的耳朵说，爸爸，咱家啥时能住上楼房啊。女儿的话燃起了我住楼房的渴望。

我在工作之余又承包了一些土地辛勤劳作，几年之后有了一定的积蓄，又恰逢房改制度的完善，1996年，我终于如愿以偿地住进了独门独院的两层楼房，面积一百三十五平方米，终于告别了狭窄拥挤的生活环境，步入了宽敞明亮，厨房、卧室、书房、卫生间、水电暖一应俱全的现代化居室。搬家那天，全家兴奋得几乎一夜未合眼。妻子坐在新沙发里看电视节目，舒心的笑容一直挂在脸上；豆蔻年华的女儿则让她的欣喜张扬在行动里，在她房间里一会儿看看衣柜，一会儿照照镜子，一会儿在柔软的床上打个滚，一会儿又坐在书桌前假装一本正经；而我，则踱进书房，百感交集。恍若看到那个蜷缩在泥屋角落里读书的少年，那个用凿壁偷光激励自己坚持读书的少年，一路走着，渐渐地走进了一片光明里。

现在，我已在这个楼房里住了将近二十年。在这里迎来了第三代人，小家伙有一天奶声奶气地问我："姥爷，是不是住在很高很高的楼里就能看见星星的眼睛，听见星星说话呢？"我知道，我的梦已经收住了翅膀，安卧在春日里，闲看花开。而孩子们的梦才张开翅膀，蓬勃着飞翔的渴望。

坚持自己的人生方向

凯恩出生在美国俄亥俄州的一个小职员家庭。他在家中排行老四，在他之前，家里已经有两个男孩和一个女孩，他们都很聪明，学习成绩优秀且各有特长，父母也常以拥有这样聪明伶俐的孩子为荣。可是，自从小凯恩出生后，意想不到的事却发生了，他居然一点也不像他的哥哥姐姐，他一生下来就呆头呆脑、笨手笨脚的，做什么都比同龄的孩子要慢半拍。

父母总是批评他如何笨，跟别的孩子比如何差，要他向其他孩子学习，追赶他们。

为此，凯恩很苦恼，为什么自己不能像哥哥姐姐那样聪颖呢？他也曾千方百计地努力过，但效果总是不大明显。

父母带他去看了医生，原来凯恩除了智商偏低外，还患有动作障碍症。这使父母不再对他抱有过高的期望，只希望他将来能够自食其力就好，这件事也使凯恩幼小的心灵蒙上了一层深深的自卑。

凯恩上学后不久，遇到了一位影响他一生的老师——杰西卡。她学识渊博，更有着一颗仁爱、智慧的心。她对每个孩子都一视同仁，还特别关注对凯恩的教导和鼓励，她从来没有埋怨、批评或轻视过凯恩，而总是笑容可掬地鼓励他："别着急，慢慢来，不用跟别人比，你只要按照自己的方向努力，相信你会一天比一天做得更好的。"

一次，凯恩在数学考试中又获得了全班唯一的"C"。凯恩难过地找到杰西卡老师说："老师，我太笨了，我总是比不过别的同学。"

杰西卡慈爱地抚摩着凯恩的头，说道："亲爱的孩子，谁说你笨了？你这次考试就比过了一个同学，很有进步哇！"

"我比过了一个同学？"凯恩不解地抬头望着杰西卡老师。

"是的，你这次得了'C'，而上次你得的是'C-'呀，你这不是超越了自己一次吗？"杰西卡微笑地注视着凯恩的眼睛，并告诉他，"孩子，记住——最重要的是要能看到自己的进步，只要你不停地追赶和超越自己，你就是在不断进步着，你就是可爱、可敬的，你就没有必要自卑地低头。"

从那以后，那个经常愁眉不展的凯恩不见了，他就像变了一个人，他不再回避他人，每天都昂首挺胸，嘴里还吹着快乐的口哨，迥然是个自信、快乐的孩子。他尝试着以前不敢尝试的一切，他学唱歌，虽然依旧跑调，可他却很投入，并且怡然自得；他练长跑，虽然速度还是那么慢，但他能够天天坚持，那种毅力非他的哥哥姐姐们所能及……

慢慢地，凯恩有了许多进步。全家人都很高兴，他们不再说凯恩笨了，而是经常充满激励与赞赏地对凯恩说："凯恩，你做得的确比以前更好了！"

奇迹慢慢地发生了，凯恩的功课不再总是倒数第一，而是在缓缓地提高。高中毕业时，几所大学同时录取了他。在凯恩二十五岁那年，他拥有了自己的房地产公司。他公司的业务扩展到了美国的六个州，上百座高楼大厦经他公司的建造拔地而起，他竟成为身家过亿的"房产大亨"。

凯恩最大的幸运就是遇到了杰西卡这样的好老师。而杰西卡在对凯恩进行教育的过程中，唯一的也是最有效的法宝就是不断鼓励小凯恩，让他战胜自卑，变得自信，从而激发他的潜能，这就是凯恩取得理想成绩的原因所在。

每个人都有自己的人生，我们不用跟别人比，只要按照自己的方向努力，相信一天会比一天做得更好。其实，由于家庭出身、容貌身材、智商情商、所受教育、成长环境等因素不同，人和人之间没有可比性；每个人都有自己的优点和缺点，每个人都有各自不同的成长道路，我们不能拿自己的优点和别人的缺点比，也不能拿自己的短处和别人的长处比。

我们可以把比自己强的人作为超越的目标，向别人看齐，但不用拿别人的成就来打压自己。只要我们选定了自己前进的方向，按照自己的方向不懈努力，不管我们的基础如何，只要每天进步一点点，那么，我们每天都会有一个新的面貌，每天都会有新的收获。

第二章
父母是永远的后盾

当你无法确定自己现阶段要做什么的时候，那就对父母孝顺，那是唯一无论何时何地都不会做错的一件事情。

——刘同

学会在逆境中成长

人的一生中充满了各种艰难险阻，所以人们常说：人生不如意事常八九，可与人言无一二。所以，能够在逆境中成长的人，必定是生活的强者。

一些青少年虽然学了不少书本知识，但是他们缺乏处理事情的能力，遇到困难和挫折常常不知所措，甚至一蹶不振。生活不会事事如意的，无论实现什么愿望，都要用自己的勇敢、努力和拼搏去争取。利用逆境培养勇敢的性格，无论遇到多么不顺利的事情，都要坚定地告诉自己要继续努力，学会在逆境中成长。

有个残疾人，他凭借自己的努力获得了巨大的成功，谱写了一曲辉煌的生命乐章。虽然他的名字叫杨光，可是他的命运却很坎坷，并不像他的名字那样阳光灿烂。他出生后九个月的时候，被查出患有先天性视网膜母细胞瘤，所以他的双目只能被摘除。

从此，他生活在一片黑暗的世界，无法和健康的孩子一样无忧无虑地玩耍、上学。虽然命运对他显得非常不公，但由于父母的爱，他逐渐坚强起来。眼睛不能看到，他就选择音乐作为自己的梦想。为了支持孩子的梦想，父母送他去盲人学校念书，他们为杨光付出了很多。他经过不懈的努力，考进了北京某残疾人艺术团，成为了一名独唱演员。但老天爷偏偏继续和他过不去：先是奶奶去世了，不久，父亲意外遭遇车祸也离开了他。这一连串的沉重打击，没有将他彻底击垮，而是让他更加坚强了，他更加努力地为实现自己的梦想奋斗着。后来，他参加了中央电视台的《星光大道》节目，并且获得了冠军。

英国哲学家伯克说："逆境是一位严厉的老师，他指派一个比我们更了解自己的人来管理我们，就像他也更爱我们一样。他与我们进行角力，来加强我们的勇气，增强我们的灵活性。因此，他是我们的对手也是我们的助手。在这种矛盾的抵触中，我们对目标有了更深的了解，可以从各方面去考虑他。他使我们不再肤浅。"

经历逆境的伤痛和苦难，能磨砺出坚强的个性。立志成才的青年如果有一段逆境的磨难为自己的人生"基奠"，那么以后不管遇到什么意外和困苦，都应当能够应对和承受。

英国某小镇上，有一对贫困的夫妇，他们生了一对双胞胎，但贫困的家庭条件使他们没有能力一下抚养两个孩子，于是他们把一个儿子送给别人抚养。

一对年老的百万富翁夫妇，收养了双胞胎中的哥哥，而弟弟留在贫困的父母身边。二十年后，哥哥沦落为街头的流浪汉，而弟弟却进了英国著名的牛津大学学习深造。在这二十年中，这对双胞胎兄弟过着完全不同的生活。哥哥进入富裕的家庭后，过着所谓上流社会的生活，被花花世界冲昏了头脑，不思上进。最终，他的养父母没有把遗产给他，而他又没有谋生的技能，所以只能流浪街头。弟弟虽然过着贫困的生活，有时甚至连最基本的生活都不能得到保障，但他在困境中，一直没有放弃努力，后来终于成功地通过了牛津大学的考试。

不需要赞美逆境，也不需要企盼逆境，正视逆境的态度才是正确的，一旦身处逆境，要拿出信心、勇气和实干的精神。自古以来，能成就大事的人，都是通过脚踏实地、努力奋斗得来的。

“临渊羡鱼，不如退而结网。”在人生的困境里，任何幻想和憧憬都是行不通的。只有信心十足地踏实去干，才能走出困境，收获胜利。爱迪生花了整整十个年头，经过五万次的实验，才发明蓄电池；著名科学家竺可桢七十多岁，还要亲自到野外考察，以求获得第一手资料，直到临终的一天还不忘做科研记录。他们战胜了多少艰难困苦呀！人生的价值，生命的意义，应该怎样来实现，许多杰出的人物都为我们做出了很好的榜样。“不经一番寒彻骨，哪得梅花扑鼻香。”在逆境里，应当学会坚强，学会抗争，用奋斗迎接逆境。奥斯特洛夫斯基曾说过：“人的生命，似洪水在奔流，不遇着岛屿、暗礁，难以激起美丽的浪花。”

在逆境里，最需要的是忍耐，这种情况下，一定要沉得住气，受得起委屈，坐得住冷板凳。没有机会的时候，要冷静观察，并提高自己的能力。如果在逆境中错判情势，或者急于求成，都会造成得不偿失的后果。在逆境中，只要能够坦然面对，不急不躁，奋发图强，就可以在时机成熟时，抓住有利时机，以获得事业发展的重要突破。

有这样一个寓言：

岩石长年累月地经受风雨侵蚀，渐渐裂开了一道缝隙。一天，一棵小草的种子恰好落到了岩石的缝隙里。

岩石说：“孩子，你怎么到这里来了？我这里太贫瘠了，根本养活不了你！”

种子说：“岩石妈妈，您别担心，我会长得很好的。”

经过春雨的滋润，种子从岩缝里冒出了嫩芽。阳光温和地照耀着它，春风柔和地吹拂着它，雨露不断地哺育着它，岩石则用风化了的泥土紧紧地抱住它的根。小草渐渐生根、生长，长得既挺拔又结实。

一个诗人走过，看见了这棵小草，不禁欣喜地吟诵道："啊，小草的生命多么顽强啊，我要千百遍地赞美它！"

小草谦虚地说："值得赞美的不是我，是阳光和雨露，还有紧抱着我的岩石妈妈。"

虽然是一则寓言，却寄托了深刻的寓意。在艰苦的环境里，还能感恩生活的人，才是生活的真正主人。逆境的重要价值，在于它可以使人学会正确认识自己、正确认识生活。根扎得深一些，可以汲取更多的营养，使人的身体和心灵更加茁壮。

用尽一切去努力

美国的天堂动物园里，新来了一个喂河马的饲养员。老饲养员给他上的第一堂课，让他有点接受不了，听起来也确实有点离奇。老饲养员告诉他："不要把食物放在离河马太近的地方，不要怕它饿着，以免它长不大。"新去的饲养员听了这话，十分纳闷儿。心想，世上怎么会有这种道理，为了让动物长大，而不要把食物放得太近。他没有听老饲养员的话，拼命地喂他的那只河马。在他喂养的河马前面，到处都是食物。人们无不感到他的仁慈和善意。

但两个月后，他终于发现，他养的这只河马，真的没有长多大。而老饲养员不怎么喂的那一只，却长得飞快。他以为是两只河马自身的素质有差别。

老饲养员不说什么，跟他换着喂。不久，老饲养员喂的那只河马，又超过了他喂的河马。事情使他大惑不解。

老饲养员说："你喂的那只河马，是太不缺食物了，反而拿食物不当回事，根本不好好吃食，自然长不大。我的这一只，食物总是在它够不到的地方，它总是在食物缺乏中生活，因此，它才十分懂得珍惜，每天拼命地去够着吃，因此反而很能吃。"

日本的一家动物园里，一位常年喂养猴子的人，不是将食物好好地摆在地上，而是费尽心思，今天将食物藏在石缝里，明天将食物藏在树洞里，猴子们总是很难吃到。正因为吃不到，猴子们反而想尽了办法要去吃，猴子整天为吃而琢磨，后来终于学会了用树枝努力地去够，把东西从树洞里够出来吃。

别人都很奇怪，对养猴子的人说，你不该如此喂养猴子。

养猴子的人说，这种食物让人很没胃口。平时，你真给猴子们摆在跟前，它们连看都懒得看，怎么会去好好吃呢。你只有用这种办法去喂养它们，让它们很费劲地够着吃，它们才会去吃。你越是让它们够不着，它们才越会努力地去够。是珍惜使不好的东西变为了好东西。

养河马的人与养猴子的人，从日常生活中都发现了一个真理，就是要让动物们学会去够，只有努力去够的东西，动物们才会当成好东西。

人其实也一样，生活中有许多我们并不需要的东西，但就是因为我们够着困难，我们才会去珍惜，才觉得它的贵重。天下有许多事，一旦容易了，就等于过剩了，人们就会抛弃它，它的原有价值就会被降低。

人世间，什么是最好、最宝贵的？解释有多种多样，但有一条是最准确的，就是那些离我们最远，又最难够得到的东西才是最为宝贵的。

对一切够不着的东西努力去够是人类的本性，这种本性也正是人类智慧得以不断延续下去的奥秘所在。

绝望的父亲

现年四十二岁的费恩和十岁的儿子安迪生活在英国伦敦。费恩是个沉默寡言的男人，他毕业于伦敦大学艺术系，专业是油画。

年轻时，费恩在画坛很活跃，但由于性格的原因，他总是和一些宝贵的机会失之交臂。如今，费恩在伦敦一所中学担任美术老师，过着普通上班族的生活。二十多年来，费恩一直渴望成为有名的油画家，但随着结婚生子，世俗的繁杂生活让他只得把自己的梦想隐藏在心底。

怀才不遇的费恩生活得十分苦闷，他将这种情绪一直带到家里。2007年6月，费恩的妻子露丝在他身上看不到任何希望，也不甘心和他一起过这种清苦的生活，于是和他离婚了。

反观失败的人生，费恩决心一定要把儿子培养成才。他觉得自己起步太晚，因此决心在安迪年少时，就帮助他闯出名堂来。为了教育好安迪，费恩可谓煞费苦心。他相信“天才常由父亲一手造就”这种观点。

因为许多教育学家认为，父亲比母亲更理解孩子，对孩子的培养目标更明确、更实际，要求更严格，方法更适宜，更有利于孩子的发展。大量研究资料表明，与父亲接触少的孩子在动作协调等方面的发育速度都会落后些，并普遍存在焦虑、自尊心不强、自控力弱等情感障碍，表现为忧虑、多动、有依赖性，被专家称为“缺少父爱综合征”。

因此，费恩虽是个单身父亲，但同时发挥了如母爱般的温柔与细致和父爱的理性与智慧。首先，为了儿子能健康成长，费恩决定让安迪睡好睡足，不让安迪上补习班。因为他知道充足的睡眠能保证孩子大脑的全面发育。德国专家研究表明，孩子的大脑充分休息，才能提高智力水平。

空闲之时，费恩自学研究了一套适合儿子的营养早餐，而且他每天都会给安迪吃一些硬物，比如爆豌豆、法国榛子等，因为咀嚼硬食可使面部血液循环加速，促进大脑发育。

为了给安迪营造一个舒适的环境。费恩保持了前妻经常买花回家的习惯，因为在芳香的环境中学习，可使孩子的记忆力增强，能消除无精打采状态，使大脑效率提高。

此外，费恩还有一些教育孩子的小窍门，比如他总是和安迪一起玩手指游戏，因为手指越灵巧，就越有助于大脑的积极思维，手指运动可激发大脑右半球的细胞，开发智力。

有时费恩会和安迪一起光脚在地上奔跑、玩耍，因为现代孩子的穿戴，很多都是由化工原料制成，人体积存的静电无法传导给大地，这样积存过多会影响人体内分泌的平衡。如果赤足行走，就能驱除体内积存过多的静电，这是一种很好的健脑方法……就这样，为了把儿子培养成才，费恩时刻从细处着手，为儿子营造一个好的环境。

在费恩的精心哺育下，安迪像其他健康的孩子一样快乐地成长着。通过长期观察，费恩发觉安迪继承了自己在绘画上的兴趣和热情。因此，费恩着力培养儿子的绘画天分。

费恩除了每周自己教安迪画画外，还充当了自然老师和文学老师。在天气晴朗的周末，费恩会带着安迪去伦敦市郊写生。在假期里，费恩还带儿子去世界上著名的博物馆和美术馆参观……每当这时，费恩能感受到一种幸福。因为在这个世界上，也许没有人理解他的油画梦想，但安迪能理解他。对费恩来说，安迪就是他的命运。

出名要趁早，费恩看到任何比赛的机会都要安迪去试试。

2011年6月，安迪在学校组织的参观赛马场活动回来后，画了一匹正在睡觉的马。通常人们总是描绘马匹奔腾的雄姿，却很少有人去表现马的疲惫和倦意。安迪的画受到了老师的赞扬。有心的费恩将安迪的这张画投给了一家报社。没想到，评论家称赞这幅《睡眠中的马》细腻可爱，富有人情味。

有了这次经历后，费恩加倍鼓励安迪勤奋练习绘画，参加更多的比赛。这样一来，安迪的学习生活变得紧张起来了。有时，他想贪玩一会儿，费恩就心急地说："孩子，你看我从来也没有逼过你，现在你真的能画出点小名堂。而名气是需要积累的，你千万不能放松，不然名气就会消失。"

看到父亲焦虑的眼神，懂事的安迪也不再说什么。他每天按照费恩的安排，练习各种绘画技巧。

机会终于等来了！2012年7月，伦敦将举办规模最大的欧洲少年绘画大赛，获胜者将免费到世界各地进行艺术游学。

这是名利双收的好机遇！可安迪却皱起眉头说："爸爸，你不是说今年夏令营带我去迪斯尼玩吗？"费恩连忙说："这是难得的比赛机会，我已经给你报名了。"安迪噘着小嘴一声不吭，但还是听从了父亲的安排。就这样，从安迪放暑假开始，费恩带着他去各地采风，寻找绘画素材。

一路上，父子俩带着画板，驻足停留，十分辛苦。8月，他们去爱尔兰一个亲戚家里小住，那儿是一片偏远的山村，让人流连忘返的是，小镇的附近竟有一片如明镜般的湖！

安迪决定画下它作为参赛作品。一天傍晚，暴雨过后的湖面格外惊艳！那时，深蓝的天空中低垂着厚厚的白云，它倒映在湖面上显得十分宁静。湖面上，一条古老简朴的渔船正在缓慢前行，当它移动到云朵的倒影中心时，那渔人就像乘坐在云层之上，显得格外逍遥。几天后，他们回到了伦敦。

其实，对于十岁的孩子而言，要在画布上描绘出雨后湖水的意境，还是颇有一些难度的。因为感情再丰富的孩子，还是会缺乏技巧的熟练程度和某种心境。安迪连画了两张，费恩都不满意。那段时间，安迪哪里也不能去。为了避免安迪被同学干扰，费恩甚至把家里的电话都收了起来。然而，费恩根本没想到这样做竟给安迪带来了可怕的灾难。

2012年8月20日，费恩外出办事，把安迪锁在了家里。上午11点，安迪有些饿了，就从画室到厨房去给自己弄点吃的，没想到睡眠不足的他竟忘记了关瓦斯炉……等下午3点费恩回到家时，发现安迪倒在客厅里不省人事。费恩吓得冷汗直冒，他匆匆拨打了救护电话，可一切已经太晚了！年仅十岁的孩子的呼吸系统是非常脆弱的，安迪已经窒息而亡。

费恩怎么也无法相信这是事实，这怎么可能！然而，这一悲剧是费恩一手造成的。费恩悲痛至极，精神濒临崩溃。

以往的一切努力难道都是白费吗？费恩看着安迪画板上还没有完成的作品，心里非常不甘心。那一刻，悲伤的费恩忽然变得极为冷静，他不希望半途而废。一种强烈的冲动让他作了一个疯狂的决定——费恩决定代笔帮儿子完成参赛作品。

就这样，当费恩用画笔将他怀才不遇、饱受磨难的成年人的心境，与安迪那纯真的画作风格融合在一起时，这幅画呈现出了一种独特的魅力——那片宛如仙境的湖就像一片世外桃源，它单纯得让人感动，又脱离现实，梦幻得让人想落泪。

2012年9月20日，费恩将这幅画作寄了出去，当安迪的画作以这种格调呈现出来的时候，人们被深深地震撼了。

安迪的作品受到了评委们的好评，由于他在参赛前因意外不幸去世，大赛评委会给安迪颁发了特别荣誉奖。当费恩站在台上替儿子拿起奖杯时，他忍住了泪水，但他的心在滴血。安迪成功了，费恩相信他在天堂一定能看到这一切……

可是，安迪已经死了。费恩没想到在这件事情上，真正受益的竟然是自己！本来，他只是想完成儿子最后的遗作，但没想到随后发生的事情却让他亲自消费了儿子的死。

由于安迪获得了大奖，突然间，费恩成了受人欢迎的教师，一些平常瞧不起他的家长和老师，甚至那些嘲笑他的学生也都视他为偶像，费恩成了人们眼中的天才教育家。

他以一手挖掘了天才画家的父亲的身份受邀四处演讲、出书……费恩得到了梦寐以求的掌声和财富！奇怪的是，一向不善言辞的费恩在出名之后，竟能应酬自如，他成为一些伦敦有名艺术家的座上宾。在一次晚宴上，一个记者忽然问费恩："我记得您儿子的成名作是《沉睡的马匹》，我可以看看原作吗？应读者的要求，我想采写一篇深度报道……"

不知怎的，当这个记者提到《沉睡的马匹》时，费恩觉得心里有些莫名的紧张。晚上回到家，费恩来到了安迪的画室。这段时间，费恩好运连连，赚得钵满盆满，繁忙至极，他很久没有来安迪的画室了。就在他踏入画室的一刹那，费恩仿佛听到了儿子的声音："爸爸，我不想画了，带我去迪斯尼玩吧！"费恩心里一惊，画室里空荡荡的，除了他没有别人。

他来到画架前，拿起那张《沉睡的马匹》，想起安迪说的话："爸爸，我喜欢马，因为它们的眼神特别干净。上帝说，灵魂洁净的人，眼神也是清澈的。"就在这时，费恩一眼瞥见了墙上安迪的照片，他正睁着一双明亮的大眼睛望着费恩。

费恩吓了一跳，他有一种莫名的恐惧感。如果安迪在天堂看得到他的画作参赛成功，那么也应该知道费恩在他的参赛作品上作了弊。那一刻，费恩仿佛听到安迪说："老爸，你这个无耻的骗子！你伪造了我的作品。你太贪婪了，为了赚钱，你在演讲时编造了许多关于我的故事。现在你一炮而红，可我成了你们的玩偶，我是怎么死的，难道你就不悔悟吗？爸爸，我不想做什么天才，我就想快乐地画画，仅此而已。"

费恩匆匆离开了画室，他冷汗直冒，心中发虚。的确，费恩捉刀代笔，伪造了安迪的遗作，并不知廉耻地消费了安迪的死亡，成了“天才儿童的模范父亲”。而他还心安理得地到处赚钱，在公众面前卖弄自己的学问。费恩开始感到恐惧和煎熬，他害怕有朝一日，自己亲手制造的骗局被人识穿。

然而，名利具有一种强大的驱动力，当费恩走出家门，依然受到周围人的追捧时，他就下意识地选择了忘却……就这样，在“体面、尊严”与“诚实、真相”的左右手互搏之间，费恩终于无法承受内心的煎熬。

2012年12月20日，费恩在一场演讲即将结束时，忽然看到安迪出现在观众席上。其实，那只是个长得很像安迪的小男孩。当时，人们掌声雷动，费恩下意识地露出微笑。然而，也许是他连日的奔波，四处受邀做客，费恩因疲惫有些晃神，当他看到那个面如安迪的男孩时，费恩一下子崩溃了。

他站在演讲台上，冷汗冒了出来，他露出紧张的神情。就在人们感到十分诧异之时，费恩忽然对着话筒哭了起来。

他哽咽地说：“安迪，对不起，是我伪造了你的遗作，是我不甘心你的天分就这样湮灭，所以帮你画完了参赛作品。安迪，我很自私，是我亲手扼杀了你。我为了自己的成功和虚荣心，自私地剥夺了你快乐的时光。安迪，我错了……”

就这样，费恩在名利与诚实之间，最终选择了向自己的灵魂低头，他结束了惶恐的日子。当然，费恩也瞬间失去已高高垒起的光环与荣耀。如今，人们还在热议他究竟是“伟大的父亲”还是“丑陋的父亲”，但这件事告诉了许多父母，不要用自己的梦想毁灭孩子幸福快乐的童年。

善待世界，世界才会善待你

世界是丰富多彩的，对于每个人而言，世界从来不是客观的。我们看得到的事物从来不是事物原本的样子，带着我们的经验去感知事物，得到的是经过我们的思维处理后的事物，世界即如此。所以，我们感知的不是世界本身，而是我们主观解释后的世界。

就像盲人不知道这个世界是什么样子，因为他从来没看到过，但是他可以从别人的描述中，感知到他所能想象的世界，至于离真实有多远，无人知晓；就好像穷人不知道富人究竟是怎样生活的，因为他从没体验过，但是他可以通过各种途径和媒介去猜测，只是这种猜测，同样受到他的认知的局限。

李笑来老师在《财富自由之路》这本书中举了一个例

子，让我印象很深。一个小朋友，从一个很小的地方考入清华，在过去，这就意味着这个小朋友从他原本的世界里消失了，他们再也看不到他，再后来，他最多只能是个传说，而那个世界里的人对他的记忆，也许就停留在小时候的样子。

后来他离开了清华，去美国耶鲁读书，意味着他在清华读书时所经历的那个世界里消失了；当他从耶鲁毕业后，掌管了耶鲁的基金——他曾经在国内经历过的那个世界里，是不知道他的变化的，根本看不到此人驾驭知识改变自己的命运的过程……

这个小朋友，在他原来的世界里消失了，但他实际上并没有消失。

所以，我们知道，我们看不到我们主观意识认知之外的世界，并不是因为它不存在，而是因为我们所能看到的世界范围有限，正因为如此，我们才需要不断学习。扩大了我们的认知边界，就相当于扩大了我们的世界范围，我们从不知道到知道，就是一种成长、升级、进化的过程。

李笑来老师曾经说过："我们所生存的这个世界，并不只是冷冰冰的客观存在而已，这个世界是有生命的，它甚至可能是有灵魂的……你如何对待它，它就如何对待你。"

你善待世界，世界亦会善待你，你对它恶言相向，它亦会对你毫不留情。所以，你想要怎样的世界，你就如何对待它，也就是说，你可以改变自己的世界，创造一个新的世界。

我忽然想到发生在自己身上的事，一次是我给一个科室打电话，打完了之后身边一位老师问我，为什么我打电话的时候感觉对方很友善，但平时他们打电话过去的时候对方都很凶？我说我没有感觉到呀，但是现在再一想，有可能是因为我说话的时候态度比较温和，对方凶不起来。

还有一个同事，在我刚到科室没多久，我还没认识她，有一次在等电梯的时候，我没跟她打招呼，但是她主动和我打招呼了，我虽然不知道她是谁，但是也友善地回复她。她接着问我为什么我不说话的时候，脸上都时时笑着。我说我没有意识到呢。现在再一想，或许是当时我脸上的笑容，让她想要和我打招呼的吧。

类似的事情并不少见，但是以前我都是当成很自然的事情，并没有太注意，今天看了书，忽然就想到了当时的场景。甚至，我还想到了很多，后来再想到会很后怕的事情，包括自己独自去做很多在别人看来其实很危险的事情，但好在都碰到了好人，不过，也让我有了更多经验，还是要学会保护自己。

但从侧面再看类似的问题，也证明了我心中一直秉持的一个观点，那就是，世界上还是好人多。所以，我很感恩从出生到现在，遇到的所有的好人，让我相信这个观点是对的。

所谓“自证预言”，其实就是自己的念是好的，最终也会遇到好人好事；若是自己的念是坏的，那就很容易遇到坏人坏事。

你的世界里有哪些不美好的地方？那之中，有多少其实可能是你自己的选择？

如果经常这么问自己，是不是会从另一个角度去看待这个世界，这个曾经不美好的世界，是否会开始慢慢地变得美好起来？

我希望我看到的世界，都是美好，你呢？

最好的成长就是过好当下

威廉·奥斯乐是一位名医，他越来越多地接触到因烦恼和忧虑而生病的人，他们总因为过于烦恼以前和忧虑未来，长期闷闷不乐，毁坏了健康。为了更彻底地医疗好这些人的病，他给他们开了一个简单却有效的方子：“每一个刹那都是唯一。”意思是说：我们活在今天，就只要做好今天的事就好了，无须担忧明天或后天的事；我们活在此刻，就要好好珍惜此刻的时光，每一个刹那都是唯一的、不复返的。

他说：“无限珍惜此刻和今天，还有什么事情值得我们去担心呢？每天只要活到就寝的时间就够了，往往不知抗拒烦恼的人总是英年早逝。”的确如此，每天都处于忧虑中，身体就像一根绳子般拉来拉去，迟早会拉断。

过一天算一天，更多关注眼下的时光和日子，当我们把日子分成一小段一小段，所有的事都会变得容易得多。如果我们只活在每一个时刻，就没有时间后悔，没有时间担忧，而只专注在眼前。聪明的人一次只咀嚼生命的一个小片段，因为这样才不会被噎到。

每一个当下都是独一无二的，它不是过去的延续，也不是一个接着一个线性的未来。时间是由无数个当下串联在一起的，每一瞬间、每一个当下都将是永恒。

所以，当我们吃的时候，要全身心地吃，不管在吃什么；当我们玩乐的时候，要全身心地玩乐，不管在玩什么；当我们爱上对方的时候，要全身心地去爱，不计较过去，不算计未来，全身心地投入。

就像《飘》的女主角郝思嘉一样，在烦恼的时刻总是对自己说："现在我不要想这些，等明天再说，毕竟，明天又是新的一天。"昨天已过，明天尚未到来，想那么多干吗？过好此刻才最真实，否则，此刻即将消失的时光，要上哪里找去？

我有个亲戚，在读小学的时候，他的外祖母过世了。外祖母生前最疼爱他，小家伙无法排除自己的忧伤，每天茶不思饭不想，也没有心思学习，整天沉浸在痛苦之中。周围的人都说他是个懂感情的好孩子，他的父母却很着急，因为，一天两天的伤悲是正常，一周两周的伤悲也可以理解，但大半年都过去了，他还时时哭泣，不肯好好吃饭和学习，严重影响了他的成长。

爸爸妈妈不知道如何安慰他。正好一次我来到他们家，看到此情形，决定和小男孩聊聊。

“你为什么这么伤心呢？”我问他。

“因为外祖母永远不会回来了。”他回答。

“那你还知道什么永远不会回来了吗？”我问。

“嗯——不知道。还有什么永远不会回来呢？”他答不上来，反问着。

“所有时间里的事物，过去了就永远不会回来了。就像你的昨天过去了，它就永远变成昨天，以后我们再也无法回到昨天弥补什么了；就像爸爸以前也和你一样小，如果在他这么小的童年时不愉快地玩耍，不牢牢打好学习基础，就再也无法回去重新来一回了；就像今天的太阳即将落下去，如果我们错过了今天的太阳，就再也找不回原来的了。”

他真是一个聪明的孩子，以后每天放学回家，在家里的庭院里看着太阳一寸一寸地沉到地平线以下，就知道一天真的过完了，虽然明天还会有新的太阳，但永远不会有今天的太阳，他懂得不再为过去的事情而沉溺，而是好好学习和生活，把握住现在的每一个瞬间。

每一天、每一小时、每一分钟都是特殊时刻，每一个刹那都是唯一的。因为过去了就无法再回头。

人生，当下都是真，缘去即成幻。眼前的每一刻，都要认真地活；每一件事，都要认真地做；每一个人，都要认真地对待，因为“缘去即成幻”，别让自己徒留“为时已晚”的遗恨。逝者不可追，来者犹可待，最珍贵、最需要珍惜的即是当下——生命的意义就是由这每一个唯一的刹那构成的。

做一个优秀的普通人

在《圆桌派》中，文道先生说在20世纪90年代时，看到一个香港小学生在作文上说自己的理想是“做一个优秀的普通人”。那个时候，大陆小学生作文上的理想都还是当科学家、数学家、化学家。如果说做一个优秀的普通人的话，恐怕是会被批评没有远大志向的吧！

可现实是，我们当中的大多数人，终其一生都只是一个很普通的人。那些有着极高的天赋的人，只占了我们之中很小的一部分。

大部分人都是从一个普通的小孩子，长大成一个普通的大人，过着平平凡凡的生活。我觉得，在这个浮躁的社会里，保持着一个良好的平衡的心态去生活，就算这一生过得很普通，但我相信能过好普通生活的人，都是不简单的人。

我并不觉得，平平凡凡过完一生的人就是碌碌无为的人。我的外公当了一辈子的教书先生，他的一生也是平凡的。虽然当时教书的工资不高，但外公还是尽职尽责地做好本职工作。去年在天涯论坛上，看到外公的学生写了关于外公的文章，让我们第一次见到了外公在工作时的样子。虽然外公已经魂归天国多年，但正是因为外公做到了一个优秀的普通人应该做到的事，所以我们现在才能看到他的学生为了追思他所写的文章。

当下很多人都在想成为像某某某一样厉害的人，想自己为什么不是那个人，为什么自己没有别人幸运。不要总觉得，人生本应该更好。也不要总是羡慕那些幸运儿，其实这些“看起来人生要容易很多”的人，本身就正在经历着考验。

我现在觉得，最受上天宠爱的人，是那些得到“很平衡”的人。他们不会总是感叹命运不公，遇到困难和挑战时，不会轻易退缩。挑战让他们看清自己的局限，也让他们在命运面前始终保持一定的谦卑。

保持努力与希望，找到自己的平衡，才有可能获得幸福与安宁。我觉得，能做到这些的人，就已经是一个优秀的普通人了。

不再只去追求他人眼中的“好”，而是先了解自己，懂得能长久使自己幸福的是什么，这本来就不是一件简单的事。为了更好地过好这一生，我们应该知道“好未必是好，平衡才是好”这个道理。

嗯，我也要努力地做一个优秀的普通人！

记住微笑的样子

痛苦的感受犹如泥泞的沼泽，你越是不能很快从中脱身，你就越可能被它困住。

厄运的到来是我们无法预知的，面对它带来的巨大压力，怨天尤人只会使我们的命运更加灰暗。所以我们必须选择一种对我们有好处的活法，换一种心态，换一种途径，才能不为厄运的深渊所淹没。

第二次世界大战期间，一位名叫伊莉莎白·康黎的女士，在庆祝盟军于北非获胜的那一天，收到了国际部的一份电报：她的独生子在战场上牺牲了。

那是她最爱的儿子，是她唯一的亲人，那是她的命啊！她无法接受这个突如其来的残酷事实，精神接近崩溃。她心灰意冷，万念俱灰，痛不欲生，决定放弃工作，远离家乡，然后默默地了此余生。

当她清理行装的时候，忽然发现了一封几年前的信，那是她儿子在到达前线后写的。信上写道："请妈妈放心，我永远不会忘记你对我的教导，不论在哪里，也不论遇到什么灾难，都要勇敢地面对生活，像真正的男子汉那样，用微笑承受一切不幸和痛苦。我永远以你为榜样，永远记着你的微笑。"

她热泪盈眶，把这封信读了一遍又一遍，似乎看到儿子就在自己的身边，用那双炽热的眼睛望着她，关切地问："亲爱的妈妈，你为什么不照你教导我的那样去做呢？"

伊莉莎白·康黎打消了背井离乡的念头，一再对自己说："告别痛苦的手只能由自己来挥动。我应该用微笑埋葬痛苦，继续顽强地生活下去。事情已经是这样了，我没有起死回生的能力改变它，但我有能力继续生活下去。"

后来，伊莉莎白·康黎写了很多作品，其中《用微笑把痛苦埋葬》一书颇有影响。书中这几句话一直被世人传颂着：

"人，不能陷在痛苦的泥潭里不能自拔。遇到可能改变的现实，我们要向最好处努力；遇到不可能改变的现实，不管让人多么痛苦，我们都要勇敢地面对，用微笑把痛苦埋葬。有时候，生比死需要更大的勇气与魄力。”

其实，生活中，我们每个人都可能存在着这样的弱点：不能面对苦难。但是，只要坚强，每个人都可以接受它。

最美好的事物都是免费的

一

十几年前，家里因为做生意赔光了所有积蓄，我妈心力交瘁，得了严重的抑郁症和失眠症。

家里只能靠姥姥撑着，白天她在我家陪我妈，晚上再回自己家，当时我还在念书，学校离姥姥家近，就跟着姥姥住。

一天夜里，我爸给姥姥打电话，让我们赶紧过去，当时时钟指向的时间是凌晨两点，正是冬夜雪纷纷。

顶着寒风，我和姥姥一前一后、深一脚浅一脚地往家赶，一进门就看见堆积的西药中药，一股刺鼻的烟味弥漫房间。

我妈头发凌乱，眼神呆滞地坐着，我爸说：“她突然发作，要把衣服和家都烧了。”

年幼的妹妹在一个劲儿地哭，我和姥姥抱住我妈，想让她清醒一些，一抱到她，一股酸楚涌到我的胸口，疼得没法呼吸。

怕她有事，姥姥就日夜陪在我妈身边，和她一起散步、晒太阳，又多方打听，用了很多办法，妈妈的病情都不见好转。

唯一能让她脸上有点神色的，是姥姥每次说："你还有两个孩子呢！"

后来，妈妈病情不见好，只好又送到医院住了半个多月。

出院时，她状态虽然好一些，但也恢复不到生病前的模样了，从此与失眠为伴，唯一庆幸的是，她再也不想放弃生命了。

至亲也难感同身受，我永远都无法清楚地知道我的妈妈在那个阶段经历了多深的黑暗。

但我知道，那时她为了鼓励自己活下去，对自己说得最多的就是："一定要好好活下去，我还有孩子要养育，还有我的妈妈要照顾，要挺过去。"

"妈妈"两个字简单，却承载着千钧的重量。

姥姥已是高龄老人了，仍然守护着她的孩子——我的妈妈，同时也守护着我们。

老话说“为母则刚”“为母则强”，“刚”与“强”背后折射的都是恒久、柔韧的爱。

我怀孩子时，前期强烈孕吐，后期妊娠高血压，生产时，血压飙到二百二十，随时都有生命危险。

昏迷之中，一切生命气息渐弱，唯一支撑我的只有一个念头：“如果手术中有任何不测，都要先保证孩子的安全，我想把他带到世上，让他有机会看看这个世界。”

后来，母子平安。

在大悲大喜之间，我洞悉了生命深层次的奥秘和玄妙。

这一切，都是“母亲”这个身份赐予我的能量。

我渐渐明白代际之间流淌情感的真谛。外在形式虽犹如万花筒一般，呈现出不同的色彩和光影，但内在核心部分从未改变。

姥姥对妈妈，妈妈对我，我对我的孩子，亦是如此。

二

我很喜欢作家黎戈在《小鸟睡在我身旁》的扉页上写的话，她写道：“献给我最爱的两个女人，我妈妈和我女儿，血缘的来处和去处。你就是那个，给了我拥抱生命中惊慌时刻的勇气的人。”

黎戈刚结婚的时候，妈妈放心不下她。每次，妈妈都会跑很远的路，将“净菜”放入她的冰箱，包在软膜里的黄瓜，处理干净的鲫鱼，还有配好的葱姜蒜，甚至在水池边贴满留言条，告诉她每一道菜的做法。

去法院打官司的时候，妈妈穿戴整齐，挺直腰板，陪她一起面对艰难，给她信心和勇气。

就这样，妈妈朴素、沉静、勇于承担的品格，不知不觉影响了她，成为她自我绽放的力量源泉。

她又将生命里涌动的温柔给予下一代，为女儿皮皮写幼儿食单和成长笔记，陪她一起阅读、参观博物馆……

在太阳渐渐落下的傍晚，光线一点点晦暗的时刻，她站在水池边，择掉青菜萎黄的叶子，给焯过的猪肉去掉浮沫，暗自想着，换季孩子该添件衣服了，转念又禁不住猜想，眼前的婴孩长大了是何模样……

这些事情，曾经她的妈妈也这样对她做过。

当孩子年幼，以何相待？以平平淡淡的守候；以三餐，四季，一生的温柔；以微笑的嘴角和期许的眼眸；以微不足道的所有的所有。

当孩子长大，以何相贺？以皱纹间长出的智慧相扶；以老骨佝背里藏着的精气相照；以欣喜赞叹，为那独立、渐行渐远的背影；以恒久的家，为那远走的身影，有得回眸，有得归。

三

龙应台的新书《天长地久：给美君的信》，讲述了几代人的情感交融、流转和轮回。

所谓天长地久，源于老子的思想：“天长地久，天地之所以能长且久者，以其不自生，故能长生。”

时光飞逝，岁月漂洗之中，与上一代和下一代之间，经历“迎接、告别，归来、离去”，又该如何拥抱、何时松手？

“花开就是花落的预备，生命就是时序的完成。”在花开花落、聚散离合里，生命与爱自然承接着、移转着。

龙应台的妈妈应美君终日在渔村劳作，织渔网、养猪、割草、做粗活，挣四个孩子的学杂费。美君几乎不会和龙应台谈论“女孩子应该怎样”，而是将她作为一个独立的人对待。

龙应台想读大学，去看看外面的世界。她的爸爸却认为，“女孩子最多读个师专，等到十八岁就可以嫁人了”。妈妈美君强烈支持女儿，“要读大学。如果不读大学，以后就会跟我一样”。她希望，女儿能够尽其所能地发挥才能，因为她自己没有得到这个机会，时代不允许她发挥。

回溯至战乱纷飞的年代，美君想要读书，也得到了母亲的支持。

美君考上女子师范学校，从不发表意见的母亲坚定地说：“去吧。”

颠沛流离，辗转千里，发配边疆，母亲最后死守着的，竟然是美君的木头书包，里面有两行蓝色钢笔字：“此箱请客勿要开，应美君自由开启。”

“人生的聚，有定额，人生的散，有期程，你无法所求，更无法延期。”

唯有一代一代之间传递的深爱和情谊，是无尽时空和苍茫宇宙间的那抹永恒。

四

尼尔，被称为世界上最幸福的人。他有一句名言：“生命中最美好的事都是免费的。”

在他描述所有最美妙的瞬间里，我特别喜欢“婴儿在你怀里入睡”这个场景。

“你是一个人体枕头，你可以感觉到，那颗小小的心脏在你胸前跳动，那只草莓大小的手紧紧抓住你的手指，那种婴儿的奶味呼吸轻轻地在你耳边喘息。”

“当你也是一个婴儿时，你也常常在别人怀里睡着。现在你成了大人，该轮到你为另一个生命提供服务了。试想一下：未来的某一天，这个温柔的、熟睡的小家伙也会为另一个人做相同的事情。”

深以为然。

正是因为一个生命对另一个生命的关照，我们才有所传、有所期、有所归。

相似的故事上演着，相似的感情轮回着，相似的力量传递着。

这一代在用自己的爱和智慧，温暖滋养着下一代，以抵御世间的苍凉和生命里的雨雪风霜。

学会做减法

走在大马路上，经常听到人说“快点快点”，几乎听不到有人说“慢下来”。

作家麦家在一篇文章《请走慢一点，等等身后的灵魂》中写道：当代人精于图谋，却疏于思考，很多问题我们是不问的，因为生活节奏太快，没时间去问。我们总是在不停地往前冲，以为前面有很多好东西在等着我们，其实很多好东西是在我们身后。

我们拼命地去追赶前面的东西，一直在给自己的生活做加法。

我们不停地往前冲，往往使生活和工作都丢失。而真正会生活的人，其实应该学会做减法。

只做加法的人生是很悲哀的，一个真正会生活的人，要学会勇于看淡成败，勇于让自己慢下来，这是让自己的心做减法。

减去多余的物质，减去奢侈的欲望，减去心灵的负担。学会做减法，才能轻装上阵更好地拥抱自己想要的生活。

一

曾经看过一部德国电影《敲开天堂的门》，这是一部很荒诞又不失真实，黑色幽默里又带着温情的电影，它讲述了两个性格迥异、身患不治之症的病人：马丁和鲁迪。他们意外得到了黑帮老大的一百万美元，于是决定在生命的最后阶段放飞一下自我，去做一些还没来得及做的事。

有一天，他们决定互相把最想要完成的心愿都写下来：死前去看海；给妈妈买一辆车，因为妈妈有一次看电视节目的时候很羡慕地看到一个明星给他的妈妈买了一辆车。

他们的愿望变得如此真切又接地气，他们没有丧心病狂，也没有惊天动地。他们本来以为自己会有很多很多心愿的，结果等开始写才发现，原来自己根本就没什么心愿。

最后的最后，马丁和鲁迪拎着酒瓶，来到了海边，他们终于闻到了大海的味道。沙滩，海浪，而马丁倒在了一旁……只是，这一次身边的鲁迪却静静地坐在倒下的马丁身边，是呀，他已经不再像曾经那样手忙脚乱地去救人了。

因为他知道，他们都实现了最后的愿望，他们不再强求再多活一秒。此时此刻，他们看到了大海，在海边敲开了天堂的门。

在生命的最终时刻，他们是如此渺小，但是却又如此满足。到头来他们才发现，原来自己想要的东西这么简单，原来曾经的自己一直误以为想要的东西很多。

我们大多数人都是这样，在不断地给自己的人生做加法，我们以为需要很多很多东西，忘了我们真正需要的其实很少很少。就像海明威所说："在一个奢华浪费的年代，我希望能向世界表明，人类真正需要的东西是非常之微少的。"

我们常常误以为人生是一个做加法的过程，然而实际上人生应该是一个做减法的过程，学会减去不合理的欲望，学会减去负能量的情绪，学会减去无关的枷锁。

二

高昂的房价压在现代都市中的人身上，使我们不得不进入快节奏的生活中，不停地去追求更多的时间。

我们每天要处理各种各样的事情，工作、生活、社交……事情繁杂，纵使有千头万绪，却也无处下手。我们总想拥有更多的时间，总想追求更多的价值，而我们身心却逐渐进入了一种焦虑的状态。我们背着沉重的负担，无法自如地前行。这个时候，更应该在工作中学会做减法。

一支笔，一张纸，给自己五分钟。

整理自己思绪的过程也是将自己大脑清空的过程，放下那让你忐忑不安的事情，放下那让你惶恐的项目，放下让你不安的未来。就这一秒，什么都不用想，清空自己的脑袋。然后，给自己五分钟，写下令人不安的事情。给自己做完减法，清空脑袋之后，你会发现自己的心里像卸下了一箱沉重的货物。

学会做减法，学会让自己专注于自己最在乎的事情，而非做到面面俱到。

正如李欧梵老师曾在《人文六讲》中所讲的：做日常公事应该越快越好，譬如每天必须打开计算机检查邮件或写公文报告，我尽可能在一天工作快结束时才做，用有限的时间把它处理掉（当然写私人信不在此列）。

所谓效率，并不是凡事都做得快，而是知道如何善用时间。

所谓减法，并不是不去做事，而是知道如何把最重要的时间用在最值得的事情上。

学会做减法，理清头绪，列出规划，才能更高地提高效率。

三

小时候，特别喜欢看《三国演义》，那时候总是羡慕能力最强的吕布。俗话说：人中吕布，马中赤兔。但是却发现称为武圣的并不是吕布，而是关羽。后来才知道原来关羽是一个会在人际交往中做减法的人。

天下之大，并不是人人都来结交。而吕布则是天下之大，人人都可做朋友，谁势力大就结交谁。

吕布的行为放到现在的社会中也是一种令人不堪重负的加法，谁都是你的朋友，但是到最后谁都不是你真正的朋友。

国外有个著名的“邓巴数字”理论，说的是人类智力将允许人类拥有稳定社交网络的人数是一百四十八人，四舍五入大约是一百五十人。

我们总以为朋友越多越好，很多时候却忽视了其中真正的朋友。相识满天下，知交能几人?

以前看到过一句话：我不再装模作样地拥有很多朋友，而是回到了孤单之中，以真正的我开始了独自的生活。有时我也会因为寂寞而难以忍受空虚的折磨，但我宁愿以这样的方式来维护自己的自尊，也不愿以耻辱为代价去换取那种表面的朋友。

这其实才是一种正确地对待朋友的方式。

所以，给你的朋友圈做做减法吧，这样你才会发现对你来说真正重要的人是谁。

四

1845年，美国学者梭罗跑到瓦尔登湖边上，搭建了一个小木屋，独居了两年零两个月的时间。他说："我愿意深深地扎入生活，吮尽生活的骨髓，过得扎实、简单。把一切不属于生活的内容剔除得干净利落，把生活逼到绝处，用最基本的形式，简单，简单，再简单。"

他认为生活应该过得简单一点："人生存的必需品应该主要考虑食物、住所、衣服和燃料这四大类。如果再配上几件工具，如一把刀、一柄斧头、一把铁锹、一辆手推车等，就可以过日子了。对于好学之士，添一盏灯、一些文具，再加上几本书，便是一种奢侈和舒适了。"这正是他所倡导的简朴、独立、宽宏和信任的生活。

除了基本的生活所需，其他的基本是由于欲望所致。

在隐居的这段时间里，梭罗的物质生活过得简单无比，但在精神上却异常充实富足。

梭罗是善于给生活做减法的人，并且在给生活做减法的同时，他还为自己的精神做了加法。

很多时候，我们往往会感觉自己在被生活牵着走。其实是我们一直给生活做加法，我们以为我们给生活加的东西越多，我们就得到的越多。但其实不然，想要得到越多，往往最后得到的却越少。

反而当你给生活做减法的时候，却会发现得到的东西更多。学会给自己的生活做减法吧，你会惊喜地发现你的生活反而变得更丰富了。

总觉得少了一点什么，找一找，做做加法，注意不要累己累人。

觉得累了就休息一下，理一理，做做减法，要求不要急于求成。

十年前的理想

有人说："种一棵树最好的时间是在十年前，其次是现在。"

第一次听到这句话，大约是在五年之前，乍一听，我感到不知所云……后来在电台又听到了。而今的我经过岁月的洗礼，已然明了……

其实，种的这一棵树，就是心中的理想或梦想。种一棵树，也就是种下理想的种子或决心！最好在十年前。十年前的我们，每个人都怀揣着梦想，在人生的旅途中风雨兼程……

倘若，十年前的理想，因为种种原因没有实现，也就是说种的这棵树没能长成可用之材。倘若尚有青春，未来仍在……换个思维角度看，现在也是最好的种树时间。也就是立志还来得急，想做的事还不晚。

例如一个六十岁的退休工人想学美术，又担心太晚。倘若踟蹰不前，流年依然不等人，到了七十岁，如果还没去学，他就会想六十岁时如果果断去学习了该多好！

我的爸爸是一名工人。记得在我十二岁那年，他三十九岁。他说他想学技术，做一名高级工。但因为家庭压力大，我和弟弟都要上学，白手起家的他，肩膀承担着一家子的重担。我和弟弟只差两岁，为了供我们姐弟俩上学，他选择了推延、让步，因为，当过工人的都知道，想学技术，除了要认师傅，工资还要参照学徒工。

于是，爸爸想当高级工的梦想，随着我们姐弟俩从中学推延到大学，再到大学都毕业，十年过去了，从大学到现在，又快过了十年，因为弟弟要买房结婚还房贷，爸爸依然没能实现他的理想。

十年树木，百年树人。十年的光景，一棵小树能长成大树。人生百年，按常理说，比树的时间久，机会多得多，然而人树立理想容易，实现理想并不那么容易。

有人会说，理想不能实现，是因为意志不够坚定。十年的时间，树可以无忧无虑地成长，而人却会因为种种原因或顾忌而彳亍！虽然时间久、机会多，但做不到随心而动，自然不能一往无前。

种一棵树的最好时间是十年前，如果十年前没有种树，或者种的树没能长成有用之材，该怎么办呢？那没办法，现在就再种一棵！

现在再种一棵树，虽然不如十年前，但从今天开始行动起来，就不算晚！亡羊补牢，尤未晚矣，何况种树乎？

种一棵树最好的时间是十年前，其次就是现在！

人生就是一道选择题

人的一生是由无数道选择题组成的，从我们一出世，就开始做各式各样的选择题。有的是单选，有的需要多选；选项有时是两个，有时是多个。如果你不是一个果断的人，则难免要思前虑后，生出许多烦恼来。

现在的各种考试令人应接不暇。大多数国人的命运都由考试决定：是否上大学，由高考决定；是否读高中，由中考决定。初中属于义务教育范畴，按说是不需要考试的，但仍然明里暗里都要考一考。考好了可以上重点，考不好就只能读普通学校。高中和大学，则直接按照分数排名，再把各种学校划分为三六九等，大家按照名次对号入座。千军万马挤独木桥的公务员考试，规则大同小异。当然，这只是理想状态，进入“拼爹”时代，连这点公平正义也在逐渐流失。

当人生的命运由分数决定的时候，分数就变得如此重要。为了预防徇私舞弊，采用标准化试题是一个好办法。标准化试题有单选题和多选题，不管是单选题还是多选题，都是选对得分，选错不得分。考生的目的只有一个，尽量获得高分，因此在选择答案时，一定是本能地选择可以得分的答案，而不一定是正确的答案。也就是说，选择的标准不是对与错、是与非，而是能不能得分。

我们面临的第一个较费心思的选择，应该是在填报高考志愿时。每年高考结束后，无数学子面对报考指南和志愿表时都是紧锁眉头，煞费苦心。这应该算是人生很重要的一个转折点了，是不可不仔细考量的。这个选择很能影响以后的发展，所以家长、众亲朋齐上阵。选了又钩，钩了又选，反反复复十几遍，最终才敲定。

毕业后，择业又是一个很费脑筋的选择。“择业”是一个主动词，但是现实的情形往往是被择业。除去几个特别优秀的可以任性地去挑老板，大部分都要乞求老板慈悲赏一个饭碗，一点个性都没有，何谈任性！最好的职业是从事自己感兴趣的行业，但这是很难得的，大部分的情形是按时上班，准时下班，满腔抱怨，一肚子牢骚，稀里糊涂混日子，就盼着退休那一天。

就业后，就要面临择偶，这道选择题是十分神圣与严肃的，选对了答案可以举案齐眉、夫唱妇随、幸福安乐；如果选错了，大抵是鸡毛蒜皮、吵闹不休、鸡犬不宁、暗无天日。人生的这张考卷上，分数不会高的。这道题，选对了是幸运，选错了是命运，彼此都没有错，错的是出题者。一个人的幸运指数不会一直很高，所以那么多人相信一见钟情，并渴望一见钟情，那是很幸福的。没有选择的苦恼，也不必承担选错的后果。婚姻除受法律的约束，还要受道德的约束，所以在作出选择时要考虑清楚，你是不是一个守法的人？是不是一个讲道德的人？

工作、生活稳定了，生活方式也是要选择的。是选择根据实际收入节俭度日还是不顾实际超前消费，这是一个很复杂的命题，很难判断哪种方式科学。这还是由个人的思想意识而定，如果是一个思想守旧，时刻不忘艰苦朴素的人，你要他花光所有积蓄买辆跑车他或许会疯掉。即便不疯，跑车也买了，他还会把车子深深地收藏起来，不使之落半粒灰尘。

人生就是一道道选择题，人生就是由一道道选择题组成的。必须作出选择之时，每个人的选择，一定不是偶然的，一定不是如抛硬币的正反面概率一样，而他的人生是由每一次选择决定的。

我终于理解了你

上中学那会儿，叶子和妈妈的关系很糟。

据不完全统计，每天妈妈都会盘问叶子三到五次："为什么回来这么晚？""打电话的那个男孩是谁？"叶子呢？总不吭声，问急了，便是一句"你别管了"。

高一下学期，母女俩的矛盾白热化。起因是叶子的期中考试成绩不理想，一日，开完家长会，妈妈跟着班主任走进办公室，半小时后，她铁青着脸走了出来。深夜，家里闹翻了天。

妈妈要求叶子停止"梦想派对"的表演。所谓"梦想派对"是叶子和另外四位同学组成的一个歌舞组合，两女三男，青春靓丽，他们在本校、本区甚至本市的中学生会演中叱咤风云、名噪一时。

"耽误学习！""涂脂抹粉，妖里妖气！"妈妈的话和班主任的话如出一辙，叶子辩解无效，情急之下，如一块爆炭，蹦起来，叫着："就不！就不！"声音大得整栋楼的人都能听得见。

局面失控，妈妈怒极，抄起一把剪刀将叶子的马尾辫齐根剪断。

瞬间，叶子愣了，甩下一句狠话，夺门而出。

她被爸爸找了回来。

"我妈更年期吧！她为什么总不让我做我想做的事？"叶子摸着乱七八糟的头发，泪流不止，爸爸拍拍她的头，替妈妈说了许多好话，可叶子都听不进。

接下来是冷战，冷战过后，母女间的气氛仍旧紧张。

这气氛甚至维持了一两年，有时，爸爸出差，叶子和妈妈在家一整天也不说一句话，无数次，在饭桌上，叶子说声"我吃完了"，一推碗站起来就走，她不是没看见妈妈欲言又止的眼神，可就是过不去心里的那道坎。很快，高考到了。

湿热的夏天，整个人跟着汗溻溻的，考完最后一门，叶子精疲力竭地伏下去，再抬头，卷子上留下一摊汗印。揭榜，叶子过了大专线，离本科还差几分。她胡乱填了志愿表，却不料，因为胡乱填，她掉进更低的一档，最后被一所中专录取。还没入学，叶子就捏着录取通知书，背着家人去那所学校看了看。

站在校门口，不远处是本市的火葬场，阴森、恐怖、萧瑟，再想到永无机会进大学的门，叶子无法抑制地大哭起来。

她一路哭回家。“不行，就复读吧！”妈妈大手一挥，如她做所有决定般硬性下了指令。

叶子的哭声戛然而止，她张张嘴，这是青春期以来她第一次不和妈妈唱反调。

找关系，找录取叶子那所学校的相关人士，将她的档案拿出来……事情比想象的难。这一年的9月7日晚，妈妈推开叶子的门，沉默了一会儿，哽咽着开口道：“都是爸爸妈妈没本事，档案拿不出来，妈妈没法帮你圆大学梦了。”

妈妈的眼眶是红的，眼眶后仿佛藏着一包袱的眼泪，她嗫嚅着，态度竟有些像小女孩般软弱、委屈和抱歉。

叶子虽说难过，但更多的是诧异，她原以为这个强硬到有些跋扈的女人，永远不会露出疲态，这一刻，只见她无奈、无力，深责着自己的无能——这无能背后，她该对外人付出多少哀求、赔过多少笑脸！

在极度震惊中缓过神，叶子哽着嗓子安慰妈妈：“没事，以后我还可以自考，用别的方式上大学。”

事情最终圆满解决，但叶子忘不了那个晚上，忘不了那个带着哭腔说“都是爸爸妈妈没本事”的委屈的“小女孩”。

“这一切都因为我，如果我能再勤奋点，考得再好点，妈妈就不用如此自侮，承认自己无能。”

“从此，我发誓不会再让妈妈伤心，我要足够优秀不让妈妈再落入类似的尴尬境地。”

说这话时，叶子在面试，已大四的她报考某电台的主持人，在现场，她抽到的话题是“我和妈妈”。

面试官拿着笔，例行公事地记录着考生发音吐字的问题，可到叶子这儿，记着记着，他停下了笔。

“青春期时，我们真是母女相见，分外眼红”，三分钟到了，面试官没按铃，叶子继续，“她不理解我，不支持我，但当她像个小女孩做错事一样站在我面前，而明明错的源头又是我……我真想穿越回去给和她吵架的自己一个耳光。那晚后，我和妈妈和解了，也许因为她没我想象的那么坚硬，我也没她想象的那样不懂事；从此，我们彼此心疼。”

这一轮考试，叶子拿了满分。

寄存梦想

曼陀迪是一名退休的小学教师。有一次在整理储物室里的旧物时，她发现一沓语文试卷，上面有一个作文，题目叫“我有一个梦想”。

她意外地发现当年同学们稚嫩的梦想，竟然还安然地躺在自己家里，并且一躺就是三十年。她本以为这些纸张早已荡然无存，也就永远停留在了三十年前每个孩子幼小的心里。

曼陀迪开始坐下翻阅那意外的发现，满心的惊喜很快便被孩子们当年五彩缤纷的梦想给迷住了。有个叫大卫的小男孩说，未来要做一名潜水冠军，因为有一次他在游泳池里，不小心喝了两升水都安然无恙；还有一个小家伙说自己的梦想是成为英国首相，因为他可以快速准确地背出英国三十个城市的名字；最让人惊叹的是，一个叫彼得的盲童，他写道：“自己将来必定是英国的议会大臣，因为英国内阁里面还没有出现一名盲人会员。”孩子们在作文中都将自己的未来进行了千奇百怪又充满希望的设计。

曼陀迪阅读着这些作文，她突然冒出一个念头：把这些梦想重新发到孩子们手中，让他们重温一下三十年前憧憬未来的自己，看看三十年后，“未来”的自己梦想实现了吗？现在过上了自己当年所想的生活吗？想到这里，曼陀迪几乎再也抑制不住那股冲动的力量，顺着内心的召唤，她立刻行动起来。

曼陀迪联系到一家报纸媒体，说明想法后，双方一拍即合，报纸为她刊登了“还梦”启事。没几天，书信便从四面八方的城市飘向了这个英国小乡村。

从当年同学们激动的来信中得知，有的成了商人、教师、学者，有的进入了政府部门。这些信件则更多地是来自没有尊贵身份的人，他们都表示，很想知道自己小时候写下的梦想，并且很想收到自己的那份试卷，曼陀迪一一按地址给他们寄了回去。

半年后，曼陀迪家里仅剩下彼得的“梦想”没人索要。她想，可能这个孩子已经遭遇了什么不测。毕竟三十年过去了，三十年的时间里可能会发生很多事。

就在曼陀迪放弃等候，准备将它送给一个喜欢私人收藏的朋友时，她收到了内阁财务大臣哈里斯托的一封信。信中说：那个叫彼得的孩子就是我，感谢您还保存着我们儿时的梦想。不过，我已经不需要那份试卷了，因为从写完的那一刻起，我的梦想就长在了心里，我从未忘记过。现在，可以说我的梦想已经实现了。一路上，我懂得了，只要一直保持着追逐梦想的心，饱满的梦想之帆就一定能抵达美好的远方。

有梦想，就要把它种在心里，但要时刻牢记，时常浇灌。保持一颗充满热望的心，去创造、追逐，梦想彼岸花开。

“世上无难事，只怕有心人”，只要你有梦想，就没有到达不了的远方。实现梦想更是如此，只要你想，只要你敢，只要你的梦想够坚定。

推销自己的梦想

洛丽塔十三岁的时候就卖出了一万美元的蛋挞，帮妈妈实现了环球旅行的梦想，如果说她是最伟大的推销员，不如说她是最伟大的女孩，因为她更会推销自己的梦想。

洛丽塔七岁时，也有着小姑娘的害羞腼腆，可她后来竟变成卖饼干的高手。这一切都起始于梦想——丰盈饱满的梦想。对于洛丽塔和她的母亲来说，环游世界是她们共同的梦想。洛丽塔的父亲在她三岁的时候就抛弃了她们母女，之后，洛丽塔的母亲便努力工作养家糊口。有一天母亲对她说："虽然做服务生挣钱不多，但等你大学毕业后可以赚钱时，我们一定能够攒到足够多的钱去环游世界。"

后来将梦想牢记于心的洛丽塔，在十三岁时从一本杂志上看到：出售蛋挞最多的孩子可以带另一人免费环游世界。她决定尽全力卖出活动提供的蛋挞，她要赢得比赛，实现自己和妈妈的梦想！

但仅有想法是不够的，为了实现愿望，洛丽塔知道她必须有个计划。

洛丽塔的老师向她建议："首先衣着打扮要合宜，穿上带有活动标志的制服，显示出生意人的专业精神。然后在合适的时间去推销，一般可以定为晚上人们下班后。最后要有足够的热情，尤其是在去公寓的住户家里推销时，一定要面带微笑，不管他们买不买，你都要很有礼貌。请他们为你的梦想投资，而不是仅仅只让他们买你的蛋挞。"

参加活动的孩子都想环游世界，或许他们也都有自己的计划，但只有洛丽塔每天放学后都会穿着专门的衣服，随时随地且坚持不懈地推销蛋挞，请人投资她的梦想。她会笑着对开门的人说："你好！我有一个梦想，你愿意投资我和妈妈环球旅行的梦想吗？订购一些蛋挞吧！"

那一年洛丽塔卖出了最多的蛋挞，并赢得了免赞的环球之旅。从那时候开始，她又卖掉了三万多盒的蛋挞，并被邀请到全国各地的销售大会上演说，分享自己不平凡的经验。此外，她的经历还被制成电影放映，她还跟人合作出版了与销售相关的畅销书。

世界上有不计其数的人都心怀梦想，跟他们比起来，洛丽塔并不很聪明，也不见得更优秀。差别在于洛丽塔发现了梦想的秘诀，那就是需要、需要、再需要。许多人还没开始就失败了，因为他们没有足够强烈的实现梦想的欲望。

在实现梦想时，我们少不了别人的给予，但在向别人提出需求之前，我们需要勇气，勇气不是不恐惧，而是尽管内心害怕，但仍然相信这是对的事，并坚持去完成。

第三章 你养我长大，我陪你到老

人生最重要的结局是：我们终有一天，要学会和自己平凡不完美的父母达成和解。我们终有一天，要学会和自己、和这个世界达成和解。 无论它在你看来美丽，或丑陋。

——北野武

追逐自己的梦想

莫扎特虽然很小就显示出了非凡的音乐才能，但是，随着年龄的增长、作品的日益成熟，等待着他的却依然是贫困和压迫。他那些严肃的、带有进步思想的作品，越来越不为追求浮华的贵族们所接受。二十二岁以前，莫扎特两次外出求职，都没有成功，不得不返回萨尔茨堡当宫廷乐师。

新任的萨尔茨堡大公十分专横，在他的眼里，音乐家连厨师的地位都不如。他给莫扎特规定了两条：一、不准到任何地方去演出；二、没有主教允许，不得离开萨尔茨堡。每天清晨，他让莫扎特和其他仆人一起坐在走廊里，等待分派当天的工作，并把莫扎特当作杂役使唤。

1780年，无法在家乡忍受屈辱生活的莫扎特来到了维也纳，开始了他一生中音乐创作最辉煌的时期。他虽获得了自由，但接踵而来的仍是贫困。为此，他工作十分勤奋，每天很早就起床作曲，白天当家庭教师，晚上是繁重的演出活动，回来后再接着创作乐曲，一直写到手累得拿不起笔为止。

二十六岁的莫扎特成家之后，生活依然非常贫困。尤其是有了子女之后，全家经常生活在饥寒交迫之中。为了改变这种处境，莫扎特经常饿着肚子，拖着疲惫的身躯举行长时间、超负荷的音乐演奏会，只要挣了一点钱，他总是迫不及待地买些食物，急匆匆地赶回家去让全家人吃上顿饱饭。看着自己幼小的孩子和孱弱的妻子吃饭时狼吞虎咽的样子，莫扎特多少次难禁热泪，他叩问上天：为什么在追求梦想的过程中，要付出如此沉重的代价？

很多时候，贵族们也会“慷慨”地施舍一些财物给莫扎特，但是他们的施舍是有条件的，他们希望听到莫扎特为他们演奏歌舞升平的靡靡之音。可是莫扎特没有妥协，他深信：真正的音乐应代表人民的心声，即使饿死，他也绝不背叛自己的梦想！虚荣心得不到满足的贵族们恼羞成怒，他们讥笑说：“你个穷小子也有梦想？哼，梦想救不了你，总有一天，你会饿着肚皮来乞求我们的施舍。”

就是在这样的逆境中，莫扎特仍坚守高尚的情操。他鄙视那些仰人鼻息的乐匠，始终坚持自己的艺术思想。正是在他生活最困苦的时期，他创作了《费加罗的婚礼》《唐璜》

《魔笛》等著名的歌剧。

每一个想要在社会上取得成功的人，一定要经历巨大的困难与努力的时期。成功是一点一滴地积累起来的。只有具备坚定的信念，才能书写辉煌的人生。所以，我们只要认定一个目标，就要毫不动摇，全力以赴地去追逐自己的梦想。

让目标转个弯

让目标转个弯，就是在实现目标的过程中要懂得放弃。持之以恒地坚持和专注一件事情很困难，要放弃一件事情却很容易，而真正知道什么时候该放弃就更加困难了，所以放弃比坚持更需要智慧和更多的思考。在我们疾步如飞奔向目标的时候，如果不懂得慢下来或停下来思考和反省，就很难走得更远。而放弃的道理也一样，有所为有所不为，不争而善胜。放弃的不是理想，而是我们做事和思考问题的方式，要懂得迂回前行的道理，而不能失去了方向。我们要达到一个目标需要一个较长的周期做多件事情来完成，当我们在某件事情上受到阻碍的时候要跳出固有的思维模式，寻求改变，寻找新的解决问题的方法和思路，而不能固执己见地钻死胡同。我们寻找目标和道路的方向没有变，只是在过程中有一小段我们走了一条小路。

他是一名农民，从小的理想就是当作家，为此，他一如既往地努力着，十年来，坚持每天至少写作五百字。每写完一篇，他都改了又改，精心地加工润色，然后再充满希望地寄往各地的报纸杂志。遗憾的是，尽管他很用功，可他从来没有一篇文字得以发表，甚至连一封退稿信都没有收到过。

二十九岁那年，他总算收到了第一封退稿信。那是一位他多年来一直坚持投稿的一家刊物的编辑寄来的，信里写道："看得出你是一名很努力的青年，但我不得不遗憾地告诉你，你的知识面过于狭窄，生活经历也显得过于苍白，不过我从你多年的来稿中发现，你的钢笔字越来越出色……"

就是这封退稿信，点醒了他的困惑。他毅然放弃写作，而转向了钢笔书法，果然长进很快，现在他已是有名的硬笔书法家。他让理想转了一个弯，继而柳暗花明，走向了成功。

奥托·瓦拉赫在上中学时，父母曾为他选择了文学之路，只上了一学期，老师就在他的评语中下了如是结论：该生很用功，但过分拘泥，这样的人即使有着完善的品德，也绝不可能在文学上有所成就。于是他又改学油画，谁知他对艺术的理解力也很差。

后来，化学老师发现他做事一丝不苟，具备做好化学试验应有的品格，建议他试试学化学。这一次，他智慧的火花被点燃了，其化学成绩在同学中遥遥领先，以至于后来他获得了诺贝尔化学奖。

放弃就是要量力而行，不能莽撞和硬拼。我们每个人的生活和职业生涯都很长，要看到这种远景而不是眼前的一时得失，只有这样才能够笑到最后。一次的放弃并不代表终身的放弃，只要目标还在就还有机会。

用梦想摧毁现实困境

1963年2月20日，巴克利在美国亚拉巴马州一个名叫里兹的偏僻小镇诞生。

小小年纪的巴克利已经有了自己的目标，他要用篮球来摆脱贫穷，他有信心，也有决心。但当时很少有人相信巴克利可以做到，甚至讥笑他在白日做梦，因为他没有表现出足够的篮球天赋。在高一的时候，巴克利的身高还只有一百七十八厘米，所以他连校队也没能入选。虽然如此，巴克利还是毫不动摇自己的决心，他坚持每天练球，直到深夜，风雨无阻，毫不理会别人嘲笑的目光。为了锻炼弹跳力，巴克利每天都在顶端非常尖锐的栅栏间跳来跳去，吓得他的母亲和外婆心惊肉跳。他要告诉每一个人，他一定可以实现自己的梦想。

经过一年的苦练，巴克利终于在高二的时候进入了校队。虽然只能做替补，出场时间少得可怜，但他没有怨言，一上场必倾尽全力，场下他也是训练最刻苦的一个。升高三的夏天，巴克利奇迹般疯长了十五厘米，体重也增加了十公斤。这样，巴克利就有了一个很好的篮球运动员的身材，再加上他刻苦练就的一身好球技，到高三的时候，他终于成为里兹高中篮球队的首发球员。凭着对篮球的热爱，经过不懈的努力，巴克利终于实现了儿时的梦想。他终于实现了自己对妈妈的诺言，用篮球给妈妈带来美好的生活。

巴克利的成长经历就是一个靠勤奋克服自身局限的故事，值得我们每一个人深思。巴克利说：“世上大多数人，并不知道该如何才能在芸芸众生中脱颖而出。但我在孩提时代便已经决定无论我做什么，我都一定要成功。”

用你的实际行动实现你的理想

西奥多·帕克是美国家喻户晓的人物，是经历了诸多艰辛才取得了让人瞩目的成就的，而他的刻苦勤奋，并最终使他考上哈佛的那种精神，也激励了一代又一代的哈佛学子。

8月里的一个下午，在莱克星顿的一个小农场里，西奥多·帕克怯生生地问他的父亲："爸爸，明天我可以休息一天吗？"西奥多的父亲是一位老实巴交的木匠，他制作的水车远近闻名。他惊讶地看了一眼最小的儿子，这可是活儿最忙的时候哇，小伙子少干一天，就可能影响他整个的工作计划。但是，西奥多企盼而坚决的目光让他不忍拒绝，要知道，西奥多平时可不是这样的。于是，他爽快地答应了这个要求。

第二天一早，西奥多早早地就起来了，赶了十英里崎岖泥泞的山路，匆匆来到哈佛学院，参加一年一度的新生入学考试。

其实，从八岁那年起，他就没有真正上过学，只有在冬天里比较清闲的时候，才能挤出三个月的时间认真地学习。而在其他时间里，无论是耕田还是干别的农活，他都一遍一遍地默默背诵以前学过的课文，直到滚瓜烂熟为止。休息的时候，他还到处借阅书籍，因此掌握了大量的知识。

有一次，他急需一本拉丁字典，但无论怎样想方设法也没借到手。于是，在一个夏天的早上，他早早地跑到原野里，采摘了一大筐浆果，背到波士顿去卖，用所得的钱换回了这本拉丁词典。

所谓“功夫不负有心人”，在哈佛的入学考试上，他得心应手地做完了试题。监考老师惊奇地看着这个第一个交卷的考生，当他听说这是一个连学校都很少去的穷少年时，便好奇地抽出他的试卷来看，然后对西奥多说：“祝贺你，小伙子，你很快会接到录取通知的。”

那天深夜，西奥多拖着疲惫的身体回到了家，父亲还在院子里等他。“好样的，孩子！”当父亲听到他通过考试的消息时，高兴地夸奖他道，“但是，西奥多，我没有钱供你到哈佛读书哇！”西奥多说：“没有关系，爸爸，我不会住到学校里去，我只在家里抽空自学，只要通过了考试，就可以获得学位证书。”后来，他真的成功地做到了这一点。后来，他长大成人了，便自己积攒了一笔学费，又在哈佛学习了两年，最终以优异的成绩毕业。岁月流逝，时光推移，这个当年读不起书的小男孩，终于成了一代风云人物。

有的人天分很好，但一生却无所作为，他们总是想尽一切办法让自己多休息、多享受，从来不想着怎样让自己更前进一步，时间长了，也就落后了。

我们都知道，滴水成河，积少成多，如果能利用零碎的时间来学习，那么日积月累，就会有不小的收获。

富兰克林说过：“干得好胜于想法好。”只有梦想而没有行动的人，梦想永远只是梦想。如果你渴望成功，如果你不甘平庸，那就及早从梦中醒来吧。

坚持自己的梦想直到它实现

执着地追求自己的卢迪在伊利诺伊州乔列特长大，从小就耳闻圣玛丽大学的神奇传说，梦想有一天去那儿的绿茵场踢足球。朋友们对他说："你的学习成绩不够好，又不是公认的体育好手，还是不要异想天开了。"因此，卢迪抛弃了自己的梦想，到一家发电厂当工人。

不久，一位朋友上班时死于事故，卢迪震惊不已，突然认识到人生是如此短暂，以至于你很可能没机会追求自己的梦想。

1972年，他在二十三岁时读印第安纳州圣十字初级大学。卢迪在该校很快修够了学分，终于转入圣玛丽大学，并成为帮助校队准备比赛的"童子军队"的组织人员。

卢迪的梦想很快要成真了，但他却未被准许穿上球衣比赛。翌年，在卢迪的多次要求下，教练告诉他可以在该赛的最后一场穿上球衣。在那场比赛期间，他身着球衣在圣玛丽校队的替补队员席就座。看台上的一个学生呐喊道：“我们要卢迪！”其他学生很快一起叫喊起来。在比赛结束前二十七秒钟时，二十七岁的卢迪终于被派到场上，进行最后一次拼抢。队员们帮助他成功地抢到那个球。

十七年后，在圣玛丽大学体育馆外的停车场，一个电影摄制组正在那儿为一部有关他的生平的电影拍外景。

成功者与失败者之间最大的区别，在于是否能几十年如一日地坚持心中的梦想。许多天资聪颖者因为过早地放弃了梦想而功亏一篑。然而，成就辉煌的人绝对不会轻言放弃，坚持梦想，就总有实现的那一天。

敢于追求梦想

小强的梦想是当一名警察，他经常对爸爸说："穿上警服真是帅气！"

进入小学后，小强是班里的纪律委员。因为"工作"需要，小强经常与同学之间产生冲突。为此，小强非常沮丧。有一天，他对爸爸说："我以为当一名警察很威风，实际上太麻烦了。现在我当个纪律委员已经受到了同学的打击和报复，以后要是当警察可怎么办哪？我还是不当警察了！"

小时候人们的可贵之处就在于无所畏惧，他们不怕不完美，不担心自己不知道怎么办。他们只是大步冲上前，为了心中的梦想。

遗憾的是，社会环境很快改变了这一点。在稍长大一点时，社会教导他们要避免失败。我们教育中的等级体系更是强化了这种观点。于是，人们经常会变换他的梦想，一旦出现挫折，孩子就会放弃自己原有的梦想。

实际上，梦想对于一个人今后的成功非常重要。

1925年，在德国一个叫维尔西莰的小镇上，有一位十三岁的少年用六支特大的烟火绑在他的滑板车上，然后，他点燃了导火线。烟火的爆炸声此起彼伏，滑板车像发疯似的飞了出去，这位少年也被重重地摔在地上。结果，巨大的爆炸声引来了警察，少年被带到了警察局，受到了一顿训斥。

这位少年就是后来著名的科学家冯·布劳恩。

布劳恩从小就对天文和火箭很感兴趣，他的志向就是能够飞翔。为了实现自己的志向，布劳恩进行了各种各样的实验，这次异想天开的实验也是其中之一。尽管实验没有成功，但是布劳恩却已经尝到了“飞行”的滋味，他决定继续自己的实验。

大学毕业后，布劳恩获得了飞机驾驶执照。接着，他进入佩内明德大型火箭实验基地，担任技术部主任，开始领导火箭的研制工作。1937年德国的A系列火箭和V-2火箭就是在他主持下研制的。

第二次世界大战后，冯·布劳恩来到美国研制火箭。在他领导下研制的丘比特火箭将美国的第一颗人造卫星送入了太空，“土星”系列火箭则成为登月的核心。

布劳恩成为世界著名的火箭专家，终于实现了从小想飞的志向。

不管是谁，要实现自己的梦想，就要为梦想而付出努力。通往梦想之路并不是一帆风顺的，在这个过程当中，困难、障碍、挫折总是伴随左右。而这个过程，也正是考验一个人意志的过程，有些人实现了自己的梦想，有些人一直无法实现自己的梦想，区别就在于此。父母们一定要让孩子明白，要实现自己的梦想就要执着地追求这个梦想，不为任何困难和挫折而改变。

无法赎回的梦想

感恩节的前三天，芝加哥市一位名叫赛尼·史密斯的中年男子向当地法院递交了一份诉状，要求赎回自己去埃及旅行的权利。这个离奇的案件在美国立即引起了轩然大波。

案情的起因发生在四十年前，当时赛尼·史密斯六岁，在威灵顿小学读一年级。有一天，品行课老师玛丽小姐让全班同学各自说出一个自己的梦想。同学们都非常踊跃，尤其是赛尼，他一口气说出了两个梦想：一个是拥有一头小母牛，另一个是去埃及旅行一次。可是，当玛丽老师问到一个名叫杰米的男孩时，不知为什么，他竟一下子没了梦想，回答不出来了。为了让杰米也拥有一个自己的梦想，玛丽老师建议杰米向其他同学购买一个梦想。于是，在玛丽老师的见证下，杰米就用三美分向拥有两个梦想的赛尼买了一个。由于赛尼当时太想要一头小牛了，他让出了第二个梦想——去埃及旅行。

四十年过去了，赛尼·史密斯已人到中年，并且在商界小有成就。四十年来，他去过很多地方——瑞典、希腊、沙特、中国……然而他却从没有涉足埃及。难道他没想过去埃及吗？他说，从他卖掉去埃及的梦想之后，他就从来没有忘记过这个梦想。作为一个虔诚的基督教徒和一个诚信的商人，他不能去埃及，因为他把这一行为连同那一个梦想一起卖掉了。

2002年感恩节前夕，他和妻子打算到非洲旅行一次。在设计旅行路线时，妻子把埃及的金字塔列为其中的一个观光项目。赛尼·史密斯决定赎回那个梦想，因为他觉得只有那样，他才能坦然地踏上那片土地。

然而，赛尼·史密斯没有赎回那个梦想。经联邦法院审定，那个梦想现在价值三千万美元，赛尼·史密斯要赎回去，就会倾家荡产。杰米的答辩状中是这样说的："在我接到史密斯先生的律师送达的副本时，我正在打点行装，准备全家一起去埃及。其实，真正的理由不是我们正准备去埃及，而是这个梦想的价值。小时候我是个穷孩子，穷到我不敢有自己的梦想。只好在玛丽老师的鼓励下，用三美分从史密斯先生那里购买了这样一个梦想。之后，我彻底地改变了，精神上首先变得富有了，学习上也有了很大进步，并且考上了华盛顿大学。这完全得益于这个梦想，因为我想去埃及。"

“我之所以能认识我美丽贤惠的妻子，也是得益于这个梦想，她是一个对埃及着迷的人。如果我没有购买那个梦想，我们绝不会在图书馆相遇，更不会有一段浪漫迷人的恋爱。我的儿子也是得益于这个梦想，因为从小我就告诉他：‘我有一个梦想，那就是去埃及。如果你能获得好的成绩，我就带你去那个美丽的地方。’我想他是在埃及的召唤下，走入斯坦福大学的。”

“现在，我在芝加哥拥有六家超市，总价值二千五百万美元左右。我想，如果我没有那个去埃及旅行的梦想，我是绝不会拥有这些财富的。尊敬的法官，我想假如这个梦想是你们的，你们一定会认为这个梦已融入你们的生命之中，已经和你们的生活、你们的命运紧密相连、密不可分，而且一定会认为，这个梦想就是你们的无价之宝。”

人生不能没有梦想。没有梦想的人，犹如枯萎的花、干涸的井，毫无生命的活力。梦想最大的意义是给予人们一个方向、一个目标、一个永恒的追求……

学会肯定自己

丹尼斯·罗杰斯上高中时，只有一米五二的身高，三十六千克的体重，是一个地道的矮子。他的脊柱有些弯曲，整个上身看上去弯成一个问号的样子，那也是他面向自己将来人生的疑问："我是谁？我将来能干什么？"他不知道。唯一确知的是：自己是一个矮子，身高连普通标准都达不到。

由于罗杰斯身材矮小、身单力薄，学校体育队的队员们老叫他"侏儒"。他们常拿他取笑，知道他打不过他们，便常来欺负他，故意绊倒他，抢他手里的书。罗杰斯经常生活在被恐吓的阴影之中，而且，学校里每一个人都可能是潜在的恐吓者。体育课是他最难受的一门课，有竞赛的项目，哪一方也不愿要他，他常像皮球一样被踢来踢去。

一天，老师把罗杰斯叫到一边，说："丹尼斯，我们决定替你转一个班，从现在起，你到特殊教育班去上课吧！”

“特教班？可那是为残疾学生开的班呀！”

“我很抱歉，”他拍拍罗杰斯的肩膀说，“但是我们是为你着想。”

放学了，罗杰斯回到家，“砰”的一声关上房门，在镜子前仔细端详自己：弯腰驼背，手臂细得可怜。他失望地倒在床上。“为什么？为什么我会长成这样？”罗杰斯站起身来，望着父亲在院子里干活的身影发呆。父亲虽然也是小个子，却曾在军队服役，身上肌肉发达，没人敢欺负他。罗杰斯暗自下了决心，要向父亲学习。

父亲帮助他自制了一个举重用的杠铃。每天晚上，他都到楼下的储藏室去练习举重。一次次地，罗杰斯逐渐能举起杠铃了。他又不时往上加重量，往往一次加上四千克，他必须拚足全部力气才能举起来。对罗杰斯来说，这不仅仅是举杠铃，这是在向自我挑战。

他要改变自己弱不禁风的形象，怎么办？他开始吃大量富含蛋白质的营养品，并在各种健美杂志中寻求帮助。六个月后，在罗杰斯十七岁生日的这一天，他身高仍然只有一米五二，体重四十千克。父亲替人做船上用的帆布帐篷，罗杰斯常帮父亲干活。一天，他把一卷帆布从汽车里搬到山坡上的工场去。这卷帆布有两米长、八十多千克重。他把它扛上肩，往前迈了一步。哟！好重！

但是，他不能扔下！他踉踉跄跄地爬上山坡，累得满头大汗。但是，最终他一个人把这卷帆布扛上了山坡。他惊讶不已，简直不敢相信自己的锻炼已经初见成效！

罗杰斯便做了一个实验：在杠铃上放上迄今为止能举起的重量，然后再加上额外的四十千克。“不要去想你的个子，”他告诉自己，“举就是了，你能行。”他举了，居然举起来了！他知道为什么自己能举起这么重的东西了。过去，他总认为自己的个子小，越是这样，就越是限制了自己潜能的挖掘，更说不上发挥了。

从此，罗杰斯开始正规地学习举重，每天都去体育馆训练。他的肌肉增加了，力气增大了，微驼的脊背伸直了。有不少在这里锻炼的人都爱掰手腕，他也加入进去。最初，当罗杰斯在他们面前坐下的时候，他们都以嘲笑的眼光看着他。罗杰斯不理会这些，他把他们一个一个都打败了。但是，罗杰斯输给了一个叫鲍勃的人。

一天，罗杰斯在健美杂志上看见一则东海岸将举行掰手腕比赛的广告，欢迎各路精英参加。他告诉鲍勃，自己也想去参加比赛。

“想都别想，”鲍勃说，“那都是一些专业人士，他们一年到头都在训练。弄不好，你还会受伤的。”

罗杰斯不相信，他走进了东海岸掰手腕比赛的现场。罗杰斯遇到了同样轻视嘲笑的目光。然而，他打败了所有的对手。那天结束的时候，罗杰斯成了比赛的冠军，一个真正的强者。

别人看不起我们没关系，重要的是我们自己要肯定自己，绝不能自暴自弃。只有充满信心，不断磨炼自己，让自身逐步完善壮大，才能击碎别人轻视嘲笑的目光，做生活中真正的强者。

我们在做一些事情的时候，也会遇到别人的讥讽和嘲笑，这时候我们要相信自己、依靠自己。“智者一切求自己，愚者一切求他人”，这是成功的背后包含的一个不变的真理。

向更高的人生目标迈进

一个年轻人大学毕业后，想尽办法也找不到工作。他的父亲说："没事干就跟我去挖沙卖吧。"年轻人不甘心，说："我读大学，不是为了挖沙，我要等待机会。"

机会不是那么容易等到的，年轻人在家百无聊赖，他看见爸爸种了南瓜可没空管，就去照料南瓜，施肥、浇水、灭虫、除草，有时还拿放大镜去观察。

在年轻人的精心照料下，他的南瓜藤长得非常茂盛。瓜藤粗壮得让人不敢相信是南瓜藤。可奇怪的是，那些茂盛的南瓜藤却迟迟不结果实。千盼万盼，终于盼来一个小果实了。他立刻对这个小南瓜进行重点保护，可那个小南瓜却不争气，长到拳头大就不再长。反而皱缩了，最后在藤上烂掉了。年轻人以为是肥料不足，他又给南瓜重重地施了一次肥。施了肥后，结出的瓜依然无一例外地“夭折”。年轻人问父亲：“为什么瓜藤那么好，却结不成瓜？”父亲说：“你用竹签从瓜藤中间插过去，以后结的瓜就不会烂了。”

年轻人拿一把竹签到瓜地，可刚插了一根就下不了手。自己费尽心思才种出这么好的南瓜藤，为什么要刺伤它们呢？再说，完好的藤都结不成瓜，受伤的瓜藤怎么能结成瓜呢？年轻人怀疑父亲故意捉弄他，他干脆把剩下的竹签丢掉了。

插了竹签的那棵南瓜叶子渐渐转黄，长势明显追不上别的瓜藤。年轻人好几次想把瓜藤上的竹签拔掉，但最终还是没有拔。出乎意料的是，这棵受伤的南瓜藤结出的南瓜不但没有烂掉，而且长得飞快，最后竟有脚盆那么大，足足十五公斤重。而那十几棵没有插竹签的南瓜藤，只长了一堆藤叶，秋天过去了，依然一无所获。

年轻人问父亲：“为什么那些好的瓜藤都结不成瓜，这棵受伤的瓜藤反而结出了一个大瓜呢？”

父亲说：“这有什么好奇怪的。瓜和人一样，肥料下得足不一定有用，不如受点磨难吃点苦更有用。”

年轻人恍然大悟。他不再坐等机会，而是到省城参加人才招聘会。在一次次应聘、面试、失败中总结经验教训，终于找到了一份工作。

是的，在人生的道路上，我们不会一帆风顺。爱情会受到挫折，工作跟理想不一样，但只要我们勇于在逆境中磨砺，在自己这棵“瓜藤”上插一根竹签，通过不懈地努力，就一定能向更高的人生目标迈进。

实现梦想的公式

那一年他十六岁。本是该朝气蓬勃、勤奋努力学习的时候，但他却是学校里有名的“混世魔王”。打架斗殴、吸烟饮酒，一个坏学生的行为他一应俱全，就连老师都有点忌惮他。他对学校里的一切规定都不以为然，反而很佩服自己。他就这样浑浑噩噩地过着自己的十六岁。

有一次，他喜欢上了班里的一个女生，便懵懂地给人家写了一封追求信。收到信后，女生鄙视地看了他一眼，后来还把那封告白信贴到了学校的宣传栏里。虽然他是宣传栏里的常客，可每次贴检讨书，他都若无其事，但这一次，他心里感到一种莫名的刺痛。

第二天，他转学了。如脱胎换骨般换了一个人一样，他开始发奋学习，最终考上了一所本科大学。

那一年他二十二岁，大学毕业，然后顺利地进机关工作。他过上了每天一杯茶、一张报的清闲日子。起初，他觉得这样的日子还不错，就这样每天无可无不可地过着。

有一天，他出门访亲，发现一匹狼被亲戚像狗一样养在家里看家护院。他吃惊地问亲戚，为什么可以把狼养得像狗一样温顺忠诚。亲戚告诉他，因为狼从小就被放在狗群里驯养，时间长了，狼的外貌特征都有些像狗，更别说狼性，早就消失殆尽了。

他看着那匹温和听话的狼，想想自己的安逸，顿时有些心虚，他好像明白了什么。回到家后，他在父母的反对和一片惋惜声中辞职了，独自去了南方一个大城市。

那一年，他二十四岁。他想方设法把自己的自荐信转到知名的大公司老板手中，很多时候，那些人都会觉得他这个毛头小子莫名其妙，并拒绝说："我们现在还没有招聘需要。"他总会微笑着说："你们公司总会有需要招人的一天，那时候，我就是第一应聘人。"就这样，他终于被一家知名企业录用。

后来，因为业绩突出，他被公司调到美国总部。升迁后的第一天，他出于在国内养成的习惯请总部的新同事一起吃饭，等到饭后他要结账的时候，同事们却一个个坚持必须各自买单，毫不客气地拒绝他的一片好意。当时的他感觉非常尴尬，他的热情貌似被不通情理的执拗浇灭了，但同时他也明白了什么，从那以后，他更加努力地工作。

一路走来，他的生命刻度计上留下了难忘的印迹，他用那些年轮上深刻的经历告诉我们，要想让别人接受你、尊重你，必须先自己尊重自己；如果不自立，无所事事的安乐也会使狼失去本性；要想迈向成功，首先要自信；人生中要想有所成就，必须学会自强，不要指望谁能为你的生活买单。

如果说实现梦想有什么公式，那就是自尊、自立、自信、自强相加的结果。要满足这个公式，谈何容易！给自己定个梦想，挑战一下吧！

为了梦想奔跑

一个美国黑人，他出身贫穷，在兄弟姊妹中尤其瘦弱，学习成绩也是最差的一个。

有一天，当他在电视里看到介绍伟大的高尔夫球运动员尼克劳斯的节目时，他的心一下子被打动了：我要像尼克劳斯一样，当一个伟大的职业高尔夫球运动员！

他要父亲给他买高尔夫球和球杆。父亲说："孩子，那是富人们的游戏，我们家玩不起。"他不依，吵着要。母亲抱着他，朝父亲喊："我相信他，他一定会成为优秀的高尔夫球手的！"说完，母亲转过头，柔声说，"儿子，等你成为职业高尔夫球手后，就给妈妈买栋漂亮的别墅，好吗？"他睁着那双大眼睛，朝母亲用力地点了点头。

父亲没有给他买，但亲手给他做了一个球杆，然后在家门口的空地上挖了几个洞。属于他的高尔夫从此开始了。

进入中学后，体育老师里奇·费尔曼发现了这个黑人少年的天赋，于是建议他到高尔夫球俱乐部去练球并帮他支付了三分之一的学费。仅仅三个月后，他就成了奥兰多市少年高尔夫球赛的冠军。

高中毕业后，他幸运地考取了著名的斯坦福大学。暑假期间，一个要好的同学来他家玩，说他哥哥所在的旅游公司有一艘豪华游轮正在招服务生，薪水很高，每周有五百美元，问他是否有意去应聘。他动心了，家里仍然贫穷，自己应该像个男人一样挣钱养家了。

一个星期后，里奇·费尔曼来到他家，老师已经帮他联系到了一家高尔夫球俱乐部，准备带他去报名。小伙子不好意思地告诉老师，他打算去工作了。里奇·费尔曼沉默半晌，然后问他："我的孩子，你的梦想是什么？"

他愣了一下，似乎有些开不了口。过了好久，他红着脸嗫嚅道："当一个像尼克劳斯一样的高尔夫球运动员，挣很多钱，给母亲买一栋漂亮的别墅。"

里奇·费尔曼听完，眼睛盯着他高声叫道："你现在要去工作吗？你要为每周五百美元而放弃你的梦想吗？"

十八岁的他被老师的话震惊了，他愣住了。突然，曾经的梦想如闪电般穿过脑海，热血瞬间流遍全身，一个声音呐喊着：我的梦想是要成为像尼克劳斯一样伟大的高尔夫球运动员，我的梦想是要为母亲买一栋别墅！

那个假期，他全身心地投入训练。在当年的全美业余高尔夫球大奖赛上，他一举成为该项赛事最年轻的冠军。三年后，他成了一名职业高尔夫球手。

他是迄今为止最伟大的高尔夫球运动员，他一次次地创造着高尔夫球的神话：1999年，他成为世界排名第一的高尔夫球手；2002年，他成为自1972年尼克劳斯之后连续获得美国大师赛和美国公开赛冠军的首位选手。从1996年出道至今，他总共获得了三十九个冠军。如今，他以一亿美元的年收入成为世界上年收入最高的体育明星之一。他给他的母亲买了六栋别墅，分别位于不同的地方。你可能已经知道了他是谁，是的，他就是人称“老虎”的泰格·伍兹。

一个人不管遇到什么困难，都应该为自己的梦想努力。努力可能会失败，但放弃则意味着你根本不可能成功。试着像泰格·伍兹那样为了梦想奔跑，也许有一天，你也能为自己的母亲买六栋别墅。

心动决定你行动的方向，如果失去了方向，那么再多的行动亦是徒劳。想象你正攀越心中的山脉，想象你正冲过终点。这些设想好像很不实在，但却往往能增加你的耐力，使你百折不挠，继续向理想迈进。

扼住命运的咽喉

巴尔扎克曾经说："挫折与不幸，是天才的进身之阶、信徒的洗礼之水、能人的无价之宝、弱者的无底深渊。"许多取得辉煌成就的人往往不是生活道路上一帆风顺的人，而是那些时常遭受挫折的人。

这是因为，生活中一帆风顺的人对成功的渴求不够强烈，失败的经验不够丰富，蓄势待发的力量不够深厚，因此无法爆发出最强大的潜力，也就无法取得最耀眼夺目的成就。而那些在逆境中饱经风霜的人，经历了挫折的洗礼，对成功有着狂热的渴望，对机遇有着深切的渴求和敏锐的触觉，当成功的机遇来临时，他们就不会错过。

公元1770年，贝多芬出生于德国波恩一个少有欢乐的家庭。他的父亲是宫廷乐师，但性情暴躁，喜怒无常，还有酗酒的恶习。与父亲形成极大反差的是，贝多芬的母亲非常慈祥可亲、善解人意。

小贝多芬一出生就长着一张红颜色的、奇特的麻脸，父亲很讨厌他，而母亲却疼爱地亲吻着他的脸庞说："我可怜的孩子，上帝是不会忘记照顾你的！"贝多芬成长为一代乐圣与他母亲无微不至的关爱是分不开的。

贝多芬的音乐天赋在很小的时候就已显露出来，父亲觉得很骄傲。为了弥补自己事业上的失败，光宗耀祖，严厉的父亲在贝多芬四岁时就开始对他进行强制性的教育，他要求小贝多芬每天练习钢琴和小提琴八个小时。即使在寒冬，手指都冻僵了，父亲还是要他练琴。每天，父亲总是拿着棍子守在钢琴边，只要贝多芬弹错一个音符，粗大的棍棒就无情地落在贝多芬的手指上。

贝多芬的母亲出身寒微，但心地善良，对丈夫粗暴的教育方式非常反感。她总是尽最大的可能给予小贝多芬更多的母爱。在贝多芬的心中，母亲的形象是至高无上的。

有一次，母亲把郁郁寡欢的贝多芬叫到她的房里，问："孩子，你觉得委屈吗？"

"是的，妈妈！"

"孩子，妈妈永远不会让你感到自卑！"

"妈妈，能有你这么爱我，我真的是世界上最幸福的！"

“可怜的孩子，上帝一定会照顾你的，即使有一天妈妈不在了……”

“妈妈，你为什么要这么说？我不可以没有妈妈！”

“是的，孩子，母亲总是永远的。母爱使你永不自卑。”

十一岁时，贝多芬跟着宫廷风琴师聂费学习风琴演奏。聂费看出贝多芬的音乐才华，就主动教他作曲的技巧，并且介绍贝多芬在乐团中担任风琴手。从此，贝多芬正式迈上音乐之路。

1787年，贝多芬离开慈爱的母亲前往维也纳，他试图投到莫扎特的门下学习作曲。无奈当时莫扎特正忙于歌剧的创作，没有时间指导他。

遗憾的是，不久之后，贝多芬的母亲就因为患肺结核而病逝。那时，贝多芬才十七岁，但是他必须照顾弟弟们，负担整个家计，还必须满足酒鬼父亲的需求。在他内心深处铭记着母亲曾经给他的温柔和母爱。这种爱支撑了他的全部精神，也是这种爱使他日后的音乐作品充满了生命力。

1792年，贝多芬再度前往维也纳，跟随海顿学习作曲，逐渐走上他伟大而坎坷的音乐创作之路。

但从1796年开始，贝多芬就发现自己的听力急剧下降。对于一位风华正茂、踌躇满志的钢琴家和音乐家来说，听力的衰退就等于世界末日！

然而，雪上加霜的是，他又痛失了心仪已久的恋人，这双重的打击使顽强的贝多芬支持不住了。1802年他写下了一封绝笔，在这篇“遗嘱”中，贝多芬说道：“是艺术，就只是艺术留住了我。啊！在我尚未感到把我的使命全部完成之前，我觉得我是不能离开这个世界的。”

最终让他活下去的勇气来自母亲的巨大鼓舞。在那段时期，贝多芬只要一闭上眼就会看到母亲慈祥和蔼的目光，想起母亲殷切的期望。

他信仰共和，崇尚英雄，创作了大量充满时代气息的优秀作品，如交响曲《英雄交响乐》《命运交响乐》；序曲《艾格蒙特》；钢琴奏鸣曲《悲怆》《月光》《暴风雨》《热情》；等等。这些作品在表现生命、爱、痛苦、绝望、死亡的同时，也流淌着对母爱的丝丝追思。

挫折中蕴含着成功所必需的营养，经历过挫折之后的人往往比一帆风顺的人更加顽强。所以，如果能够正确认识挫折、把握挫折，就能够取得成功。失败是成功之母，挫折同样是成功路上不可或缺的，你可以从中得到你所想要的经验。

这就是挫折的收获。战胜了挫折，说明你在向成功迈进。逃避挫折，挫折会终生缠绕着你，成为你一生永远摆脱不了的一块心病。世界上没有一成不变的事物，学会以辩证的观点、发展的眼光看待每个人的变化。挫折并不可怕，挫折可能正是成功的前奏，只要善于利用挫折，成功就没有想象中的那么困难。

面对失败要屡败屡战

一说起诺贝尔，人人都知道他是“炸药之父”。诺贝尔是瑞典人，他的父亲也喜欢发明创造，有过很多发明，诺贝尔从小受到父亲的熏陶，对科学产生了浓厚的兴趣。

九岁那年，诺贝尔的父亲在俄国圣彼得堡开设了一家工厂，专门制造军用机械，为此，他们全家人离开了瑞典。在父亲的工厂里，诺贝尔发现了很多好玩的东西，他不停地进行着发明创造，发明了硝化甘油炸药、地雷，尽管受到了父亲的严厉禁止，但他依然乐此不疲。为了实现自己的理想，诺贝尔曾远涉重洋，跟随瑞典籍的美国大发明家艾利克逊学习。

俄国和英法联军发生战争后，诺贝尔家生产的水雷供不应求，为了让俄国早日获胜结束战争，俄国专家找到了诺贝尔。他们想制造威力更大的炸弹，并留下一小瓶硝化甘油让诺贝尔做实验。

硝化甘油是意大利科学家沙布利诺于 1847 年发明的，因为试管中的硝化甘油突然爆炸，沙布利诺受了重伤，从此便停止了试验。由于硝化甘油呈液化状态，稍微有点疏忽，就会发生可怕的爆炸，因此诺贝尔反复试验，最后研制了“雷管”，它的出现可以使硝化甘油安全地爆破矿山和隧道。

接着，诺贝尔成立了一家硝化甘油公司，很快，火药工厂就开始制造硝化甘油，这个工厂就是诺贝尔火药工业公司的前身。

诺贝尔的弟弟艾米尔也是个炸药迷，他每天泡在工厂帮哥哥做试验。一天，由于大意，工厂突然发生爆炸，等诺贝尔和父亲赶到现场时，工厂已变成一片废墟，诺贝尔最疼爱的小弟艾米尔当场被炸死。这个重大打击，使父亲突发脑溢血，母亲终日以泪洗面，诺贝尔却没有放弃试验，他发誓说：“我一定要找出安全使用和存放硝化甘油的方法。”

可是，工厂被政府勒令停工，并禁止诺贝尔在市区五公里内做试验，他跑到乡村，仍然遭到拒绝，最后，他只得购买了一艘大船，在河里做试验。尽管如此，其他船只仍然感到害怕，不许他的“水上工厂”靠近，他不得不经常变动停泊位置。

硝化甘油炸药又生产出来了，经过诺贝尔的亲自示范表演，人们总算打消了疑虑，订单源源不断，诺贝尔重新开办了一个火药工厂。从此，这座小小的工厂支配着全世界的火药界。

但实际上，硝化甘油的安全系数依然不高，它没有发生意外是因为当时气候寒冷，在低温下硝化甘油不易爆炸。由于硝化甘油是一种黏稠的液体，一些人竟以为这是一种润滑油和光亮剂，甚至用它来擦皮鞋和皮衣。

后来，一艘装有硝化甘油的轮船发生爆炸，致使十七人死亡；还有一次在旧金山一个仓库里，硝化甘油爆炸又造成十四人死亡。这些事件立刻成为头条新闻，报纸强烈谴责诺贝尔的硝化甘油。面对这些不绝于耳的责难，诺贝尔并没有放弃。最后，他研制出一种用雷管引发的、固体状态的硝化甘油炸药。经过审查，大家都认为这是一种安全的产品，在使用和运输方面绝对可以放心。

一种可怕的危险品从此变成赐福人类的大功臣，诺贝尔也因此成为世界闻名的发明家。

人生不如意事十之八九，面对挫折，你是屡战屡败，还是屡败屡战？

每个人都渴望成功，而取得成功的关键是能否屡败屡战。所以，要想打开成功之门，享受成功的喜悦，我们就必须屡败屡战，不做在失败面前退缩的人，也许只靠坚持并不一定能胜利，但是屡败屡战是成功最关键的一步。

父亲的哲学

一个女孩在父亲面前抱怨自己的生活，认为做什么事都那么难，而且好不容易解决了一个问题，新的问题马上又出现了。在不停地抗争与奋斗中，女孩对人生充满了厌倦。

女孩的父亲是一个厨师，他把抱怨的孩子带进了厨房。父亲先往三只锅里倒入一些水，然后把它们放在旺火上烧。不久锅里的水烧开了，他往第一只锅里放些胡萝卜，第二只锅里放只鸡蛋，最后一只锅里放入碾成粉末状的咖啡豆。他将它们浸入开水中煮，一句话也没有说。

女儿咂咂嘴，不耐烦地等待着，纳闷儿父亲在做什么。大约二十分钟后，父亲把火关了，把胡萝卜捞出来放入一个碗内，把鸡蛋捞出来放入另一个碗内，然后又把咖啡舀到一个杯子里。做完这些后，他才转过身问女儿："亲爱的，你看见什么了？”“胡萝卜、鸡蛋和咖啡。”她回答。

父亲让她靠近些并让她用手摸摸胡萝卜。她摸了摸，注意到它们变软了，父亲又让女儿拿一只鸡蛋并打破它，将壳剥掉后，她看到的是只煮熟的鸡蛋。最后，他让她喝了咖啡。品尝到香浓的咖啡，女儿笑了。她怯生生问道：“爸爸，这意味着什么？”

父亲解释说：这三样东西面临同样的逆境——煮沸的开水，但其反应各不相同。胡萝卜入锅之前是强壮的、结实的，毫不示弱；但进入开水之后，它变软了，变弱了。鸡蛋原来是易碎的，它薄薄的外壳保护着它呈液体的内脏；但是经开水一煮，它的内脏变硬了。而粉状咖啡豆则很独特，进入沸水之后，它们反而影响与改变了水。

“哪个是你呢？”父亲问女儿，“当逆境找上门来时，你该如何反应？你是胡萝卜，是鸡蛋，还是咖啡豆？”

哪个是你呢？——这个问题你也可以抛给因挫折而处于迷惘或厌倦中的人。“孩子，你是变成了软弱无力的胡萝卜，是内心原本可塑的鸡蛋，还是改变了开水的咖啡豆呢？”

当你遭遇挫折时，如果你能奋起改变不利的局面，你的人生就会像一杯咖啡那样香醇绵延、回味无穷。

战胜困难

勇气会帮助我们战胜困难，假若有机会从一个平凡的人变成一颗璀璨的明珠，我们为什么不去尝试呢？即使前面有艰难险阻在等着我们，我们也不能停下前进的脚步，也许，鼓起勇气向前迈一步，甚至只是小小的一步，我们就会看到一个不同的世界。

又到了毕业的时节，这一天，在哈佛大学法律系的毕业典礼上，一位学生代表在发言中讲了关于自己成长的故事，他说："有一个孩子，每次考试时，他的成绩都无法超过他的同桌，这让他很困惑：一同认认真真地听课，为什么每次同桌都能考第一，而自己每次却只能排在他的后面？"

每次成绩下来后，他总是问妈妈："妈妈，我是不是比别人笨？我觉得我和他一样听老师的话，一样认真地做作业，可是，为什么我总比他落后？”妈妈听了儿子的话，感觉到儿子开始有自尊心了，而这种自尊心正在被学校的排名伤害着。她望着儿子，没有回答，因为她不知该怎样回答。又一次考试后，孩子考了第二十名，而他的同桌还是第一名。回家后，儿子又问了同样的问题。妈妈真想说，人的智力确实有高低之分，考第一的人，脑子就是比一般人聪明。然而这样的回答，难道是孩子真想知道的答案吗？她庆幸自己没说出口。

儿子的这个问题每学期都会被问到无数次，应该怎样回答儿子的问题呢？有几次，她真想重复那几句被上万个父母重复了上万次的话——你太贪玩了；你在学习上还不够勤奋；和别人比起来还不够努力……以此来搪塞儿子。然而，像她儿子这样脑袋不够聪明、在班上成绩不甚突出的孩子，平时活得还不够辛苦吗？所以她没有那么做，她想为儿子的问题找到一个完美的答案。

儿子小学毕业了，虽然他比过去更加刻苦，但依然没赶上他的同桌，不过与过去相比，他的成绩一直在提高。为了对儿子的进步表示赞赏，她带他去看了一次大海。在这次旅行中，母亲回答了儿子的问题。

母亲和儿子坐在沙滩上，她指着海面对儿子说：“你看那些在海边争食的鸟，当海浪打来的时候，小灰雀总能迅速地飞起。它们拍打两三下翅膀就飞入了天空；而海鸥总显得非常笨拙，它们从沙滩飞向天空总要很长时间，然而，真正能飞越大海、横过大洋的却是它们。”

人与人先天就存在差异，这是不可回避的事实。人的成长、成熟是一个漫长的过程，能否取得最后的胜利，不在于一时的排名，而在于持续地进步与积累。能够经受住更多风吹雨打的人，他的翅膀才会更有力，也才能飞得更高，更远。

仅以此书献给那些在爱与温暖中勇敢前行的的追梦人。

愿你带着爱与感恩，一路前行。

无悔青春之完美性格养成丛书

习　惯：
少成若天性，习惯如自然

蔡晓峰　主编

红旗出版社

图书在版编目（CIP）数据

习惯：少成若天性，习惯如自然 / 蔡晓峰主编. —北京：红旗出版社，2019. 11
（无悔青春之完美性格养成丛书）
ISBN 978-7-5051-4998-4

Ⅰ. ①习… Ⅱ. ①蔡… Ⅲ. ①故事—作品集—中国—当代 Ⅳ. ①I247.81

中国版本图书馆CIP数据核字（2019）第242290号

书　名　习惯：少成若天性，习惯如自然
主　编　蔡晓峰

出品人　唐中祥　　总监制　褚定华
选题策划　华语蓝图　　责任编辑　王馥嘉　朱小玲

出版发行　红旗出版社　　地　址　北京市丰台区中核路1号
编辑部　010-57274497　　邮政编码　100727
发行部　010-57270296
印　刷　永清县晔盛亚胶印有限公司
开　本　880毫米×1168毫米　1/32
印　张　40
字　数　960千字
版　次　2019年11月北京第1版
印　次　2020年5月北京第1次印刷

ISBN 978-7-5051-4998-4　　定　价　256.00元（全8册）

写给你们

长大之后的我们，习惯了每天上下班一个人坐在公车上，塞上耳塞，看着窗外和我们一样为生活而忙碌奔波的人。很多瞬间，我们会感叹生活是多么不易，不再是爸妈怀抱里的小孩，已经长大的我们却会被电影里的某个情节而感动。生活改变了我们，却变不了坚强的外表下那颗敏感而柔弱的心。

很多时候，我们觉得自己的故事总有人会耐心了解，我们的努力不会辜负别人的看好。总有那么些喜怒哀乐、悲欢离合，这，才是生活。庆幸的是，有那么个人，即使不同城市不同轨迹，却有偶尔关心，有那么个人，遥远却并不遥远，青春路上，一路相伴。谢谢有你。

人生中出现的一切，都无法拥有，只能经历。深知这一点的人，就会懂得：无所谓失去，只是经过而已；亦无所谓失败，而只是经验而已。用一颗浏览的心，去看待人生，一切得与失、隐与显，都是风景与风情。

生活不仅仅有静止和重复，我们已经来到一个时代，只要你的渴望合理，你付出努力，世界会找到方法帮你实现。我们已经来到一个时代，都在追求生活的品质。我们期盼和所有自己喜欢的东西在一起，而不仅仅是活着。

生命需要保持一种激情，当激情能让别人感到你是不可阻挡的时候，其他的就会为你的成功让路！一个人内心不可屈服的气质是可以感动人的，并能够改变很多东西。

这一路上我们坚持着自认为对的东西，遇上失败会有嘲笑，没有收获会收到苦口婆心的劝告。即使受伤，即使疲惫，即使路途遥远，只有我们自己懂这份倔强，无论成功与否，至少也对自己的人生有个交代。相信未来收获时，我们都会笑着说，你看啊，我就是一直喜欢这样的自己。

长大之后的我们，都是与生活作战的人。单枪匹马，跌跌撞撞，再苦再累也要咬紧牙关。这个世界上，有多少人，从来没有被生活善待过，却依然温柔地对待生活。遇见最美的人生，遇见最好的自己。生活的冒险是学习，生活的目的是成长，生活的本质是变化，生活的挑战是征服。

目　录

第一章　习惯成自然

第二章 放手一搏，不计对错

第三章 不忘初心，方得始终

第一章
习惯成自然

人生就像是一块拼图，认识一个人越久越深，这幅图就越完整。但它始终无法看到全部，因为每一个人都是一个谜，没必要一定看透，却总也看不完。

——林海音

越自律，越自由

越自律，越自由。如果我们真正能够做到自律，就会在人生的某一个路口蓦然发现，原来自律并不是约束，而是更高层次的解放。而那些缺乏自律的人，迟早会因为不尊重规则而受到规则的驱逐和惩罚。

拿破仑说：“不想做将军的士兵不是好士兵。”这句话总是引人共鸣，因为它点燃了人们追求成功的渴望。想让自己变得更杰出，可以说是人的本性。

曾有这样一个真实的故事：一个22岁的年轻人大学毕业，只身从西部来到北京闯荡，他自信是一个想做将军的士兵。他找到的第一份工作是在一个不知名的杂志做助理编辑，能力加上勤奋让他站稳了脚跟。他的同事C君则常对他说：凡事总有捷径，不懂得走捷径的人永远不会成功。C君很懂得走“捷径”，当年轻人还在为当月杂志的选题、策划、采访、组稿等奔波忙碌的时候，C君的工作早已完成了。C君的方法很简单，他把稿子或者外包给别人做，或者直接从网络上搜索、复制，稍加整理即完成一篇，所以他做事永远最快最轻松。C君的工作方法是杂志社明令禁止的，也是每一个媒体从业者的大忌，年轻人劝说C君，C君不以为然。纸终究包不住火，他的抄袭行为使得杂志社成为了被告，他的所作所为完全曝光，C君的下场可想而知，不仅赔钱而且失业了。如今，八年过去了，当年的年轻人已经是京城某大报受人尊敬的主任记者，而C君再也做不成记者了，没有人肯用他，一直碌碌无为。C君不明白，其实成功的捷径很简单，就是做正确的事。

在工作中，做正确的事不仅是要努力工作，而且要学会遵守规则。有些人觉得遵守规则是一件过于辛苦的事情，也是对自己的束缚。他们往往能举出身边的实例，告诉你弄虚作假可以更快更容易地获得成功，他们认为这是成功的捷径。他们不屑于自我约束，而更愿意投机取巧肆意妄为，然而就像那个贪图禾苗快速成熟而拔苗助长的农夫，他们做得越多错得越多，离成功也会越来越远。所以，一定要做正确的事！

做正确的事首先要求我们要自律，要学会自我约束、自我管理。小时候，我们首先学会的就是不把手伸到开水里，不去碰燃烧的火苗。自律是平安人生的第一课，我们就是从约束自己不去触碰危险的事物开始，慢慢学会自律的。自律有两个方面：一个就是像Google（谷歌）公司的著名信条Don't be evil

（不作恶）那样自我约束，战胜自己的欲望，不去做不对的事；另外一个就是更好地完成好的事，能够自我监督、自我管理，管得住自己。而参研历史上的成功者，可以发现自律有三种层次：一是迫不得已的自律；二是洁身自好的自律；三是深明大义的自律。为什么面对同样的金钱诱惑，有些人能够婉言谢绝，而有些人则贪婪地伸手笑纳？这就是人与人的德行差异，而德行差异的核心就是个人自律问题。那些优秀人物通过磨炼个人的修为，最终让自律成为了习惯。

自律的具体表现是自爱、自省和自控。自爱，是自律的重要心理基础，自爱能够使一个人高尚和优秀起来，从而自觉自愿地自律；自省，是严于律己的表现。自省能够使一个人改正错误和不断取得进步；自控，是自律的关键，能够使一个人避免风险和麻烦。生活如战场，我们总是在不断地努力，不断地战斗，为了获得事业的成功，为了生活更加美好。其实真正的对手只有我们自己，学会自爱自省自控、战胜自己才是制胜法宝。

当我们回望自己的成长之路就会发现：如果任由汪洋恣肆的生命力自由发展，生命的丛林将处处杂草、枝杈横生。作为一个成年人，我们每个人都要做自己生命之树的园丁，掌握修身之道，自律自强。21世纪的修身之道，也许少了几分齐家治国平天下的高度，却是为了在个人生活中收束自己的欲望，活得有章法、有气度；自律是为了在经济生活中遵循规则，建立守规则的个人口碑，打造自己的个人品牌，最终决胜商场。越自律，越自由。如果我们真正做到了这些，就会在人生的某一个路口蓦然发现，原来自律并不是约束，而是更高层次的解放。而那些缺乏自律的人，迟早会因为不尊重规则而受到规则的驱逐和惩罚。

有一个发生在美国的小故事，讲的是一位年迈的老婆婆来到一所大学的日文班学习。开始大家并没有感到奇怪，在美国人人都可以挑自己开心的事情做。可过了不长时间，年轻的同学们发现这个老太太并非是退休之后为填补空虚才来这里的。每天清晨她总是最早来到教室，温习功课，认真地跟着老师阅读。老师提问时她也会出一脑袋汗。她的笔记记得工工整整。不久大家就纷纷借她的笔记来做参考。每次考试前老太太更是紧张兮兮地复习、补缺。有一天，老教授对同学们说："做父母的一定要自律才能教育好孩子，你们可以问问这位令人尊敬的女士，她一定有一群有教养的孩子。"一打听，果然，这位老太太叫朱木兰，她的女儿是美国第一位华裔女部长——赵小兰。自律是成功之母，自律能让一个移民家庭实现灿烂的美国梦，也能够帮助每一个人实现自己成功的梦想。

很多人像赵小兰的母亲一样，用自己的人生实践了这个简单的道理。他们是自己生命之树的优秀园丁，努力工作，自律自强，因为他们与您一样明白：规则是用来帮助自己做正确的事的，一个自觉自律的人，将能获得真正自由，踏上成功的捷径。

必须争分夺秒地去抢学问

纯粹的机会主义者往往从来没有想过要用知识的力量去武装头脑，而是蹲在树桩旁等着兔子来撞，顺手捡个便宜。我一直认为，机会是有的，关键是看你有没有实力去把握。

科技世界深如海，当你愈懂得一门技艺，并引以为荣时，便愈知道知识深如海，而我根本未到深如海的境界，我只知道别人走的路快我们几十年，我们现在才起步追，有很多东西要学习。

有不少年轻人，特别是部分学生，总是希望靠着运气，寻找到若干个机会，就此功成名就。当然，机会总会有的。但机会是从天而降，还是凭借我们自身的努力、自身的表现去争取呢？

我们不妨这样设想：假如一个老板，手下有两位员工。一个热爱学习，喜欢向别人请教疑难，不断提高自己的能力；而另一个却自以为了不起，厌恶学习，不思进取，以为自己的头脑已经是一个“百宝囊”了，不需要再去学习其他的知识。如果有个升职的机会，我可以断定，那位老板一定会提升那位勤学好问的员工。只有热爱学习的人，才能有更多的机会。

在上海时，曾经有个大学生问我：“你这么年轻就拥有如此多的财富与荣誉，靠的是什么？”

我毫不犹豫地告诉他：“靠学习，不断地学习！”

我很喜欢看书，但是我很少看小说或娱乐期刊。这是因为我要争分夺秒抢学问。

年少时我在台湾读书，父母和爷爷总是给我买很多书，但我还是觉得不够，就用他们给我的零用钱买旧书看。后来在新加坡求学时边工作边学习，还参加了不少培训班，就更没有时间去看言情小说、娱乐杂志了。不过，我喜欢数学，小时候数学都拿高分的。

在知识经济的时代里，如果你有资金，但是缺乏知识，没有最新的讯息，无论何种行业，你越拼搏，失败的可能性越大，但是你有知识，没有资金的话，小小的付出就能够有回报，并且很可能达到成功。现在跟数十年前比，知识和资金在通往成功路上所起的作用完全不同。我们要把握机会，就不能与时代脱节，也不可以裹足不前。21世纪的竞争，是知识的竞争。时代的车轮不断地在滚滚向前转，竞争日趋激烈，要在千百万人当中脱颖而出，成为出类拔萃的一类人物，是件不容易的事。作为年轻人，一个不可缺少的条件就是：不断学习，不断进步，不断创新。这样，当机会来临之时，我们便可以在众多竞争者中夺取机会，进而发展我们的事业。

一个人倘若没有正确的学习观，不能够做到与时俱进，那他的事业也就不会成功。前些年，曾经有些人认为：读书无关紧要，一生没有读过多少书的人，同样能干大事业。这种观点显然是不对的，因为一生都没有读过书的人，虽然同样能够依靠自己的努力干出一番事业，但毕竟许多事物都需要足够的知识和较高的文化水平才可以应对。

我自始至终都认为，知识是充实个人头脑的最佳“补品”。我爷爷是第一批大学生，功底很扎实，他从医院院长退下来后还在不断学习。在他的影响下，我的父亲、母亲也从不放松学习。在这种注重学习的家庭环境中，我自幼就认识到学习的重要性。创业之后，为了生意，我不得不花很多时间去处理事情，但我还充分利用业余时间买书、买报，常常读到深更半夜，以此来充实自己。因为时间对于我们来说太重要了，时间就是生命嘛！一个消闲性的活动只能消磨时间，不会对事业有太大的帮助。

抢学问需要勤于向他人请教，学会虚心求问。书本上的知识固然可贵，但要想学到人生经验、工作经验以及技术经验，那就需要向人学习，将知识一点一滴地积累起来，以备后用。

学习是成功必经的过程。但如果仅仅是学习，不加思考的话，就会对书本中所讲的知识茫然无知，或者只是略知一二。做学问很多时候除了靠自己努力学习外，还要自己花费心思去不断思考，将书本中的概念应用于现实当中，这正所谓理论联系实际，如果要真正地学到知识，学到有用的知识，就需要思与学并进。

学习是做一切事情的基础，年轻人将来要想在事业上有所建树就必须从做学问开始，并且抓住一切时间去抢学问。抢到了学问，你也就等于抢到了将来把握机遇的资本。

说话要给人留面子

真正伤害人心的不是刀子，而是比刀子更厉害的东西——语言。说话时不注意给人留面子的习惯，不仅会伤人至深，也会给你带来不利的影响。

宾州哈里斯堡的佛瑞·克拉克提供了一件发生在他公司里的事："在我们的一次生产会议中，一位副董事以一个非常尖锐的问题，质问一位生产监督，这位监督是管理生产过程的。副董事长的语言充满攻击的味道，而且明显就是要指责那位监督的处置不当。为了避免在他攻击的事实面前被羞辱，这位监督的回答含混不清。这样一来使得副董事发起火来，他严斥这位监督，并指责他说谎。

"这次遭遇使之前所有的工作成绩，都毁于一旦。这位监督本来是位很好的雇员，从那一刻起，他对我们公司来说已经没用了。几个月后，他离开了我们公司，为另一家作为我们竞争对手的公司工作。据我所知，他在那儿还非常地称职。

“而这位副董事究竟得到了什么好处呢？我们失去了一位不错的雇员，副董事失去了他的威严——从那以后，每个人都把他看成是一个刻薄的家伙！”

所以，我们一定要战胜伤人自尊的说话习惯，一两句体谅的话，对他人宽大的态度，这些都可以减少对别人的伤害，保住他们的面子。

几年以前，通用电气公司面临一项需要慎重处理的工作：免除查尔斯·史坦恩梅兹某一部门的主管职位。史坦恩梅兹在电器方面是第一等天才，但担任计算部门主管却彻底地失败了，然而公司却不敢冒犯他。公司绝对解雇不了他——而他又十分敏感。于是他们给了他一个新头衔。他们让他担任“通用电气公司顾问工程师”——工作还是和以前一样，只是换了一项新头衔——并让其他人担任部门主管。

史坦恩梅兹十分高兴。

通用公司的高级人员也很高兴。他们以温和的方式调动他们这位最暴躁的大牌明星职员，而且他们这样做并没有引起一场大风暴——因为他们让史坦恩梅兹保住了他的面子。

让他有面子！这是多么重要，多么极端重要呀，而我们却很少有人想到这一点！我们残酷地抹杀了他人的感觉，又自以为是，我们在其他人面前批评一位小孩或员工，找差错，发出威胁，甚至不去考虑是否伤害到别人的自尊。然而，一两分钟的思考，一两句体谅的话，对他人宽大的态度，都可以减少对别人的伤害。

下一次，我们在辞退一个用人或员工时，应该记住这一点。以下，我引用会计师马歇尔·格兰格写的一封信的内容：“开除员工并不是很有趣，被开除更没趣。我们的工作是有季节性的，因此，在三月份，我们必须让许多人离职。”

“没有人乐于动斧头，这已成了我们这一行业的格言。因此，我们演变成一种习俗，尽可能快地处理掉这件事，通常是依照下列方式进行：‘请坐，史密斯先生，这一季已经过去了，我们似乎再也没有更多的工作交给你处理。当然，毕竟你也明白，你只是受雇在最忙的季节里帮忙而已。’等等。”

“这些话给他们带来失望，以及‘受遗弃’的感觉。他们之中大多数一生皆从事会计工作，对于这么快就抛弃他们的公司，这些人当然不会怀有特别的爱心。”

“我最近决定以稍微圆滑和体谅的方式，来遣散我们公司的多余人员。因此，我在仔细考虑他们每人在冬天里的工作表现之后，一一把他们叫进来。而我说出下列的话：‘史密斯先生，你的工作表现很好（如果他真是如此）。那次我们派你到纽华克去，真是一项很艰苦的任务。你遭遇了一些困难，但处理得很妥当，我们希望你知道，公司很以你为荣。你对这一行业懂得很多——不管你到哪里工作，都会有光明远大的前途。公司对你有信心，支持你，我们希望你不要忘记！’”

“结果呢？他们走后，对于自己的被解雇感觉好多了。他们不会觉得‘受遗弃’。他们知道，如果我们有工作给他们的话，我们会把他们留下来。而当我们再度需要他们时，他们将带着深厚的私人感情，再来投效我们。”

假如我们是对的，别人绝对是错的，我们也大可不必让别人丢脸，而毁了他们的自我。记住，任何人都没有权利去贬抑一个人的自尊。有一句谚语：“愚笨的人，说想说的话；聪明的人，说该说的话。”也就是我们要为自己和别人留下适当的弹性与空间，不要把话说死了，伤害别人的自尊是一种罪行。如果你有这样的坏习惯，那就要马上改正它，别让它毁了你的生活。

大学时期的经历

一

大学四年，我过的基本上是不学无术的生活。首先，我考上的就是个不需要太多知识积累和文化积淀的专业，所以学校安排的专业课和必修课我都是能逃则逃。有一个期末的晚上，我正躺在宿舍里怀疑人生，突然有人敲门，进来一个戴眼镜的温和的中年男人。见到我，他迟疑地问："这是新闻系的宿舍吗？"

我忙点头："是呀，您找谁？"

"我是你们中国现代文学课的老师，来给你们做考前辅导……"

"纵使相逢应不识，尘满面，鬓如霜。"

我突然想起《鹿鼎记》中的一段话："韦小宝的脸皮之

厚，在康熙年间也算得是数一数二的，但听了这几句话，脸上居然也不禁为之一红……”

二

一次期末考试时，我突然想起，借的书要再不还给图书馆，就要拖到下学期，就要被扣证了。于是我在两门考试的间歇急匆匆来到图书馆，结果被管理员拦住，说不能穿拖鞋进去，这是规定。不让穿拖鞋，那就不穿呗！我憨直的脑子根本没有多想，马上就把脚从拖鞋中拔出，光着脚跑进去。管理员似乎也觉得我这样做没错，还在图书馆门口帮那双拖鞋放哨，直到我下来，他也没说什么。

人在情急之下产生的逻辑真的是很奇妙。《野鹅敢死队》中也有这样一幕：敢死队员们被困在非洲，瑞弗上尉说要想办法出去。肖恩中尉一声冷笑：“难道你要我们走出非洲吗？”“那就跑吧。”瑞弗马上回答。

三

工作后我先住单身宿舍，室友毕业于兰州大学，非常勤奋。他说在兰州大学图书馆，经常会借到好些年没人动过的书。有一本书，借书卡上的一个名字是顾颉刚，令他感慨良久。

按照推断，顾颉刚于中华人民共和国成立以前在兰州大学执教期间借阅过的书，时隔半个世纪，才被另一个年轻人捧在手中抚摩，他盯着借书卡上那个名字发愣。这一情景要让余秋雨老师知道，肯定能写出一篇很人文主义、很“大文化”的佳文。

而我，只是想提醒一下尚在学校就读的学弟学妹：看看你们手中的书，有没有先哲的体温和指纹。

永远做自己

朴树要开演唱会了。前几天，他妻子收到一条短信，要她的银行账号。

“我们也不知道票多少钱，就想给她打五千块钱过去，买两张应该够了吧？”七十六岁的北京大学退休教授濮祖荫告诉记者。他怕儿子生气，不敢直接问他。

儿子十年没出专辑了，他们担心世界忘了他。这也是儿子在家乡北京第一次办演唱会，他们要去增加两个观众。前些年，濮祖荫做一次空间物理的讲座，主办方介绍：“这是朴树的爸爸。”下面二三十名研究生齐刷刷鼓掌。这不是第一次了。

空间物理界的同行说：“你现在没有你儿子出名了。”他不无得意：“他比我出名更好。”人家又问：“你儿子现在怎么样啦？”

这是个令人尴尬的问题。搬出去住了好多年，每次父母问，朴树的标准回答是："您别操心了。"老两口不得不经常跟他的唱片公司老总、副总、演艺经理悄悄打听儿子的动向。

四年前朴树跟唱片公司解了约，这些信息渠道都断了。

北大教授的孩子不考大学？濮祖荫第一次为小儿子操心是在近三十年前。朴树"小升初"考试那年，语文加数学满分200分，他考了173分，北大附中的录取线是173.5分。濮祖荫为此事奔走了一个月，未果。至今父子都记得那0.5分。

北大的家属院里，孩子们从小就立志成为科学家。北大附小、附中、北大，出国留学，是他们的前程路线。

朴树回忆："真是觉得低人一等。你没考上，你爸妈都没法做人了。"

姨妈有次来家里住，对朴树的母亲刘萍说："我怎么这一个月没见朴树笑过？"给朴树做心理诊断的是后来声名抑噪的孙东东。他跟朴树聊了半天，出来一句话："青春期忧郁症。"妈妈带朴树去医院做心理测试，结论是"差3分变态"。有一道题是："如果你死了，你觉得身边的人会怎么样？"朴树直接选了"无动于衷"。

朴树多年抑郁症的根源是什么？他自己觉得是没考上北大附中，父母则认为，是他上初中以后，班长一职被老师撤了。

"班主任跟我讲，其实就是想惩罚他一下，以后还让他当。他怎么能领着八个同学逃课呢？"刘萍说，朴树从此开始严重不合群，话少，失眠。

初中还没毕业，朴树煞有介事地告诉父母："音乐比我的生命还重要。"

直到朴树把父亲给他的游戏机偷偷卖掉，用这钱报了一个吉他班，他们才意识到：儿子这次是玩真的。

朴树的高中也是混过来的，还休学了一年。由于有抑郁症，父母不敢对他施压。他组了乐队，每天晚上跟一帮人去北大草坪弹琴。

但亲耳听到儿子说"不考大学了"，濮祖荫还是不能接受——北大教授的儿子不考大学？

1993年，朴树还是豁出命读了几个月的书，考上了首都师范大学英语系。拿到录取通知书后，他将其交给父母："我是为你们考的，不去了！"但终究还是去读了书。

青春期叛逆是朴树音乐中的一个重要命题。刚上大学，他觉得自己的长发有点扎眼，准备剪掉；正好书记来视察，一眼看见了他的长发："去剪掉，不然不许你参加军训。"朴树炸了："头发是我的，我想剪就剪，不想剪就不剪！"

大二时他退了学，每晚10点半，带着吉他去家门口的小运河边弹琴唱歌，第二天早上4点回来，风雨无阻。父母不死心，找人给他保留了一年学籍。无效，他至今还是高中学历。

在家写了两年歌，母亲问他要不要出去端盘子，朴树才意识到自己似乎应该赚点钱。

他找到高晓松想卖几首口水歌。听了听小样，高晓松说："正好我有一哥们儿刚从美国回来，成立了一个还不算太大的公司，你过来当歌手吧。"

"其实就是发现了两个人，我和宋柯才成立了麦田。一个是朴树，另一个是叶蓓。"电话里高晓松对记者说。

1996年，朴树正式成为麦田公司的签约歌手，老板是宋柯。"濮树"从此成了"朴树"。

高晓松评价：朴树的歌词特别诗化，嗓音又特别脆弱。他的歌"就像朗诵诗一样，脆弱就会特别打动人"。

一堆歌就这样写出来了，先是《火车开往冬天》，然后是《白桦林》。念叨着小时候母亲总哼的那些俄罗斯歌曲，朴树琢磨出一个旋律，觉得不错，就瞎编了一个故事，把词填上。

这首歌红到他自己想不到的程度，也让他烦恼到忍无可忍。

1998年，麦田公司企宣张璐成了朴树的经理人，带着他到处演出、受访。张璐很快发现：朴树不喜欢接受采访。几乎每家媒体都要问：《白桦林》的故事，你怎么想出来的？朴树不肯说重复的话，觉得自己的智力透支了。

1999年1月，朴树的第一张专辑《我去2000年》出来了。宋柯请来了来北京闯荡没几年的张亚东。

"我们跟张亚东谈着，总有人进来，拿着一摞钱给他，说你帮我做谁谁的制作人。"朴树的发小儿、原"麦田守望者"乐队的吉他手刘恩回忆，朴树拿把吉他弹唱了《那些花儿》，张亚东说："那些活儿我都推了，给你做这个。"

张亚东正在给王菲做制作人，知道她包了间非常不错的棚，就趁空把付不起钱的朴树领进去。他发现，朴树的歌是分裂的。曲子很美，词不是阴郁忧伤，就是愤怒沧桑。

朴树说，那时他的歌，其实都是“为赋新词强说愁”，描写离自己很远的情绪。

“当时幸亏没听我们俩的。”刘恩和朴树当时坚决反对把民谣味道很重的《白桦林》收进专辑。高晓松说：“你可以不放在A面，但一定不要落下它，一定会是它先红。”最后，放在了B面第三首。

磁带里附着一张“麦田公司歌迷单”，张璐一笔一画地把统计结果抄了下来，保留至今，这张1999年3月的统计表显示：在两千六百四十三封歌迷来信中，最受欢迎的三首歌是《白桦林》《NEWBOY》和《那些花儿》。

1999年北约对南联盟发动科索沃战争，同年5月8日，中国驻南联盟大使馆遭到轰炸，三名中国记者死难。俄罗斯实行了“有限介入”，派伞兵抢占了科索沃首府机场。不断有歌迷来信，把这首包含俄罗斯元素、战争元素、历史元素的《白桦林》跟这场战争联系起来。麦田公司趁机就此展开宣传。

一年之内，《我去2000年》卖了三十万张。

2000年央视春晚导演组想找四个有人气的、“非主旋律”的年轻歌手搞联唱，每人两分钟。他们找到麦田公司，指名要朴树和《白桦林》。

朴树不去。公司上上下下劝说很久："你更应该去占领这个阵地，让它有点年轻人的东西。"朴树总算同意了。

直播前两天，央视先做了一个节目，让上春晚的演员对着镜头说几句话，再表演一段才艺。朴树跟几位小品演员放在一堆。他崩溃了，"我怎么能跟这伙人一起上呢？"

第二天彩排，张璐正在央视演出大厅上厕所，朴树进来了。"这次春晚我肯定不上了！"转身就走。宋柯也没劝动。

想了一宿，张璐操起电话给朴树打过去，刚一接通就破口大骂："所有人都在为你的这个事付出，都在为你服务，你知道什么叫尊重吗？如果你不上春晚，公司的上上下下就是被你伤害了……把我们所有的从业人员的路都给堵死了！"

朴树哭了，第二天继续参加彩排。

大年三十晚上，濮祖荫和刘萍老早就搬凳子坐在电视机前等着看儿子，总算等出来了。可他怎么这么……心不在焉呢？穿得邋里邋遢，表情漫不经心。

其实，张璐早在十年前就总结出朴树歌迷的一些共性：以高中生、大学生为主，女性占绝对多数；很多人和朴树一样穿着休闲帆布鞋。他们疯狂中有自律，要到签名就站在一边静静看着朴树，有些女孩子会哭，也是默默地哭。他们对朴树有两个称呼："小朴""树"。

2000年春晚之后，采访更多了，演出更多了，开始有歌迷在演出现场门口堵他，尖叫。这让朴树不适应。

成名使他的抑郁症迅速加重，他忽然觉得世界充满黑暗。他开始拖延写歌进度，拒绝演出。

那几年他经常是一夜不睡，早上打个车去机场，傍晚时分坐在大理的洋人街上，喝着啤酒，看着女孩们打羽毛球，觉得“生活真美好”。

有一年，朴树出去玩了一段。回到家，母亲对他说：“我听了你的歌，你这两年是不是过得不快乐？”朴树一下子就哭了，赶忙去洗脸，再装作大大咧咧的样子走开。

2003年11月8日，朴树的三十周岁生日，第二张专辑《生如夏花》上市。专辑名字取自泰戈尔的诗，仍是张亚东做制作人。几个月后，“百事音乐风云榜”评他为2003年“内地最佳男歌手”“内地最佳唱作人”，《生如夏花》获“内地最佳专辑”，其中一首歌 *Colorful Days* 获“内地最佳编曲”，他和张亚东分享“内地最佳制作人”。他的演出身价，已经是国内前三名。

他有了新的演艺经理邓小建，也有了一个使用至今的称呼“朴师傅”，《生如夏花》之后，公司给朴树组织了五十二个城市的巡回演出，朴树、邓小建和另外两个工作人员组成了“西游四人组”，朴树是唐僧，邓小建是沙僧。

五十二个城市的巡演几乎彻底摧毁了朴树。一段时间内，他称呼一切人都是“大傻子”，包括自己。

他成了各色人等“求医”的对象，并不厌其烦地对他们一遍一遍地讲：千万不要伤害自己，如果你把今天晚上熬过去，明天早上你会发现完全不一样，你昨天晚上想的是不对的……

连续几年，他拒绝再写歌，更拒绝趁热打铁再出新专辑。至今他只有二十六首歌，撑不起一场完整的演唱会，不得不邀请其他歌手。

张亚东每年都来找他一两次，见面就劝："做一张新专辑吧。"

"为什么要做？"

"有那么多喜欢你的人，你可以用歌曲跟他们交流，你还可以赚钱哪！"

"为什么要赚钱？"

张亚东沉默了。

2007年，朴树参加了一个电视节目，搭档是前奥运体操冠军刘璇。朴树打扮成《加勒比海盗》里的船长，红布包头，长长的头发从两侧垂下来；刘璇则悬在空中的两只铁环上劈叉，扯着嗓子唱蔡依林的《海盗》。下一场，还是这身造型，唱的是摇滚版《蓝精灵》。朴树僵着脸，机械地扭动身体，看起来很不适应。

邓小建被朴树的歌迷大骂了一顿：你怎么能让朴树参加这样的节目呢？你怎么能让他笑呢？你怎么能让他跳舞呢？"后来我明白了，他们希望朴树永远是那么小清新。"

朴树说：“参加那个节目，是我自己愿意的。我想挑战一下自己。”

终于录完最后一场，从湖南回到北京，朴树的心跳又突然下降到一分钟四十几下。急救医生说：“别再踢球了。在家门口晒晒太阳，这运动量对你来说足够了。”

他大大缩减了演出数目，有一年甚至是零演出。早睡早起，三顿饭都吃，2009年，抑郁症也减轻了。

这一年，朴树和太合麦田的合约到期，他没有续约，彻底成了自由人。

2012年，朴树组建了自己的乐队。“虽然我这两年自己做唱片真的是特孤立无援，但是我觉得我把我的初衷找回来了。我还是那么爱音乐。”

2013年10月26日将是朴树在北京的第一次大型演唱会。他预计要排练二十次左右，排练成本跟他的出场费基本相等。这是他坚持的。为了宣传，他还必须对着话筒说一堆“××网的朋友们你们好，我是朴树”，说了好多遍，还是嗑嗑巴巴，还会脸红。

他将准备第三张专辑，继续找张亚东。张亚东担心朴树能不能受得了录音棚里的压力。朴树不担心：“我很少很少担心以后的事，为什么要去想以后的事？没有发生为什么要去想？”

这就是朴树，不信任语言，只信任音乐的朴树。

把自己当作强者

一位“法定盲人”，双目几乎完全失明，却在今年三月成了美国的州长，由此创造了两项纪录——纽约第一位黑人州长和美国第一位“法定失明”州长，他就是戴维·帕特森。

帕特森出生在美国纽约布鲁克林。幼年时期，由于遭受了一次严重感染，他患上了“视神经萎缩症”，左眼完全失明，右眼视力也非常微弱，相当于0.05。按照美国医疗协会的标准，矫正后视力在0.1以下，即可被认定为“法定盲”。

年幼时，帕特森就把自己当作一个强者，认为别人能做到的，自己也能做到。在学校，帕特森从不服输，只要是别人能参加的活动，他都要想办法参加，而且还要赢。在学校里，他既打篮球，又跑马拉松，还参加话剧演出，几乎已经超越了一个正常人。

由于双目近乎完全失明，又不愿意读盲文，他阅读起来很困难，持续的时间也很短。为了提高阅读效率，他只有提高记忆力，别人要读三遍甚至更多遍才能记住，他只要读一两遍就记住了。

超强的记忆力，为他的成功打下了基础。后来，帕特森在政坛纵横二十年，发表演讲时不会弄错一个标点符号。这也成为他最具传奇色彩的部分，被人们津津乐道，也增加了人们对他“能干”的认识。

高中毕业后，他以优异的成绩进入著名的哥伦比亚大学攻读历史专业。在哥伦比亚大学就读初期，帕特森的学习成绩依然优异，却因眼疾遭到一些同学的歧视，他开始自暴自弃，以致破天荒地出现了不及格的课程。尽管有补考的机会，但他还是接受了一位老师的建议，暂时中断了学业，走出校园去找了一份工作。打工的日子对帕特森来说是痛苦的，但工作却让他重拾了自信。

重返校园后，帕特森把自己当作强者，顺利地完成了本科学业，随后进入霍夫斯特拉大学学习法律。1983年，获得法学博士学位的帕特森从霍夫斯特拉大学毕业，进入纽约皇后区检察官办公室工作。后来，他又参加了律师资格考试，但是，长达六个小时的考试，令他无法承受，最终没能通过。

面对似乎无法逾越的困难，帕特森没有轻易放弃，并试图再考一次。

1985年，他在哈勒姆地区的参议员选举中胜出，“仕途”上的前进，使他没有时间参加律师资格考试。

在当议员期间，他那种不服输的态度给人们留下了深刻的印象。他的主要工作场所是纽约州参议院，由于长期在那里工作，他对那里的环境非常熟悉，不需要别人帮忙也能来去自如。他的助手将大部分工作文件制作成语音文件，供其“听阅”。如果要发表演讲，他就事先将演讲的内容牢记在心。此外，他还参与了有关细胞的研究、替代能源和国内暴力预防等立法工作。

由于他的能干、自信，帕特森因此成为民主党在纽约州参议院中的领袖，同时还深得共和党对手的敬重。

帕特森还把这种不服输的精神带到了学习、工作中。2006年，埃利奥特·斯皮策竞选纽约州州长时，很看重他并邀请这个“法定盲人”和自己搭档。在当年的竞选中，两人的组合势如破竹，以相当大的优势击败了共和党对手。2007年1月，斯皮策宣誓就任纽约州州长，帕特森担任副州长。2008年，斯皮策因丑闻不得不辞职，帕特森在众望所归中担任州长。许多人都认为：“只要帕特森能当州长，那么，纽约州的政局就不会因为丑闻而动荡，他丰富的从政经验也能让纽约州实现平稳过渡。”

帕特森曾说过：“尽管我是少数群体中的一员，同时又是少数群体中的少数群体，但是我可以做好任何事，不要给我任何借口。”

是的，帕特森之所以能成功，创造人生的辉煌，是因为他在任何时候都把自己当作一个强者，不为自己寻找退缩的理由。

相信自己，勇往直前，也许你就是强者。

骑单车的老板

我出差到上海，顺便去看望同学老谢。老谢的父亲是一位成功的商人，公司开得很大。老谢大学毕业后，子承父业，进了父亲的公司。老父年事已高，渐渐放权，于是老谢年纪轻轻，就当了老总。

老谢见到我很高兴，盛情相待。席间，秘书向他汇报，有个美国人上门联系代理广告业务。老谢一听对方是家中美合资公司，当即表示同意接洽，并安排副手，先摸一下那个美国人的底。

由于好奇，想亲身体验一下美国人的办事风格，我就留下来参加了他们次日的商谈会。

那个美国老总如约准点来到老谢的公司。这名老总是一个小伙子，看上去比老谢还要年轻，态度谦恭诚恳，操一口生硬的普通话，身上的衣服皱皱巴巴，像地摊上淘的便宜货。老谢同他谈了不到一盏茶的工夫，就失去了兴趣，很快将他打发走了。

我问老谢，为何这么快就放弃了这笔生意。

老谢说："他自称美国人，却分明长着一副标准中国人的脸，谁知是不是冒牌的？现在骗子遍地都是，不得不防。退一步讲，即使他是美籍华人，不外乎两种情况：一种是钱多得花不了，回来寻求投资；另一种是在国外实在混不下去的窝囊废。这个人今天来公司，竟然是骑着一辆破自行车来的，显然他不属于前者。另外，据我的副手调查，这位美国老总租住在一间阴暗狭窄的偏僻民房里。你也看到了，他穿得和打工的农民差不多。这说明他不具备任何实力，他的身份很可疑，我把那么大一笔广告费扔给他，搞砸了怎么办？"

老谢的逻辑似乎无懈可击。当时的我，不由折服于他的老谋深算。

然而老谢错了，我们都错了。仅仅两年之后，老谢就不得不对那位美国人刮目相看。那位小伙子创办的公司迅速崛起于大上海，如日中天，年营业额突破两亿元。而老谢的公司，自他父亲亡故后，一天天走向衰败，与早年已不可同日而语。

这位美国小伙子就是朱威廉，跨国集团联美广告有限公司的CEO（首席执行官），同时还是著名的文学网站"榕树下"的创始人。朱威廉的确是在美国长大的，他父母是中国台湾人，在美国开有七家餐厅，月盈利五十万美金。

在最近一次同老谢的聚会中，老谢总结他商场失利的原因，说了这么一句话："我和朱威廉都同样生在有钱的人家，而我之所以失败，是因为我只会坐奔驰，不会骑单车。"

最美火炬手的恐惧

她出生在安徽省肥西县一个工人家庭。不到五岁，她就喜欢爬树，追逐美丽的蝴蝶，整天活蹦乱跳的。上学时，她的体育成绩格外突出，每次都能捧回第一名，大伙儿都说她将会成为体育健将，这也是她最初的梦想。

然而，命运总爱开玩笑，九岁那年，她的脚踝突然肿大，就像一个红彤彤的萝卜，检查时发现是恶性肿瘤——横纹肌肉瘤，随时有生命危险。为了遏制癌细胞的扩散，只得选择截去右腿，这对一个九岁的孩子是何等的残忍！一向乐观的她，泪水终于忍不住夺眶而出。父亲心疼地抚摸着她的头，轻声说：“孩子，从今往后，爸爸会一直陪伴着你，做你的拐杖。”她抹掉眼泪，不服输地告诉爸爸，就是只有一条腿她也要站起来，不需要爸爸做拐杖。

她忍住巨大的疼痛做了手术，而后是近乎摧残的化疗。

化疗结束后，她回到了学校，但是坚持不用拐杖，只凭借着单腿跳动来移动身体。一次，她经过讲台，“轰”的一下就摔倒在地，右腿的残肢和地面撞击，她咬紧牙根，忍住疼痛，在同学的帮忙下一声不吭地回到自己的座位上。就这样，她凭着顽强的毅力继续着学业。其间，她一直坚持做运动。

初中毕业后，她进了上海市一所中专。她坚持一个人乘坐公共汽车，不需要任何人接送。她除了热爱运动，还很喜欢看书。一次，她被一本《佐罗》迷住了。为了省钱，炎炎烈日下，她不坐有空调的公交车而坐普通的“罐头车”。整整两个月后，她终于如愿以偿地买下了《佐罗》。

2001年北京申奥成功后，她参加了一场残疾人演讲比赛，引得掌声如雷。而后，一位击剑教练问她想不想当击剑运动员。她惊讶万分，觉得怎么可能呢，而对方说她演讲时饱满的激情和钢铁般的意志正是一名优秀的击剑运动员所应该具备的。于是，她加入了上海轮椅击剑队。

那时，击剑馆里没有空调，夏天时室内温度高达四十多度，蒸笼一般，而击剑运动员还得把自己裹得严严实实的。一连几个小时训练下来，她的衣服湿透了，全身的骨头像要碎了一般，浑身无力。轮椅击剑的规则是运动员双方必须在相对固定的轮椅上，只凭着上半身的移动来躲避对方的攻击。高位截肢令她在平衡性和灵活度方面远远弱于对手。因而，她让父亲在卧室里吊了一个皮球，每天睡觉前，她都要对着皮球一阵猛击。这样有针对性地训练后，她的平衡性和灵活度都大大加强了。她抓住一切机会进行实战，但因为手臂较短，身体瘦弱，对方的剑时不时刺到她的残肢上，她总是会迅速败下阵来。她的心中有着不自觉的恐惧，实战都是以失败而告终。她泪如雨下，恨自己不争气，训练完毕就待在房间里。

父亲看着日益憔悴的女儿心疼万分，就给女儿写了一张字条："高手对阵，比的是亮剑的勇气，如果丧失了勇气，就会不战而败！"她若有所悟，从此勇敢出剑，成功地扭转战局，成为骨干队员。

2002年10月，她在韩国釜山"远南运动会"上取得重剑个人冠军，在新西兰世界轮椅锦标赛上夺得了铜牌。2007年，她击败众多强劲的竞争对手当选为奥运火炬手，将赴法国巴黎参加火炬传递。

2008年4月7日，北京奥运圣火在法国巴黎传递，而她接的就是第三棒。在她自豪地传递圣火时，却遭到一群"藏独"分子的围攻，她紧紧地抱住火炬，用柔弱的身体挡住暴徒的袭击，誓死捍卫圣火。她高擎的火炬，映照着她圣洁的笑容。

她就是被网友誉为"2008年最美丽的女孩"和"最美火炬手"的金晶！有记者惊讶金晶能如此无惧，而金晶的回答是：人最恐惧的敌人是自己，只有内心强大才能战胜自我，无所畏惧地乘势而进，焕发出生命的绚丽光彩！

计较是贫穷的开始

八年前的我，是一个平凡的修理工，每天都重复同样的工作内容。可是，渐渐地我开始觉得不对劲，我的工作案子越来越少了。

无奈之下，我只能和中国台湾其他十五万人一样，选了这门生意——开计程车。

为了增加客人的乘车机会，我到松山机场去排班等待载长途客人。

有一天，我发现前面有一点怪怪的：有一位客人不断上车，可是又不断下车，一连换了好几辆计程车。然后他来到我的位置。

“怎么回事？”我疑惑着。

客人的一句话就让我震撼了：“一千三百元（新台币），去新竹！”

“什么？”

我一下没反应过来。

因为以我们计程车定的行情价来说，从台北到新竹一律是一千六百元，低于这个价格就是亏钱。面对这种状况，原则上我们计程车司机是可以拒绝的。

“要接一个长途却亏钱的生意，还是继续等待下一个生意？”我犹豫着。

突然，我心里响起一个声音：计较是贫穷的开始！

于是我不再犹豫。当我把客人送到新竹时，我开车转个弯打算开回台北。突然，我眼睛一亮，想到一个好主意：“对了，我可以找客人一起共乘啊！”

清华大学（新竹）那里有个客运站，很多商务人士会从那里搭车回台北。如果多接几个客人一起共乘，这一趟新竹行就可以打平成本。

“小姐，你要不要共乘回台北？”我稍微靠过去问客运站一位小姐。

“哪有这么好的事？”这位小姐不以为然。

“请问你搭公共汽车回台北要多少钱？”我接着问她。

“一百一十元。”

“喔，那坐我的车子给一百元就可以了。”

“什么？”

小姐脸上露出惊讶和怀疑的表情，并谨慎地打量着我。

我赶紧拿出车上的计程车登记证给她看：“小姐，请看！这个就是我。我刚从台北载客人到新竹，现在要回台北，想要找人一起共乘分摊一点成本。”

“这个好像是真的。可是，只有我一个人，我不敢坐。”这位小姐坦白地说。

“没关系，那我们再等等其他的客人一起共乘。”没多久，客运站出现了另一位小姐，我走过去邀她一起共乘。

炎热的天气让人非常口渴，我临时决定上高速公路之前先去买瓶水喝。

我把车停下来，对两位小姐只说了句口渴要去买水，两位乘客并没有多说什么。不过，当我回到车子时，我并不是拎着一瓶水，而是抱了三瓶矿泉水。

令我意外的是，这三瓶矿泉水改变了我的一生。

两个星期后我的手机响了。“你好，司机大哥！你还记得我吗？我是上次从新竹和你共乘回台北的客人。我们有个同事想请你帮忙，要从台北载一位老师到新竹，你能不能先报个价？”

我本来以为这只是一次案子，没想到后来有幸能成为一个常态的合作模式。我开始固定为黄小姐所在的企业管理顾问公司服务，从台北载老师们到新竹演讲或是开会。在没有固定客源的计程车职业中，我给自己开拓出一条长途载客的固定客源。

“计较，是贫穷的开始。”就是这个一念之间的想法改变了我。让我找到了自己想要的服务方式，价值二十元新台币的这瓶矿泉水为我建立起一个标榜服务的车队，让我的人生从此不一样。

在苦难中绽放

在复旦大学研究生院，明亮的灯光下，他正精心准备着毕业论文的答辩。安静的氛围中，他在知识的海洋里尽情徜徉。然而谁又能想到，他的身高不足一点五米，双腿畸形，曾多次被学校拒之门外；他还曾走上街头摆地摊，卖烧饼、馒头和蔬菜，还修过家电、种过蘑菇……这条通往博士研究生的路，充满了艰辛和酸苦。

这是一个真实的故事，主人公名叫魏宏远。魏宏远出生在内蒙古呼伦贝尔大草原的一个偏僻、荒凉的小村庄。那里的气候条件恶劣，最低气温接近零下四十度。很多当地人患有一种叫作大骨节的地方病，魏宏远不幸也被这种病魔缠身。这是一种以软骨坏死为主要症状的变形性骨关节病，病人的关节疼痛难忍，增粗变形，肌肉萎缩，行走困难。

五岁那年，魏宏远的母亲不幸去世了。在此之前，为给母亲治病，家中已欠下巨额外债。父亲用了十多年的时间，才还清了那笔外债。由于子女太多，父亲照顾不过来，魏宏远被寄养在河南舞阳的一个远房亲戚家。亲戚家已有三个孩子，家境也不好。魏宏远经常挨饿，每天最多吃两顿饭，接下来便是捡柴、割草、放羊、喂兔子，天不亮还要到集市上拾菜叶。

“我的童年就像契诃夫笔下的凡卡。”回忆当年，魏宏远至今感慨唏嘘。

那时的魏宏远蓬头垢面，身上生满虱子，冬天手脚冻得流脓，身上满是大片的疤痕。当时，他最大的愿望就是吃一顿饱饭。由于营养不良，加之水土不服，以及未能及时治疗，魏宏远的身体发育受到严重影响。身材矮小，成年时身高不足一点五米，而且膝关节外翻，两腿畸形，双腿呈X形，走路不协调。这一切的一切，为他日后的人生埋下了痛苦的伏笔。

第一次感到世间的不公平是在中考后。那一年，魏宏远十五岁。他以优异成绩考取了省重点高中，分数远远高出所报考学校的录取线。小小年纪的魏宏远欣喜异常，可是，体检以后，他被无情地拒之门外。

求学的道路被阻断了，怎么办？下一步将是无学可上。

生活第一次将残酷展露，魏宏远的心头布满阴云。此时，家庭给他提供的唯一出路是离开校园，回家当一个农民老老实实种田。可是，魏宏远迫切地想读书，他知道，今生只有通过求学才能改变命运。面临失学，魏宏远感到一种巨大的孤独和无助。

在好心人指点下，魏宏远叩开了县教育局局长办公室的门。当时，他真想把满腹的委屈说给局长听，可是因为紧张，他显得语无伦次，泛着点点泪光，他最终讲清了没被录取的原因以及渴望上学的想法。好心的局长为他写了一张推荐条。

魏宏远把局长的推荐条呈给一所普通高中的校长，校长同意接收，但名分是“高价插班生”。尽管如此，魏宏远已满怀感激了——在失学近两个多月的时间里，一种看不到希望的恐惧缠绕着他，使他艰于呼吸，近乎死亡。现在他终于在绝望中收获了希望。

走进了高中的校园，魏宏远深知读书机会来之不易，一直刻苦上进，分秒必争。

那一年高考结束，魏宏远十八岁。然而，命运竟是那样的捉弄人，三年前的情景再次重演：尽管他的分数远远超过了所报考院校的录取线，但再次因为体检而失去升学机会，原因当然还是他的身体残疾。

被大学拒之门外，在凄苦的泪光中，魏宏远知道了生活的残酷、命运的不幸，他不敢再对求学产生幻想，剩余的只有眼泪。可是，眼泪有什么用呢？眼泪不能填饱肚子，眼泪不能维持生活，眼泪更不能给予他做人的尊严。

一个人思考多天后，魏宏远走出了痛楚，他开始对生活充满期待，他想通过别的路径改变命运。他深深思索着：如何改变家庭的贫困面貌？没有任何可攀附的社会关系，到哪里寻找出路？

生活不允许魏宏远游手好闲，十八岁的他开始了街头摆地摊的生活。

清晨，在当时舞阳县城一条简陋的小街道上，一个最常见的镜头是：一个文弱少年吃力地架着小推车，小推车装着满满的蔬菜，很沉很重，少年满头大汗，累得喘不过气来。夕阳下，少年收摊儿了，还是拉着车，瘦弱的身体尽管矮小，但背影拉得很长……

没有苦难，没有诉说，这是实实在在的生活。

魏宏远不断地变换着经营方式。隔一段时间，人们会发现，在路旁卖早餐的小贩中，又多出了一个摊点和一张稚嫩的笑脸，原来，魏宏远又改行卖起了烧饼、馒头……

生活中的坎坷无处不在，不时有着摩擦和冲突。做小生意的人群中，因为竞争，经常吵骂甚至打架。魏宏远只是小心翼翼地躲避着，他记不清受过多少人的呵斥，被多少人驱赶过。有一次，仅仅因为自己的小推车“侵占”了另外一个摊主的一点儿地盘，结果是，那个摊主蛮横地将魏宏远的车推翻了，蔬菜撒了一地，浸满泪水的魏宏远只是埋头捡着蔬菜。还有一次，几个地痞来到摊位前，吃了烧饼不给钱不说，还讥笑魏宏远，说他的形象不适合做生意，魏宏远只是咬紧牙关沉默着……

事实上，对于在街头做小生意的艰辛，生性好强的魏宏远并不抱怨也不害怕，可面对一些人异样的目光和言语，那份受到歧视的屈辱以及人格尊严的缺失，让他感到难以忍受。每天收工后，他的内心都在痛苦地挣扎，一种自卑袭上心头，这是一种看不到光明的疼痛。

风雨如晦的日子里，魏宏远没有自暴自弃，而是在积极寻求各种发展的机会。在街头摆地摊糊口还算可以，但要想彻底改变家庭的贫穷，显然不可能。接下来，他曾尝试过维修家电、栽种蘑菇等多种行业，却因缺乏资金、技术等原因，最后无功而返。然而，他却不甘于以街头小贩了此一生，可是，前行的路又在哪里呢?

在一年多的街头小贩生活中，魏宏远没有忘记一件事情，那就是读书，尽管此时的理想和梦想已很遥远，但他还是满怀热情地憧憬着，盼望有一天苍天睁开眼睛，眷顾一下这个在逆境中挣扎的跋涉者。于是，在结束了一天的辛勤劳碌之后，魏宏远常常把目光聚焦在书本上。他暗暗下决心：一定要继续求学，因为只有求学才能改变未来。

苦难的环境造就了魏宏远坚毅、乐观、豁达、随和的性格，这对他日后的成长不啻一笔巨大的财富。

夏日的一天，魏宏远遇上了河南临颍第一高中的谌素娥老师。谌老师是全国特级教师，不仅课讲得好，更是个热心肠。看到眼前的学生如此憔悴，谌老师的心隐隐作痛。“跟我学一年吧，我一定想办法把你送进大学！”这是谌老师见到魏宏远时说的一句话。

“谌老师，我这样，还能上学吗？会有大学录取我吗？”魏宏远说出了内心的疑虑。

“孩子，不读书一点可能都没有，只有读书了，才有唯一的可能！”谌老师语重心长地说。事实上，谌老师太了解这个孩子了，学习成绩优秀，非常乐观、自尊、自强。尽管他身体有缺陷，但只要是集体活动，他都会主动参加，从他身上看不出一点自暴自弃。

在谌老师的帮助下，魏宏远重新回到课堂。他倍加珍惜读书的机会，读书像是在拼命，晚上回到宿舍后，还要借着月光看一会儿书。一年的勤奋换来高考的巨大丰收，魏宏远终于被兰州大学录取。在当年河南省所有报考兰州大学的考生中，他以总分第二名的优异成绩被破格录取。这件事在舞阳和临颍两县引起了很大轰动。

“在成长的道路中，对我伤害最大的不是歧视和嘲笑，而是来自内心的绝望；对我影响最深的不是家庭的贫困和身体的缺陷，而是无路可走的恐惧。”这是魏宏远发自内心的深深感触。

选择兰州大学，是因为这个学校的学费最低。然而为了第一年的学费，魏宏远家中还是卖掉了一头大猪、六头小猪和一头小牛犊，又多处举债才将学费凑齐。在只身赶赴兰州的火车上，魏宏远意识到自己已经“榨干”了家里的最后一滴血，今后的一切只能靠自己了。

在缴完第一年的全部费用后，魏宏远的口袋里只剩下几十元钱。

能够走进大学校门，这已是人生最大的幸事了。此时所有的困难已不再是困难，魏宏远都能拿得起放得下。正因为他有过摆地摊的阅历和经验，所以他坚信任何一个地方都可以谋生，都可以发挥自己的能力。

学费贷款，生活费自赚。五天上课，两天兼职，魏宏远四年的大学生活就是这样安排的。做家教、发传单、卖彩票、发放调查问卷、做新闻通讯员……扳起手指头，魏宏远曾做过的兼职，十个指头都数不过来。

魏宏远的大学生活过得有滋有味。他觉得，家庭贫寒并不意味自己一定会生活拮据，乐观的他不会为了省钱去节衣缩食，在保证学业的前提下，他要学会赚更多的钱，让自己吃好、穿好、学好。魏宏远没有再向家里要钱，四年大学，他不仅学到了知识，更锻炼了适应社会的能力。

在成长的道路上，很多人为魏宏远的精神所感动，同时给予魏宏远很多帮助。对此，魏宏远说：“别人帮助你是因为你值得帮助，我得到别人的关怀，也会同样去关怀别人。一个大写的人，必须有一颗感恩的心！”

大学毕业后，魏宏远回到了河南临颍第一高中，做了一名语文教师。在教室里，他是最矮的人，可是他知识渊博，他的特殊经历本身就是一本教材，学生能够从他身上感受到一种力量。他讲课幽默风趣、妙语连珠。在学生的评价中，他的得分很高，他所教班级的语文成绩也一直遥遥领先。魏宏远说："只有能够照亮自己的人，才能够照亮别人。"

三年的高中教师生活，魏宏远有了固定职业和固定收入，接下来，和大多数人一样，魏宏远有了自己的家庭。妻子是个善良本分的女人，全身心地照顾着丈夫。

此时，生活质量和状态有了根本改观，但魏宏远并不安于现状。"学然后知不足，教然后知困难。"魏宏远想要汲取更多的知识乳汁，繁忙的教学之余，他毅然选择了考研。

在读完上海大学的硕士后，魏宏远想继续深造，他将目光投向复旦大学。"复旦复旦旦复旦，巍巍学府文章焕。"在经过充分的准备后，他报考了复旦大学中国古代文学研究的博士生。导师陈广宏教授是该大学古籍研究所的副所长，同时也是中国古代文学、中国古典文献学方面的专家。

对于如何选拔弟子，陈广宏教授有自己的原则。

入学面试那天，包括陈广宏在内的许多专家坐在考官席上，给学生们打分、评估。其实，对于魏宏远的身体畸形，陈广宏已知道，但他并不在乎这一点，他看重的是，魏宏远的专业知识是否出类拔萃。当魏宏远走进面试现场时，除陈广宏教授一副坦然外，其他的专家们着实吃了一惊，来者竟然是一位身体有缺陷者。他能行吗？然而再看看魏宏远，他是那样充满自信。提问时，陈广宏教授毫不留情，在文史哲知识方面的提问非常苛刻。魏宏远不慌不忙，侃侃而谈，对答如流。

看来，专业知识上无可挑剔，但陈广宏教授仍不放松，他抛出这样一个话题：你选择考博的目的是什么？有没有功利色彩？魏宏远愣了一下，仿佛一下回到了当年的求学无门的年代，他含泪说出了自己的心路历程，最后说道："知识改变了我的命运，知识使我获得尊严，知识也给我带来无限的快乐！我这一生注定将与知识为伴。"

面试现场满是掌声。

魏宏远幸运地被录取了。进入复旦大学研究生院，魏宏远很快投入到学术研究当中。鉴于中晚明文学在整个明代文学乃至元明清文学中的特殊地位，魏宏远选择这个领域作为主攻研究方向，以明代"七子派"代表作家王世贞为突破口，进行全面考察与重新解读。他还对明代金陵派展开进一步深入的研究，发表多篇系列论文，以视角新颖、材料翔实、论析深入、条理严谨，获得学界好评。看到自己的弟子如此有悟性，梳理出王氏文学思想的发展脉络，并且有相当的新意与深度，导师陈广宏教授更是高兴，看来，当初选拔这个学生时，眼光的确没有错！

此后，学术已使魏宏远获得了脱胎换骨般的清爽和快乐，徜徉在知识的海洋中，魏宏远感到无比快意，他可以有独立的思想和独立的人格，他可以用自己的文字表达自己的心声，他在抓紧分分秒秒汲取知识的乳汁。

魏宏远的勤奋好学亦赢得了导师的好评。陈广宏教授这样评价他的这位得意门生："宏远献身学术的志向坚定，而且无浮躁之气，知识结构的自我完善能力与研究能力皆相当突出，故必将成为一名有良好发展前景的学者。"

今年初春，魏宏远获得了复旦大学所设立的最高奖学金——笹川良一奖学金。

此项奖学金是通过对全校一等奖学金获得者按照一定比例重新遴选，然后再经过答辩，最后由专家组现场评出前十五名者获得。在精英云集、竞争激烈的评选现场，魏宏远展示了与众不同的一面，他的答辩引起许多人的注目，赢得专家们的一致好评。他以总分第三名，获得一万元奖学金。

从当年的地摊小贩到今天的复旦大学优秀博士生，魏宏远的生活轨迹在变，但他的生活模式却没变，他一直坚持边求学边打工，让自己高负荷地运转。如今，他依然靠兼职的收入养活家庭，担起了为人夫、为人父的责任。

回忆当年的"小贩岁月"，魏宏远记忆犹新，感慨良多，语气里仍带着伤感，但很快又开朗起来："我卖过烧饼、馒头，还卖过菜……勤劳和机灵为我招揽了不少生意，每个月净赚近四百元，不仅能负担家里的所有生活开销，还略有剩余。这段风雨打拼的日子，是我生命中宝贵的财富，教会了我历练和奋斗、豁达和随和。”

魏宏远说自己曾是一个没有出路的人，可自己没有怨天尤人，最终成了一个在知识和精神上都很富有的人。他这样总结自己的人生：“生活如同一面镜子，你哭它也哭，你笑它也笑。我这一路上经历的重重障碍，都是我笑对人生度过的。”

当然，成功的人生离不开老师的关心和帮助，对自己复读的高中以及兰州大学，魏宏远充满感激之情。“我没有完好的躯体和富有的家庭，我是不幸的。可是遇到了临颍一高的谌素娥老师，以及兰州大学、上海大学、复旦大学一些如父母、兄长般待我的恩师，我又是幸运的。是他们用爱心为我铺就一条通向成功的道路……”2008年4月初的一天，接受采访的魏宏远很自豪地说出这样的话。

目前，魏宏远正忙着撰写博士论文。对于将来，魏宏远充满信心。他说，去年教师节时候，兰州大学的校领导盛情邀请他毕业后回母校任教。如果愿意回去，将会得到十万元的住房补贴、三万元的安家费、一万元的科研启动经费，魏宏远的前程注定充满阳光。

最傻的人最先成功

马克是从德国来中国留学的一名学生，由于他自幼对中国文化就很感兴趣，尤其是中医，在马克的眼里中医简直像魔术一样神奇。于是马克大学毕业后来到了中国一家医学院留学。由于马克以前已经多次来过中国，因此汉语讲得非常流利。对中国的文化也是相当了解。马克在一群中国人的中医学院里显得非常扎眼，不仅仅因为马克是德国人，更重要的是马克显得有些“傻”。所有的同学刚进医学院的时候就认定了中医就业不好，因此开始有了其他的计划，有的同学计划五年以后一定要保研成功；有的同学很早就开始第二专业的学习；还有的同学则是开始了解公务员的知识，争取毕业后考公务员成功。而唯独马克一心一意地学一些在同学们看来毫无价值的东西：针灸、人体的穴位、古代的药方……

大二的时候，有一天，马克正在和同学们一起上针灸课，由于上针灸课的是院长，因此同学们都不敢逃课。上课上到一半的时候，院长突然说起了一件事：十年前的时候，学院里有一位中医专家，他的中医水平在国内都是排在前几位的，可是由于一次意外的车祸而失去了生命。这位中医专家的死亡，给国内的中医学带来了很大的损失，他的一些研究有同事来继续，可现在的问题是他留下了一本笔记本，这本笔记记录了专家很多的研究心血，可是由于不是正式的笔记因此显得很零乱，本来学院里一直想整理出来，可因为是很厚的一本笔记，如果要整理出来要花费很多时间和精力，一直没有人整理，因此就一直搁置了下来。

院长用期待的眼神看着大家，同学们都知道院长是希望有一个同学能够主动来整理这本笔记，可是同学们都不傻：这种出力又不讨好的活儿才没有人愿意做，而且同学们专业知识又不扎实，如果整理出来没有三五年怕是不成的。同学们都低下了头，就在院长叹气的时候，突然马克举起了手，然后说道："我愿意整理！"

同学们都愣住了，谁都没有想到马克会去干这种苦差事，院长也很惊奇——毕竟马克是一个外国人，怎么可能会理解中医的深奥之处，可是又没有别的同学愿意整理，而且马克一直坚持要整理，于是院长也就勉强答应了由马克来整理这本笔记。

下课后，马克跟着院长走了，同学们都纷纷开始讨论马克是一个大傻瓜，这种出力不讨好的活儿也只有马克愿意去做。院长把笔记本复印了一本交给了马克，又把专家生前出版的所有书籍都给了马克一份，让马克参考。

从此马克开始整理笔记。由于专家生前对中医相当有研究，因此笔记本上面的内容不但零乱而且很深奥，可是马克却不怕麻烦，有不懂的地方就跑去问老师，马克甚至自学了中医的好多知识。几个月下来，马克问遍了整个学院的老师，整个学校都知道有一个外国学生整理笔记都整理得快疯了。

和马克一个班的同学有的在学第二专业，有的成了学生会的精英，有的则准备出国留学，整个中医班里只有马克在认真整理笔记。很快五年时间就要过去了，可是马克的笔记却还没有整理完，当同学们都纷纷开始四处实习的时候，马克依然在整理笔记。

很快，同学们都签了工作，而只有马克依然在整理笔记，马克甚至说他要整理完这本笔记才会毕业的。可是就在这时候，一家医药出版社高薪招聘一名编辑，由于是医学方面的编辑，在社会上很难招到合适的人选，因此来学院招聘，由于同学们都有了工作，唯独马克没有工作，于是辅导员帮马克报了名，让他去碰碰运气。

马克不好违背辅导员的意思，于是去了招聘现场。马克是一名外国人，因此在整个招聘会中显得很扎眼，可是大家没有想到的是整个招聘会马克却是唯一应聘成功的人，而且更让大家没有想到的是马克刚去的工资是八千，这不要说在同学们中是高薪，就是在学校的硕士、博士中也算高薪了，而且出版社答应马克给他整理笔记提供便利。原来马克在整理笔记的同时，更是自学了很多知识。他所学的知识不要说同学们就是有些老师都比不上，因此出版社才会给马克高薪。

同学们都很惊奇，而院长知道后却对同学们说道："我早就知道整理笔记的人会有这样一天，可是我没有想到会是马克。同学们都很聪明，不愿把精力花在这种琐碎的事上，可是同学们，当初我给你们的是一座宝藏，可是却只有傻傻的马克来主动整理，也许正是最傻的人最先成功！"

信念的力量

1954年之前，在四分钟之内跑完一英里被认为不可能的。医生、生物学家进行实验，并用结果科学地证明了人类的极限，结论是人类不可能在四分钟之内跑完一英里，运动员们也验证了科学家和医生的观点，证明了他们实验的正确，跑完一英里用了四分零三秒、四分零二秒，但是从没有人能在四分钟跑完。从开始对一英里跑步计时以来，科学家、医生、世界顶尖运动员都已经证明了这个结论。

直到罗格·班尼斯特的出现，这个结论开始被颠覆。罗格·班尼斯特说："四分钟跑完一英里完全是有可能的，根本不存在什么人类极限，我可以做给你们看。"说这话的时候，他是牛津大学的医学博士，他也很擅长长跑，是顶尖运动员，但是离四分钟跑完一英里还是有距离的，他的最好成绩是四分十二秒，所以自然没有人把他的话当真。

但是罗格·班尼斯特坚持刻苦训练，而且有了进步，他突破了四分十秒、四分零五秒，然后是四分零二秒，接下来就没有再突破，像其他人一样，无法再低于四分零二秒了。

但他还是说，根本不存在什么人类极限，我们能在四分钟内跑完一英里。他坚持自己的观点，坚持训练，但是一直没有成功。

直到1954年5月6日，在他的母校牛津大学，罗格·班尼斯特用了三分五十九秒跑完了一英里，一下子就引起巨大轰动，他登上了全世界新闻的头条，“科学遭到挑战”“医生遭到挑战”“将不可能变为可能”。他跑完的一英里，成为梦想一英里。

六周后，澳大利亚运动员约翰·兰迪跑完一英里用了三分五十七点九秒；接下来的第二年，1955年，有三十七名运动员都在四分钟之内跑完了一英里；1956年，又有三百名运动员突破了四分钟。

这是怎么回事？是因为运动员们更努力训练了吗？当然不是。是因为有了什么新的技术、高科技的跑鞋？都不是。

是信念，信念的力量多么强大呀！不是因为跑到那个时间，运动员们就说“糟糕，超过极限了，稍微放慢点吧”。而是他们的潜意识限制了他们的能力，阻止他们去突破那个极限。那不是医生设定的物理障碍，不是科学家和生物学家宣称的身体极限，这是一种精神障碍。罗格·班尼斯特做到的只是打破了这个障碍——心理和精神上的障碍。

信念即自我实现预言，它经常能决定我们的行为，决定我们的表现能有多好或者多糟糕，它是我们人生成功和幸福的头号预言家。

第二章
放手一搏，不计对错

人的脆弱和坚强都超乎自己的想象。有时，我们可能脆弱得一句话就泪流满面；有时，也发现自己咬着牙走了很长的路。

——莫泊桑

做最特别的人

在《最强大脑》的舞台上，被公众亲切地称为Dr.魏的北京大学心理系副教授魏坤琳被打造成了科学明星。他总是在观众惊呼选手的特异功能之后，冷静地用科学理论给出分析。面对“帅教授”的称谓，他一再强调，“娱乐的东西我不在乎，我也不在乎有名，我只在乎学术”。

收放自如的调皮学生

魏坤琳的父母都是普通工薪阶层，从小对他也没太多管束，平时交流多是日常琐事。学习是魏坤琳自己管理的，父母从不多加过问。

魏坤琳的调皮是出了名的。可是这个淘气鬼一旦碰到有趣的书，立刻就能安静下来。“家里那点儿书都被我翻遍了，翻了至少三遍。”当时家里的书不够魏坤琳看，每次去亲戚家，他肯定蹲在那儿找书看。而当时的魏坤琳“什么书都看”，连舅舅家工程类的书也会饶有兴趣地翻看很久。

初三时，有一段时间他上厕所时也看书，实在没书看了就抱着汉语字典或者成语词典进去。

成绩一直很好的魏坤琳却从没做过班长，一直担任副班长或者学习委员之类的职务。“因为我长得没那么正义，太调皮，班主任不让我当班长。”他笑说自己是唯一不像班干部的班干部。

高中时，班主任曾经把魏坤琳从游戏厅里揪出来。虽然他总是和成绩不太好的同学一起玩，但是成绩依旧名列前茅。他的家离学校很近，经常放学了还在学校打篮球，班主任看到后老远就喊：“魏坤琳你还不回去吃饭啊！”

虽说调皮、爱玩，但是魏坤琳玩起来绝对收得住。“我自控能力极强。我去打篮球，玩游戏，再喜欢我也控制得住，因为我知道什么是最重要的。我最在乎的东西是自由，最喜欢干的事情就是学习。”学习不是书呆子式的学习，而是学对他的知识体系、认识世界有帮助的东西，“只要有帮助，不管是什么，我都会去学，都有兴趣”。

如同现在的大部分中学生一样，魏坤琳也会在意成绩，但是并不会在意太多，因为“知道终点线在哪里，前面都是有起伏波动的”，在现有的教育体制框架下，高考可能才算是中学阶段的终点线。

高考失利应该算是他受到的第一次大挫折，之前嘻嘻哈哈地在平坦道路上过得很是悠闲自在。“考完成绩下来我看了都不敢相信。”但他不会情绪低落，“挫折只会让我进入战斗模式。”

做人群中最特别的人

到北京体育大学报到时，父亲对他说：“以后的路就得你自己走了，我只能送你到这儿。”

在大学的第一个学期，魏坤琳就开始规划以后的道路，比如“要么研究生考北大，要么直接出国，最差也在本校读研”。

他并不太在意别人的看法，他说：“我从来不犹豫做人群中最独特的一个，毫不犹豫。”大一上学期他考过了英语四级，准备第二学期继续考六级。但是在北体大，基本上没人会这么做，“他们觉得要是第二年能把四级考过就不错了”。

记得有一次上课，魏坤琳坐在第一排，后面的同学调侃他：“什么？你下学期真的要考六级啊？”他认真地回答：“对啊，你要是想都不敢想，那你肯定做不到。”

同学聊到他，有人说当时班级组织同学去郊区植树，他是唯一一个带着英语书晚上在灯下看英语的人。

北体大的课程整体来说比较简单，带着中学时代养成的自学习惯，魏坤琳上课也不怎么听，但是“可以说我是我们那个班或者学校唯一一个没有浪费时间的人”。有空，他都会自己看书，学学英语和计算机。

大学本科毕业后，他到美国宾夕法尼亚州立大学攻读硕士和博士学位。而他选择的研究方向是运动控制，因为他觉得这个研究“很酷”。

留学时，德国裔的导师和魏坤琳开玩笑，叫他“why”。一开始可能是发音问题，错将“wei”发音成了“why”。“但后来老师故意读‘why’，我纠正他了，他也没改，因为我老问他为什么。”

生活中魏坤琳也很喜欢调侃，学术方面也是，“我的特点是把比较辛苦的研究看作是在玩儿，因为我认为我做的东西很有意思。做自己喜欢的事情没有压力”。

既然被称为“男神”，魏坤琳觉得自己多少也要注意一点个人形象：譬如穿着不要太邋遢，平日说话要少带脏字。

参加《最强大脑》几个月前，他已经预料到自己会被“偶像化”，私生活也可能会受侵扰。在他的提醒下，妻子把所有社交媒体上的个人信息删得干干净净，包括女儿的照片。

“现在，你们什么都搜不到吧。”他咧嘴一笑，流露出一点“瞧，你看我猜到了吧”的小得意。至今，爱八卦的粉丝只能搜到偶像非常有限的信息：已婚，妻子在清华工作，有一个三岁大的女儿。

请记住我是一个老师

一开始参加《最强大脑》节目时，尽管被冠以娱乐圈光环，但魏坤琳一直在试图通过这个渠道去做科普的事情。他说，发现身边的“最强大脑”主要有两层意思——

首先，发现身边人的特点，发现身边的人都擅长什么。“比如一个家长、一个小孩摆在你面前，你看到了什么，他喜欢什么，他擅长什么。其实好多人都不知道。”

其次，发现自己。“高考后填志愿，你们知道你们要填的志愿是什么吗？”他问。

“你学了十几年，都为了高考这件事，但当你填志愿的时候，你可能花三十分钟就做好了。你怎么不想久一些，花一周、甚至花一辈子去想自己到底擅长什么，这个可能是你人生最重要的决定。而且，你选的专业和能力契合吗？这对认识自己很重要。”

魏坤琳提到大学生容易困惑的几个时间段。刚进大学时，发现专业并非自己想象的那样，想换专业又不知道换哪个；临近毕业时，又在找工作、读研和出国之间犹豫不定；读完博士，可能又会发现：“我是学术型博士了，我是专业人士了，可这又不是我最喜欢的，怎么办？”

在他看来，其实上大学就是一个不断尝试的过程，人们不但要早点想一想自己的能力和兴趣到底在哪些方面，而且很多事情只有尝试了才知道到底适不适合。

虽然多次有去业界工作的机会，但是魏坤琳都拒绝了，他很自知："我不想去。虽然去业界挣钱比较多，但我觉得学术挺适合我的，我也很喜欢学术。"

他觉得在目前的领域内进行科学研究非常有趣且有意义，而且压力也不大，研究经费也不缺，一点都不"苦大仇深"。"做研究，你何必显得那么苦呢？这个态度是会传给学生的。你开心的话，你的学生也会开心，有什么难的？"

要说到缺什么，魏坤琳直呼："学生，我缺学生，我有太多事情要做，学生远远不够。"

说魏坤琳是个以工作为重的人一点都不夸张，除了陪家人外，他周末基本上都待在实验室工作。

"钱我不缺，缺不缺钱是相对的，我的物质欲望比较低，这种生活需要多少钱？如果说要度假，我明天就在东南亚某个海滩上躺着了。当然我没干过这事。"魏坤琳笑着说，他喜欢教师这个职业，"老师这个职业相对自由。我喜欢运动控制的研究，会持续地创造出东西来。"

从讲台到网络，从网络到电视，很多人都在说魏坤琳火的节奏。每次别人拿他和娱乐圈混着谈时，他就强调："你要记住我是个老师。好多人说，你火了，我直接告诉他，我还是我，我再怎么火，我对学术和科研的爱好都超过了对那些东西的爱好。我最大的向往就是自由，我从小就知道自己要的是什么。”

魏坤琳把自己上电视、走红以及之后引发的一系列现象与事件视为一次非常有趣的心理学实验。“在这个实验里，我不仅是观察者，同时也是实验的参与者。”

改变从自己开始

在伦敦闻名世界的威斯敏斯特教堂地下室的墓碑林中，有一块名扬世界的无名墓碑。

其实这只是一块很普通的墓碑，粗糙的花岗石质地，造型也很一般，同周围那些质地上乘、做工优良的亨利三世到乔治二世等二十多位英国前国王墓碑，以及牛顿、达尔文、狄更斯等名人的墓碑比较起来，它显得微不足道。并且它没有姓名，没有生卒年月，甚至上面连墓主的介绍文字也没有。

但是，就是这样一块无名氏墓碑，却成为名扬全球的著名墓碑。对于每一个到过威斯敏斯特教堂的人而言，他们可以不去看那些曾经显赫一世的英国前国王，可以不去看那诸如狄更斯、达尔文等世界名人，但却没有人不来看一看这一块普通的墓碑，他们都被这块墓碑深深地震撼着，准确地说，他们被这块墓碑上的碑文深深地震撼着。

在这块墓碑上，刻着这样的一段话：

“当我年轻的时候，我的想象力从没有受到过限制，我梦想改变这个世界。

当我成熟以后，我发现我不能改变这个世界，我将目光缩短了些，决定只改变我的国家。

当我进入暮年后，我发现我不能改变我的国家，我的最后愿望仅仅是改变一下我的家庭。但是，这也不可能。

当我躺在床上，行将就木时，我突然意识到：如果一开始我仅仅去改变我自己，然后作为一个榜样，我可能改变我的家庭；在家人的帮助和鼓励下，我可能为国家做一些事情。然后谁知道呢？我甚至可能改变这个世界。”

据说，许多世界政要和名人看到这块碑文时都感慨不已。有人说这是一篇人生的教义，有人说这是灵魂的一种自省。当年轻的曼德拉看到这篇碑文时，顿时有醍醐灌顶之感，声称自己从中找到了改变南非甚至整个世界的金钥匙。回到南非后，这个志向远大、原本赞同以暴制暴填平种族歧视鸿沟的黑人青年，一下子改变了自己的思想和处世风格，他从改变自己、改变自己的家庭和亲朋好友着手，经历了几十年，终于改变了他的国家。

一个客人在机场坐上一辆出租车，这辆车地板上铺了羊毛地毯，地毯边上缀着鲜艳的花边；玻璃隔板上镶着名画的复制品，车窗一尘不染。客人惊讶地对司机说：“从没搭过这样漂亮的出租车。”

“谢谢你的夸奖。”司机笑着回答。

“你是怎么想到装饰你的出租车的？”客人问道。

“车不是我的，”他说，“是公司的。多年前我本来在公司做清洁工人，每辆出租车晚上回来时都像垃圾堆。地板上尽是烟蒂和垃圾，座位或车门把手甚至有花生酱、口香糖之类黏黏的东西。我当时想，如果有一辆保持清洁的车给乘客坐，乘客也许会多为别人着想一点。

“领到出租车牌照后，我就按自己的想法把车收拾成了这样。每位乘客下车后，我都要察看一下，一定替下一位乘客把车整理得十分整洁。我的出租车回公司时仍然一尘不染。

“从开车到现在，客人从来没有让我失望过。没有一根烟蒂要我捡拾，也没有花生酱或冰激凌蛋筒，更没有一点垃圾。先生，我觉得，人人都欣赏美的东西。如果我们的城市里多种些花草树木，把建筑物弄得漂亮点，我敢打赌，一定会有更多的人愿意把垃圾送进垃圾箱。”

改变别人是事倍功半，改变自己是事半功倍，一味地要求他人倒不如更多地反躬自问。人生在世，选择哪种生活方式并不重要，重要的是适不适合自己，只有适合自己的才是最好的。每个人都是不一样的，况且，人无完人，何必去学习模仿别人的做法，找准自己的位置，做好自己，你就是最棒的。

永远朝着梦想努力

青蛙坐在井里只能看到井口那么大的天空，而当它跳出井来，方才知道外面的天地是多么广阔。远大的梦想是无价的，它会将你的人生带到一个曾经无法企及的高度，让你不再坐井观天。所以，当你有了自己的人生梦想，请不要为了眼前的一点蝇头小利而放弃。拥有梦想的人不会永远贫穷，只有不会做梦的人才不能创造人生的财富。所以，你必须有梦想，并且朝着梦想的方向前进，不遗余力。

亨利从小是在贫穷中长大的，他的梦想是成为体育明星。当亨利十六岁的时候，他已经很精通棒球了，他能以非常快的速度投出一个球，并且能击中在橄榄球场上移动的任何东西。不仅如此，他还是非常幸运的：亨利高中的教练是奥利·贾维斯，他不仅对亨利充满信心，而且他还教会了亨利如何对自己充满信心。

一次，亨利和贾维斯教练之间发生了一件非常特殊的事情，并且这件事改变了亨利的一生。

那是在亨利高中三年级时，一个朋友推荐他去打一份零工。这对亨利来说，是一个难得的赚钱机会，它意味着他将会有钱去买一辆新自行车，添置一些新衣服，并且他还可以攒些钱，将来能为妈妈买一所房子。想象着这份零工的诱人前景，亨利真想立即就接受这次难得的机会。

但是，亨利也意识到，想要保证打零工的时间，他将不得不放弃自己的棒球训练，那就意味着他将不得不告诉贾维斯教练自己不能参加棒球比赛了。对此，亨利感到非常痛苦和害怕，但他还是鼓足勇气，去找贾维斯教练，决定告诉他自己想去打零工这件事。

当亨利说出自己的想法时，贾维斯教练果然就像他早就料到的那样非常生气。

“今后，你将有一生的时间来工作。”他严肃地注视着亨利，厉声说，“但是，你能够参加比赛的日子有几天呢？那是非常有限的。你浪费不起呀！”

亨利低着头站在他的面前，绞尽脑汁地思考着如何才能向他解释清楚自己要给妈妈买一所房子以及自己是多么希望能够有钱的这个梦想，他真的不知道该如何面对教练那已经对他失望的眼神。

“孩子，能告诉我你将要去干的这份工作能挣多少钱吗？”教练又问道。

“一小时3.25美元。”亨利仍旧不敢抬头，嗫嚅着答道。

“啊，难道一个梦想就值一小时3.25美元吗？”教练反问道。

这个问题，再简单、再清楚不过了，它明白无误地向亨利揭示了注重眼前得失与树立长远目标之间的不同。就在那年夏天，亨利全身心地投入体育运动之中去了，并且就在那一年，他被匹兹堡派尔若特棒球队选中了，签订了两万美元的协议。此外，他还获得了亚利桑那大学的橄榄球奖学金，它使亨利获得了大学教育，并且，他在两次民众选票中当选为“全美橄榄球后卫”。还有，在美国国家橄榄球联盟队员第一轮选拔中，亨利的总分名列第七。

1984年，亨利和丹佛的野马队签订了一百三十万美元的协议，他终于圆了为妈妈买一所房子的梦想。

贾维斯教练让亨利明白了梦想的价值，这让亨利最终获得了成功，实现了人生愿望。如果你也有璀璨的梦想，那就要有摒弃其他诱惑的决心。在我们如花的年纪，应该把时间和精力放在更有价值的事情上，永远朝着梦想努力，这样才能让梦想照进现实。

坚持是点亮梦想的灯

在崇尚“成名要趁早”的演艺圈，对于三十四岁的金池来说，能够在《中国好声音》节目中凭借一首《夜夜夜夜》让全国观众记住，并从此走红歌坛，简直就是一个奇迹。

1996年，金池从福建福安师范学校毕业后，曾在家乡的一所农村小学当老师，由于心里割舍不下对音乐的热爱，1999年她毅然辞职来到广州发展。在这里，金池展现了她音乐方面的天赋，先后录制完成了《牵挂》《很久以前》《平安夜》等十首原创歌曲，并将推出自己的第一张个人专辑《占领》。

刚步入歌坛就得到那么多人的肯定，金池可谓是心高气傲，对未来、对音乐充满了憧憬，她似乎看见鲜花和掌声在向她招手。

然而，就在金池准备大显身手的时候，不幸降临到了她的头上。金池在一次前往外地拍摄MTV的途中遭遇重大车祸，同事都受了伤，她自己也掉了两颗门牙。这场车祸直接导致金池与公司签下的合同和代言无法履行，新专辑的发行自然就中断了。

不仅如此，在车祸中金池的声带受了损伤，失去了原来的声音，还因为专辑没有出成，她欠下了三十多万元的外债。为了帮女儿还债，父母只得把老房子抵押了出去，一家人整天在债主的催债声中度日。金池面临着人生的第一道坎。

而正在这时，传来了她因原创歌曲《很久以前》入围上海亚洲音乐节“十佳优秀歌手”，并将代表中国赴日本参赛的好消息。看着年迈的父母，想到那几十万元债务，金池意识到了自己身上的重担，她毅然选择了放弃，决定先把所欠的债务还清。

此时的金池，什么都不会，唯一的还债方式就是唱歌，她选择去酒吧当驻唱歌手。为生活所迫，她有时一个晚上要跑四五个场，直唱到嗓子彻底嘶哑。白天发不出声音了，就去医院针灸，晚上继续跑场。

虽然身在酒吧，但金池仍然没有忘记自己的音乐梦。有空时，她会调出自己以前演唱的视频来看。但面对目前的处境，她内心深处又有一种无助感，她甚至觉得那个梦想渐行渐远了，因而经常为此伤心落泪。

这一切，她的父亲看在眼里。有一天，父亲对她说：“孩子，我不懂什么大道理，但我告诉你一个生活经验。我们的家乡有一种松树，长在地势较高的地方，因为温度低，生长速度很慢。但是，这种松树一旦成材了，韧性非常好，经久耐用，人们在建房的时候，都会用它做大梁。”

金池反复品味着父亲的话，突然间她豁然开朗了。是呀，松树之所以能成为大梁，是因为经受住了雨雪风霜的考验。明白了这个道理后，金池暗下决心：磨砺自己的人生，为梦想积蓄力量。

有了目标，金池暗暗在做着改变，但她对自己的要求跟以前不一样了。在酒吧唱歌，很多歌手为迎合听众，会把自己的优点磨掉，也会迷失自己，金池时时刻刻提醒自己：不要养成坏习惯。她把每次跑场都当成正式的比赛来对待，从声音、姿势、台风都严格要求自己。

祸福相依。金池在酒吧唱歌的八年，虽然很苦很累，但却让她的人生得到了历练，那些艰辛的岁月和经历累积的成熟、沉稳是她的一笔财富，造就了她那粗犷中略带沙哑，清晰而又深沉的独特嗓音。正因为如此，当《中国好声音》节目组在网上看到一支她翻唱的MV（音乐短片）后，立即被她独特的嗓音所吸引，辗转找到了她，使她迎来了人生的又一个转折点，从而一举成名。

金池红了，在《中国好声音》成名后，她又参加了《直通春晚》，还签了经纪公司，发了个人专辑，最近又在电视剧《宝贝》中演唱片尾曲《太难》，金池俨然成了家喻户晓的明星，她那沉稳的台风和沙哑的声音逐渐受到观众的喜爱，被人们称为“历经沧桑的情感歌者”。

对于这一切，三十四岁的金池表现得十分淡定：“不管红不红，我还有机会唱歌，感到太幸运了。这足以证明我那么多年的坚持是值得的，不放弃让我实现了音乐梦。”是啊，坚持是点亮梦想的灯，正是对音乐的坚持，成就了今天的金池。其实，生活中的很多事不也都是这样吗？坚持住，不放弃，静下心去做好每一件事，在厚积薄发中，成功自然水到渠成。

坚持追梦

十几年前，在巴西一个不起眼的干燥土场上，一个出身贫民窟的孩子穿着破足球鞋纵横驰骋，这里是他走向巨星之路的出发点。十几年后，他成了桑巴军团倚重的锋线射手，并且身披曼城战袍征服了英超。这个孩子的名字如今在世界足坛新生代球员中格外醒目，他就是热苏斯。

他的家在贫民窟，他从土场中走来

巴西从不缺年少成名的励志偶像，继内马尔之后，热苏斯就是一个典型代表。“家徒四壁妇愁贫”是热苏斯童年家境的掠影。他生长在圣保罗北郊一个叫佩里的贫民窟里，极其贫寒的生活处境不是童年的唯一打击，在热苏斯的记忆中，只有母亲，没有父亲。在他出生之前，父亲就抛弃了母亲和家中的另外三个孩子，之后在一场摩托车事故中丧生。虽然没有来自家庭的足球启蒙，但热苏斯从小深受巴西浓厚足球氛围的熏陶，是足球给了他童年的快乐，以及乐观向上的精神。贫民窟的邻居回忆道：“热苏斯是个安静爱笑的孩子。他有时候会在街上踢球到深夜，就算妈妈喊他回家，他仍然恋恋不舍。他双手捧着足球跑出家门，鼻涕直流，我就把他叫过来，替他擦干净，他绝不会放开手里的球。”

作为热苏斯生命中最重要的人，母亲露西亚让热苏斯从小就感受到了与现实困境勇敢抗争的勇士精神，这位清洁工母亲渴望把热苏斯培养成受人尊敬的人。热苏斯记忆深处永远留着母亲对孩子们说的话：“如果你们是黑人，而且家境贫寒，就必须好好学习。”多年后，记者在热苏斯就读过的学校看到了他优秀的成绩单，听到了中学老师的评价：“如果热苏斯不踢球，或许他能成为一个优秀的生物学家。”然而，也正是母亲慧眼识珠，较早发现了热苏斯出众的足球天赋，并且以开放的胸怀给热苏斯指引了方向。在四个孩子中，热苏斯是唯一不用在十二岁之后外出打工的，母亲鼓励他要对足球怀有更大的热情。直到今天，母亲仍然是一家之主，她在曼彻斯特陪伴着热苏斯，教导儿子如何理性对待金钱和异性。

在巴西圣保罗郊区的一座军事监狱附近，有一片散着热气的土地，但四周绿树环绕。这里是热苏斯梦想开始的地方。热苏斯最早效力的俱乐部是圣保罗周边少年精英队，球队就是在这样的场地上训练孩子们的。俱乐部创始人之一马梅德，至今对他见热苏斯的第一印象津津乐道："他来到这里，穿着夹脚拖鞋，大概八岁吧。首次参加训练赛，他就取得进球，当时连过三名年长的男孩，轻松将球踢进球门。我对自己说：'这孩子拥有独特的天赋。'"

热苏斯就在这坎坷不平的硬土场上驯服着弹跳极不规律的"精灵"，在速度、盘带与射术各方面练就了扎实的功底。每次踢完球后，他会带着俱乐部分发的免费食物回到家中与家人分享。安静、勤奋、全神贯注是热苏斯从小就具备的特点，他从不缺席任何一次训练和比赛，总是第一个到场，自始至终都不遗余力地珍惜与足球相伴的每一分钟。马梅德表示："我至少带过十个天赋接近甚至超过热苏斯的孩子，但他们都没能获得成功，原因就是太懒惰。而热苏斯始终是个勤奋的好孩子，只专注足球。"

坚持追梦，但佩里永远在我心中

一名出色的年轻球员走向成功需要什么？强壮的身体、出色的技艺、敏锐的头脑与可贵的机遇，或许这些还不够，热苏斯用亲身经历告诉人们：还需要情感。数年前，在家乡当地锦标赛的一场决赛中，热苏斯的球队遭遇了葡萄牙人青年队，热苏斯拼尽全力打入一球，但最终以1：3告负。在亲历者看来这场失利另有原因：对方球员属于职业俱乐部，都穿着正规的球鞋，而热苏斯和队友们的球鞋没有防滑钉，他们在不熟悉的场地上不停地滑倒。

没人会想到，这件事在热苏斯的心中久久挥之不去。在十六岁加盟职业俱乐部帕尔梅拉斯之后，热苏斯曾经自掏腰包挑选了二百五十双新球鞋，回到之前摸爬滚打的那片土场，送给了小球员们。要知道热苏斯成为职业球员后并没有像人们揣测的那样一跃成为百万富翁，网上流传一张热苏斯穿着队服刷墙的照片，是他在帕尔梅拉斯梯队效力时被拍下的，那个时候他需要在场下出卖体力贴补家用。在热苏斯看来，那些贫困的孩子都是曾经的自己，他告诉记者："对他们而言，最重要的就是坚持追梦，因为梦想有朝一日或许就能成真。"

成为帕尔梅拉斯俱乐部的主力前锋后，热苏斯成了家乡人心目中的平民英雄。但热苏斯始终保持着那份质朴的情怀，从未忘本。他经常回到贫民窟，穿着朴素的服装，看望当地的伙伴与邻居，并与孩子们踢街头足球，仿佛那个童年赤裸上身、光脚踢球的热苏斯从未离开。一位老邻居将热苏斯赠送的帕尔梅拉斯球衣视为至宝，一边用手抚摩着球衣，一边感叹道："今天的他跟当年没什么两样，还是那么安静、简单、真诚。"至今，在热苏斯生长的地方，有一幅醒目的壁画，上面的热苏斯穿着金黄色的巴西队服，手指指着右手臂上的文身：小男孩抱着足球，深情凝望养育自己的贫民窟，那个无可替代的精神家园。壁画旁边用白色字体写着：“我离开了佩里，但佩里永远在我心中。”

百分之百热苏斯，成全了“百分”曼城

真诚与专注，让热苏斯的天赋得到了充分展现，他既能胜任锋线上的多个位置，还能保持很高的进球效率。身披帕尔梅拉斯战袍时，他以三十场比赛十九粒进球的亮眼成绩，在2016年的夏天吸引了多家豪门的注意。曼联、皇马向他抛出橄榄枝，内马尔鼓励他为巴萨而战，传奇巨星罗纳尔多甚至评价：“看到热苏斯，我会想起自己。我打赌，他将会在未来成为巨星，尽管他现在还不到二十岁。”而对他未来的职业生涯起到决定性作用的，是瓜迪奥拉。没人会想到，作为世界上最成功的主教练之一的瓜迪奥拉亲自给十九岁的热苏斯拨打了电话。对此，热苏斯显然心存感激，他回忆道：“他表达了对我的兴趣，他在电话中和我谈到了俱乐部的计划，解释我将在队中占有的重要位置，这让我开心和感动。我决定加盟曼城，瓜帅的电话起到了非常重要的作用。”

2016年8月3日，曼城官方宣布，热苏斯正式和球队签约。双方合同中还声明，在2016年12月之前，热苏斯仍会为帕尔梅拉斯效力，他将在2017年1月正式加盟曼城，合约期至2021年6月。热苏斯在踏入曼彻斯特之前，就为自己选择了球

衣号码——33号，那是他刚被帕尔梅拉斯提拔时身披的号码。而在淡蓝色背景下，33号的身影一出现就不同凡响。热苏斯入主曼城后参加的第二场比赛便获得首发机会，用一记助攻帮助球队在足总杯中3：0战胜水晶宫。紧接着在曼城客场4：0大胜西汉姆联的英超比赛中，首发出场的热苏斯贡献了一粒进球和一次助攻。随后渐入佳境的热苏斯干脆包办了球队的两粒进球，帮助曼城在英超主场2：1战胜斯旺西城。从2017年1月曼城2：2战平热刺的比赛中上演首秀，到2017~2018赛季曼城客场3：1战胜埃弗顿，期间热苏斯代表曼城出战的四十八场各项比赛中有四十五场不败，其中三十八场获得了胜利，仅有的三场失利，分别是一场国际杯热身赛和两场欧冠比赛。

在热苏斯刚到曼城的时候，瓜迪奥拉向外界这样评价他："他不仅有极佳的天赋，同时也拥有很强的进取心。这就像是一个大西瓜，你必须切开看看才知道里面的好坏。"当世界球迷都熟悉热苏斯之后，瓜迪奥拉向人们道出了他重用热苏斯的理由："如果要强调高位逼抢的话，热苏斯就是世界上最好的前锋，没有比他更好的了。那种强度、那种对中卫防守的洞察，那种从身后或者在运动中对拿球中场的骚扰，热苏斯在这些方面是顶级的。"如今年仅二十一岁的巴西小将，可以让队内的头号射手阿奎罗看起来不再那么耀眼，可以帮助瓜迪奥拉一扫上赛季的颓势，以绝对优势夺得英超冠军。

2016~2017赛季后半程，热苏斯为曼城出场十一次，打入七粒进球，并有五次助攻入账。而到了2017~2018赛季，热苏斯一发不可收，他在英超赛场出战二十九次，攻入十一粒进球，并奉献了三次助攻。同时在欧冠赛事中也打入四球。在2018年5月13日的英超收官战中，热苏斯最后时刻打入价值千金的进球，曼城客场1：0战胜南安普顿，成为第一支单赛季拿到一百分的英超球队。百分之百的热苏斯，成全了“百分”曼城，也拓展着自己的巨星之路。全世界的球迷都熟悉了热苏斯进球后打电话的庆祝动作，那是在隔空“连线”自己的母亲，其中的无限温情与感动难以言喻。

他不是内马尔，他是桑巴军团真正的9号

四年前，热苏斯还光着脚在圣保罗的亚尔蒂姆贝里街道上，认真地刷着内马尔的肖像；四年后，他身披大罗曾经的9号战袍，与内马尔并肩出战俄罗斯世界杯。在当今的足球王国巴西，还有比这更励志的故事吗？

热苏斯在年仅十九岁时，就依靠天赋与进取心入选了巴西队备战百年美洲杯的初选大名单，只可惜因签证问题最终遗憾落选。然而在2016年的里约奥运会上，热苏斯光芒四射，用六场三球的惊艳表现给巴西队的奥运梦想镀了金。在俄罗斯世界杯南美区预选赛上，他用七粒进球证明了自己是巴西队实至名归的锋线杀手。世预赛的国家队首秀，他以梅开二度的方

式让世人看到了桑巴军团崛起的希望，巴西队3：0轻取厄瓜多尔。在世预赛最后一战中，他再次梅开二度，让桑切斯黯淡无光，让智利队世界杯梦碎。

人们看惯了内马尔极具观赏性的足球风格与咄咄逼人的场上气势，而安静专注的热苏斯向人们展现了低调的奢华，他质朴与纯真的气息让人耳目一新。或许，在热苏斯心中从来没有追赶内马尔的野心，但未来谁说得准呢？就在2018年3月28日凌晨的一场热身赛中，巴西队在客场对阵盼望已久的对手德国队，热苏斯头槌制胜，巴西队1：0战胜德国。同样没有内马尔，四年前巴西队在家门口遭遇德国队7：1的羞辱；四年后，巴西队在对方主场完成复仇，因为有了热苏斯。那些热爱桑巴足球的人，再次含着眼泪看完比赛，但这次是感恩的热泪，感谢上天不拘一格降人才。经过漫漫长夜，桑巴军团终于得到了锋线上的真命天子，一个可以让巴西锋线无忧的真正9号！

坚信一切皆有可能

在日本庆应大学的一家复印店前，学生们排起了“长龙”，焦急地等待着复印的机会。在这家店里，顾客无须缴纳任何费用，只要把复印纸放在机器上，按“开始”键，想复印多少随便。

天下真有免费的午餐？是不是有什么附加条件呢？附加条件就是你必须用该店提供的免费纸张。此等美事，也就难怪学生们趋之若鹜了。对于经济状况并不宽裕的学生来说，临近考试或毕业前复印各类资料是笔不菲的开支，既然有人愿意提供“免费的午餐”，不尽情享用才怪！但是，你千万别以为这家店的老板是位慈善家，他原本也是庆应大学的学生，如今已是年销售额四亿日元、在一百个校园开展免费复印服务的公司老板。

故事的起因得追溯到2005年。这一天，庆应大学二年级学生涌泽雄在街头闲逛，突然有人塞给他一份传单，传单的内容是某商品广告，涌泽雄随手把它扔进了垃圾桶，这时，他猛然发现垃圾桶里堆满了此类传单。那段时间，涌泽雄恰好选修了一门商业广告的课程，深知宣传对于商品的重要性。他想，商家之所以不惜成本地制造大量传单，正是出于宣传的考虑。但这么多漂亮的纸张转手就被扔掉，真是浪费。

事情本来并无波澜，课终考试前的一件小事却触动了涌泽雄敏感的神经。那天，他抱着一沓学习资料来到复印店，老板告诉他："复印一张纸需要十日元。"涌泽雄准备复印二百多页，大约需要两千日元，他觉得挺贵的，问能不能便宜点。老板无奈地说："没办法，都这个价，现在纸张的成本较高，我们好歹得赚点儿呀。"纸张！涌泽雄不禁想到街头、校园里随处丢弃的广告传单，他暗想，那些纸张可比眼前的复印纸质量好多了，可惜全都成了垃圾，如果把它们利用起来该多好。

2005年秋天，学校准备举办一场创业构思大赛。涌泽雄与几位要好的同学聚在一起，商议如何拿出有创意的点子。一位同学调侃说："要想获得大奖，一定要有惊世骇俗的创意。如果我们能制造出'免费的午餐'，评委一定会睁大好奇的眼睛。"同伴都笑他没正经，涌泽雄却灵光一闪，兴奋地说："为什么不可以？我这些天一直在思考一件事情，你这句话倒提醒了我。"在众人惊奇的目光中，涌泽雄兴奋地说，

“如果我们设法把商家的广告转移到复印纸上，是否可以让商家为我们的复印买单呢？试想，让商家把广告印在A4纸的一面，另一面留给学生们复印用，岂不是一举两得。我估算过，如果我们刊登一万张复印纸的广告，就至少可以从商家那里收取二十万日元的酬金，然后再把这笔钱送给复印店用于抵充服务费，完全可以做到‘免费复印’。”这个大胆的创意，果然不负众望，获得了那次大赛的一等奖。

获奖给了涌泽雄极大的鼓舞，他又召集志同道合的同学，成立了专门提供免费复印服务的公司，试图把这一妙招运用到商业实践中去。在日本，以大学生为对象的招聘消息和商品广告很多，涌泽雄找到有关企业，承诺“只要花费与制作传单等同的费用，就能让学生们长久地保存他们的广告，而不是转瞬即被扔掉，因为没有学生会轻易扔掉自己的学习资料”。商家对这项业务颇感兴趣，除了愿意支付酬劳，还主动提出，为了避免广告图案透过纸张，愿意供应质量上乘的复印纸。至于复印店，涌泽雄首先瞄准校门口规模不大的一家，因为他心里也没底，想先试试。不曾想到，“免费复印”的招牌一经挂出，立刻引起轰动，不少学生不惜排队等候，这就有了本文开头描绘的一幕。没多久，邻校的学生也纷纷慕名前来，复印店的业务应接不暇，长期处于超负荷状态。

面对源源不断的需求，涌泽雄和他的同伴开始思考进一步扩大业务规模。2006年10月，他们先后与日本东京附近的十九家公司签订了合同。随着“免费复印公司”的声名远播，许多大学竟然以学生会的名义前来开展团体业务，涌泽雄不得不思考更加快捷便利的运营方式。经过精心策划，他们决定到各大学设置免费复印机，学生们可以像使用公用电话一样，随时进行复印，不同的是，他们无须刷卡交钱，只需使用复印机旁摆放的背面印有广告的免费复印纸即可。此外，他们还有意识地变换广告的种类，以提高附加值。

如今，涌泽雄的免费复印公司做得风生水起，曾经共同创业的同学，毕业后陆续都成了公司的董事，个个风光无限。一个小小的点子，竟然成就了一个蒸蒸日上的公司，涌泽雄说：“有些创意人们想不到，是因为他们认为不可能而不愿去想。只要你坚信一切皆有可能，大胆假设，小心求证，也可以做出‘免费的午餐’。”

梦想容不得等待

大家一定知道“煮酒论英雄”的故事吧！三国时期，曹操与刘备煮酒论英雄，曹操对刘备说：当今之世，谁乃英雄也？既有统一中国之抱负，又有百折不挠付诸行动之人，乃你我二人也。所以才有后来魏、蜀各霸一方之局面。还有科学家富兰克林，他年幼的时候，发誓在物理学方面有所突破。为了测量雷电的电压，在电闪雷鸣的暴风雨中，他和自己的儿子险些丢了性命。这种勇于献身的行为，使他成为近代伟大的物理学家。

我们每个人在伟大理想确立之后，就需要用实际行动来去实现它。我这里要谈的是自己在合理利用时间上的几点经验，俗话说“一寸光阴一寸金，寸金难买寸光阴”，可见时间的珍贵。美国著名的管理学者彼得·杜拉克是一个研究时间利用的专家。他说过：“有效的管理者从不以他们的计划为起点，认清他们的时间用在什么地方才是起点……”时间是成功者前进的阶梯，是成功者的资本，是成功者胜利的筹码。

自古以来，像小鸟那样自由自在地在天空翱翔就是人类的梦想。为了实现这个梦想，很多人都付出了锲而不舍的努力，甚至有很多人付出了生命的代价。1903年，莱特兄弟发明的飞机飞向蓝天，实现了人类的飞翔梦。

莱特兄弟出身于一个牧师家庭，兄弟俩聪明好学，从小就十分喜欢动手制作，尤其是对一些机械感兴趣。钟表、磅秤等都是他们的试验品，即使是废铜烂铁，他们也不舍得丢，总是留着，经过一番琢磨之后，敲敲打打做成一些小玩具。一天，两兄弟捡来一些橡树果实，然后又找了一些铁钉，经过加工后，橡树果就变成了陀螺。两人把自己做的陀螺送给小伙伴玩，小伙伴都非常高兴。

父亲看到兄弟俩这么喜欢动手搞小制作，便有意给他们提供更好的条件，允许他们使用家里的木工工具，那可是莱特爷爷留下的宝贝。有了这套工具，莱特兄弟便从修理铺找来一辆破旧的手推车，每天放学后就去修理它。经过几天的敲敲打打，手推车变成了一辆可以使用的运货车了。看着自己的劳动成果，两人很有成就感，父母也夸奖他们能干。

有一次，他们找了一些碎木块当积木玩。刚开始兄弟俩不知道该怎样玩，便向妈妈求助。可是妈妈并没有伸出援助之手，而是鼓励他们，让他们自己动脑筋想。然后，妈妈就在旁边看着兄弟俩玩。不一会儿，俩人就高兴地大叫起来：“妈妈，您快看啊，我的积木垒得多高啊！”“妈妈，还是我这个好看！”看着兄弟俩各自的成果，妈妈有意培养他们的合作能力：“孩子，你们做得都很棒，妈妈相信你们要是合作，一定能做得更好！”

还有一次，父亲送给他们一只由竹片和薄纸做成的蜻蜓。“孩子们，你们信不信我这只蜻蜓会飞。”“真的吗？它怎么会飞呢？”兄弟俩充满了强烈的好奇心。于是，父亲当场表演给他们看：一只手拿着蜻蜓，另一只手转动着蜻蜓腹部的橡皮筋，然后一松手，蜻蜓向空中飞去。

兄弟俩看着蜻蜓瞠目结舌，随即想到要做一个更大的，看它能否飞得更高、更远。随后，两人悄悄做了一个大一点儿的蜻蜓，结果成功了。于是，他们又花了几天时间做了一个更大的蜻蜓，结果还没飞起来，蜻蜓就栽到了地上。

看着失望的兄弟俩，父亲意味深长地对他们说：“孩子，你们敢于实践，这种精神非常好。但是，这里面蕴含着非常深奥的科学道理，你们仔细想想，看能不能想到别的办法。”

这时兄弟俩明白了这不是一件简单的事情，也懂得了想要发明创造就要学好数学、物理等方面的知识，因此决心从那时起就好好学习，立志要造出能飞上天的东西来。

功夫不负有心人，经过多年的实验与研究，他们于1903年终于成功地发明了第一架动力飞机，拉开了人类飞行时代的帷幕。

人生走向成功最重要的是要有伟大理想，一个人的理想越崇高，生活方向越明确充实。然而，理想的实现要用行动来证明。谁会相信一个宁肯放下锄头去守株待兔的人，一个终日坐在黑暗房间里无尽地回忆幻想的人，而不是脚踏实地地去做好每一件事情的人，会有什么惊天动地之举呢？

先努力做自己的冠军

在央视的采访视频里，傅园慧说道："每一个被捧起来的人，最终都会被打下去。"这应该是她不愿意仅仅当个网红的原因之一吧。

在里约奥运第二天结束的女子100米仰泳半决赛中，傅园慧以58秒95的好成绩获第三，晋级决赛。赛后的一段采访视频让这位95后的姑娘火遍了全世界。微博粉丝一跃超七百万。

虽然追捧傅园慧的少男少女不计其数。但有个别"歪果仁"网友表示不理解："拿个第三名值得那么高兴吗？"

很显然，他对这位"喜感女神"的过去一无所知。事实上，傅园慧的第一块世界比赛奖牌是十五岁时夺得的世界青年游泳锦标赛女子100米仰泳银牌。同年9月，她就拿到了全国游泳锦标赛女子100米仰泳的冠军。

傅园慧早就在世界舞台上证明过自己。

而在这之后、奥运会之前，因为身体等方面的原因，傅园慧陷入了事业的低迷期。尤其在澳洲训练的一年，用她自己的话说，有时候“累得睡不着觉、吃不下饭，练着练着就突然想发呆，脑子都不会动了，忍着眼泪去游泳”。

“鬼才知道我过去三个月经历了什么，有时候真的以为自己要死了。那种感觉，生不如死！”——表情包背后的心酸，你是否能够体会？

所以，当她亲口出“我这一生不可能只是当一个网红而已”这句话的时候，我愿意相信。

她有比网红更牛的实力，当然也配得上比成为网红更绚烂的梦想。

你是不是也想过，自己这一生将会成为怎样的角色？我想过。很小的时候，我梦想成为一个旅行家，踏遍千山万水，走遍天涯海角，用相机、用文字、用一切可能的方式，将全世界最美的风景记录下来，留传世间。

十多年后，这个梦想实现了千分之一。

凭借自己的努力，我终于买了属于自己的相机。每天坐在宽敞明亮的办公室，工作的间隙，就用迷离的神思召唤远方。远方有诗，有候鸟，有风沙，有海浪……

然而，每次从午休的梦中醒来，又不自觉地灰头土脸继续工作。

你呢？

你小心翼翼地计划着下一场旅行，兼顾时间、花费、精力、心情……好不容易订下了机票，又因为突然的出差取消了行程。

辞职，不确定人生的下一步将通往何处。转行，不知道自己还能干吗；还能不能保住目前的薪水。到底，哪里才是自己的归宿……

深夜里，你焦虑得睡不着觉，趿着拖鞋望窗外的月光。究竟要成为什么样的角色呢？你也不清楚。反正，不知不觉我们都成了曾经最不想成为的那种人。

梦想呢？情怀呢？品质呢？健康亮丽的生活呢？

比起奥运赛场上的冠军，我们的生活平凡得太多。郭晶晶、傅园慧尚且能够活在众人的喧嚣之外，用实力来证明自己，普通的我们为什么不可以？

当今社会，生活节奏变得越来越单调而繁忙，负面情绪也随着工作压力的加大而滋生，疲劳、睡眠质量差、记忆力减退、反复感冒等，成为都市白领人群最常见的亚健康症状……这一切都在提醒你：你需要认真对待健康，好好调养身体了！

已退役三年的“吊环王子”陈一冰说：“拥有健康的体魄，坚持勇敢地追求梦想，每个人都可以成为自己的‘生命冠军’。”正应了那句老话：身体是革命的本钱。

身体健康是“1”，金钱、地位、财富、事业、家庭、子女等等都是“0”。拥有健康就有希望，就拥有未来；失去健康，就失去了一切。

所以，在成为别人眼里冠军之前，请先努力做自己的冠军。

你惧怕成功吗

对成功的渴望，要比对成功的恐惧更容易鉴别出来，但是如果你在以下任何一个场景中找到你自己的身影的话，你就可能是一个恐惧成功的人：你会不会在一个进展顺利的工作中放慢脚步？当你得到很多认可和赞誉的时候会不会感到焦虑？当你的经理提出要提拔你的时候，你是不是希望自己成为一个隐形人？别人的称赞是否让你感到尴尬，或者让你感到担忧和谨慎？如果你在生活的某一个领域取得了成功，你是否会把另一个领域搞得一团糟？当事情一切进展良好的时候，你是否会认为坏事马上就要上门？如果你在自己的家族中比其他人有更多成功的机会，你是否担心失去跟你亲戚的良好关系？以上这些还只不过是惧怕成功的一部分经验。

简至今还记得她第一次注意到这种反常意图的情景。她进大学的时候主修的专业是英语，但是当她参加了一个集体心理学的课程之后，她马上觉得自己非常喜欢心理学。她发现自己找到了自己真正喜欢的领域。她每周要交一份篇幅为三页的论文，但是她常常要写上满满十页，以致弄得自己经常来不及上交。为了期末论文，她做了太多的研究工作，以致她没能按时完成，结果她在这个课程中得了一个“未完成”。教授把她叫到办公室，他对一个优秀学生把成绩搞砸了这件事表达了自己的关心，“我认为你在害怕……”简以为他说的下一个词会是“失败”，但是教授说的却是“成功”。

这让她极为震惊！简不敢相信自己居然害怕把事情做好。虽然她找到了一个自己真正喜欢的科目，但是事情却有点复杂。简所参加的课程坚定了她将专业转到心理学的决心，这样她就可以跟一帮新的学生和老师相处，而且会走一条跟原先设想不一样的职业道路。简虽然感受到了内心的召唤，但是却无法自由地追随它，因为这不仅意味着很多改变，而且会让她觉得自己真正擅长于某个领域，这跟她的自我认知不相符合。她认为只有她的哥哥才具有这样的资格。她对成功的惧怕并不为她自己所知，但是却被她的拖延所证实。

且不论成功对这些人意味着什么，为什么总有些人不能够全心全意地追求成功？当你发现自己在破坏自己所渴望的成功的时候，这真是一件令人困惑不解的事情。我们认为，就像简一样，许多拖延者在面对成功的时候，内心往往处于冲突之中。他们害怕成功给他们带来的不利的一面，而他们自己对此常常毫不知情。大部分害怕成功的人都想要把事情做好，但是无意中的焦虑却让他们与成功背道而驰。这样的焦虑通常是极为微妙的，并不能直接地被感知到。

心理学家苏珊柯洛妮说："内心的冲突有时候会以一种无法解释的情绪转变表现出来，以一阵自我怀疑或者负疚感，或者以希望与失望的交替起伏表现出来，就好像依稀的耳语，我们不清楚那些耳语到底是什么，以及究竟谁在那里跟我们说话。"

对我们所有人来说，问题不在于我们是否对成功具有摇摆不定的心理，而在于成功所引起的内心冲突是否强烈到足以阻碍我们通往成功的道路，是否阻碍了我们往前迈进的步伐，是否让我们从滋养生命的冒险中退缩，是否会束缚我们，以致让我们丧失了自发性、好奇心以及面对挑战的勇气。

第一次攀岩的体验

独自前往攀岩馆，心里是忐忑的，像我这么笨的人到那里肯定上都上不去。结果到了以后发现，这是真的。和图片中看到的完全不一样啊，这也太高了吧！

教练员把安全绳跟我的护具连接在一起后，说："你上吧。"

啊？可是我什么都不会啊！按理说不是应该先告诉我一些攀登的技巧吗？

我挑了最简单的第一条攀岩道开始往上爬。我先用左脚蹬上一个支点，右脚紧跟着找到相应的落脚点，然后尽量伸长胳膊去够上面的支点，我发现那个点好小，很难用手抓住。休息区的一个女孩提醒我：上面有一些支点比较平，可以用脚踩；有些支点上面有坑，手指可以抠住。就这样，我似乎找到了一些感觉。然而，我才爬到一半就感觉自己的"电量"只剩

20%了，自动开启低电量模式。与此同时，我还遇到了更大的难题，我到了岩壁最难的90度折角，必须经过这里，才能继续向上。可是我不敢抬起手臂去够那块近在咫尺却非常难抠的支点。

休息区的那个女孩一直在背后对我喊：“加油，别放弃！你可以的！”在她的鼓励下我再次伸出了手臂，可还是抓不到。胳膊实在没有力气了。“我没有力气了！”我对地面帮我拉安全绳的教练员说：“不行了，让我下来吧！”教练员开始松绳子，我慢慢下滑，像曾经无数次幻想过的那样，做一个侠女，轻功超群，翩跹而下。然而事实却是，“哎！你别抓绳子！把双手自然放下！”教练员喊道。哦，我死死抓着安全绳的样子是不是特别蠢？

我下来以后，两条胳膊就跟灌了铅似的。再次打量那面貌似高不可攀的岩壁，我心想：如果我刚才再坚持一下的话，会不会最终能成功呢？

这时候馆里又来了两个男生，其中一个换了专业的攀岩鞋，开始攀高难度的蓝色区域。他看起来非常熟练，“噌噌”几下就爬到了顶端。“好厉害啊！”我默默感叹。

休息够了，我再次出征。结果这次才爬到1/3的位置，我就完全没有力气了。十指和双脚轻轻地抠踩着支点，靠着后面绳子的力量悬空坐下，大口喘气——好想放弃啊。正在我感觉前路无望的时候，突然有一道绿色的荧光束出现在我左手的上方，一个粗犷的声音从背后传来：“用手抓这个，能不能够到？”

我抬起手试了一下：“可以！”“多用腿的力量，先上腿，再上手！”那个声音说。

“左脚踩这个试试。”绿色的荧光束打在我左脚上方的一块支点上。我抬起脚踩到了这个支点上。

“右手抓住这里！”荧光束在我右手斜上方的支点上亮起。

“你的身体要尽量靠近岩壁，那样比较省力。”

我完全不知道跟我说话的是谁，还以为是我的教练员。往下面瞅了一眼，教练员在我右侧斜后方，可声音的来源是我的背后啊。这一眼把我给瞅害怕了，原来我现在离地面这么高了。我不敢再回头看，只是继续按照那个人说的，一步一步往上爬。终于到了上次的“滑铁卢”——那段90度折角。

“先上左脚，蹬这个！”

“啊，蹬不到！”我的腿在发抖。

“能踩到这个吗？”

“好像踩不到。”

“你试着左右脚交换一下位置！”

我用手抠住支点，努力把左右脚在狭小的支点上交换了位置，哆哆嗦嗦地踩住，成功了！

我用尽全身力气贴近岩壁，先稳住自己，然后伸手去够荧光束指示的下一个支点，好远啊！

“好，现在上右脚，到这里。”

我使出“洪荒之力”，把右脚放上去了。然后迎接我的就是坦途，循着荧光束一点一点地向上爬，我摸到了顶端。

我松开抓在岩壁顶端的手，抓住安全绳，回头向下看，发现是那个穿专业攀岩鞋的男生一直在帮我，我挥着手连忙说：“谢谢你！”

我到达顶端了，冲上云霄了，可是我没有想象中那么激动，没有很兴奋的感觉，不知道为什么。

速降到地面以后，我走到休息区再次感谢了那个男生，多亏有他的指点，我没有中途放弃，还有条不紊地登了顶。

不可思议的人生

很多人一直不敢相信自己可以拥有幸福、富足的生活，每天领着微薄的工资，一边抱怨着社会环境如何不公，一边指望着自己不做任何改变就能获得飞来横财。这里面有我们的亲人、朋友，也包括以前的我们。

著名的催眠大师马修·史维说过：“你的格局一旦被放大之后，再也回不到你原来的大小。”

如果我们的格局，是一个杯子的大小，那么最多就只能装一个杯子的水。换句话说，如果我们能把心中的这个杯子变成一只桶的话，可以装的水就变多了。如果再把桶变成浴缸，变成游泳池……当格局越来越大的时候，我们装进去的东西就越来越多。因此，在列目标之前，还有一个重要的工作要做，那就是：放大你的格局。

世界畅销书《心灵鸡汤》的作者马克·汉森说过：“唯有

不可思议的目标才能产生不可思议的结果。”马克·汉森还说过：“小心写下你的目标，因为它一不小心马上就可能实现。”目标一定要写下来，因为写下来的目标会产生神奇的力量。

有一次，在安东尼·罗宾的课堂上，他要求学员写下目标，且不要有任何的限制。有一个年轻人非常贫穷，但是他非常喜欢海洋，他写了一个目标：我一定要拥有一艘属于自己的游艇。写完了之后他自己都觉得很好笑，这个目标怎么可能实现呢？就是一辈子也实现不了哇！

他一回去就跟女朋友讲这件事，女朋友也取笑他说：“如果你有游艇了，一定要带我到海上开一开。”一个礼拜之后，他突然之间蹦出来一个亲戚，那个亲戚非常富有，快要死了，临终前说要送给他一艘游艇！不要以为这是讲童话，这是真人真事。

世界股神巴菲特说：“全世界最厉害的力量叫作想象力，但最恐怖的力量叫作复利，复利可以让你的钱越变越多，多到你无法想象的地步。”假设要完成伟大的目标，往往需要投入的金钱力量也就很大。所以很多人之所以不敢设定非常巨大的目标是因为自己没有钱。当你知道复利的力量后你就不用担心了。

《富爸爸穷爸爸》的作者罗伯特·清崎说：“小计划没有使人热血沸腾的力量。”如果设定一个目标是买一辆脚踏车，会不会很兴奋？不会。小计划小目标不会让人有热血沸腾的力量，没有热血沸腾，就没有渴望，就没有冲劲儿，就谈不上达成不达成。

要把格局放大，第一件事要做什么？要开始恢复对所有事情的感觉。什么叫作对所有事情的感觉？其实我们每一天接触太多的事物，平均每一秒钟大概都会有五个念头在脑中产生，如果把这所有的念头仔仔细细逐条分析有没有可能？绝对不可能！

所以我们的大脑有一个系统，这个系统叫作“神经自动排除系统”。我们每个人的大脑都有这个系统。什么意思呢？就是我们不曾作过决定的事情，会被我们的大脑自动排除掉。

比如说我从来没有决定买一台奔驰轿车，那么奔驰在我眼前开过去，我的大脑也不会对这个事情有感觉。我从来没有决定买一栋房子，房子就在我眼前了，但是大脑会自动排除出去，没有感觉。这是一个很重要的系统，所以如果我们不能把对一切事物感觉的开关开启，我们的大脑就自动把这些东西排除。因为没有感觉的事物是不会让我们产生渴望的。

你的渴望是对你的能力唯一真正的限制，所以要让自己有渴望，渴望来自强烈的感觉。所以感觉必须有，有了感觉，有了渴望，才有实现的可能。

当你的格局放大，你的感觉产生，你的自信增强，你就可以动手规划你的未来了！格局放得越大，你的人生就越不可思议。

生活在别处

像上学时翘课一样。现在很多人不愿意忍受周而复始的疲惫生活和忙碌工作，开始向往生活在别处的惬意。当然，在打卡机面前，在繁重的工作面前，真想“翘”一回，并不那么容易，但不管压力的来源有千万种，我们的生命却只有一次。扔掉所有的包袱，做点虽然无用但自己喜欢的事。彻底为自己活一把，真的很有必要。它可以让脚步暂停等灵魂跟上，以乐趣战胜焦虑，以平和的心态迎来人生新境界。

20世纪70年代，著名导演安东尼奥尼拍摄了一部纪录片《中国》，无意中为中国保留了那个年代国人淡定的一面。倘若这位意大利导演今天再来，会发现中国早已淡定不再，取而代之的是急急火火的争名逐利。几乎所有的中国人都在忙，忙着挣钱，忙着升职，忙着考研……忙，成了中国人最大的共同点，正如2011年下半年那首歌唱的：“我是小强，我没时间吃晚饭；我是王继伟，我没时间长途旅行；我是张慧，我没时间睡午觉；我是朱亚青，我没时间减肥；我是盖伦，我没时间回家看我姥姥；我是郃晶，我没时间生孩子；我是乔丹，我没有时间睡觉……突然很想不去上班，发一发呆，偷一点儿懒，我真的没时间，没时间……”

中国人到底有多忙？《小康》杂志社、中国全面小康研究中心联合清华大学媒介调查实验室，在全国范围内展开了“中产阶层休闲满意度”调查，该调查发现，超时工作，是很多职场人士的生活状态。在受访者中，仅有23.7%的人每周工作“40小时及以下”。每周工作时长超过40小时的达76.32%，其中，28.8%的人每周工作时长超过50个小时，还有11.8%的受访者每周工作60个小时以上。郎咸平曾经算过一笔账：中国人均工作时间排名世界第一，一年高达2200个小时，美国为1610个小时，日本是1758个小时，荷兰则只有1389个小时，为全球最低。

因为忙，我们牺牲了自己的爱好，牺牲了生活的情趣，牺牲了在夕阳下与自己的爱人和孩子散步的幸福，生活变得黯淡无光。就像林奕华导演的话剧《华丽上班族之生活与生存》中小白领李想那一段感叹：“黑色星期一，星期二也是黑色的，星期三最黑，星期四有点灰了，星期五、星期六、星期天疯狂舞动……唉，又是黑色星期一！”很多人都像李想一样厌倦这种周而复始的疲惫生活，可除了忍受，除了抱怨，我们又为自己做过点什么？“我必须拼命工作，之后才能痛快花钱和休假。”三十一岁的杨建平就职于深圳一家广告公司，月收入九千元。因为赶着制作一个大客户的方案。他和其他二十多位同事一起，连续三个月没有休息一天，而且常常加班到深夜十二点。因为“老板向我们承诺，只要拿下这个客户，奖金大大的，休假长长的！”杨建平说，“每次加班加得要崩溃的时候，只有想象着马尔代夫的蔚蓝海岸线和金黄沙滩，心情才能稍稍平衡一点。”

走出惯性才有更多可能

很多人都像杨建平一样厌倦这种周而复始的疲惫生活，有没有想过“翘”掉现有的生活，生活在别处？大部分人会说不，那是奢侈品。但是，很多人并不知道最早说“生活在别处”的不是昆德拉，而是法国诗人兰波。兰波曾经三次“翘”掉原来的生活，最终他一路走到巴黎，辗转比利时，还到了伦敦。虽然一路潦倒，但正是这段时期，诗人的诗歌创作达到了高潮，写下了著名的《地狱里的一季》。这个故事留给了我们一个可能：一个人只有走出生活惯性，不在重复中思考的时候，他才能掌握更多的可能性。

在决定“翘”掉目前的生活之前，志平是广州一家媒体的记者，去年一场大病差点夺去他的生命。病愈之后，他毅然决定离开工作了十年的媒体去了向往多年的欧洲，因为他突然体会到生命的珍贵，他想找一个安静的地方，独自体会和感悟生命的玄妙，而欧洲够安静，文化氛围浓重，是个能让人慢下来、好好思考一下人生的地方。其实决定递辞职报告的时候，志平心里还是有一种莫名的紧张感，毕竟在这个城市生活了十年，每位朋友、每个熟悉的地方都会成为一条无形的线，拉扯着他。但是当辞职信真的交上去之后，志平心里反而舒服多了。志平说那是一种释然，同时融合了一种对未来生活的希冀，非常美好。志平的计划是先去学习语言，等到语言过关之后或继续深造或在当地找份工作。“或许过几年之后，我觉得那样的生活方式有让我改变的必要之后，我会重复今天这种‘翘生活’的举动，或者去另一个国家，或者回到中国来。”在志平看来，只有这样，有限的人生才会真真实实地被抓在手中。“从今以后。我要为自己而活。否则，我会在‘犹豫’间蹉跎了自己的梦想。”

像志平那样去欧洲并不适合大多数人，对大多数人来说，面对过于激烈的社会竞争及过大的生活压力，想“翘”掉原来的生活并不是一件容易的事。但如果我们无法“翘”掉原来的生活，至少我们可以学会翘会、翘班，让自己走出常轨，做一些“离经叛道”的事，放松一下身心，也许会有意想不到的收获，比如大名鼎鼎的乔布斯。1990年，乔布斯在斯坦福大学一场演讲上，注意到前排倾听的劳伦。当晚，一场会议正等待一心打拼事业的乔布斯。“乔帮主”回忆：“我在停车场，车钥匙已经插上。我问自己，‘如果这是我人生在世最后一天，我是愿意开一场商业会议，还是同这个女人一起度过？’我跑过停车场，问她是否愿意与我共进晚餐，她说好，我们一起走进车里，自此一生携手。”

成功很重要，但幸福呢？

对当下的中国人来说，成则为王，败则为寇，谁也不想成为一个生活的失败者，因为我们每个人都唯恐失去身份地位，对人最严厉的惩罚就是把他扔到繁华的大街上却无人关注。翘生活，不无诗意，虽然说来简单，但想偶尔“翘”一回，真没那么容易。我们这些人，收集地图、旅行包，却从未真正走出过自己的城市。因为正如美国教授莱斯特·梭罗在他的《知识创富》中所说的：“财富是资本主义衡量成功的最终标准。那些拥有大量财富的人是重要的，值得献殷勤。他们值得别人尊敬，也要求别人顺从。在尊贵次序的排定中，财富一直是重要的，但它正日益成为衡量个人价值的唯一尺度。如果你想证明自己，就必须参与这个游戏，这是一个甲级游戏。如果你不在那里玩，那你注定陷于次等。”

是的，成功是这个时代最引人注目，也几乎是唯一的话题。我们每时每刻都被成功人士的故事包围。传媒、饭桌、颁奖会，无孔不入地叫嚣：要成功！要成功！可当所有人都在通往成功大道上狂奔时，其结果可能是崩溃。因为对财富的需求膨胀到极限，对个性的需要则可能妥协到了几近泯灭。曾有媒体做过一项调查，越来越富裕的中国人，幸福感却在下降。很少有人质疑这一结论。因为人人感同身受，金钱越来越多，物资越来越丰富，但不安全感和挫败感却与日俱增。

成功是为了幸福，如果成功不能带来幸福，成功就不再是名利场上用作炫耀的名词，而是规划自我人生的动词。通俗地说，幸福就是放下功利，做一些虽然无用但自己喜欢的事，或许这才是救赎之道。比如，做点跟升官、发财、成名没关系的事，做点跟自己的情感和精神有关的事，做点在别人看来“离经叛道”的事。

其实，有的人一辈子都在做有用的事，事实却证明一辈子都毫无价值；有的人一辈子都在做“无用”的事，留下的东西后人却受用无穷。“京城第一玩家”王世襄，生于名门世家，却沉迷于各种雕虫小技，如放鸽、养蛐、架鹰、走狗、掼交、烹饪，而且玩出了文化，玩出了趣味。荷兰王子专程向他颁发2003年“克劳斯亲王奖最高荣誉奖”的理由为：如果没有他，一部分中国文化还会被埋没很长一段时间。

所以，在钢铁森林中生活，有一千零一个愿望，不如有一千零一个妙方，每个妙方都让你的生活更悠闲自在。正如喜剧作家范托尼所说，都市中懒人的最高境界，是以智慧与发达的资讯寻求事半功倍的捷径。从静中观物动，向闲处看人忙，才得超尘脱俗的趣味；遇忙处会偷闲，处闹中能取静，慢慢生活，轻轻感受，不要让城市的高楼和纸醉金迷蒙住了眼，这才是现代人安身立命的根本。

第三章
不忘初心，方得始终

成功的生活需要大部分时间的乐观和偶尔的悲观。轻度的悲观使我们在做事之前三思，不会做出愚蠢的决定；乐观使我们的生活有梦想，有计划，有未来。

——马丁·塞利格曼

荒野是我的盛宴

他是“站在食物链最顶端的人”。他吃过象鼻虫、十字蜘蛛、老鼠、青蛙、生的斑马肉、鳄鱼和羊的睾丸，还曾从大象的粪便里挤出可以饮用的水分。

他的足迹遍布哥斯达黎加的丛林、太平洋上的岛屿……以及中国的海南岛。无论是火山、沼泽、冰川还是湖泊，只要给他一把刀和一个水壶，他能够在地球上任何一个角落活下来。

如果你看过探索频道的《荒野求生》，那么，你肯定知道，这个死不了的人就是贝尔。

贝尔是怎样炼成的

以常规的英国绅士标准来衡量，贝尔从来不是好人选：他上的是英国最盛产精英的伊顿公学，却不爱学习，不修边幅，喜欢在夜晚偷偷攀爬图书馆房顶；他用了三年时间练习空手道和合气道，是当时英国最年轻的空手道黑带二段选手，他曾在一次对练中误伤了来自尼泊尔的王储同窗迪彭德拉。

后来，贝尔勉强申请了布里斯托尔一所颇烂的大学，研读现代语言学。应付和逃避学习这件苦差事的结果就是：1994年，贝尔决定报名参加英国空军特勤队（SAS）预备队的遴选。

贝尔参加选拔的过程简而言之就是炼狱。训练内容常常包括急速奔跑、山间短跑冲刺、负重奔跑等，“直到每一个新兵都累得跪在地上呕吐”。进入选拔测试之后，训练才刚刚开始。在荒无人烟的威尔士峰，训练时间长达六个月，夏天被蚊子包围，冬天又浑身湿冷，艰难穿过深没大腿的积雪，有时还会被大风掀倒在地。这一切，都在背负约二十三千克或以上负重物的前提下进行，每天都有人被淘汰出局。

贝尔当时只有二十岁，是年龄最小的参选者之一。他失败过一次，并在两年后的第二次遴选中成功。加入SAS（英国特种空勤团）第21团之后，贝尔继续接受专项训练，包括爆破、海空潜入……正是这些训练，保证了贝尔日后在《军队大逃亡》《荒野求生》等探险类节目中数次死里逃生。

人生是场极致的冒险

1996年年底，贝尔在北非一次自由跳伞训练中不慎受伤。康复后，他向SAS（英国特种空勤团）提出退役。在事故发生之后的第八个月，伤情刚有起色的他便从医院偷偷溜出来，坐火车回家取自己的摩托车，然后在绑着金属支架的情况下，在黎明前骑车回到康复中心。

1997年，靠着四处“忽悠”，贝尔筹到一点儿赞助费，成功登上了世界之巅，成为英国成功登顶的最年轻的登山者。

2006年，探索频道邀请贝尔主持《荒野求生》，他的面孔和身手，因此被全球一百八十多个国家的近十二亿观众所熟悉。贝尔的身影遍布在那些世界上最危险的地方。2010年，贝尔计划到中国海南岛中部的丛林探险。但刚到海南岛便遭遇“芭玛台风”，原定通过直升机空降进入核心探险区的方案被迫推翻，贝尔只能坐运猪车进去。搭了几公里路后，他一个猛子扎进大河开始了探险之旅。在那一次探险中，他的早餐是老鼠，午餐是青蛙，晚上睡岩洞。岩洞里有无数只蝙蝠，他需要用烟把这些原住民“请”出去。诡异的是，他还把其中的十五只蝙蝠变成了晚餐。

有评论认为：“贝尔的伟大之处不仅在于他教会了我们在荒野逃生的技能，而且还向我们昭示了人在巨大压力下生命意志的巨大张力和对自由的无限追求。”在贝尔的自传中，他这样写道：“犹如偶然，这种疯狂成了我的生活。不要误会——我太喜欢这一切了。”

我生命里欠缺非常重要的一件事

一

我觉得，我生命里欠缺非常重要的一件事情，那就是：玩。

就是那种纯粹的玩，只图开心，不带任何目的。玩耍本身就是目的。

小时候，我爸爸对我们特别严格。放假在家，要先写作业，写完作业，要么下地干活，要么去山上放羊，我们很少有自由玩乐的时间。

孩子的天性就是爱玩，我们会寻找一切机会出去玩。我们去山上烤红薯，在麦地里打滚，在河边玩泥巴，垒个石桌子弄点花花草草就能开宴席……这些关于玩耍的记忆，对我来说非常珍贵，那是一种纯粹的、自由自在的欢乐时光，可以让人忘却烦恼和忧伤。

等我长大后，我发现这样的时光越来越少了。

上学的时候，学业为重，必须要考出好成绩；工作的时候，业绩为重，否则就要被淘汰。我感觉人生好像变得越来越沉重，要承担很多责任，越来越没有玩耍的心情了。

每当我想去玩的时候，内心总有个声音蹦出来提醒我：为什么要浪费时间去玩，你应该努力赚钱才对！

所以每次我出去玩的时候，总有一种负罪感，觉得自己好像犯了大错。

我努力让自己成为一个工作狂，成为一个学霸，然而我的心里有一只小怪兽，它老想出去玩，去探索有趣好玩的东西。

二

赚钱是为了什么？获得名利是为了什么？还不是为了生活得更快乐、更有趣吗？

如果只求名利，不关注内心是否快乐，那是不是追求错了？

如果拥有很多钱，可内心却是苦闷的，很少体会到纯粹的快乐，这样的人生算得上成功吗？

多年前，我看过一个故事。有两个名牌大学的高才生，他们都很聪明，是同班同学。

两个人都去创业。

第一个人创业大获成功，也拿到了投资，成为国内很牛的行业大咖，富豪排行榜榜上有名，是媒体和商界的宠儿。

第二个人也创业成功了，可是他却把公司卖了。别人问他，为什么不去吸引投资，把公司做大做强。他说："这个事情对我来说就是个游戏，我玩过了，玩得还可以，这就够了，我并不想成为行业大佬。"后来他又去玩别的事情，还搞砸了好几次。可是他却觉得无所谓，继续玩，玩得很开心。他玩着玩着居然也上了富豪排行榜。记者要去采访他，被他拒绝了，他说自己并不想当企业家，也不想上榜。

当时我觉得第二个人就是个傻子，当富豪多牛啊，你应该一开始就为当富豪而努力。你瞎玩什么呢?

现在回想起来，我觉得第二个人自有他的人生智慧。他可以做到更多地在乎自我感受，不被外界绑架。对他来说，上富豪排行榜根本不重要，玩得开心才重要。

三

当我觉得生活很沉重的时候，我就特别想去玩，想找回童年那种纯粹的、自由自在的快乐时光。

我跟着小伙伴们去滑雪，摔倒在雪地里，惊险又刺激。可是我觉得很快乐，在玩耍中我忘却了烦恼。好像童年的我们在雪地里打雪仗的那种快乐又回来了。

我跟着他们通宵玩德州扑克，无比投入地玩，忘记了时间，忘记了忧愁，我觉得很快乐。

我去看脱口秀，听着那一个个搞笑的段子，哈哈大笑，前仰后合，不用在意什么淑女形象，只要我开心就好。

从小我就特别羡慕、崇拜那些会玩的人，我觉得他们简直就是快乐永动机。他们有一种自得其乐的性格，总是能从各种玩耍中找到快乐，消解人生的痛苦。

上中学的时候，我们班有一个男生，他经常考倒数几名。但他特别爱玩，上网、打游戏、踢球、溜冰、打台球、飙摩托车……好像没有他不会玩的。女生们经常围着他，作为学霸的我，也常常围观他又弄了一些什么新玩意儿。

老师怕他把我们带坏，不让我们跟他一起玩。但是一个会玩的人就是很有魅力，我们不由自主地围着他转，老师也没有办法。

学生时代的我们喜欢两种人，要么是学霸，要么是“玩霸”。学霸智商高，“玩霸”有活力。那种呆呆的无趣的人，是最不讨人喜欢的。

四

再来说说爱情。人们找对象，为了结婚，要衡量各种条件，恨不得拿到秤上称一称。于是，感情中的浪漫元素就不见了。

应该把爱情当成一场好玩的游戏，认真地玩这场游戏。探索对方，了解对方，一起发现好玩的事情，一起经历人生的波折，一起创造美好的体验。爱情没有目的，爱情本身就是目的。

如果只是为了完成一个任务而找对象，那也没有什么不可以，但是太无趣。

对于普通大众来说，爱情其实是奢侈品，很少有人可以不管不顾地爱一个人。所以，人们对于谈恋爱这个事情很不屑，总是说要找个人一起过日子。

可我觉得，还是要把爱放在第一位，还是要追求浪漫的爱，不应该规定爱必须以某种形式呈现。只要爱着的人，自己开心快乐就行。

有一次，我和一个朋友聊天。我说："我就是想找个人陪我一起玩，很想把那些缺失的东西补回来。"

她说："你玩心太重了，你都是成年人了，你还以为自己是小孩儿啊？"

可是，如果人生没有那么多快乐，我觉得活着本身就是一种沉重的负担。

我希望自己多去玩，多去体验有趣的事情。我更希望，我能用玩耍的经历来改造我的人生，把我的人生变成一场好玩的游戏。

别让我失望

苏茜·佩珀丝是一个先天愚型的孩子。她十九个月大时，医生对她父母说，要有别的孩子陪伴苏茜，才能改变她的状态。

于是，苏茜又有了妹妹朱迪丝。朱迪丝九个月大开始走路时，苏茜看着她东倒西歪地走过起居室，便也想模仿她。慢慢地，她竟然蹒跚着迈出了步子。

七岁时，苏茜见喜欢体操的妹妹在平衡木上表演，她也想学，这让看在眼里的妹妹也跟着着急。自懂事起，朱迪丝就一直想着帮助姐姐，于是就劝说父亲把起居室改成了训练场，并装了一个距离地板四英寸高的平衡木，她俩一块坚持不懈地练习。

不久，朱迪丝加入了全国体操队，并陆续获得了各种体操比赛奖项。后来，苏茜也有了自己的机遇。1988年，十四岁的苏茜参加了在利物浦举行的体操比赛，得奖而归。

几个星期后，苏茜接到了一封信。朱迪丝读给她听："他们想让你参加明年在莱斯特市举行的全英特奥会。答应吧，苏茜。我来帮你训练。”“那就来吧！”苏茜无畏地说，在地板上来了一个侧翻跳。1989年8月，姐妹两人来到莱斯特。在那场一千六百名残疾人参加的体操比赛中，苏茜获得了平衡木铜牌。

然而，正当苏茜想在平衡木项目上取得更大突破时，那年秋天，苏茜不得不动手术治疗脚部胀痛。她的患有先天性拇外翻的脚因为手术失去了平衡性，今后她再也不能参加平衡木比赛了。朱迪丝明白，若不能参加比赛，姐姐会变得自暴自弃的。于是，她又想出办法，让苏茜专攻跳马和其他体操项目。

在朱迪丝的无私帮助下，苏茜进步神速。1993年秋天，谢菲尔德室内体育馆体操比赛开始后，苏茜信心十足地步入场地。伴随着舒缓的音乐，她的动作优美自如，用侧手翻和后滚翻结合运动手倒立、腾跃和劈叉，从一个角落飞到另一个角落。接着，苏茜又熟练地用一只膝盖平衡身体，另一条腿高高地抬起在身后，双臂伸展，使表演达到了高潮。“苏茜·佩珀丝充满了活力！”解说员热情洋溢地说。

苏茜赢得了自由体操金牌、跳马银牌、高低杠铜牌。但是最令人难忘的，还是朱迪丝和苏茜在比赛结束时的联袂演出，毕竟以前还没人听说过特殊运动员和正规运动员一同表演。

“苏茜，别让我失望。”朱迪丝耳语。

“你别让我失望。”苏茜回击。

两姐妹的演出配合得天衣无缝，当她们以前滚翻转劈叉结束动作时，抬头向沉默的观众望去，却吃惊地看到了一张张被泪水打湿的脸。她们姐妹终于获得了成功。

一切都会好起来

积极乐观的心态可以让你获得成功的人生。决定一个人成功的因素不仅仅是能力，更重要的是能否始终乐观地看待自己周围的事物，身处逆境的时候能否依然乐观地寻找改变逆境的方法，每个人都是自己心灵的主宰，也是自己人生的主宰，面对人生的磨难和挫折，应当时刻保持积极进取的精神，在乐观中汲取继续走向成功的力量。

不幸的消息总是突如其来。

女孩的工作一直做得好好的，所以那天她无忧无虑地上班，一点危机感也没有。经理把她叫进办公室，然后告诉她："对不起，请你另谋高就吧！"并吩咐她下午去财务部结算工资。

中午。她坐在公园的长椅上黯然神伤，她实在想不明白自己为何会被炒鱿鱼，更让她无法想象的是同事们会用什么样的眼光来看她。于是。她哭着把自己的遭遇打电话告诉母亲。母亲静静地听完她的倾诉。说："其实没什么的，只要你面带微笑。"

女孩怔了怔，想了想，脸上微微地绽开了笑容。她忽然醒悟：真的没有什么大不了的，只不过是丢了份工作而已。那些世故的同事怀着强烈的兴趣想要默默偷窥到她的颓败、落魄和失意，她决不能在丢失了工作的同时，也丢了自己的笑容。选择和被选择，不过是现在这个世界上时时刻刻都在发生着的最平常不过的事情，这个事情对于她唯一意义便是提醒这个工作不适合她，必须去寻找一个更适合自己的工作了。

于是，那天下午，她昔日的同事们纷纷心照不宣地出来和她打招呼的时候，看到的是一张与素日丝毫无异的平静美丽的笑脸。短暂的自我调整之后，她又拥有了晴朗的天空。

著名诗人席慕蓉说过："有一个方法可以让自己好看，就是尽量保持快乐的心境。"不仅仅是样貌，甚至连人生的轨迹都和心态紧密相连，不同的心态会导致不同的人生境遇。

"如果你像咖啡，当逆境到来，一切不如意时，你就会变得更好，而且将外在的一切转变得更加令人欢喜，懂吗？我的宝贝女儿？你要让逆境摧折你，还是你来转变，让身边的一切人和事物感觉更美好，更善良？我相信你能做出最好的选择。"

奔向你的临界点

生于英国南部港口城市伯恩茅斯的杰克·艾尔斯，是一个不被上帝眷顾的孩子，他的人生被命运调弄成一条弯曲的赛道，把他捉弄到体无完肤。

五岁的时候，年幼的杰克就意识到自己的“与众不同”。从出生落地开始，他便一直是医院的常客，因为先天近侧股骨缺损，右腿既没有肌肉组织也没有膝盖，他从学走路起就进入一瘸一拐模式。令人无法理解的是，杰克竟然非常喜欢体育课，看到其他小朋友风驰电掣地在运动场上奔跑，他总会拖着残腿凑上去，可是每次都以被无情地欺辱告终。

随着年龄的增长，杰克的病况变得越来越严重，大部分时候只得借助轮椅出行。七岁那年，杰克因为厌倦了隔三岔五在医院中奔波的日子以及无休止的疼痛，他恳求父母：“把我的右腿截掉吧！”母亲流着泪去求助医生，而医生却说他年纪还小，必须要等到身体发育停止才能截肢，这样才有可能提高手术安全系数。没办法，杰克只得继续忍受这种把他压得喘不过气来的生活。

一天，父亲背着杰克去攀山观日出。凌晨，父亲指着蓬勃跳出的太阳，对杰克说："看到了吧，太阳就是这样，一步一步，挪到自己的临界点。然后，普照大地，大放光明！"

父亲的一席话，让杰克胸中生起万丈豪情，他决定不再等待，而是勇敢向生活发起冲锋。他开始尝试打轮椅篮球，苦练轮椅篮球四年，在中学时期成为校队成员，但最终还是没有打出名堂。之后，他又尝试了诸如划船、挥棒球等运动，但没有一样能玩得好。2006年，杰克十六岁，他终于等来了截肢的机会。康复治疗一结束，杰克就装上了义肢穿着短裤到处晃，他不在乎别人异样的眼神，因为摆脱了病腿的困扰，杰克感觉到无比自由和轻松。

杰克决定做点什么，刚开始他想当消防员，但他很快就意识到作为一名被截肢者，自己很难胜任这份工作。"不管以后做什么，身体才是最重要的。"父亲搅动着咖啡杯中的一块方糖缓缓地说。于是，杰克决定走进健身房，一边练一边考虑将来。有趣的是，他一进健身房就格外兴奋，被压抑多年的运动细胞以井喷之态顺势爆发。动感单车、热瑜伽、有氧搏击、阻力训练、普拉提等项目都令他爱得不行。

一段时间后，看着身上的肌肉一块一块隆起来，杰克觉得非常开心。他想和大家分享他的快乐，希望更多人参与到健身运动当中来。便上网发了一张自己上半身的照片，但令人失望的是，没有一个人夸赞他，还有不少人指责他的身材不是很好，杰克的心情简直糟糕透了。

“不妨发一张你的全身照试试？”父亲再一次点醒了杰克。他随后发了一张全身照到网上，没想到这张照片竟然奇迹般地改写了他的人生轨迹。人们不再对他的身材指指点点，而是一个劲地给他鼓劲，更有不少人慕名来到他锻炼的健身房，请求他做他们的私人健身教练。

一天，杰克无意间看到多元化模特公司的招聘启事。于是，他就试着寄了一张照片过去。之后，一切就好像滚雪球一般，发展迅速得出乎他的意料。

2011年，杰克与这家模特公司签约，并很快成为英国健身界的名人；2012年，杰克作为伦敦奥运会的火炬手，参加了当年的伦敦残奥会开幕式；各种残疾人运动器械的制造商和各种品牌服装蜂拥而至，杰克成为三大在线零售商的代言人；并且时时现身健身广告和杂志封面，被《男士健康杂志》评为年度风云人物，甚至还免费兼任一家慈善机构的形象大使；2015年，杰克·艾尔斯被邀请参加当年秋冬纽约时装周。纽约时装周是全球四大时装周之一，自1943年举办以来，能在这个T台上走秀的，不是明星就是超模。二十五岁的杰克·艾尔斯，是世界上第一个穿义肢走上这个尊贵T台的男人。

杰克·艾尔斯一路在病魔盘踞、嘲讽当道的崎岖暗夜中坎坷追寻，他最终收获了人生的光明，也照亮了世界。面对媒体的采访，杰克·艾尔斯引用了在他七岁那年父亲背他登到山顶时说过的话：“每个人在真正迎来曙光之前，都要经历一个临界点，由一种状态变成另一种状态。就像跑马拉松，在那个临界点周围人的喝彩会消失，遥远的终点亦不可见。茫茫天地间，你只能听到自己‘怦怦’的心跳，被惯性带动着前行。若以无所畏惧、超脱的生命状态穿越临界点，就等同于被捆缚的泉流突破罅隙岩缝，飞花溅玉，尽情奔泻，成就自我的同时，亦美化了自然与社会。”

改变命运的一块小石头

读初中时，只要有男孩子的地方，就能听到“嚁、嚁”“哈、哈”的操练声。

引火这一切的，是一部叫《少林寺》的电影。第一次看这部电影时，我还在读小学。李连杰在电影里的拳脚功夫，使观众从视觉到心理，都佩服得服服帖帖，尤其像我们这样半大的毛孩儿，个个脑子里都有一个武林高手梦。

习武得拜师父。在那时候的横断山区安宁河谷，你可以拜木匠学打家具，拜泥瓦匠学砌墙，拜石匠学凿石磨子，拜铁匠学打铁，就是没有习武的师父可供你拜。哪怕想习武想疯了，也只能根据电影里的动作加上自己的想象比画。为了学到更多的本事，我们把《少林寺》当武学经典，看了一遍又一遍。我们那时候不知道演员的动作具有表演性，以为那就是武术。只是在模仿的过程中我们也发现了许多问题，比如，电影里和尚觉远的上一个动作跟下一个动作不连贯，在实践中完全照搬他的动作，只配挨打。为了弥补不足，我们往往创造性地发明了许多新动作。

到我上初中时，连女同学都张嘴“降龙十八掌”，闭嘴“九阴白骨爪”。我也瞎练了两三年，我家的土砖头被劈断无数，地里的南瓜、白萝卜也惨遭荼毒。我爸盼星星盼月亮终于把我盼进初中，以为从此天下太平，却没想到没有他的管束，我变本加厉，抱定自学成才的决心，从蹲马步、鲤鱼打挺这样的基本功开始练起。

某日傍晚，我独自于学校操场的草丛中练习鲤鱼打挺。

就在我奋力起身，后背、后肩、后脑依次着地，只待借力“嘣”一下弹起来站直时，突然后脑勺一阵锥子刺穿般的疼痛，让我刚刚撑起来的半个身子，又无力地仰躺下去。当时，我痛得想呕吐，眼睛发花，天旋地转。

等我恢复意识后，我摸摸后脑勺，没有出血，可那疼痛的部位还是痛得钻心，摸都摸不得，指头碰上去像刀切在肉上。我估计地上有刀子或者钉子。在草丛里摸索，摸到一块比鸡蛋稍小一点的石头。原来刚才我的后脑勺结结实实地撞到这块小石头上了。

在此后长达三个月的时间里，我整天头痛，不能仰面睡觉，视线模糊，看黑板上和书上的文字都是重影。很长一段时间我既不敢跑步，也不能跳，连大声说话都会牵动后脑勺发出钻心的疼痛。我一代宗师的美梦，终结在一块小小的石头上。我的记忆力直线下降，从前看一遍就能记住的内容，之后读三遍都不一定记得住，除非是我感兴趣的。

在闭塞的西部农村，谁都没有意识到，这就是脑震荡。学校离家十几公里，我是住校生，一个星期才回去一次，回去也不敢对父母说。直到大半年后，父母才从我的成绩报告单上直线下滑的成绩上看出端倪。那时候头已不太疼痛了，母亲带我去找乡下的赤脚医生开了一点外伤止痛药，涂搽以后有没有效果记不得，反正一年以后不痛了，视力也逐渐恢复，记忆力却一落千丈，直到现在也没有恢复。

想当初，我能一目两行，过目不忘，不管哪门学科，只要看一遍就能理解，碰上需要背诵的文字，别人还在大声朗读的时候，我已经能背；别人背诵的时候，我就用耳朵复习。我成绩优异，兴趣广泛，无师自通地写了段相声，交给同学表演，在全县比赛中居然获得了二等奖。

我为记忆力的损伤付出了沉重的代价，初中毕业补习，高中毕业也补习。

在记忆力受到损伤后，我唯一的收获是，我的想象力越来越好，在屋子里坐得好好的，心思早已在前往峨眉山或武当山的途中，神游万里，精骛八极，来去如风。起初我写诗，后来写散文，再后来写小说，从2005年开始，十年间，我出版长篇小说一部，中短篇小说集五部，总计两百多万字。

记忆力不好对创作的另一个好处是，我背不下别人写的东西，我可以保证我的每一句话都是原创。

正因自知记忆力不好，从初中开始我就养成写日记的习惯，绝大多数是条目式的流水账，也有相对完整和独立成篇的，以备查阅。这些文字不一定要公之于世，也不一定示人。但白纸黑字，字字真实，句句坦率。我之所写，全是我之经历、我之所行、我之所言、我之所想。

数十年来，我多次回忆起那个让我记忆力受到重创的下午。也许冥冥中，上苍要让我的记忆力受到一些损伤，使我不得不用文字将生活中诸多有趣、有意思的事情，以及迷惘、痛苦和灾难记录下来，使之既是一份个人资料，也是一群人、一个时代的侧影。

那块小石头，虽然断送了我的记忆力，但使我成了一个记录者和写作者。

人生容不得虚度光阴

其实，才华只是成功的千万个条件中的一个，而且还不是最主要的。有人说，知识比聪明重要，选择比聪明更重要。成功不是依靠学历和才华，它更多地需要我们踏踏实实地努力，需要我们选择正确的方式去做，把智慧应用于成长实践中，成功更需要的是实干。

别让无聊的时光消磨了我们，只要能把握自己的时间，珍惜分分秒秒，踏踏实实地去积累、创造，成功将离我们不再遥远。

他出生在一个平凡的家庭，他是一个普通得不能再普通的人，更有着普通得不能再普通的经历：上学，读书，玩耍，在平淡的岁月中一点点长大，过着和同龄人一样的琐碎日子。与别人稍有不同的是他很喜欢历史，读历史书，看历史故事，有时到了痴迷的程度。上小学时，当别的男孩正拿着玩具满街乱跑的时候，他独自蹲在家里如饥似渴地一本接一本地读着自己喜欢的史书。

光阴如白驹过隙，转瞬即逝。读大学时，学习任务很轻松，面对许多业余时间，很多大学生不知道该如何打发，大多数人都用恋爱、玩网络游戏来填补生活的空白，消磨自己的时间。而他在诸多的同学中，无疑是一个另类。他不谈恋爱，不玩游戏，也很少上街闲逛。功课之余，他最大的乐趣就是一头扎进史书堆中，去和古人对话。

大学毕业后，他顺利地考上了公务员，在惬意的办公室生活中，很多同事在没事时看看报纸，喝喝茶、聊聊天，打发漫长的时光。他和别人不同，他还是将自己闲暇的时间都用在了读史书上，他边看边记录着一些有趣的历史故事。他也很少或不去参加别人的应酬或休闲活动，他是同事们眼中的古董、不合群的另类，但他全然不理会这些，依然全身心地投入阅读历史上刀光剑影、富贵浮云的乐趣中。他不想和别人一样，浪费自己的青春岁月，史书读多了，他就想自己写一本书，用自己的语言诠释一段古老的历史。

就这样，他利用业余时间写出了一本几十万字的书。他把这本书命名为《明朝那些事儿》，以“当年明月”的网名将其发表在网络上，小说一经发表，便迅速在网络上走红，他那独特的历史观和丰富的历史知识，还有那俏皮调侃的语言，受到了无数读者的追捧，各出版社也争相和他签订合约，要出版他的作品。于是，那个当年的小公务员“当年明月”几乎一夜之间就红透了大江南北。这是与他朝夕相处的朋友和同事们所没有想到的，从此大家也不得不对这个“古董”刮目相看了。

有人问“当年明月”是如何成功的，他调侃着说道：“比我有才华的人，没有我努力；比我努力的人，没有我有才华；既比我有才华，又比我努力的人，没有我能熬。在他们消磨时间的时候，我却在不停地努力着。”

珍惜时间、绝不虚度每一寸光阴是哈佛对于学子们的一大要求。在哈佛的图书馆中，处处可以看见告诫学子们珍惜时间的语录，如“我荒废的今日，正是昨日殒身之人祈求的明日”“勿将今日之事拖到明日”等。这些语录不仅提醒着学子们惜时努力，也是哈佛精神的诠释。

浪费时间是可耻的，因为时间是组成生命的材料，每个人的一生都是由一分一秒的时间组成的，从这个意义上说，想要重视生命，实现人生的价值，就要珍惜现在所拥有的时间。

“别忘了，时间就是金钱。假设，一个人一天的工资是十个先令，可是他玩了半天或躺在床上睡了半天觉，他自己觉得他在玩上只花三十六便士而已。错误！他已经失去了他本应该得到的五个先令……千万别忘了，就金钱的本质来说，一定是可以增值的。”这是科学家本杰明·富兰克林说过的经典名言，它简单而直接地揭示了这样一个道理：一个想要有所作为的人，必须认识到时间的价值，懂得珍惜眼前的时间。

拯救你的时间

掌控自己的时间

王敏是上海人，2007年从西安交通大学毕业后，先后在广告、网络等行业从事市场营销工作。2012年，王敏进入一家地产公司，专门从事营销和管理工作。

工作过程中，王敏常常会遇到这样的情况。费心费力安排了一天的日程，最终，很多事情不能如期完成。原因是在需要团队协作事务中，个人的时间并不完全由自己掌控。比如，当她计划安静下来写个方案，结果同事要找她讨论客户需求；当她想找领导签发一份文件，却发现他正在开会，而会议何时结束，谁也不知道。

除了工作，生活中的尴尬事也不少。与朋友在微信上约好了时间，却因为对方忘记，自己被放了鸽子。而有时候，自己正忙得不可开交，老友一个电话过来，随口答应了见面，却没有及时记在日程表上，结果忘记了聚会，影响了朋友间的感情。

诸如此类的境遇，让王敏意识到，协调自己和他人的时间、团队的日程共享变得非常重要。为了提高工作效率，刚开始王敏试着使用Outlook（微软办公软件套装的组件之一）来进行工作的协调共享，她将一周的重要工作和大致安排在日历上进行标注，以电子邮件的方式发送给公司的每一位同事，从而避免了很多无谓的“撞车”，深受大家的欢迎。

但是，随着通信设备的日益强大，办公阵地由实地逐渐迁移至手机上，Outlook（微软办公软件套装的组件之一）便显得力不从心，最大的问题是手机端无法共享日程。如何解决这一问题？爱思考的王敏随之对市场进行了一番深入细致的调查，结果发现，目前移动端还没有一款类似于Outlook（微软办公软件套装的组件之一）这样的共享他人日程安排软件。

市场的空白，让具有多年市场管理经验的王敏感到，随着移动办公方式的日渐兴起，跨平台、多终端的团队日程共享工具将会迎来更大的机会。于是，2016年年初，一直心怀创业梦的王敏不顾同事的劝阻，放弃优越的工作条件和优厚的收入，坚决从公司辞职，进行自主创业。

让时间成为公共物品

王敏给自己的产品取名为“微约日历”，既含有“微信约日程”之义，又体现“小而美”的构想。虽然确定了创业项目和方向，但对于日历这一人们已经司空见惯的时间工具，如何做才能避免同质化？如何做才能吸引人们的关注？王敏陷入沉思之中。

2016年9月，在经过反复征求身边朋友、同事意见，经过多次修改之后，“微约日历”APP（应用程序）上线。APP（应用程序）设计得简洁清新，色调赏心悦目，功能新颖独特。除了个人时间管理——日程表+待办事项之外，讨论组建立、日程共享、为他人建立日程、会议通知、工作安排、团队交流等功能一应俱全。用户在进行日程管理时，“只需打开一个APP（应用程序），就能满足所有需求”。

也许有人认为，如今的智能手机大都在出厂时自带了日历，第三方日历还会有发展机会吗？在人们眼里，日历工具其实是一个小众市场。但王敏不这样看。她说，智能手机上都会自带输入法和浏览器，但是搜狗输入法和UC浏览器依然做大了，且获得了巨大成功。问题在于如何去做，不在于别人已经预先存在。再者，有数据显示，在各大APP（应用程序）应用商店，搜索“日历”这个关键词的人数每天有三万多人，这意味着人们对日历的需求非常大，有着巨大的市场空间。

显然，王敏对自己的创业前景已经了然于胸，因而显得非常自信和从容。“只要产品做得足够极致，就一定会有市场”。

作为一个有着十多年管理经历的人来说，王敏认为，在需要团队协作的事务中，个人的时间不属于个人，而是属于团队的，如何协作是一个非常重要的问题。因而，微约日历以“好友日程查看”为核心，将“会议活动安排”“工作安排”“邀约”“团队交流”作为主要功能。而在“好友日程查看”功能里，微约日历进一步延伸出“创建多人日程”，专门设置有多人共享日程功能，帮助用户解决多人时间协作、日程安排等问题。

微约日历最突出的特色是它的“共享日程”功能。具体而言，就是一个人创建日程后，可邀请微约日历好友和微信好友参与，对方接受后会自动添加该日程，实现全员提醒，方便团队内部发起会议、培训、活动等事项。这一功能除了团队使用外，情侣、夫妻之间的甜蜜约会或提醒，朋友之间的饭局或户外运动，都可以利用。

这一全新共享时间的方式，因其给人们带来极大的便利，让很多职场人士大呼过瘾，APP（应用程序）在朋友圈内测的时候，吸引了二百多位用户参与，受欢迎的程度远远超过王敏的预期。

王钦是一家创意型公司的老总，他的员工都分散在不同地方远程办公，而他自己也是长年在外“游荡”，偶尔需要大家会面沟通。这时，员工就会查看他的日程表，确认他最近的时间安排和所在地，以此确定沟通的时间地点。

李志欣的身份是一个总裁办秘书，负责协调总裁与四位老板的行程，以前她都需要电话或者微信联系，反复沟通不说，赶上老板出席重要会议或者仪式，总是没办法第一时间联系到。现在有了微约日历，只需在上面查看，再把需要安排的日程直接添加到对方的日程表，老板就可以随时查看自己的行程安排了。

最有意思的是，董芳是一位准妈妈，她把定期产检的日程记在微约日历上，邀请老公参与日程，这时老公的日程表里也会有同样的日程安排，临近老婆需要产检的日子，老公就可以提前安排好，方便空出时间来陪同去医院，省去了不必要的麻烦，更避免了老公忘记产检日期这样令人伤心的事。

改变时间安排方式

让王敏印象特别深刻的是，微约日历刚上线打赏功能，很快收到一个用户一百元打赏。而平台并没有提示和要求用户打赏，这说明用户一直关注着微约日历的功能迭代，这是一份发自内心的喜爱和赞赏。

微约日历如此受欢迎，王敏不仅没有感到轻松，反而觉得肩上的担子更重。她特别注意搜集来自用户的反馈、建议。为进一步改进产品，她特意举行了一次网上征集对微约日历的使用反馈建议活动。短短一个月的时间，就收到了来自不同阶层、不同职业用户的一千多份反馈。每一份反馈和建议，王敏都认真地阅读，她说：“这些反馈能保证产品不断优化改进，保持充足生命力。”

在运营过程中，有用户提到共享日程的隐私保护问题。王敏立即和团队成员一道对APP（应用程序）进行改进，很快上线了“隐私保护”功能。用户可以通过设置权限，自由选择保密自己的私人日程，这样一来，好友只能看到对方在对应的时间有安排，但却无法了解具体日程，充分尊重用户隐私权。

尤其让王敏感到自豪的是，与其他时间管理的APP（应用程序）相比，微约日历更人性化。她说，日程共享带来的不仅是方便，也体现人与人之间的尊重。比如，如果一位老板要安排员工加班，但恰好这位员工家里有事，断然拒绝不恰当，接受却又力不从心。而如果老板事先在共享日程中看到员工的安排，就不会出现这样的尴尬。因为，没有谁喜欢计划被打乱，也没有谁愿意刻意打扰别人，每一个人都需要尊重。

微约日历正式上线以来，多次获得最美应用、小众软件、简书、小米、华为、360、应用宝等推荐。目前，微约日历注册用户达到了八十多万，每天有10%左右的用户把微约日历分享给自己的同事、朋友。用户主要分布在一、二线城市，以白领、企事业单位、政府职员为主体，有着巨大的发展空间。

王敏说，滴滴改变人们出行方式，微约日历要改变人们时间安排方式。她表示，微约日历的目标是要成为一个时间管理平台，链接与时间有关的一切，如票务、旅行、社群活动、在线课程、商家等，帮助用户把时间花在美好的事情上……

天生我为何

我认识一个美国小孩，前年在我江苏北部的老家，吃东西吃得很开心。他对我说："我准备把你老家的这些菜放在我要做的那个菜上面。"他准备做的菜是什么呢？这个小孩子的理想是做一种新型的比萨。他认为意大利比萨不好吃，而且做法太单调了，就是往干酪下面加一点儿其他东西。所以他要做一种比萨，这个比萨下面的饼是他自己用一个特殊配方做出来的，他想把全世界特别好吃的菜都堆在上面，于是就到世界各地去采风，寻找他认为最好吃的东西，然后从中选择一些菜品。他觉得我老家的菜是可以放在他的比萨"托盘"面饼上的。

他到我们家的时候是十七岁，上高二或者高三的样子。十八岁的时候，他跟他的父亲签了一份合同，合同上约定，他父亲的财产以后跟他无关，他的财产也跟他父亲无关。这个十八岁的孩子决定不上大学，高中毕业就研发和完善他的餐饮计划。现在，他在旧金山开了他的第一家餐厅。

这个孩子的父亲是一个拥有七十亿美元财产的富豪，但是在这个孩子眼里，他父亲再有钱也跟他没有关系；更重要的是，他父亲也不可以侵占他的财产，他的财产跟他父亲也没什么关系。

有两种职业选择：第一种选择是你知道世界上有这么一个职业，而这个职业的要求正是你喜欢的东西；第二种选择是社会上没有这种东西，但是你心目中有一种东西，你要把这种东西创造出来，变成你的职业。

很多互联网时代新兴的事物，在几年前都是没有的，每年在互联网中都会出现很多新事物。例如，现在有些小朋友会沉迷于电脑游戏。上海有一个对电脑游戏超级沉迷的孩子，他索性没考大学，一直沉迷下去，并把它发展成了一种职业。

现在他在网上成立了一家网络游戏测试公司，公司由五十多个对电脑游戏超级沉迷的年轻人共同组成。他们做什么呢？其实就是网络游戏公司做好一个游戏后专门让他们玩，测试一下这个游戏能不能让人沉迷。他们还能告诉游戏公司，需要怎么改进才能让人沉迷，而且他们的测试费用是很高的。在他的这家虚拟公司里，如果你被录用，起薪是五千元至六千元，第二年差不多月薪能达到两万元，比一般本科生、研究生的收入都要高。为什么？因为这是一群心怀热爱的孩子。你想想看，沉迷就是一种热爱呀！

如果你在高三之前就搞清楚了这些，就是已经找到了自己非常喜欢的专业或事物，但是它还没有出现在大学中，那么你就可以选择不考大学。你还可以去那些专门教这些专业或事物的职业学校，比如，厨艺学校、汽修学校，读一个高职、大专就行了，干吗非要读大学呢？弄清楚了这些，你在考虑要不要上大学、上什么大学、选什么专业的时候就不一样了。

总有一些孩子会说："我妈说学金融好，我就学金融。"总是老妈说什么就是什么。这种孩子适合学什么专业呢？其实，这种学生学什么专业都行！家长让你学你就学，学到中间你问家长："爸，妈，我要不要换专业啊？"家长说："不换！"好吧，那就不换。家长说："换！"好吧，那就换，学什么专业都行。但是，他又学什么专业都不行。说他学什么专业都行，意思是说让他去学哪个专业他都会去，因为家长让他去；说他学什么专业都不行，是说他学什么专业都学得不怎么样，原因在于他对这个专业没有热爱。喜欢还是不喜欢，才是择业根本！

奋斗的模样

你有过拿自己和别人做比较，然后感到慌张、惆怅的时候吗？你有过把自己最宝贵的时间浪费在错误的人身上的时候吗？遇到自己一时半会儿解决不了的问题，你逃避过、抱怨过吗？是不是觉得人活于世有时真的很无奈。倘若你是一个人奋斗，你有过这些感受一点不为过，但是不能当作借口。奋斗，是对自己、对爱的人、对理想履行诺言。一个人的奋斗应该有它该有的模样。

人生在世，多多少少都会有磕磕碰碰。很多人都会抱怨，无非不满现实、注目苦境、觉得不公、信从谄言。这样的人不能掌控自己的人生，而是将自己交托给了外界和别人。你埋怨你所不得的，结果都是这样：不得的还是不得，你已得的会渐渐失去。心理学研究发现，人的主观意念能够影响事物的发展变化，抱怨只会让本来美好、正常的事物“发霉变质”！

我们总是喜欢向别人叙说我们的过去以获得别人的同情，而我们得到的却是要听到别人更加悲伤的过去。抱怨容易让人产生攀比的心理，抱怨是最消耗能量的无益举动。成功只属于那些勇往直前、没有任何借口的人。抱怨只会让我们的思想停留在过去，只会让我们的脚步停滞不前。

在人生的道路上，每个人都不可能是一帆风顺的，总会面临各种各样的挫折和困难，当面对它们时，我们不要去抱怨，因为抱怨并不能解决我们当前遇到的任何问题和困难，只会让我们的心情变得更加苦闷和烦乱。

这个世界本来就是不公平的，不要妄想一定要处在一个公平的起点下进行赛跑，因为上帝造人的时候，没有把人放在同一个环境下。不过，也有人说上帝是公平的，因为上帝给予了每个人一个灵魂，不多也不少。但为什么有些人快乐，有些人悲伤，有些人盲从，有些人迷茫？原来，人们总是喜欢比较，因为比较才会出现偏差，因为偏差才有不满足，不过只有很少数人会因为这个不满足而努力奋斗变得满足，大多数人因为不满足出现认知差异，而心生怨恨和嫉妒。

没有比较就没有认知差异，至少你心里不会知道。一个人如果什么都与别人比较，那么失落、嫉妒、自卑这些都是在所难免的。而一个人的奋斗不应该总拿自己和别人做比较，比较的目的也应该是让自己更加清楚地认识自己，然后选择正确的方法去超越自我，去完善自我。更何况，每个人都是与众不同的，你身上有的，别人未必有，何不好好珍惜自己已有的呢？

很多人在年轻的时候，对于“时间是宝贵的”没有太多的理解。因为年轻嘛，那大好的光阴经得起挥霍。但当这些人从青年走到中年的时候就会蓦然发现，浪费时间真是暴殄天物。把时间玩了也就算了，毕竟我们当时爽了。但是，如果你投入一股，结果你不仅什么都没得到，还赔了，你会有怎样的感受？

很多东西看似无形无影，你觉得很多，但都是不可逆的。不要总把时间浪费在错误的人身上，不要跟不懂道理的人讲道理，因为就算你讲到吐血，那个人终究还是明白不了你。同一个道理，不要选错合作伙伴，不要选错情侣，不要找错朋友，因为你的时间耗不起。一个人的奋斗不能把时间浪费在一些错误的人和事上！

人生中有很多无奈，我们都无法逆转。创业途中，我们有可能会遇到资金不足；工作中，我们有许多纷繁琐碎的难题；情感上，我们或因争吵而与伴侣分开，或因孤单一人而寂寞。一大堆问题会接踵而至，小到柴米油盐，大到婚丧嫁娶。一件事情的解决或多或少会出现裙带效应，或许这件事情的本身并不会让你头疼，但是裙带效应足以让你不堪重负，而选择逃避解决这件事情。例如，很多人恐婚，不是因为不愿意结婚，自己也知道结婚是一件美好的事情，但结婚筹备、亲朋应酬、房车婚庆、婚后生活等足以让一个人内心纠结。

但作为一个奋斗的人，你必须懂得，人总会面临很多自己从未经历的事情，害怕、紧张、不知所措，这些情绪体验都是正常的。但体验归体验，你不可能永远躲在安全的角落里。你需要勇敢地去面对，逃避问题是解决不了问题的。只有面对过、正视过，你才有死而复生的感受！咬咬牙，坚持会儿，就会挺过去的！

没有天旋地动，就不可能有沧海桑田。人生，若没有起伏跌宕，就不可能登峰造极。奋斗，从来都是一个昂扬的词，犹如一个猛士，它用来诠释一个人生命中所有的快乐和悲伤、辛酸与无奈、成功与失败。一个人在世上活着的目的更多的是寻找自己，成为自己该有的样子，而一个人奋斗就是在寻找自己，所以，一个人的奋斗也应该有他自己的样子。

让梦想照进现实

用十年圆一个梦想，这样的浪漫主义背后从不缺乏励志。

“我值得这个冠军，只是它来得有点晚。”站在世乒赛的舞台中央，泪水已在刘诗雯的眼里打转。但对于不放弃的人，冠军永远不会晚。

2019年4月27日，注定是刘诗雯职业生涯的一个节点。二十八岁的她在决赛中4：2击败队友陈梦，职业生涯终于摘得世乒赛女单桂冠。

大家都称刘诗雯叫“小枣”。过去十年，小枣在前五届世乒赛上三次打进过女单四强，两次闯进决赛均屈居亚军。

从天才少女到老将，从核心滑落边缘，再从低谷荡回高点，时间让这个漫长的剧本跌宕起伏。

几乎在无人看好的局面下，她在布达佩斯世乒赛上终于击败“心魔”，完成救赎。两个11：0，如同低谷弹起的心路。

本届世乒赛前，人们谈论的焦点是：丁宁能否实现世乒赛“三连冠”，陈梦会否首夺冠军。几乎没人会押宝刘诗雯站上最高领奖台。

刘诗雯很清楚，在出战世乒赛前，自己几乎跌落到了职业生涯的谷底。

在直通赛上，她仅排名第五，输给了包括孙颖莎、孙铭阳在内的小将。最令人大跌眼镜的是，2月的葡萄牙公开赛上，她以2：4不敌十八岁的日本新星早田希娜，无缘八强，甚至因此还登上热搜……

就这样，她在直通边缘踩着线入围世乒赛。人们也将关注点普遍放在了她与许昕搭档的混双上，甚至不乏“未来单打已不再是刘诗雯的主要战场”的声音。

在混双赛场，刘诗雯和许昕一路高歌猛进，击败上届冠军、日本组合吉村真晴/石川佳纯，为国乒拿到世乒赛首金。

在女单赛场，小枣同样一路闯关。她先是在半决赛中4：2战胜丁宁，比赛中还打了这位大满贯得主一个11：0，一度引发“该不该让球”的网络热议。决赛面对自己七连败的对手陈梦，刘诗雯再次打出了一个11：0。

这两个悬殊的局分，如同刘诗雯一路走来的心路——在所有人放弃你的时候，只有自己不再怯弱，全力以赴才能不被真正击倒。

“我觉得（打11：0）是对对手的尊重。”刘诗雯很清楚对对手最大的尊重就是竭力击败对手。

全力以赴、永不言弃也是对那些曾经看轻自己的人最有力的回击。

冠军来得晚，但它终于来了，就像一出轰轰烈烈的大剧，终场时，大悲大喜都成了内心的戏码。

拿到最后一分后，刘诗雯握紧拳头、高喊一声，随后便埋头趴在桌子上许久。没有夸张的庆祝，便旋即起身致谢裁判和对手，只是她眼眶中晶莹的泪光佐证着汹涌的情感。

“赢完心情很激动，不知道发生了什么。”直到赛后，夺冠那一瞬依旧是刘诗雯最复杂的感受，“几秒钟回过神来，感觉自己真正拿到冠军了，那一刻其实心情还是挺复杂的，瞬间有情绪的释放。”

这一刻，刘诗雯等了太久。六次参加世乒赛，前五次全部杀入了四强，在2013年和2015年先后闯入决赛，却分别输给了两位大满贯冠军李晓霞和丁宁。

这些年，这些只差一步，功亏一篑的场景不断在刘诗雯脑海浮现，她甚至也无法免俗，一度将其视为宿命。

还好命运从不放弃坚持的人。就像刘诗雯自己感慨的那样：“坚持到今天也是对自己的一种肯定，虽然冠军来得晚一点，但它终于来了。”

多年报道乒乓球的记者激动得在场边哭了出来，用哽咽的声音对小枣进行采访。这让原本不想流泪的小枣眼眶也跟着红了起来："我渴望这一刻实在是太久了，一度我都认为自己拿不到这个冠军了。其实在比赛之前我都不敢去想这个结果，我就是想做好自己，打好每一分。"

从横滨到布达佩斯，刘诗雯用十年的时间让梦想照进现实。

这出励志剧打动了很多人，好友福原爱也特意在微博发文祝贺刘诗雯夺冠，日本小将平野美宇也写道："恭喜刘诗雯，我夺冠时你是第一个祝贺我的人。"

越挫越勇的刘诗雯感动了众多球迷，"刘诗雯的成绩终于匹配上了她的实力"成了社交网络上点赞最多的论调。

或许旁人无法感同身受刘诗雯起起伏伏的职业生涯，但看得到她从未被击倒的强大。

作为国乒主力，刘诗雯在本届世乒赛前，独缺世乒赛和奥运会的单打金牌。想要打破"窗户纸"，不仅要天时地利人和，同时也需要自身的心态平稳。

过去，心理问题正是她一次次与这两项冠军失之交臂的主因。2010年莫斯科世乒赛是刘诗雯"心魔"的开始。在决赛中，在丁宁先失一分的情况下，出任第一单打的刘诗雯一人输掉2分，终结了女乒在团体世乒赛上的八连冠，也让她失去了伦敦奥运会的机会。

而对刘诗雯影响最大的无疑是2015年的苏州世乒赛，她在丁宁脚部受伤的情况下，心态出现波动痛失好局。

之后的一年中，即便登顶了世界第一的刘诗雯仍然在最后关头被挡在了里约奥运单打大门外。彼时女队主教练孔令辉的解释是："李晓霞和丁宁的心态更稳定一点。"

连番挫折让刘诗雯也曾自怨自艾，甚至因态度消极被罚。去年国乒进入调整阶段，她没有明确的主管教练，无论从训练、比赛还是心态上都逐渐丧失了以往的斗志。

"我处于对前途很悲观的状态，怀疑自己是不是还有冲击冠军的实力。"刘诗雯在赛后将职业生涯的转机，归功于2018年下半年马琳和刘国梁的回归，但所有人都知道真正归来的是那个不放弃的她。

如今，在乒坛名宿邓亚萍的眼中，二十八岁的刘诗雯绝地归来，在失败经年累月的磨砺下终于成熟。

"这种成熟来自一种绝地反击的力量，我相信她今后会有更好的前景，从此更加的自信。"

刘诗雯在比赛中庆祝得分。

东京奥运会，冲击一个大满贯？

除了刘诗雯不放弃，主管教练马琳的不抛弃也成就了这段励志大剧。

主管教练从肖战变成奥运冠军马琳，其实一开始的效果并不好。尤其是输给早田希娜，以及直通赛表现不佳后，师徒二人都背负上了沉重的包袱。

在许昕和刘诗雯拿下混双冠军后，马琳在混采区泣不成声："她（刘诗雯）顶着很大压力，我也一度怀疑执教能力和方式方法是否正确。”

其实，为了备战此次世乒赛，师徒二人都打起了十二分精神。刘诗雯说自己封闭训练时练到筋疲力尽，“教练每天在球馆里陪着我泡八九个小时，练完单打练混双，天天转着圈地练。”

如今，这两个分量不低的世乒赛冠军是对师徒二人汗水和泪水最完美的回报。

当然，他们还有更远大的目标——2020年的东京奥运会。在拿到世乒赛冠军之后，刘诗雯离成就大满贯伟业就仅剩下一枚奥运金牌了。

未来的侧重点究竟会放在女单还是混双上？刘诗雯说现在还并未过多考虑。

“我都想选，但决定权不在我。当然，我对奥运会十分渴望，我也有信心去冲击这两个项目。”

十年一梦，破茧成蝶，刘诗雯的大满贯或许不会太远。

谨以此书，献给不停奔跑、执着勇敢的追梦人。

愿我们在人生的每段故事中都是主角，遇见最美的人生，遇见最好的自己。